华章数学译丛

55

Algebra
(Second Edition)

代数
（原书第2版）

（美）Michael Artin 著
麻省理工学院

姚海楼 平艳茹 译

机械工业出版社
CHINA MACHINE PRESS

图书在版编目（CIP）数据

代数（原书第 2 版）/（美）阿廷（Artin，M.）著；姚海楼，平艳茹译．—北京：机械工业出版社，2014.12（2024.10 重印）

（华章数学译丛）

书名原文：Algebra，Second Edition

ISBN 978-7-111-48212-3

I. 代… II. ①阿… ②姚… ③平… III. 代数 IV. O15

中国版本图书馆 CIP 数据核字（2014）第 233028 号

北京市版权局著作权合同登记 图字：01-2010-6654 号。

本书是一本代数学的经典著作，既介绍了矩阵运算、群、向量空间、线性变换、对称等较为基本的内容，又介绍了环、模、域、伽罗瓦理论等较为高深的内容，对于提高数学理解能力、增强对代数的兴趣是非常有益处的．

本书是一本有深度、有特点的著作，适合数学工作者以及基础数学、应用数学等专业的学生阅读．

出版发行：机械工业出版社（北京市西城区百万庄大街 22 号 邮政编码：100037）

责任编辑：迟振春 责任校对：殷 虹

印 刷：三河市国英印务有限公司 版 次：2024 年 10 月第 1 版第 14 次印刷

开 本：186mm × 240mm 1/16 印 张：29

书 号：ISBN 978-7-111-48212-3 定 价：79.00 元

客服电话：（010）88361066 68326294

译 者 序

这本书的特色很浓．它给人的感觉是完全背离了 Serge Lang 那本经典的《代数》，也完全背离了 Jacobson 的《抽象代数学》与《基本代数》或者 Hungerford 的《代数》．书里讲的内容很广泛，不算太难，深度中等，大学阶段就可以看，其中一些内容也可作为研究生的代数教材．该书对于提高数学理解能力、增强对代数的兴趣是非常有益处的．此外，本书的可阅读性强，书中的习题也很有针对性，能让读者很快地掌握分析和思考的方法．美国伊利诺伊大学教授杰拉尔德·雅努斯评论该书为：“对于有一定线性代数和微积分基础而且学习动机很强的本科生而言，这是一本极好的教材．其内容和编写方式值得称道．作者在前言中列出了其编写所遵循的三个原则(简言之：例证应有助于理解定义、专业要点仅在需要时才在书中较后位置呈现、主题对大多数从事数学研究及教学的人而言都应是重要的)，且特别强调这些原则中并不包括‘按照所教的方法做’这一项．整本书的编写风格是：给出基本概念、列出许多重要的例证以及简单明了地讨论一些前沿课题．”

该书作者 Michael Artin 教授在 2002 年被美国数学学会授予 Steele 终身成就奖，在 2005 年被授予哈佛大学百年奖章，在 2013 年获得了 Wolf 数学奖．Michael Artin 是当代领袖型代数学家与代数几何学家之一，美国麻省理工学院数学系荣誉退休教授．1990 年至 1992 年，曾担任美国数学学会主席．Artin 的主要贡献包括他的逼近定理、在解决沙法列维奇-泰特猜想中的工作以及为推广“概形”而创建的“代数空间”概念．正因为这样，作者在该书里着力强调代数同其他数学分支的联系，特别是同拓扑和代数几何的联系．作者对本版进行了全面更新，更强调对称、线性群、二次数域和格等具体主题，让读者体会到代数在其他数学分支中的威力．同时，同第 1 版相比，习题变化很大．从习题中，读者对书中内容以及内容的延拓会有很深的体会．

我们一接到翻译该书第 2 版任务，就深为书中内容所吸引，怀着愉悦的心情将本书翻译完，以便让更多的数学爱好者分享这部精彩著作．译者花了八个月的时间将其译完．翻译的过程也是学习该书的过程，并得到了许多收获．但由于译者学识以及翻译时间的限制，译稿一定有不当之处，欢迎读者指正．

姚海楼　平艳茹

于北京工业大学

2014 年 9 月

前言

基本概念和命题在代数中或许很重要，

原因在于它们是人们为探索公理及概括性

而投入了孜孜不倦的热情所总结出来的，

它们在代数中的重要性甚至可能会超过在任何其他学科中.

但是，我坚信，

具有极端复杂性的特殊问题才构成了数学的主干和核心，

而掌握其难点往往需要更刻苦地钻研.

——Herman Weyl

本书源于多年前我的代数课程补充讲义. 我那时想比课本上更详尽地讨论一些具体的课题，比如，对称、线性群、二次数域，再将群论的重点由置换群转到矩阵群. 格，另一个常见的主题，就自然出现了.

我希望具体的东西能激发学生的兴趣并使抽象的东西更容易理解. 简言之，同时学习具体和抽象两个方面，学生能考虑得更深远. 这项工作进展得很顺利. 我花了很长时间来确定什么内容要加进去，我逐渐写出了更多的讲义，最终上课就仅用讲义而不用教材了. 虽然这样形成了一本与众不同的书，但当我把材料汇总起来时却遇到了很多难题. 我不建议以这种方式写书.

与多数代数书不同，本书更突出特殊的主题. 每次重写一些章节的时候内容就会扩充，因为多年来我注意到，与抽象的概念相比，学生更喜欢具体的数学题材. 结果，上面提到的这些东西就成了本书的主体.

在写本书时，我尽量遵守下面的原则：

1. 基本的例子放在抽象的定义之前.

2. 技巧只要在本书的其他地方出现，它就应该被介绍.

3. 对一般的数学工作者而言，所有讨论的主题都应该是重要的.

虽然这些原则听起来有点像爱国主义的教义，但我发现把它们明确地讲出来是有益的. 当然，我有时也会违背这些原则.

书中的章节按照我讲课的顺序编排，线性代数、群论和几何构成第一学期的内容. 环的第一次引入是在第十一章，虽然在逻辑上这一章和前面的章节没有关系. 我采用这样的编排是因为想从一开始就强调代数与几何的联系，而且因为前面几章的内容对其他领域的人来说也是最重要的. 本书的前半部分没有侧重计算，但在后面的章节里弥补了这一不足.

关于第2版的说明

本书第2版做了广泛的修订，融入了我20年的教学经验和许多人的建议．我已将修订部分在课堂上发给学生，初稿在过去的两年里一直用做讲义．这样，我从学生那里得到了许多宝贵的建议．本书的整体组织结构没变，但有两章太长把它们拆分了．

书中还添加了一些新的内容．这些内容都不多，通过在别处做些改动就平衡了．这些新内容包括：若尔当形的提早介绍(第四章)，一小节关于连续性的问题(第五章)，交错群是单群的证明(第七章)，球体的简短讨论(第九章)，积环(第十一章)，分解多项式的计算机方法和限定多项式的根的取值范围的柯西定理(第十二章)，基于对称函数的分裂定理的证明(第十六章)．此外还添加了一些好的练习题．但这本书太厚了，因此我尽力遏制了添加内容的冲动．

给教师的话

使用本书的教师可以适当取材．不要试图全讲整本书，但是一定要包括一些有意义的特定主题，例如平面图形的对称、SU_2 的几何、虚二次数域上的算术．如果你不想讨论这些问题，那么这本书不适合你．

使用本书需要的预备知识相对较少．学生应熟悉微积分、复数的基本性质和数学归纳法．了解证明肯定是有用的．第九章(线性群)中要用到的拓扑学概念不作为预备知识要求．

建议你关注具体的例子，特别是前几章中的．这一点对学习这门课而对证明的构成没有明确概念的学生来讲是至关重要的．

教师可以花一个学期讲授前5章，但这样会使本书的目的大打折扣，真正有意义的内容从第六章(对称)才开始．尽快学到第六章，这样就可以以轻松的节奏学完第六章．尽管对称很快能吸引学生的注意力，但是对称不是一个轻松的主题，教师很容易为内容陶醉而学生却跟不上进度．

目前，我班上的大多数学生来上课前就熟悉了矩阵运算和模算术，在班上我根本没讲第一章(矩阵)而直接留了作业．下面是关于第二章(群)的建议．

1. 对抽象的问题浅尝辄止，在第六、七章还会遇到它们．

2. 例如，重点放在矩阵群．对称的例子最好推迟到第六章讲授．

3. 不要在计算上花费太多时间，在第十二章和第十三章自然会大量涉及．

4. 不强调商群的构造．

商群提出了一个在教学上如何讲授的问题．虽然商群的结构在概念上很难，但在多数初等例子里商群是很容易作为同态的像给出的，因而不需要抽象定义．模算术几乎是其仅有的反例．由于模 n 的整数构成一个环，对于群的商，模算术不是一个具有启发性的好例子．第一次真正使用商群是在第七章讨论生成元和关系时．在本书的早期手稿里，我把商群推迟到那里讲授，但是，由于担心引起代数界的不满，我最后还是把商群放到了第二章. 如果你不打算在课程中讲授生成元和关系，那么可将商的深入讨论推迟到第十一章(环)，在那里商起着重要的作用，而且模算术成了最好的富于启发性的例子.

在第三章(向量空间)中，我试图建立这样一种用基计算的方式，它使学生不会为保持下标一致而烦恼. 由于记号在整本书中都使用，建议采纳这些记号.

在第五章定义的矩阵指数在第十章用于描述单参数群，所以，如果你计划讲单参数群，迟早要讨论矩阵指数. 但不要陷入过多讲授微分方程的诱惑，因为你是在讲授代数，不讲授过多的微分方程是可以理解的.

除去前两节，第七章(群论的进一步讨论)包含了可选的内容. 关于托德-考克斯特算法一节是为讨论生成元和关系用的，否则没有什么用处. 这一节也很有趣.

第八章(双线性型)没有什么特别的. 我没能解决这个主题的主要教学问题，即同一主题有太多的变化，但通过集中于实的和复的情形，我尽量使讨论简短.

在第九章(线性群)，计划把时间花在 SU_2 的几何上. 在我扩充关于 SU_2 一节内容之前，我的学生每年都抱怨，之后他们开始索要补充读物，想学更多的东西. 许多学生在上这门课时不熟悉拓扑学概念，但我发现学生不熟悉拓扑学概念所带来的困难是可以克服的. 的确，这一章是学生了解流形的很好切入点.

若干年来我一直反对把群表示写入第十章，因为它太难了. 但是学生常常要求学习这个主题，我不断地问自己：化学家都能教的东西，为什么我们不能教？最终，依照本书的逻辑结构要求还是纳入了群表示这一主题. 作为回报，埃尔米特型有了一个应用.

你可能发现在第十三章中二次数域的讨论对于一般的代数课程来说太长了. 考虑到这一点，我将第十三章第五节(分解理想)作为一个自然的停顿点.

在入门级的代数课程里，似乎应该提及域的最重要的例子，因此第十五章讨论了函数域. 伽罗瓦理论是否应该放到本科生课程中一直是一个有争议的问题. 但是作为对称讨论的高潮，我把它安排在这里.

对一些较难的练习题标上了星号. 虽然我讲授代数课程多年，但这本书的许多方面仍是试验性的，我非常感谢使用本书的人提出批评和建议.

致谢

我主要想感谢我的学生，多年来是他们使我的课堂如此令人神往. 其中很多人在本书中会看到自己的贡献，我希望你们能原谅我没有一一列举你们的名字.

第 1 版致谢

许多人用了我的讲义并给出了宝贵的建议，其中包括：Jay Goldman，Steve Kleiman，Richard Schafer 和 Joe Silverman. Harold Stark 在数论方面、Gil Strang 在线性代数方面给予了帮助. 此外，下列人员阅读了手稿并给出了建议：Ellen Kirkman，Al Levine，Barbara Peskin 和 John Tate. 我要特别感谢 Barbara Peskin 在她生命的最后一年通读了整本书两遍.

需要数学精确性的插图是 George Fann 和 Bill Schelter 在计算机上制作的，我自己做不来. 感谢 Marge Zabierek，八年里他每年都重录手稿，直到手稿放到计算机里我能自己修订为止. 感谢 Mary Roybal 对手稿的细致而老练的编辑工作.

我在写本书时对其他书参考得不多，但 Birkhoff 和 MacLane 的经典著作以及师从 van der Waerden 的学习对我影响很大. Herstein 的书也一样对我影响深刻，我曾多年用之作为教材. 在 Noble 的书以及 Paley 和 Weichsel 的书中我发现了好的练习题.

第 2 版致谢

许多人对第 1 版做过评论，一些在文中提及了. 我恐怕忘记了提及许多人.

要特别感谢以下这些人：Annette A' Campo 和 Paolo Maroscia 对第 1 版做了仔细的转换和修正；Nathaniel Kuhn 和 James Lepowsky 提出了宝贵意见；Annette 和 Nat 最终教会了我怎样证明正交关系.

感谢那些审阅我的手稿并给出建议的人. 他们是：Alberto Corso，Thomas C. Craven，Sergi Elizade，Luis Finotti，Petter A. Linnell，Brad Shelton，Hema Srinivasan 和 Nik Weaver. Roger Lipsett 阅读了全部修订后的手稿并给出了建议. Brett Coonley 帮忙解决了把手稿变成 TeX 文档时遇到的技术问题.

也感谢在 Pearson 出版社工作的 Caroline Celano，她仔细而全面地对手稿进行了编辑；还有在 Laserwords 工作的 Patty Donovan，她总是优雅地回复我要求进一步校正的请求，尽管她的耐心曾经多次受到考验.

我同 Gil Strang 与 Harold Stark 几乎交谈过所有问题.

最后，感谢麻省理工学院的本科生，他们阅读且评论了修订的文本并修正了错误. 这些读者包括 Nerses Aramyan、Reuben Aronson、Mark Chen、Jeremiah Edwards、Giuliano Giacaglia、Li-Mei Lim、Ana Malagon、Maria Monks 和 Charmaine Sia. 我越来越依赖他们，特别是 Nerses、Li-Mei 和 Charmaine.

“1，2，3，5，4…”
“不！爸爸，是 1，2，3，4，5.”
“哎，如果我想说 1，2，3，5，4，为什么不行呢？”
“不是那样数数的.”
——*Carolyn Artin*

记　号

$\langle A\rangle$	理想 A 的类(13.7.2)
A^{t}	矩阵 A 的转置(1.3.1)
A_n	交错群(2.5.6)
$\mathbf{C}$	复数域(2.2.2)
C_n	n 阶循环群(6.4.1)
$C(x)$	元素 x 的共轭类(7.2.3)
$\mathrm{cof}(A)$	矩阵 A 的伴随矩阵(1.6.7)
D_n	二面体群(6.4.1)
$\det A$	矩阵 A 的行列式(1.4.1)
e_i，e_{ij}	标准基向量(1.1.24)，矩阵单位(1.1.21)
F^n	系数在域 F 上的 n 维列向量空间(3.3.6)
$F^{m\times n}$	系数在域 F 上的 $m\times n$ 矩阵空间(3.3.6)
$\mathbf{F}_p$	整数模 p 的域(3.2.4)
GL_n	一般线性群(2.2.4)
I	单位矩阵(1.1.11)，二十面体群(6.12.1)
$\mathrm{im}\varphi$	映射 φ 的像(2.5.4)
$\ker\varphi$	同态 φ 的核(2.5.5)，(4.1.5)
K^G	固定域(16.5.1)
l^{∞}	有界序列空间(3.7.2)
M，M_n	平面等距群，n 维空间的等距群(第六章第二节)
$\mathbf{N}$	正整数集合，又叫自然数(A.2.1)
$N(H)$	子群 H 的正规化子(7.6.1)
$n!$	n 的阶乘：整数 1，2，…，n 的乘积
$\binom{n}{k}$	二项式系数(A.1.1)
O_n	正交群(6.7.3)，(9.1.2)
$O_{3,1}$	洛仑兹群(9.1.5)
PSL_n	射影群(9.8.1)
$\mathbf{R}$	实数域(2.2.2)
R^{+}	环 R 的加群(2.1.1)
$R^{\times}$	环 R 的可逆元构成的乘法群(2.1.1)

S_n	对称群(2.2.5)
$\mathbf{S}^n$	n 维球面(第九章第二节)
SL_n	特殊线性群(2.2.11)，(9.1.3)
SO_n	特殊正交群(5.1.11)，(9.1.3)
SP_{2n}	辛群(9.1.4)
SU_n	特殊酉群(9.1.3)
T	四面体群(6.12.1)
U_n	酉群(8.3.14)，(9.1.3)
$\langle x\rangle$	由元素 x 生成的子群(2.4.1)
Z	群的中心
$\mathbf{Z}$	整数环(2.2.2)
$Z(x)$	元素 x 的中心化子(7.2.2)
ζ_n	n 次单位根 $e^{2\pi i/n}$(12.4.7)
$\lfloor \mu \rfloor$	小于等于 μ 的最大整数：μ 的下取整(13.7.7)
ω	3 次单位根 $e^{2\pi i/3}$(10.4.14)
$\approx$	指两个结构是同构的，比如 $G\approx G'$(2.6.3)
$\equiv$	同余，如在 $a\equiv b(\bmod n)$中所示(2.9.1)，参见(2.8.2)和(2.7.14)
$*$	如果 A 是复矩阵，则 A^* 是伴随矩阵$\overline{A}^t$(8.3.5)
	在矩阵表示中，* 表示未定元素
	带星号的练习是较难的
$\oplus$	直和(3.6.5)，(14.7.2)

如果 S 和 T 为集合，我们使用如下记号：

$\lvert S\rvert$	集合 S 中元素的个数，也称为集合 S 的阶
$[S]$	S 的子集，可看作 S 的子集的集合中的元素(2.7.8)
$s\in S$	s 是 S 的一个元素
$S\subset T$	S 是 T 的子集，或 S 包含在 T 中．换言之，S 的每个元素也是 T 的元素
$T\supset S$	T 包含 S，这与 $S\subset T$ 是一回事
$S<T$	S 是 T 的真子集，意指它是子集，且 T 含有不是 S 的成员的元素
$T>S$	这与 $S<T$ 是一回事
$S\cap T$	集合的交，它是 S 和 T 所有公共元素的集合
$S\cup T$	集合的并，它是包含在集合 S 和 T 之一中的元素的集合
$S\times T$	集合的积．其元素是有序对(s, t)：$$S\times T=\{(s,t)\mid s\in S, t\in T\}$$
$\varphi: S\to T$	从 S 到 T 的一个映射，是其定义域为 S 而值域为 T 的一个函数
$s\rightsquigarrow t$	这个弯弯的箭头指出所讨论的映射将把元素 s 映射为元素 t，即 $\varphi(s)=t$
■	文中话题的转移符号，如证明或例子结束了，回到文中的主线

目　录

第一章 矩 阵

有了一些增加或减少，

或在上面添加一点或拿走一点，

人们在第一眼还是会说大小没变.

——Leonhard Euler[⊖]

矩阵是本书的中心角色，它是理论的重要组成部分，并且许多具体例子都基于矩阵. 因而，发展处理矩阵的方法是非常重要的. 因为矩阵遍及数学的各个分支，所以这里用到的技巧在其他地方也一定会用到.

第一节 基本运算

设 m 和 n 是正整数，一个 $m\times n$ 矩阵是按 m 行 n 列矩形排列的 mn 个数：

【1.1.1】

$$\overset{n\text{ 列}}{m\text{ 行}\begin{bmatrix} a_{11} & \cdots & a_{1n} \\ \vdots & & \vdots \\ a_{m1} & \cdots & a_{mn} \end{bmatrix}}$$

例如，$\begin{bmatrix} 2 & 1 & 0 \\ 1 & 3 & 5 \end{bmatrix}$是 2×3 矩阵(两行三列). 我们通常用大写字母 A 表示矩阵.

矩阵中的数称为矩阵元素，用 a_{ij} 表示，其中 i，j 为指标(整数)，$1\leqslant i\leqslant m$，$1\leqslant j\leqslant n$. 指标 i 称为行指标，而 j 称为列指标. 因而 a_{ij} 是位于矩阵 i 行 j 列的元素：

$$i\begin{bmatrix} & \overset{j}{\vdots} & \\ \cdots & a_{ij} & \cdots \\ & \vdots & \end{bmatrix}$$

在上面的例子中，$a_{11}=2$，$a_{13}=0$，而 $a_{23}=5$. 有时把元素为 a_{ij} 的矩阵记为(a_{ij}).

一个 $n\times n$ 的矩阵叫做方阵. 一个 1×1 的矩阵$[a]$只含有一个元素，我们不区分这样的矩阵和它的元素.

一个 $1\times n$ 的矩阵是一个 n 维行向量. 当矩阵只有一行时，我们省略行指标 i，而将其记成一个行向量：

$$[a_1 \quad a_2 \quad \cdots \quad a_n] \quad \text{或} \quad (a_1,\ a_2,\ \cdots,\ a_n)$$

⊖ 这是欧拉《代数》一书的第一句话，《代数》一书于1770年在圣彼得堡出版.

逗号在行向量中可以有，也可以没有．同样，一个 $m\times1$ 的矩阵是一个 m 维列向量：

$$\begin{bmatrix} b_1 \\ b_2 \\ \vdots \\ b_m \end{bmatrix}$$

在本书中，多数情况我们不区分一个 n 维列向量和一个 n 维空间的点坐标．在少数几个需要区分的地方，我们会明确指出来．

矩阵的加法和向量的加法一样．令 $A=(a_{ij})$ 和 $B=(b_{ij})$ 是两个 $m\times n$ 的矩阵，它们的和 $A+B$ 是一个 $m\times n$ 矩阵 $S=(s_{ij})$，其中 $s_{ij}=a_{ij}+b_{ij}$．因此

$$\begin{bmatrix} 2 & 1 & 0 \\ 1 & 3 & 5 \end{bmatrix}+\begin{bmatrix} 1 & 0 & 3 \\ 4 & -3 & 1 \end{bmatrix}=\begin{bmatrix} 3 & 1 & 3 \\ 5 & 0 & 6 \end{bmatrix}$$

只有两个同样形状的矩阵(即它们都是 m 行 n 列的矩阵)才能相加．

矩阵和数的标量乘法与向量的标量乘法一样定义．一个数 c 乘一个 $m\times n$ 矩阵 $A=(a_{ij})$ 得到一个 $m\times n$ 矩阵 $B=(b_{ij})$，其中 $b_{ij}=c\cdot a_{ij}$ 对于所有 i，j 都成立．因此

$$2\begin{bmatrix} 2 & 1 & 0 \\ 1 & 3 & 5 \end{bmatrix}=\begin{bmatrix} 4 & 2 & 0 \\ 2 & 6 & 10 \end{bmatrix}$$

数也称为标量．我们假设标量都是实数．在后面的章节里，还会出现其他标量．只要记住，除了偶尔提到实二维或实三维空间的几何外，本章的结果对于复数标量也是成立的．

矩阵乘法是一个复杂的运算．我们先学习同样大小(比如说 m)的一个行向量 A 和一个列向量 B 的乘积 AB．如果 A 与 B 的元素分别记为 a_i 与 b_i，积 AB 是一个 1×1 的矩阵，即标量

2

【1.1.2】 $$a_1b_1+a_2b_2+\cdots+a_mb_m$$

因此，

$$\begin{bmatrix} 1 & 3 & 5 \end{bmatrix}\begin{bmatrix} 1 \\ -1 \\ 4 \end{bmatrix}=1-3+20=18$$

当我们把 A 和 B 看成带有下标的向量时，这个定义的作用是很明显的．例如，考虑含有 m 种成分的糖果条，用 a_i 表示每一糖果条中(成分)$_i$ 的克数，b_i 表示每克(成分)$_i$ 的价格，则矩阵乘积 AB 算出每个糖果条的价格：

$$(克/条)\cdot(价格/克)=(价格/条)$$

一般地，对于两个矩阵 $A=(a_{ij})$ 和 $B=(b_{ij})$，只有当 A 的列数等于 B 的行数时它们的积才有定义．如果 A 是一个 $\ell\times m$ 矩阵，且 B 是一个 $m\times n$ 矩阵，这时它们的积是一个 $\ell\times n$ 矩阵．用符号表示，即

$$(\ell\times m)\cdot(m\times n)=(\ell\times n)$$

积矩阵中的元素由矩阵 A 的所有行和矩阵 B 的所有列的乘积按照(1.1.2)的规则计算．如果用 $P=(p_{ij})$表示积矩阵 AB，则

【1.1.3】
$$p_{ij}=a_{i1}b_{1j}+a_{i2}b_{2j}+\cdots+a_{im}b_{mj}$$

这就是矩阵 A 的第 i 行和 B 的第 j 列的乘积.

$$\begin{bmatrix} & & \\ a_{i1} & \cdots & a_{im} \\ & & \end{bmatrix}\begin{bmatrix} b_{1j} \\ \vdots \\ b_{mj} \end{bmatrix}=\begin{bmatrix} & \vdots & \\ \cdots & p_{ij} & \cdots \\ & \vdots & \end{bmatrix}$$

例如，

【1.1.4】
$$\begin{bmatrix} 2 & 1 & 0 \\ 1 & 3 & 5 \end{bmatrix}\begin{bmatrix} 1 \\ -1 \\ 4 \end{bmatrix}=\begin{bmatrix} 1 \\ 18 \end{bmatrix}$$

3

矩阵乘法的这种定义方法提供了非常方便的计算工具．回到糖果条的例子，设有 ℓ 种糖果条，则可构造一个 $\ell\times m$ 矩阵 A，使其第 i 行给出$(条)_i$ 的各成分的克数．如果要算 n 年中每一年的价格，则可以构造一个矩阵 B，使其第 j 列是$(年)_j$ 的各成分的价格．矩阵乘积 $AB=P$ 算出每个糖果条的价格：$p_{ij}=(条)_i$ 在$(年)_j$ 的价格.

引入矩阵概念的理由之一是为了提供一个书写线性方程组的简明形式．线性方程组

$$\begin{aligned} a_{11}x_1+a_{12}x_2+\cdots+a_{1n}x_n&=b_1\\ a_{21}x_1+a_{22}x_2+\cdots+a_{2n}x_n&=b_2\\ &\vdots\\ a_{m1}x_1+a_{m2}x_2+\cdots+a_{mn}x_n&=b_m \end{aligned}$$

可利用矩阵记号写为

【1.1.5】
$$AX=B$$

其中 A 为系数矩阵，X 和 B 是列向量，AX 是矩阵乘积：

$$\begin{bmatrix} & & \\ & A & \\ & & \end{bmatrix}\begin{bmatrix} x_1 \\ \vdots \\ x_n \end{bmatrix}=\begin{bmatrix} b_1 \\ \vdots \\ b_m \end{bmatrix}$$

我们简称这个形式的方程为“方程”或“方程组”.

矩阵方程

$$\begin{bmatrix} 2 & 1 & 0 \\ 1 & 3 & 5 \end{bmatrix}\begin{bmatrix} x_1 \\ x_2 \\ x_3 \end{bmatrix}=\begin{bmatrix} 1 \\ 18 \end{bmatrix}$$

表示如下三个未知量两个方程的方程组：

$$\begin{aligned} 2x_1+x_2&=1\\ x_1+3x_2+5x_3&=18 \end{aligned}$$

方程(1.1.4)给出了一个解 $x_1=1$，$x_2=-1$，$x_3=4$. 还有其他的解.

定义矩阵乘积的和式(1.1.3)也可以写成总和的形式或用求和号“Σ”表示为

4 【1.1.6】
$$p_{ij}=\sum_{\nu=1}^{m}a_{i\nu}b_{\nu j}=\sum_{\nu}a_{i\nu}b_{\nu j}$$

每一个这样的表达式都是和的简写形式. 大Σ表示将所有下标为 $\nu=1, 2, \cdots, m$ 的项加起来. 最右边的记号表示应该把所有可能的下标为 ν 的项加起来. 我们认为读者应该明白，如果 A 是一个 $\ell\times m$ 矩阵，B 是一个 $m\times n$ 矩阵，则下标 ν 应该从 1 到 m. 我们用希腊字母 ν 这样一个不太常用的符号来明确区分求和时候的下标.

处理数集合的两个最重要的记号之一是如上所用到的求和记号，另一个是矩阵记号. 实际上，两者中记号Σ更为常用. 但是由于矩阵记号更为紧凑，我们将尽可能地使用矩阵记号. 在后面几章里，我们的任务之一就是把复杂的数学结构转换成矩阵记号，从而方便地处理它们.

矩阵运算满足一些等式，如分配律

【1.1.7】
$$A(B+B')=AB+AB' \quad \text{和} \quad (A+A')B=AB+A'B$$

以及结合律

【1.1.8】
$$(AB)C=A(BC)$$

只要矩阵具有适当的行列数使得运算能够进行，这些运算律就成立. 例如，对于结合律，要有正整数 ℓ，m，n，p，使行列数为 $A=\ell\times m$，$B=m\times n$，$C=n\times p$. 因为(1.1.8)中的两个积相等，所以可以将括号省去而记为 ABC. 这样三个矩阵的积 ABC 是一个 $\ell\times p$ 矩阵. 例如，计算矩阵乘积

$$ABC=\begin{bmatrix}1\\2\end{bmatrix}\begin{bmatrix}1&0&1\end{bmatrix}\begin{bmatrix}2&0\\1&1\\0&1\end{bmatrix}$$

的两种方式为

$$(AB)C=\begin{bmatrix}1&0&1\\2&0&2\end{bmatrix}\begin{bmatrix}2&0\\1&1\\0&1\end{bmatrix}=\begin{bmatrix}2&1\\4&2\end{bmatrix} \quad \text{和} \quad A(BC)=\begin{bmatrix}1\\2\end{bmatrix}\begin{bmatrix}2&1\end{bmatrix}=\begin{bmatrix}2&1\\4&2\end{bmatrix}$$

标量乘法与矩阵乘法是相容的，即有

【1.1.9】
$$c(AB)=(cA)B=A(cB)$$

这些等式的证明是很简单的，没有多大意义.

然而，交换律对于矩阵乘法并不成立，即

5 【1.1.10】
$$\text{通常} \quad AB\neq BA$$

即使是两个方阵的乘积也会不同，例如：

$$\begin{bmatrix}1&1\\0&0\end{bmatrix}\begin{bmatrix}2&0\\1&1\end{bmatrix}=\begin{bmatrix}3&1\\0&0\end{bmatrix},\quad 而\begin{bmatrix}2&0\\1&1\end{bmatrix}\begin{bmatrix}1&1\\0&0\end{bmatrix}=\begin{bmatrix}2&2\\1&1\end{bmatrix}$$

如果恰好 $AB=BA$ 成立，则称矩阵 A 和矩阵 B 是可换的.

由于矩阵乘法不满足交换律，因此在讨论矩阵方程时要多加注意. 当乘积有定义时，可以在方程 $B=C$ 的两边左乘矩阵 A 而得到 $AB=AC$. 同样，在乘积有定义时也可得到 $BA=CA$. 但我们不能由 $B=C$ 得到 $AB=CA$!

所有元素都是 0 的矩阵称为零矩阵，在不至于引起混淆的前提下，简记为 0.

矩阵 A 的元素 a_{ii} 称为对角元素，一个非零元素都是对角元素的矩阵称为对角矩阵. (非零这个词的意思是不同于零. 这个词很不美观，但是很方便，所以经常使用.)

若一个 $n\times n$ 对角矩阵的对角元素均是 1，就称为 $n\times n$ 恒等矩阵(或单位矩阵)，记作 I_n. 它在乘法中的作用就像数字 1 一样：如果 A 是一个 $m\times n$ 矩阵，则有

【1.1.11】
$$AI_n = A \quad 和 \quad I_mA = A$$

我们通常省去下标，用 I 表示 I_n.

下面是两种表示恒等矩阵 I 的简单方法：

$$I=\begin{bmatrix}1&&0\\&\ddots&\\0&&1\end{bmatrix}=\begin{bmatrix}1&&\\&\ddots&\\&&1\end{bmatrix}$$

我们常用一块空白或单独一个 0 来表示矩阵中一整块为零的区域.

我们用 $*$ 表示矩阵中任意的未定元素. 这样

$$\begin{bmatrix}*&\cdots&*\\&\ddots&\vdots\\&&*\end{bmatrix}$$

表示一条对角线下面元素为 0，而其他元素未定的矩阵. 这样的矩阵称为上三角矩阵. 例如下面的(1.1.14)中的矩阵即为上三角矩阵.

设 A 是一个 $n\times n$ 方阵. 若有矩阵 B 使得

【1.1.12】
$$AB = I_n \quad 且 \quad BA = I_n$$

6

则称 B 为 A 的逆，记作 A^{-1}:

【1.1.13】
$$A^{-1}A = I = AA^{-1}$$

当 A 有逆时，称 A 为可逆矩阵. 例如，矩阵 $\begin{bmatrix}2&1\\5&3\end{bmatrix}$ 可逆，其逆为 $\begin{bmatrix}3&-1\\-5&2\end{bmatrix}$，直接计算 AA^{-1} 和 $A^{-1}A$ 就可以检验这一点. 另外两个例子是

【1.1.14】
$$\begin{bmatrix}1&\\&2\end{bmatrix}^{-1}=\begin{bmatrix}1&\\&\frac{1}{2}\end{bmatrix} \quad 和 \quad \begin{bmatrix}1&1\\&1\end{bmatrix}^{-1}=\begin{bmatrix}1&-1\\&1\end{bmatrix}$$

我们后面将看到，如果存在矩阵 B 使得 $AB=I_n$ 和 $BA=I_n$ 这两个关系之一成立，则

A 可逆，并且 B 就是 A 的逆(见(1.2.20))．由于矩阵乘法是不可交换的，所以这并不是显而易见的．另一方面，如果矩阵有逆，则逆是唯一的．下面的引理证明了如果矩阵 A 有逆，则其逆是唯一的．

【1.1.15】引理 *设矩阵 A 是方阵，且有右逆 R 满足 $AR=I$，并且 A 还有左逆 L 满足 $LA=I$，则 $R=L$．从而 A 是可逆的，且 R 为 A 的逆．*

证明 $R=IR=(LA)R=L(AR)=LI=L$． ■

【1.1.16】命题 *令 A 和 B 是 $n\times n$ 可逆矩阵，则其乘积 AB 和逆 A^{-1} 也是可逆矩阵，且有 $(AB)^{-1}=B^{-1}A^{-1}$，$(A^{-1})^{-1}=A$．更一般地，若 A_1，A_2，…，A_m 都是可逆的 $n\times n$ 矩阵，则积 $A_1A_2\cdots A_m$ 是可逆矩阵，且有 $(A_1A_2\cdots A_m)^{-1}=A_m^{-1}\cdots A_2^{-1}A_1^{-1}$．*

证明 假设 A 和 B 是可逆矩阵，要证明乘积矩阵 $B^{-1}A^{-1}=Q$ 是 $AB=P$ 的逆矩阵，只要验证 $QP=I=PQ$ 即可．其他断言的证明类似． ■

这样，$\begin{bmatrix}1 & \\ & 2\end{bmatrix}\begin{bmatrix}1 & 1\\ & 1\end{bmatrix}=\begin{bmatrix}1 & 1\\ & 2\end{bmatrix}$的逆是$\begin{bmatrix}1 & -1\\ & 1\end{bmatrix}\begin{bmatrix}1 & 0\\ & \frac{1}{2}\end{bmatrix}=\begin{bmatrix}1 & -\frac{1}{2}\\ & \frac{1}{2}\end{bmatrix}$．

注 值得记住 2×2 矩阵的逆：

【1.1.17】
$$\begin{bmatrix}a & b\\ c & d\end{bmatrix}^{-1}=\frac{1}{ad-bc}\begin{bmatrix}d & -b\\ -c & a\end{bmatrix}$$

分母 $ad-bc$ 是矩阵的行列式．如果行列式为 0，则矩阵不可逆．我们在本章第四节讨论行列式．

7

我们将看到大多数方阵是可逆的，尽管由矩阵乘法的定义这个事实并不明显．但当矩阵很大时，具体找出其逆并不是简单问题．所有可逆 $n\times n$ 矩阵的集合称为 n 维一般线性群．当我们在下一章引入群的概念时，一般线性群是最重要的例子之一．

为了供以后参考，我们注意到有下面的引理：

【1.1.18】引理 *一个方阵如果有一行或者一列元素全是 0，则这个方阵是不可逆的．*

证明 如果 $n\times n$ 矩阵 A 有一行元素全是 0，且 B 是任意一个 $n\times n$ 矩阵，则乘积矩阵 AB 的相应行也全是 0．因此，乘积矩阵 AB 不是单位矩阵．因此 A 没有右逆．类似地，如果 $n\times n$ 矩阵 A 有一列元素全是 0，则 A 没有左逆． ■

矩阵的分块乘法

在我们感兴趣的情形里有各种简化矩阵乘法的技巧．分块乘法是其中之一．设 M，M' 分别为 $m\times n$ 和 $n\times p$ 矩阵，r 是小于 n 的整数．可将两个矩阵如下分块：

$$M=\left[A\,|\,B\right],\quad M'=\begin{bmatrix}A'\\ B'\end{bmatrix}$$

其中 A 有 r 列，而 A' 有 r 行．矩阵乘积可如下计算：

【1.1.19】
$$MM' = AA' + BB'$$
注意这个公式和一个行向量与一个列向量的乘法规则是一样的.

我们也可以将矩阵分成四块. 假设把一个 $m\times n$ 矩阵 M 和一个 $n\times p$ 矩阵 M' 分成矩形的子矩阵

$$M=\left[\begin{array}{c|c}A & B\\ \hline C & D\end{array}\right],\quad M'=\left[\begin{array}{c|c}A' & B'\\ \hline C' & D'\end{array}\right]$$

其中 A，C 的列数与 A'，B' 的行数相同. 在此情形，分块矩阵乘法与 2×2 矩阵的乘法相同：

【1.1.20】
$$\left[\begin{array}{c|c}A & B\\ \hline C & D\end{array}\right]\left[\begin{array}{c|c}A' & B'\\ \hline C' & D'\end{array}\right]=\left[\begin{array}{c|c}AA'+BC' & AB'+BD'\\ \hline CA'+DC' & CB'+DD'\end{array}\right]$$

这一规则也可以由矩阵乘法的定义直接验证.

8

请用分块矩阵乘法矩阵来验证下面的等式

$$\left[\begin{array}{cc|c}1 & 0 & 5\\ \hline 0 & 1 & 3\end{array}\right]\left[\begin{array}{cc|cc}2 & 3 & 1 & 1\\ 4 & 8 & 0 & 0\\ \hline 1 & 0 & 1 & 0\end{array}\right]=\left[\begin{array}{cc|cc}7 & 3 & 6 & 1\\ \hline 7 & 8 & 3 & 0\end{array}\right]$$

除了可以简化计算之外，分块乘法也是数学归纳法证明矩阵的有用工具.

矩阵单位

矩阵单位是最简单的非零矩阵. $m\times n$ 矩阵单位 e_{ij} 在 i，j 位置有 1 作为它的唯一非零元素：

【1.1.21】
$$e_{ij}=i\begin{bmatrix} & \vdots & \\ \cdots & 1 & \cdots\\ & \vdots & \end{bmatrix}$$
（第 j 列）

我们通常用大写字母表示矩阵，但是传统上用小写字母表示矩阵单位.

注　矩阵单位的全体所构成的集合是所有 $m\times n$ 矩阵的空间的一组基，这是因为每一个 $m\times n$ 矩阵 $A=(a_{ij})$ 是矩阵单位 e_{ij} 的线性组合：

【1.1.22】
$$A=a_{11}e_{11}+a_{12}e_{12}+\cdots+a_{mn}e_{mn}=\sum_{i,j}a_{ij}e_{ij}$$

求和符号下面的 i，j 表示对所有 $i=1$，$\cdots$，m 和所有 $j=1$，$\cdots$，n 求和. 例如

$$\begin{bmatrix}3 & 2\\ 1 & 4\end{bmatrix}=3\begin{bmatrix}1 & \\ & \end{bmatrix}+2\begin{bmatrix} & 1\\ & \end{bmatrix}+1\begin{bmatrix} & \\ 1 & \end{bmatrix}+4\begin{bmatrix} & \\ & 1\end{bmatrix}=3e_{11}+2e_{12}+1e_{21}+4e_{22}$$

一个 $m\times n$ 矩阵单位 e_{ij} 和一个 $n\times p$ 矩阵单位 $e_{j\ell}$ 的乘积由下面的公式给出：

【1.1.23】
$$e_{ij}e_{j\ell}=e_{i\ell}\quad ,\quad e_{ij}e_{k\ell}=0\quad \text{如果 } j\neq k$$

注　只在第 i 个位置是 1 而其余位置为 0 的列向量 e_i 类似于矩阵单位，集合 $\{e_1$，e_2，$\cdots$，$e_n\}$ 构成 n 维向量空间 $\mathbf{R}^n$ 的标准基（参见第三章(3.4.15)）. 如果 $X=(x_1$，

x_2，…，x_n)是列向量，则

9 【1.1.24】

$$X = x_1 e_1 + x_2 e_2 + \cdots + x_n e_n = \sum_i x_i e_i$$

矩阵单位与标准基向量的乘法由下面的公式给出：

【1.1.25】

$$e_{ij} e_j = e_i \quad , \quad e_{ij} e_k = 0 \quad 如果 \quad j \neq k$$

第二节　行　约　简

用一个 $n \times n$ 矩阵去左乘一个 $n \times p$ 矩阵，例如

【1.2.1】

$$AX = Y$$

可以通过对 X 的行作用计算出来．如果令 X_i 和 Y_i 分别表示 X 和 Y 的第 i 行，则用向量形式表示为：

【1.2.2】

$$Y_i = a_{i1} X_1 + a_{i2} X_2 + \cdots + a_{in} X_n,$$

$$\boxed{\begin{matrix} & & \\ & A & \\ & & \end{matrix}} \begin{bmatrix} -X_1- \\ -X_2- \\ \vdots \\ -X_n- \end{bmatrix} = \begin{bmatrix} -Y_1- \\ -Y_2- \\ \vdots \\ -Y_n- \end{bmatrix}$$

例如，矩阵乘积

$$\begin{bmatrix} 0 & 1 \\ -2 & 3 \end{bmatrix} \begin{bmatrix} 1 & 2 & 1 \\ 1 & 3 & 0 \end{bmatrix} = \begin{bmatrix} 1 & 3 & 0 \\ 1 & 5 & -2 \end{bmatrix}$$

最下面一行可计算为：$-2[1\quad 2\quad 1]+3[1\quad 3\quad 0]=[1\quad 5\quad -2]$.

左乘一个可逆矩阵称为行变换．下面讨论的这些行变换将会用到一些称为初等矩阵的方阵．有三种类型的 2×2 初等矩阵：

【1.2.3】

$$\text{(i)} \begin{bmatrix} 1 & a \\ 0 & 1 \end{bmatrix} 或 \begin{bmatrix} 1 & 0 \\ a & 1 \end{bmatrix}, \text{(ii)} \begin{bmatrix} 0 & 1 \\ 1 & 0 \end{bmatrix}, \text{(iii)} \begin{bmatrix} c & \\ & 1 \end{bmatrix} 或 \begin{bmatrix} 1 & \\ & c \end{bmatrix}$$

此处 a 可以是任意标量，c 可以是任意非零标量．

也有三种类型的 $n \times n$ 初等矩阵．通过对称地拼接 2×2 初等矩阵到恒等矩阵可得到这
10 些类型的初等矩阵．为节省空间，下面展示了 5×5 矩阵，但矩阵规模假设是任意的．

【1.2.4】

类型(i)

$$\begin{array}{cc} & \begin{matrix} & i & & j & \end{matrix} \\ \begin{matrix} \\ i \\ \\ j \\ \\ \end{matrix} & \begin{bmatrix} 1 & & & & \\ & 1 & & a & \\ & & 1 & & \\ & & & 1 & \\ & & & & 1 \end{bmatrix} \end{array} \quad 或 \quad \begin{array}{cc} & \begin{matrix} & i & & j & \end{matrix} \\ \begin{matrix} \\ j \\ \\ i \\ \\ \end{matrix} & \begin{bmatrix} 1 & & & & \\ & 1 & & & \\ & & 1 & & \\ & a & & 1 & \\ & & & & 1 \end{bmatrix} \end{array} \quad (i \neq j)$$

一个非零非对角元加在了恒等矩阵上.

类型(ii)

$$\begin{array}{c} \\ i \\ \\ j \\ \\ \end{array}\begin{array}{c}\quad i \qquad j \\ \begin{bmatrix} 1 & & & & \\ & 0 & & 1 & \\ & & 1 & & \\ & 1 & & 0 & \\ & & & & 1 \end{bmatrix}\end{array}$$

恒等矩阵的第 i 个和第 j 个对角元素用 0 代替，且在$(i,\ j)$和$(j.\ i)$位置各加上一个 1.

类型(iii)

$$\begin{array}{c} \\ \\ i \\ \\ \\ \end{array}\begin{array}{c} i \\ \begin{bmatrix} 1 & & & & \\ & 1 & & & \\ & & c & & \\ & & & 1 & \\ & & & & 1 \end{bmatrix}\end{array} \quad (c \neq 0)$$

恒等矩阵的一个对角元素被非零标量 c 代替.

注　初等矩阵 E 在矩阵 X 上的作用：要得到矩阵 EX，必须

【1.2.5】

类型(i)：i，j 位置具有 a：用 a 乘以 X 的第 j 行再加到第 i 行上去.

类型(ii)：互换 X 的第 i 行和第 j 行.

类型(iii)：X 的第 i 行乘以非零标量 c.

这些是初等行变换. 请自行检验这些法则.

【1.2.6】**引理**　初等矩阵是可逆矩阵，它们的逆矩阵也是初等矩阵.

证明　初等矩阵的逆矩阵对应着相应行变换的逆变换：“第 i 行减去第 j 行的 a 倍”，再“互换第 i 行与第 j 行”，或“第 i 行乘以 c^{-1} 倍”. ■　11

我们现在对矩阵 M 施行初等行变换(1.2.5)，目的是将其化成更简单的矩阵M'：

$$M \xrightarrow{\text{变换序列}} \cdots \rightarrow M'$$

由于每一次初等变换都可以用初等矩阵左乘来实现，因此可以把这一系列的变换用初等矩阵的乘法来表示：

【1.2.7】
$$M' = E_k E_{k-1} \cdots E_2 E_1 M$$

这个过程称为行约简.

作为一个例子，我们用初等变换从左向右化简下面的矩阵，消去尽可能多的非零元素.

【1.2.8】
$$M = \begin{bmatrix} 1 & 1 & 2 & 1 & 5 \\ 1 & 1 & 2 & 6 & 10 \\ 1 & 2 & 5 & 2 & 7 \end{bmatrix} \rightarrow\rightarrow \begin{bmatrix} 0 & 1 & 2 & 1 & 5 \\ 0 & 0 & 0 & 5 & 5 \\ 0 & 1 & 3 & 1 & 2 \end{bmatrix} \rightarrow$$

$$\begin{bmatrix}1&1&2&1&5\\0&1&3&1&2\\0&0&0&5&5\end{bmatrix}\to\to\begin{bmatrix}1&0&-1&0&3\\0&1&3&1&2\\0&0&0&1&1\end{bmatrix}\to\begin{bmatrix}\mathbf{1}&0&-1&0&3\\0&\mathbf{1}&3&0&1\\0&0&0&\mathbf{1}&1\end{bmatrix}=M'$$

矩阵M'不能再用行变换化简了.

这里是用行约简解线性方程组的方法. 假设给定由 n 个未知量的 m 个方程组成的线性方程组，比如说 $AX=B$，其中 A 是一个 $m\times n$ 矩阵，X 是未知列向量，而 B 是给定的列向量. 为解这个方程组，我们构造 $m\times(n+1)$矩阵，该矩阵也称为增广矩阵：

【1.2.9】
$$M=[A\,|\,B]=\left[\begin{array}{ccc|c}a_{11}&\cdots&a_{1n}&b_1\\\vdots&&\vdots&\vdots\\a_{m1}&\cdots&a_{mn}&b_n\end{array}\right]$$

用行变换化简 M. 注意到 $EM=[EA\,|\,EB]$. 令

$$M'=[A'\,|\,B']$$

为一系列行变换的结果. 关键的事实是：

12 **【1.2.10】命题** 方程组 $A'X=B'$与 $AX=B$ 同解.

证明 由于M'可由一系列初等行变换得到，故存在初等矩阵 E_1，…，E_k 使得

$$M'=E_k\cdots E_1M=PM$$

其中 $P=E_k\cdots E_1$ 是可逆矩阵，且 $M'=[A'\,|\,B']=[PA\,|\,PB]$. 若 X 是原方程组 $AX=B$ 的解，则两边左乘 P：$PAX=PB$，即 $A'X=B'$. 从而 X 也是新方程组的解. 反之，若 $A'X=B'$，则 $P^{-1}A'X=P^{-1}B'$，亦即 $AX=B$. ■

例如，考虑方程组

【1.2.11】
$$\begin{aligned}x_1+\ x_2+2x_3+\ x_4&=\ 5\\x_1+\ x_2+2x_3+6x_4&=10\\x_1+2x_2+5x_3+2x_4&=\ 7\end{aligned}$$

其增广矩阵行约简如上所示(1.2.8). 行约简表明这个方程组等价于约简最后结果M'定义的方程组：

$$\begin{aligned}x_1\quad-\ x_3\quad&=3\\x_2+3x_3\quad&=1\\x_4&=1\end{aligned}$$

我们可立即得到该方程组的解：取 $x_3=c$ 是任意常数，然后解出 x_1，x_2 和 x_4. (1.2.11)的一般解可以写为

$$x_3=c,\quad x_1=3+c,\quad x_2=1-3c,\quad x_4=1$$

的形式，其中 c 是任意常数.

回到任意矩阵的行约简. 不难看出，任意矩阵 M 都可以经过一系列行变换化为行阶梯矩阵. (1.2.8)的最终约简结果就是行阶梯矩阵的一个例子. 下面是定义. 一个行阶梯矩

阵是具有下面这些性质的矩阵：

【1.2.12】

(a) 如果第 i 行是零，则所有 $j>i$ 的行也是零.

(b) 如果第 i 行不是零，则它的第一个非零元为 1，称之为主元.

(c) 如果第 $i+1$ 行不是零，则第 $i+1$ 行的主元在第 i 行的主元的右边.

(d) 主元上面的元素皆为零.（由(c)，主元下面的元也是零.）

(1.2.8) 的矩阵M'与下面例子中矩阵的主元已经用黑体标出.

作行约简时，先找到有非零元(比如说 m)的第一列(如果没有，则 $M=0$ 且它本身已经是行阶梯矩阵). 用(ii)型初等行变换互换行，将非零元 m 移到顶行. 用(iii)型变换将元 m 正规化为 1. 这个元就变成了主元. 然后用一系列(i)型变换将该列其他元清零，得到如下形式的块矩阵： 13

$$\left[\begin{array}{c|c|ccc} 0\cdots0 & 1 & * & \cdots & * \\ \hline 0\cdots0 & 0 & * & \cdots & * \\ \vdots & \vdots & \vdots & & \vdots \\ 0\cdots0 & 0 & * & \cdots & * \end{array}\right], \quad \text{将它写为} \left[\begin{array}{c|c|c} & 1 & B_1 \\ \hline & & D_1 \end{array}\right] = M_1$$

继续对较小的矩阵 D_1 进行行变换. 因为 D_1 的左边各块都是零，这些变换对于矩阵 M_1 的其他部分没有影响. 对矩阵的行数应用数学归纳法，可以假设 D_1 可约简为行阶梯矩阵，比如说 D_2，于是 M_1 可以约简为矩阵：

$$\left[\begin{array}{c|c|c} & 1 & B_1 \\ \hline & & D_2 \end{array}\right] = M_2$$

这个矩阵满足行阶梯矩阵要求的前三个条件. 这时，可将 D_2 主元上方的 B_1 中的元清零，从而最终约简得到一个行阶梯矩阵. ■

可以证明，由给定矩阵 M 经过行约简得到的阶梯矩阵是唯一的，它与所用的行变换的先后顺序无关. 因为这不太重要，故省去其证明.

正如前面所说的，使用行约简的原因是，当A'是一个行阶梯矩阵时，可以立即解出方程组 $A'X=B'$. 另一个例子：设

$$[A' \mid B'] = \left[\begin{array}{cccc|c} \mathbf{1} & 6 & 0 & 1 & 1 \\ 0 & 0 & \mathbf{1} & 2 & 3 \\ 0 & 0 & 0 & 0 & \mathbf{1} \end{array}\right]$$

由于第三个方程是 $0=1$，因而方程组 $A'X=B'$无解. 另一方面，

$$[A' \mid B'] = \left[\begin{array}{cccc|c} \mathbf{1} & 6 & 0 & 1 & 1 \\ 0 & 0 & \mathbf{1} & 2 & 3 \\ 0 & 0 & 0 & 0 & 0 \end{array}\right]$$

有解. 任取 $x_2=c$，$x_4=c'$，由第一个方程解出 x_1，由第二个方程解出 x_3. 一般的法则如下：

【1.2.13】命题　令 $M'=[A' \mid B']$为一个行阶梯矩阵，此处B'为列向量，则方程组 $A'X=B'$ 有解的充分必要条件是最后一列B'没有主元. 这时，如果第 i 列没有主元，则未知量 x_i 可 14

取任意值．当指定这些任意值后，就唯一确定了其他未知量．

齐次线性方程组 $AX=0$ 有平凡解 $X=0$．从行阶梯形又可看出，当未知量个数大于方程个数时，齐次线性方程组 $AX=0$ 必有非平凡解．

【1.2.14】推论 当 $m<n$ 时，每个具有 n 个未知量的由 m 个方程组成的齐次线性方程组 $AX=0$ 有一个使某个 x_i 非零的解 X．

证明 对分块矩阵 $[A|0]$ 进行行约简得到 $[A'|0]$，其中 A' 是行阶梯形．方程 $A'X=0$ 与 $AX=0$ 同解．A' 的主元数(比如 r)至多等于矩阵的行数 m，所以小于 n．命题 1.2.13 告诉我们可以任意指定 $n-r$ 个 x_i 的值． ■

现在我们用行约简刻画可逆方阵．

【1.2.15】引理 一个行阶梯方阵 M 要么是恒等矩阵 I，要么它的底行为零．

证明 比如说 M 是 $n\times n$ 行阶梯矩阵．因为有 n 个列，故至多有 n 个主元．如果有 n 个主元，则每个列必须有一个．这种情形下，$M=I$．如果主元个数少于 n，则某一行为零，从而底行也为零． ■

【1.2.16】定理 令 A 是一个方阵，则下列条件等价：

(a) A 可以由一系列行变换约简为恒等矩阵．

(b) A 是初等矩阵的乘积．

(c) A 可逆．

证明 我们通过证明(a)⇒(b)⇒(c)⇒(a)来证明命题．设 A 可以经过行变换约简为单位矩阵：$E_k\cdots E_1A=I$．在这个式子两边左乘 $E_1^{-1}\cdots E_k^{-1}$，得 $A=E_1^{-1}\cdots E_k^{-1}$．因为初等矩阵的逆是初等矩阵，故(b)成立，所以(a)蕴含着(b)．由于可逆矩阵的乘积是可逆的，故(b)蕴含着(c)．如果 A 是可逆的，则对其进行行约简得到的行阶梯矩阵 A' 也可逆．由于可逆矩阵没有零行，因此引理 1.2.15 说明 A' 是恒等矩阵． ■

行约简给出了一种计算可逆矩阵 A 的逆的方法：像前面一样，用行变换把 A 约简为恒等矩阵：$E_k\cdots E_1A=I$．在其两边右乘 A^{-1}，

$$E_k\cdots E_1 I = E_k\cdots E_1AA^{-1} = IA^{-1} = A^{-1}$$

【1.2.17】推论 令 A 是可逆矩阵．要计算其逆 A^{-1}，先对 A 用初等行变换 $E_1, E_2, \ldots,$ 15 E_k 把它约简为恒等矩阵．当同一系列初等行变换用于 I 时，得到 A^{-1}．

【1.2.18】例 求矩阵

$$A=\begin{bmatrix}1 & 5\\ 2 & 6\end{bmatrix}$$

的逆．为此，先构造 2×4 的块矩阵

$$[A\mid I]=\left[\begin{array}{cc|cc}1 & 5 & 1 & 0\\ 2 & 6 & 0 & 1\end{array}\right]$$

对矩阵 A 作行变换将其化为恒等矩阵，右边也同时作行变换，则最终右边化为 A^{-1}．

$$[A \mid I]=\left[\begin{array}{cc|cc}1 & 5 & 1 & 0\\ 2 & 6 & 0 & 1\end{array}\right]\to\left[\begin{array}{cc|cc}1 & 5 & 1 & 0\\ 0 & -4 & -2 & 1\end{array}\right]\to$$

【1.2.19】
$$\left[\begin{array}{cc|cc}1 & 5 & 1 & 0\\ 0 & 1 & \frac{1}{2} & -\frac{1}{4}\end{array}\right]\to\left[\begin{array}{cc|cc}1 & 0 & -\frac{3}{2} & \frac{5}{4}\\ 0 & 1 & \frac{1}{2} & -\frac{1}{4}\end{array}\right]=[I/A^{-1}]$$ ■

【1.2.20】**命题**　令 A 是一个方阵，且它有左逆 $B:BA=I$ 或右逆 $B:AB=I$，则 A 可逆，且 B 为其逆.

证明　设 $AB=I$. 我们对 A 作行约简. 比如说 $A'=PA$，此处 $P=E_k\cdots E_1$ 是相应的初等矩阵的乘积，且A'是行阶梯矩阵. 则 $A'B=PAB=P$. 因为 P 是可逆的，所以它的最后一行非零. 于是，A'的最后一行也非零. 所以，A'是恒等矩阵(1.2.15)，从而 P 是 A 的左逆. 这样，A 既有左逆又有右逆，从而它是可逆的，且 B 是 A 的逆.

如果 $BA=I$，在上面的推理中我们互换 A 与 B 的角色. 我们发现 B 是可逆的，且它的逆是 A. 这样，A 是可逆的，且它的逆是 B. ■

我们现在回到方程的个数与未知量的个数相等的线性方程组的主要定理上.

【1.2.21】**定理**(方阵方程组)　下列条件对于方阵 A 是等价的：

(a) A 是可逆的.

(b) 对于任意列向量 B，方程组 $AX=B$ 有唯一解.

(c) 齐次线性方程组 $AX=0$ 只有平凡解 $X=0$.

证明　已知方程组 $AX=B$，我们将增广矩阵$[A|B]$行约简为行阶梯矩阵$[A'|B']$. 方程组 $A'X=B'$同解. 如果 A 可逆，则A'是恒等矩阵，所以唯一解是 $X=B'$. 这就证明了(a)⇒(b).

如果一个 $n\times n$ 矩阵 A 不是可逆的，则A'有一个零行. 方程组 $A'X=0$ 中有一个平凡的方程. 所以主元个数小于 n. 齐次线性方程组 $A'X=0$ 有一个非平凡解(1.2.13). 所以方程组 $AX=0$(1.2.14)也有一个非平凡解. 这就表明，如果(a)不成立，则(c)也不成立，因此(c)⇒(a).　16

最后，显然(b)⇒(c). ■

我们特别注意定理中的(c)⇒(b)：

如果齐次线性方程组 $AX=0$ 只有平凡解，则对于任意列向量 B，一般方程组 $AX=B$ 有唯一解.

这非常有用，因为齐次方程组比一般方程组更容易处理.

【1.2.22】**例**　存在一个 n 次多项式 $p(t)$ 满足对于实直线上 $n+1$ 个不同[㊀]的实数 $t=a_0$，a_1，…，a_n有 $p(a_i)=b_i$. 要确定这个多项式，得解一个以 $p(t)$的待定系数所构成的线性方

㊀ 集合的诸元素中如果没有两个是相等的，则称集合的诸元素是不同的.

程组. 为了不用过多的记号，我们就次数是 2 的多项式举例说明. 令 $p(t)=x_0+x_1t+x_2t^2$. 令 a_0，a_1，a_2 和 b_0，b_1，b_2 已知，要解的方程由将 a_i 代替多项式中的 t 得到. 将多项式的系数 x_i 移到右边，得到方程组：

$$x_0+a_ix_1+a_i^2x_2=b_i,\quad i=0,1,2$$

这是一个由三个未知量 x_0，x_1，x_2 的三个线性方程组成的方程组 $AX=B$，其中

$$A=\begin{bmatrix}1 & a_0 & a_0^2\\ 1 & a_1 & a_1^2\\ 1 & a_2 & a_2^2\end{bmatrix}$$

齐次方程(其中 $B=0$)要求多项式有三个根 a_0，a_1，a_2. 而一个非零的二次多项式至多有两个根，所以齐次方程组只有平凡解. 因此，方程组对于任意指定的一组值 b_0，b_1，b_2 有唯一解.

顺便说一句，有一个公式叫拉格朗日插值公式，它明确地给出了多项式 $p(t)$ 的表达式. ■

第三节 矩阵的转置

在上一节中，为了求解线性方程组我们对矩阵进行了行变换. 我们也可以对矩阵施行列变换来简化矩阵，显然会得到类似的结果. 17

矩阵的转置就是把行列互换. 一个 $m\times n$ 矩阵 A 的转置是一个 $n\times m$ 矩阵 A^{t}，由矩阵 A 按照对角线反射得到，即 $A^{\mathrm{t}}=(b_{ij})$，其中 $b_{ij}=a_{ji}$. 例如，

$$\begin{bmatrix}1 & 2\\ 3 & 4\end{bmatrix}^{\mathrm{t}}=\begin{bmatrix}1 & 3\\ 2 & 4\end{bmatrix}\quad 和\quad \begin{bmatrix}1 & 2 & 3\end{bmatrix}^{\mathrm{t}}=\begin{bmatrix}1\\ 2\\ 3\end{bmatrix}$$

下面是转置矩阵的运算法则.

【1.3.1】 $(AB)^{\mathrm{t}}=B^{\mathrm{t}}A^{\mathrm{t}},\ (A+B)^{\mathrm{t}}=A^{\mathrm{t}}+B^{\mathrm{t}},\ (cA)^{\mathrm{t}}=c\cdot A^{\mathrm{t}},\ (A^{\mathrm{t}})^{\mathrm{t}}=A$

利用上面的第一个公式，可由关于左乘的相应事实得到关于右乘的事实. 用初等矩阵 E(1.2.4)右乘矩阵 A 的作用是下列的*初等列变换*：

【1.3.2】*若初等矩阵第 i 行第 j 列元素是 a，就将第 i 列乘以 a 加到第 j 列上去，互换第 i 列与第 j 列，用非零标量 c 乘第 i 列.*

注意在上述第一个运算中，下标 i，j 是(1.2.5a)中下标次序的颠倒.

第四节 行列式

每一个方阵 A 都有一个数与之对应，这个数称为行列式，记作 $\det A$. 本节定义行列式并推导它的性质.

1×1 矩阵的行列式就是其唯一的元素

【1.4.1】 $\det[a]=a$

2×2 矩阵的行列式为

【1.4.2】
$$\det\begin{bmatrix}a & b\\ c & d\end{bmatrix}=ad-bc$$

2×2 矩阵 A 的行列式有一个几何解释．左乘矩阵 A 将二维实向量空间的列向量映射到自身，在这个映射下单位方形的像所构成的平行四边形的面积是矩阵 A 的行列式的绝对值．行列式值的正负取决于映射正方形的方向在作用后是保持还是相反．而且，$\det A=0$ 当且仅当平行四边形退化成一个线段或一个点，当矩阵的两列成比例时才会发生这种情形．

当矩阵为$\begin{bmatrix}3 & 2\\ 1 & 4\end{bmatrix}$时，下面给出了矩阵行列式的图示．阴影部分是单位方形在映射下的像．它的面积为 10．

这个几何解释延伸到高维空间．用一个 3×3 矩阵 A 的左乘映射三维列向量空间 $\mathbf{R}^3$ 到自身，且它的行列式 $\det A$ 的绝对值是单位立方体映像的体积．

18

【1.4.3】图

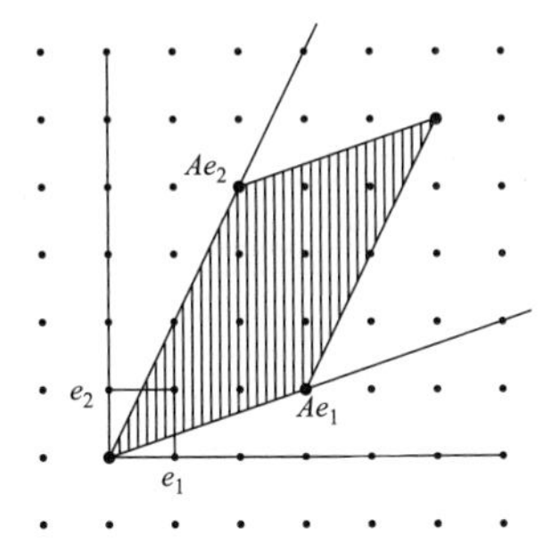

全体 $n\times n$ 实矩阵构成一个 n^2 维向量空间，记作 $\mathbf{R}^{n\times n}$．我们将 $n\times n$ 矩阵的行列式视为此空间到实数的一个函数：

$$\det:\mathbf{R}^{n\times n}\to\mathbf{R}$$

这意味着 $n\times n$ 矩阵的行列式是 n^2 个矩阵元素的函数．对每一个正整数 n 有一个这样的函数．有许多计算行列式的公式，可是，当 n 较大时它们全部都很复杂．这些公式不仅复杂，而且也不容易直接证明两个公式定义的是同一个函数．

我们采用下面的策略：选择一个公式作为行列式的定义，这样，所讨论的是一个特定的函数．我们证明所选择的函数是仅有的具有某些特殊性质的函数．于是，要验证某个其他公式定义的是同一个行列式函数，只需证明它所定义的函数具有同样的性质．这常常不是太难的．

一个 $n\times n$ 矩阵的行列式可根据某些 $(n-1)\times(n-1)$ 行列式用关于子式展开的过程计算．一个矩阵的子矩阵的行列式叫做子式．利用这种展开可给出行列式函数的一个递归定义．

递归这个词意味着一个 $n\times n$ 矩阵的行列式可以利用 $(n-1)\times(n-1)$ 矩阵的行列式来定义．既然我们已经定义了 1×1 矩阵的行列式，就能够利用递归定义来计算 2×2 行列式，进而计算 3×3 行列式，等等．

设 A 是一个 $n\times n$ 矩阵，用 A_{ij} 表示在 A 中删去第 i 行与第 j 列得到的 $(n-1)\times(n-1)$ 子矩阵：

【1.4.4】

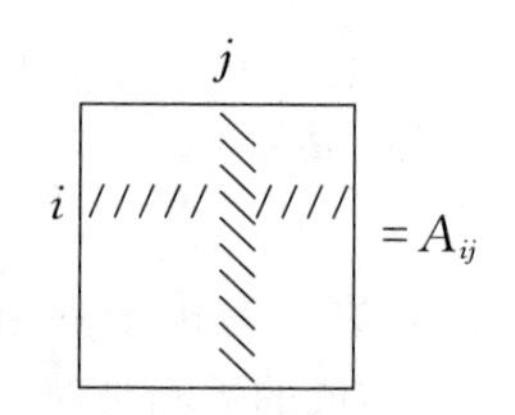

19

例如，若

$$A=\begin{bmatrix}1&0&3\\2&1&2\\0&5&1\end{bmatrix},\quad 则\ A_{21}=\begin{bmatrix}0&3\\5&1\end{bmatrix}$$

注　按第一列对子式展开为下述公式：

【1.4.5】　$$\det A=a_{11}\det A_{11}-a_{21}\det A_{21}+a_{31}\det A_{31}-\cdots\pm a_{n1}\det A_{n1}$$

符号是交错的，以正号开始.

这个展开式用求和记号表示为：

【1.4.6】　$$\det A=\sum_{\nu}\pm a_{\nu 1}\det A_{\nu 1}$$

交错符号可表示为$(-1)^{\nu+1}$，后面还会出现. 我们把这个公式和(1.4.1)都作为行列式的递归定义.

对于1×1和2×2矩阵，其行列式公式与(1.4.1)和(1.4.2)一致. 上面给出的3×3矩阵的行列式为

$$\det A=1\cdot\det\begin{bmatrix}1&2\\5&1\end{bmatrix}-2\cdot\det\begin{bmatrix}0&3\\5&1\end{bmatrix}+0\cdot\det\begin{bmatrix}0&3\\1&2\end{bmatrix}=1\cdot(-9)-2\cdot(-15)=21$$

后面将推出行列式的一些其他公式，包括按行和按列关于子式展开(参见本章第六节的定义).

知道行列式所满足的一些性质是重要的. 我们再次列出行列式的一些性质，其证明推迟到本节的最后. 为了能对除了行列式之外的其他函数应用这些性质，我们将这些性质按一般函数δ的性质给出.

【1.4.7】**定理**(行列式的唯一性)　在$n\times n$矩阵空间中存在唯一的函数δ且具有下面的性质，即矩阵的行列式(1.4.5)具有下面的性质.

(i) 用I表示恒等矩阵，则$\delta(I)=1$.

(ii) 函数δ对于矩阵A的各行是线性的.

(iii) 若矩阵A的两个相邻行相等，则$\delta(A)=0$.

函数δ对于矩阵A的各行是线性的是指：令A_i表示矩阵A的第i行，令A，B，D为三个矩阵，除去第k行外其他矩阵元素相同. 进一步假设矩阵D的第k行满足$D_k=cA_k+c'B_k$，其中c，c'是标量. 则$\delta(D)=c\delta(A)+c'\delta(B)$：

【1.4.8】　$$\delta\begin{bmatrix}\vdots\\cA_i+c'B_i\\\vdots\end{bmatrix}=c\delta\begin{bmatrix}\vdots\\—A_i—\\\vdots\end{bmatrix}+c'\delta\begin{bmatrix}\vdots\\—B_i—\\\vdots\end{bmatrix}$$

20

线性性质使我们能每次对一行进行处理而保持其他行不变. 例如, 由于$\begin{bmatrix}0 & 2 & 3\end{bmatrix}=2\begin{bmatrix}0 & 1 & 0\end{bmatrix}+3\begin{bmatrix}0 & 0 & 1\end{bmatrix}$, 故

$$\delta\begin{bmatrix}1 & & \\ & 2 & 3 \\ & & 1\end{bmatrix}=2\delta\begin{bmatrix}1 & & \\ & 1 & \\ & & 1\end{bmatrix}+3\delta\begin{bmatrix}1 & & \\ & & 1 \\ & & 1\end{bmatrix}=2\cdot 1+3\cdot 0=2$$

也许行列式最重要的性质就是它与矩阵乘法的相容性.

【1.4.9】**定理**(行列式的乘法性质)　对于 $n\times n$ 矩阵 A, B, 有 $\det(AB)=(\det A)\cdot(\det B)$.

下面的定理给出了行列式的加法性质, 这些性质在(1.4.7)中已经列出.

【1.4.10】**定理**　令 δ 是满足性质(1.4.7)(i)、(ii)、(iii)的 $n\times n$ 矩阵 A 的行列式函数, 则

(a) 如果矩阵A'是将矩阵 A 的第 j 行的倍数加到第 i 行上得到的矩阵, 且 $i\neq j$, 则 $\delta(A')=\delta(A)$.

(b) 如果矩阵 A' 是互换矩阵 A 的第 j 行与第 i 行得到的矩阵, 且 $i\neq j$, 则 $\delta(A')=-\delta(A)$.

(c) 如果矩阵A'是把矩阵 A 的第 i 行乘以标量 c 得到的矩阵, 则 $\delta(A')=c\delta(A)$. 如果矩阵 A 的某一行全是零, 则 $\delta(A)=0$.

(d) 如果矩阵 A 的第 i 行等于第 j 行的倍数, 且 $i\neq j$, 则 $\delta(A)=0$.

现在按相反的次序依次证明上述定理. 相当多的要点需要检验使得证明冗长, 而这是不可避免的.

定理 1.4.10 的证明　结论(c)的第一部分是行的线性性质(1.4.7)(ii)的一部分. 结论(c)的第二部分是第一部分的直接结果, 因为为零的行可用 0 乘而不改变矩阵, 即当标量 c 取零时乘 $\delta(A)$的情形.

其次, 我们证明性质(a), (b), (d)当 i 和 j 相邻的情形, 比如令 $j=i+1$. 为使得证明简洁, 我们将矩阵简略表示, 记第 i 行为 R, 记第 j 行为 S, 且省略其他行, 矩阵 A 记为$\begin{bmatrix}R \\ S\end{bmatrix}$, 则由第 i 行的线性性质, 得

【1.4.11】
$$\delta\begin{bmatrix}R+cS \\ S\end{bmatrix}=\delta\begin{bmatrix}R \\ S\end{bmatrix}+c\delta\begin{bmatrix}S \\ S\end{bmatrix}$$

右边第一项是 $\delta(A)$, 第二项是零(1.4.7). 这就证明了(a)对于相邻行的情形. 为了证明(b), 重复使用(a). R, S 如前所述:

21

【1.4.12】
$$\delta\begin{bmatrix}R \\ S\end{bmatrix}=\delta\begin{bmatrix}R-S \\ S\end{bmatrix}=\delta\begin{bmatrix}R-S \\ S+(R-S)\end{bmatrix}=\delta\begin{bmatrix}R-S \\ R\end{bmatrix}=\delta\begin{bmatrix}-S \\ R\end{bmatrix}=-\delta\begin{bmatrix}S \\ R\end{bmatrix}$$

最后, (d)对于相邻行成立由(c)和(1.4.7)(iii)得到.

要完成证明, 我们要证明对于任意不同的行(a), (b), (d)成立. 设第 i 行是第 j 行的倍数. 我们反复交换相邻两行可以得到两个相邻行成比例的情形, 记这个矩阵为A', 则(d) 对于相邻行的结论告诉我们 $\delta(A')=0$, 且(b)关于相邻行的结论告诉我们

$\delta(A')=\pm\delta(A)$，所以 $\delta(A)=0$，这就证明了(d)．至此，(a)和(b)对于相邻行的结论的证明推广到了任意行的情形． ■

定理 1.4.10 中的规则(a)，(b)，(c)表明了用一个初等矩阵去乘一个矩阵如何影响行列式函数 δ，从而得到下面的推论．

【1.4.13】推论 令 δ 是 $n\times n$ 矩阵的行列式函数且具有性质(1.4.7)，令 E 是初等矩阵．对于任意矩阵 A，$\delta(EA)=\delta(E)\delta(A)$，而且，

(i) 如果 E 是第一类初等矩阵(将一行的倍数加到另一行上去)，则 $\delta(E)=1$.

(ii) 如果 E 是第二类初等矩阵(互换两行)，则 $\delta(E)=-1$.

(iii) 如果 E 是第三类初等矩阵(某一行乘上 c)，则 $\delta(E)=c$.

证明 定理 1.4.10 中的规则(a)，(b)，(c)描述了初等行变换对矩阵行列式 $\delta(A)$的影响，它们告诉了如何从 $\delta(A)$计算 $\delta(EA)$．于是，$\delta(EA)=\delta(E)\delta(A)=\varepsilon\delta(A)$，此处根据初等矩阵的类型，$\varepsilon=1$，$-1$ 或 c．令 $A=I$，则 $\delta(E)=\delta(EI)=\delta(E)\delta(I)=\varepsilon\cdot\delta(I)=\varepsilon$. ■

乘法性质的证明(定理 1.4.9) 我们把第一步想象为矩阵 A 的行约简，例如 $EA=A'$．假设已经证明了 $\delta(A'B)=\delta(A')\delta(B)$．应用推论 1.4.13：$\delta(E)\delta(A)=\delta(A')$．由 $A'B=E(AB)$，由推论得 $\delta(A'B)=\delta(E)\delta(AB)$，因此

$$\delta(E)\delta(AB)=\delta(A'B)=\delta(A')\delta(B)=\delta(E)\delta(A)\delta(B)$$

消去 $\delta(E)$，我们看到乘法性质对于矩阵 A，B 也成立．情况既然如此，由归纳法只要证明对于行约简的矩阵 A 乘法性质成立即可．设 A 是行约简的矩阵，则 A 或者是恒等矩阵或者最下面一行为零．显然当 A 是恒等矩阵时，乘法性质成立．而当 A 的最下面一行为零时，AB 的最下面一行也是零．定理 1.4.10 表明$\delta(A)=\delta(AB)=0$．乘法性质在此情形也成立． ■

行列式的唯一性的证明(定理 1.4.7) 证明分两部分．为证明唯一性，对矩阵 A 施行行约简，得 $A'=E_kE_{k-1}\cdots E_1A$．推论 1.4.13 给出了从 $\delta(A')$计算 $\delta(A)$的方法．若A'是恒等矩阵，则 $\delta(A')=1$．否则A'的最后一行为零，对于这种情形，定理 1.4.10 证明了 $\delta(A')=0$．两种情形下的 $\delta(A)$计算就解决了．

22

注意 试图用乘法的相容性和推论 1.4.13 来定义行列式是个很自然的想法．由于我们可以把一个可逆矩阵写成初等矩阵的乘积，因此这些性质定义了每个可逆矩阵的行列式．但有多种方式把一个给定的矩阵表示成初等矩阵的乘积．如果不通过上面证明中的步骤，我们并不清楚两个不同的乘积是否给出相同的行列式．实际上要使这种想法得以实现并不容易．

要完成定理 1.4.7 的证明，我们必须证明所定义的行列式函数(1.4.5)具有性质(1.4.7)．对矩阵的阶数 n 应用数学归纳法来证明．首先，性质(1.4.7)对 $n=1$ 成立，此时，$\det[a]=a$．假设对于$(n-1)\times(n-1)$矩阵我们已经证明了其行列式具有此性质．这样，所有性质(1.4.7)，(1.4.10)，(1.4.13)和(1.4.9)对于$(n-1)\times(n-1)$矩阵成立．对于 $n\times n$ 矩阵的行列式，由行列式的定义(1.4.5)来验证(1.4.7)对于行列式函数 $\delta=\det$ 成

立．作为参考，它们是

(i) 用 I 表示恒等矩阵，$\det(I)=1$.

(ii) det 关于矩阵的行是线性的.

(iii) 若矩阵 A 的相邻两行相同，则行列式 $\det(A)=0$.

(i) 如果 $A=I$，则 $a_{11}=1$，$a_{\nu 1}=0$，$\nu>1$．展开式(1.4.5)可简化为 $\det=1\cdot\det(A_{11})$，而且 $A_{11}=I_{n-1}$．由归纳法，$\det(A_{11})=1$ 且 $\det(I_n)=1$.

(ii) 为证明行的线性性质，我们回到(1.4.8)引入的记号．我们证明展开式(1.4.5)中每一项的线性性质，亦即

【1.4.14】
$$d_{\nu 1}\det(D_{\nu 1}) = ca_{\nu 1}\det(A_{\nu 1}) + c'b_{\nu 1}\det(B_{\nu 1})$$

对每一个下标 ν 成立．令 k 如(1.4.8)中所示.

情形 1：$\nu=k$．我们变换的行已经从子式 A_{k1}，B_{k1}，D_{k1} 中去掉，所以它们相等，且它们的行列式的值也相等．另一方面，a_{k1}，b_{k1}，d_{k1} 分别是行 A_k，B_k，D_k 的第一个元素．于是，

$$d_{k1} = ca_{k1} + c'b_{k1}$$

且(1.4.14)成立.

情形 2：$\nu\neq k$．如果用 A'_k，B'_k，D'_k 表示分别从行 A_k，B_k，D_k 通过去掉第一个元素得到的向量，则 A'_k 是子式 $A_{\nu 1}$ 的行，等等．这里 $D'_k=cA'_k+c'B'_k$，对 n 用归纳法，

$$\det(D'_{\nu 1}) = c\det(A'_{\nu 1}) + c'\det(B'_{\nu 1})$$

另一方面，因为 $\nu\neq k$，所以系数 $a_{\nu 1}$，$b_{\nu 1}$，$d_{\nu 1}$ 是相等的．所以，(1.4.14)在这种情形也成立.

(iii) 假设矩阵 A 的 k 行和 $k+1$ 行是相等的．除非 ν 等于 k 或 $k+1$，否则子式 $A_{\nu 1}$ 有两行相等，且由归纳法，它的行列式为零．所以，(1.4.5)里至多两项不同于零．另一方面，去掉相等行的任一行给出同一个矩阵．所以，$a_{k1}=a_{k+11}$，$A_{k1}=A_{k+11}$．这样，

$$\det(A) = \pm a_{k1}\det(A_{k1}) \mp a_{k+11}\det(A_{k+11}) = 0$$

这就完成了定理 1.4.7 的证明. ■ 23

【1.4.15】推论

(a) 一个方阵 A 是可逆的当且仅当它的行列式不同于零．如果 A 是可逆的，则

$$\det(A^{-1}) = (\det A)^{-1}$$

(b) 矩阵 A 的行列式与其转置矩阵 A^t 的行列式相等.

(c) 如果把行换成列，性质(1.4.7)和(1.4.10)仍成立.

证明

(a) 如果 A 是可逆的，则它是初等矩阵的乘积，比如说，$A=E_1E_2\cdots E_r$(1.2.16)．这样，$\det A=(\det E_1)\cdots(\det E_r)$．初等矩阵的行列式是非零的(1.4.13)，故 $\det A$ 是非零的．若 A 是不可逆的，则存在初等矩阵 E_1，E_2，$\cdots E_r$ 使得矩阵 $A'=E_1E_2\cdots E_rA$ 的最下面一行为零(1.2.15)．这样，$\det A'=0$，从而 $\det A=0$．如果 A 是可逆的，则 $\det(A^{-1})\det A=\det(A^{-1}A)=\det I=1$，所以，$\det(A^{-1})=(\det A)^{-1}$.

(b) 容易验证如果 E 是初等矩阵，则 $\det E=\det E^t$，若 A 是可逆的，记作 $A=E_1\cdots E_k$

如上．则 $A^{t}=E_{k}^{t}\cdots E_{1}^{t}$，由乘法性质，$\det A=\det A^{t}$．若 A 是不可逆的，则 A^{t} 也是不可逆的．这样，$\det A$ 与 $\det A^{t}$ 均为零．

(c) 由(b)可得证． ■

第五节　置　　换

一个集合 S 的置换是一个 S 到 S 的双射 p：

【1.5.1】
$$p:S\to S$$

【1.5.2】表

i	1	2	3	4	5
$p(i)$	3	5	4	1	2

展示了五个指标的集合{**1**，**2**，**3**，**4**，**5**}的置换：$p(\mathbf{1})=\mathbf{3}$，等等．这是一个双射，因为每一个指标在底行里恰好出现一次．

指标集{**1**，**2**，…，***n***}上所有置换的全体所构成的集合称为对称群，记作 S_n，将在第二章中讨论．

置换的这种定义的益处在于可以把置换的复合看成是函数的复合．如果 q 是另一个置换，则先施行 p 置换再施行 q 置换意味着函数的复合 $q\circ p$．复合称为积置换，记作 qp．

注意　*人们有时候喜欢将指标 **1**，**2**，…，**n** 的一个置换看成是同一个指标集的元素按不同顺序排列，如同表(1.5.2)的底行所示．这对我们并无益处．在数学上，人们试图追踪一个元素连续施行两个或多个置换后的结果．例如，我们想通过反复地对换指标得到一个置换．除非全部列出来，否则追踪已经做的所有置换就变成了一场梦魇．*

上面的表格太笨拙了．循环记号更常用．为了把上面的置换 p 用循环记号表示，我们从任意一个指标开始，比如**3**，继续下去：$p(\mathbf{3})=\mathbf{4}$，$p(\mathbf{4})=\mathbf{1}$ 且 $p(\mathbf{1})=\mathbf{3}$．这是三个指标串形成的置换的一个循环，记为

24

【1.5.3】
$$(\mathbf{3\ 4\ 1})$$

这个记号意义如下：指标**3**被映射为**4**，指标**4**被映射为**1**，括号的末端表示指标**1**被映回最前面的**3**：

由于有三个指标，因此这是一个 3-循环．

同样，$p(\mathbf{2})=\mathbf{5}$ 和 $p(\mathbf{5})=\mathbf{2}$，用类似的记号，有两个指标形成 2-循环$(\mathbf{2\ 5})$．2-循环叫做对换．

置换 p 的循环表示就是把这些循环一个接一个写在一起：

【1.5.4】
$$p=(\mathbf{3\ 4\ 1})(\mathbf{2\ 5})$$

这个置换很容易从这个记号得到．

由于循环记号不是唯一的，因此循环记号稍显冗繁．有两个理由．首先，从异于**3**的

指标开始．因此，

$$(\mathbf{3\ 4\ 1}),(\mathbf{1\ 3\ 4}) \quad 和 \quad (\mathbf{4\ 1\ 3})$$

是同一个3-循环的不同记号．其次，在循环中指标的次序没有影响．循环由指标集的互斥集合构成，可以任意顺序表示．例如，可以有

$$p=(\mathbf{5\ 2})(\mathbf{1\ 3\ 4})$$

指标集(此处为**1**，**2**，**3**，**4**，**5**)可以任意分组为循环，其结果是某个置换的循环记号．例如，(**3 4**)(**2**)(**1 5**)表示这样的置换：交换两对指标，而**2**保持不变．而1-循环(即该指标保持不变)在循环记号中经常省略．我们可以把这个置换记作(**3 4**)(**1 5**)．4-循环

【1.5.5】
$$q=(\mathbf{1\ 4\ 5\ 2})$$

理解为没有出现的指标**3**是不变的．因此，在一个置换的循环记号表示中，每个指标至多出现1次．(当然，这个约定是在指标集已知的情况下．)这个约定的唯一例外是恒等置换．我们不愿采用空的符号来表示置换，因此恒等置换用1表示．

为了计算置换的乘积qp，其中p和q如上，我们跟随这两个置换下的指标变化，但务必注意qp就是$q\circ p$，"先施行p，再施行q"．故由于p将**3**→**4**且q将**4**→**5**，qp将**3**→**5**．不巧的是，我们在读循环的时候是从左向右，但施行置换时是从右向左以之字形方式．这需要花些时间去适应，但最终我们会习惯的．这个乘积的结果是一个3-循环：

25

$$qp=\big[\overset{\text{后做这个}}{(\mathbf{1\ 4\ 5\ 2})}\big]\circ\big[\overset{\text{先做这个}}{(\mathbf{3\ 4\ 1})(\mathbf{2\ 5})}\big]=(\mathbf{1\ 3\ 5})$$

缺失的指标**2**与**4**是固定不变的．另一方面，

$$pq=(\mathbf{2\ 3\ 4})$$

置换的复合不满足交换律．

任何一个置换p都有一个伴随的置换矩阵P．用置换p的矩阵左乘一个向量X置换向量的元素．

例如，如果有三个指标，则和循环置换$p=(\mathbf{1\ 2\ 3})$相应的矩阵P左乘列向量X的运算如下：

【1.5.6】
$$PX=\begin{bmatrix}0&0&1\\1&0&0\\0&1&0\end{bmatrix}\begin{bmatrix}x_1\\x_2\\x_3\end{bmatrix}=\begin{bmatrix}x_3\\x_1\\x_2\end{bmatrix}$$

用矩阵P左乘就把向量X的第一个分量变成第二个分量，第二个分量变成第三个分量，以此类推．

详细写出任意置换的矩阵很重要，并验证相应于置换的乘积pq的矩阵是积矩阵PQ．和对换(**2 5**)相应的矩阵是一个第二类型的初等矩阵，即恒等矩阵交换两行得到的矩阵．这一点容易看出．但是对于一般的置换，确定其相应的矩阵就变得扑朔迷离．

注　为了具体地写出置换矩阵，最好使用$n\times n$矩阵单位e_{ij}，第i行第j列元素为1而其他位置为0，见以前(1.1.21)的定义．和对称群S_n中的置换p相应的矩阵是

【1.5.7】 $$P=\sum_i e_{pi,i}$$

(为了使下标尽量紧凑，将 $p(i)$ 写成 pi.)

这个矩阵对向量 $X=\sum e_j x_j$ 的作用如下：

【1.5.8】 $$PX=\Big(\sum_i e_{pi,i}\Big)\Big(\sum_j e_j x_j\Big)=\sum_{i,j} e_{pi,i}e_j x_j=\sum_i e_{pi,i}e_i x_i=\sum_i e_{pi}x_i$$

运算由公式(1.1.25)得到. 当 $i\neq j$ 时，在双下标求和中的项 $e_{pi,i}e_j$ 为零.

26 为了把(1.5.8)右边表示为列向量，必须重新编号使得右边的标准基向量是正确的顺序，即 e_1，…，e_n 而不是置换后的顺序 e_{p1}，…，e_{pn}. 令 $pi=k$ 且 $i=p^{-1}k$. 则

【1.5.9】 $$\sum_i e_{pi}x_i=\sum_k e_k x_{p^{-1}k}$$

这是个令人费解的地方：置换 p 置换向量的第 i 个分量 x_i 对应于 p^{-1}置换指标.

例如，(1.5.6)中的 3×3 矩阵 P 是 $e_{21}+e_{32}+e_{13}$，且

$$PX=(e_{21}+e_{32}+e_{13})(e_1x_1+e_2x_2+e_3x_3)=e_1x_3+e_2x_1+e_3x_2$$

【1.5.10】命题

(a) 一个置换矩阵 P 的每一行和每一列只有一个 1，其余元素全是 0. 反过来，这样的矩阵是一个置换矩阵.

(b) 置换矩阵的行列式为±1.

(c) 令 p 和 q 是两个置换，相应的置换矩阵为 P 和 Q. 则置换 pq 的相应的矩阵为矩阵 P 和 Q 的积矩阵.

证明 我略去(a)和(b)的证明. (c)用下面的计算证明：

$$PQ=\Big(\sum_i e_{pi,i}\Big)\Big(\sum_j e_{qj,j}\Big)=\sum_{i,j} e_{pi,i}e_{qj,j}\sum_j e_{pqj,qj}e_{qj,j}=\sum_j e_{pqj,j}$$

计算由公式(1.1.23)可得. 在双下标求和中的项 $e_{pi,i}e_{qj,j}$ 为零除非 $i=qj$. 故 PQ 是相应于置换的乘积 pq 的矩阵. ■

注 相应于置换 p 的矩阵的行列式称为置换 p 的符号：

【1.5.11】 $$\operatorname{sign}p=\det P=\pm 1$$

一个置换是偶置换如果其符号是+1，是奇置换如果符号是−1. 置换(**1 2 3**)带符号+1，为偶置换. 而任何对换，例如(**1 2**)，带符号−1，是奇置换.

每个置换可有多种方式写成对换的乘积. 如果一个置换 p 等于 k 个对换 $\tau_1\cdots\tau_k$ 的乘积，其中 τ_i 是对换，则数 k 永远是偶数，如果 p 是偶置换；数 k 永远是奇数，如果 p 是奇置换.

至此便完成了对置换和置换矩阵的讨论. 在第七章和第十章还会回来讨论置换问题.

第六节 行列式的其他公式

有类似行列式定义(1.4.5)的公式，既有按列用子式展开行列式的公式，也有用子式 27 按行展开来计算行列式的公式.

仍用记号 A_{ij} 代表从矩阵 A 中删除第 i 行第 j 列后得到的矩阵.

用子式按照第 j 列展开的展开式：

$$\det A = (-1)^{1+j} a_{1j} \det A_{1j} + (-1)^{2+j} a_{2j} \det A_{2j} + \cdots + (-1)^{n+j} a_{nj} \det A_{nj}$$

或以求和记号表示：

【1.6.1】
$$\det A = \sum_{\nu=1}^{n} (-1)^{\nu+j} a_{\nu j} \det A_{\nu j}$$

用子式按照第 i 行展开的展开式：

$$\det A = (-1)^{i+1} a_{i1} \det A_{i1} + (-1)^{i+2} a_{i2} \det A_{i2} + \cdots + (-1)^{i+n} a_{in} \det A_{in}$$

【1.6.2】
$$\det A = \sum_{\nu=1}^{n} (-1)^{i+\nu} a_{i\nu} \det A_{i\nu}$$

例如，按照第二行展开得：

$$\det \begin{bmatrix} 1 & 1 & 2 \\ 0 & 2 & 1 \\ 1 & 0 & 2 \end{bmatrix} = -0\det \begin{bmatrix} 1 & 2 \\ 0 & 2 \end{bmatrix} + 2\det \begin{bmatrix} 1 & 2 \\ 1 & 2 \end{bmatrix} - 1\det \begin{bmatrix} 1 & 1 \\ 1 & 0 \end{bmatrix} = 1$$

为了验证这些公式得到行列式，可以验证性质(1.4.7).

出现在公式中的交错的正负号可从下图中读出：

【1.6.3】
$$\begin{bmatrix} + & - & + & \cdots \\ - & + & - & \\ + & - & + & \\ \vdots & & & \ddots \end{bmatrix}$$

表示交错符号的记号 $(-1)^{i+j}$ 看上去似乎是学究式的，不如上面的图容易记忆. 然而，这个记号是有用的，因为它是以代数规则确定的.

我们给出行列式的另一个表达式，即完全展开式. 完全展开式是利用线性性质按行展开的，先按第一行展开，然后按第二行展开，以此类推. 对于一个 2×2 矩阵，展开式如下：

$$\det \begin{bmatrix} a & b \\ c & d \end{bmatrix} = a\det \begin{bmatrix} 1 & 0 \\ c & d \end{bmatrix} + b\det \begin{bmatrix} 0 & 1 \\ c & d \end{bmatrix}$$

$$= ac\det \begin{bmatrix} 1 & 0 \\ 1 & 0 \end{bmatrix} + ad\det \begin{bmatrix} 1 & 0 \\ 0 & 1 \end{bmatrix} + bc\det \begin{bmatrix} 0 & 1 \\ 1 & 0 \end{bmatrix} + bd\det \begin{bmatrix} 0 & 1 \\ 0 & 1 \end{bmatrix}$$

28

展开式中的第一项和第四项为零，且

$$\det \begin{bmatrix} a & b \\ c & d \end{bmatrix} = ad\det \begin{bmatrix} 1 & 0 \\ 0 & 1 \end{bmatrix} + bc\det \begin{bmatrix} 0 & 1 \\ 1 & 0 \end{bmatrix} = ad - bc$$

对于 $n\times n$ 矩阵作完全展开得到行列式的完全展开式，即公式

【1.6.4】
$$\det A = \sum_{\mathrm{perm}\, p} (\mathrm{sign}\, p) a_{1,p1} \cdots a_{n,pn}$$

其中和是关于 n 个下标的所有置换的全体进行的，符号$(\mathrm{sign}\, p)$是置换的符号.

对于 2×2 矩阵，完全展开式给出了公式(1.4.2). 对于一个 3×3 矩阵，完全展开式有 6 项，因为三个下标的置换共有 6 个：

【1.6.5】 $$\det A = a_{11}a_{22}a_{33} + a_{12}a_{23}a_{31} + a_{13}a_{21}a_{32} - a_{11}a_{23}a_{32} - a_{12}a_{21}a_{33} - a_{13}a_{22}a_{31}$$

为了帮助记忆这个展开式，下面给出一个矩阵块$[A|A]$：

【1.6.6】 $$\begin{bmatrix} a_{11} & a_{12} & a_{13} & a_{11} & a_{12} & a_{13} \\ a_{21} & a_{22} & a_{23} & a_{21} & a_{22} & a_{23} \\ a_{31} & a_{32} & a_{33} & a_{31} & a_{32} & a_{33} \end{bmatrix}$$

三个带正号的项是从左上向右下的三条对角元素的乘积，而三个带负号的项是从右下到左上的对角元素的乘积.

注意 类似的方法对于 4×4 行列式不成立.

完全展开式较实际应用更具理论价值. 除非 n 很小或者矩阵很特殊我们才用完全展开式来计算行列式，否则会因为项数太多而不便计算. 完全展开式的理论意义在于行列式表示为一个以矩阵中的元素 a_{ij} 为变量的 n^2 个变量的多项式，其系数为±1. 例如，若矩阵中的每一个元素 a_{ij} 是关于变量 t 的可导函数，则可导函数的和与积仍然是可导函数，$\det A$ 也是 t 的可导函数.

余子式矩阵

一个 $n\times n$ 矩阵 A 的余子式矩阵仍然是一个 $n\times n$ 矩阵 $\mathrm{cof}(A)$，它的第 i 行第 j 列元素是

29

【1.6.7】 $$\mathrm{cof}(A)_{ij} = (-1)^{i+j}\det A_{ji}$$

其中 A_{ji} 是去掉第 j 行第 i 列后得到的矩阵. 故余子式矩阵是矩阵 A 的$(n-1)\times(n-1)$子式带上(1.6.3)中的正负号构成的矩阵的转置. 这个矩阵提供了求逆矩阵的公式.

要计算余子式矩阵，最安全的办法是将计算分为三个步骤：首先计算矩阵 A_{ij} 的行列式 $\det A_{ij}$，再加上正负号，最后转置. 下面是计算一个特定的 3×3 矩阵的余子式矩阵：

【1.6.8】 $$A = \begin{bmatrix} 1 & 1 & 2 \\ 0 & 2 & 1 \\ 1 & 0 & 2 \end{bmatrix} : \begin{bmatrix} 4 & -1 & -2 \\ 2 & 0 & -1 \\ -3 & 1 & 2 \end{bmatrix}, \begin{bmatrix} 4 & 1 & -2 \\ -2 & 0 & 1 \\ -3 & -1 & 2 \end{bmatrix}, \begin{bmatrix} 4 & -2 & -3 \\ 1 & 0 & -1 \\ -2 & 1 & 2 \end{bmatrix} = \mathrm{cof}(A)$$

【1.6.9】**定理** 令 A 是一个 $n\times n$ 矩阵，$C=\mathrm{cof}(A)$是其余子式矩阵，且令 $\alpha=\det A$. 如果 $\alpha\neq 0$，则 A 是可逆矩阵，且 $A^{-1}=\alpha^{-1}C$. 无论 A 是否可逆，总有 $CA=AC=\alpha I$.

此处 αI 是对角线元素均为 α 的对角矩阵. 对于一个 2×2 矩阵的逆，定理给出了前面得到的公式(1.1.17). 上面(1.6.8)中计算了一个 3×3 矩阵 A 的余子式矩阵，矩阵 A 的行列式恰好为 1，故其余子式矩阵与其逆矩阵相同，即 $A^{-1}=\mathrm{cof}(A)$.

定理 1.6.9 的证明 我们证明矩阵乘积 CA 中第 i 行第 j 列元素在 $i=j$ 时为 α，在$i\neq j$ 时为 0. 令 A_i 表示矩阵 A 的第 i 列. 记 C 和 A 的元素为 c_{ij} 和 a_{ij}，则乘积 CA 的第 i 行第 j 列的元素为

【1.6.10】
$$\sum_{\nu} c_{i\nu} a_{\nu j} = \sum_{\nu} (-1)^{\nu+i} \det A_{\nu i} a_{\nu j}$$
当 $i=j$ 时，这是公式(1.6.1)对于行列式按照第 j 列的子式展开．故如所断言的那样，CA 的对角线元素均为 α．

假设 $i \neq j$，我们以下面的方式构造一个新矩阵 M：M 的元素和 A 的元素除去第 i 列外是相同的．M 的第 i 列 M_i 等于 A 的第 j 列 A_j．因此，M 的第 i 列与第 j 列都是 A_j，故 $\det M=0$．

令 D 是 M 的余子式矩阵，其元素记为 d_{ij}．DM 的第 i 行第 j 列的元素是
$$\sum_{\nu} d_{i\nu} m_{\nu i} = \sum_{\nu} (-1)^{\nu+i} \det M_{\nu i} m_{\nu i}$$
这个和等于 $\det M$，为零．

另一方面，由于在形成 $M_{\nu i}$ 时 M 的第 i 列被删掉了，因此子式等于 $A_{\nu i}$．又由于 M 的第 i 列等于 A 的第 j 列，所以，DM 的第 i 行第 j 列的元素也等于
$$\sum_{\nu} (-1)^{\nu+i} \det A_{\nu i} a_{\nu j}$$
这就是我们要确定的 CA 的第 i 行第 j 列的元素．因此，CA 的第 i 行第 j 列的元素为零，且 $CA=\alpha I$．故如果 $\alpha \neq 0$，则 $A^{-1}=\alpha^{-1}\mathrm{cof}(A)$．类似地，积 AC 用子式按行展开来计算．

30

■

一个表为展开形式的一般代数行列式
也许就像看似均匀的多种液体的混合物一样，由于沸点不同，
可以用分部蒸馏法加以分离．

——*James Joseph Sylvester*

练　　习

第一节　基本运算

1.1　矩阵 $A=\begin{bmatrix}1 & 2 & 5\\ 2 & 7 & 8\\ 0 & 9 & 4\end{bmatrix}$ 的元素 a_{21} 和 a_{23} 是什么？

1.2　对于下列矩阵 A，B，计算积 AB 和 BA．
$$A=\begin{bmatrix}1 & 2 & 3\\ 3 & 3 & 1\end{bmatrix},\quad B=\begin{bmatrix}-8 & -4\\ 9 & 5\\ -3 & -2\end{bmatrix};\quad A=\begin{bmatrix}1 & 4\\ 1 & 2\end{bmatrix},\quad B=\begin{bmatrix}6 & -4\\ 3 & 2\end{bmatrix}$$

1.3　令 $A=[a_1 \cdots a_n]$ 是一个行向量，令 $B=\begin{bmatrix}b_1\\ \vdots\\ b_n\end{bmatrix}$ 是一个列向量．计算积 AB 和 BA．

1.4　验证矩阵乘法的结合律 $\begin{bmatrix}1 & 2\\ 0 & 1\end{bmatrix}\begin{bmatrix}0 & 1 & 2\\ 1 & 1 & 3\end{bmatrix}\begin{bmatrix}1\\ 4\\ 3\end{bmatrix}$．

注意：这是一个自验证问题．你必须乘对了，否则结果出不来．若你需要练习更多矩阵乘法，可以以本题为模型．

㊀1.5 令矩阵 A，B，C 的大小分别为 $\ell\times m$，$m\times n$ 和 $n\times p$．要计算乘积 AB 需要计算多少次乘法？乘积 ABC 以怎样的顺序运算才能使所做乘法的数量最小？

1.6 计算 $\begin{bmatrix}1 & a\\ & 1\end{bmatrix}\begin{bmatrix}1 & b\\ & 1\end{bmatrix}$ 和 $\begin{bmatrix}1 & a\\ & 1\end{bmatrix}^n$．

1.7 求计算 $\begin{bmatrix}1 & 1 & 1\\ & 1 & 1\\ & & 1\end{bmatrix}^n$ 的公式，并用归纳法证明该公式．

31

1.8 计算下面的分块矩阵的乘积：

$$\left[\begin{array}{cc|cc}1 & 1 & 1 & 5\\ 0 & 1 & 0 & 1\\ \hline 1 & 0 & 0 & 1\\ 0 & 1 & 1 & 0\end{array}\right]\left[\begin{array}{cc|cc}1 & 2 & 1 & 0\\ 0 & 1 & 0 & 1\\ \hline 1 & 0 & 0 & 1\\ 0 & 1 & 1 & 3\end{array}\right],\quad \left[\begin{array}{c|cc}0 & 1 & 2\\ \hline 0 & 1 & 0\\ 3 & 0 & 1\end{array}\right]\left[\begin{array}{c|cc}1 & 2 & 3\\ \hline 4 & 2 & 3\\ 5 & 0 & 4\end{array}\right]$$

1.9 令 A，B 是方阵．

(a) 何时有 $(A+B)(A-B)=A^2-B^2$？(b) 展开 $(A+B)^3$．

1.10 令 D 是对角线元素为 d_1，…，d_n 的对角矩阵，且 $A=(a_{ij})$ 是任意 $n\times n$ 矩阵．计算乘积矩阵 DA 和 AD．

1.11 证明上三角矩阵的乘积仍然是上三角矩阵．

1.12 在下面每一种情形，求与给定矩阵可交换的所有 2×2 矩阵．

(a) $\begin{bmatrix}1 & 0\\ 0 & 0\end{bmatrix}$ (b) $\begin{bmatrix}0 & 1\\ 0 & 0\end{bmatrix}$ (c) $\begin{bmatrix}2 & 0\\ 0 & 6\end{bmatrix}$ (d) $\begin{bmatrix}1 & 3\\ 0 & 1\end{bmatrix}$ (e) $\begin{bmatrix}2 & 3\\ 0 & 6\end{bmatrix}$

1.13 一个方阵 A 是幂零的，如果 $A^k=0$ 对于某个正整数 k 成立．证明：如果 A 是幂零的，则 $I+A$ 是可逆矩阵．用找出其逆矩阵的方法证明．

1.14 求出无限多个矩阵 B 使得 $BA=I_2$，其中

$$A=\begin{bmatrix}2 & 3\\ 1 & 2\\ 1 & 1\end{bmatrix}$$

并证明不存在矩阵 C 使得 $AC=I_3$．

1.15 A 为任意矩阵，确定乘积 $e_{ij}A$，Ae_{ij}，e_jAe_k，$e_{ii}Ae_{jj}$ 和 $e_{ij}Ae_{k\ell}$．

第二节 行约简

2.1 对(1.2.8)中给出的矩阵 M 的约简矩阵，确定每一个运算相应的初等矩阵．计算这些初等矩阵的乘积 P，并验证 PM 就是最终行约简的结果．

2.2 求方程组 $AX=B$ 的所有解，其中

$$A=\begin{bmatrix}1 & 2 & 1 & 1\\ 3 & 0 & 0 & 4\\ 1 & -4 & -2 & 2\end{bmatrix},\quad B=\text{(a)}\begin{bmatrix}0\\0\\0\end{bmatrix},\text{(b)}\begin{bmatrix}1\\1\\0\end{bmatrix},\text{(c)}\begin{bmatrix}0\\2\\2\end{bmatrix}$$

㊀ 由 Gilbert Strang 建议．

2.3　求出方程 $x_1+x_2+2x_3-x_4=3$ 的全部解.

2.4　确定在例(1.2.18)中矩阵行约简中所用到的初等矩阵，并验证这些初等矩阵的乘积是 A^{-1}.

32

2.5　求下列矩阵的逆矩阵：

$$\begin{bmatrix} & 1 \\ 1 & \end{bmatrix},\quad \begin{bmatrix} 3 & 5 \\ 1 & 2 \end{bmatrix},\quad \begin{bmatrix} 1 & 1 \\ & 1 \end{bmatrix},\quad \begin{bmatrix} & 1 \\ 1 & \end{bmatrix},\quad \begin{bmatrix} 3 & 5 \\ 1 & 2 \end{bmatrix}$$

2.6　下面的矩阵是基于帕斯卡三角形. 求其逆矩阵.

$$\begin{bmatrix} 1 & & & & \\ 1 & 1 & & & \\ 1 & 2 & 1 & & \\ 1 & 3 & 3 & 1 & \\ 1 & 4 & 6 & 4 & 1 \end{bmatrix}$$

2.7　画出矩阵 $A=\begin{bmatrix} 2 & -1 \\ 2 & 3 \end{bmatrix}$在平面 $\mathbf{R}^2$ 上的乘积的作用效果的草图.

2.8　证明：如果两个 $n\times n$ 矩阵的乘积 AB 是可逆的，则因子 A，B 都是可逆的.

2.9　考虑任意的线性方程组 $AX=B$，其中 A，B 是实矩阵，

(a) 证明：如果方程组有多于一个的解，则方程组有无穷多组解.

(b) 证明：若在复数域有解，则也有实数解.

2.10　令 A 是方阵. 证明：若方程组 $AX=B$ 对某个指定的列向量 B 有唯一解，则对任意列向量 B，方程组 $AX=B$ 有唯一解.

第三节　矩阵的转置

3.1　一个矩阵 B 称为对称的，如果 $B=B^t$. 证明：对于任意方阵 B，BB^t 和 $B+B^t$ 是对称的，且如果 A 是可逆矩阵，则 $(A^{-1})^t=(A^t)^{-1}$.

3.2　令 A，B 是 $n\times n$ 对称矩阵. 证明其乘积 AB 是对称矩阵当且仅当 $AB=BA$.

3.3　假设对于矩阵 A 先做一次行变换，再做一次列变换. 解释如果把变换的次序倒过来，先做一次列变换，再做一次行变换会怎样.

3.4　如果行变换和列变换都可以使用，那么矩阵能简化到什么程度？

第四节　行列式

4.1　计算下列行列式：

(a) $\begin{bmatrix} 1 & i \\ 2-i & 3 \end{bmatrix}$　(b) $\begin{bmatrix} 1 & 1 \\ 1 & -1 \end{bmatrix}$　(c) $\begin{bmatrix} 2 & 0 & 1 \\ 0 & 1 & 0 \\ 1 & 0 & 2 \end{bmatrix}$　(d) $\begin{bmatrix} 1 & 0 & 0 & 0 \\ 5 & 2 & 0 & 0 \\ 8 & 6 & 3 & 0 \\ 0 & 9 & 7 & 4 \end{bmatrix}$

33

4.2　(自己验证)对于下列矩阵，验证行列式的乘法法则 $\det AB=(\det A)\cdot(\det B)$.

$$A=\begin{bmatrix} 2 & 3 \\ 1 & 4 \end{bmatrix},\quad B=\begin{bmatrix} 1 & 1 \\ 5 & -2 \end{bmatrix}$$

4.3　对 n 用归纳法计算 $n\times n$ 矩阵的行列式：

$$\begin{bmatrix} 2 & -1 & & & & \\ -1 & 2 & -1 & & & \\ & -1 & 2 & -1 & & \\ & & -1 & \cdot & & \\ & & & & \cdot & & \\ & & & & & 2 & -1 \\ & & & & & -1 & 2 \end{bmatrix}$$

4.4　令 A 是一个 $n\times n$ 矩阵．用 $\det A$ 表示 $\det(-A)$．

4.5　用行约简证明 $\det A^t=\det A$．

4.6　证明 $\det\begin{bmatrix} A & B \\ 0 & D \end{bmatrix}=(\det A)(\det D)$，如果 A 和 D 都是方块阵．

第五节　置换

5.1　将下列置换表示为互斥循环的乘积：

(1 2)(1 3)(1 4)(1 5)，**(1 2 3)(2 3 4)(3 4 5)**，**(1 2 3 4)(2 3 4 5)**，**(1 2)(2 3)(3 4)(4 5)(5 1)**．

5.2　令 p 是一个四元置换**(1 3 4 2)**．

(a) 求其相应的置换矩阵 P．

(b) 将 p 写成对换的乘积并计算相应的矩阵之积．

(c) 确定 p 的符号．

5.3　证明一个置换矩阵 p 的逆是其转置．

5.4　由 $p(\boldsymbol{i})=\boldsymbol{n}-\boldsymbol{i}+\mathbf{1}$ 定义的 n 元置换的相应的置换矩阵是什么？p 的循环分解是什么？置换 p 的符号是什么？

5.5　在文中，置换(1.5.2)与(1.5.5)的积 qp 和 pq 看作是不同的．然而，这两个乘积都是3-循环的．这是偶然的吗？

第六节　行列式的其他公式

6.1　(a) 利用按最后一行展开求下列行列式：

$$\begin{bmatrix} 1 & 2 \\ 3 & 4 \end{bmatrix},\quad \begin{bmatrix} 1 & 1 & 2 \\ 2 & 4 & 2 \\ 0 & 2 & 1 \end{bmatrix},\quad \begin{bmatrix} 4 & -1 & 1 \\ 1 & 1 & -2 \\ 1 & -1 & 1 \end{bmatrix},\quad \begin{bmatrix} a & b & c \\ 1 & 0 & 1 \\ 1 & 1 & 1 \end{bmatrix}$$

(b) 用完全展开式求这些矩阵的行列式．

(c) 计算这些矩阵的伴随矩阵，并由此验证定理 1.6.9．

6.2　令 A 是一个具有整数元素 a_{ij} 的 $n\times n$ 矩阵．证明 A 是可逆的，且 A^{-1} 中的元素是整数当且仅当 $\det A=\pm 1$．

34

杂题

*M.1　令一个 $2n\times 2n$ 的矩阵由 $M=\begin{bmatrix} A & B \\ C & D \end{bmatrix}$ 形式给出，其中每个块都是 $n\times n$ 矩阵．设 A 是可逆的且 $AC=CA$．用块乘证明 $\det M=\det(AD-CB)$．给出一个例子表明当 $AC\neq CA$ 时，这个公式未必成立．

M.2　令 A 是一个 $m\times n$ 矩阵且 $m<n$．通过比较 A 和一个在 A 的底行添加 $n-m$ 行零所得到的 $n\times n$ 方阵

证明 A 没有左逆.

M.3　一个方阵的迹(trace)是其对角线元素之和:

$$\text{trace}A = a_{11} + a_{22} + \cdots + a_{nn}$$

证明 $\text{trace}(A+B) = \text{trace}A + \text{trace}B$，且 $\text{trace}(AB) = \text{trace}(BA)$，若 B 是可逆的，则 $\text{trace}A = \text{trace}BAB^{-1}$.

M.4　证明方程 $AB-BA=I$ 对于实 $n\times n$ 矩阵 A，B 没有解.

M.5　将矩阵$\begin{bmatrix}1 & 2\\ 3 & 4\end{bmatrix}$表示为尽量少的初等矩阵的乘积，并证明你的表示是最短的.

M.6　求最小整数 n 使得每个可逆的 2×2 矩阵可写成不超过 n 个的初等矩阵的乘积.

M.7　(范德蒙德行列式)

(a) 证明 $\det\begin{bmatrix}1 & 1 & 1\\ a & b & c\\ a^2 & b^2 & c^2\end{bmatrix}=(a-b)(a-c)(b-c)$.

(b) 对 $n\times n$ 矩阵证明类似的结论，用行变换把第一列除去第一个元素外清零的办法求行列式的值.

(c) 用范德蒙德行列式证明在任意 $n+1$ 个点 t_0，…，t_n 取任意指定的值的 n 次多项式 $p(t)$ 是唯一确定的.

*M.8　(一个关于逻辑的练习)考虑 m 个线性方程 n 个未知量的方程组 $AX=B$，此处 m 和 n 未必相等. 系数矩阵 A 有左逆 L，使得 $LA=I_n$. 如果是这样，我们可以如在学校里学到的那样解方程组:

$$AX = B,\quad LAX = LB,\quad X = LB$$

但是当我们试图将解代回检验时，却遇到了麻烦：如果 $X=LB$，则 $AX=ALB$. 我们似乎希望 L 是一个右逆，而右逆并没有给出.

(a) 找出例子说明上面的验证有问题.

(b) 上面的证明步骤恰恰说明了什么？右逆的存在性说明什么？解释清楚.

M.9　令 A 是一个 2×2 矩阵，且 A_1，A_2 是 A 的列. 令 P 是以原点 0 和 A_1，A_2，A_1+A_2 为顶点的平行四边形，确定初等行变换对 P 的面积的影响，并以此证明 A 的行列式的值 $|\det A|$ 等于 P 的面积.

35

*M.10　令 A，B 是 $m\times n$ 和 $n\times m$ 矩阵. 证明 I_m-AB 是可逆的当且仅当 I_n-BA 是可逆的.

提示：也许目前你能寻求的证明途径就是用其他矩阵找出逆矩阵的具体表示式. 作为一个启发式的工具，你可以试一试代入 $(1-x)^{-1}$ 的幂级数展开式. 这个代换没有意义，除非某个级数收敛，且不需要这种情形. 但任何方法也是允许的，倘若以后你能验证你的猜测话.

㊀M.11　(离散狄利克雷问题)函数 $f(u,v)$ 是调和函数，若它满足拉普拉斯方程 $\frac{\partial^2 f}{\partial u^2}+\frac{\partial^2 f}{\partial v^2}=0$. 狄利克雷问题要求平面区域 R 上的调和函数满足指定边界条件. 这个练习解决离散狄利克雷问题.

令 f 是一个实值函数，它的定义域是整数集合 $\mathbf{Z}$. 为了避开非对称性，离散导数定义为整数平移 $\mathbf{Z}+\frac{1}{2}$，作为一阶差分 $f'\left(n+\frac{1}{2}\right)=f(n+1)-f(n)$. 离散的二阶导数回到整数：$f''(n)=f'\left(n+\frac{1}{2}\right)-f'\left(n-\frac{1}{2}\right)=f(n+1)-2f(n)+f(n-1)$.

㊀ 我从 Peter Lax 那里学到了这个问题，他告诉我他是跟我父亲 Emil Artin 学的.

令函数 $f(u, v)$的定义域为平面上坐标为整数的格子点的全体．离散二阶导数公式表明离散版的拉普拉斯公式是：

$$f(u+1,v)+f(u-1,v)+f(u,v+1)+f(u,v-1)-4f(u,v)=0$$

故 f 是调和函数，如果它在点(u, v)处的函数值是它上下左右邻近四个点的函数值的平均值．

平面上一个离散区域 R 是整数格子点的有限集合．它的边界 ∂R 是不属于 R 的格子点的集合，但 ∂R 和 R 的某些点之间的距离是 1．我们称 R 是区域 $\overline{R}=R\cup\partial R$ 的内部．设函数 β 在边界 ∂R 的定义已知．离散狄利克雷问题要求一个定义在 $\overline{R}$ 上的函数 f 使其在边界上等于 β，在内部的所有点处满足离散拉普拉斯方程．这个问题导致了一个线性方程组，简记为 $LX=B$．为建立这个方程组，记 β_{uv} 为函数 β 在边界上的值．故对于边界点(u, v)，$f(u, v)=\beta_{uv}$．令 x_{uv} 表示函数 $f(u, v)$ 在 R 上点(u, v)处的未知值．我们将 R 上的点任意排序，并将未知值 x_{uv} 排成列向量 X．系数矩阵 L 表示离散拉普拉斯方程，除去这个点是某个边界点的邻近点的情形，相应的项是给定的边界点的值．这些项移到方程的右边形成向量 B．

(a) 当 R 是五个点$(0, 0)$，$(0, \pm1)$，$(\pm1, 0)$的集合时，有八个边界点．写出此情形下的线性方程组，并求解狄利克雷问题，其中 β 是定义在边界 ∂R 上的函数且如果 $v\leqslant0$，$\beta_{uv}=0$；如果 $v>0$，$\beta_{uv}=1$．

(b) 最大值原理指出调和函数的最大值在边界上取得．对离散调和函数证明最大值原理．

36

(c) 证明离散狄利克雷问题对每一个区域 R 和每一个边界函数 β 有唯一解．

第二章　群

在数学中没有几个概念比合成法则更加本质.

——*Nicolas Bourbaki*

第一节　合成法则

集合 S 上的合成法则就是将 S 中的元素 a，b 结合成另外一个元素，比如说 p. 这个概念的模型是实数的加法和乘法. $n\times n$ 矩阵集合上的乘法是另一个例子.

规范地，合成法则是一个有两个变量的函数或映射：

$$S\times S\to S$$

此处 $S\times S$ 表示集合的积集，它的元素是集合 S 中的元素对.

合成法则作用在元素对 a，b 上所得到的元素通常用类似乘法或加法的记号表示：

$$p=ab,a\times b,a\circ b,a+b$$

或者其他什么符号，具体使用什么符号依所讨论的问题而定. 元素 p 可以叫做 a，b 的积或和，这取决于所采用的记号是乘还是加.

多数情形我们采用乘法记号 ab. 任何采用乘法记号的结果都可以用其他符号(如加法等)改写，结果同样成立. 改写只是个记号变化.

现在就把 ab 看成集合 S 上的某个特定元素，即由 S 中的元素 a，b 应用合成法则得到的. 因此，如果合成法则是矩阵的乘法，且如果 $a=\begin{bmatrix}1 & 3\\ 0 & 2\end{bmatrix}$，$b=\begin{bmatrix}1 & 0\\ 2 & 1\end{bmatrix}$，则 ab 表示矩阵 $\begin{bmatrix}7 & 3\\ 4 & 2\end{bmatrix}$. 一旦计算出积 ab，那么 a，b 就不能从积中复原.

用乘法记号，合成法则的结合律是指：

【2.1.1】
$$(ab)c=a(bc)\qquad(结合律)$$

对于 S 中的任意 a，b，c 成立. 此处 $(ab)c$ 是指先算 a 与 b 的乘积 ab，再计算 ab 与 c 的乘积. 合成法则的交换律是指：

【2.1.2】
$$ab=ba\qquad(交换律)$$

对于 S 中的任意 a，b 成立. 矩阵乘法满足结合律但不满足交换律.

通常用改变 a，b 在加法 $a+b$ 中的顺序来表示交换律，即 $a+b=b+a$ 对任意 a，b 成立. 乘法记号对于交换律没有特别的含义.

结合律比交换律更基础，一个原因是函数的复合满足结合律. 令 T 是一个集合，g 和 f 是 T 到 T 的映射(或者函数)，令 $g\circ f$ 表示复合映射 $t\rightsquigarrow g(f(t))$：先用 f 作用再用 g 作用. 规则

$$g, f \rightsquigarrow g \circ f$$

是映射 $T \to T$ 的集合上的复合运算．该复合运算满足结合律．若 f，g 和 h 是 T 到 T 的三个映射，则 $(h \circ g) \circ f = h \circ (g \circ f)$：

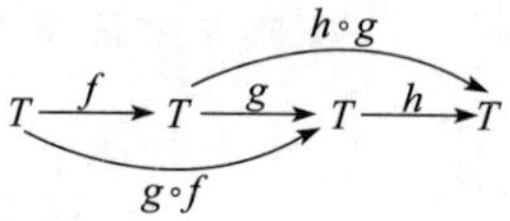

两个复合映射都把元素 t 映射为 $(h(g(f(t)))$.

当 T 只包含两个元素时，比如 $T=\{a, b\}$，则存在 T 到 T 的四个映射：

i：恒等映射，定义为 $i(a)=a$，$i(b)=b$；

τ：对换，定义为 $\tau(a)=b$，$\tau(b)=a$；

α：常函数，$\alpha(a)=\alpha(b)=a$；

β：常函数，$\beta(a)=\beta(b)=b$.

映射 $T \to T$ 的集合 $\{i, \tau, \alpha, \beta\}$ 上的合成法则由下面的乘法表给出：

【2.1.3】

	i	τ	α	β
i	i	τ	α	β
τ	τ	i	β	α
α	α	α	α	α
β	β	β	β	β

合成的方式如下：

38

		f
		$\vdots$
g	$\cdots$	$g \circ f$

因此 $\tau \circ \alpha = \beta$，而 $\alpha \circ \tau = \alpha$．函数的复合不满足交换律.

回到一般的合成法则，假设我们要求一个集合中 n 个元素的乘积 $a_1 a_2 \cdots a_n =$？有许多种不同的方式计算这个乘积．例如，可以先求积 $a_1 a_2$，然后再和第三个元素 a_3 相乘，以此类推：

$$((a_1 a_2) a_3) a_4 \cdots$$

也有其他的方法给出按照指定顺序的这些元素的乘积．但如果乘法运算满足结合律，则所有计算结果都是 S 中的同一个元素．这使得我们可以探讨任意元素串的乘积.

【2.1.4】命题 令集合 S 上的合成法则满足结合律．则有唯一一种方式来定义 S 中任意 n 个元素 a_1，a_2，$\cdots a_n$ 的乘积，暂时记作 $[a_1 a_2 \cdots a_n]$，这个乘积具有以下性质：

(i) 一个元素的积是其自身：$[a_1]=a_1$.

(ii) 两个元素的积 $[a_1 a_2]$ 由合成法则给出.

(iii) 对于任意整数 i：$1 \leqslant i < n$，有 $[a_1 a_2 \cdots a_n]=[a_1 \cdots a_i][a_{i+1} \cdots a_n]$.

方程(iii)右边是先算两个积$[a_1\cdots a_i]$和$[a_{i+1}\cdots a_n]$，然后这两个积再按照合成法则计算其乘积.

证明 对n用数学归纳法.(i)和(ii)已经定义了$n\leqslant 2$的乘积.当$n=2$时(iii)成立.假设当$r\leqslant n-1$已经定义了r个元素的乘积且乘积是唯一的并满足(iii)，然后按照下面的规则定义n个元素的乘积：

$$[a_1\cdots a_n]=[a_1\cdots a_{n-1}][a_n]$$

其中右边的项已经定义好了.如果满足(iii)的乘积存在，那么这个公式给出了积，这正是(iii)中当$i=n-1$的情形.故若n个元素的乘积存在，积就是唯一的.我们必须检验(iii)对于$i<n-1$成立.

$$\begin{aligned}[a_1\cdots a_n]&=[a_1\cdots a_{n-1}][a_n] && (\text{定义})\\ &=([a_1\cdots a_i][a_{i+1}\cdots a_{n-1}])[a_n] && (\text{归纳假设})\\ &=[a_1\cdots a_i]([a_{i+1}\cdots a_{n-1}][a_n]) && (\text{结合律})\\ &=[a_1\cdots a_i][a_{i+1}\cdots a_n] && (\text{归纳假设})\end{aligned}$$

至此完成了证明.从现在起，在表示乘积时将省去括号而直接记为$a_1\cdots a_n$. ■

集合S中的元素e称为合成法则的恒等元，如果e满足

【2.1.5】 $$ea=a\text{ 与 }ae=a,\text{对所有 }a\in S$$

至多有一个恒等元，因为若e和e'是两个恒等元，则由于e是恒等元，故$ee'=e'$，又有e'也是恒等元，故$e=ee'$.因此$e=ee'=e'$.

矩阵乘法和函数的复合都有恒等元，对于$n\times n$矩阵，它是恒等矩阵I，对于$T\to T$的映射集合，它是恒等映射——将元素映射为自身的映射是恒等映射.

39

注 如果合成法则用乘法表示，则恒等元通常用1来表示；如果合成法则用加法表示，则恒等元用0来表示.这些元素与数字1和0无关，但是在合成法则中起到恒等元的作用.

假设集合S上定义了一个满足结合律且有恒等元1的合成法则，并记作乘法.S中的元素a是*可逆的*如果存在另一个元素b使得

$$ab=1\quad\text{与}\quad ba=1$$

且如果上式成立，则b称为a的逆.元素a的逆记作a^{-1}，或当合成法则用加法记时，逆记作$-a$.

下面不加证明地列出了逆的性质.除去最后一条性质外，其他性质在矩阵中已经讨论过.作为最后一个性质的示例，参看练习1.3.

- 如果a有左逆l和右逆r，即$la=1$和$ar=1$，则$l=r$，a是可逆的，且r是其逆.
- 如果a是可逆的，则其逆是唯一的.
- 乘积的逆按照相反次序：如果a和b均可逆，则乘积ab可逆，且

$$(ab)^{-1}=b^{-1}a^{-1}$$

- 一个元素a可以有左逆或右逆，尽管它是不可逆的.

幂记号可以用于满足结合律的运算：当$n>0$时，$a^n=a\cdots a$(n个因子)，$a^{-n}=a^{-1}\cdots$

a^{-1}，且 $a^0=1$．通常的幂运算律成立：$a^r a^s=a^{r+s}$，且$(a^r)^s=a^{rs}$．当合成法则用加法表示时，幂运算记号 a^n 改用记号 $na=a+\cdots+a$.

除非合成法则满足交换律，否则不建议采用分式记号 $\frac{a}{b}$，因为不知道这个分式记号所指的是 ba^{-1}还是 $a^{-1}b$，而这二者可以是不同的.

第二节　群与子群

一个群是一个带有下列性质的合成法则的集合 G：

- 合成法则满足结合律：$(ab)c=a(bc)$对 G 中任意 a，b，c 成立.
- G 包含单位元 1，使得对于 G 中任意元素 a 有 $1a=a1=a$.
- G 中任意元素 a 均有逆，即存在元素 b 使得 $ab=ba=1$.

*阿贝尔群*是合成法则交换的群.

例如，非零实数的集合按照乘法构成的群和实数集合按照加法构成的群都是阿贝尔群．所有 $n\times n$ 可逆矩阵集合按照矩阵乘法合成法则构成一般线性群，但不是交换群，除非 $n=1$.

当满足复合运算律时，通常把表示该集合的群和该集合用同一个符号表示.

群 G 的阶是其包含的元素个数，通常记作$|G|$：

40

【2.2.1】　$|G|=G$ 的元素个数，G 的阶

如果 G 的阶是有限的，则 G 称为*有限群*；否则称为*无限群*．同样的术语适用于集合．一个集合 S 的阶$|S|$是 S 中所含的元素个数.

下面列出我们熟悉的一些无限交换群的记号：

【2.2.2】　$\mathbf{Z}^+$：整数集合，加法作为它的复合法则 — 整数加群，

$\mathbf{R}^+$：实数集合，加法作为它的复合法则 — 实数加群，

$\mathbf{R}^\times$：非零实数集合，乘法作为它的复合法则 — 实数乘法群，

$\mathbf{C}^+$，$\mathbf{C}^\times$：类似的群，用复数集合 $\mathbf{C}$ 代替实数集合 $\mathbf{R}$.

注意　也有用 $\mathbf{R}^+$ 来表示正实数集合的．为了避免混淆，最好用记号$(\mathbf{R},+)$来表示实数加群，即具体地把合成法则表示出来．但是，我们的记号更紧凑．此外，用符号 $\mathbf{R}^\times$ 表示非零实数乘法构成的群．所有实数在乘法下不构成群，因为 0 没有逆.

【2.2.3】命题（消去律）　令 a，b，c 是群 G 中的元素，群 G 的合成法则用乘法表示．若 $ab=ac$或 $ba=ca$，则 $b=c$．若 $ab=a$ 或 $ba=a$，则 $b=1$.

证明　$ab=ac$ 两边左乘 a^{-1}得到 $b=c$．其他证明类似.　■

这个证明中用 a^{-1}左乘很关键．若元素 a 不可逆，则消去律不一定成立．例如，

$$\begin{bmatrix}1&1\\ & \end{bmatrix}\begin{bmatrix}1&1\\ &2\end{bmatrix}=\begin{bmatrix}1&1\\ & \end{bmatrix}\begin{bmatrix}3& \\ &1\end{bmatrix}$$

两个基本的群的例子是由前面讨论过的合成法则——矩阵乘法和函数的合成——通过把不可逆的元素去掉而得到.

注 $n\times n$ 一般线性群是由所有 $n\times n$ 可逆矩阵构成的群. 将它记为

【2.2.4】 $$GL_n=\{n\times n\text{ 可逆矩阵 }A\}$$

如果我们希望指出考虑的是实数矩阵还是复数矩阵，则把它们相应地记为 $GL_n(\mathbf{R})$ 或 $GL_n(\mathbf{C})$.

令 M 表示集合 T 到自身的映射的集合. 映射 $f:T\to T$ 有逆函数当且仅当它是一一映射. 这样的映射也称为 T 的一个置换. 置换的集合在映射合成法则下构成一个群. 如在第一章第五节中一样，置换的合成用乘法表示，即用 qp 表示 $q\circ p$.

注 指标集合 $\{\mathbf{1},\ \mathbf{2},\ \cdots,\ \boldsymbol{n}\}$ 的置换群称为对称群，记作 S_n：

【2.2.5】 $$S_n\text{ 是指标 }\mathbf{1},\mathbf{2},\cdots,\boldsymbol{n}\text{ 的置换群}$$

41

n 个元素的集合共有 $n!$（n 的阶乘 $=1\cdot 2\cdot 3\cdot\cdots\cdot n$）个置换，所以对称群 S_n 是阶为 $n!$ 的有限群.

集合 $\{a,\ b\}$ 的置换由恒等置换 i 和对换 τ 构成，形成一个二阶群. 如果用 **1** 代替 a，用 **2** 代替 b，就得到二阶对称群 S_2. 实际上只有一个二阶群 G. 为了说明这一点，注意到群中有一个恒等元 1 和另一个元素 g. 群的乘法表中有 4 个元素 11，$1g$，$g1$ 和 gg. 除去 gg，其他元素都由恒等元性质得出. 而且由消去律有 $gg\neq g$. 仅有一种可能，就是 $gg=1$. 故乘法表完全确定. 只有一个群运算律.

下面我们描述对称群 S_3. 这个群是六阶群，可以作为按照合成法则构成的最小的非交换群的例子. 后面会经常用到这个群. 为了刻画这个群，选取两个特殊的置换来表示其他的置换. 取循环置换（**1 2 3**）和对换（**1 2**），并分别用 x 和 y 表示. 容易验证

【2.2.6】 $$x^3=1,y^2=1,yx=x^2y$$

利用消去律，可以看到 6 个元素 1，x，x^2，y，xy，x^2y 是不同的. 所以群 S_3 有 6 个元素：

【2.2.7】 $$S_3=\{1,x,x^2;y,xy,x^2y\}$$

在以后，我们会把(2.2.6)和(2.2.7)作为对称群 S_3 的“一般表示”. 注意 S_3 不满足交换律，因为 $yx\neq xy$.

法则(2.2.6)也可直接验证，对 S_3 的计算有它们就足够了. 不断应用上面的法则，x，y 以及其逆的任意积都等于(2.2.7)中某个元素. 为此，用最后一个法则把所有出现的 y 移到右边，而用前面两个法则使其幂变小. 例如：

【2.2.8】 $$x^{-1}y^3x^2y=x^2yx^2y=x^2(yx)xy=x^2(x^2y)xy=xyxy=x(x^2y)y=1$$

用这些法则可以写出 S_3 的乘法表. 因此，这些法则称为群的定义关系，我们会在第七章正式学习这一概念.

我们到此为止. S_n 的结构随着 n 的增加变得非常复杂.

一般线性群和对称群如此重要的一个原因，是许多其他群都作为子群包含在它们之中. 群 G 的子集 H 称为一个子群，如果它具有下列性质：

【2.2.9】

- 封闭性：若 $a\in H$ 并且 $b\in H$，则 $ab\in H$.
- 恒等元：$1\in H$.
- 逆元：若 $a\in H$，则 $a^{-1}\in H$.

对这些条件解释如下：第一个条件告诉我们可以用 G 上的合成法则在 H 上定义一个合成法则，称为诱导法则．第二个和第三个条件指出 H 关于这个诱导法则构成一个群．注意，(2.2.9)提到了群定义中除了结合律的所有要点．因为结合律自动地由 G 转移到 H，我们不需要再提及它．

42

注意

(i) 在数学上，学习每一个术语的定义非常重要．有直觉是不够的．例如 2×2 可逆上三角矩阵的集合 T 是一般的线性群 GL_2 的子群．只有一种方法证明，就是回到定义．确实 T 是 GL_2 的子集．验证任意两个可逆上三角矩阵的乘积还是可逆上三角矩阵，恒等矩阵是上三角的，可逆上三角矩阵的逆矩阵还是上三角的可逆矩阵．当然这些都容易验证．

(ii) 封闭性作为群的一个公理指的是群 G 中任意两个元素的乘积 ab 仍是群中的元素．我们把封闭性包含在合成法则中．这样在群的定义中就不必单独指出运算的封闭性了．

【2.2.10】**例**

(a) 绝对值为 1 的复数的集合——复平面的单位圆上点的集合——是乘法群 $\mathbf{C}^{\times}$ 的子群，称为圆群．

(b) 所有行列式为 1 的 $n\times n$ 实矩阵构成一般线性群 GL_n 的子群，称为特殊线性群，记为 SL_n：

【2.2.11】 $SL_n(\mathbf{R})$ 是所有行列式为 1 的实 $n\times n$ 矩阵 A 的集合

对于这个特殊线性群，定义(2.2.9)中的性质很容易验证，这里省去验证过程． ■

注 每个群 G 都有两个明显的子群：群 G 自身和由单独一个恒等元构成的平凡子群 $\{1\}$．一个子群如果不是这两个子群之一，则称为真子群．

第三节 整数加群的子群

这里我们用整数加群 $\mathbf{Z}^{+}$ 的子群回顾一些基本的数论理论．首先，列出群运算用加法表示时子群用到的公理：一个用加法表示合成法则的群 G 的子集 S 是一个子群，如果满足下列性质：

【2.3.1】

- 封闭性：如果 a，$b\in S$，则 $a+b\in S$；
- 单位元：$0\in S$；
- 逆元：若 $a\in S$，则 $-a\in S$.

令 a 是异于 0 的整数．记由所有 a 的倍数构成的 $\mathbf{Z}$ 的子集为 $\mathbf{Z}a$：

【2.3.2】 $$\mathbf{Z}a=\{n\in\mathbf{Z}\mid 存在\ k\in\mathbf{Z},使\ n=ka\}$$

43

这是整数加群 $\mathbf{Z}^{+}$ 的子群．它的元素也可以描述为被 a 整除的整数．

【2.3.3】定理 令 S 是整数加群 $\mathbf{Z}^+$ 的子群．则 S 或为平凡子群 $\{0\}$，或是有形式 $\mathbf{Z}a$，其中 a 为 S 中最小正整数．

证明 令 S 是 $\mathbf{Z}^+$ 的一个子群．则 $0\in S$．如果 0 是 S 中唯一的元素，则 S 为平凡子群．因而对这一情形结论成立．否则，S 包含异于 0 的整数 n，且要么 n 是正数，要么 $-n$ 是正数．由子群的第三个性质知：$-n\in S$．故 S 含有正整数．我们必须证明 $S=\mathbf{Z}a$，其中 a 为 S 中最小正整数．

首先证明 $\mathbf{Z}a$ 是 S 的子集，换句话说，$ka\in S$ 对于任意整数 k 成立．如果 k 是正整数，则 $ka=a+a+\cdots+a$(k 项)．由于 $a\in S$，由子群的封闭性和归纳法知 $ka\in S$．子群中元素的逆元仍属于 S，因此 $-ka\in S$．最后，$0a=0\in S$．

其次，证明 S 是 $\mathbf{Z}a$ 的子集，即 S 中任意元素 n 是 a 的整数倍．用带余除法，记 $n=qa+r$，其中 q，r 都是整数且余数 r 的取值范围为 $0\leqslant r<a$．由于 $\mathbf{Z}a\subseteq S$，故 $qa\in S$，当然 $n\in S$．因为 S 是子群，故也有 $r=n-qa\in S$．现在，根据我们的选取，a 为 S 中最小正整数，而余数 r 满足 $0\leqslant r<a$．因此，属于 S 的唯一余数是 0．所以，$r=0$ 且 n 是 a 的整数倍数 qa． ■

这一刻画导致定理 2.3.3 在两个整数 a，b 生成的子群上的一个惊人的应用．设 a 和 b 都非零整数．由 a 和 b 的所有整数组合 $ra+sb$ 构成的集合

【2.3.4】 $$S=\mathbf{Z}a+\mathbf{Z}b=\{n\in Z\mid n=ra+sb,\text{其中 } r,s \text{ 是任意整数}\}$$

是 $\mathbf{Z}^+$ 的子群，这时子群被称为由 a，b 生成的子群，因为它是同时包含这两个元素的最小子群．设 a，b 是不全为零的整数，故 S 不是平凡子群 $\{0\}$．定理 2.3.3 告诉我们存在某个正整数 d，使这个子群具有 $\mathbf{Z}d$ 的形式，它是能被 d 整除的整数的集合．生成元 d 叫做 a 与 b 的最大公因数，原因在下面命题的(a)和(b)中给出．a 与 b 的最大公约数记作 $\gcd(a,b)$．

【2.3.5】命题 设 a，b 是不全为零的整数，并设 d 是 a 与 b 的最大公约数，且是生成子群 $S=\mathbf{Z}a+\mathbf{Z}b$ 的正整数，则有 $\mathbf{Z}d=\mathbf{Z}a+\mathbf{Z}b$．则

(a) d 整除 a 与 b．

(b) 若整数 e 整除 a 和 b，则 e 整除 d．

(c) 存在整数 r 和 s，使 d 可以写为 $d=ra+sb$ 的形式．

证明 (c)部分是 d 属于 $\mathbf{Z}a+\mathbf{Z}b$ 的另一种说法．其次，注意到 a，b 都在子群 $S=\mathbf{Z}d$ 中，因而 d 整除 a 与 b．最后，若 e 是整除 a 和 b 的整数，则 e 整除整数 a 和 b 的线性组合 $ra+sb$．由假设，$d=ra+sb$，故 e 整除 d． ■

注意 e 整除 a 和 b，则 e 整除任何具有形式 $ma+nb$ 的整数．故(c)蕴含(b)．但(b)不蕴含(c)．正如我们将看到的，性质(c)是个功能强大的工具．

反复使用带余除法容易求得最大公约数．例如，若 $a=314$，$b=136$，则

$$314=2\cdot 136+42,\quad 136=3\cdot 42+10,\quad 42=4\cdot 10+2$$

44

利用这些方程中的第一个，可以证明 314 和 136 的线性组合可以由 136 与 42 的线性组合来表示，反之亦然．故 $\mathbf{Z}(314)+\mathbf{Z}(136)=\mathbf{Z}(136)+\mathbf{Z}(42)$，因此 $\gcd(314,136)=\gcd(136,42)$．类似地，$\gcd(136,42)=\gcd(42,10)=\gcd(10,2)=2$．故 314 与 136 的最大

公约数为 2. 这种求两个整数的最大公约数的迭代法叫做欧几里得算法.

如果给出了整数 a, b, 则第二种求这两个数的最大公约数的方法是求得每一个整数的素整数分解, 然后将所有公共的素因子收集起来. 命题 2.3.5 中的性质(a)和(b)用这种方法很容易验证. 但是没有定理 2.3.3, 性质(c), 即由这种方法确定的最大公约数 d 是 a 和 b 的线性组合这个性质并不是显然的. 这里我们并不做进一步讨论. 在第十二章我们再回来讨论它.

两个非零整数 a 和 b 称为是*互素的*, 如果仅有唯一的正整数 1 同时整除这两个数. 这样, 它们的最大公约数是 1: $\mathbf{Z}a+\mathbf{Z}b=\mathbf{Z}$.

【2.3.6】**推论** *一对整数 a 和 b 互素当且仅当存在整数 r 和 s 使得 $ra+sb=1$.*

【2.3.7】**推论** *令 p 是一个素整数. 若 p 整除 a 与 b 的乘积 ab, 则 p 整除 a 或者 p 整除 b.*

证明 假设素数 p 整除 ab, 但不整除 a. p 仅有的正因子是 1 和 p. 因 p 不整除 a, 故 $\gcd(a, p)=1$. 因此有整数 r 和 s 使得 $ra+sp=1$. 两边同乘以 b: $rab+spb=b$, 注意到 p 整除 rab 和 spb, 故 p 整除 b. ■

有一个与整数对 a, b 有关的 $\mathbf{Z}^+$ 的子群, 即交集 $\mathbf{Z}a\cap\mathbf{Z}b$, 它是包含在 $\mathbf{Z}a$ 和 $\mathbf{Z}b$ 中的整数的集合. 现在假设 a, b 均非零, 则 $\mathbf{Z}a\cap\mathbf{Z}b$ 是一个子群. 它不是平凡子群 $\{0\}$, 因为它包含乘积 ab, 而 ab 不是零. 故 $\mathbf{Z}a\cap\mathbf{Z}b$ 对于某个正整数 m 具有形式 $\mathbf{Z}m$. 这个整数 m 称为 a, b 的*最小公倍数*, 记作 $\mathrm{lcm}(a, b)$, 原因由下面的命题给出.

【2.3.8】**命题** *令 a 和 b 是非零整数, 且 m 是它们的最小公倍数——正整数生成子群 $S=\mathbf{Z}a\cap\mathbf{Z}b$. 故 $\mathbf{Z}m=\mathbf{Z}a\cap\mathbf{Z}b$. 则*

(a) m 被 a 和 b 整除.

(b) 如果 n 被 a 和 b 整除, 则 n 被 m 整除.

证明 上述两个断言均得证于事实: 一个整数被 a 与 b 整除当且仅当这个整数属于集合 $\mathbf{Z}m=\mathbf{Z}a\cap\mathbf{Z}b$. ■

【2.3.9】**推论** *令 $d=\gcd(a, b)$ 和 $m=\mathrm{lcm}(a, b)$ 分别是正整数对 a 与 b 的最大公约数和最小公倍数. 则 $ab=dm$.*

证明 由于 b/d 是一个整数, 故 a 整除 ab/d. 类似地, b 整除 ab/d. 故 m 整除 ab/d, 且 dm 整除 ab. 其次, 记 $d=ra+sb$. 则 $dm=ram+sbm$. 右边两项均能被 ab 整除, 所以 ab 整除 dm. 由于 ab 和 dm 都是正数且相互整除, 故 $ab=dm$. ■

45

第四节 循 环 群

现在看一个重要的抽象子群的例子, 即由 G 中任意一个元素 x 生成的*循环子群*. 我们用乘法的记号, 由 x 生成的循环子群 H 是 x 的所有幂的元素的集合:

【2.4.1】
$$H=\{\cdots,x^{-2},x^{-1},x,x^2,\cdots\}$$

它是 G 的包含 x 的最小子群, 经常记作 $\langle x\rangle$. 但是想正确地解释(2.4.1), 必须记住 x^n 是 G 中某个元素的记号, 它是以某种特定方式得到的. 不同的幂可以表示同一个元素. 例如, 若群 G 是乘法群 $\mathbf{R}^\times$, 且 $x=-1$, 则列出的所有元素都等于 1 或 -1, 且 H 就是集合 $\{1, -1\}$.

有两种情形：x 的幂 x^n 都是互不相同的元素，或不是互不相同的元素．我们分析 x 的幂都是互不相同的情形．

【2.4.2】命题 令 $\langle x\rangle$ 是群 G 的由元素 x 生成的循环子群，且令 S 表示满足 $x^k=1$ 的整数 k 的集合．

(a) 集合 S 是整数加群 $\mathbf{Z}^+$ 的子群．

(b) 两个幂 $x^r=x^s$ 对于 $r\geqslant s$ 成立当且仅当 $x^{r-s}=1$，即当且仅当 $r-s\in S$．

(c) 假设 S 是非平凡子群，则 $S=\mathbf{Z}n$ 对某个正整数 n 成立．则幂 $1, x, x^2, \cdots, x^{n-1}$ 是子群 $\langle x\rangle$ 中不同的元素，且 $\langle x\rangle$ 的阶为 n．

证明

(a) 如果 $x^k=1$ 且 $x^l=1$，则有 $x^{k+l}=x^kx^l=1$．这表明若 $k, l\in S$，则 $k+l\in S$．于是子群的第一个性质(2.3.1)成立．因为 $x^0=1$，故 $0\in S$．最后，若 $k\in S$，即 $x^k=1$，则 $x^{-k}=(x^k)^{-1}=1$．从而，$-k\in S$．

(b) 由消去律 2.2.3 可得．

(c) 设 $S\neq\{0\}$．定理 2.3.3 表明 $S=\mathbf{Z}n$，其中 n 为 S 中最小正整数．如果 x^k 是任意幂，用 n 去除 k，记作 $k=qn+r$，$0\leqslant r<n$．则 $x^{qn}=1^q=1$ 且 $x^k=x^{qn}x^r=x^r$．因此 x^k 是 $1, x, x^2, \cdots, x^{n-1}$ 之一．从(b)知，这些幂是不同的，因为 x^n 是满足 $x^n=1$ 的最小正整数．

■

在这个命题的(c)中描述的群 $\langle x\rangle=\{1, x, x^2, \cdots, x^{n-1}\}$ 称为 n 阶循环群．之所以叫做循环群是因为群中的元素由 x 反复相乘重复得到其中的 n 个元素．

群中的一个元素 x 有阶 n，如果 n 是满足满足 $x^n=1$ 的最小正整数，这等价于说由 x 生成的循环子群 $\langle x\rangle$ 有阶 n．

使用对称群 S_3 通常的记号，元素 x 有阶 3，元素 y 有阶 2．在任何群中，恒等元是唯一阶为 1 的元素．

46

如果对于任意正整数 n 有 $x^n\neq 1$，则称 x 是无限阶的．在 $GL_2(\mathbf{R})$ 中矩阵 $\begin{bmatrix}1 & 1\\ 0 & 1\end{bmatrix}$ 是无限阶的，而 $\begin{bmatrix}1 & 1\\ -1 & 0\end{bmatrix}$ 是 6 阶的．

当 x 是无限阶时，群 $\langle x\rangle$ 称为无限循环群．对于无限循环群，没什么好讨论的．

【2.4.3】命题 令 x 是群中阶为 n 的元素，且 k 是一个整数，写成 $k=qn+r$，其中 q 和 r 均为整数，且 $0\leqslant r<n$．

- $x^k=x^r$．
- $x^k=1$ 当且仅当 $r=0$．
- 令 $d=\gcd(k, n)$，则 x^k 的阶等于 $\dfrac{n}{d}$．

我们也会讲到群 G 中由子集 U 生成的子群，这是指 G 中包含 U 的最小子群，它由 G

中所有可以表成U的元素和它们的逆的串的乘积的元素构成．G的子集U称为生成G，如果G中的元素都可表示成这样的积．例如，在(2.2.7)中，我们看到子集$U=\{x, y\}$生成对称群S_3．初等矩阵生成GL_n(定理1.2.16)．在这两个例子中，不需要逆．但情况并非总如此．一个由x生成的无限循环群$\langle x\rangle$就需要用负幂的元素填满．

克莱因四元群V是由四个矩阵

【2.4.4】
$$\begin{bmatrix} \pm 1 & \\ & \pm 1 \end{bmatrix}$$

组成的最简单的非循环群．任意两个不是恒等元的元素生成V．四元数群H是$GL_2(C)$中非循环的小子群的例子．它由八个矩阵

【2.4.5】
$$H=\{\pm \mathbf{1}, \pm \boldsymbol{i}, \pm \boldsymbol{j}, \pm \boldsymbol{k}\}$$

构成，其中

$$\mathbf{1}=\begin{bmatrix} 1 & 0 \\ 0 & 1 \end{bmatrix}, \quad \boldsymbol{i}=\begin{bmatrix} \mathrm{i} & 0 \\ 0 & -\mathrm{i} \end{bmatrix}, \quad \boldsymbol{j}=\begin{bmatrix} 0 & 1 \\ -1 & 0 \end{bmatrix}, \quad \boldsymbol{k}=\begin{bmatrix} 0 & \mathrm{i} \\ \mathrm{i} & 0 \end{bmatrix}$$

这些矩阵可由物理上的Pauli矩阵乘以i得到．元素$\boldsymbol{i}$，$\boldsymbol{j}$生成H，通过计算可得下列公式：

【2.4.6】
$$\boldsymbol{i}^2=\boldsymbol{j}^2=\boldsymbol{k}^2=-\mathbf{1}, \boldsymbol{ij}=-\boldsymbol{ji}=\boldsymbol{k}, \boldsymbol{jk}=-\boldsymbol{kj}=\boldsymbol{i}, \boldsymbol{ki}=-\boldsymbol{ik}=\boldsymbol{j}$$

第五节　同　　态

设G和G'为用乘法记号表示的两个群．一个同态$\varphi: G \to G'$是G到G'的映射，使得对于G中任意元素a，b有

47

【2.5.1】
$$\varphi(ab)=\varphi(a)\varphi(b)$$

这个方程左边的意思是

先在G中做a与b的乘积，然后再用φ映射到G'中的元素，

而方程右边的意思是

先把a与b分别用φ映射到G'中的元素后，再对G'中的像做乘积．

直观上，一个同态就是两个群中与合成法则相容的映射，它提供了将两个不同的群联系起来的一种方法．

【2.5.2】例　下列映射是同态：

(a) 行列式函数$\det: GL_n(\mathbf{R}) \to \mathbf{R}^\times$(1.4.10)．

(b) 符号同态$\sigma: S_n \to \{\pm 1\}$将置换映射为相应的正负号(1.5.11)．

(c) 幂指数映射$\exp: \mathbf{R}^+ \to \mathbf{R}^\times$定义为$x \rightsquigarrow e^x$．

(d) 映射$\varphi: \mathbf{Z}^+ \to G$定义为$\varphi(n)=a^n$，其中$a$为$G$中指定元素．

(e) 绝对值映射$|\ |: \mathbf{C}^\times \to \mathbf{R}^\times$．■

在例子(c)和(d)中，定义域中的合成法则用加法记号，值域中的用乘法记号．同态的条件(2.5.1)必须考虑在内．同态的条件变为

$$\varphi(a+b)=\varphi(a)\varphi(b)$$

这个公式表明指数映射是一个同态，即 $e^{a+b}=e^a e^b$.

需要提及下面的同态，虽然这些同态不太有趣. 平凡同态 $\varphi:G\to G'$ 将 G 中每一个元素映射为 G' 中的恒等元. 若 H 是 G 的子群，则包含映射 $i:H\to G$ 定义为对于任意的元素 $x\in H$，有 $i(x)=x$，这是一个同态.

【2.5.3】**命题** 令 $\varphi:G\to G'$ 是群同态.

(a) 如果 a_1，…，a_k 是 G 中的元素，则 $\varphi(a_1\cdots a_k)=\varphi(a_1)\cdots\varphi(a_k)$.

(b) φ 把恒等元映射为恒等元：$\varphi(1_G)=1_{G'}$.

(c) φ 把逆元映射为逆元：$\varphi(a^{-1})=\varphi(a)^{-1}$.

证明 第一个断言由定义和归纳法可得. 其次，由于 $1\cdot 1=1$ 及 φ 是同态，故 $\varphi(1)\cdot\varphi(1)=\varphi(1\cdot 1)=\varphi(1)$，由(2.2.3)两边消去 $\varphi(1)$ 得到 $\varphi(1)=1$. 最后，$\varphi(a^{-1})\cdot\varphi(a)=\varphi(a^{-1}\cdot a)=\varphi(1)=1$. 因此 $\varphi(a^{-1})=\varphi(a)^{-1}$. ■

群同态确定了两个重要的子群：像和核.

注 同态 $\varphi:G\to G'$ 的像常记作 $\mathrm{im}\varphi$，它是 φ 的像的集合：

【2.5.4】 $$\mathrm{im}\varphi=\{x\in G'\,|\,x=\varphi(a),a\in G\}$$

像的另外一个记号是 $\varphi(G)$.

48

映射 $\mathbf{Z}^+\to G$ 将 n 映射为 a^n，该映射的像是由 a 生成的循环子群.

同态的像是其值域的一个子群. 我们验证封闭性，省略其他性质的验证. 设 x 和 y 是像中的元素，这就是说存在两个元素 a，$b\in G$ 使得 $x=\varphi(a)$，$y=\varphi(b)$. 由于 φ 是同态，$xy=\varphi(a)\varphi(b)=\varphi(ab)$. 所以，$xy=\varphi$(某元素)，它也是像中的元素.

注 同态的核更微妙也更重要. φ 的核记作 $\ker\varphi$，是 G 中所有映射到 G' 恒等元的那些元素的集合：

【2.5.5】 $$\ker\varphi=\{a\in G|\varphi(a)=1\}$$

核是 G 的子群，因为若 a 和 b 是核中的元素，则 $\varphi(ab)=\varphi(a)\varphi(b)=1\cdot 1=1$，故 ab 也是核中的元素，等等，其他可类似验证.

行列式同态 $GL_n(\mathbf{R})\to\mathbf{R}^\times$ 的核是一个特殊线性群 $SL_n(\mathbf{R})$(2.2.11). 符号同态 $S_n\to\{\pm 1\}$ 的核称为交错群. 它由所有偶置换组成，记作 A_n：

【2.5.6】 交错群 A_n 是偶置换群

核之所以重要是因为它控制了全部同态. 它不仅告诉我们 G 中哪些元素映射为 G' 中的恒等元，而且告诉我们哪些元素对在 G' 中的像是相同的.

注 如果 H 是 G 的子群，且 a 是 G 中元素，则记号 aH 表示所有乘积 ah，$h\in H$ 的全体：

【2.5.7】 $$aH=\{g\in G|g=ah,h\in H\}$$

这个集合称为 H 在 G 中的左陪集，“左”指的是元素 a 出现在左边.

【2.5.8】**命题** 令 $\varphi:G\to G'$ 是一个群同态，a 和 b 是 G 中元素. 令 K 是 φ 的核. 下列条件是等价的：

- $\varphi(a)=\varphi(b)$，

- $a^{-1}b \in K$，
- $b \in aK$，
- 陪集 bK 与陪集 aK 相等.

证明 若 $\varphi(a)=\varphi(b)$，则 $\varphi(a^{-1}b)=\varphi(a^{-1})\varphi(b)=\varphi(a)^{-1}\varphi(b)=1$. 因此 $a^{-1}b \in K$. 要证明反过来也成立，只需把论证倒过来. 若 $a^{-1}b \in K$，则 $1=\varphi(a^{-1}b)=\varphi(a)^{-1}\varphi(b)$，所以 $\varphi(a)=\varphi(b)$. 这就证明了前两个结论是等价的，从而得证它们与其余的等价. ■

49

【2.5.9】推论 同态 $\varphi: G \to G'$ 是单射的当且仅当它的核 K 是 G 的平凡子群 $\{1\}$.

证明 若 $K=\{1\}$，则命题 2.5.8 表明 $\varphi(a)=\varphi(b)$ 仅当 $a^{-1}b=1$，亦即 $a=b$ 时成立. 反之，若 φ 是单射，则恒等元是 G 中满足 $\varphi(a)=1$ 的唯一元素，故 $K=\{1\}$. ■

同态的核的另一个重要性质在下一个命题中阐述. 如果 a 和 g 是群 G 中的元素，则 gag^{-1} 称作由 g 引出的 a 的共轭.

【2.5.10】定义 群 G 的子群 N 是正规子群，如果对于 N 中任意元素 a 和 G 中任意元素 g，共轭 $gag^{-1} \in N$.

【2.5.11】命题 一个同态的核是一个正规子群.

证明 如果 a 是同态 $\varphi: G \to G'$ 的核且 g 是群 G 的任意元素，则 $\varphi(gag^{-1})=\varphi(g)\varphi(a)\varphi(g^{-1})=\varphi(g)1\varphi(g)^{-1}=1$. 因此 gag^{-1} 也属于核. ■

因此，特殊线性群 $SL_n(\mathbf{R})$ 是一般线性群 $GL_n(\mathbf{R})$ 的正规子群，交错群 A_n 是对称群 S_n 的正规子群. 交换群的任何子群都是正规的，因为如果 G 是交换群，则 $gag^{-1}=a$ 对于所有的 a 和 g 成立. 但是非交换群的子群未必是正规的. 例如，在对称群 S_3 中，利用 (2.2.7) 中的表示，2 阶循环子群 $\langle y\rangle$ 不是正规子群，因为 $y \in G$，但是 $xyx^{-1}=x^2y \notin \langle y\rangle$.

注 群 G 的中心(用 Z 表示)是与 G 中每个元素都可以交换的元素的集合：

【2.5.12】
$$Z=\{z \in G \mid zx=xz, \text{对于任意 } x \in G\}$$

Z 是 G 的正规子群. 特殊线性群 $SL_2(\mathbf{R})$ 的中心由两个矩阵 I，$-I$ 组成. 如果 $n \geqslant 3$，则对称群 S_n 的中心是平凡子群.

【2.5.13】例 对称群间的同态 $\varphi: S_4 \to S_3$.

存在三种方式把指标集为 $\{\mathbf{1}, \mathbf{2}, \mathbf{3}, \mathbf{4}\}$ 的集合划分为阶为 2 的子集对，即

【2.5.14】
$$\Pi_1:\{\mathbf{1},\mathbf{2}\} \cup \{\mathbf{3},\mathbf{4}\}, \quad \Pi_2:\{\mathbf{1},\mathbf{3}\} \cup \{\mathbf{2},\mathbf{4}\}, \quad \Pi_3:\{\mathbf{1},\mathbf{4}\} \cup \{\mathbf{2},\mathbf{3}\}$$

对称群 S_4 的一个元素置换这四个指标，在置换的过程中，也置换这三个划分. 这定义了从 S_4 到集合 $\{\Pi_1, \Pi_2, \Pi_3\}$ 的置换群(即对称群 S_3)的一个映射 φ. 例如，4-循环 $p=(\mathbf{1\ 2\ 3\ 4})$ 在 2 阶子集上的作用如下：

$$\{\mathbf{1},\mathbf{2}\} \rightsquigarrow \{\mathbf{2},\mathbf{3}\} \quad \{\mathbf{1},\mathbf{3}\} \rightsquigarrow \{\mathbf{2},\mathbf{4}\} \quad \{\mathbf{1},\mathbf{4}\} \rightsquigarrow \{\mathbf{1},\mathbf{2}\}$$
$$\{\mathbf{2},\mathbf{3}\} \rightsquigarrow \{\mathbf{3},\mathbf{4}\} \quad \{\mathbf{2},\mathbf{4}\} \rightsquigarrow \{\mathbf{1},\mathbf{3}\} \quad \{\mathbf{3},\mathbf{4}\} \rightsquigarrow \{\mathbf{1},\mathbf{4}\}$$

从上述作用来看，$p=(\mathbf{1\ 2\ 3\ 4})$ 作用在划分集合 $\{\Pi_1, \Pi_2, \Pi_3\}$ 是 $(\Pi_1\Pi_3)$ 对换，使 Π_2 保持不变而将 Π_1 和 Π_3 互换.

50

如果 p 和 q 是 S_4 中的元素，则乘积 pq 是置换的复合 $p \circ q$，且 pq 对集合 $\{\Pi_1, \Pi_2,$

$\Pi_3\}$的作用是 q 和 p 作用的合成．因此 $\varphi(pq)=\varphi(p)\varphi(q)$，且 φ 是同态．

这个映射是满射，故其像是整个群 S_3．它的核能够被计算出来．它是 S_4 中由恒等元和三个互斥对换的乘积所组成的子群：

【2.5.15】 $$K=\{1,(\mathbf{1\ 2})(\mathbf{3\ 4}),(\mathbf{1\ 3})(\mathbf{2\ 4}),(\mathbf{1\ 4})(\mathbf{2\ 3})\}$$ ■

第六节　同　　构

一个从群 G 到群 G' 的同构 $\varphi:G\to G'$ 是双射群同态——一个双射，使得 $\varphi(ab)=\varphi(a)\varphi(b)$ 对于所有 a，$b\in G$ 成立．

【2.6.1】例

- 当看成是实数加群 $\mathbf{R}^+$ 到它的像，即正实数乘法群的映射时，指数映射 e^x 是一个同构．
- 若 a 是群 G 中的一个无限阶的元素，则将 $n\rightsquigarrow a^n$ 的映射是整数加群 $\mathbf{Z}^+$ 到群 G 的无限阶循环子群 $\langle a\rangle$ 的同构．
- $n\times n$ 置换矩阵的集合 $\mathcal{P}$ 是 GL_n 的子群，且将置换映射为相应的矩阵(1.5.7)的映射 $S_n\to\mathcal{P}$ 是一个同构． ■

推论 2.5.9 给出了验证一个群同态 $\varphi:G\to G'$ 是同构的方法．为此，只需验证 $\ker\varphi=\{1\}$，这蕴含了 φ 是单射，且 $\mathrm{im}\varphi=G'$ 蕴含了 φ 是满射．

【2.6.2】引理　*如果 $\varphi:G\to G'$ 是同构，则其逆映射 $\varphi^{-1}:G'\to G$ 也是同构．*

证明　一个双射的逆还是双射．我们必须证明对于所有 G' 中的元素 x 和 y，有 $\varphi^{-1}(x)\varphi^{-1}(y)=\varphi^{-1}(xy)$．令 $a=\varphi^{-1}(x)$，$b=\varphi^{-1}(y)$，且 $c=\varphi^{-1}(xy)$．必须证明的是 $ab=c$．因为 φ 是双射，故只需证明 $\varphi(ab)=\varphi(c)$ 就够了．由于 φ 是同态，故

$$\varphi(ab)=\varphi(a)\varphi(b)=xy=\varphi(c)$$ ■

这个引理表明，当 $\varphi:G\to G'$ 是同构时，可以对这两个群的任何一个进行计算，然后用 φ 和 φ^{-1} 将一个群上的运算转化到另一个群上去．所以，对群运算律，两个群上的性质是相同的．为了直观地刻画这个结论，假设一个群的元素被放入没有标签的盒子里，且我们得到了神谕，当给我们两个盒子时，我们知道哪个盒子含有它们的乘积．我们无法确定盒子里的元素来自 G 还是 G'．

两个群 G 和 G' 称为是同构的，如果存在从 G 到 G' 的同构 φ．我们有时用符号"≈"表示两个群同构：

【2.6.3】 $$G\approx G'\ \text{指的是}\ G\ \text{同构于}\ G'$$

51

既然同构的群有相同的性质，因此当非正式地谈到同构的群时，把它们看成是相同的会很方便．例如，我们经常忽略对称群 S_n 和与之同构的置换矩阵群 $\mathcal{P}$ 之间的差别．

注　与给定的群 G 同构的群形成 G 的同构类．

在同构类中的任何两个群是同构的．当谈到给群分类时，就是指刻画这些同构类．对所有群分类太难了，几乎是不可能做到的，但我们将看到每一个阶为素数 p 的群是循环

群．所以，所有阶为素数 p 的群都是同构的．阶为 4 的群有两个同构类(2.11.5)，阶为 12 的群有 5 个同构类(7.8.1)．

关于同构，一个有趣但容易引起混乱的一点就是存在群 G 到其自身的同构 $\varphi:G\to G$．这样的同构称为 G 的自同构．当然，恒等映射是自同构，但几乎总存在其他的自同构．最重要类型的自同构是共轭：令 g 是群 G 中一个固定的元素．由 g 得到的共轭是一个群 G 到自身的映射 φ，定义为：

【2.6.4】
$$\varphi(x) = gxg^{-1}$$

这是一个自同构，因为首先它是一个同态：

$$\varphi(xy) = gxyg^{-1} = gxg^{-1}gyg^{-1} = \varphi(x)\varphi(y)$$

其次，这是一个双射．因为它有逆函数——由 g^{-1} 得到的共轭．

如果群是交换群，则由 g 得到的共轭是恒等映射：$gxg^{-1}=x$．但任何非交换群有非平凡的共轭，所以就有异于恒等映射的自同构．例如，在对称群 S_3 中，如以往的表示，由 y 得到的共轭交换 x 和 x^2．

如前所述，元素 gxg^{-1} 称为元素 x 关于 g 的共轭．G 中的两个元素 x，x' 是共轭的，如果 $x'=gxg^{-1}$ 对某个 $g\in G$ 成立．共轭 gxg^{-1} 的行为与元素 a 自身的行为非常相似，例如它在群中的阶是一样的．这可由它是元素 x 在一个自同构下的像这一事实得到(参见下面引理 2.6.5 的讨论)．

注 有时人们希望确定群 G 中的两个元素 x 和 y 是否共轭，即是否存在一个元素 $g\in G$ 的使得 $y=gxg^{-1}$．解上面的方程不如解 $yg=gx$ 简单．

注 交换子 $aba^{-1}b^{-1}$ 是与群中元素对 a，b 相关联的另一个元素．

下面的引理通过把一些项从方程的一边移到另一边得到．

【2.6.5】引理 群的两个元素 a，b 可交换，即 $ab=ba$，当且仅当 $aba^{-1}=b$，且结论成立当且仅当 $aba^{-1}b^{-1}=1$．

第七节 等价关系和划分

一个基本的数学构造是从一个集合 S 出发，根据给定的法则等同 S 的元素而得到新的集合．例如，可以将整数集合分为两类，即偶数和奇数．所得到的新的集合由两个元素构成，一个元素叫做奇数，一个元素叫做偶数．或者，可以将平面上的全等三角形视为等价的几何对象．这个非常一般的过程来自不同的方面，我们现在就讨论这些方面．

52

注 集合 S 的一个划分 Π 是将 S 分为互不相交的非空的子集：

【2.7.1】
$$S = \text{不相交非空子集的并}$$

奇数集合和偶数集合这两个集合构成所有整数集合的一个划分．采用通常的记号，集合

【2.7.2】
$$\{1\},\{y,xy,x^2y\},\{x,x^2\}$$

构成对称群 S_3 的一个划分．

注 集合 S 上的等价关系是 S 中某些元素对之间的关系．我们通常将它们记为 $a\sim b$，

并称为 a 与 b 的一个等价. 一个等价关系需要满足下面的条件:

【2.7.3】

- 传递的: 若 $a \sim b$ 且 $b \sim c$, 则 $a \sim c$.
- 对称的: 若 $a \sim b$, 则 $b \sim a$.
- 自反的: 对所有 a, $a \sim a$.

三角形的全等是平面上三角形的集合 S 上的等价关系的例子. 如果 A, B 和 C 是三角形, 且如果 A 全等于 B, 且 B 全等于 C, 则 A 全等于 C, 等等.

共轭性是群上的一个等价关系. 群中两个元素共轭, $a \sim b$, 如果存在 $g \in G$ 使得 $b = gag^{-1}$. 我们验证传递性: 设 $a \sim b$ 且 $b \sim c$. 这意味着 $b = g_1 a g_1^{-1}$ 和 $c = g_2 b g_2^{-1}$ 对某个 g_1, $g_2 \in G$ 成立. 则 $c = g_2(g_1 a g_1^{-1})g_2^{-1} = (g_2 g_1)a(g_2 g_1)^{-1}$, 故 $a \sim c$.

集合 S 的划分和 S 上的等价关系这两个概念在逻辑上是等价的, 虽然实际上给出的通常只是二者之一.

【2.7.4】命题 集合 S 上的一个等价关系确定集合 S 的一个划分, 反之亦然.

证明 给定 S 上的划分 P, 可用下面的规则定义一个等价关系 R: 如果 a 和 b 属于划分的同一个子集, 则 $a \sim b$. 等价关系的三条件显然成立. 反之, 给定等价关系 R, 可以这样定义划分 P: 含 a 的子集是所有满足条件 $a \sim b$ 的元素 b 的集合. 这个子集称为 a 的等价类. 我们用 C_a 表示 a 的等价类:

【2.7.5】
$$C_a = \{b \in S \mid a \sim b\}$$

下一个引理完成此命题的证明. ■

53

【2.7.6】引理 给定集合 S 上的等价关系, S 的等价类构成 S 的划分.

证明 这点很重要, 所以我们将仔细验证. 记住记号 C_a 代表以特定方式定义的子集. 划分由这些子集构成, 且一些记号可以描述同一个子集.

自反公理告诉我们 $a \in C_a$. 所以, 类 C_a 是非空的, 并且由于 a 可以是任意元素, 故这些类覆盖 S, 剩下需要证明的划分的性质是等价类间没有重叠部分. 为证明这一点, 先证明:

【2.7.7】
$$\text{如果 } C_a \text{ 和 } C_b \text{ 有一个共同的元素, 则 } C_a = C_b$$

因为 a 和 b 的作用可以互换, 只需证明若 C_a 和 C_b 有一个共同的元素, 比如 d, 则 $C_b \subset C_a$, 即任何属于 C_b 中的元素均属于 C_a. 如果 $x \in C_b$, 则 $b \sim x$. 由于 $d \in C_a$ 和 $d \in C_b$, 故 $a \sim d$, $b \sim d$, 对称性告诉我们 $d \sim b$. 故有 $a \sim d$, $d \sim b$ 和 $b \sim x$. 两次应用传递性得 $a \sim x$, 因此, $x \in C_a$. ■

例如, 群上由 $a \sim b$ 定义的关系(如果 a 和 b 具有相同的阶)是一个等价关系. 对于对称群 S_3 的一个相应划分在(2.7.2)中给出.

如果给定了集合 S 的划分, 我们可以构造一个新的集合 $\overline{S}$, 其元素是等价类或组成划分的子集. 我们想象把这些子集放在不同的堆中, 把这些堆看成是新的集合 $\overline{S}$ 的元素. 建议用一个记号将子集和集合 $\overline{S}$(堆)中的元素区分开来. 如果 U 是一个子集, 则常用 $[U]$ 表示 $\overline{S}$ 中相应的元素. 因此, 如果 S 是整数集合且奇和偶分别表示奇数和偶数子集, 则 $\overline{S}$ 包含两个元素[奇]和[偶].

我们将更广泛地应用这个记号. 当S的子集U作为S的子集的集合中的元素时，记作$[U]$.

当给出集合S上一个等价关系，等价类形成一个划分，我们得到一个新的集合$\overline{S}$，它的元素是等价类$[C_a]$. 我们可以用另一种方式看待这个新的集合中的元素，因为这个集合是由元素间的等价关系变化得来的. 如果a和b属于S，$a\sim b$意味着在$\overline{S}$中a和b是相等的，因为$C_a=C_b$. 用这种方式看待新集合的话，两个集合S和$\overline{S}$的差别在于在$\overline{S}$中更多的元素被宣布是"相等的"，即等价的. 对我来讲就像在学校里经常把全等三角形看成是一样的.

对于任何等价关系，存在一个自然的满射

【2.7.8】 $$\pi: S \rightarrow \overline{S}$$

把S中的元素a映射为它的等价类：$\pi(a)=[C_a]$. 当我们想把$\overline{S}$看成是由集合S中的元素改变等价记号得到的时，$\overline{S}$中的元素$[C_a]$用符号$\overline{a}$表示更方便. 则映射π变成

54

$$\pi(a)=\overline{a}$$

我们可以在$\overline{S}$中采用S中元素的符号，但在元素符号上面加上一横杠提醒我们在$\overline{S}$中采用新规则：

【2.7.9】 如果a与b属于S，则$\overline{a}=\overline{b}$意味着$a\sim b$

这一横杠符号的缺点是许多符号表示$\overline{S}$中同一元素. 有时这个缺点可通过选取特殊元素(即每个等价类里的代表元)来克服. 例如，偶数与奇数常常用$\overline{0}$与$\overline{1}$表示：

【2.7.10】 $$\{[\text{偶}],[\text{奇}]\}=\{\overline{0},\overline{1}\}$$

虽然堆的图像较为直接，起初很容易掌握，但第二种看待$\overline{S}$的方法更好，因为横杠记号在代数上更容易操作.

由映射定义的等价关系

集合之间的任意映射$f:S\rightarrow T$在其定义域S上定义了一个等价关系，也就是由规则"如果$f(a)=f(b)$则$a\sim b$."给出的等价关系.

注 T中元素t的原像是由满足$f(s)=t$的所有元素s构成的S的子集. 用符号表示为

【2.7.11】 $$f^{-1}(t)=\{s\in S \mid f(s)=t\}$$

这是个象征性记号. 请记住只有当f是双射时f^{-1}才是映射. 原像也叫做映射f的纤维，且非空纤维是对于上面定义的等价关系的等价类.

作为映射的像，这里等价类集合$\overline{S}$有另外的体现. 像的元素与非空纤维一一对应，而非空纤维是等价类.

【2.7.12】图

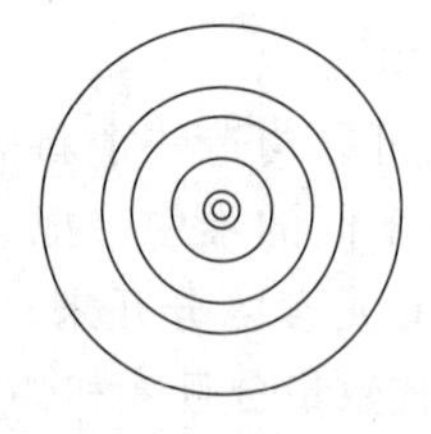

绝对值映射：$\mathbf{C}^{\times}\rightarrow\mathbf{R}^{\times}$的一些纤维

【2.7.13】**例** 如果 G 是有限群，定义映射 $f:G\to\mathbf{N}$ 到自然数$\{1, 2, 3, \cdots\}$的集合，令 $f(a)$表示 G 中元素 a 的阶．这个映射的纤维是同阶元素的集合(例如，见(2.7.2))． ■ 55

我们回到群同态 $\varphi:G\to G'$．由 φ 定义的群 G 上的等价关系通常用≡表示，而不用～，～指的是同余．

【2.7.14】
$$\text{如果 } \varphi(a)=\varphi(b), \quad \text{则 } a\equiv b$$
我们看到 G 中元素 a 与 b 是同余的，即 $\varphi(a)=\varphi(b)$，当且仅当 b 属于核 K 的陪集 aK(2.5.8)．

【2.7.15】**命题** 令 K 是同态 $\varphi:G\to G'$ 的核．φ 的包含 G 中元素 a 的纤维是核 K 的陪集 aK．这些陪集构成了群 G 的划分，且这个划分对应着 φ 的像的元素．

【2.7.16】图

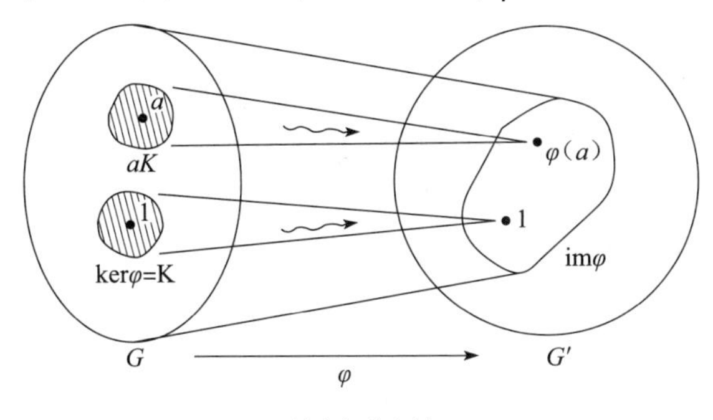

群同态的图解

第八节 陪 集

如前，如果 H 是群 G 的子群，且 $a\in G$，则子集

【2.8.1】
$$aH=\{ah\,|\,h\in H\}$$
称为左陪集．子群 H 是一个特殊的左陪集，因为 $H=1H$．

G 中 H 的陪集是关于同余关系

【2.8.2】
$$a\equiv b, \text{如果 } b=ah \text{ 对某个 } h\in H \text{ 成立}$$
的等价类．这很简单，但是让我们验证同余是等价关系．

传递性：假设 $a\equiv b$ 且 $b\equiv c$．这表明对 $h, h'\in H$，有 $b=ah$ 和 $c=bh'$．因此，$c=ahh'$．由于 H 是子群，$hh'\in H$，这样 $a\equiv c$．

对称性：设 $a\equiv b$，则有 $b=ah$．于是 $a=bh^{-1}$且 $h^{-1}\in H$，故 $b\equiv a$．

自反性：$a=a1$ 而 $1\in H$，故 $a\equiv a$．

注意，我们用到子群定义的所有性质：封闭性，逆元，恒等元． 56

【2.8.3】**推论** 群 G 的子群 H 的左陪集是群 G 的划分．

证明 左陪集是同余关系(2.8.2)的等价类． ■

记住符号 aH 定义 G 的某个子集．与任意等价关系一样，若干个记号可以表示同一集合．例如，在对称群 S_3 中，用通常的表示(2.2.6)，元素 y 生成一个阶为 2 的循环子群 $H=\langle y\rangle$．在 G 中有三个关于 H 的左陪集：

【2.8.4】 $H=\{1,y\}=yH,\quad xH=\{x,xy\}=xyH,\quad x^2H=\{x^2,x^2y\}=x^2yH$
这些集合的确是群的划分.

概括地讲，令 H 是群 G 的子群，a，$b\in G$. 下列结论是等价的：

【2.8.5】

- $b=ah$ 对于某个 $h\in H$，或 $a^{-1}b$ 是 H 的元素成立，
- b 是左陪集 aH 的元素，
- 左陪集 aH 与 bH 是相等的.

一个子群的左陪集的个数叫做这个子群 H 在群 G 中的指标. 指标表示为：

【2.8.6】
$$[G:H]$$
因此子群 $\langle y\rangle$ 在 S_3 中的指标为 3. 当 G 是无限群时，指标也是无限的.

【2.8.7】引理 *群 G 的子群 H 的所有左陪集 aH 有相同的阶.*

证明 存在一个由子群 H 到陪集 aH 的映射：$h\to aH$ 将 h 映射为 ah，即 $h\rightsquigarrow ah$. 这个映射是双射，因为它的逆是由 a^{-1} 所诱导的乘法映射. ■

因为所有陪集有相同的阶，而这些陪集是群的一个划分，所以我们得到重要的计数公式：

【2.8.8】
$$|G|=|H|[G:H]$$
$$(G\text{ 的阶数})=(H\text{ 的阶数})(\text{陪集个数})$$
其中，如通常一样，$|G|$ 表示 G 的阶. 如果某项为无穷，等式的意义是显然的. 对于 S_3 的子群 $\langle y\rangle$，这个公式成为 $6=2\cdot 3$.

从计数公式得到(2.8.8)右边两项一定整除左边. 下面是这些结果中的一个，称为拉格朗日定理：

【2.8.9】定理(拉格朗日定理) *设 G 是有限群且 H 是 G 的子群. H 的阶整除 G 的阶.*

57

【2.8.10】推论 *有限群的元素的阶数整除群的阶数.*

证明 一个群 G 的元素 a 的阶等于由 a 生成的循环子群 $\langle a\rangle$ 的阶(命题 2.4.2). ■

【2.8.11】推论 *设群 G 的阶为 p 且 p 是素数. 设 $a\in G$ 是任意元，但不是恒等元. 则 G 是由 a 生成的循环群 $\langle a\rangle$.*

证明 元素 $a\neq 1$ 的阶大于 1 且它整除 $|G|=p$. 所以，a 的阶等于 p. 这也是由 a 生成的循环子群 $\langle a\rangle$ 的阶. 因为 G 的阶为 p，所以 $\langle a\rangle=G$. ■

这一推论对所有素数阶 p 的群作了分类. 它们构成一个同构类，即 p 阶循环群类.

当给定同态 $\varphi:G\to G'$ 时，计数公式也可以应用. 正如我们在(2.7.15)中所看到的，$\ker\varphi$ 的左陪集是映射 φ 的纤维，它们与像中的元素一一对应.

【2.8.12】
$$[G:\ker\varphi]=|\operatorname{im}\varphi|$$

【2.8.13】推论 *设 $\varphi:G\to G'$：是有限群的一个同态. 则*

- $|G|=|\ker\varphi|\cdot|\operatorname{im}\varphi|$，
- $|\ker\varphi|$ 整除 $|G|$，
- $|\operatorname{im}\varphi|$ 整除 $|G|$ 和 $|G'|$.

证明 第一个公式由(2.8.8)和(2.8.12)合起来得到，而且它蕴含着$|\ker\varphi|$和$|\mathrm{im}\varphi|$整除$|G|$. 因为$\mathrm{im}\varphi$是G'的子群，由拉格朗日定理可知，$|\mathrm{im}\varphi|$也整除$|G'|$. ■

例如，符号同态$\sigma:S_n\to\{\pm1\}$(2.5.2)(b)是满射，所以它的像的阶为2. 它的核即交错群A_n)有阶$\frac{1}{2}n!$. S_n的一半元素是偶置换，一半元素是奇置换.

当给出一串子群时，计数公式2.8.8有类似的结论.

【2.8.14】**命题**(指标的乘法性质) 令$G\supset H\supset K$是群G的子群，则$[G:K]=[G:H][H:K]$.

证明 我们假设右边两个指标都是有限的，比如，令$[G:H]=m$和$[H:K]=n$. 当其中一个指标无限时，推理是类似的. 我们列出H在G中的m个陪集，每个陪集选出代表元，比如g_1H，…，g_mH. 则$g_1H\cup\cdots\cup g_mH$是G的一个划分. 同样选出K在H中的所有陪集的代表元，得到H的一个划分$H=h_1K\cup\cdots\cup h_nK$. 由于用$g_i$乘的运算是可逆的，因此$g_iH=g_ih_1K\cup\cdots\cup g_ih_nK$是陪集$g_iH$的一个划分. 将这些划分组合起来，就构成了由$mn$个陪集$g_ih_jK$组成的$G$的一个划分. ■

右陪集

让我们回到陪集的定义. 这里使用的是左陪集aH，也可以定义子群H的右陪集并且重复上面的讨论. 群G的子群H的右陪集是集合 58

【2.8.15】
$$Ha=\{ha\mid h\in H\}$$

它们是关系(右同余)

$$a\equiv b,\text{如果存在 }h\in H,\text{使 }b=ha$$

的等价类. 右陪集和左陪集不一定相同，但它们也构成群的一个划分. 例如，S_3的子群$\langle y\rangle$的右陪集是

【2.8.16】 $H=\{1,y\}=Hy,\quad Hx=\{x,x^2y\}=Hx^2y,\quad Hx^2=\{x^2,xy\}=Hxy$

这和划分(2.8.4)中的左陪集不同. 然而，如果一个子群是正规子群，那么它的左陪集和右陪集就是相同的.

【2.8.17】**命题** 令H是群G的子群. 下列条件是等价的：

(i) H是正规子群：对于所有$h\in H$和$g\in G$有$ghg^{-1}\in H$.

(ii) 对于所有$g\in G$，$gHg^{-1}=H$.

(iii) 对于所有$g\in G$，左陪集gH等于右陪集Hg.

(iv) H在G中的每一个左陪集都是右陪集.

证明 记号gHg^{-1}代表所有元素ghg^{-1}所成的集合，其中$h\in H$.

假设H是正规子群. 故(i)成立，且蕴含$gHg^{-1}\subset H$对于所有$g\in G$成立. 用g^{-1}代替g也可证$g^{-1}Hg\subset H$. 在这个包含关系两边左乘g且右乘g^{-1}可得$H\subset gHg^{-1}$. 因此，$gHg^{-1}=H$. 这就证明了(i)蕴含(ii). 显然，(ii)蕴含(i). 其次，若$gHg^{-1}=H$，两边右乘g，得$gH=Hg$. 这证明了(ii)蕴含(iii). 类似可证明(iii)蕴含(ii). 由于(iii)蕴含(iv)是

显然的，因此只需验证(iv)蕴含(iii).

那么在什么情况下左陪集和右陪集相等？我们回忆一下右陪集全体是群 G 的一个划分，且注意到左陪集 gH 与右陪集 Hg 有一个共同的元素，即 $g=g\cdot 1=1\cdot g$. 所以，如果左陪集 gH 等于某个右陪集，那么这个右陪集一定是 Hg. ■

【2.8.18】命题

(a) 如果 H 是群 G 的子群且 g 是 G 中一个元素，则集合 gHg^{-1} 也是一个子群.

(b) 如果群 G 只有一个 r 阶子群 H，则这个子群是正规的.

证明 (a) 由 g 导出的共轭是群 G 的一个自同态(参见(2.6.4))，且 gHg^{-1} 是 H 的同态像. (b)参见(2.8.17)：gHg^{-1} 是阶为 r 的子群. ■

注意 如果 H 是有限群 G 的子群，则用右陪集和左陪集的计数公式是一样的，所以左陪集的个数与右陪集的个数相等. 这对于 G 是无限群的情形也是成立的，虽然不能通过计数来证明(参见练习 M.8).

59

第九节 模 算 术

这一节包含对数论里一个重要概念——整数的同余——的一个简短的讨论. 如果你以前没有遇到过这个概念，则需要了解关于同余的更多知识. 例如，参看[Stark]. 整个这一节都对一个固定的正整数 n 进行讨论.

注 两个整数 a 和 b 说是模 n 同余的，即

【2.9.1】
$$a \equiv b(\bmod n)$$

如果 n 整除 $b-a$，或如果对于某个整数 k，有 $b=a+nk$. 例如，$2\equiv 17(\bmod 5)$.

容易验证同余是等价关系，所以可以考虑等价类，称为同余类. 我们用画横杠的符号 $\bar{a}$ 来表示整数 a 模 n 的同余类. 这个同余类是整数集合：

【2.9.2】
$$\bar{a} = \{\cdots, a-n, a, a+n, a+2n, \cdots\}$$

如果 a 和 b 是整数，方程 $\bar{a}=\bar{b}$ 意味着 $a\equiv b(\bmod n)$，或 n 整除 $b-a$. 同余类 $\bar{0}$：

$$\bar{0} = \mathbf{Z}n = \{\cdots, -n, 0, n, 2n, \cdots\} = \{kn \mid k \in \mathbf{Z}\}$$

是整数加群 $\mathbf{Z}^+$ 的一个子群. 其他同余类是这个子群的陪集. 请注意 $\mathbf{Z}n$ 不是右陪集——它是 $\mathbf{Z}^+$ 的一个子群. 和子群 H 的陪集记号 aH 类似，但用加法记号表示合成法则，$a+H=\{a+h \mid h\in H\}$. 为简化符号，将子群 $\mathbf{Z}n$ 记为 H. 则 H 的陪集(同余类)是集合

【2.9.3】
$$a + H = \{a + kn \mid k \in \mathbf{Z}\}$$

n 个整数 $0, 1, \cdots, n-1$ 是这 n 个同余类的代表元.

【2.9.4】命题 有 n 个模 n 的同余类，即 $\bar{0}, \bar{1}, \cdots, \overline{n-1}$. $\mathbf{Z}n$ 在 $\mathbf{Z}$ 中的指标 $[\mathbf{Z}:\mathbf{Z}n]$ 是 n.

令 $\bar{a}$ 和 $\bar{b}$ 表示整数 a，b 的同余类. 它们的和定义为 $a+b$ 的同余类，它们的积是 ab 的同余类. 换句话说，由定义，

【2.9.5】
$$\bar{a} + \bar{b} = \overline{a+b} \quad , \quad \bar{a}\bar{b} = \overline{ab}$$

这个定义需要证明其合理性，因为同一个同余类可以用多个不同的整数表示. 任何与 a 模

n 同余的整数 a' 代表同一个类. 故最好是当 $a'\equiv a$，$b'\equiv b$ 时，$a'+b'\equiv a+b$ 和 $a'b'\equiv ab$ 都成立. 幸运的是，情况的确如此.

【2.9.6】引理 如果 $a'\equiv a \pmod n$，$b'\equiv b \pmod n$，则 $a'+b'\equiv a+b \pmod n$，$a'b'\equiv ab \pmod n$.

60

证明 假设 $a'\equiv a \pmod n$，$b'\equiv b \pmod n$，所以 $a'=a+rn$，且 $b'=b+sn$，其中 r，s 为整数. 这样，$a'+b'=a+b+(r+s)n$. 这表明 $a'+b'\equiv(a+b)\pmod n$. 同理，$a'b'=(a+rn)(b+sn)=ab+(as+rb+rns)n$，故 $a'b'\equiv ab \pmod n$. ■

同余类对于加法和乘法的结合律、交换律和分配律成立因为这些运算律对于整数的加法和乘法成立. 例如，分配律证明如下：

$$\begin{aligned}\bar{a}(\bar{b}+\bar{c}) &= \bar{a}(\overline{b+c}) = \overline{a(b+c)} && \text{（同余类加法和乘法的定义）}\\ &= \overline{ab+ac} && \text{（整数的分配律）}\\ &= \overline{ab}+\overline{ac} = \bar{a}\,\bar{b}+\bar{a}\,\bar{c} && \text{（同余类加法和乘法的定义）}\end{aligned}$$

其他运算律的证明是类似的，在此省略.

模 n 同余类的集合通常记作 $\mathbf{Z}/\mathbf{Z}n$，$\mathbf{Z}/n\mathbf{Z}$ 或 $\mathbf{Z}/(n)$. 加、减和乘可以通过取用 n 去除整数所得的余数而直接得到. 这就是公式(2.9.5)的含义. 这里两个公式表明，将整数 a 变到其同余类 $\bar{a}$ 的映射

【2.9.7】
$$\mathbf{Z}\rightarrow\mathbf{Z}/\mathbf{Z}n$$

与加法和乘法相容. 因而计算可在整数中进行，而在最后搬回到 $\mathbf{Z}/\mathbf{Z}n$ 上. 然而，如果使用较小的数字，则运算比较简单. 可通过在做了部分运算后取余数，从而保持运算中的数字都很小.

于是，如果 $n=29$，从而 $\mathbf{Z}/\mathbf{Z}n=\{\bar{0},\bar{1},\cdots,\overline{28}\}$，则$(\overline{35})(\overline{17}+\bar{7})$可以按$(\overline{35})\cdot(\overline{24})=\bar{6}\cdot(-\bar{5})=-\overline{30}=-\bar{1}$的顺序计算.

从长远考虑，数字上面加横杠是很烦人的，因而常被省去，但要记住下面的规则：

【2.9.8】
$$\text{在 } \mathbf{Z}/\mathbf{Z}n \text{ 中说 } a=b \text{ 是指 } a\equiv b \pmod n$$

模一个素数的同余有特殊的性质，将在下一章的开头讨论.

第十节 对应定理

令 $\varphi:G\rightarrow\mathcal{G}'$ 是群同态，而 H 是 G 的子群. 则可以限制 φ 到 H 得到一个同态

【2.10.1】
$$\varphi|_H:H\rightarrow\mathcal{G}$$

这是指取相同的映射 φ 但将其定义域限制到 H. 故由定义，对所有 $h\in H$ 有$[\varphi|_H](h)=\varphi(h)$.（为清楚起见，我们给符号 $\varphi|_H$ 加了括号）因为 φ 是同态，所以它的限制也是同态，且 $\varphi|_H$ 的核是 $\ker\varphi$ 与 H 的交：

【2.10.2】
$$\ker(\varphi|H)=(\ker\varphi)\cap H$$

61

由核的定义这是明显的. $\varphi|_H$ 的像与 H 在映射 φ 下的像 $\varphi(H)$是一样的.

计数公式也可以帮助描述这个限制. 根据推论(2.8.13)，像的阶既整除$|H|$，也整除

$|\mathcal{G}|$. 如果$|H|$|和$|\mathcal{G}|$没有公因子，则$\varphi(H)=\{1\}$，因而可得$H\subset\ker\varphi$.

【2.10.3】例 符号同态$\sigma:S_n\to\{\pm 1\}$的像的阶为2. 如果对称群S_n的子群H为奇数阶，则它包含在σ的核——由偶置换构成的交错群A_n中. 当H是由一个在群中阶为奇数的置换q生成的循环子群时，也是这样的. 每一个奇数阶的置换(例如奇数阶循环群)为偶置换. 另一方面，我们不能对偶数阶的置换得出任何结论. 它们可以是奇的，也可以是偶的. ■

【2.10.4】命题 *令$\varphi:G\to\mathcal{G}$是一个群同态且其核为K，令$\mathcal{H}$是$\mathcal{G}$的子群. 记逆像$\varphi^{-1}(\mathcal{H})$为$H$. 则$H$是$G$的子群且$H\supset K$. 如果$\mathcal{H}$是$\mathcal{G}$的正规子群，则$H$是$G$的正规子群. 如果$\varphi$是满射，且$H$是$G$的正规子群，则$\mathcal{H}$是$\mathcal{G}$的正规子群.*

例如，令φ表示行列式同态$GL_n(\mathbf{R})\to\mathbf{R}^\times$. 正实数集合是$\mathbf{R}^\times$的子群. 它是正规子群因为$\mathbf{R}^\times$是交换的. 它的逆像——具有正的行列式值的可逆矩阵的集合——是$GL_n(\mathbf{R})$的正规子群.

证明 证明是简单的，但必须记住，φ^{-1}不是映射. 由定义，$\varphi^{-1}(\mathcal{H})=\{x\in G|\varphi(x)\in\mathcal{H}\}$. 首先，如果$x\in K$，则$\varphi(x)=1\in\mathcal{H}$，故$x\in H$. 因此$H\supset K$. 下面验证子群的条件.

封闭性：设x，$y\in H$. 则$\varphi(x)$，$\varphi(y)\in\mathcal{H}$. 由于$\mathcal{H}$是子群，故$\varphi(x)\varphi(y)\in\mathcal{H}$. 由于$\varphi$是同态，故$\varphi(x)\varphi(y)=\varphi(xy)$. 因而$\varphi(xy)\in\mathcal{H}$，且$xy\in H$.

有恒等元：$1\in H$因为$\varphi(1)=1\in\mathcal{H}$.

逆元：令$x\in H$，则$\varphi(x)\in\mathcal{H}$. 由于$\mathcal{H}$是子群，故$\varphi(x)^{-1}\in\mathcal{H}$. 由于$\varphi$是同态，故$\varphi(x)^{-1}=\varphi(x^{-1})\in\mathcal{H}$，且$x^{-1}\in H$.

假设$\mathcal{H}$是正规子群. 令$x\in H$，$g\in G$. 则$\varphi(gxg^{-1})=\varphi(g)\varphi(x)\varphi(g)^{-1}$是$\varphi(x)$的共轭，而$\varphi(x)\in\mathcal{H}$. 因为$\mathcal{H}$是正规子群，故$\varphi(gxg^{-1})\in\mathcal{H}$，因此$gxg^{-1}\in H$.

假设φ是满射，且H是G的正规子群. 令$a\in\mathcal{H}$且$b\in\mathcal{G}$. 存在元素$x\in H$，$y\in G$使得$\varphi(x)=a$，$\varphi(y)=b$. 由于H是正规子群，$yxy^{-1}\in H$，因此$\varphi(yxy^{-1})=bab^{-1}\in\mathcal{H}$. ■

【2.10.5】定理(对应定理) *令$\varphi:G\to\mathcal{G}$是一个群满同态且其核为K. 存在$\mathcal{G}$的子群到G的包含K的子群之间的双射：*

62

$$\{G\text{的含有}K\text{的子群}\}\leftrightarrow\{\mathcal{G}\text{的子群}\}$$

这个对应定义如下：

$$G\text{的含有}K\text{的子群}H\rightsquigarrow\text{像}\varphi(H)\text{是}\mathcal{G}\text{的子群}$$

$$\mathcal{G}\text{的一个子群}\mathcal{H}\rightsquigarrow\text{其逆像}\varphi^{-1}(\mathcal{H})\text{是}G\text{的子群}$$

如果H和$\mathcal{H}$是对应的子群，则H是G的正规子群当且仅当$\mathcal{H}$是$\mathcal{G}$的正规子群.

如果H和$\mathcal{H}$是对应的子群，则$|H|=|\mathcal{H}||K|$.

【2.10.6】例 回到在例2.5.13中定义的同态$\varphi:S_4\to S_3$和它的核K(2.5.15).

群S_3有6个子群，其中4个真子群. 用通常的表示，有一个3阶真子群，即循环群$\langle x\rangle$，有3个2阶子群，包括$\langle y\rangle$. 对应定理告诉我们存在4个S_4的包含K的真子群. 由于$|K|=4$，因此有一个12阶子群和3个8阶子群.

我们知道有一个12阶子群，即交错群A_4. 这是对应于S_3的循环群$\langle x\rangle$的子群.

8 阶子群可利用正方形的对称性来解释．正方形四个顶点的标号如下图所示，通过$\frac{\pi}{2}$角度逆时针旋转对应 4-循环$(\mathbf{1\ 2\ 3\ 4})$．关于通过顶点 1 的对角线反射得到对换$(\mathbf{2\ 4})$．这两个置换生成一个 8 阶子群．其他的 8 阶子群可以通过给正方形的顶点以另外的方式标号得到．

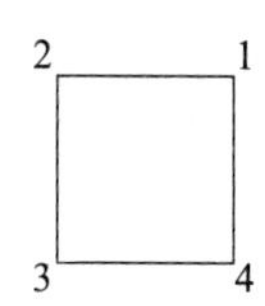

S_4 中也有不含 K 的一些子群．对应定理对此没有给出讨论． ■

对应定理的证明 令 H 是 G 的含 K 的子群，$\mathcal{H}$是$\mathcal{G}$的子群．我们必须验证下面几点：

- $\varphi(H)$是 G'的子群．
- $\varphi^{-1}(\mathcal{H})$是 G 的含 K 的子群．
- $\mathcal{H}$是$\mathcal{G}$的正规子群当且仅当 $\varphi^{-1}(\mathcal{H})$是 G 的正规子群．
- （对应的双射性）$\varphi(\varphi^{-1}(\mathcal{H}))=\mathcal{H}$且 $\varphi^{-1}(\varphi(H))=H$．
- $|\varphi^{-1}(\mathcal{H})|=|\mathcal{H}||K|$．

由于 $\varphi(H)$是同态 $\varphi|_H$ 的像，故它是$\mathcal{G}$的子群．第二、第三条来自命题 2.10.4．

关于第四条，等式 $\varphi(\varphi^{-1}(\mathcal{H}))=\mathcal{H}$对应任意集合上的满射 $\varphi:S\to S'$和任意子集$\mathcal{H}\subset S'$成立．而且 $H\subset\varphi^{-1}(\varphi(H))$对于任何映射和任何子集 $H\subset S$ 成立．我们省略这些事实的验证，只验证 $H\supset\varphi^{-1}(\varphi(H))$．令 $x\in\varphi^{-1}(\varphi(H))$．我们必须证明 $x\in H$．由逆像的定义，$\varphi(x)\in\varphi(H)$，比如 $\varphi(x)=\varphi(a)$，$a\in H$．则 $a^{-1}x\in K$(2.5.8)，且由于 $H\supset K$，故 $a^{-1}x\in H$．由于 $a\in H$，$a^{-1}x\in H$，故 $x\in H$．

我们把最后一条的证明留作练习． ■

第十一节　积　　群

设 G，G'为两个群．积集 $G\times G'=\{(a,\ a')\mid a\in G,\ a'\in G'\}$可按分量乘积构成一个群，即按如下规则

【2.11.1】
$$(a,a')\cdot(b,b')=(ab,a'b')$$

定义元素对的乘积．元素对$(1,\ 1)$是恒等元，而$(a,\ a')$的逆元是$(a^{-1},\ a'^{-1})$．$G\times G'$上的结合律由 G 和 G'上的结合律得到．

这样得到的群称为 G 和 G'的积，记为 $G\times G'$．积群以简单的方式与其因子群 G 和 G'相联系，我们可用由 $i(x)=(x,\ 1)$，$i'(x')=(1,\ x')$，$p(x,\ x')=x$，$p'(x,\ x')=x'$定义的同态的语言加以总结：

【2.11.2】图

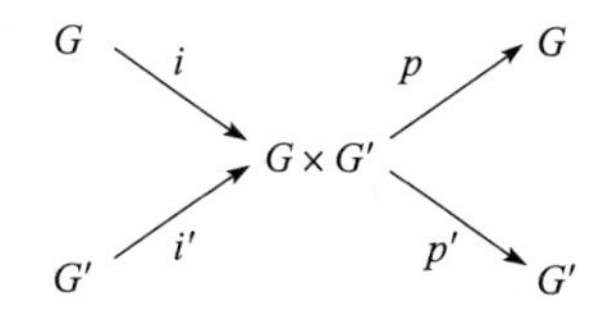

单同态 i，i'可用来将 G 和 G'等同于它们的像，$G\times G'$的子群 $G\times 1$，$1\times G'$. 映射 p，p'是满射，p 的核是 $1\times G'$，而 p'的核是 $G\times 1$. 这两个映射是投影.

显然，大家都期望把一个给定的群 G 分解成积，也就是说找到两个群 H 和 H'，使 G 同构于它们的积 $H\times H'$. 群 H 和 H'较简单，而且 $H\times H'$与其因子的关系也容易理解. 可是，给定的群是积的情形非常稀少，但的确偶有发生.

例如，令人惊叹的是 6 阶循环群可以被分解：一个 6 阶循环群 C_6 同构于 2 阶和 3 阶的循环群的积 $C_2\times C_3$. 要说明这点，令 $C_2=\langle y\rangle$，$C_3=\langle z\rangle$，且 $y^2=1$，$z^3=1$，令 x 表示积群$C_2\times C_3$中的元素(y, z). 使得 $x^k=(y^k, z^k)$成为恒等元$(1, 1)$的最小正整数是 $k=6$. 故 x 的阶是 6. 由于 $C_2\times C_3$ 的阶也是 6，故 $C_2\times C_3=\langle x\rangle$. x 的方幂按照顺序为：

$$(1,1),(y,z),(1,z^2),(y,1)(1,z),(y,z^2)$$

只要两个整数 r 和 s 没有公因子，同样的论证就可用于 rs 阶循环群.

64

【2.11.3】命题 令整数 r 和 s 互素. rs 阶循环群同构于 r 阶循环群和 s 阶循环群的积.

另一方面，4 阶循环群不同构于两个 2 阶循环群的积. $C_2\times C_2$ 中每个元素的阶或为 1 或为 2，而 4 阶循环群中有两个元素阶为 4.

下面的命题刻画了群的积.

【2.11.4】命题 令 H 和 K 是群 G 的子群，令 $f:H\times K\to G$ 是乘法映射，定义为 $f(h, k)=hk$. 它的像是集合 $HK=\{hk|h\in H, k\in K\}$.

(a) f 是单射的当且仅当 $H\cap K=\{1\}$.

(b) f 是积群 $H\times K$ 到群 G 的同态当且仅当 K 的元素与 H 的元素可交换：$hk=kh$.

(c) 如果 H 是 G 的正规子群，则 HK 是 G 的子群.

(d) f 是积群 $H\times K$ 到群 G 的同构当且仅当 $H\cap K=\{1\}$，$HK=G$，且 H 和 K 都是 G 的正规子群.

注意到乘法映射可以是双射尽管它可能不是群同态这点是重要的. 这种情况会发生，例如，当 $G=S_3$ 时，用通常的记号，$H=\langle x\rangle$，$K=\langle y\rangle$.

证明

(a) 如果 $H\cap K$ 包含一个元素 $x\neq 1$，则 $x^{-1}\in H$，且 $f(x^{-1}, x)=1=f(1, 1)$，所以 f 不是单射. 假设 $H\cap K=\{1\}$. 令(h_1, k_1)和(h_2, k_2)是 $H\times K$ 中的元素使得 $h_1k_1=h_2k_2$. 在方程两边左乘 h_1^{-1}且右乘 k_2^{-1}，得到 $k_1k_2^{-1}=h_1^{-1}h_2$. 左边是 K 中元素，右边是 H 中元素. 由于 $H\cap K=\{1\}$，故 $k_1k_2^{-1}=h_1^{-1}h_2=1$，于是，$k_1=k_2$，$h_1=h_2$，且$(h_1,k_1)=(h_2,k_2)$.

(b) 令(h_1, k_1)和(h_2, k_2)是积群 $H\times K$ 中的元素. 这些元素在 $H\times K$ 中的积为(h_1h_2, k_1k_2)，且 $f(h_1h_2, k_1k_2)=h_1h_2k_1k_2$，而 $f(h_1, k_1)f(h_2, k_2)=h_1k_1h_2k_2$. 这些元素是相等的当且仅当 $h_2k_1=k_1h_2$.

(c) 假设 H 是正规子群. 我们注意 KH 是左陪集 kH 的并，其中 $k\in K$，而 HK 是所有右陪集 Hk 的并，其中 $k\in K$. 由于 H 是正规子群，$kH=Hk$，所以 $HK=KH$. HK 对

于乘法的封闭性得证，因为 $HKHK=HHKK=HK$. 还有，$(hk)^{-1}=k^{-1}h^{-1}$属于 $KH=HK$. 这证明了 HK 的逆元是封闭的.

(d) 假设 H 和 K 满足所给条件. 则 f 既是单射又是满射，所以是双射. 由(b)，f 是同构当且仅当对所有 $h\in H$，$k\in K$，有 $hk=kh$. 考虑交换子$(hkh^{-1})k^{-1}=h(kh^{-1}k^{-1})$. 由于 K 是正规子群，故左边属于 K，又由于 H 是正规子群，故右边属于 H. 因为 $H\cap K=\{1\}$，故 $hkh^{-1}k^{-1}=1$，$hk=kh$. 反过来，如果 f 是同构，可以验证同构群 $H\times K$ 而不是 G 中列出的这些条件. ■

我们用这个命题对阶为 4 的群进行分类.

【2.11.5】命题 *存在两个 4 阶群的同构类. 一类是 4 阶循环群 C_4，一类是克莱因四元群，它同构于阶为 2 的两个群的积 $C_2\times C_2$.*

65

证明 令 G 是 4 阶群，故 G 的每个元素的阶都整除 4. 于是，考虑两种情形：

情形 1：G 有一个元素的阶为 4. 则 G 是 4 阶循环群.

情形 2：G 中每个除了单位元以外的元素的阶均为 2.

在此情形，对 G 中任意元素 x 有 $x=x^{-1}$. 令 x 和 y 是 G 中两个元素. 则 xy 的阶为 2，故 $xyx^{-1}y^{-1}=(xy)(xy)=1$. 这证明了 x 和 y 可交换(2.6.5)，且既然是群中任意元素，因此 G 是交换群. 故任意子群都是正规子群. 选取 G 中不同元素 x 和 y，令 H 和 K 是由 x 和 y 生成的 2 阶循环子群. 命题 2.11.4(d)表明 G 同构于积群 $H\times K$. ■

第十二节 商　　群

在这一节我们将在群 G 的正规子群 N 的陪集的集合上定义合成法则. 这个运算法则使得正规子群的陪集成为一个群，称为商群.

整数模 n 的同余类的加法就是商结构的一个例子. 另一个熟悉的例子是角度的加法. 每个实数代表一个角，任意两个实数代表同一个角当且仅当它们相差 2π 的整数倍. 所有 2π 的整数倍的实数构成实数加群 $\mathbf{R}^+$ 的一个子群 N，角对应着 N 在 G 中的陪集 $\theta+N$. 角的群是元素是陪集的商群.

正规子群 N 在 G 中的陪集的集合通常用 G/N 表示.

【2.12.1】 *G/N 是正规子群 N 在 G 中的陪集的集合*

当把陪集 C 看成陪集集合中的元素时，用括号$[C]$表示. 如果 $C=aN$，也可用加横杠的方式$\overline{a}$表示元素$[C]$，而陪集的集合记作$\overline{G}$：

$$\overline{G}=G/N$$

【2.12.2】定理 *令 N 是 G 的正规子群，令$\overline{G}$表示 N 在 G 中的陪集的集合. 存在$\overline{G}$上的一个合成法则使其成为一个群，使得定义为 $\pi(a)=\overline{a}$的映射 $\pi:G\to\overline{G}$是一个核为 N 的满同态.*

注 *映射 π 经常称为 G 到$\overline{G}$的典范映射. "典范"是指这是仅有的一个有理由讨论的映射.*

下一个推论非常简单，但很重要，值得单独列出来.

【2.12.3】推论 *令 N 是群 G 的正规子群，令$\overline{G}$表示 N 在 G 中的陪集的集合. 令 $\pi:G\to\overline{G}$是*

典范同态. 令 a_1, …, a_k 是 G 中的元素使得积 $a_1 \cdots a_k \in N$. 则 $\overline{a_1} \cdots \overline{a_k} = \overline{1}$.

66

证明 令 $p = a_1 \cdots a_k$. 则 $p \in N$, 故 $\pi(p) = \overline{p} = \overline{1}$. 由于 π 是同态, 故 $\overline{a_1} \cdots \overline{a_k} = \overline{p}$. ■

定理 2.12.2 的证明 有下面几件事必须要做.

- 在 $\overline{G}$ 上定义合成法则.
- 证明 $\overline{G}$ 在此合成法则下成为一个群.
- 证明典范映射 π 是满同态.
- 证明 π 的核是 N.

我们采用下面的记号: 如果 A 和 B 是群 G 的子集, 则 AB 表示积 ab 的集合:

【2.12.4】
$$AB = \{x \in G \mid 存在\ a \in A, b \in B\ 使得\ x = ab\}$$

我们称此为集合的积, 虽然在某些场合"集合的积"指的是元素对的集合 $A \times B$.

【2.12.5】引理 设 N 是群 G 的一个正规子群, 则 N 的两个陪集 aN, bN 的积 $(aN)(bN)$ 仍是一个陪集, 且 $(aN)(bN) = abN$.

我们注意集合 $(aN)(bN)$ 包含群 G 中所有形如 $anbn'$ 的元素, 其中 n, $n' \in N$.

证明 因为 N 是子群, 故 $NN = N$. 由于 N 是正规子群, 故左右陪集相等: $Nb = bN$ (2.8.17). 于是由下面的形式推导证明了引理:

$$(aN)(bN) = a(Nb)N = a(bN) = abNN = abN$$ ■

这个引理使我们能够在 $\overline{G} = G/N$ 上定义乘法. 用(2.7.8)的括号记号, 定义如下: 如果 C_1 和 C_2 是两个陪集, 则 $[C_1][C_2] = [C_1C_2]$, 其中 C_1C_2 是积集. 这个引理表明积集是另一个陪集. 为计算积陪集 $[C_1][C_2]$, 取任意元素 $a \in C_1$ 和 $b \in C_2$, 使得 $C_1 = aN$ 且 $C_2 = bN$. 于是, $C_1C_2 = abN$ 是含有元素 ab 的陪集. 故有非常自然的公式

【2.12.6】
$$[aN][bN] = [abN] \quad 或 \quad \overline{a}\,\overline{b} = \overline{ab}$$

这样, 由映射 π 在(2.12.2)中的定义,

【2.12.7】
$$\pi(a)\pi(b) = \overline{a}\,\overline{b} = \overline{ab} = \pi(ab)$$

一旦我们证明了 $\overline{G}$ 是个群, 则 π 是同态的事实就可从(2.12.7)得出. 由于典范映射 π 是满射(2.7.8), 因此下面的引理证明 $\overline{G}$ 是一个群.

【2.12.8】引理 令 G 是个群, 且令 Y 是一个带有合成法则的集合, 合成法则都用乘法记号表示. 令 $\varphi: G \to Y$ 是一个具有同态性质的满射, 即对于所有 a, $b \in G$, 均有 $\varphi(ab) = \varphi(a)\varphi(b)$. 则 Y 是一个群, 且 φ 是同态.

67

证明 利用满射 φ 把群 G 所满足的公理推广到 Y 上. 下面是结合律的证明: 令 y_1, y_2, $y_3 \in Y$. 由于 φ 是满射, 故 $y_i = \varphi(x_i)$, $x_i \in G$, $i = 1, 2, 3$. 则

$$\begin{aligned}(y_1y_2)y_3 &= (\varphi(x_1)\varphi(x_2)\varphi(x_3)) = \varphi(x_1x_2)\varphi(x_3) = \varphi((x_1x_2)x_3) \\ &\overset{*}{=} \varphi(x_1(x_2x_3)) = \varphi(x_1)\varphi(x_2x_3) = \varphi(x_1)(\varphi(x_2)\varphi(x_3)) = y_1(y_2y_3)\end{aligned}$$

等式中用 * 号标记的部分是群 G 的结合律. 其他部分可由 φ 的同态性质得到. 群的其他公理的验证类似可得. ■

剩下的唯一需要验证的是同态 π 的核为子群 N. $\pi(a)=\pi(1)$ 当且仅当 $\overline{a}=\overline{1}$，或 $[aN]=[1N]$，此式成立当且仅当 $a\in N$. ■

【2.12.9】图

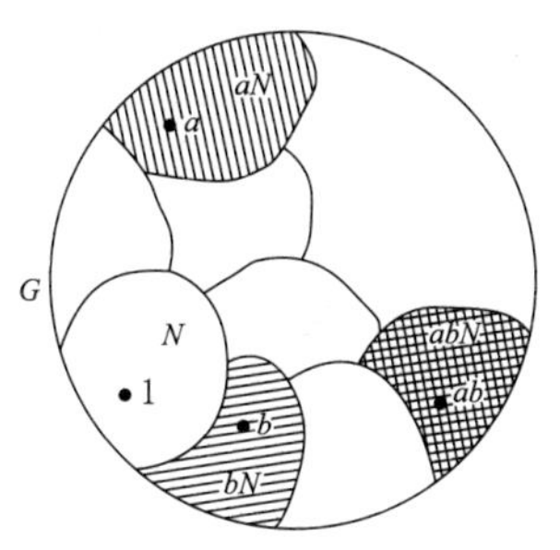

陪集乘法的简略图解

注意 在引理 2.12.5 中假设 N 是群 G 的正规子群是至关重要的. 如果 H 不是正规的，则存在 H 在 G 中的左陪集 C_1 和 C_2 使得积集 C_1C_2 不在一个左陪集内. 回到 S_3 的子群 $H=\langle y\rangle$，积集 $(1H)(xH)$ 包含 4 个元素：$\{1, y\}\{x, xy\}=\{x, xy, x^2y, x^2\}$. 这不是一个陪集. 子群 H 不是正规的.

下面的定理将商群的构造与一般的群同态联系起来，这个定理提供了确定(等同)商群的基本方法.

【2.12.10】**定理**(第一同构定理) 设 $\varphi:G\to G'$ 是一个满群同态，其核 $N=\ker\varphi$，则商群 $\overline{G}=G/N$ 与像 G' 同构. 准确地说，令 $\pi:G\to\overline{G}$ 是典范映射，则存在唯一一个同构映射 $\overline{\varphi}:\overline{G}\to G'$ 使得 $\varphi=\overline{\varphi}\circ\pi$.

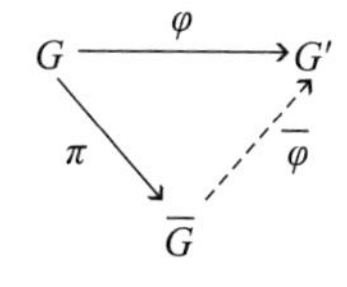

证明 $\overline{G}$的元素是 N 的陪集，也是映射 φ 的纤维(2.7.15). 映射$\overline{\varphi}$将非空纤维映射到纤维的像：$\overline{\varphi}(\overline{x})=\varphi(x)$. 对于任何集合间的满射 $\varphi:G\to G'$，可以形成纤维的集合$\overline{G}$，然后可得到如上的图，其中$\overline{\varphi}$是双射，它将一个纤维映射到它的像. 当 φ 是群同态时，$\overline{\varphi}$是同构，这是因为$\overline{\varphi}(\overline{ab})=\varphi(ab)=\varphi(a)\varphi(b)=\overline{\varphi}(\overline{a})\overline{\varphi}(\overline{b})$. ■

【2.12.11】**推论** 令 $\varphi:G\to G'$ 是一个群同态，其核为 N，像为 H'. 商群$\overline{G}=G/N$ 同构于 H'.

两个例子：绝对值映射 $\mathbf{C}^\times\to\mathbf{R}^\times$ 的像是正实数，其核是单位圆 U. 这个定理断言商群 $\mathbf{C}^\times/U$ 同构于正实数的乘法群. 另外，行列式是一个满同态 $GL_n(\mathbf{R})\to\mathbf{R}^\times$，其核为特殊线性群 $SL_n(\mathbf{R})$. 因而商群 $GL_n(\mathbf{R})/SL_n(\mathbf{R})$同构于 $\mathbf{R}^\times$.

还有第二、第三同构定理，虽然这些定理不如第一同构定理重要.

练　　习

第一节　合成法则

1.1　令 S 是一个集合. 证明：对于任意 $a, b\in S$，由 $ab=a$ 定义的合成法则是结合的. 对怎样的集合这

68

个合成法则有恒等元？

1.2 证明在本节最后列出的逆的性质.

1.3 令 $\mathbf{N}$ 表示自然数集合$\{1, 2, 3, \cdots\}$，且令 $s:\mathbf{N}\to\mathbf{N}$ 是平移映射，定义为 $s(n)=n+1$. 证明 s 没有右逆，但有无穷多个左逆.

第二节 群与子群

2.1 作出对称群 S_3 的乘法表.

2.2 令 S 是具有恒等元和合成法则满足结合律的集合. 证明 S 的所有具有逆元的集合构成一个群.

2.3 令 x，y，z 和 w 是群 G 中的元素.

(a) 已知 $xyz^{-1}w=1$，求 y.

69

(b) 设 $xyz=1$，是否可据此得出 $yzx=1$ 或 $yxz=1$？

2.4 在下列何种情形下 H 是 G 的子群？

(a) $G=GL_n(\mathbf{C})$，$H=GL_n(\mathbf{R})$.

(b) $G=\mathbf{R}^{\times}$，$H=\{1, -1\}$.

(c) $G=\mathbf{R}^{+}$，H 是正整数集合.

(d) $G=\mathbf{R}^{\times}$，H 是正实数集合.

(e) $G=GL_2(\mathbf{R})$和 H 是所有形如$\begin{bmatrix}a & 0\\ 0 & 0\end{bmatrix}$的矩阵的集合，其中 $a\neq 0$.

2.5 在子群的定义中，子群 H 的恒等元要求是群 G 的恒等元. 可以只要求子群 H 有恒等元，不必要求此恒等元为群 G 的恒等元. 证明：如果 H 有恒等元，则这个恒等元是群 G 的恒等元. 类似地证明子群 H 中的逆元也是其在群 G 中的逆元.

2.6 令 G 是一个群. 定义一个反群 G°有下面的合成法则 $a*b$：基础集合还是集合 G，但合成法则是 $a*b=ba$. 证明 G°是一个群.

第三节 整数加群的子群

3.1 令 $a=123$ 且 $b=321$. 求 $d=\gcd(a, b)$，并把 d 表示成 $ra+bs$ 的形式.

3.2 证明：如果正整数 a，b 的和是一个素数 p，则 $\gcd(a, b)=1$.

3.3 (a) 定义集合$\{a_1, a_2, \cdots, a_n\}$的最大公约数. 证明它是整数 a_1，a_2，$\cdots$，a_n 的组合.

(b) 如果$\{a_1, a_2, \cdots, a_n\}$的最大公约数是 d，则$\{a_1/d, a_2/d, \cdots, a_n/d\}$的最大公约数是 1.

第四节 循环群

4.1 令 a 和 b 是群 G 的元素. 设 a 的阶为 7 且 $a^3b=ba^3$. 证明 $ab=ba$.

4.2 一个 n 次单位根是一个复数 z 满足 $z^n=1$.

(a) 证明单位元的 n 次方根构成 $\mathbf{C}^{\times}$ 的 n 阶循环子群.

(b) 确定所有单位元的 n 次方根的积.

4.3 令 a 和 b 是群 G 的元素. 证明 ab 和 ba 有相同的阶.

4.4 刻画所有没有真子群的群.

4.5 证明循环群的任意子群还是循环群. 通过研究指数并应用对 $\mathbf{Z}^{+}$ 的子群的描述来加以证明.

4.6 (a) 令 G 是 6 阶循环群. G 有多少生成元？对 5 阶和 8 阶循环群讨论同样的问题.

(b) 讨论任意阶循环群的生成元的个数.

4.7 令 x 和 y 是群 G 的元素. 设 x，y 和 xy 的阶均为 2. 证明集合 $H=\{1, x, y, xy\}$是 G 的子群，且

70

阶为 4.

4.8 (a) 证明(1.2.4)中第一、第三型初等矩阵生成 $GL_n(\mathbf{R})$.

(b) 证明(1.2.4)中第一型初等矩阵生成 $SL_n(\mathbf{R})$. 先对 2×2 矩阵证明此结论.

4.9 对称群 S_4 有多少个 2 阶的元素?

4.10 举例说明群中有限阶元素的积未必是有限阶的. 如果是交换群呢?

4.11 (a) 采用行约简的方法证明对换生成对称群 S_n.

(b) 对于 $n\geqslant3$, 证明 3-循环生成交错群 A_n.

第五节 同态

5.1 设 $\varphi:G\to G'$ 是群的满同态. 证明: 若 G 是循环群, 则 G' 也是循环群; 若 G 是阿贝尔群, 则 G' 也是阿贝尔群.

5.2 设 H 和 K 是群 G 的子群, 则 $H\cap K$ 是 H 的子群, 且如果 K 是 G 的正规子群, 则 $H\cap K$ 是 H 的正规子群.

5.3 令 U 是 2×2 可逆上三角矩阵 $A=\begin{bmatrix}a & b\\ 0 & d\end{bmatrix}$ 的群, 且 $\varphi:U\to\mathbf{R}^\times$ 满足 $A\rightsquigarrow a^2$. 证明 φ 是同态, 并求此同态的核和像.

5.4 令 $f:\mathbf{R}^+\to\mathbf{C}^\times$ 满足 $f(x)=\mathrm{e}^{\mathrm{i}x}$. 证明 f 是同态, 并求此同态的核和像.

5.5 证明: 形如 $M=\begin{bmatrix}A & B\\ 0 & D\end{bmatrix}$ 的 $n\times n$ 分块矩阵构成 $GL_n(\mathbf{R})$ 的一个子群 H, 其中 $A\in GL_r(\mathbf{R})$, $D\in GL_{n-r}(\mathbf{R})$; 且映射 $\varphi:H\to GL_r(\mathbf{R})$ 满足 $M\rightsquigarrow A$ 是一个同态. 同态的核是什么?

5.6 确定 $GL_n(\mathbf{R})$ 的中心.

提示: 要求可逆矩阵 A 使得其与任何可逆矩阵 B 可换. 不要用一般矩阵尝试, 要用初等矩阵尝试.

第六节 同构

6.1 令 G' 是形如 $\begin{bmatrix}1 & x\\ 0 & 1\end{bmatrix}$ 的实矩阵群. 映射 $\mathbf{R}^+\to G'$ 将 $x\to\begin{bmatrix}1 & x\\ 0 & 1\end{bmatrix}$ 是同构映射吗?

6.2 刻画所有同态 φ: $\mathbf{Z}^+\to\mathbf{Z}^+$. 确定哪些是单射, 哪些是满射, 哪些是同构.

6.3 证明: 函数 $f=\dfrac{1}{x}$, $g=\dfrac{x-1}{x}$ 生成一个函数群, 合成法则是函数的合成, 它同构于对称群 S_3.

6.4 证明: 在群中, 积 ab 和 ba 是共轭元.

6.5 确定两个矩阵 $A=\begin{bmatrix}3 & 0\\ 0 & 2\end{bmatrix}$ 与 $B=\begin{bmatrix}1 & 1\\ -2 & 4\end{bmatrix}$ 在一般线性群 $GL_2(\mathbf{R})$ 中是否为共轭元.

6.6 矩阵 $\begin{bmatrix}1 & 1\\ 0 & 1\end{bmatrix}$ 和 $\begin{bmatrix}1 & 0\\ 1 & 1\end{bmatrix}$ 是否为 $GL_2(\mathbf{R})$ 中的共轭元? 是否为 $SL_2(\mathbf{R})$ 中的共轭元?

6.7 令 H 是 G 的子群, 并设 $g\in G$. 共轭子群 gHg^{-1} 定义为所有共轭 ghg^{-1} 的集合, 其中 $h\in H$. 证明 gHg^{-1} 是 G 的子群.

6.8 证明映射 $A\rightsquigarrow(A^{\mathrm{t}})^{-1}$ 是 $GL_2(\mathbf{R})$ 的自同构.

6.9 证明群 G 和它的反群 G°(练习 2.6)同构.

6.10 确定下列群的自同构群.

(a) 10 阶循环群, (b)对称群 S_3.

6.11 令 a 是群 G 的元素. 证明: 如果集合 $\{1, a\}$ 是 G 的正规子群, 则 a 属于 G 的中心.

第七节　等价关系和划分

7.1　令 G 是一个群，证明：对于某个 $g\in G$ 使得 $b=gag^{-1}$ 的关系 $a\sim b$ 是一个等价关系．

7.2　集合 S 上等价关系由 $S\times S$ 的满足 $a\sim b$ 的对 $(a,\ b)$ 所组成的集合 R 来确定．将等价关系的公理用子集 R 来表示．

7.3　用练习 7.2 中的记号，两个等价关系 R 和 R' 的交 $R\cap R'$ 是否是等价关系？$R\cup R'$ 是否是等价关系？

7.4　设 R 是实数集合上的一个等价关系．R 可视为 $(x,\ y)$ 平面的子集．用练习 7.2 中的记号，解释自反性和对称性的几何意义．

7.5　用练习 7.2 中的记号，下面 $(x,\ y)$ 平面的子集 R 定义了实数集合 $\mathbf{R}$ 上的一个关系．确定哪个关系满足公理(2.7.3)．

(a) $R=\{(s,\ s)\mid s\in\mathbf{R}\}$．

(b) $R=$ 空集．

(c) $R=$ 轨迹 $\{xy+1=0\}$．

(d) $R=$ 轨迹 $\{x^2y-xy^2-x+y=0\}$．

7.6　5 个元素的集合上可以定义多少种等价关系？

第八节　陪集

8.1　令 H 是交错群 A_4 的一个由置换 $(\mathbf{1\ 2\ 3})$ 生成的循环子群．具体写出 H 的所有左陪集和右陪集．

8.2　在实向量加群 $\mathbf{R}^m$ 中，令 W 是齐次线性方程组 $AX=0$ 的解集合．证明非齐次线性方程组 $AX=B$ 的解集合或为空集或为 W 的一个(加法)陪集．

8.3　阶为某个素数 p 的方幂的群含有阶为 p 的元素吗？

8.4　阶为 35 的群是否含有阶为 5 的元素？是否含有阶为 7 的元素？

8.5　一个有限群包含阶为 10 的元素 x，也包含阶为 6 的元素 y，对该群 G 的阶有什么结论？

72

8.6　令 $\varphi:G\to G'$ 是群同态．假设 $|G|=18$，$|G'|=15$，且 φ 不是平凡同态．同态核的阶是多少？

8.7　22 阶群 G 包含元素 x 和 y，其中 $x\neq1$，y 不是 x 的幂．证明由这些元素生成的子群是整个群 G．

8.8　令 G 是一个 25 阶群．证明 G 至少有一个 5 阶子群，且如果它只有一个 5 阶子群，则此群是循环群．

8.9　令 G 是一个有限群．在什么情况下由 $\varphi(x)=x^2$ 定义的映射 $\varphi:G\to G$ 是群 G 的自同构？

8.10　证明指标为 2 的任意子群为正规子群．举例说明指标为 3 的子群未必是正规子群．

8.11　令 G 和 H 是 $GL_2(\mathbf{R})$ 的以下形式的子群：

$$G=\left\{\begin{bmatrix}x & y\\0 & 1\end{bmatrix}\right\},H=\left\{\begin{bmatrix}x & 0\\0 & 1\end{bmatrix}\right\}$$

其中 x 和 y 是实数，且 $x>0$．群 G 中的元素可由右半平面的点来表示．简要证明半平面可以分划为 H 的左陪集和右陪集．

8.12　令 S 是群 G 的包含恒等元 1 的子集，且使得左陪集 $aS(a\in G)$ 划分群 G．证明 S 是 G 子群．

8.13　令 S 是一个带有合成法则的集合．S 的一个划分 $\Pi_1\cup\Pi_2\cup\cdots$ 是与合成法则相容的，对于所有 i 和 j，积集

$$\Pi_i\Pi_j=\{xy\mid x\in\Pi_i,y\in\Pi_j\}$$

包含在划分的某个单个子集 Π_k 中．

(a) 整数集合 $\mathbf{Z}$ 可以划分为三个子集[正整数]，[负整数]，[$\{0\}$]．讨论合成法则 $+$，$\times$ 与这个划分的相容程度．

(b) 刻画与加法相容的所有整数集合的划分.

第九节 模算术

9.1 对于怎样的整数 n 使得 2 在 $\mathbf{Z}/\mathbf{Z}n$ 中有乘法逆元?

9.2 a^2 模 4 的可能值是什么? 模 8 呢?

9.3 证明每个整数 a 模 9 同余于其十进制各位数之和.

9.4 解同余方程 $2x\equiv5$ 模 9 和模 6.

9.5 确定使同余方程 $2x-y\equiv1$, $4x+3y\equiv2(\mathrm{mod}\ n)$有解的整数 n.

9.6 证明中国剩余定理:设 a, b, u, v 为整数,且设 a, b 的最大公约数是 1,则存在整数 x 使 $x\equiv u(\mathrm{mod}\ a)$且 $x\equiv b(\mathrm{mod}\ b)$.

提示:先讨论 $u=0$, $v=1$ 的情形.

9.7 确定每一个矩阵 $A=\begin{bmatrix}1 & 1\\0 & 1\end{bmatrix}$和 $B=\begin{bmatrix}1 & 0\\1 & 1\end{bmatrix}$的阶,其中矩阵元素是模 3 同余的. 73

第十节 对应定理

10.1 描述如何从循环分解中区分一个置换是奇还是偶的.

10.2 令 H 和 K 是群 G 的子群.

(a) 证明 H 和 K 的两个陪集的交集 $xH\cap yK$ 或为空集或为子群 $H\cap K$ 的一个陪集;

(b) 如果 H 和 K 在 G 中的指标是有限的,则 $H\cap K$ 在 G 中的指标也是有限的.

10.3 令 G 和 G'是分别由 x 和 y 生成的 12 阶和 6 阶循环群,令 $\varphi:G\to G'$是由 $\varphi(x^i)=y^i$ 定义的映射. 具体列出在对应定理中提到的对应.

10.4 用对应定理中的记号,令 H 和 H'是对应子群. 证明$[G:H]=[G':H']$.

10.5 参照在例 2.5.13 中的同态 $S_4\to S_3$,确定 S_4 的包含核 K 的 6 个子群.

第十一节 积群

11.1 令 x 是群 G 中阶为 r 的元素,y 是群 G'中阶为 s 的元素,元(x, y)在积群 $G\times G'$中的阶是多少?

11.2 用对称群 S_3 的通常记号,当 H 和 K 是子群$\langle y\rangle$和$\langle x\rangle$时,命题 2.11.4 告诉我们什么?

11.3 证明两个无限循环群的积不是无限循环群.

11.4 在下面每一种情形中,确定 G 是否同构于积群 $H\times K$.

(a) $G=\mathbf{R}^\times$, $H=\{\pm1\}$, $K=\{$正实数$\}$.

(b) $G=\{2\times2$ 可逆上三角矩阵$\}$, $H=\{$可逆对角矩阵$\}$, $K=\{$对角线元素为 1 的上三角矩阵$\}$.

(c) $G=\mathbf{C}^\times$, $H=\{$单位圆$\}$, $K=\{$正实数$\}$.

11.5 令 G_1 和 G_2 是群,且 Z_i 是 G_i 的中心. 证明积群 $G_1\times G_2$ 的中心为 $Z_1\times Z_2$.

11.6 令 G 是一个分别包含阶为 3 和阶为 5 的正规子群的群. 证明 G 包含一个阶为 15 的元素.

11.7 令 H 是 G 的子群,令 $\varphi:G\to H$ 是一个同态,其在 H 上的限制为恒等映射,令 N 是其核. 关于乘积映射 $H\times N\to G$ 有何结论?

11.8 令 G, G'和 H 是群. 建立从 H 到积群的同态 $\Phi:H\to G\times G'$以及由同态 $\varphi:H\to G$ 和 $\varphi':H\to G'$构成的对(φ, φ').

11.9 令 H 和 K 是 G 的子群. 证明集合的积 HK 是 G 的子群当且仅当 $HK=KH$.

第十二节 商群

12.1 证明:如果子群 H 不是群 G 的正规子群,则存在左陪集 aH 与 bH,它们的积不是陪集. 74

12.2 在一般线性群 $GL_3(\mathbf{R})$ 中，考虑形如

$$H=\begin{bmatrix}1&*&*\\&1&*\\&&1\end{bmatrix} \quad 和 \quad K=\begin{bmatrix}1&0&*\\&1&0\\&&1\end{bmatrix}$$

的子集，其中 $*$ 代表任意实数. 证明 H 是 GL_3 的子群，K 是 H 的正规子群，确定商群 H/K. 确定 H 的中心.

12.3 令 P 是群 G 的划分且具有如下性质：对于划分中任意两个元素对 A，B，集合的积 AB 完全包含在划分的另一个元素 C 中. 令 N 是划分 P 的一个元素且包含 1. 证明 N 是 G 的正规子群且 P 是其陪集的集合.

12.4 令 $H=\{\pm1, \pm i\}$ 是群 $G=\mathbf{C}^{\times}$ 中的四次单位根组成的子群. 明确写出 H 在 G 中的陪集. G/H 与 G 同构吗?

12.5 令 G 是上三角实矩阵 $\begin{bmatrix}a&b\\0&d\end{bmatrix}$ 所组成的群，其中 $a\neq0$，$d\neq0$，对于下列子集 S，确定其是否为子群，是否为正规子群. 如果 S 是正规子群，确定商群 G/S.

(i) S 是定义中满足 $b=0$ 的子集.

(ii) S 是定义中满足 $d=1$ 的子集.

(iii) S 是定义中满足 $a=d$ 的子集.

杂题

M.1 描述一个整数矩阵 A 当其逆矩阵也是整数矩阵时其第一列列向量 $(a, c)^t$ 是什么.

M.2 (a) 每个偶数阶群都包含一个阶为 2 的元素.

(b) 每个 21 阶群都包含一个阶为 3 的元素.

M.3 分析下列三种情况，对 6 阶群进行分类：

(i) G 包含一个阶为 6 的元素.

(ii) G 包含一个阶为 3 的元素，但不包含一个阶为 6 的元素.

(iii) G 的所有元素的阶为 1 或 2.

M.4 一个*半群* S 是一个带有满足结合律的合成法则且有恒等元的集合. 元素不要求有逆元，且消去律不必成立. 一个半群 S 称为是由元素 s 生成的，如果 s 的非负幂的集合 $\{1, s, s^2, \cdots\}$ 等于 S. 对一个生成元的半群进行分类.

M.5 令 S 是一个满足削去律 2.2.3 的有限半群(见练习 M.4)，证明 S 是群.

*M.6 令 $a=(a_1, \cdots, a_k)$ 和 $b=(b_1, \cdots, b_k)$ 是 k 维空间 $\mathbf{R}^k$ 中的点. 从 a 到 b 的一条*路*是一个在 $\mathbf{R}^k$ 的区间 $[0, 1]$ 上取值的连续函数，即函数 $X:[0,1]\to\mathbf{R}^k$，使 $t\rightsquigarrow X(t)=(x_1(t), \cdots, x_k(t))$，满足条件 $X(0)=a$ 和 $X(1)=b$. 若 S 是 $\mathbf{R}^k$ 的子集且 a，$b\in S$，定义 $a\sim b$，如果 a，b 可由一条完全在 S 中的路连起来.

75

(a) 证明 $\sim$ 是 S 上的一个等价关系. 注意你构造的路在集合 S 中.

(b) $\mathbf{R}^k$ 的子集 S 称为*路连通的*，如果对任意两点 a，$b\in S$，有 $a\sim b$ 成立. 证明 S 的任意子集可划分为路连通子集，而且不同子集中的两个点不能由 S 中的路连接.

(c) $\mathbf{R}^2$ 中的下列轨道中哪些是路连通的? $\{x^2+y^2=1\}$，$\{xy=0\}$，$\{xy=1\}$.

*M.7 $n\times n$ 矩阵集合可以等同于空间 $\mathbf{R}^{n\times n}$. 设 G 是 $GL_n(\mathbf{R})$ 的子群. 用练习 M.6 的记号，证明：

(a) 如果A，B，C，$D\in G$，且如果G中有A到B的路和C到D的路，则G中有一条AC到BD的路.

(b) 可以连到恒等矩阵I的矩阵集合构成G的一个正规子群(称为G的连通分支).

*M.8 (a) 群$SL_n(\mathbf{R})$由第一型的初等矩阵生成(见练习4.8). 用这一事实证明这个群是路连通的.

(b) 证明$GL_n(\mathbf{R})$是两个路连通子集的并，并描述它们.

M.9 (双陪集)令H和K是群G的子群，令g是G的元素. 集合

$$HgK = \{x \in G \mid x = hgk, \quad h \in H, k \in K\}$$

称为双陪集. 双陪集是群G的划分吗?

M.10 令H是群G的子群. 证明双陪集(参见练习M.9)

$$HgH = \{h_1 g h_2 \mid h_1, h_2 \in H\}$$

是左陪集gH当且仅当H是正规的.

*M.11 大多数可逆矩阵可以写成一个下三角矩阵L和一个上三角矩阵U且U的主对角线元素为1的矩阵乘积$A=LU$.

(a) 当矩阵A已知，如何求L和U.

(b) 证明分解的唯一性，即存在至多一种方式将矩阵A表示成这样的乘积.

(c) 证明每个可逆矩阵可以写成乘积LPU的形式，其中L和U同上，P是置换矩阵.

(d) 刻画双陪集LgU(参见练习M.9).

M.12 (邮票问题)令a和b是互素的正整数.

(a) 证明每个充分大的正整数n可写成$ra+sb$的形式，其中r，s为正整数.

(b) 确定不具有这种形式的最大整数.

M.13 (一个游戏)初始位置为点(1，1)，一个点(a, b)只允许移动到点$(a+b, b)$或$(a, a+b)$. 这样从始点移动一步后的位置是(2，1)或(1，2). 确定能到达的点.

M.14 (生成$SL_2(\mathbf{Z})$)证明两个矩阵

$$E = \begin{bmatrix} 1 & 1 \\ 0 & 1 \end{bmatrix}, E' = \begin{bmatrix} 1 & 0 \\ 1 & 1 \end{bmatrix}$$

76

生成所有行列式为1的整数矩阵的群$SL_2(\mathbf{Z})$. 记住它们生成的子群由四个元素E，E'，E^{-1}，E'^{-1}的积构成.

提示：不要直接将矩阵写成生成元的乘积. 用行约简.

M.15 (初等矩阵生成的半群)确定矩阵A的半群S(见练习M.4)，其中矩阵A是由下面两个矩阵作为项的任意长度的矩阵乘积：

$$\begin{bmatrix} 1 & 1 \\ 0 & 1 \end{bmatrix} \quad 或 \quad \begin{bmatrix} 1 & 0 \\ 1 & 1 \end{bmatrix}$$

证明S中每个元素恰有一种方式可以表示为乘积的形式.

M.16 (同音群：一个数学娱乐)由定义，英语单词是同音的，如果它们的音标在字典里是相同的. 同音群$\mathcal{H}$由字母表的字母生成，并服从下面的关系：发音相同的英文单词看做群中相同的元素，例如$be=bee$，且由于$\mathcal{H}$是群，我们可以消去be得到$e=1$. 试着确定群$\mathcal{H}$.

77

第三章　向量空间

总是从最简单的例子开始.

——David Hilbert

第一节　$\mathbf{R}^n$ 的子空间

向量空间的基本模型——这章的主题——是 n 维实向量空间 $\mathbf{R}^n$ 的子空间. 我们在本节里讨论它们. 向量空间的定义将在第三节给出.

尽管行向量写起来占的空间少，但矩阵乘法定义使列向量用起来更方便，所以，我们通常情况下使用列向量. 为节省空间，我们有时用矩阵的转置形式 $(a_1, \cdots, a_n)^t$ 写列向量. 如同第一章提到的，我们不区分列向量和 $\mathbf{R}^n$ 中有相同坐标的点. 列向量常记为小写字母 v 或 w，并且如果 v 等于 $(a_1, \cdots, a_n)^t$，则称 $(a_1, \cdots, a_n)^t$ 为 v 的坐标向量.

考虑向量的两个运算：

【3.1.1】

$$\text{向量加法：}\begin{bmatrix}a_1\\ \vdots\\ a_n\end{bmatrix}+\begin{bmatrix}b_1\\ \vdots\\ b_n\end{bmatrix}=\begin{bmatrix}a_1+b_1\\ \vdots\\ a_n+b_n\end{bmatrix}$$

$$\text{标量乘法：}c\begin{bmatrix}a_1\\ \vdots\\ a_n\end{bmatrix}=\begin{bmatrix}ca_1\\ \vdots\\ ca_n\end{bmatrix}$$

这些运算使 $\mathbf{R}^n$ 成为一个向量空间.

(3.1.1)的 $\mathbf{R}^n$ 的一个子集 W 是子空间，如果它有下述性质：

【3.1.2】

(a) 如果 w 与 w' 是 W 里的向量，则 $w+w'$ 也是 W 里的向量.

(b) 如果 w 是 W 里的向量，c 是 $\mathbf{R}$ 的数，则 cw 也是 W 里的向量.

(c) 零向量在 W 里.

有另一种方式叙述子空间的条件：

【3.1.3】　W 是非空的，并且如果 $w_1, w_2, \cdots, w_n$ 是 W 里的元素，而 $c_1, c_2, \cdots, c_n$ 是标量，则线性组合 $c_1w_1+c_2w_2+\cdots+c_nw_n$ 也是 W 里的向量.

齐次线性方程组给出的例子：已知一个系数在 $\mathbf{R}$ 里的 $m\times n$ 矩阵 A，$\mathbf{R}^n$ 中所有坐标向量为齐次方程 $AX=0$ 的解的集合是一个子空间，称为 A 的迷向子空间. 虽然这是很简单的，但我们将检验子空间的条件.

- $AX=0$ 与 $AY=0$ 蕴含着 $A(X+Y)=0$：如果 X 与 Y 都是解，则 $X+Y$ 也是解.

- $AX=0$ 蕴含着 $AcX=0$：如果 X 是一个解，则 cX 也是解.
- $A0=0$：零向量是解.

零空间 $W=\{0\}$ 与整个空间 $W=\mathbf{R}^n$ 是子空间. 一个子空间是真子空间，如果它不是二者之一. 下一个命题描述了 $\mathbf{R}^2$ 的真子空间.

【3.1.4】**命题** 令 W 是 $\mathbf{R}^2$ 的真子空间，且 w 是 W 的一个非零向量. 则 W 由 w 的标量倍数 cw 组成. 不同的真子空间有唯一的公共零向量.

由已知非零向量 w 的标量倍数 cw 组成的子空间称为由 w 张成的子空间. 几何上，它是 $\mathbf{R}^2$ 中通过原点的直线.

命题的证明 首先注意由非零向量 w 张成的子空间 W 也是由 W 所包含的任意其他非零向量 w' 所张成的. 这是因为如果 $w'=cw$ 且 $c\neq0$，则任一倍数 aw 也可写成 $ac^{-1}w'$ 的形式. 因此，分别由向量 w_1 和 w_2 张成的子空间 W_1 和 W_2 如果有非零的公共向量 v，则这两个子空间相等.

其次，$\mathbf{R}^2$ 的非零子空间 W 含非零元素 w_1. 因为 W 是子空间，所以它包含由 w_1 张成的子空间 W_1，并且如果 $W_1=W$，那么 W 由一个非零向量的标量倍数组成. 我们证明如果 W 不等于 W_1，那么它是整个空间 $\mathbf{R}^2$. 令 w_2 是在 W 里而不在 W_1 里的元素，并且令 W_2 是由 w_2 张成的子空间. 由于 $W_1\neq W_2$，这两个子空间的交仅含有 0 向量. 所以，向量 w_1 和 w_2 的任一个都不是另一个的倍数. 因此，w_i 的坐标向量(称为 A_i)是不成比例的，从而以这些向量作为列的 2×2 分块矩阵 $A=[A_1\,|\,A_2]$的行列式非零. 在此情形下，对任意向量 v 的坐标向量 B 解方程 $AX=B$，得线性组合 $v=w_1x_1+w_2x_2$. 这表明 W 是整个空间 $\mathbf{R}^2$. ■

几何上从向量加法的平行四边形法则也可看出每个向量是线性组合 $c_1w_1+c_2w_2$.

79

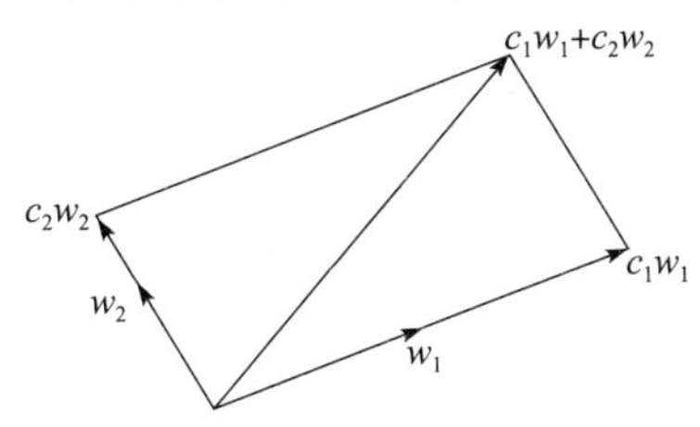

我们给出的 $\mathbf{R}^2$ 的子空间的描述在第四节通过维数概念进行阐明.

第二节　域

如同在第一章开始所提到的，本质上，关于矩阵运算的所有结论对于复数矩阵如同实数矩阵一样都是成立的，对于其他数系也是都成立的. 为描述这些数系，我们列出“标量”所需要的性质，这样就产生了域的概念. 在转到本章主要话题——向量空间——之前我们在此介绍域.

复数域 $\mathbf{C}$ 的子域是要描述的最简单的域. $\mathbf{C}$ 的子域是在四则运算加、减、乘、除下封闭且包含 1 的任意子集. 换言之，F 是 $\mathbf{C}$ 的一个子域，如果它具有下列性质：

【3.2.1】 $(+,-,\times,\div,1)$

- 若 a，$b\in F$，则 $a+b\in F$.
- 若 $a\in F$，则 $-a\in F$.
- 若 a，$b\in F$，则 $ab\in F$.
- 若 $a\in F$ 且 $a\neq 0$，则 $a^{-1}\in F$.
- $1\in F$.

这些蕴含着 $1-1=0$ 是 F 的一个元. 另一种叙述方式是说 F 是加群 $\mathbf{C}^{+}$ 的子群，而且 F 的非零元构成乘法群 $\mathbf{C}^{\times}$ 的子群.

一些 **C** 的子域的例子如下：

(a) 实数域 **R**.

(b) 有理数(即整数的分数)域 **Q**.

(c) 形如 $a+b\sqrt{2}$ 的所有复数的域 $\mathbf{Q}[\sqrt{2}]$，其中 a，$b\in\mathbf{Q}$.

抽象域的概念比起 **C** 的子域更难于掌握，但它包含了重要的新的域类，其中包括有限域.

【3.2.2】**定义** 域 F 是具有称为加法和乘法的两个合成法则

$$F\times F\xrightarrow{+}F \qquad \text{和} \qquad F\times F\xrightarrow{\times}F$$
$$a,b \rightsquigarrow a+b \qquad\qquad a,b \rightsquigarrow ab$$

80 并且满足下列公理的集合：

(i) 加法使 F 成为阿贝尔群 F^{+}，其单位元记为 0.

(ii) 乘法是交换的，并且使 F 的非零元集成为一个阿贝尔群 $F^{\times}$，其单位元记为 1.

(iii) 分配律：对所有 a，b，$c\in F$，$a(b+c)=ab+ac$.

前面两个公理分别描述加法和乘法的合成法则. 第三个公理(也就是分配律)是联系加法和乘法的.

实数满足这些公理，但它们就是通常代数运算所需要的全部公理，这一事实只有在使用它们后才能理解.

下一引理解释零元在乘法运算上的作用.

【3.2.3】**引理** 令 F 是域.

(a) F 的元素 0 与 1 是不同的.

(b) 对 F 里的所有元素 a，有 $a0=0$ 与 $0a=0$.

(c) F 里的乘法满足结合律，并且 1 是恒等元.

证明

(a) 公理(ii)蕴含着 1 不等于 0.

(b) 因 0 是加法恒等元，故 $0+0=0$. 于是 $a0+a0=a(0+0)=a0$. 由于 F^{+} 是群，因此可消去 $a0$ 得 $a0=0$，从而得 $0a=0$.

(c) 因 $F-\{0\}$ 是阿贝尔群，故乘法运算限制到这个子集时是结合的. 我们需要证明当这些元素至少有一个是0时，$a(bc)=(ab)c$. 在这种情形下，(b)表明所讨论的乘积为零. 最后，元素1是$F-\{0\}$上的恒等元. (b)中置$a=1$就证明了1在F的所有元素上是恒等的. ■

除复数的子域之外，最简单的域是称为素域的一些有限域，下面就来描述它们. 在第二章第九节中，我们看到，模n同余类的集合$\mathbf{Z}/n\mathbf{Z}$具有由整数的加法和乘法导出的加法和乘法法则. 对于整数，除了公理(ii)中乘法逆的存在性以外，域的所有公理都成立. 整数对除法不封闭. 正如我们面前所指出的，这些公理也延续到了同余类的加法和乘法. 但没有理由假定同余类存在乘法逆，事实上，逆也不一定存在. 例如，类2模6没有乘法逆. 因而，下面的事实是令人惊奇的：若p是素数，则所有模p非零的同余类皆有逆，这样集合$\mathbf{Z}/p\mathbf{Z}$是域. 这个域称为素域，通常记作$\mathbf{F}_p$.

用横杠记号并且选取模p同余类的通常代表元，

【3.2.4】
$$\mathbf{F}_p=\{\overline{0},\overline{1},\cdots,\overline{p-1}\}=\mathbf{Z}/p\mathbf{Z}$$

【3.2.5】定理 令p是一个素整数. 每一个非零同余类$\overline{a}(\mathrm{mod}\ p)$有乘法逆，因而$\mathbf{F}_p$是阶为$p$的域.

81

在给出此定理证明之前先讨论下面定理.

如果a和b是整数，则$\overline{a}\neq 0$意思是p不能整除a，而$\overline{ab}=\overline{1}$意思是$ab\equiv 1(\mathrm{mod}\ p)$. 这个定理用同余的术语可以叙述如下：

【3.2.6】 设p是素数，并设a是不能被p整除的任意整数.
则有整数b使得$ab\equiv 1(\mathrm{mod} p)$.

一般来说，求同余类$\overline{a}(\mathrm{mod}\ p)$的逆并不容易，但当$p$不大时，可以通过反复试验找到. 一个系统的方法是计算$\overline{a}$的幂. 例如，设$p=13$而$\overline{a}=\overline{3}$，则$\overline{a}^2=\overline{9}$而$\overline{a}^3=\overline{27}=\overline{1}$. 我们幸运地得到：$\overline{a}$的阶为3且$\overline{3}^{-1}=\overline{3}^2=\overline{9}$. 另一方面，$\overline{6}$的幂遍历模13的每一个非零同余类. 计算幂也许不是求得$\overline{6}$的逆的最快的方法，但定理告诉我们非零同余类集$\mathbf{F}_p^{\times}$构成群. 所以，$\mathbf{F}_p^{\times}$的每一元素$\overline{a}$是有限阶的，并且如果$\overline{a}$有阶r，它的逆将是$\overline{a}^{(r-1)}$.

为了利用这种推理证明定理，我们需要消去律.

【3.2.7】命题(消去律) 令p是一个素整数，并且令$\overline{a}$，$\overline{b}$与$\overline{c}$是$\mathbf{F}_p$的元素.

(a) 如果$\overline{a}\,\overline{b}=\overline{0}$，那么$\overline{a}=\overline{0}$或$\overline{b}=\overline{0}$.

(b) 如果$\overline{a}\neq\overline{0}$并且如果$\overline{a}\,\overline{b}=\overline{a}\,\overline{c}$，那么$\overline{b}=\overline{c}$.

证明

(a) 我们用整数a与b表示同余类$\overline{a}$与$\overline{b}$. 这时引理的断言变成：如果p整除ab，那么p整除a或p整除b. 这是推论2.3.7.

(b) 如果$\overline{a}\neq\overline{0}$并且$\overline{a}(\overline{b}-\overline{c})=\overline{0}$，那么由(a)知$\overline{b}-\overline{c}=\overline{0}$. ■

定理3.2.5的证明 设$\overline{a}\in F_p$是任意非零元. 考虑幂1，$\overline{a}$，$\overline{a}^2$，$\overline{a}^3$，…因为有无限多个幂而$\mathbf{F}_p$中仅有有限多个元素，所以必有两个幂是相等的，比如说$\overline{a}^m=\overline{a}^n$，其中$m<n$. 在等式两边消去$\overline{a}^m$得：$\overline{1}=\overline{a}^{(n-m)}$. 因此，$\overline{a}^{(n-m-1)}$是$\overline{a}$的逆. ■

为方便下面讨论，我们去掉字母上面的横杠，相信我们记得住何时用整数何时用同余类以及规则(2.9.8)：

如果 a 和 b 是整数，那么 $\mathbf{F}_p$ 中 $a=b$ 意味着 $a\equiv b(\mathrm{mod}\ p)$.

一般来说，与同余一样，域 $\mathbf{F}_p$ 中的计算也可以通过整数来进行，除了除法以外. 可以用 $\mathbf{F}_p$ 中的元素构成的矩阵 A 进行运算，不加变化地重复第一章的讨论.

假如要在素域 $\mathbf{F}_p$ 中求解 n 个具有 n 个未知量的线性方程的方程组. 以合适的方式选择同余类的代表，将方程组用一个整数方程组表示，比如说，$AX=B$，其中 A 是一个 $n\times n$ 整数矩阵，而 B 是一个整数列向量. 要在 $\mathbf{F}_p$ 中解方程组，我们模 p 求矩阵 A 的逆. 公式 82 $\mathrm{cof}(A)A=\delta I$ 对整数矩阵成立，其中 $\delta=\det A$(定理 1.6.9)，因而当矩阵元素由其同余类代替时，其在 $\mathbf{F}_p$ 中也成立. 若 δ 的同余类非零，则可以通过计算 $\delta^{-1}\mathrm{cof}(A)$ 在 $\mathbf{F}_p$ 中求 A 的逆.

【3.2.8】推论 *令 $AX=B$ 是 n 个具有 n 个未知量的线性方程组，其中 A，B 的元素属于 $\mathbf{F}_p$. 设 $\delta=\det A$. 如果 δ 不为零，则方程组在 $\mathbf{F}_p$ 中有唯一解.*

例如，考虑线性方程组 $AX=B$，其中

$$A=\begin{bmatrix}8&3\\2&6\end{bmatrix}\quad,\quad B=\begin{bmatrix}3\\-1\end{bmatrix}$$

因为系数是整数，所以对任意素数 p，$AX=B$ 定义 $\mathbf{F}_p$ 上的一个方程组. A 的行列式是 42，故对所有不能整除 42 的 p，亦即对所有不同于 2，3 和 7 的 p，方程组在 $\mathbf{F}_p$ 中有唯一解. 例如，若 $p=13$ 当(mod 13)取值时，得到 $\det A=3$. 因为在 $\mathbf{F}_{13}$ 中 $3^{-1}=9$，故在 $\mathbf{F}_{13}$ 中模 13 有

$$A^{-1}=\begin{bmatrix}6&-3\\-2&8\end{bmatrix}=\begin{bmatrix}2&-1\\8&7\end{bmatrix}\quad,\quad X=A^{-1}B=\begin{bmatrix}7\\4\end{bmatrix}$$

方程组在 $\mathbf{F}_2$ 或 $\mathbf{F}_3$ 中无解，但在 $\mathbf{F}_7$ 中碰巧有解，虽然在这个域中 $\det A\equiv 0$(模 7).

元素属于素域 $\mathbf{F}_p$ 的可逆矩阵为我们提供了有限群的新例子——有限域上的一般线性群：

$$GL_n(\mathbf{F}_p)=\{\text{元素属于 }\mathbf{F}_p\text{ 的 }n\times n\text{ 可逆矩阵}\}.$$

$$SL_n(\mathbf{F}_p)=\{\text{元素属于 }\mathbf{F}_p\text{ 的 }n\times n\text{ 可逆矩阵且行列式为 }1\}$$

例如，元素在 $\mathbf{F}_2$ 里的 2×2 可逆矩阵的群含有 6 个元素：

【3.2.9】 $$GL_2(\mathbf{F}_2)=\left\{\begin{bmatrix}1&\\&1\end{bmatrix},\begin{bmatrix}1&1\\1&\end{bmatrix},\begin{bmatrix}&1\\1&1\end{bmatrix},\begin{bmatrix}&1\\1&\end{bmatrix},\begin{bmatrix}1&1\\&1\end{bmatrix},\begin{bmatrix}1&\\1&1\end{bmatrix}\right\}$$

这个群同构于对称群 S_3. 按上面顺序所列的矩阵与对称群 S_3 的元素的通常列表$\{1, x, x^2, y, xy, x^2y\}$对应一致.

素域 $\mathbf{F}_p$ 有一个性质，即它使素域与 $\mathbf{C}$ 的子域区别开来，这个性质就是 1 自己相加若干次后得到 0，事实上是 p 的倍数. 域 F 的特征 p 是作为加群 F^+ 的一个元素 1 的阶，倘若阶是有限的. 它是使得 m 个 1 的和 $1+\cdots+1$ 为零的最小正整数 m. 如果 1 的阶是无限的，即在 F 中 $1+\cdots+1$ 从不为 0，则我们说域 F 有特征零，这似乎有点违背常规. 因此，$\mathbf{C}$ 的

子域有特征零，而素域 $\mathbf{F}_p$ 有特征 p.

【3.2.10】**引理** *任何域 F 的特征或者为零，或者为一个素数.*

83

证明 为避免混淆，令$\overline{0}$和$\overline{1}$分别表示域 F 中的加法恒等元和乘法恒等元. 如果 k 是正整数，则用$\overline{k}$表示 k 个$\overline{1}$的和. 假设特征 m 不是零，那么 1 生成加群 F^+ 的阶为 m 的循环子群 H，且$\overline{m}=\overline{0}$. 由$\overline{1}$生成的循环子群 H 的不同元素是$\overline{k}$，这里 $k=0, 1, \cdots, m-1$(命题 2.4.2). 假设 m 不是素的，比如说 $m=rs$，并且 $1<r, s<m$，那么，$\overline{r}$和$\overline{s}$属于乘法群$F^\times=F-\{0\}$，但积$\overline{r}\,\overline{s}$(其值为$\overline{0}$)却不在 $F^\times$ 里. 这与 $F^\times$ 是群矛盾. 所以，m 是素的. ■

素域 $\mathbf{F}_p$ 有一个著名的性质.

【3.2.11】**定理**(乘法群的结构) *令 p 是素数，素域的乘法群 $\mathbf{F}_p^\times$ 是阶为 $p-1$ 的循环群.*

我们把这个定理的证明推迟到第十五章给出，在那里将证明每个有限域的乘法群都是循环群(定理 15.7.3).

注 *循环群 $\mathbf{F}_p^\times$ 的生成元称为模 p 本原根.*

有两个模 7 本原根，亦即 3 和 5，有四个模 11 本原根. 去掉数字上面的横杠，模 7 本原根 3 的幂 $3^0, 3^1, 3^2, \cdots$以下面的顺序列出了 $\mathbf{F}_7$ 的非零元素：

【3.2.12】
$$\mathbf{F}_7^\times=\{1,3,2,6,4,5\}=\{1,3,2,-1,-3,-2\}$$

因此，有两种方式——加法的和乘法的——列出 $\mathbf{F}_p$ 的非零元素. 如果 α 是模 p 本原根，则

【3.2.13】
$$\mathbf{F}_p^\times=\{1,2,3,\cdots,p-1\}=\{1,\alpha,\alpha^2,\cdots,\alpha^{p-2}\}$$

第三节 向量空间

有了一些例子和域的概念后，我们给出向量空间的定义.

【3.3.1】**定义** *域 F 上的***向量空间** *V 是满足下面合成法则的集合：*

(a) 加法：$V\times V\to V$，记为 $v, w\rightsquigarrow v+w$，其中 $v, w\in V$，

(b) 标量乘法：$F\times V\to V$，记为 $c, v\rightsquigarrow cv$，其中 $c\in F, v\in V$.

这两个合成法则满足下列公理：

- 加法使 V 成为交换群 V^+，并带有恒等元，记为 0.
- $1v=v$，对所有 $v\in V$ 成立.
- 结合律：$(ab)v=a(bv)$，对所有 $a, b\in F$ 和 $v\in V$ 成立.
- 分配律：$(a+b)v=av+bv$ 和 $a(v+w)=av+aw$，对所有 $a, b\in F$ 和 $v, w\in V$ 成立.

84

元素在域 F 中的列向量的加法和标量乘法如(3.1.1)所定义，这样的列向量空间 F^n 构成域 F 上的向量空间.

一些实向量空间例子($\mathbf{R}$ 上向量空间)如下：

【3.3.2】**例**

(a) 令 $V=\mathbf{C}$ 是复数集，忘掉两个复数的乘法，仅记住加法 $\alpha+\beta$ 和实数 r 与复数 α 的乘法 $r\alpha$. 这些运算使 V 成为一个实向量空间.

(b) 实多项式 $P(x)=a_nx^n+\cdots+a_0$ 的集合是一个实向量空间，多项式的加法和实数与多项式的乘法按合成法则进行.

(c) 实直线上的连续实值函数的集合是一个实向量空间，函数的加法 $f+g$ 和实数与函数的乘法按合成法则进行.

(d) 微分方程 $\frac{\mathrm{d}^2y}{\mathrm{d}t^2}=-y$ 的解集合是一个实向量空间. ■

当我们视其为向量空间时，每个例子都有比看上去更复杂的结构. 这是很典型的. 任一个特例肯定有区别于其他例子的额外特征，但这不是缺点. 相反地，抽象方法的好处在于公理的结果能够应用到许多不同的情形.

与群的子群和同构类似的两个重要概念是子空间和同构. 与 $\mathbf{R}^n$ 的子空间一样，域 F 上向量空间 V 的子空间 W 是在加法和标量乘法运算下封闭的非空子集. 子空间 W 称为 V 的一个真子空间，如果它既不是整个空间 V，也不是零空间$\{0\}$. 例如，微分方程(3.3.2)(d)的解空间是实直线上所有连续函数空间的真子空间.

【3.3.3】命题 *令 $V=F^2$ 是元素在域 F 中的列向量组成的向量空间. V 的每个真子空间 W 是由单个非零向量 w 的标量倍数$\{cw\}$组成的. 不同的真子空间仅有零向量作为公共向量.*

命题 3.1.4 的证明搬过来即可.

【3.3.4】例 令 F 是素域 $\mathbf{F}_p$. 空间 F^2 含有 p^2 个向量，其中有 p^2-1 个非零向量. 因为有 $p-1$ 个非零标量，由非零向量 w 张成的子空间 $W=\{cw\}$将含有 $p-1$ 个非零向量. 所以，F^2 含有$(p^2-1)/(p-1)=p+1$ 个真子空间. ■

在同一个域 F 上，一个向量空间 V 到另一个向量空间 V'的同构 φ 是一个与合成法则相容的一一映射 $\varphi:V\to V'$，即对所有 v，$w\in V$ 及所有 $c\in F$ 满足条件

【3.3.5】
$$\varphi(v+w)=\varphi(v)+\varphi(w) \quad 和 \quad \varphi(cv)=c\varphi(v)$$

85 的一一映射.

【3.3.6】例

(a) 令 $F^{n\times n}$表示域 F 上的 $n\times n$ 矩阵的集合，该集合是域 F 上的向量空间，它同构于长度为 n^2 的列向量的空间.

(b) 如果同(3.3.2)(a)一样，把复数集看作实向量空间，使得$(a, b)^t \rightsquigarrow a+bi$ 的映射 $\varphi:\mathbf{R}^2\to\mathbf{C}$ 是一个同构. ■

第四节 基和维数

本节讨论在向量空间中使用加法和标量乘法时所用的术语. 新的概念有张成、线性无关和基.

这里使用向量的有序集会很方便. 我们已将无序集用花括号括起来表示，为了区别有序集和无序集，将有序集用圆括号括起来表示. 这样有序集(v, w)和(w, v)是不同的，而无序集$\{v, w\}$和$\{w, v\}$是相同的. 有序集允许重复. 这样(v, v, w)是一个有序集，且

它与(v, w)不同，这与无序集的习惯不同，无序集$\{v, v, w\}$和$\{v, w\}$表示同一个集合.

注 令V是域F上的向量空间，并设$S=\{v_1, v_2, \cdots, v_n\}$是$V$中元素的一个有序集，$S$的一个线性组合是形如

【3.4.1】 $$w = c_1 v_1 + c_2 v_2 + \cdots + c_n v_n, \quad c_i \in F$$

的向量.

为方便起见，允许标量出现在向量的任一边．我们简单地约定：如果v是一个向量，c是一个标量，则记号vc和cv代表由标量乘法得到的同一向量．所以，

$$c_1 v_1 + c_2 v_2 + \cdots + c_n v_n = v_1 c_1 + v_2 c_2 + \cdots + v_n c_n$$

矩阵记号提供书写线性组合的紧凑方式，并且也是我们书写向量有序集的方式．由于里面的元素是向量，所以称$S=(v_1, v_2, \cdots, v_n)$是**超向量**．向量空间里两个元素的乘法没有定义，但有标量乘法．这允许我们把超向量S和F^n里的列向量X的乘积理解为

【3.4.2】 $$SX = (v_1, \cdots, v_n)\begin{bmatrix} x_1 \\ \vdots \\ x_n \end{bmatrix} = v_1 x_1 + \cdots + v_n x_n$$

由标量乘法和向量加法计算右边，我们得到另一个向量，即一个标量系数x_i写在了右边的线性组合.

我们拿线性方程

【3.4.3】 $$2x_1 - x_2 - 2x_3 = 0 \quad 或\ AX = 0, \quad 其中\ A = (2, -1, -2)$$

在$\mathbf{R}^3$的解子空间W作为例子．两个特解w_1和w_2以及它们的线性组合$w_1 y_1 + w_2 y_2$如下所示.

【3.4.4】 $$w_1 = \begin{bmatrix} 1 \\ 0 \\ 1 \end{bmatrix}, \quad w_2 = \begin{bmatrix} 1 \\ 2 \\ 0 \end{bmatrix}, \quad w_1 y_1 + w_2 y_2 = \begin{bmatrix} y_1 + y_2 \\ 2y_2 \\ y_1 \end{bmatrix}$$

如果我们写$S=(w_1, w_2)$，而w_i如(3.4.4)里所示，且$Y=(y_1, y_2)^t$，那么，组合$w_1 y_1 + w_2 y_2$可写成矩阵形式SY.

86

注 写成$S=(v_1, v_2, \cdots, v_n)$的线性组合的所有向量的集合构成$V$的子空间，称为由集合$S$张成的子空间.

同本章第一节中一样，这个张成(子空间)是V的包含S的最小子空间，常常记为$\mathrm{Span}S$．单个向量(v_1)的张成是v_1的标量倍数cv_1的子空间.

可以定义无限多个向量集合的张成．我们将在本章第七节讨论这样的张成．现在假设集合都是有限的.

【3.4.5】引理 令S是V中向量的一个有序集，设W是V的子空间．如果$S\subset W$，则$\mathrm{Span}S\subset W$.

元素在F中的$m\times n$矩阵的列空间是由该矩阵的列张成的F^m的子空间．它有如下重

要解释：

【3.4.6】**命题** 令 A 是一个 $m\times n$ 矩阵，B 是一个列向量，A 与 B 的元素都在域 F 里．方程组 $AX=B$ 在 F^n 里有解 X 当且仅当 B 在 A 的列空间里．

证明 令 A_1，A_2，…，A_n 表示 A 的列向量．对任一个列向量 $X=(x_1, x_2, \cdots, x_n)^t$，矩阵之积 AX 是列向量 $A_1x_1+\cdots+A_nx_n$．这是矩阵列向量的线性组合，是列空间的一个元素，并且，若 $AX=B$，那么 B 是这个线性组合．■

向量 v_1，…，v_n 间的线性关系是等于零的任一线性组合——在 V 中成立的形如

【3.4.7】
$$v_1x_1+v_2x_2+\cdots+v_nx_n=0$$

的任一个方程，其中系数 $x_i\in F$．线性关系是有用的，因为如果 x_n 不是零，则由方程(3.4.7)可解出 v_n．

【3.4.8】**定义** 向量的一个有序集 $S=(v_1, \cdots, v_n)$称为无关的，或线性无关的，如果除了系数 x_i 皆为零的平凡关系(即 $X=0$)外，这个集合的向量间没有线性关系 $SX=0$．不是无关的集合是相关的．

无关集合 S 里不能有相同的向量．若 S 里的两个向量 v_i 和 v_j 是相等的，则 $v_i-v_j=0$ 是其他系数都为零的形如(3.4.7)的一个线性关系．还有，无关集合里没有零向量，因为若 v_i 是零，则 $v_i=0$ 就是一个线性关系．

【3.4.9】**引理**

(a) 一个向量的集合(v_1)是无关的当且仅当 $v_1\neq 0$．

(b) 两个向量的集合(v_1, v_2)是线性无关的当且仅当其中任一向量都不是另一向量的倍数．

87

(c) 线性无关集合在任意重新排序后仍是线性无关集合．

设 V 是空间 F^m，并且已知集合 $S=(v_1, v_2, \cdots, v_n)$里诸向量的坐标向量．那么方程 $SX=0$ 给出了具有 n 个未知量 x_i 的 m 个齐次线性方程的方程组，我们可通过解这个方程组确定无关性．

【3.4.10】**例** 令 $S=(v_1, v_2, v_3, v_4)$为 $\mathbf{R}^3$ 里一个向量集合，其坐标向量为

【3.4.11】
$$A_1=\begin{bmatrix}1\\0\\1\end{bmatrix},\quad A_2=\begin{bmatrix}1\\2\\0\end{bmatrix},\quad A_3=\begin{bmatrix}2\\1\\2\end{bmatrix},\quad A_4=\begin{bmatrix}1\\1\\3\end{bmatrix}$$

用 A 表示列为这些向量的矩阵：

【3.4.12】
$$A=\begin{bmatrix}1&1&2&1\\0&2&1&1\\1&0&2&3\end{bmatrix}$$

这些向量的一般线性组合具有 $SX=v_1x_1+v_2x_2+v_3x_3+v_4x_4$ 的形式，它的坐标向量是 $AX=A_1x_1+A_2x_2+A_3x_3+A_4x_4$．齐次方程 $AX=0$ 有非平凡解，因为这是一个具有四个未知量的三个齐次方程的方程组．所以，集合 S 是相关的．另一方面，由(3.4.12)的前三

列构成的 3×3 矩阵 A' 的行列式等于 1，于是方程 $A'X=0$ 只有平凡解．所以，(v_1, v_2, v_3) 是无关集合． ■

【3.4.13】定义 向量空间 V 的一个基是线性无关且张成 V 的一个向量集合 $(v_1, \cdots, v_n)$．

我们常用如 $\boldsymbol{B}$ 的粗体符号表示基．上面定义的集合 (v_1, v_2, v_3) 是 $\mathbf{R}^3$ 的一个基，因为方程 $A'X=B$ 对所有 B 都有唯一解(见 1.2.21)．在(3.4.4)中定义的集合 (w_1, w_2) 是方程 $2x_1-x_2-2x_3=0$ 的解空间的一个基，尽管我们还未证明这个结论．

【3.4.14】命题 集合 $\boldsymbol{B}=(v_1, \cdots, v_n)$ 是基当且仅当每个向量 $w\in V$ 可以以唯一方式写为组合 $w=v_1x_1+v_2x_2+\cdots+v_nx_n=\boldsymbol{B}X$．

证明 无关性的定义可以重新叙述为零向量仅有一个作为线性组合的表达式．如果每个向量可唯一地写成组合，那么 $\boldsymbol{B}$ 是无关的，并且张成 V．所以，它是一个基．反过来，假设 $\boldsymbol{B}$ 是基，那么，V 中每个向量 w 都可写成线性组合．设 w 有两种方式写成线性组合，比如说，$w=\boldsymbol{B}X=\boldsymbol{B}X'$．令 $Y=X-X'$，则 $\boldsymbol{B}Y=0$．这是线性无关向量 $v_1, v_2, \cdots, v_n$ 间的一个线性关系．所以，$X-X'=0$．这两个线性组合是相同的． ■

设 $V=F^n$ 是列向量空间．同以前一样，e_i 表示在第 i 个位置为 1 而其他位置为 0 的列向量(见(1.1.24))．集合 $\boldsymbol{E}=(e_1, e_2, \cdots, e_n)$ 是 F^n 的一个基，称为标准基．如果 F^n 里的向量 v 的坐标向量是 $V=(x_1, x_2, \cdots, x_n)^t$，则 $v=\boldsymbol{E}X=e_1x_1+e_2x_2+\cdots+e_nx_n$ 是 v 写成标准基的唯一表达式．

88

我们现在讨论把张成、无关性和基三个概念联系起来的主要事实．最重要的结果是定理 3.4.18.

【3.4.15】命题 令 $S=(v_1, v_2, \cdots, v_n)$ 是向量的一个有序集，设 w 是 V 里的任一向量，并且 $S'=(S, w)$ 是把 w 添加到 S 里得到的集合．

(a) $\mathrm{Span}S=\mathrm{Span}S'$ 当且仅当 $w\in\mathrm{Span}S$．

(b) 假设 S 是无关的．那么 S' 是无关的当且仅当 $w\notin\mathrm{Span}S$．

证明 这是非常基本的结果，所以，我们略去大部分证明．我们仅证明，如果 S 是无关的，但 S' 不是无关的，则 w 属于 S 的张成．若 S' 是相关的，则有某个线性关系

$$v_1x_1+v_2x_2+\cdots+v_nx_n+wy=0$$

其中系数 $x_1, x_2, \cdots, x_n$ 和 y 不全为零．如果系数 y 为零，则表达式变为 $SX=0$，因为假设 S 是无关的，故也得 $X=0$．于是关系是平凡的，与假设矛盾．所以，$y\neq0$，从而 w 可表示为 $v_1, v_2, \cdots, v_n$ 的线性组合． ■

注 向量空间 V 称为有限维的，如果存在有限集合 S，它张成 V．否则，V 是无限维的．

本节后面余下部分所讨论的向量空间均是有限维的．

【3.4.16】命题 令 V 是有限维向量空间．

(a) 令 S 是张成 V 的有限子集，并设 L 是 V 的无关子集．可通过把 S 的元素添加到 L 的办法得到 V 的一个基．

(b) 令 S 是张成 V 的有限子集，可通过去掉 S 的元素的办法得到 V 的一个基．

证明

(a) 如果 S 包含在 Span$L$ 里，则 L 张成 V，于是，它是一个基(3.4.5)．如果 S 不包含在 Span$L$ 里，则在 S 里选一个元素 v，使其不含在 Span$L$ 里．由命题 3.4.15，$L'=(L, v)$是无关的．我们用 L'替换 L．因为 S 是有限的，故这种过程常常仅有限多步就结束了．所以，我们最终得到 V 的一个基．

(b) 如果 S 是相关的，则存在线性关系 $v_1c_1+v_2c_2+\cdots+v_nc_n=0$，其中某个系数(比如说 c_n)是非零的．从这个方程解出 v_n，这表明 v_n 在前 $n-1$ 个向量集合 S_1 的张成里．命题 3.4.15(a)表明 Span$S=$SpanS_1．所以，S_1 张成 V．我们用 S_1 替换 S．继续这个过程，最后必得到一个无关但仍张成 V 的集合：一个基．

注意 如果 V 是零向量空间$\{0\}$，那么这个证明会出问题．因为从 V 中的任何向量(它们全部都等于零)集合开始，我们的过程会将它们一次一个地丢掉，直到只剩下一个向量 v_1．因为 $v_1=0$，故集合(v_1)是相关的．我们如何进行这个过程？零向量空间并不特别有意义，但它会潜伏在某个角落里，等待我们踏进它的陷阱．我们必须允许在诸如解齐次线性方程组的某些运算过程中出现的向量空间可能是零空间．为了避免今后需要把这种情形特别提出来，我们采用下面的定义：

89

【3.4.17】

- 空集是线性无关的．
- 空集的张成是零空间$\{0\}$．

这样，空集是零向量空间的基．这些定义使我们能够扔掉最后一个向量 v_1，这样证明就不会出问题了．■

现在我们来介绍关于无关的主要事实．

【3.4.18】定理 令 S 与 L 是向量空间 V 的有限子集．假设 S 张成 V，并且 L 是无关的．那么 S 至少含有同 L 一样多的元素：$|S|\geqslant|L|$．

同以前一样，$|S|$表示阶，即集合 S 的元素的个数．

证明 设 $S=(v_1, v_2, \cdots, v_m)$，$L=(w_1, w_2, \cdots, w_n)$，假设$|S|<|L|$，亦即 $m<n$，证明 L 是相关的．为此，证明存在线性关系 $v_1x_1+v_2x_2+\cdots+v_nx_n=0$，其中系数 x_i 不全为零．记这个未确定的关系为 $LX=0$．

因为 S 张成 V，故 L 的每个元素 w_j 是 S 的线性组合，比如说，$w_j=v_1a_{1j}+v_2a_{2j}+\cdots+v_ma_{mj}=SA_j$，其中 A_j 是系数列向量．我们把这些列向量写成 $m\times n$ 矩阵

【3.4.19】

$$A=\begin{bmatrix} | & & | \\ A_1 & \cdots & A_n \\ | & & | \end{bmatrix}$$

于是

【3.4.20】

$$SA=(SA_1,\cdots,SA_n)=(w_1,\cdots,w_n)=L$$

在未定线性组合里用 SA 替换 L：

$$LX = (SA)X$$

标量乘法的结合律蕴含着 $(SA)X=S(AX)$. 对标量矩阵乘法的结合律的证明也是一样的(我们略去证明). 如果 $AX=0$，那么组合 LX 也是零. 现在，由于 A 是 $m\times n$ 矩阵，且 $m<n$，故齐次方程组 $AX=0$ 有非平凡解 X. 因此，$LX=0$ 就是我们要求的线性关系. ■

【3.4.21】**命题** 令 V 是有限维向量空间.

(a) V 的任两个基有相同的阶(元素个数相同).

(b) 令 $\mathbf{B}$ 是一个基. 如果有限向量集 S 张成 V，那么 $|S|\geqslant|\mathbf{B}|$，并且 $|S|=|\mathbf{B}|$ 当且仅当 S 是基.

90

(c) 令 $\mathbf{B}$ 是一个基. 如果向量集 L 是无关的，那么 $|L|\leqslant|\mathbf{B}|$，并且 $|L|=|\mathbf{B}|$ 当且仅当 L 是基.

证明

(a) 这里我们注意到，两个有限基 $\mathbf{B}_1$ 与 $\mathbf{B}_2$ 有相同阶，我们将在推论 3.7.7 里证明有限维向量空间的每个基都是有限的. 在定理 3.4.18 里取 $S=\mathbf{B}_1$ 和 $L=\mathbf{B}_2$ 表明 $|\mathbf{B}_1|\geqslant|\mathbf{B}_2|$，类似地，$|\mathbf{B}_2|\geqslant|\mathbf{B}_1|$.

(b)和(c)由(a)与命题 3.4.16 可得. ■

【3.4.22】**定义** 有限维向量空间 V 的维数是基中的向量个数. 维数记为 $\dim V$.

列向量空间 F^n 的维数是 n，因为标准基

$$\mathbf{E}=(e_1,e_2,\cdots,e_n)$$

含有 n 个元素.

【3.4.23】**命题** 如果 W 是有限维向量空间 V 的子空间，则 W 是有限维的，并且 $\dim W\leqslant\dim V$. 进一步，$\dim W=\dim V$ 当且仅当 $W=V$.

证明 我们从 W 的任意无关向量集 L 开始，该集合可能为空集. 如果 L 不张成 W，则在 W 中选取一向量 w 使之不含于 L 的张成里. 因此，$L'=(L, w)$是无关的(3.4.15). 用 L' 替换 L.

显然，如果 L 是 W 的无关子集，那么将其视作 V 的子集时也是无关的. 因而，由定理 3.4.18 知 $|L|\leqslant\dim V$. 所以，添加元素到 L 的过程经过有限多步就能结束，我们就得到 W 的一个基. 因为 L 至多含有 $\dim V$ 个元素，故 $\dim W\leqslant\dim V$. 如果 $|L|=\dim V$，那么命题 3.4.21(c)表明 L 是 V 的一个基，所以，$W=V$. ■

第五节 用基计算

引入基的目的是提供一种计算的方法，本节我们将学习如何使用它. 考虑两个主题：如何用一组基表出一个向量，以及如何将同一个向量空间的两个不同的基联系起来.

设给定向量空间 V 的一个基 $\mathbf{B}=(v_1, \cdots, v_n)$. 记住：这意味着每一个向量 $v\in V$ 可以用恰好一种形式表示为线性组合：

【3.5.1】

$$v = v_1x_1+\cdots v_nx_n,\quad x_i\in F$$

标量 x_i 称为 v 的坐标，而列向量

【3.5.2】
$$X=\begin{bmatrix}x_1\\ \vdots\\ x_n\end{bmatrix}$$

称为 v 关于这个基的坐标向量.

例如，$(\cos t, \sin t)$是微分方程 $y''=-y$ 的解空间的一个基. 该微分方程的每个解都是这组基的线性组合. 若已知另一解 $f(t)$，则 f 的坐标向量$(x_1, x_2)^t$ 是使 $f(t)=(\cos t)x_1+(\sin t)x_2$ 的一个向量. 显然，为求 X 我们需要知道关于 f 的某些信息. 不需要很多：仅仅确定两个系数即可. f 的大多数性质隐含在解微分方程的事实里.

91

我们永远能做的是，已知 n 维向量空间的一个基$\boldsymbol{B}$，从向量空间 F^n 到 V 定义一个向量空间同构(见 3.3.5)：

【3.5.3】
$$\psi: F^n \to V \quad 映 \quad X \rightsquigarrow \boldsymbol{B}X$$

我们常用 $\boldsymbol{B}$ 表示这个同构，因为它映向量 X 到 $\boldsymbol{B}X$.

【3.5.4】命题 令 $S=(v_1, v_2, \cdots, v_n)$是向量空间 V 的子集，设 $\psi: F^n\to V$ 为其定义是 $\psi(X)=SX$的映射. 那么

(a) ψ 是单射当且仅当 S 是无关的.

(b) ψ 是满射当且仅当 S 张成 V.

(c) ψ 是双射当且仅当 S 是 V 的基.

这个命题可由无关、张成和基的定义得到.

已知一组基，V 中向量 v 的坐标向量可由映射 ψ(3.5.3)的逆得到. 除非进一步明确地给出基，否则不会有逆函数的精确公式，但同构的存在本身就很有意义.

【3.5.5】推论 每个 n 维向量空间 V 同构于列向量空间 F^n.

注意，当 $m\neq n$ 时 F^n 与 F^m 不同构，因为 F^n 有具有 n 个元素的基，而基中元素的个数仅依赖于向量空间. 因此，域 F 上的有限维向量空间被完全分类. 列向量空间 F^n 是同构类的代表元.

n 维向量空间同构于列向量空间 F^n 的事实允许我们只要选定一个基，就能把向量空间的任何问题化简为熟悉的列向量的代数. 不幸的是，同一个向量空间 V 有许多组基. 当给出一个自然的基时，将 V 与同构的向量空间 F^n 等同起来是有用的，而当给出的基对问题不太合适时，那就不行了. 这种情形下，我们需要变换坐标，亦即基变换.

例如，齐次线性方程组 $AX=0$ 的解空间几乎没有自然基. 方程 $2x_1-x_2-2x_3=0$ 的解空间 W 的维数是 2，前面我们展示过它的一组基：$\boldsymbol{B}=(w_1, w_2)$，其中 $w_1=(1, 0, 1)^t$ 与 $w_2=(1, 2, 0)^t$(见(3.4.4)). 利用这个基，我们得到向量空间的同构 $\boldsymbol{R}^2\to W$，记为 $\boldsymbol{B}$. 由于方程中的未知量标记为 x_i，因此这里需要选取另一符号来表示 $\boldsymbol{R}^2$ 的变量元素. 我们将使用 $Y=(y_1, y_2)^t$ 表示. 同构 $\boldsymbol{B}$ 映 Y 到(3.4.4)显示的 $\boldsymbol{B}Y=w_1y_1+w_2y_2$ 的坐标向量.

然而，关于两个特解 w_1 与 w_2 没有非常特别之处，其他大部分解对用起来也一样. 解

$w_1'=(0, 2, -1)^t$ 与 $w_2'=(1, 4, -1)^t$ 为我们提供 W 的另一组基 $\mathbf{B}'=(w_1', w_2')$. 任一组基都能唯一表出解. 解可表示为如下任一形式：

92

【3.5.6】
$$\begin{bmatrix} y_1+y_2 \\ 2y_2 \\ y_1 \end{bmatrix} \quad 或 \quad \begin{bmatrix} y_2' \\ 2y_1'+4y_2' \\ -y_1'-y_2' \end{bmatrix}$$

基的变换

假设给定同一个向量空间 V 的两个基，比如 $\mathbf{B}=(v_1, \cdots, v_n)$ 和 $\mathbf{B}'=(v_1', \cdots, v_n')$. 我们希望做两个计算. 首先问：两个基是如何联系起来的？其次，一个向量 $v\in V$ 关于每一个基都有坐标，但它们却是不同的. 因而我们问：两个坐标向量是如何联系起来的？这些就是称为基变换的计算，在后面几章中它们将是非常重要的. 如果你不谨慎地组织记号，它们会让你头疼.

我们将 $\mathbf{B}$ 看作旧基，把 $\mathbf{B}'$ 看作新基. 注意新基 $\mathbf{B}'$ 中的每个向量是旧基 $\mathbf{B}$ 的一个线性组合. 把这个线性组合写为

【3.5.7】
$$v_j' = v_1 p_{1j} + v_2 p_{2j} + \cdots + v_n p_{nj}$$

当用旧基计算时，列向量 $P_j=(p_{1j}, p_{2j}, \cdots, p_{nj})^t$ 是新基向量 v_j' 的坐标向量. 把这些列向量组成方阵 P，从而得到矩阵方程 $\mathbf{B}'=\mathbf{B}P$：

【3.5.8】
$$\mathbf{B}' = (v_1', \cdots, v_n') = (v_1, \cdots, v_n)\begin{bmatrix} \\ P \\ \\ \end{bmatrix} = \mathbf{B}P$$

P 的第 j 列是新基向量 v_j' 关于旧基的坐标向量. 矩阵 P 称为基变换矩阵. ㊀

【3.5.9】命题

(a) 令 $\mathbf{B}$ 和 $\mathbf{B}'$ 是向量空间 V 的两个基. 基变换矩阵 P 是可逆矩阵，由基 $\mathbf{B}$ 和 $\mathbf{B}'$ 唯一确定.

(b) 令 $\mathbf{B}=(v_1, \cdots, v_n)$ 是向量空间 V 的基. 其他基是形如 $\mathbf{B}'=\mathbf{B}P$ 的集合，其中 P 是任意可逆 $n\times n$ 矩阵.

证明

(a) 方程 $\mathbf{B}'=\mathbf{B}P$ 把基向量 v_i' 表示为基 $\mathbf{B}$ 的线性组合. 写出的线性组合仅有一种方式 (3.4.14)，因此，P 是唯一的. 为证 P 是可逆矩阵，我们互换 $\mathbf{B}$ 和 $\mathbf{B}'$ 的作用. 存在矩阵 Q 使得 $\mathbf{B}=\mathbf{B}'Q$. 因此

$$\mathbf{B} = \mathbf{B}'Q = \mathbf{B}PQ \quad 或 \quad (v_1, \cdots, v_n) = (v_1, \cdots, v_n)\begin{bmatrix} \\ PQ \\ \\ \end{bmatrix}$$

㊀ 这个基变换矩阵是第 1 版里用过的矩阵的逆矩阵.

这个方程把每个 v_i 表示为$(v_1, \cdots, v_n)$的组合．乘积矩阵 PQ 中的元素是系数．但因 $\boldsymbol{B}$ 是基，故只有一种方式将 v_i 表示为$(v_1, \cdots, v_n)$的组合，也就是 $v_i=v_i$，或用矩阵记号，$\boldsymbol{B}=\boldsymbol{B}I$．所以，$PQ=I$．

93

(b) 我们必须证明如果 $\boldsymbol{B}$ 是基，并且如果 P 是可逆矩阵，则 $\boldsymbol{B}'=\boldsymbol{B}P$ 也是基．因为 P 是可逆的，故 $\boldsymbol{B}=\boldsymbol{B}'P^{-1}$．这就告诉我们 v_i 在 $\boldsymbol{B}'$ 的张成里．所以，$\boldsymbol{B}'$ 张成 V．又由于它与 $\boldsymbol{B}$ 中元素个数相同，故它是基． ■

令 X 和 X' 是任一向量 v 关于两个基 $\boldsymbol{B}$ 和 $\boldsymbol{B}'$ 的坐标向量，也就是，$v=\boldsymbol{B}X$，$v=\boldsymbol{B}'X'$．替换 $\boldsymbol{B}=\boldsymbol{B}'P^{-1}$，得矩阵方程

【3.5.10】
$$v=\boldsymbol{B}X=\boldsymbol{B}'P^{-1}X$$

这表明 v 关于新基 $\boldsymbol{B}'$ 的坐标向量(称为 X')是 $P^{-1}X$．也可以将其写为 $X=PX'$

回顾一下，我们有单个矩阵 P——基变换矩阵，它具有对偶的性质：

【3.5.11】
$$\boldsymbol{B}'=\boldsymbol{B}P \quad \text{和} \quad PX'=X$$

其中 X，X' 表示任意向量 v 关于两个基的坐标向量．每一个性质都刻画了 P．仔细注意两个关系里斜撇符号的位置．

再次回到方程 $2x_1-x_2-2x_3=0$，令 $\boldsymbol{B}$ 和 $\boldsymbol{B}'$ 是上面(3.5.6)里描述的解空间 W 的基．基变换矩阵解方程

$$\begin{bmatrix}0 & 1\\ 2 & 4\\ -1 & -1\end{bmatrix}=\begin{bmatrix}1 & 1\\ 0 & 2\\ 1 & 0\end{bmatrix}\begin{bmatrix}p_{11} & p_{12}\\ p_{21} & p_{22}\end{bmatrix}.\text{它是 } P=\begin{bmatrix}-1 & -1\\ 1 & 2\end{bmatrix}$$

已知向量 v 关于两个基的坐标向量 Y 与 Y'(在(3.5.6)里出现)由方程

$$PY'=\begin{bmatrix}-1 & -1\\ 1 & 2\end{bmatrix}\begin{bmatrix}y_1'\\ y_2'\end{bmatrix}=\begin{bmatrix}y_1\\ y_2\end{bmatrix}=Y$$

联系．

另一个例子：令 $\boldsymbol{B}$ 是微分方程 $\frac{\mathrm{d}^2y}{\mathrm{d}t^2}=-y$ 的解空间的基$(\cos t, \sin t)$．如果允许复值函数，那么指数函数 $\mathrm{e}^{\pm it}=\cos t\pm i\sin t$ 也是解，$\boldsymbol{B}'=(\mathrm{e}^{it}, \mathrm{e}^{-it})$是解空间的新基．基变换计算是

【3.5.12】
$$(\mathrm{e}^{it},\mathrm{e}^{-it})=(\cos t,\sin t)\begin{bmatrix}1 & 1\\ i & -i\end{bmatrix}$$

94

基变换矩阵容易确定的一种情形是 V 是列向量空间 F^n，旧基是标准基 $\boldsymbol{E}=(e_1, \cdots, e_n)$，而新基在这里记为 $\boldsymbol{B}=(v_1, \cdots, v_n)$，它是任意的．令 v_i 关于标准基的坐标向量是列向量 B_i．所以，$v_i=\boldsymbol{E}B_i$．把这些列向量组成 $n\times n$ 矩阵，记之为$[\boldsymbol{B}]$：

【3.5.13】
$$[\boldsymbol{B}]=\begin{bmatrix}| & & |\\ B_1 & \cdots & B_n\\ | & & |\end{bmatrix},\text{则}(v_1,\cdots,v_n)=(e_1,\cdots,e_n)\begin{bmatrix}| & & |\\ B_1 & \cdots & B_n\\ | & & |\end{bmatrix}$$

即 $\boldsymbol{B}=\boldsymbol{E}[\boldsymbol{B}]$．所以，$[\boldsymbol{B}]$是从标准基 $\boldsymbol{E}$ 到 $\boldsymbol{B}$ 的基变换矩阵．

第六节　直　　和

向量集的无关和张成的概念对于子空间是相似的．如果 W_1，…，W_k 是向量空间 V 的子空间，那么向量 v 的集合可以写为和

【3.6.1】
$$v = w_1 + \cdots + w_k$$

其中 w_i 是 W_i 的向量，所有这样向量 $v \in V$ 的集合称为子空间的和或它们的张成，记为

【3.6.2】
$$W_1 + \cdots, + W_k = \{v \in V \mid v = w_1 + \cdots + w_k, \text{其中 } w_i \in W_i\}$$

子空间的和是含有所有子空间 W_1，…，W_k 的最小子空间，类似于向量集合的张成．

子空间 W_1，…，W_k 称为无关的，如果除了对所有 i 有 $w_i = 0$ 的平凡和外，其余的和 $w_1 + \cdots + w_k$(其中 $w_i \in W_i$)皆不为零．换言之，空间是无关的，如果

【3.6.3】
$$w_1 + \cdots + w_k = 0(\text{其中 } w_i \in W_i) \text{ 蕴含着对所有 } i \text{ 有 } w_i = 0$$

注意　假设 v_1，…，v_k 是 V 的元素，令 W_i 是向量 v_i 的张成．那么，子空间 W_1，…，W_k 是无关的当且仅当集合(v_1，…，v_k)是无关的．如果比较(3.4.8)与(3.6.3)，这是显然的．用子空间叙述更为整洁，因为标量系数不需要放在(3.6.3)里 w_i 的前面．由于每个子空间 W_i 在标量乘法下封闭，因此标量倍数 cw_i 是 W_i 的另一元素．

我们略去下一命题的证明．

【3.6.4】**命题**　令 W_1，…，W_k 是有限维向量空间 V 的子空间，设 $\boldsymbol{B}_i$ 是 W_i 的一个基．

(a) 下列条件是等价的：

- 诸子空间 W_i 是无关的，而且和 $W_1 + \cdots + W_k$ 等于 V．
- 把诸基附和在一起所得集合 $\boldsymbol{B} = (\boldsymbol{B}_1, \cdots, \boldsymbol{B}_k)$是 V 的一个基．

(b) $\dim(W_1 + \cdots + W_k) \leqslant \dim W_1 + \cdots + \dim W_k$，等号成立当前仅当诸子空间无关．

95

(c) 如果对 $I = 1, 2, \cdots, k$，W_i' 是 W_i 的子空间，并且 W_1，…，W_k 是无关的，那么 W_1'，…，W_k' 也是无关的．

如果命题 3.6.4(a)的条件得到满足，就说 V 是子空间 W_1，…，W_k 的直和，记为 $V = W_1 \oplus \cdots \oplus W_k$：

【3.6.5】
$$V = W_1 \oplus \cdots \oplus W_k, \text{如果 } V = W_1 + \cdots + W_k \text{ 并且 } W_1, \cdots, W_k \text{ 是无关的}$$

如果 V 是直和，则每个向量 $v \in V$ 恰好可以以一种方式写为(3.6.1)的形式．

【3.6.6】**命题**　令 W_1 与 W_2 是有限维向量空间 V 的子空间．

(a) $\dim W_1 + \dim W_2 = \dim(W_1 \cap W_2) + \dim(W_1 + W_2)$．

(b) W_1 与 W_2 是无关的当且仅当 $W_1 \cap W_2 = \{0\}$．

(c) V 是 W_1 与 W_2 的直和当且仅当 $W_1 \cap W_2 = \{0\}$ 且 $W_1 + W_2 = V$．

(d) 如果 $W_1 + W_2 = V$，则存在 W_2 的子空间 W_2'，满足 $W_1 \oplus W_2' = V$．

证明　证明关键部分(a)：选择 $W_1 \cap W_2$ 的一个基 $\boldsymbol{U} = (u_1, \cdots, u_k)$，把它扩张为 W_1 的一

个基$(\boldsymbol{U}, \boldsymbol{V})=(u_1, \cdots, u_k; v_1, \cdots, v_m)$．也把$\boldsymbol{U}$扩张为$W_2$的一个基$(\boldsymbol{U}, \boldsymbol{W})=(u_1, \cdots, u_k; w_1, \cdots, w_n)$．于是，$\dim(W_1 \cap W_2)=k$，$\dim W_1=k+m$与$\dim W_2=k+n$．如果证明$k+m+n$个元素的集合$(\boldsymbol{U}, \boldsymbol{V}, \boldsymbol{W})=(u_1, \cdots, u_k; v_1, \cdots, v_m, w_1, \cdots, w_n)$是$W_1+W_2$的基，命题就成立．

必须证明$(\boldsymbol{U}, \boldsymbol{V}, \boldsymbol{W})$是无关的，且张成$W_1+W_2$．$W_1+W_2$的元素$v$有形式$w'+w''$，其中$w' \in W_1$，$w'' \in W_2$．用$W_1$的基$(\boldsymbol{U}, \boldsymbol{V})$来写$w'$，比如说，$w'=\boldsymbol{U}X+\boldsymbol{V}Y=u_1x_1+\cdots+u_kx_k+v_1y_1+\cdots+v_my_m$．也把$w''$写成$W_2$的基$(\boldsymbol{U}, \boldsymbol{W})$的组合$\boldsymbol{U}X'+\boldsymbol{W}Z$．因此，$V=w'+w''=\boldsymbol{U}(X+X')+\boldsymbol{V}Y+\boldsymbol{W}Z$．

其次，假设已知元素$(\boldsymbol{U}, \boldsymbol{V}, \boldsymbol{W})$之间的线性关系$\boldsymbol{U}X+\boldsymbol{V}Y+\boldsymbol{W}Z=0$．记这个关系为$\boldsymbol{U}X+\boldsymbol{V}Y=-\boldsymbol{W}Z$．这个方程的左边属于$W_1$，而右边属于$W_2$．所以，$-\boldsymbol{W}Z$属于$W_1 \cap W_2$，从而它是基$\boldsymbol{U}$的线性组合$\boldsymbol{U}X'$．这就给出方程$\boldsymbol{U}X'+\boldsymbol{W}Z=0$．由于$(\boldsymbol{U}, \boldsymbol{W})$是$W_2$的基，它是无关的，所以，$X'$和$Z$是零．这样，已知关系简化为$\boldsymbol{U}X+\boldsymbol{V}Y=0$．但$(\boldsymbol{U}, \boldsymbol{V})$也是无关集合．于是，$X$与$Y$是零．关系是平凡的． ■

第七节　无限维空间

有的向量空间太大了，无法由任意有限的向量集合张成，这样的向量空间称作是*无限维的*．我们不常用到它们，但因为它们在分析中很重要，所以本节将对它们稍作讨论．

无限维向量空间最简明的例子是无限实行向量

【3.7.1】
$$(a)=(a_1, a_2, a_3, \cdots)$$

96 的空间$\mathbf{R}^{\infty}$．也可以把一个无限维向量看作是一个实数序列$\{a_n\}$．

空间$\mathbf{R}^{\infty}$有许多重要的子空间，下面是一些例子．

【3.7.2】例

(a) 收敛序列：$C=\{(a) \in \mathbf{R}^{\infty} \mid \text{极限} \lim\limits_{n \to \infty} a_n \text{存在}\}$．

(b) 绝对收敛级数：$\ell^1=\{(a) \in \mathbf{R}^{\infty} \mid \sum\limits_1^{\infty} |a_n| < \infty\}$．

(c) 有限个非零项的序列：

$$Z=\{(a) \in \mathbf{R}^{\infty} \mid a_n=0 \text{ 对有限多个以外的 } n \text{ 成立}\}$$

所有上面的空间都是无限维的，还可以找出更多的无限维空间． ■

现在设V是向量空间，是否无限维都行．向量的无限维集合S的张成应该是什么呢？困难在于：不可能为无限多个向量的组合$c_1v_1+c_2v_2+\cdots$指定一个取值．如果讨论的是实数的向量空间，即$v_i \in \mathbf{R}^n$，假如级数$c_1v_1+c_2v_2+\cdots$收敛，则可以为它指定一个值．但许多级数不收敛，我们就不知道该指定什么值了．在代数中，习惯上只谈论有限多个向量的组合．因此，无限集S的张成定义为由那些是S中有限多个元素的组合的向量v组成的集合：

【3.7.3】
$$v=c_1v_1+\cdots+c_rv_r, \quad \text{其中 } v_1, \cdots, v_r \in S$$

S中的v_i可是任意的，数r可以任意大，与向量v有关：

【3.7.4】
$$\operatorname{Span} S=\{S \text{ 中元素的有限组合}\}$$

例如，设 $e_i=(0, \cdots, 0, 1, 0, \cdots)$是 $\mathbf{R}^\infty$ 中第 i 个位置值为 1 且是它仅有的非零坐标的行向量. 设 $\boldsymbol{E}=(e_1, e_2, e_3, \cdots)$是这些向量 e_i 的无限集合. 集合 $\boldsymbol{E}$ 不能张成 $\mathbf{R}^\infty$，因为向量

$$w=(1,1,1,\cdots)$$

不是一个(有限)组合，而 $\boldsymbol{E}$ 的张成是子空间 Z(3.7.2)(c).

一个集合 S(不论是否无限)称为无关的，如果除了在下式中使 $c_1=\cdots=c_r=0$ 的平凡关系外，没有其他的有限线性关系：

【3.7.5】
$$c_1v_1+\cdots+c_rv_r=0, \quad v_1,\cdots,v_r\in S$$

这里数 r 也允许是任意的，即条件对任意大的 r 及任意向量 $v_1, \cdots, v_r\in S$ 都成立. 例如，假如 w，e_i 是前面定义的向量，则集合 $S'=(w; e_1, e_2, e_3, \cdots)$是无关的. 在这个无关的定义下，命题 3.4.15 仍然成立.

与有限集一样，V 的基 S 是张成 V 的一个无关集合. 这样 $S=(e_1, e_2, e_3, \cdots)$是空间 Z 的基. 单项式 x^i 构成多项式空间的一组基. 应用佐恩引理或选择公理可以证明每个向量空间 V 都有一个基(参见附录，命题 A.3.3). 然而 $\mathbf{R}^\infty$ 的一个基中将有多达不可数的元素，因而它无法被明确地写出来. 97

暂时回到向量空间是有限维的情形(3.4.16)，问是否会存在一个无限基，在(3.4.21)中，我们看到任意两个有限基都有同样多的元素. 我们现在证明每个基都是有限的，从而完成讨论. 这由下面的引理来给出.

【3.7.6】引理 设 V 是有限维向量空间，并设 S 是张成 V 的任意集合. 则 S 中含有一个张成 V 的有限子集.

证明 由假设，有一个有限集，比如$(u_1, \cdots, u_m)$，它张成空间 V. 因为 $\text{Span}S=V$，所以每一个 u_i 是 S 中有限多个元素的线性组合. 因而当将向量 $u_1, \cdots, u_m$ 用集合 S 表出时，仅需要其中的有限多个元素. 我们用到的元素组成一个有限子集 $S'\subset S$. 于是 $(u_1, \cdots, u_m)\subset\text{Span}S'$. 因为$(u_1, \cdots, u_m)$张成 V，所以 S'亦张成 V. ■

【3.7.7】推论 设 V 是有限维向量空间.

(a) 每个基都是有限的.

(b) 每个张成 V 的集合 S 含有一个基.

(c) 每个无关集 L 是有限的，因而扩张为一个基.

我不必学 8+7：我将记住 8+8 然后减去 1.

T. Cuyler Young, Jr.

练　习

第二节　域[⊖]

2.1 证明：形如 $a+b\sqrt{2}$的数构成复数域的一个子域，其中 a，b 是有理数.

⊖ 原文的第一节未给出练习题. ——译者注

2.2 求 5 模 p 的逆，其中 $p=7$，11，13 和 17.

2.3 当系数视为域 $\mathbf{F}_7$ 中的元素时，计算多项式的乘积$(x^3+3x^2+3x+1)(x^4+4x^3+6x^2+4x+1)$. 说明你的答案.

2.4 考虑线性方程组$\begin{bmatrix}6 & -3\\ 2 & 6\end{bmatrix}\begin{bmatrix}x_1\\ x_2\end{bmatrix}=\begin{bmatrix}3\\ 1\end{bmatrix}$.

(a) 当 $p=5$，11，17 时，在 $\mathbf{F}_p$ 中求解.

(b) 当 $p=7$ 时，求解的个数.

2.5 求素数 p 使矩阵

$$A=\begin{bmatrix}1 & 2 & 0\\ 0 & 3 & -1\\ -2 & 0 & 2\end{bmatrix}$$

98

当其元在 $\mathbf{F}_p$ 中时可逆.

2.6 完全地解线性方程组 $AX=0$ 与 $AX=B$，其中

$$A=\begin{bmatrix}1 & 1 & 0\\ 1 & 0 & 1\\ 1 & -1 & -1\end{bmatrix} \quad 和 \quad B=\begin{bmatrix}1\\ -1\\ 1\end{bmatrix}$$

(a) 在 $\mathbf{Q}$ 中 (b) 在 $\mathbf{F}_2$ 中 (c)在 $\mathbf{F}_3$ 中 (d)在 $\mathbf{F}_7$ 中

2.7 通过找本原元，对所有 $p<20$ 的素数证明乘法群 $\mathbf{F}_p^{\times}$ 是循环群.

2.8 令 p 是素数.

(a) 证明费马定理：对每个整数 a，$a^p\equiv a(\text{mod } p)$.

(b) 证明威尔逊定理：$(p-1)!\equiv-1(\text{mod } p)$.

2.9 在群 $GL_2(\mathbf{F}_7)$中确定矩阵$\begin{bmatrix}1 & 1\\ & 1\end{bmatrix}$和$\begin{bmatrix}2 & \\ & 1\end{bmatrix}$的阶.

2.10 在域 $\mathbf{F}_2$ 中解释矩阵元素，证明四个矩阵$\begin{bmatrix}1 & 0\\ 0 & 1\end{bmatrix}$，$\begin{bmatrix}0 & 0\\ 0 & 0\end{bmatrix}$，$\begin{bmatrix}1 & 1\\ 1 & 0\end{bmatrix}$，$\begin{bmatrix}0 & 1\\ 1 & 1\end{bmatrix}$构成一个域.

提示：可利用矩阵加法和乘法各种运算律缩短证明过程.

2.11 证明符号集合$\{a+bi \mid a, b\in\mathbf{F}_3\}$构成有九个元素的域，如果合成法则模仿复数的加法和乘法. 同样的方法对 $\mathbf{F}_5$ 行得通吗？对 $\mathbf{F}_7$ 呢？给出解释.

第三节 向量空间

3.1 (a) 证明向量与域 F 的零元素的标量乘积是零向量.

(b) 证明：若 w 是子空间 W 的元素，则 $-w$ 也在 W 中.

3.2 下列子集中哪些是系数在 F 里的 $n\times n$ 矩阵的向量空间 $F^{n\times n}$ 的子空间？

(a) 对称矩阵($A=A^t$) (b) 可逆矩阵 (c) 上三角矩阵

第四节 基和维数

4.1 求 $n\times n$ 对称矩阵($A=A^t$)空间的一个基.

4.2 设 $W\subset\mathbf{R}^4$ 是线性方程组 $AX=0$ 的解空间，其中 $A=\begin{bmatrix}2 & 1 & 2 & 3\\ 1 & 1 & 3 & 0\end{bmatrix}$. 求 W 的基.

4.3 证明三个函数 x^2，$\cos x$ 和 e^x 是线性无关的.

4.4 设 A 是一个 $m\times n$ 矩阵，并设 A'为由 A 上作一系列初等行变换得到的矩阵. 证明 A 的行与 A'的行张成同样的子空间.

4.5 令 $V=F^n$ 是列向量空间. 证明 V 的每个子空间都是某个其次线性方程组 $AX=0$ 的解空间. 99

4.6 求方程 $x_1+2x_2+3x_3+\cdots+nx_n=0$ 在 $\mathbf{R}^n$ 里解空间的一个基.

4.7 令$(X_1, \cdots, X_m)$与$(Y_1, \cdots, Y_n)$分别是 $\mathbf{R}^m$ 与 $\mathbf{R}^n$ 的基. mn 个矩阵 $X_iY_j^t$ 构成所有 $m\times n$ 矩阵的向量空间 $\mathbf{R}^{m\times n}$的一个基吗?

4.8 证明 F^n 中向量集$(v_1, \cdots, v_n)$是一个基当且仅当由诸 v_i 的坐标向量构成的矩阵是可逆的.

第五节 用基计算

5.1 (a) 证明集合 $\boldsymbol{B}=((1, 2, 0)^t, (2, 1, 2)^t, (3, 1, 1)^t)$是 $\mathbf{R}^3$ 的基.

(b) 求向量 $v=(1, 2, 3)^t$ 关于这个基的坐标向量.

(c) 设 $\boldsymbol{B}'=((0, 1, 0)^t, (1, 0, 1)^t, (2, 1, 0)^t)$求从 $\boldsymbol{B}$ 到 $\boldsymbol{B}'$的基变换矩阵 P.

5.2 (a) 当旧基是标准基 $\boldsymbol{E}=(e_1, e_2)$且新基是 $\boldsymbol{B}=(e_1+e_2, e_1-e_2)$时，在 $\mathbf{R}^2$ 中确定基变换的矩阵.

(b) 当旧基是标准基 $\boldsymbol{E}$ 且新基是 $\boldsymbol{B}=(e_n, e_{n-1}\cdots, e_1)$时，在 $\mathbf{R}^n$ 中确定基变换的矩阵.

(c) 令 $\boldsymbol{B}$ 是 $\mathbf{R}^2$ 的基，其中 $v_1=e_1$，而 v_2 是与 v_1 夹角为 $120°$的单位向量. 确定将标准基 $\boldsymbol{E}$ 联系到基 $\boldsymbol{B}$ 的基变换的矩阵.

5.3 令 $\boldsymbol{B}=(v_1, \cdots, v_n)$是向量空间 V 的基. 证明可以由 $\boldsymbol{B}$ 经过有限步下列类型的作用得到任意一个其他基 $\boldsymbol{B}'$.

(i) 对某个 $a\in F$，用 v_i+av_j 代替 v_i，其中 $i\neq j$.

(ii) 对某个 $c\neq 0$ 用，cv_i 代替 v_i.

(iii) 交换 v_i 和 v_j.

5.4 令是 $\mathbf{F}_p$ 素域，且设 $V=\mathbf{F}_p^2$. 证明：

(a) V 的基的个数等于一般线性群 $GL_2(\mathbf{F}_p)$的阶.

(b) 一般线性群 $GL_2(\mathbf{F}_p)$的阶是 $p(p+1)(p-1)^2$，而且特殊线性群 $SL_2(\mathbf{F}_p)$的阶是 $p(p+1)(p-1)$.

5.5 在下列空间里每个维数的子空间有多少个?

(a) $\mathbf{F}_p^3$ (b) $\mathbf{F}_p^4$.

第六节 直和

6.1 证明实 $n\times n$ 矩阵空间 $\mathbf{R}^{n\times n}$是对称矩阵$(A^t=A)$空间和反对称矩阵$(A^t=-A)$空间的直和.

6.2 方阵的迹是它的对角线上元素的和. 令 W_1 是迹为零的 $n\times n$ 矩阵空间. 求子空间 W_2 使得 $\mathbf{R}^{n\times n}=W_1\oplus W_2$.

6.3 令 $W_1, \cdots, W_k$ 是向量空间 V 的子空间，使得 $V=\sum W_i$. 假设 $W_1\cap W_2=0$，$(W_1+W_2)\cap W_3=0$，$\cdots$，$(W_1+\cdots+W_k)\cap W_k=0$. 证明 V 是子空间 $W_1, \cdots, W_k$ 的直和. 100

第七节 无限维空间

7.1 令 $\boldsymbol{E}$ 是 $\mathbf{R}^\infty$ 中的向量集$(e_1, e_2\cdots)$，设 $w=(1, 1, 1, \cdots)$. 描述集合$(w, e_1, e_2\cdots)$的张成.

7.2 双边无穷行向量$(a)=(\cdots, a_{-1}, a_0, a_1, \cdots)$构成一个空间，其中 $a_i\in\mathbf{R}$. 证明该空间同构于 $\mathbf{R}^\infty$.

*7.3 对每个正整数 p，可定义空间 ℓ^p 为使得 $\sum|a_i|^p<\infty$的序列的空间. 证明 ℓ^p 是 ℓ^{p+1}的真子空间.

*7.4 令 V 是由可数无限集合张成的向量空间. 证明 V 的每个无关子集是有限的或是可数无限的.

杂题

M.1 考虑行列式函数 $\det: F^{2\times 2}\to F$，其中 $F=F_p$ 是 p 个元素的素域而 $F^{2\times 2}$ 是 2×2 矩阵的空间. 证明这个映射是满射，并且所有非零行列式的值取同样多的次数，但行列式为 0 的矩阵比行列式为 1 的矩阵多.

M.2 设 A 是 $n\times n$ 实矩阵. 证明存在整数 N 使 A 满足非平凡多项式关系 $A^N+c_{N-1}A^{N-1}+\cdots+c_1A+c_0=0$.

M.3 (多项式路)

(a) 令 $x(t)$ 和 $y(t)$ 是实系数二次多项式. 证明路 $(x(t), y(t))$ 的像包含在圆锥曲面上，亦即，存在实二次多项式 $f(x, y)$ 使得 $f(x(t), y(t))$ 恒为零.

(b) 令 $x(t)=t^2-1$ 与 $y(t)=t^3-t$. 求非零实多项式 $f(x, y)$ 使得 $f(x(t), y(t))$ 恒为零. 在 $\mathbf{R}^2$ 里画出 $\{f(x, y)=0\}$ 的轨迹和路 $(x(t), y(t))$.

(c) 证明每对实多项式 $x(t)$，$y(t)$ 满足某个实多项式关系 $f(x, y)=0$.

*M.4 设 V 是无限域 F 上的向量空间. 证明 V 不是有限多个真子空间的并.

*M.5 令 α 是 2 的实立方根.

(a) 证明 $(1, \alpha, \alpha^2)$ 在 Q 上是无关的集合，亦即，没有形如 $a+b\alpha+c\alpha^2$ 的关系，其中 a，b，c 是整数.

提示：用 cx^2+bx+a 除 x^3-2.

(b) 证明实数 $a+b\alpha+c\alpha^2$ 构成域，其中 a，b，$c\in\mathbf{Q}$.

M.6 (辣酱：数学游戏)我的堂兄 Phil 收集辣汁. 他有大约一百个不同的瓶子在书架上，它们当中许多(例如 Tabasco 牌子辣酱油)除水外仅有三种成分：辣椒，醋和食盐. Phil 手头最少需要有多少辣汁瓶子以便他混合已有的辣汁能够获得任意一个仅有这三种成分的辣汁配方？

101

第四章　线性算子

思维混乱和推理错误仍笼罩着代数的开端，
这是冷静深思的人们的诚挚而公正的抱怨.

——William Rowan Hamilton 爵士

第一节　维数公式

从域 F 上的一个向量空间到另一个向量空间的线性变换 $T:V\to W$ 是一个映射，它与加法和标量乘法相容：

【4.1.1】
$$T(v_1+v_2)=T(v_1)+T(v_2),\quad T(cv_1)=cT(v_1)$$

对所有 V 中的 v_1，v_2 及所有 $c\in F$ 成立．这个概念与群的同态相似，称之为同态也是合适的．线性变换与任意线性组合相容：

【4.1.2】
$$T\Big(\sum_i v_i c_i\Big)=\sum_i T(v_i)c_i$$

由元素属于 F 的 $m\times n$ 矩阵 A 的左乘，映射

【4.1.3】
$$F^n\xrightarrow{A\text{左乘}}F^m\text{ 映 }X\rightsquigarrow AX$$

是一个线性变换．的确，$A(X_1+X_2)=AX_1+AX_2$，且 $A(cX)=cAX$.

如果 $\boldsymbol{B}=(v_1,\cdots,v_n)$是域 F 上向量空间 V 的子集，映 $X\rightsquigarrow \boldsymbol{B}X$ 的映射 $F^n\to V$ 是一个线性变换.

另一个例子：设 P_n 为次数$\leqslant n$ 的形如

【4.1.4】
$$a_nt^n+a_{n-1}t^{n-1}+\cdots+a_1t+a_0$$

的实多项式函数的向量空间．导数$\frac{\mathrm{d}}{\mathrm{d}t}$定义了从 P_n 到 P_{n-1}的一个线性变换.

有两个与线性变换相伴随的重要子空间：

【4.1.5】
$$\ker T=T\text{ 的核 }=\{v\in V\mid T(v)=0\},$$
$$\operatorname{im}T=T\text{ 的像 }=\{w\in W\mid \text{对某个 }v\in V, w=T(v)\}$$

核常常称为线性变换的零空间．与群同态类似，读者可能猜到，$\ker T$ 是 V 的子空间，而 $\operatorname{im}T$ 是 W 的子空间.

本节的主要结果是下面定理.

【4.1.6】**定理**（维数公式）　设 $T:V\to W$ 是一个线性变换．则
$$\dim(\ker T)+\dim(\operatorname{im}T)=\dim V$$

线性变换 T 的零化度和秩分别是 $\ker T$ 和 $\operatorname{im}T$ 的维数，矩阵 A 的零化度和秩可类似地

定义．用这个术语，(4.1.6)变为

【4.1.7】
$$\text{零化度} + \text{秩} = V \text{ 的维数}$$

定理 4.1.6 的证明 假设 V 是有限维的，比如说 n 维．令 k 是 $\ker T$ 的维数，并设 $(u_1,\ \cdots u_k)$是核的基．把该集合扩充为 V 的一个基：

【4.1.8】
$$(u_1,\dots,u_k;v_1,\dots,v_{n-k})$$

(见(3.4.15))．对于 $i=1$，…，$n-k$，令 $w_i=T(v_i)$．如果证明 $\boldsymbol{C}=(w_1,\ \cdots,\ w_{n-k})$是像的基，则由此可得像 $\mathrm{im}T$ 的维数为 $n-k$．这样将证明定理．

我们需证 $\boldsymbol{C}$ 张成像且它是一个线性无关集．设 w 为像中的元素．则对 $v\in V$ 有 $w=T(v)$．用基写出 v：

$$v = a_1u_1 + \cdots + a_ku_k + b_1v_1 + \cdots + b_{n-k}v_{n-k}$$

应用 T，注意到 $T(u_i)=0$：

$$w = T(v) = b_1w_1 + \cdots + b_{n-k}w_{n-k}$$

这样 w 属于 $\boldsymbol{C}$ 的张成．

下面证明 $\boldsymbol{C}$ 是无关的．假设有线性关系

【4.1.9】
$$c_1w_1 + \cdots + c_{n-k}w_{n-k} = 0$$

令 $v=c_1v_1+\cdots+c_{n-k}v_{n-k}$，其中 v_i 是基(4.1.8)中的向量．于是，

$$T(v) = c_1w_1 + \cdots + c_{n-k}w_{n-k} = 0$$

因此，v 属于零空间．于是，可用零空间的基$(u_1,\ \cdots,\ u_k)$表出 v，比如说 $v=a_1u_1+\cdots+a_ku_k$．则有$-a_1u_1-\cdots-a_ku_k+c_1v_1+\cdots+c_{n-k}v_{n-k}=-v+v=0$．但基(4.1.8)是无关的．于是，$-a_1=0$，…，$-a_k=0$，且 $c_1=0$，…，$c_{n-k}=0$．因此，关系(4.1.9)是平凡的．所以，$\boldsymbol{C}$ 是线性无关集． ■

103

当 T 是矩阵 A(4.1.3)的左乘(变换)时，T 的核(即 A 的零空间)是齐次方程 $AX=0$ 的解集．T 的像是列向量空间，它是由 A 的列张成的空间，也是 F^n 中使得线性方程 $AX=B$ 有解(3.4.6)的向量 B 的集．

众所周知，齐次方程 $AX=0$ 的解加到非齐次方程 $AX=B$ 的一个特解 X_0 上，就得到非齐次方程的所有解．关于此结论的另一个说法为 $AX=B$ 的解集是 F^n 中零空间 N 的加法陪集 X_0+N．

其行列式不为零的 $n\times n$ 矩阵 A 是可逆的，对每个 B 方程 $AX=B$ 有唯一解．在此情形下，零空间为$\{0\}$，列空间是整个空间 F^n．另一方面，如果行列式为零，则零空间 N 有正维数，而像(即列空间)的维数比 n 小．不是所有的方程 $AX=B$ 都有解，但有解的那些方程的解不止一个，因为解集是 N 的陪集．

第二节　线性变换的矩阵

每个从一个列向量空间到另一个列向量空间的线性变换是用一个矩阵左乘．

【4.2.1】**引理** 令 $T:F^n\to F^m$ 是列向量空间之间的线性变换，并设 $T(e_j)$的坐标向量为 $A_j=$

$(a_{1j}, \cdots, a_{2j}, a_{mj})^t$. 令 A 是一个以 A_1, A_2, …, A_n 为列向量的 $m\times n$ 矩阵. 则 T 作用在 F^n 的向量上相当于左乘矩阵 A.

证明 $T(X) = T\left(\sum_j e_j x_j\right) = \sum_j T(e_j) x_j = \sum_j A_j x_j = AX$. ■

例如，令 $c=\cos\theta$, $s=\sin\theta$. 令 ρ: $\mathbf{R}^2\to\mathbf{R}^2$ 是关于原点将平面逆时针旋转 θ 角的线性变换. 其矩阵为

【4.2.2】
$$R = \begin{bmatrix} c & -s \\ s & c \end{bmatrix}$$

我们证明这个矩阵乘法使平面旋转. 将向量 X 记为 $r(\cos\alpha, \sin\alpha)^t$ 的形式，此处 r 是向量 X 的长度. 令 $c'=\cos\alpha$, $s'=\sin\alpha$，由两角和的正弦与余弦公式可以证明

$$RX = r\begin{bmatrix} c & -s \\ s & c \end{bmatrix}\begin{bmatrix} c' \\ s' \end{bmatrix} = r\begin{bmatrix} cc'-ss' \\ sc'+cs' \end{bmatrix} = r\begin{bmatrix} \cos(\theta+\alpha) \\ \sin(\theta+\alpha) \end{bmatrix}$$

所以，RX 是由向量 X 经过旋转 θ 角得到的.

一旦给定两个空间的基，就可以对任意线性变换 $T: V\to W$ 作类似于引理 4.2.1 中的计算. 设 $\boldsymbol{B}=(v_1, \cdots, v_n)$是空间 V 的一组基，用简短记号 $T(\boldsymbol{B})$表示超向量

【4.2.3】
$$T(\boldsymbol{B}) = (T(v_1), \cdots, T(v_n))$$

104

若 $v=\boldsymbol{B}X=v_1x_1+\cdots+v_nx_n$，则

【4.2.4】
$$T(v) = T(v_1)x_1 + \cdots + T(v_n)x_n = T(\boldsymbol{B})X$$

【4.2.5】命题 令 $T: V\to W$ 是一个线性变换，且 $\boldsymbol{B}=(v_1, \cdots, v_n)$和 $\boldsymbol{C}=(w_1, \cdots, w_m)$分别是空间 V 和 W 的一组基. 令 X 是一个任意向量 v 在基 $\boldsymbol{B}$ 下的坐标向量，令 Y 是其变换后的像 $T(v)$的坐标向量. 于是 $v=\boldsymbol{B}X$ 且 $T(v)=\boldsymbol{C}Y$. 存在一个 $m\times n$ 矩阵 A 具有两个对偶的性质：

【4.2.6】
$$T(\boldsymbol{B}) = \boldsymbol{C}A \quad , \quad AX = Y$$

矩阵 A 叫做线性变换 T 在这两组基下的变换矩阵. (4.2.6)的任何一个公式都刻画了这个矩阵.

证明 记 $T(v_j)$为基 $\boldsymbol{C}$ 的一个线性组合，比如

【4.2.7】
$$T(v_j) = w_1a_{1j} + \cdots + w_m a_{mj}$$

把系数 a_{ij}写成列向量 $A_j=(a_{1j}, \cdots a_{mj})'$，则 $T(v_j)=\boldsymbol{C}A_j$. 若 A 是以 A_1, A_2, …, A_n 为列向量的矩阵，则

【4.2.8】
$$T(\boldsymbol{B}) = (T(v_1), \cdots, T(v_n)) = (w_1, \cdots, w_m)\begin{bmatrix} & A & \end{bmatrix} = \boldsymbol{C}A$$

其次，若 $v=\boldsymbol{B}X$，则

$$T(v) = T(\boldsymbol{B})X = \boldsymbol{C}AX$$

因此，$T(v)$的坐标向量(记为 Y)等于 AX. ■

T 与 A 间的关系可以用由两个基(3.5.3)所确定的同构 $\psi: F^n\to V$ 和 $\psi': F^m\to W$ 加以解释. 如果用这些同构将 V 和 W 等同于 F^n 和 F^m，则 T 对应于用 A 左乘，如下图所示：

【4.2.9】图

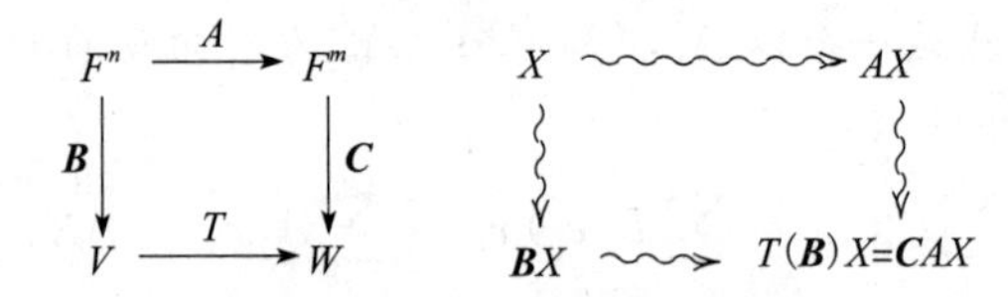

从 F^n 到 W 沿两个方向行进得到相同的答案．具有这种性质的图叫交换图．本书里所有的图都是交换的．

因此，一旦两个空间的基取定之后，有限维向量空间 V 与 W 间的任意线性变换就可与矩阵乘法对应起来．这是好的结果，但如果我们变换基，则可以做得更好．

105

【4.2.10】定理

(a) 向量空间形式：设 $T:V\to W$ 为有限维向量空间之间的线性变换．则 V 与 W 分别有基 $\boldsymbol{B}$，$\boldsymbol{C}$ 使得 T 的矩阵具有形式

【4.2.11】
$$A'=\left[\begin{array}{c|c} I_r & \\ \hline & 0 \end{array}\right]$$

其中 I_r 为 $r\times r$ 单位矩阵，且 r 为 T 的秩．

(b) 矩阵形式：给定任意 $m\times n$ 矩阵 A，存在可逆矩阵 Q 和 P 使 $A'=Q^{-1}AP$ 具有上面所示形式．

证明

(a)设 $(u_1,\cdots,u_k)$ 为 T 的核的基．将该基扩张为 V 的一个基 $\boldsymbol{B}$，把增加的向量列在前面，比如说 $(v_1,\cdots,v_r;u_1,\cdots,u_k)$，其中 $r+k=n$．设 $w_i=T(v_i)$．则如(4.1.6)的证明中所指出的，$(w_1,\cdots,w_r)$ 是 T 的像的基．将其扩张成 W 的基 $\boldsymbol{C}$，把增加的向量列在后面，比如说 $(w_1,\cdots,w_r;z_1,\cdots,z_s)$．$T$ 关于这些基的矩阵具有形式(4.2.11)．

定理的(b)部分可用行变换和列变换证得．该证明是练习 2.4． ■

这个定理是我们后面将证明的许多结果的原型．因为任意线性变换的结构可以用一个非常简单的矩阵(4.2.11)来描述，所以它展示了在向量空间中不用固定的基(或坐标)的优势．但为什么所考虑的(a)与(b)是同一个定理的两种形式？为回答这个问题，我们需要分析当选择另一个基时线性变换矩阵变化的方式．

令 A 是如同(4.2.6)里 T 的关于 V 和 W 的基 $\boldsymbol{B}$ 和 $\boldsymbol{C}$ 的矩阵，令 $\boldsymbol{B}'=(v_1',\cdots,v_n')$ 与 $\boldsymbol{C}=(w_1',\cdots,w_m')$ 是 V 和 W 的新基．如同(3.5.11)所示，可用可逆 $n\times n$ 矩阵 P 把新基 $\boldsymbol{B}'$ 与旧基 $\boldsymbol{B}$ 联系起来．类似地，用可逆 $m\times m$ 矩阵 Q 把新基 $\boldsymbol{C}'$ 与旧基 $\boldsymbol{C}$ 联系起来．这些矩阵有性质

【4.2.12】
$$\boldsymbol{B}'=\boldsymbol{B}P, PX'=X \quad \text{和} \quad \boldsymbol{C}'=\boldsymbol{C}Q, QY'=Y$$

【4.2.13】命题 令 A 是线性变换 T 关于给定基 $\boldsymbol{B}$ 和 $\boldsymbol{C}$ 的矩阵．

(a) 设新基 $\boldsymbol{B}'$ 与 $\boldsymbol{C}'$ 由矩阵 P 与 Q 同旧基 $\boldsymbol{B}$ 和 $\boldsymbol{C}$ 联系起来，如上所示，则 T 关于新基的矩阵是 $A'=Q^{-1}AP$．

(b) 表示 T 关于其他基的矩阵 A' 均有形式 $A'=Q^{-1}AP$，其中 Q 和 P 为任意行列数适当的可逆矩阵．

证明

(a) 在方程 $Y=AX$(4.2.6)里做替换 $X=PX'$ 与 $Y=QY'$，得 $QY'=APX'$. 于是，$Y'=(Q^{-1}AP)X'$. 因为 A'是使得 $A'X'=Y'$的矩阵，这表明 $A'=Q^{-1}AP$.

(b) 因为基变换矩阵可以是任一个可逆矩阵(3.5.9)，故(b)部分结论得证. ■

106

由该命题可知定理的两部分相当于同一回事. 为由(b)推证(a)，假设已知线性变换 T，并且我们从 V 与 W 的任意基开始，得到矩阵 A. (b)部分告诉我们存在可逆矩阵 P 与 Q 使得 $A'=Q^{-1}AP$ 有形式(4.2.11). 当我们用这些矩阵变换 V 与 W 的基时，矩阵 A 变成矩阵 A'.

为由(a)推证(b)，我们视任一矩阵 A 为关于列向量"由 A 左乘"线性变换的矩阵. 那么，A 为 T 关于 F^n 与 F^m 的标准基的矩阵，并且(a)保证 P 与 Q 的存在使得 $Q^{-1}AP$ 有形式(4.2.11).

由于矩阵左乘是线性变换，因此关于矩阵乘法我们这里也学到了一些重要东西. 任一矩阵 A 的左乘与(4.2.11)形式矩阵的左乘是相同的，但它们是关于不同坐标的.

在将来，我们常常用两种等价方式叙述一个结果，即用向量空间形式与矩阵形式，而不再证明两种形式是等价的. 这样，我们将提供看上去更简单的一种证明.

可以用定理 4.2.10 推导出矩阵乘法的另一个有趣的性质. 令 N 与 U 表示变换 $A:F^n\to F^m$ 的零空间与列空间. 于是，N 是 F^n 的子空间，U 是 F^m 的子空间. 令 k 与 r 分别表示 N 与 U 的维数. 因此，k 是 A 的零度，r 是它的秩.

转置矩阵 A^t 的左乘定义了反方向的变换 $A^t:F^m\to F^n$ 以及另两个子空间：A^t 的零子空间 N_1 与列空间 U_1. 这里 U_1 是 F^n 的子空间，N_1 是 F^m 的子空间. 令 k_1 与 r_1 分别表示 N_1 与 U_1 的维数. 定理 4.1.6 告诉我们 $k+r=n$，且还有 $k_1+r_1=m$. 下面的定理 4.2.14 给出这些整数的另外一个关系.

【4.2.14】定理　*使用上面的记号，$r_1=r$：矩阵的秩等于其转置矩阵的秩.*

证明　令 P 与 Q 是可逆矩阵使得 $A'=Q^{-1}AP$ 有形式(4.2.11). 首先注意对于矩阵 A'，结论是显然成立的. 其次，我们检验图

【4.2.15】图

$$
\begin{array}{ccc}
F^n & \xrightarrow{A} & F^m \\
P\uparrow & & \uparrow Q \\
F^n & \xrightarrow{A'} & F^m
\end{array}
\qquad\qquad
\begin{array}{ccc}
F^n & \xleftarrow{A^t} & F^m \\
P^t\downarrow & & \downarrow Q^t \\
F^n & \xleftarrow{A'^t} & F^m
\end{array}
$$

球极平面射影

竖直箭头是双射. 所以，在左边的图里，Q 把 A'的列空间(A'乘法的像)双射地映到 A 的列空间上. 这两个列空间的维数(即 A 的秩与 A'的秩)是相等的. 类似地，A^t 的秩与 A'^t 的秩也是相等的. 所以，为证明本定理，我们可用 A'替换矩阵 A. 这就把证明简化到了矩阵的平凡情形(4.2.11). ■

107

我们能够重新解释转置矩阵 A^t 的秩 r_1. 由定义，它是由 A^t 的列张成的空间的维数，而这可以看成是由 A 的行张成的行向量空间的维数. 因此，r_1 常常称为 A 的行秩，且 r 常

常称为 A 的列秩. 行秩是矩阵无关行的最大数，列秩是矩阵无关列的最大数. 定理 4.2.14 可叙述如下：

【4.2.16】推论 $m\times n$ 矩阵的行秩与列秩是相等的.

第三节 线性算子

本节讨论一个向量空间到其自身的线性变换 $T:V\to V$. 这样的线性变换称为线性算子. 用元素属于 F 的 $n\times n$ 矩阵左乘定义了列向量空间 F^n 的一个线性算子.

例如，令 $c=\cos\theta$，$s=\sin\theta$，旋转矩阵(4.2.2)

$$\begin{bmatrix} c & -s \\ s & c \end{bmatrix}$$

是平面 $\mathbf{R}^2$ 上的一个线性算子.

对于线性算子，维数公式 $\dim(\ker T)+\dim(\operatorname{im}T)=\dim V$ 是成立的. 但这里，由于定义域和值域是相等的，因此我们有关于维数公式更多的信息. T 的核与像都是 V 的子空间.

【4.3.1】命题 令 K 与 W 分别表示有限维向量空间 V 上线性算子 T 的核与像.

(a) 下列条件是等价的：

- T 是双射，
- $K=\{0\}$，
- $W=V$.

(b) 下列条件是等价的：

- V 是直和 $K\oplus W$，
- $K\cap W=\{0\}$，
- $K+W=V$.

证明

(a) T 是双射当且仅当核 W 是零且像 W 是整个空间 V. 如果核是零，由维数公式知 $\dim W=\dim V$. 所以，$W=V$. 类似地，如果 $W=V$，维数公式表明 $\dim K=0$. 所以，$K=0$. 在这两种情形下，T 是双射.

(b) V 是直和 $K\oplus W$ 当且仅当条件 $K\cap W=\{0\}$ 与 $K+W=V$ 均成立. 如果 $K\cap W=\{0\}$，那么，K 与 W 是无关的. 于是，和 $U=K+W$ 是直和 $K\oplus W$，且 $\dim U=\dim K+\dim W$(3.6.6)(a). 维数公式表明 $\dim U=\dim V$. 所以，$U=V$，这表明 $K\oplus W=V$. 如果 $K+W=V$，则维数公式与命题 3.6.6(a)表明 K 与 W 是无关的，且 V 是直和. ■

108

注 满足条件(4.3.1)(a)的线性算子称为可逆算子. 它的逆函数也是线性算子. 不是可逆的算子称为奇异算子.

当 V 是无限维时，命题 4.3.1(a)的条件不是等价的. 例如，令 $V=\mathbf{R}^\infty$ 是无限行向量 $(a_1, a_2, \cdots)$的空间(见第三章第七节). 如下定义

【4.3.2】 $$S^+(a_1,a_2,\cdots)=(0,a_1,a_2,\cdots)$$

的右移位算子 S^+ 的核是零空间，而它的像是 V 的真子空间. 由

$$S^-(a_1,a_2,a_3,\cdots) = (a_2,a_3,\cdots)$$

定义的左移位算子 S^- 的核是 V 真子空间，而它的像是整个空间.

当讨论线性算子时，上节关于基的讨论需作少许改动. 显然，我们希望在 V 中只取一个基 $\mathbf{B}=(v_1, \cdots, v_n)$，用它代替(4.2.6)中的基 $\mathbf{B}$ 和 $\mathbf{C}$. 换言之，为定义 T 关于 $\mathbf{B}$ 的矩阵 A，我们应该写出

【4.3.3】 $$T(\mathbf{B}) = \mathbf{B}A, \text{且 } AX = Y \text{ 如前所述.}$$

像任一个线性变换(4.2.7)那样，A 的列是基向量的像 $T(v_j)$ 的坐标向量：

【4.3.4】 $$T(v_j) = v_1 a_{1j} + \cdots + v_n a_{nj}$$

一个线性算子是可逆的当且仅当它关于任一个基的矩阵是可逆矩阵.

当说到空间 F^n 上线性算子的矩阵时，除非特别声明，总假设基是标准基 $\mathbf{E}$. 因此，算子是那个矩阵的乘法.

当我们研究基变换的作用时，一个新的特征就出现了. 假设 $\mathbf{B}$ 由新基 $\mathbf{B}'$ 替换.

【4.3.5】命题 令 A 是线性算子 T 关于 $\mathbf{B}$ 的矩阵.

(a) 假设新基 $\mathbf{B}'$ 由 $\mathbf{B}'=\mathbf{B}P$ 给出. T 关于这个基的矩阵是 $A'=P^{-1}AP$.

(b) 算子 T 对于不同基的矩阵 A' 都是形如 $A'=P^{-1}AP$ 的矩阵，其中 P 可以是任意的可逆矩阵.

换言之，是由共轭所进行的矩阵变换. 这是一个易混淆的事实. 所以，尽管它可从(4.2.13)得到，我们还是要重新推证它. 因为 $\mathbf{B}'=\mathbf{B}P$，且 $T(\mathbf{B})=\mathbf{B}A$，我们有

$$T(\mathbf{B}') = T(\mathbf{B})P = \mathbf{B}AP$$

还没完全结束. 我们所得的公式用旧基 $\mathbf{B}$ 表示 $T(\mathbf{B}')$. 为得到新矩阵，必须根据新基 $\mathbf{B}'$ 写出 $T(\mathbf{B}')$. 所以，我们把 $\mathbf{B}=\mathbf{B}'P^{-1}$ 替换进方程，于是，得到 $T(\mathbf{B}')=\mathbf{B}'P^{-1}AP$.

109

一般地，我们说方阵 A 相似于另一个矩阵 A'，如果对某个可逆矩阵 P，有 $A'=P^{-1}AP$. 这样的矩阵 A' 是从 A 由 P^{-1} 共轭得到的. 因为 P 是任意可逆矩阵，故 P^{-1} 也是任意的. 用术语共轭代替相似是正确的.

现在，如果已知矩阵 A，很自然地要寻找特别简单的相似矩阵 A'. 我们希望得到有点儿类似定理 4.2.10 的结果. 但这里允许的变换是非常苛刻的，因为仅有一个基，从而仅有一个矩阵供使用. 线性变换的定义域和值域是相等的，这初看上去似乎会简单化问题，但实际上，这会使问题更难.

通过把假定的基变换矩阵写成初等矩阵的乘积，比如说，$P=E_1\cdots E_r$，会对问题有所洞悉. 于是，

$$P^{-1}AP = E_r^{-1}\cdots E_1^{-1}AE_1\cdots E_r$$

由初等变换，允许对 A 进行若干步变换：$A \rightsquigarrow E^{-1}AE$. 换言之，我们可对 A 进行任意的列变换 E，但也必须做与逆矩阵 E^{-1} 对应的行变换. 不幸的是，这些行列变换相互干扰，这使得不能直接分析这些作用的效果.

第四节 特征向量

分析线性算子 $T:V\to V$ 的主要工具是特征向量和不变子空间.

注 V 的一个子空间 W 称为不变的或 T-不变的，如果它在算子 T 的作用下变到自身：

【4.4.1】 $$TW\subset W$$

换言之，如果对所有 $w\in W$，有 $T(w)\in W$，则 W 是 T-不变的. 当 W 为 T-不变的时，T 在 W 上定义一个线性算子，称为 T 在 W 上的限制. 我们常常记这个限制为 $T|_W$.

如果 W 为 T-不变子空间，则可构造 V 的一个基 $\boldsymbol{B}$，它由在 W 的一个基$(w_1,\ \cdots w_k)$上添加向量而得到：

【4.4.2】 $$\boldsymbol{B}=(w_1,\cdots,w_k,v_1,\cdots,v_{n-k})$$

这样，W 是不变子空间这一事实可以从 T 的矩阵中看出来. 这个矩阵的列为像向量的坐标向量(见(4.2.3))，称这个矩阵为 M. 但 $T(w_j)$属于子空间 W，从而它是基$(w_1,\ \cdots,\ w_k)$的线性组合. 因此，当我们把 $T(w_j)$用基 $\boldsymbol{B}$ 表出时，向量 $v_1,\ \cdots v_{n-k}$的系数为零. 由此，矩阵 M 具有分块形式

【4.4.3】 $$M=\begin{bmatrix}A & B\\ 0 & D\end{bmatrix}$$

110 其中 A 是 $k\times k$ 矩阵，为 T 在 W 上的限制的矩阵.

如果 V 恰好为两个 T-不变子空间的直和 $W_1\oplus W_2$，并且把 W_1 与 W_2 的基顺序排起来构成 V 的一个基 $\boldsymbol{B}=(\boldsymbol{B}_1,\ \boldsymbol{B}_2)$. 这时，$T$ 的矩阵为分块对角形式

【4.4.4】 $$M=\begin{bmatrix}A_1 & 0\\ 0 & A_2\end{bmatrix}$$

其中 A_i 是 T 在 W_i 上的限制的矩阵.

特征向量的概念与不变子空间的概念是紧密联系的.

注 线性算子 T 的特征向量 v 是对某个标量 λ，亦即 F 里的某个元素，使得

【4.4.5】 $$T(v)=\lambda v$$

的非零向量. 非零列向量是方阵 A 的特征向量，如果它是由 A 左乘变换的特征向量.

出现在(4.4.5)里的标量 λ 称为相伴于特征向量 v 的特征值. 当我们说到线性算子 T 或未指定特征向量的矩阵 A 的特征值时，指的是一个标量 $\lambda\in F$，它是相伴于某个特征向量的特征值. 特征值可以是 F 的任意元素，包括零，但特征向量不能为零. 这里，特征值常用希腊字母 λ(lambda)来记[⊖].

相伴于特征值 1 的特征向量是固定不动的向量：$T(v)=v$. 相伴于特征值 0 的特征向

⊖ 德语“eigen”大意是“characteristic”(特征的)，Eigenvector 和 eigenvalue 有时也叫 characteristic vector 和 characteristic value.
eigenvector 与 eigenvalue 应译成“本征向量”与“本征值”. 但在国内代数教材里，一般都叫特征向量与特征值. 所以，在翻译中，我们把 eigenvector 与 eigenvalue 译成“特征向量”与“特征值”. ——译者注

量属于零空间：$T(v)=0$. 当 $V=\mathbf{R}^n$ 时，非零向量 v 是特征向量，如果 v 与 $T(v)$平行.

如果 v 是线性算子 T 的相伴于特征值 λ 的特征向量，由 v 张成的子空间 W 是 T-不变的，因为在 W 中 $T(cv)=c\lambda v$ 对所有标量 c 成立. 反之，如果由 v 张成的 1 维子空间是不变的，则 v 是一个特征向量. 于是，一个特征向量可以描述为 1 维不变子空间的基.

容易判别一个给定向量 X 是否为矩阵 A 的特征向量. 可简单验证 AX 是否为 X 的倍数. 如果 A 是 T 关于基 $\boldsymbol{B}$ 的矩阵，并且如果 X 是向量 v 的坐标向量，则 X 是 A 的特征向量当且仅当 v 是 T 的特征向量.

标准基向量 $e_1=(1,0)^t$ 是矩阵

$$\begin{bmatrix}3 & 1\\0 & 2\end{bmatrix}$$

的相伴于特征值 3 的特征向量，向量$(1,-1)^t$ 是相伴于特征值 2 的另一特征向量. 向量$(0,1,1)^t$ 是矩阵

$$A=\begin{bmatrix}1 & 1 & -1\\2 & 1 & 1\\3 & 0 & 2\end{bmatrix}$$

的相伴于特征值 2 的特征向量.

111

如果$(v_1,\cdots,v_n)$是 V 的一个基，并且如果 v_1 是线性算子 T 的特征向量，则 T 的矩阵有分块形式

【4.4.6】
$$\begin{bmatrix}\lambda & B\\0 & D\end{bmatrix}=\left[\begin{array}{c|ccc}\lambda & * & \cdots & *\\\hline 0 & & & \\\vdots & & * & \\0 & & & \end{array}\right]$$

其中 λ 是 v_1 相伴的特征值. 这是 1 维不变子空间情形下的分块形式(4.4.3).

【4.4.7】命题 相似矩阵$(A'=P^{-1}AP)$有相同的特征值.

因为相似矩阵表示同一线性变换，故结论成立.

【4.4.8】命题

(a) 令 T 是向量空间 V 上的线性算子. T 关于基 $\boldsymbol{B}=(v_1,\cdots,v_n)$的矩阵是对角矩阵当且仅当每个基向量 v_j 是特征向量.

(b) $n\times n$ 矩阵 A 与对角矩阵相似当且仅当 F^n 里有一个基是由特征向量构成的.

由矩阵 A 的定义(见(4.3.4))可得证. 如果 $T(v_j)=\lambda_j v_j$，则

【4.4.9】
$$T(\boldsymbol{B})=(v_1\lambda_1,\cdots,v_n\lambda_n)=(v_1,\cdots,v_n)\begin{bmatrix}\lambda_1 & & \\ & \ddots & \\ & & \lambda_n\end{bmatrix}$$

这个命题表明我们可简单地用对角矩阵表示线性算子，倘若它有足够的特征向量. 在本章第五节我们将看到，复向量空间上每个线性算子至少有一个特征向量，在本章第六节

将看到大多数情形下存在一个特征向量基. 但实向量空间上的线性算子不一定有特征向量. 例如，平面上通过一个角 θ 的旋转，除非 $\theta=0$ 或 π，否则不会把任何一个向量变换到与其平行的向量. 因此，除了 $\theta=0$ 或 π 的情形外，旋转矩阵(4.2.2)没有实特征向量.

注 至少有一个实特征值的实矩阵的一般情形是具有正元素的实矩阵. 这样的矩阵称为正矩阵. 它们在应用中经常出现，其最重要的性质之一是总有一个坐标为正数的特征向量(正特征向量).

我们不证明这个事实，而是通过考察在 $\mathbf{R}^2$ 上正 2×2 矩阵 A 的乘法的作用来加以说明. 设 $w_i=Ae_i$ 是 A 的列向量. 向量加法的平行四边形法则指出，A 将第一象限 S 映到由向量 w_1 和 w_2 所界定的扇形. 而 w_i 的坐标向量是 A 的第 i 列. 因为 A 的元素都是正的，故向量 w_i 都在第一象限中. 从而 A 把第一象限映到第一象限：$S\supset AS$. 再用 A 作用，得 $AS\supset A^2S$，继续下去，有

112

【4.4.10】
$$S\supset AS\supset A^2S\supset A^3S\supset\cdots$$

如下面矩阵 $A=\begin{bmatrix}3 & 2\\ 1 & 4\end{bmatrix}$所示.

现在，扇形嵌套集的交或为一个扇形或为一条半直线. 这里，交 $Z=\bigcap A^r s$ 为半直线. 从直观上看这是合理的，也可以用各种方法来证明，但我们省略证明. 在关系 $Z=\bigcap A^rS$ 的两边用 A 乘，得到

$$AZ=A\left(\bigcap_0^\infty A^rS\right)=\bigcap_1^\infty A^rS=Z$$

因此，$Z=AZ$. 所以，Z 中的非零向量是特征向量.

【4.4.11】图

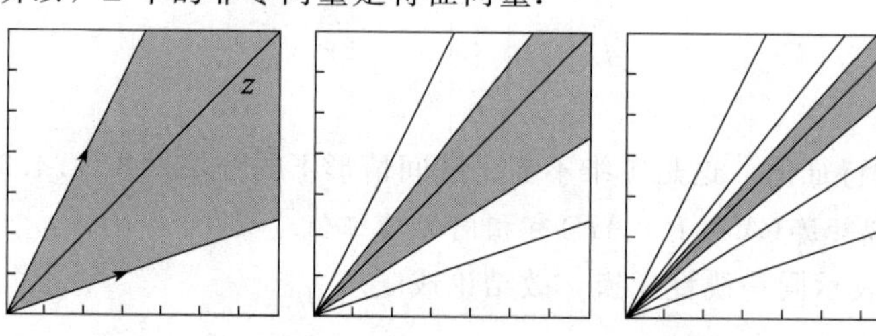

第一象限在正矩阵重复乘积之下的像

第五节 特征多项式

本节确定任意线性算子 T 的特征向量. 我们先回顾一下，T 的特征向量是使得

【4.5.1】
$$T(v)=\lambda v$$

对某个 $\lambda\in F$ 成立的非零向量 v. 如果不知道 λ，当线性算子相应的矩阵很复杂时似乎很难求出其特征向量. 诀窍是转而解决另一个问题，即先求特征值. 当特征值 λ 确定后，方程(4.5.1)成为 v 的坐标的线性方程组，对其求解是没有问题的.

首先，将(4.5.1)写为形式

【4.5.2】 $$[\lambda I - T](v) = 0$$ 113

其中 I 为恒等算子，而 $\lambda I - T$ 是由

【4.5.3】 $$[\lambda I - T](v) = \lambda v - T(v)$$

定义的线性算子．容易验证 $\lambda I - T$ 的确是线性算子．(4.5.2)可复述为

【4.5.4】 非零向量 v 是伴随于特征值 λ 的特征向量当且仅当它在 $\lambda I - T$ 的核中．

【4.5.5】**推论** 令 T 是有限维向量空间 V 上的线性算子．

(a) T 的特征值为 F 中使得 $\lambda I - T$ 是奇异算子的标量 λ，亦即它的零空间是非零的．

(b) 下列条件是等价的：

- T 是奇异算子．
- 0 为 T 的特征值．
- 如果 A 是 T 关于任意基的矩阵，则 $\det A = 0$．

若 T 关于某个基的矩阵为 A，则 $\lambda I - T$ 的矩阵是 $\lambda I - A$．于是，$\lambda I - T$ 是奇异的当且仅当 $\det(\lambda I - A) = 0$．这个带有未定元 λ 的行列式可以计算出来，并且这至少在原理上给我们提供了一个确定特征值和特征向量的方法．

例如，假设 A 为矩阵 $\begin{bmatrix} 3 & 2 \\ 1 & 4 \end{bmatrix}$，它在 $\mathbf{R}^2$ 上的作用如图 4.4.11 所示．则

$$\lambda I - A = \begin{bmatrix} \lambda - 3 & -2 \\ -1 & \lambda - 4 \end{bmatrix}$$

且

$$\det(\lambda I - A) = \lambda^2 - 7\lambda + 10 = (\lambda - 5)(\lambda - 2)$$

当 $\lambda = 5$ 或 2 时，行列式为零，于是 A 的特征值为 5 或 2．要求特征向量，解两个线性方程组 $(5I - A)X = 0$ 和 $(2I - A)X = 0$．其解在不计标量因子时是确定的：

【4.5.6】 $$v_1 = \begin{bmatrix} 1 \\ 1 \end{bmatrix}, \quad v_2 = \begin{bmatrix} 2 \\ -1 \end{bmatrix}$$

现在我们对任意未定元矩阵作同样的计算．改变符号会方便一些．习惯上用变量 t 代替符号 λ．构造矩阵 $tI - A$：

【4.5.7】 $$tI - A = \begin{bmatrix} (t - a_{11}) & -a_{12} & \cdots & -a_{1n} \\ -a_{21} & (t - a_{22}) & \cdots & -a_{2n} \\ \vdots & & & \\ -a_{n1} & \cdots & \cdots & (t - a_{nn}) \end{bmatrix}$$

于是，行列式的完全展开[第一章(1.6.4)]指出 $\det(tI - A)$ 是 t 的 n 次多项式，其系数为标量，它是 F 中的元素． 114

【4.5.8】**定义** 线性算子 T 的特征多项式是

$$p(t) = \det(tI - A)$$

其中 A 是 T 关于某个基的矩阵.

结合(4.5.5)与(4.5.8)，T 的特征值确定下来：

【4.5.9】推论 线性算子的特征值是其特征多项式的根.

【4.5.10】推论 令 A 是 $n\times n$ 上三角矩阵或下三角矩阵，其对角元为 a_{11}，…，a_{nn}，则 A 的特征多项式是$(t-a_{11})(t-a_{22})\cdots(t-a_{nn})$，$A$ 的对角元为其特征值.

证明 如果 A 是上三角矩阵，则 $tI-A$ 也是，并且 $tI-A$ 的对角元为 $t-a_{ii}$. 三角矩阵的行列式为其对角线元的积. ■

【4.5.11】命题 算子 T 的特征多项式与基的选择无关.

证明 第二个基相应的矩阵为 $A'=P^{-1}AP$(命题 4.3.5)，且

$$tI - A' = tI - P^{-1}AP = P^{-1}(tI - A)P$$

于是，

$$\det(tI - A') = \det P^{-1}\det(tI - A)\det P = \det(tI - A)$$ ■

2×2 矩阵 $A=\begin{bmatrix} a & b \\ c & d \end{bmatrix}$的特征多项式是

【4.5.12】 $$p(t) = \det(tI - A) = \det\begin{bmatrix} t-a & -b \\ -c & t-d \end{bmatrix} = t^2 - (\mathrm{trace}A)t + (\det A)$$

其中迹 $\mathrm{trace}A=a+d$.

下一个命题给出了 $n\times n$ 矩阵的特征多项式的不完整描述，该命题可通过计算证明. 不难确定余下的系数，但它们的简明公式不常用.

【4.5.13】命题 $n\times n$ 矩阵 A 的特征多项式具有

$$p(t) == t^n - (\mathrm{trace}A)t^{n-1} + (\text{中间项}) + (-1)^n(\det A)$$

的形式，其中，A 的迹 $\mathrm{trace}A$ 是对角元的和

$$\mathrm{trace}A = a_{11} + a_{22} + \cdots + a_{nn}$$

115

命题 4.5.11 表明特征多项式的所有系数与基无关. 例如，$\mathrm{trace}(P^{-1}AP)=\mathrm{trace}A$.

因为特征多项式、迹和行列式都是与基无关的，所以它们仅依赖于算子 T，因而可以定义线性算子 T 的特征多项式、迹和行列式. 它们是由 T 关于任意基的矩阵所得到的.

【4.5.14】命题 设 T 是有限维向量空间 V 上的线性算子.

(a) 若 V 的维数为 n，则 T 最多有 n 个特征值.

(b) 若 F 为复数域且 $V\neq\{0\}$，则 T 至少有一个特征值，因而它至少有一个特征向量.

证明

(a) 特征值是次数为 n 的特征多项式的根. n 次多项式最多有 n 个不同的根. 这对系数属于任意域 F 里的多项式都是成立的(见(12.2.20)).

(b) 代数基本定理表明每一复系数的正次数多项式至少有一个复根. 在第十五章(15.10.1)中有代数基本定理的一个证明. ■

例如，设 R_θ 为表示实平面 $\mathbf{R}^2$ 上转过角度 θ 的逆时针旋转的矩阵(4.2.2)．其特征多项式为 $p(t)=t^2-(2\cos\theta)t+1$，除了 $\theta=0$，π 外它没有实根，从而它没有实特征值时．前面我们观察到了这个结果．但是，由 R_θ 在 $\mathbf{C}^2$ 上定义的算子有复特征值 $\mathrm{e}^{\pm i\theta}$．

注意 当我们说到多项式 $p(t)$ 的根或矩阵或线性算子的特征值时，对应重根的重数是要假设包括在内的．这个术语尽管不准确，但是很方便．

【4.5.15】推论 如果 λ_1，…，λ_n 是 $n\times n$ 复矩阵 A 的特征值，则 $\det A$ 是积 $\lambda_1\cdots\lambda_n$，且迹 $\mathrm{trace}A$ 是和 $\lambda_1+\cdots+\lambda_n$．

证明 令 $p(t)$ 是 T 的特征多项式．则

$$(t-\lambda_1)\cdots(t-\lambda_n)=p(t)=t^n-(\mathrm{trace}A)t^{n-1}+\cdots\pm(\det A) \quad \blacksquare$$

第六节 三角形与对角形

本节证明对“大多数”复向量空间的线性算子，存在一个基，使得算子的矩阵是对角的．其关键事实我们在第五节的结尾处已注意到，即每一个正次数的复多项式都有一个根．这表明每个线性算子都至少有一个特征向量．

【4.6.1】命题

(a) 向量空间形式：设 T 是有限维复向量空间 V 上的线性算子．存在 V 的基 $\boldsymbol{B}$，使得 T 关于这个基的矩阵为上三角的．

(b) 矩阵形式：每一个 $n\times n$ 复矩阵 A 相似于一个上三角矩阵．换言之，存在矩阵 $P\in GL_n(\mathbf{C})$，使得 $P^{-1}AP$ 为上三角的．

116

证明 由(4.3.5)，两个断言是等价的．我们将用矩阵讨论．令 $V=\mathbf{C}^n$．命题 4.5.14(b)表明 V 含有 A 的一个特征向量，称之为 v_1．设 λ 是它的特征值．把 v_1 扩张为 V 的一个基 $\boldsymbol{B}=(v_1，\cdots，v_n)$．新矩阵 $A'=P^{-1}AP$ 有分块形式

【4.6.2】

$$A'=\left[\begin{array}{c|c}\lambda & * \\ \hline 0 & D\end{array}\right]$$

其中 D 是一个 $(n-1)\times(n-1)$ 矩阵(见(4.4.6))．对 n 应用归纳法，可假设已证明存在某个 $Q\in GL_{n-1}(\mathbf{C})$，使得 $Q^{-1}DQ$ 是上三角的．令

$$Q_1=\left[\begin{array}{c|c}1 & 0 \\ \hline 0 & Q\end{array}\right]$$

则 $A''=Q_1^{-1}A'Q_1=\left[\begin{array}{c|c}\lambda & * \\ \hline 0 & Q^{-1}DQ\end{array}\right]$ 为上三角的，且 $A''=(PQ_1)^{-1}A'(PQ_1)$． $\blacksquare$

【4.6.3】推论 当把短语“上三角的”替换为“下三角的”时，命题 4.6.1 仍然成立．

把命题 4.6.1(a)的基 $\boldsymbol{B}$ 反序列就得到下三角形式．

证明命题 4.6.1 的要点是每个复多项式都有根．同样的证明对任意域 F 都成立，倘若特征多项式的根都在这个域里．

【4.6.4】推论

(a) 向量空间形式：设 T 是域 F 上有限维向量空间 V 上的线性算子，且假设 T 的特征

多项式在域 F 中为线性因子之积. 则存在 V 的基 $\boldsymbol{B}$，使得 T 的矩阵 A 为上(或下)三角的.

(b) 矩阵形式：设 A 是元素在 F 中的 $n\times n$ 矩阵，其特征多项式在域 F 中为线性因子之积. 则存在矩阵 $P\in GL_n(F)$，使得 $P^{-1}AP$ 为上(或下)三角的.

证明是相同的，除了在归纳步骤中需要验证出现在(4.6.2)里的矩阵 D 的特征多项式为 $p(t)/(t-\lambda)$，其中 $p(t)$是 A 的特征多项式. 这样，我们对 A 的特征多项式分解为线性因子乘积的假设对于 D 也成立.

我们现在问：哪些矩阵相似于对角矩阵. 它们称为可对角化矩阵. 如在(4.4.8)(b)中所见，它们是以特征向量为基的矩阵 A. 类似地，有特征向量基的线性算子称为可对角化算子. 对角元素除了其顺序外是由线性算子 T 决定的. 它们是特征根.

117 下面的定理 4.6.6 得出问题的部分解答；更完整的解答将在下节给出.

【4.6.5】命题 设 v_1，…，v_r 为线性算子 T 的特征向量，伴随有不同的特征值 λ_1，…，λ_r. 则集合$(v_1$，$\cdots v_r)$无关.

证明 对 r 作数学归纳. 当 $r=1$ 时，结论成立，因为特征值不为零. 设给定相关关系

$$0=a_1v_1+\cdots+a_rv_r$$

我们要证对所有 i 有 $a_i=0$. 应用线性算子 T：

$$0=T(0)=a_1T(v_1)+\cdots+a_rT(v_r)=a_1\lambda_1v_1+\cdots+a_r\lambda_rv_r$$

这是$(v_1$，…，$v_r)$中的第二个相关关系. 我们从两个关系中消去 v_r，将第一个关系乘上 λ_r 并减去第二个：

$$0=a_1(\lambda_r-\lambda_1)v_1+\cdots+a_{r-1}(\lambda_r-\lambda_{r-1})v_{r-1}$$

应用归纳法，假设$(v_1$，…，$v_{r-1})$是无关的. 于是，系数 $a_i(\lambda_r-\lambda_i)(i<r)$全为零. 因为 λ_i 互不相同，若 $i<r$，则 $\lambda_r-\lambda_i$ 不为 0. 这样 $a_1=\cdots a_{r-1}=0$，而原来的关系化简为 $a_rv_r=0$. 因为特征向量不为零，故亦有 $a_r=0$. ■

下面的定理由(4.4.8)与(4.6.5)结合起来得到.

【4.6.6】定理 设 T 是域 F 上 n 维向量空间 V 的线性算子. 如果其特征多项式在 F 中有 n 个不同的根，则存在 V 的基使得 T 关于它的矩阵为对角形.

注意 对角化是个有力的工具. 当给出可对角化算子时，应自动反应用特征向量基分析讨论.

作为对角化的例子，考虑矩阵

【4.6.7】
$$A=\begin{bmatrix}3&2\\1&4\end{bmatrix}$$

其特征向量在(4.5.6)中已计算出. 这些特征向量构成 $\mathbf{R}^2$ 的基 $\boldsymbol{B}=(v_1, v_2)$. 根据(3.5.13)，联系标准基 $\boldsymbol{E}$ 与这个基 $\boldsymbol{B}$ 的矩阵为

【4.6.8】
$$P=[\boldsymbol{B}]=\begin{bmatrix}1&2\\1&-1\end{bmatrix},\quad P^{-1}=\frac{1}{3}\begin{bmatrix}1&2\\1&-1\end{bmatrix}$$

【4.6.9】 $$P^{-1}AP=\frac{1}{3}\begin{bmatrix}1&2\\1&-1\end{bmatrix}\begin{bmatrix}3&2\\1&4\end{bmatrix}\begin{bmatrix}1&2\\1&-1\end{bmatrix}=\begin{bmatrix}5&\\&2\end{bmatrix}=\Lambda$$

下个命题是命题4.4.8的变化形式．我们略去它的证明． 118

【4.6.10】命题 令 F 为域．

(a) 设 T 是 F^n 上的线性算子．如果 $\boldsymbol{B}=(v_1,\cdots,v_n)$ 是由 T 的特征向量构成的基，并且若 $P=[\boldsymbol{B}]$，则 $\Lambda=P^{-1}AP=[\boldsymbol{B}]^{-1}A[\boldsymbol{B}]$ 是对角的．

(b) 令 $\boldsymbol{B}=(v_1,\cdots,v_n)$ 是 F^n 的基，并且设 Λ 是对角矩阵，其对角元 $\lambda_1,\cdots,\lambda_r$ 不一定互不相同，则对 $i=1,\cdots,n$，存在唯一的矩阵 A 使得 v_i 是 A 的(伴随于)特征值 λ_i 的特征向量，也就是矩阵 $[\boldsymbol{B}]\Lambda[\boldsymbol{B}]^{-1}$．

书写 $[\boldsymbol{B}]^{-1}A[\boldsymbol{B}]=\Lambda$ 的好方式为

【4.6.11】 $$A[\boldsymbol{B}]=[\boldsymbol{B}]\Lambda$$

定理4.6.6的一个应用是计算可对角化矩阵的幂．下一个引理需要指出，尽管当展开方程的左边并消去 PP^{-1} 时它是平凡的．

【4.6.12】引理 令 A，B，与 P 是 $n\times n$ 矩阵．如果 P 是可逆的，则 $(P^{-1}AP)(P^{-1}BP)=P^{-1}(AB)P$，并且对所有 $k\geqslant 1$，$(P^{-1}AP)^k=P^{-1}A^kP$．

因此，如果 A，P 与 Λ 如同(4.6.9)中所述，则

$$A^k=P\Lambda^kP^{-1}=\frac{1}{3}\begin{bmatrix}1&2\\1&-1\end{bmatrix}\begin{bmatrix}5&\\&2\end{bmatrix}^k\begin{bmatrix}1&2\\1&-1\end{bmatrix}=\frac{1}{3}\begin{bmatrix}5^k+2\cdot 2^k&2(5^k-2^k)\\5^k-2^k&2\cdot 5^k+2^k\end{bmatrix}$$

如果 $f(t)=a_0+a_1t+\cdots+a_nt^n$ 是 t 的系数在 F 里的多项式，并且若 A 为元素属于 F 的 $n\times n$ 矩阵，则 $f(A)$ 表示形式上用 A 替换 t 所得的矩阵．

【4.6.13】 $$f(A)=a_0I+a_1A+\cdots+a_nA^n$$

常数项 a_0 替换为 a_0I．于是，如果 $A=P\Lambda P^{-1}$，则

【4.6.14】 $$f(A)=f(P\Lambda P^{-1})=a_0I+a_1P\Lambda P^{-1}+\cdots+a_nP\Lambda^nP^{-1}=Pf(\Lambda)P^{-1}$$

类似的记号应用于线性算子：如果 T 是域 F 上向量空间 V 的线性算子，则 V 上算子 $f(T)$ 定义为

【4.6.15】 $$f(T)=a_0I+a_1T+\cdots+a_nT^n$$

其中 I 表示恒等算子．算子 $f(T)$ 的作用向量定义为 $f(T)v=a_0v+a_1Tv+\cdots+a_nT^nv$．(为了避免太多的括号，把 $T(v)$ 写为 Tv 以略去一些括号．) 119

第七节 若尔当形

假设已知有限维复向量空间 V 上的线性算子 T．我们已经看到，如果它的特征多项式的根是不同的，则存在特征向量基，并且 T 关于这个基的矩阵是对角的．在这儿我们要问：如果不假设特征值是不同的，我们能做什么．当特征多项式有重根时，大多情形是没有特征向量基的，但我们将看到，不管怎样，矩阵能够被相当地简单化．

线性算子 T 的伴随于特征值 λ 的特征向量是一个非零向量 v，满足 $(T-\lambda)v=0$．(这里

我们将 $T-\lambda I$ 写成 $T-\lambda$.）因为算子 T 不一定有足够的特征向量，所以我们用广义特征向量分析讨论.

注 线性算子 T 的伴随于特征值 λ 的广义特征向量是一个非零向量 x，使得 $(T-\lambda)^k x=0$ 对某个 $k>0$ 成立. 它的幂指数是使得 $(T-\lambda)^d x=0$ 的最小整数 d.

【4.7.1】命题 令 x 是 T 的伴随于特征值 λ 和幂指数 d 的广义特征向量，并且对 $j\geqslant 0$，设 $u_j=(T-\lambda)^j x$. 令 $\boldsymbol{B}=(u_0, \cdots, u_{d-1})$，并设 $X=\mathrm{Span}\boldsymbol{B}$. 则 X 是 T-不变子空间，并且 $\boldsymbol{B}$ 是 X 的一个基.

在证明中我们用到下面一个引理.

【4.7.2】引理 符号 u_j 同上，线性组合 $y=c_j u_j+\cdots+c_{d-1}u_{d-1}$ 是伴随于特征值 λ 和幂指数 $d-j$ 的广义特征向量，其中 $j\leqslant d-1$ 且 $c_j\neq 0$.

证明 因为 x 的幂指数是 d，故 $(T-\lambda)^{d-1}x=u_{d-1}\neq 0$. 所以，$(T-\lambda)^{d-j-1}y=c_j u_{d-1}$ 不为 0，但 $(T-\lambda)^{d-j}y=0$. 于是，如所断言的，y 是伴随于特征值 λ 和幂指数 $d-j$ 的广义特征向量. ■

命题的证明 我们注意到

【4.7.3】
$$Tu_j=\begin{cases}\lambda u_j+u_{j+1} & \text{若 } j<d-1\\ \lambda u_j & \text{若 } j=d-1\\ 0 & \text{若 } j>d-1\end{cases}$$

所以，对所有 j，Tu_j 在子空间 X 中. 这表明 X 是不变的. 其次由定义，$\boldsymbol{B}$ 生成 X. 引理表明 B 的每个非平凡线性组合是广义特征向量，于是，它不为 0. 所以，$\boldsymbol{B}$ 是无关集. ■

【4.7.4】推论 令 x 是 T 的伴随于特征值 λ 的广义特征向量，则 λ 是一般的特征值——T 的特征多项式的一个根.

120

证明 如果 x 的幂指数是 d，符号同上，则 u_{d-1} 伴随于特征值 λ 的特征向量. ■

公式(4.7.3)确定了描述 T 作用在命题 4.7.1 的基 $\boldsymbol{B}$ 上的矩阵. 它是 $d\times d$ 若尔当块 J_λ. 对较小数值 d，若尔当块如下所示：

【4.7.5】
$$J_\lambda=[\lambda],\quad \begin{bmatrix}\lambda & \\ 1 & \lambda\end{bmatrix},\quad \begin{bmatrix}\lambda & & \\ 1 & \lambda & \\ & 1 & \lambda\end{bmatrix},\quad \begin{bmatrix}\lambda & & & \\ 1 & \lambda & & \\ & 1 & \lambda & \\ & & 1 & \lambda\end{bmatrix},\cdots$$

当 $\lambda=0$ 时，若尔当块的运算非常简单. $d\times d$ 块 J_0 在 $\mathbf{C}^d$ 的标准基上的运算为

【4.7.6】
$$e_1 \rightsquigarrow e_2 \cdots \rightsquigarrow e_d \rightsquigarrow 0$$

1×1 若尔当块 J_0 是 0.

下面的若尔当分解定理断言：任一个 $n\times n$ 复矩阵都相似于由对角若尔当块(4.7.5)构成的矩阵 J——它有若尔当形

【4.7.7】
$$J=\begin{bmatrix}J_1&&&\\&J_2&&\\&&\ddots&\\&&&J_\ell\end{bmatrix}$$
其中对某个 λ_i，$J_i=J_{\lambda_i}$. 块 J_i 有各种各样的行列数 d_i 且 $\sum d_i=n$，对角元素 λ_i 不一定不同. 矩阵 J 的特征多项式是

【4.7.8】
$$p(t)=(t-\lambda_1)^{d_1}(t-\lambda_2)^{d_2}\cdots(t-\lambda_\ell)^{d_\ell}$$

2×2 与 3×3 若尔当形是

【4.7.9】
$$\begin{bmatrix}\lambda_1&\\&\lambda_2\end{bmatrix},\ \begin{bmatrix}\lambda_1&\\1&\lambda_1\end{bmatrix};\ \begin{bmatrix}\lambda_1&&\\&\lambda_2&\\&&\lambda_3\end{bmatrix},\ \begin{bmatrix}\lambda_1&&\\1&\lambda_1&\\&&\lambda_2\end{bmatrix},\ \begin{bmatrix}\lambda_1&&\\1&\lambda_1&\\&1&\lambda_1\end{bmatrix}$$
其中诸标量 λ_i 可以相等，也可不相等，在第四个矩阵里，可以用另一个顺序列出块.

【4.7.10】定理(若尔当分解)

(a) 向量空间形式：令 T 是有限维复向量空间 V 上的线性算子，则存在 V 的一个基 $\boldsymbol{B}$，使得 T 关于 $\boldsymbol{B}$ 的矩阵有若尔当形(4.7.7).

(b) 矩阵形式：令 A 是 $n\times n$ 复矩阵，则存在可逆复矩阵 P 使得 $P^{-1}AP$ 有若尔当形.

算子 T 或矩阵 A 的若尔当形除若尔当块的顺序外是唯一的.

121

证明 这个证明是 Filippov[Filippov]给出的. 对 V 的维数应用归纳法允许我们假设本定理对 T 在任一个真子空间上的限制成立. 所以，如果 V 是 T-不变子空间的直和，比如说，$V=V_1\oplus\cdots\oplus V_r$，其中 $r>1$，则定理对 T 成立.

假设对 $i=1,\cdots,r$ 有广义特征向量 v_i. 令 V_i 是如命题 4.7.1 里所定义的子空间，其中 $x=v_i$. 如果 V 是直和 $V_1\oplus\cdots\oplus V_r$，则定理将对 V 成立，并且我们说 $v_1,\cdots,v_r$ 是 T 的若尔当生成元. 我们将证明若尔当生成元的集合存在.

第一步：选取 T 的特征值 λ，用 $T-\lambda I$ 替换算子 T. 如果 A 是 T 关于一个基的矩阵，则 $T-\lambda I$ 关于同一个基的矩阵是 $A-\lambda I$. 并且，若矩阵 A 或 $A-\lambda I$ 之一是若尔当形，则另一个也是若尔当形. 所以，用 $T-\lambda I$ 替换算子 T 是可允许的. 经此步骤后，我们的算子(仍叫做 T)将有特征值 0. 这将简化记号.

第二步：设 0 是 T 的特征值. 令 K_i 与 U_i 分别表示 i 次幂 T^i 的核与像，则 $K_1\subset K_2\subset\cdots$，$U_1\supset U_2\supset\cdots$. 因 V 是有限维的，故对足够大的 m，这些子空间的链会终止于常值，比如 $K_m=K_{m+1}=\cdots$，$U_m=U_{m+1}=\cdots$. 令 $K=K_m$，$U=U_m$. 我们证明 K 与 U 是不变子空间，并且 V 是直和 $K\oplus U$.

因为 $TK_m\subset K_{m-1}\subset K_m$ 与 $TU_m=U_{m+1}=U_m$，故这些子空间是不变的. 要证明 $V=K\oplus U$，只要证明 $K\cap U=\{0\}$就够了(见命题 4.3.1(b)). 令 z 是 $K\cap U$ 的元素，那么 $T^m z=0$，并且对 V 中的某个 v 还有 $z=T^m v$. 所以，$T^{2m}v=0$. 于是，v 是 K_{2m} 中的元素. 但

$K_{2m}=K_m$，所以，$T^m v=0$，亦即，$z=0$.

因为 T 有特征值 0，故 K 不是零子空间. 所以，U 的维数比 V 的小，并且由归纳假设，定理对 $T|_U$ 成立. 不幸的是，我们对 K 不能使用这样的推理，因为 U 可能是零. 所以，还需对 $T|_K$ 证明存在若尔当形. 我们用 K 替换 V，用 $T|_K$ 替换 T.

注 向量空间 V 上的线性算子 T 称为幂零的，如果对某个正整数 r，算子 T^r 为零.

我们把证明简化到幂零算子的情形.

第三步：假设算子 T 是幂零的. 每个非零向量都是具有特征值 0 的广义特征向量. 令 N 与 W 分别表示 T 的核与像. 由于 T 是幂零的，故 $N\neq\{0\}$. 所以，W 的维数比 V 的小，并且由归纳法，定理对算子在 W 上的限制是成立的. 于是，存在 $T|_W$ 的若尔当生成元 w_1，…，w_r. 令 e_i 表示 w_i 的幂指数，并且设 W_i 表示如同命题 4.7.1 中的利用广义特征向量 w_i 构成的子空间. 所以，$W=W_1\oplus\cdots\oplus W_r$.

对每个 i，选取 V 的元素 v_i 使得 $Tv_i=w_i$. v_i 的幂指数 d_i 将等于 e_i+1. 设 V_i 表示如同命题 4.7.1 中的利用向量 v_i 构成的子空间. 那么，$TV_i=W_i$. 令 U 表示和 $V_1+\cdots+V_r$. 因为每个 V_i 都是不变子空间，故 U 也是. 现在证明 v_1，…，v_r 是限制 $T|_U$ 的若尔当生成元；亦即，诸子空间 V_i 是无关的.

122

注意到两点：首先，因为 $TV_i=W_i$，故 $TU=W$. 其次 $V_i\cap N\subset W_i$. 这可由引理 4.7.2 得到，说明 $V_i\cap N$ 是最后一个基向量 $T^{d_i-1}v_i$ 的张成. 由于 $d_i-1=e_i$ 且是正的，故 $T^{d_i-1}v_i$ 在像 W_i 里。

假设已给关系 $\tilde{v}_1+\cdots+\tilde{v}_r=0$，其中 $\tilde{v}_i\in V_i$. 需证对所有 i，有 $\tilde{v}_i=0$. 令 $\tilde{w}_i=T\tilde{v}_i$. 则 $\tilde{w}_1+\cdots+\tilde{w}_r=0$，且 $\tilde{w}_i\in W_i$. 由于诸子空间 W_i 是无关的，故 $\tilde{w}=0$ 对所有 i 成立. 于是 $T\tilde{v}_i=0$，这意味着 $\tilde{v}_i\in V_i\cap N$. 所以，$\tilde{v}_i\in W_i$. 再次利用子空间 w_i 是无关的事实，我们得出结论 $\tilde{v}_i=0$ 对所有 i 成立.

第四步：证明 T 的若尔当生成元集可由把 N 的某些元素加到 $T|_U$ 的若尔当生成元集 $\{v_1，\cdots，v_r\}$ 得到.

令 v 是 V 的任意元素，且设 $Tv=w$. 由于 $TV=W$，故在 U 中存在向量 u 使得 $Tu=w=Tv$. 这样 $z=v-u$ 在 N 里，且 $v=u+z$. 所以，$U+N=V$. 于是，我们把 U 的基通过添加 N 的元素(比如说，z_1，…，z_ℓ)扩充成 V 的基(见命题 3.4.16(a)). 令 N' 是$(z_1，\cdots，z_\ell)$的张成，则 $U\cap N'=\{0\}$ 且 $U+N'=V$. 所以，V 是直和 $U\oplus N'$.

算子 T 在 N' 上是 0，于是 N' 是不变子空间，且 $T|_{N'}$ 的矩阵是零矩阵，其有若尔当形. 它的若尔当块是 1×1 零矩阵. 所以，$\{v_1，\cdots，v_r；z_1，\cdots，z_\ell\}$是 T 的若尔当生成元. ■

倘若已给特征值，不难确定算子 T 的若尔当形，并且分析还证明了若尔当形的唯一性. 然而，求 V 的一个适当的基是痛苦的，最好是避免掉.

要确定若尔当形，可选取一个特征值 λ，用 $T-\lambda I$ 替换 T 以简化到 $\lambda=0$ 的情形. 令 K_i 是 T^i 的核，且令 k_i 是 K_i 的维数. 在单个 $d\times d$ 若尔当块且 $\lambda=0$ 的情形，这些维数是：

$$k_i^{\text{块}}=\begin{cases} i & \text{若 } i\leqslant d \\ d & \text{若 } i\geqslant d \end{cases}$$

对一般算子 T，维数 k_i 通过对 $\lambda=0$ 的每个块的数 $k_i^{块}$ 相加得到．所以，k_1 是具有 $\lambda=0$ 的块的个数，k_2-k_1 是具有 $\lambda=0$ 且 $d\geqslant 2$ 的块的个数，等等．

两个例子：

$$A=\begin{bmatrix}0&1&0\\1&0&1\\0&-1&0\end{bmatrix}\quad 和\quad B=\begin{bmatrix}1&-1&1\\2&-2&2\\-1&1&-1\end{bmatrix}$$

这里 $A^3=0$，但 $A^2\neq0$．如果 v 是一个向量，使得 $A^2v\neq0$，例如 $v=e_1$，则$(v,\ Tv,\ T^2v)$是一个基．若尔当形由一个 3×3 块组成．

另一方面，$B^2=0$．再次取 $v=e_1$，集合$(v,\ Tv)$是无关的，并且这给出一个 2×2 块．要想得到若尔当形，必须在 N 里添加一个向量，例如 $v'=e_2+e_3$，这个向量将给出一个 1×1块(等于 0)．所需要的基是$(v,\ Tv,\ v')$．

123

将若尔当形写为 $J=D+N$ 常常是有用的，其中 D 是矩阵的对角部分，而 N 是对角线下面的部分．对于单个若尔当块，有 $D=\lambda I$ 与 $N=J_0$，如下面对 3×3 块所展示的：

$$J_\lambda=\begin{bmatrix}\lambda&&\\1&\lambda&\\&1&\lambda\end{bmatrix}=\begin{bmatrix}\lambda&&\\0&\lambda&\\&0&\lambda\end{bmatrix}+\begin{bmatrix}0&&\\1&0&\\&1&0\end{bmatrix}=\lambda I+J_0=D+N$$

因为 D 与 N 是交换的，故写 $J=D+N$ 是方便的．J 的幂可通过二项式展开计算：

【4.7.11】
$$J^r=(D+N)^r=D^r+\binom{r}{1}D^{r-1}N+\binom{r}{2}D^{r-2}N^2+\cdots$$

当 J 是 $n\times n$ 矩阵时，$N^n=0$，且这个展开式至多有 n 项．在单个若尔当块情形下，公式为

【4.7.12】
$$J^r=(\lambda I+J_0)^r=\lambda^rI+\binom{r}{1}\lambda^{r-1}J_0+\binom{r}{2}\lambda^{r-2}J_0^2+\cdots$$

【4.7.13】推论 令 T 是有限维复向量空间 V 上的线性算子，下列条件是等价的：

(a) T 是可对角化算子．

(b) 每个广义特征向量是特征向量．

(c) T 的若尔当形里的所有若尔当块都是 1×1 块．

类似叙述对复方矩阵 A 也是对的．

证明 (a)⇒(b)：设 T 是可对角化的，比如说，T 关于基 $\mathbf{B}=(v_1,\ \cdots,\ v_n)$的矩阵是对角矩阵 Λ，其对角元为 $\lambda_1,\ \cdots,\ \lambda_n$．令 v 是 V 中广义特征向量，比如说，$(T-\lambda)^kv=0$ 对某个 λ 与某个 $k>0$ 成立．用 $T-\lambda$ 替换 T 简化到情形 $T^kv=0$．令 $X=(x_1,\ \cdots,\ x_n)^t$ 是 v 的坐标向量．T^kv 的坐标将是 $\lambda_i^kx_i$，因为 $T^kv=0$，故要么 $\lambda_i=0$，要么 $x_i=0$，不论哪种情形都有 $\lambda_i^kx_i=0$．所以，$Tv=0$．

(b) ⇒(c)：我们对照地证明．如果 T 的若尔当形有一个 $k\times k$ 若尔当块且 $k>1$，则回顾(4.7.6)$J_\lambda-\lambda I$ 的作用，我们看到存在不是特征向量的广义特征向量．所以，若(c)是错的，则(b)也是错的．最后，显然有(c)⇒(a)． ■

这里有若尔当形一个很好的应用.

【4.7.14】定理 令 T 是有限维复向量空间 V 上的线性算子. 如果 T 的某个正幂是恒等的，比如说，$T^r=I$，则 T 是可对角化的.

证明 只要证明每个广义特征向量是特征向量就够了. 为此，设 $(T-\lambda)^2v=0$ 且 $v\neq 0$，我们证明 $(T-\lambda)v=0$. 因为 λ 是特征值且 $T^r=I$，故 $\lambda^r=1$. 用 $t-\lambda$ 去除 t^r-1：

124

$$t^r-1=(t^{r-1}+\lambda t^{r-2}+\cdots+\lambda^{r-2}t+\lambda^{r-1})(t-\lambda)$$

用 T 替换 t，且应用算子到 v. 设 $w=(T-\lambda)v$. 因为 $T^r-I=0$，故

$$\begin{aligned}0&=(T^r-I)v=(T^{r-1}+\lambda T^{r-2}+\cdots+\lambda^{r-2}T+\lambda^{r-1})(T-\lambda)v\\&=(T^{r-1}+\lambda T^{r-2}+\cdots+\lambda^{r-2}T+\lambda^{r-1})w\\&=r\lambda^{r-1}w.\end{aligned}$$

(对于最后一个等式，用到了 $Tw=\lambda w$ 的事实.)因 $r\lambda^{r-1}w=0$，故 $w=0$. ■

我们回顾一下本节的结果. 哪里用到了 V 是复数上的向量空间的假设？答案是它的用处仅是保证特征多项式有足够的根.

【4.7.15】推论 令 V 是域 F 上的有限维向量空间，且设 T 是 V 上的线性算子，其特征多项式在 F 上分解线性因子的乘积. 则若尔当分解定理 4.7.10 对 T 是成立的.

证明与 $F=\mathbf{C}$ 情形的证明一样.

【4.7.16】推论 令 T 是特征为零的域上的有限维向量空间 V 上的线性算子. 假设 $T^r=I$ 对某个 $r\geqslant 1$ 成立，并且多项式 t^r-1 在 F 上分解为线性因子的乘积. 则 T 是可对角化的.

在定理 4.7.14 证明的最后一步需要特征为零的假设，在此我们想从关系 $r\lambda^{r-1}w=0$ 推出 $w=0$. 在不是零特征的情形下，定理是不成立的.

——Yvonne Verdier ⊖

练　　习

第一节　维数公式

1.1　设 A 是 $\ell\times m$ 矩阵并设 B 是 $n\times p$ 矩阵. 证明法则 $M\rightsquigarrow AMB$ 定义一个由 $m\times n$ 矩阵空间 $F^{m\times n}$ 到空间 $F^{\ell\times p}$ 的线性变换.

1.2　设 v_1，…，v_n 是向量空间 V 的元素. 证明由 $\varphi(X)=v_1x_1+\cdots+v_nx_n$ 定义的映射 $\varphi:F^n\to V$ 是一个线性变换.

1.3　设 A 是 $m\times n$ 矩阵. 用维数公式证明线性方程组 $AX=0$ 的解空间的维数至少是 $n-m$.

1.4　证明每一个秩为 1 的 $m\times n$ 矩阵具有 $A=XY^t$ 的形式，其中 X，Y 为 m 维和 n 维列向量. 如何唯一确

⊖ 我收到许多询问这个画谜的电子邮件. Yvonne 是一位人类学家，她和她的丈夫 Jean-Louis(一位数学家)是亲密朋友，悲惨地死于 1989 年. 为纪念他们，我把他们包括在被引用人里. 圣瓦伦丁的历史是 Yvonne 的许多兴趣之一，她发送这个画谜作为纪念.

定这些向量？

125

1.5 (a)令 U 与 W 是域 F 上的向量空间．证明关于向量对的两个运算 $(u, w)+(u', w')=(u+u', w+w')$ 与 $c(u, w)=(cu, cw)$ 使得 $U\times W$ 构成一个向量空间．该空间称为积空间．

(b) 令 U 与 W 是向量空间 V 的子空间．证明由 $T(u, w)=u+w$ 定义的映射 $T:U\times W\to V$ 是一个线性变换．

(c) 用 V 的子空间的维数表示 T 的维数公式．

第二节 线性变换的矩阵

2.1 设 A 与 B 为 2×2 矩阵．确定 2×2 矩阵空间 $F^{2\times 2}$ 上的线性算子 $T: W \rightsquigarrow AMB$ 关于 $F^{2\times 2}$ 的基 $(e_{11}, e_{12}, e_{21}, e_{22})$ 的矩阵．

2.2 设 A 是 $n\times n$ 矩阵，设 $V=F^n$ 表示 n 维行向量空间．线性算子"用 A 右乘"关于 V 的标准基的矩阵是什么？

2.3 求将直线 $y=x$ 变到直线 $y=3x$ 的所有 2×2 矩阵．

2.4 用行和列变换证明定理 4.2.10(b)．

2.5[⊖] 设 A 是秩为 r 的 $m\times n$ 矩阵，设 I 是 r 个行指标的集合使得与 A 对应的 r 个行是无关的，设 J 是 r 个列指标的集合使得与 A 对应的 r 个列是无关的．设 M 是由取自 I 的行与 J 的列得到的 A 的 $r\times r$ 子矩阵．证明 M 是可逆的．

第三节 线性算子

3.1 确定空间 $\mathbf{R}^n$ 上的线性算子 T 的核与像的维数，其中 T 的定义为

$$T(x_1,\cdots,x_n)^t = (x_1 + x_n, x_2 + x_{n-1},\cdots,x_n + x_1)^t$$

3.2 (a)设 $A=\begin{bmatrix} a & b \\ c & d \end{bmatrix}$ 是实 2×2 矩阵，其中 $c\neq 0$．证明利用初等矩阵的共轭可消去元素"a"．

(b) $c=0$ 的哪个矩阵与其中元素"a"为 0 的矩阵相似？

3.3 设 $T: V\to V$ 是 2 维向量空间的线性算子．设 T 不是标量乘法算子．证明存在向量 $v\in V$ 使得 $(v, T(v))$ 是 V 的基，并描述 T 关于这个基的矩阵．

3.4 令 B 是复 $n\times n$ 矩阵．证明或反证：由 $T(A)=AB-BA$ 定义的 $n\times n$ 矩阵空间上的线性算子 T 是奇异的．

第四节 特征向量

4.1 设 T 是向量空间 V 的线性算子，并设 λ 是标量，设 $V^{(\lambda)}$ 是 T 的伴随于特征值 λ 的特征向量加上 0 的集合．证明 $V^{(\lambda)}$ 是一个 T-不变子空间．

4.2 (a)设 T 是有限维向量空间 V 的线性算子，满足 T^2 是恒等算子．证明：对 V 中任意向量 v，$v-Tv$ 要么是伴随于特征值 -1 的特征向量，要么是零向量．用习题 4.1 中的记号，证明 V 是特征子空间 $V^{(1)}$ 与 $V^{(-1)}$ 的直和．

126

(b) 推广这个方法，证明使得 $T^4=I$ 的线性算子 T 分解复向量空间为四个特征子空间的直和．

4.3 设 T 是向量空间 V 的线性算子．证明：如果 W_1 与 W_2 是 V 的 T-不变子空间，则 W_1+W_2 与 $W_1\cap W_2$ 是 T-不变的．

4.4 2×2 矩阵 A 有伴随于特征值 2 的特征向量 $v_1=(1, 1)^t$ 和伴随于特征值 3 的特征向量 $v_2=(1, 2)^t$．

⊖ 由 Robert DeMarco 建议．

确定 A.

4.5 求矩阵为(a)$\begin{bmatrix}1 & 1\\ & 1\end{bmatrix}$和(b)$\begin{bmatrix}1 & & \\ & 2 & \\ & & 3\end{bmatrix}$的实线性算子的所有不变子空间.

4.6 设 P 是次数$\leqslant n$ 的多项式 $p(x)=a_0+a_1+\cdots a_nx^n$ 的实向量空间，设 D 表示导数$\frac{\mathrm{d}}{\mathrm{d}x}$，把它视为 P 上的线性算子.

(a) 证明 D 是幂零算子，即 $D^k=0$ 对充分大的 k 成立.

(b) 求 D 关于一个方便的基的矩阵.

(c) 确定 P 的所有 D-不变子空间.

4.7 令 $A=\begin{bmatrix}a & b\\ c & d\end{bmatrix}$是任意一个实 2×2 矩阵. 列向量 X 是用 A 左乘的特征向量的条件是 $AX=Y$ 是 X 的标量倍数，这表示斜率 $s=\frac{x_2}{x_1}$与 $s'=\frac{y_2}{y_1}$相等.

(a) 求 s 中表示这一等式的方程.

(b) 如果 A 的元素是正实数，证明在第一象限有一个特征向量，在第二象限也有一个特征向量.

4.8 令 T 是有限维向量空间的线性算子，且每个非零向量都是其特征向量. 证明 T 是标量乘法算子.

第五节 特征多项式

5.1 对下列复矩阵求特征多项式、特征值和特征向量.

(a) $\begin{bmatrix}-2 & 2\\ -2 & 3\end{bmatrix}$ (b) $\begin{bmatrix}1 & \mathrm{i}\\ -\mathrm{i} & 1\end{bmatrix}$ (c) $\begin{bmatrix}\cos\theta & -\sin\theta\\ \sin\theta & \cos\theta\end{bmatrix}$

5.2 下面矩阵的特征多项式是 t^3-4t-1. 确定缺失的元素.

$$\begin{bmatrix}0 & 1 & 2\\ 1 & 1 & 0\\ 1 & * & *\end{bmatrix}$$

5.3 哪些复数是使得

(a) $T^r=I$ (b)$T^2-5T+6I=0$

127

的线性算子 T 的特征值?

5.4 求 $k\times k$ 矩阵

$$\begin{bmatrix}0 & 1 & & & \\ 1 & 0 & 1 & & \\ & 1 & & \ddots & \\ & & \ddots & & \\ & & \ddots & & 1\\ & & & 1 & 0\end{bmatrix}$$

的特征多项式的递归关系并计算 $k\leqslant 5$ 的特征多项式.

5.5 哪个实 2×2 矩阵有实特征值? 证明特征值是实的，如果对角元以外的元素有相同的符号.

5.6 设 V 是具有基$(v_0, \cdots, v_n)$的向量空间，且设 $a_0, \cdots, a_n$ 为标量. V 上由规则 $T(v_i)=v_{i+1}(i<n)$

和$T(v_n)=a_0v_0+a_1v_1+\cdots+a_nv_n$定义一个线性算子$T$. 确定$T$关于所给定的基的矩阵与$T$的特征多项式.

5.7 A与A^t有相同的特征值吗？有相同的特征向量吗？

5.8 设$A=(a_{ij})$是3×3矩阵. 证明特征多项式里t的系数是2×2对称子行列式的和：

$$\det\begin{bmatrix}a_{11} & a_{12}\\ a_{21} & a_{22}\end{bmatrix}+\det\begin{bmatrix}a_{11} & a_{13}\\ a_{31} & a_{33}\end{bmatrix}+\det\begin{bmatrix}a_{22} & a_{23}\\ a_{32} & a_{33}\end{bmatrix}$$

5.9 考虑在所有$m\times m$矩阵的空间$F^{m\times m}$上的$m\times m$矩阵A的左乘定义的线性算子. 确定这个算子的迹和行列式.

5.10 令A和B是$n\times n$矩阵，确定空间$F^{n\times n}$上由$M\rightsquigarrow AMB$所定义的算子的迹和行列式.

第六节 三角形与对角形

6.1 令A是$n\times n$矩阵，其特征多项式分解成线性因子乘积：$p(t)=(t-\lambda_1)\cdots(t-\lambda_n)$. 证明$\mathrm{trace}A=\lambda_1+\cdots+\lambda_n$，$\det A=\lambda_1\cdots\lambda_n$.

6.2 设复$n\times n$矩阵A有不同特征值λ_1，…，λ_n，令v_1，…，v_n是伴随于这些特征值的特征向量.

(a) 证明每个特征向量都是诸向量v_i之一的倍数.

(b) 说明如何从特征值与特征向量恢复矩阵.

6.3 设T是有两个具有同一特征值λ的线性无关的特征向量的线性算子. 证明λ是T的特征多项式的重根.

6.4 令$A=\begin{bmatrix}2 & 1\\ 1 & 2\end{bmatrix}$，求矩阵$P$使得$P^{-1}AP$是对角的，并求矩阵$A^{30}$的公式.

6.5 在每一情形里，求复矩阵P使得$P^{-1}AP$是对角的.

(a) $\begin{bmatrix}1 & \mathrm{i}\\ -\mathrm{i} & 1\end{bmatrix}$ (b) $\begin{bmatrix}0 & 0 & 1\\ 1 & 0 & 0\\ 0 & 1 & 0\end{bmatrix}$ (c) $\begin{bmatrix}\cos\theta & -\sin\theta\\ \sin\theta & \cos\theta\end{bmatrix}$

128

6.6 设A是可对角化的. 在特殊线性群里能够用矩阵P进行对角化吗？

6.7 证明：如果A与B是$n\times n$矩阵且如果A是非奇异的，则AB与BA相似.

6.8 线性算子T是幂零的，如果某个正数幂T^k是零. 证明线性算子T是幂零的当且仅当存在V的基使得T的矩阵为上三角形的，且对角元素都为零.

6.9 求使得$A^2=I$的所有实2×2矩阵，并用几何方法描述它们的左乘在$\mathbf{R}^2$上的作用.

6.10 设M是由两个对角块组成的矩阵：$M=\begin{bmatrix}A & 0\\ 0 & D\end{bmatrix}$. 证明$M$是可对角化的当且仅当$A$和$D$都是可对角化的.

6.11 设$A=\begin{bmatrix}a & b\\ c & d\end{bmatrix}$是有特征值$\lambda$的$2\times2$矩阵.

(a) 证明$(b,\lambda-a)^t$是一个特征向量，除非它为0.

(b) 假设$b\neq0$并且A有不同的特征值，求矩阵P使得$P^{-1}AP$是对角的.

第七节 若尔当形

7.1 确定矩阵的若尔当形：$\begin{bmatrix}1 & 1 & 0\\ 0 & 1 & 0\\ 0 & 1 & 1\end{bmatrix}$.

7.2　证明 $A=\begin{bmatrix}1 & 1 & 1\\ -1 & -1 & -1\\ 1 & 1 & 1\end{bmatrix}$是幂等矩阵，亦即，$A^2=A$，求它的若尔当形.

7.3　令 V 是维数为 5 的复向量空间，且 T 是 V 上的线性算子，其特征多项式为$(t-\lambda)^5$. 假设算子 $T-\lambda I$ 的秩为 2. T 可能的若尔当形是什么？

7.4　(a) 确定矩阵的所有可能的若尔当形，该矩阵的特征多项式为$(t+2)^2(t-5)^3$.

(b) 当伴随于特征值 2 的特征向量的空间是 1 维的，而伴随于特征值 5 的特征向量的空间是 2 维的时，其特征多项式为$(t+2)^2(t-5)^3$ 的矩阵的所有可能的若尔当形是什么？

7.5　所有特征向量都是单个向量的倍数的矩阵 A 的若尔当形是什么？

7.6　确定其若尔当形由一个块构成的线性算子的所有不变子空间.

7.7　使得 $A^2=A$ 的复方阵是可对角化的吗？

7.8　每个复方阵 A 都相似于它的转置吗？

7.9　求一个 2×2 矩阵：元素属于 $\mathbf{F}_p$，有一个幂等于恒等元，且在 $\mathbf{F}_p$ 中有一个特征值，但不是可对角化的.

129

杂题

M.1　令 $v=(a_1, \cdots, a_n)$是一个实行向量. 我们可构造 $n!\times n$ 矩阵 M，其行由 v 的元素的所有可能置换得到. 行可以按任意序排列. 因此，如果 $n=3$，则 M 可以是

$$\begin{bmatrix}a_1 & a_2 & a_3\\ a_1 & a_3 & a_2\\ a_2 & a_3 & a_1\\ a_2 & a_1 & a_3\\ a_3 & a_1 & a_2\\ a_3 & a_2 & a_1\end{bmatrix}$$

确定这样矩阵所有可能的秩.

M.2　令 A 是 $n\times n$ 复矩阵，具有 n 个不同特征值 $\lambda_1, \cdots, \lambda_n$. 假设 λ_1 是最大特征值，亦即，$|\lambda_1|>|\lambda_i|$ 对所有 $i>1$ 成立.

(a) 证明对于大多数向量 X，序列 $X_k=\lambda_1^{-k}A^kX$ 收敛于伴随于特征值 λ_1 的一个特征向量 Y，并精确描述 X 使其成立的条件.

(b) 不假设 $\lambda_1, \cdots, \lambda_n$ 是不同的，证明同一结论.

M.3　用练习 M.2 的方法计算矩阵$\begin{bmatrix}3 & 1\\ 3 & 4\end{bmatrix}$的最大特征值，精确到小数点后 3 位.

M.4　如果 $X=(x_1, x_2, \cdots)$是无限实行向量，并且 $A=(a_{ij})$，$0<i, j<\infty$是无限实矩阵，可能也许不可能定义矩阵乘积 XA. 对哪一矩阵 A，在所有无限行向量的空间 $\mathbf{R}^\infty$(3.7.1)上能够定义右乘法？在空间 Z(3.7.2)上呢？

*M.5　设 $\varphi: F^n\to F^m$ 是用 $m\times n$ 矩阵 A 左乘.

(a) 证明下列叙述等价：

- A 有右逆，即存在一个矩阵 B 使得 $AB=I$.
- φ 是满射.

- A 的秩是 m.

(b) 证明下列叙述等价：

- A 有左逆，即存在一个矩阵 B 使得 $BA=I$.
- φ 是单射.
- A 的秩是 n.

130

M.6 不用特征多项式，证明 n 维向量空间的一个线性算子至多有 n 个不同的特征值.

*M.7 (算子幂)令 T 是向量空间 V 上的线性算子．设 K_r 与 W_r 分别表示 T^r 的核与像.

(a) 证明 $K_1\subset K_2\subset\cdots$ 与 $W_1\supset W_2\supset\cdots$.

(b) 下列条件对 r 的特殊值可能成立也可能不成立.

(1)$K_r=K_{r+1}$ (2)$W_r=W_{r+1}$ (3)$W_r\cap K_1=\{0\}$ (4)$W_1+K_r=V$

当 V 是有限维时，求条件(1)～(4)的所有蕴含关系.

(c) 当 V 是无限维时，做同样的事情.

M.8 令 T 是有限维复向量空间 V 上的线性算子.

(a) 令 λ 是 T 的特征值，并且设 V_λ 是广义特征向量与零向量的集合．证明 V_λ 是 T-不变子空间.（这个子空间称为广义特征子空间.）

(b) 证明 V 是它的广义特征子空间的直和.

M.9 令 V 是有限维向量空间．线性算子 $T:V\to V$ 称为射影：如果 $T^2=T$(不一定是“正交射影”)．设 K 与 W 表示线性算子 T 的核与像．证明：

(a) T 是 W 上的射影当且仅当 T 在 W 上的限制是恒等映射.

(b) 如果 T 是一个射影，则 V 是直和 $K\oplus W$.

(c) 射影 T 的迹等于它的秩.

M.10 令 A 与 B 表示是 $m\times n$ 与 $n\times m$ 实矩阵.

(a) 证明：如果 λ 是 $m\times m$ 矩阵 AB 的非零特征值，则它也是 $n\times n$ 矩阵 BA 的特征值．用例子说明如果 $\lambda=0$，这不一定成立.

(b) 证明 I_m-AB 可逆当且仅当 I_n-AB 可逆.

131

第五章　线性算子的应用

好的记号能免除大脑做无用功，
从而使它集中精力解决
更高深的问题.
——Alfred North Whitehead

第一节　正交矩阵与旋转

在这一节，标量域是实数域

我们假设熟悉 $\mathbf{R}^2$ 中向量的点积. $\mathbf{R}^2$ 中列向量 $X=(x_1, \cdots, x_n)^t$，$Y=(y_1, \cdots, y_n)^t$ 的点积定义为

【5.1.1】
$$(X \cdot Y) = x_1 y_1 + \cdots + x_n y_n$$

为了方便，将点积写为行向量与列向量的矩阵积：

【5.1.2】
$$(X \cdot Y) = X^t Y$$

对于 $\mathbf{R}^2$ 中的向量，有公式

【5.1.3】
$$(X \cdot Y) = |X|\,|Y|\cos\theta$$

其中 θ 是向量之间的夹角. 这个公式可由余弦定理

【5.1.4】
$$c^2 = a^2 + b^2 - 2ab\cos\theta$$

得到，其中 a，b，c 是三角形的三边长，θ 是边 a 与边 b 的夹角. 为了推导(5.1.3)，在以点 0，X，Y 为顶点的三角形上应用余弦定理. 它的边长是 $|X|$，$|Y|$ 和 $|X-Y|$，于是余弦定理可写为

$$((X-Y)\cdot(X-Y)) = (X\cdot X) + (Y\cdot Y) - 2|X|\,|Y|\cos\theta$$

左边展开为 $(X\cdot X)-2(X\cdot Y)+(Y\cdot Y)$，将此与右边比较就得到公式(5.1.3). 这个公式对于 $\mathbf{R}^n$ 中的向量也成立，但需要理解夹角的含义，我们现在不花时间讨论它(见(8.5.2)).

132

$\mathbf{R}^2$ 与 $\mathbf{R}^3$ 中向量的最重要的知识点为：

- 向量 X 的长度的平方 $|X|^2$ 是 $(X, X)=X^tX$，
- 向量 X 与另一个向量 Y 正交，写为 $X\perp Y$，当且仅当 $X^tY=0$.

我们用这些作为 $\mathbf{R}^n$ 中向量的长度 $|X|$ 与向量的正交的定义. 注意长度 $|X|$ 是正的，除非 X 是零向量，因为 $|X|^2=X^tX=x_1^2+\cdots+x_n^2$ 是平方和.

【5.1.5】**定理**(毕达哥拉斯定理)　如果 $X\perp Y$ 且 $Z=X+Y$，则 $|Z|^2=|X|^2+|Y|^2$.

展开 Z^tZ 可证得该定理. 如果 $X\perp Y$，则 $X^tY=Y^tX=0$，于是，

$$Z^tZ = (X+Y)^t(X+Y) = X^tX + X^tY + Y^tX + Y^tY = X^tX + Y^tY.$$

我们转换到小写的向量记号. 如果 v_1，…，v_k 是 $\mathbf{R}^n$ 中正交向量，并且 $w=v_1+\cdots+v_k$，则由归纳法，用毕达哥拉斯定理可证明

【5.1.6】
$$|w|^2 = |v_1|^2+\cdots+|v_k|^2$$

【5.1.7】引理 $\mathbf{R}^n$ 中正交非零向量的任意集合$(v_1, \cdots, v_k)$是无关的.

证明 令 $w=c_1v_1+\cdots+c_kv_k$ 是一个线性组合，其中诸 c_i 不全为 0，设 $w_i=c_iv_i$. 则 w 是正交向量的和 $w_1+\cdots+w_k$，它们不全为 0. 由毕达哥拉斯定理，$|w|^2=|w_1|^2+\cdots+|w_k|^2>0$，故 $w\neq0$. ■

注 $\mathbf{R}^n$ 中标准正交基 $\boldsymbol{B}=(v_1, \cdots, v_n)$是正交单位向量(长度为 1 的向量)的基. 另一叙述方式为，$\boldsymbol{B}$ 是标准正交基，如果

【5.1.8】
$$(v_i \cdot v_j) = \delta_{ij}$$

其中 δ_{ij}(Kronecker 符号)是恒等矩阵的第 i 行第 j 列元素，若 $i=j$，其值为 1；若 $i\neq j$，其值为 0.

【5.1.9】定义 实 $n\times n$ 矩阵 A 是正交的，如果 $A^tA=I$，也就是说，A 是可逆的，它的逆是 A^t.

【5.1.10】引理 $n\times n$ 矩阵 A 是正交的当且仅当它的列构成 $\mathbf{R}^n$ 的标准正交基.

证明 令 A_i 表示 A 的第 i 列，那么，A_i^t 表示 A^t 的第 i 行. A^tA 的第 i 行第 j 列元素是 $A_i^tA_j$，于是，$A^tA=I$ 当且仅当 $A_i^tA_j=\delta_{ij}$ 对所有 i 与 j 成立. ■

容易证明正交矩阵的下一性质：

133

【5.1.11】命题

(a) 正交矩阵的积是正交的，并且正交矩阵的逆(即它的转置)是正交的. 正交矩阵构成 GL_n 的子群 O_n，即正交群.

(b) 正交矩阵的行列式是 ±1. 具有行列式是 1 的正交矩阵构成 O_n 的指标为 2 的子群 SO_n，即特殊正交群.

【5.1.12】定义 $\mathbf{R}^n$ 上的正交算子 T 是保持点积的线性算子：对每对向量 X，Y，
$$(TX \cdot TY) = (X \cdot Y)$$

【5.1.13】命题 $\mathbf{R}^n$ 上的线性算子 T 是正交的当且仅当它保持向量的长度，或者，当且仅当对每个向量 X，$(TX\cdot TX)=(X\cdot X)$.

证明 假设保持长度，令 X 与 Y 是 $\mathbf{R}^n$ 里的任意向量，则
$$(T(X+Y)\cdot T(X+Y)) = ((X+Y)\cdot(X+Y))$$
$(TX\cdot TY)=(X\cdot Y)$的事实由展开等式的两边并消去等量得到. ■

【5.1.14】命题 $\mathbf{R}^n$ 上的线性算子 T 是正交的当且仅当它的关于标准基的矩阵 A 是正交矩阵.

证明 如果 A 是 T 的矩阵，则
$$(TX \cdot TY) = (AX)^t(AY) = X^t(A^tA)Y$$
算子是正交的当且仅当右边等于 X^tY 对于所有 X 与 Y 成立. 我们把这个条件写为 $X^t(A^tA-I)Y=0$. 下一引理证明这是成立的当且仅当 $A^tA-I=0$. 所以，A 是正交的. ■

【5.1.15】引理 令 M 是 $n\times n$ 矩阵. 如果 $X^tMY=0$ 对所有列向量 X 与 Y 成立，则 $M=0$.

证明 积 $e_i^t M e_j$ 的值是 M 的第 i 行第 j 列元素. 例如,

$$\begin{bmatrix}0 & 1\end{bmatrix}\begin{bmatrix}m_{11} & m_{12}\\ m_{21} & m_{22}\end{bmatrix}\begin{bmatrix}1\\ 0\end{bmatrix}=m_{21}$$

如果 $e_i^t M e_j=0$ 对所有列向量 i 与 j 成立, 则 $M=0$. ■

我们现在描述正交 2×2 矩阵.

注 $\mathbf{R}^2$ 上的线性算子 T 是反射的, 如果它有分别伴随于特征值 1 与 -1 的正交向量 v_1 与 v_2.

134

因为它固定 v_1, 并且改变正交向量 v_2 的符号, 使得算子关于由 v_1 张成的 1 维子空间的反射. 关于 e_1 轴的反射由矩阵

【5.1.16】
$$S_0=\begin{bmatrix}1 & 0\\ 0 & -1\end{bmatrix}$$

给出.

【5.1.17】定理

(a) 具有行列式值为 1 的正交 2×2 矩阵是矩阵

【5.1.18】
$$R=\begin{bmatrix}c & -s\\ s & c\end{bmatrix}$$

其中对某个角 θ, $c=\cos\theta$, $s=\sin\theta$. 矩阵 R 表示平面 $\mathbf{R}^2$ 上关于原点转过角 θ 的逆时针旋转.

(b) 具有行列式值为 -1 的正交 2×2 矩阵是矩阵

【5.1.19】
$$S=\begin{bmatrix}c & s\\ s & -c\end{bmatrix}=RS_0$$

其中 c 与 s 同上. 矩阵 S 关于 $\mathbf{R}^2$ 的与 e_1 轴成 $\frac{1}{2}\theta$ 夹角的 1 维子空间反射平面.

证明 比如说

$$A=\begin{bmatrix}c & *\\ s & *\end{bmatrix}$$

是正交的. 那么, 它的列是单位向量(5.1.10). 于是, 点 $(c, s)^t$ 位于单位元上, 且对某个角 θ, $c=\cos\theta$, $s=\sin\theta$. 检查积 $P=R^tA$, 其中 R 是矩阵(5.1.18):

【5.1.20】
$$P=R^tA=\begin{bmatrix}1 & *\\ 0 & *\end{bmatrix}$$

由于 R^t 与 A 是正交矩阵, 所以 P 也是正交矩阵. 由引理 5.1.10 知, 第二列是与第一列正交的单位向量. 于是,

【5.1.21】
$$P=\begin{bmatrix}1 & 0\\ 0 & \pm1\end{bmatrix}$$

回过头来，$A=RP$，如果 $\det A=1$，$A=P$；如果 $\det A=-1$，$A=S=RS_0$.

我们已经看到 R 表示旋转(4.2.2)，但需恒等化由矩阵 S 定义的算子. S 的特征多项式是 t^2-1，所以，它的特征值是 1 与 -1. 令 X_1 与 X_2 是伴随于这些特征值的单位长度的特征向量. 因为 S 是正交的，故

$$(X_1\cdot X_2)=(SX_1\cdot SX_2)=(X_1\cdot -X_2)=-(X_1\cdot X_2)$$

135

于是，$(X_1\cdot X_2)=0$. 特征向量是正交的. X_1 的张成是反射直线. 为确定这条直线，把单位向量 X 写为 $(c',s')^t$，其中 $c'=\cos\alpha$，$s'=\sin\alpha$. 这样，

$$SX=\begin{bmatrix}cc'+ss'\\sc'-cs'\end{bmatrix}=\begin{bmatrix}\cos(\theta-\alpha)\\\sin(\theta-\alpha)\end{bmatrix}$$

当 $\alpha=\frac{1}{2}\theta$ 时，X 是伴随于特征值 1 的特征向量，它是一个固定的向量. ■

下面我们描述 3×3 旋转矩阵.

【5.1.22】**定义** $\mathbf{R}^3$ 的关于原点的旋转是一个具有如下性质的线性算子 ρ:

- ρ 固定单位向量 u，称为 ρ 的极点.
- ρ 旋转与 u 正交的 2 维子空间 W.

旋转轴是由 u 张成的直线. 我们也称恒等算子为一个旋转，尽管它的轴是不确定的.

如果由一个 3×3 矩阵 R 所作的乘法(变换)是 $\mathbf{R}^3$ 的一个旋转，就称 R 是一个旋转矩阵.

【5.1.23】图

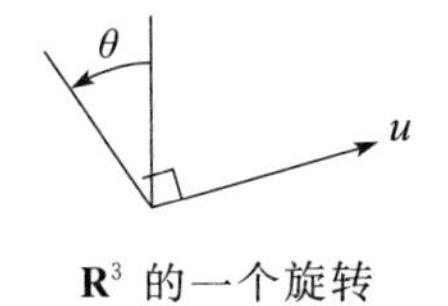

$\mathbf{R}^3$ 的一个旋转

旋转角的符号取决于子空间 W 是如何规定方向的. 我们从箭头 u 的头看子空间 W 来确定其方向. 图中所示的角 θ 是正的. (这是"右手法则".)

当 u 是向量 e_1 时，集合 (e_2, e_3) 是 W 的一个基，并且 ρ 的矩阵具有形式

【5.1.24】
$$M=\begin{bmatrix}1&0&0\\0&c&-s\\0&s&c\end{bmatrix}$$

其中右下的 2×2 子式是旋转矩阵(5.1.18).

注意 非恒等的旋转用偶对 (u,θ) 描述，称为自旋，它由极点 u 和非零旋转角 θ 组成.

具有自旋 (u,θ) 的旋转记为 $\rho_{(u,\theta)}$. 不同于恒等的每个旋转有两个极点，即旋转轴 ℓ 与 $\mathbf{R}^3$ 里单位球的交. 这些是 ρ 的伴随于特征值 1 的单位长特征向量. 极点 u 的选取定义了 ℓ 上的方向，方向的变化引起旋转角符号的变化. 如果 (u,θ) 是 ρ 的自旋，则 $(-u,-\theta)$ 也是. 因此，每个旋转有两个自旋，并且 $\rho_{(u,\theta)}=\rho_{(-u,-\theta)}$.

136

【5.1.25】**定理**(欧拉定理) 3×3 旋转矩阵是行列式为 1 的正交 3×3 矩阵，它是特殊正交

群 SO_3 中的元素.

欧拉定理有个著名的推论，可由 SO_3 是群的事实得到. 在代数上或者几何上，它不是显然的.

【5.1.26】推论　绕任两个轴的旋转的合成是绕某个其他轴的旋转.

因为它们的元素表示旋转，故群 SO_2 与 SO_3 称为 2 维旋转群与 3 维旋转群. 维数大于 3 时，情况变得很复杂.

【5.1.27】

$$\begin{bmatrix} \cos\alpha & -\sin\alpha & & \\ \sin\alpha & \cos\alpha & & \\ & & \cos\beta & -\sin\beta \\ & & \sin\beta & \cos\beta \end{bmatrix}$$

是 SO_4 的一个元素. 由这个矩阵的左乘旋转由(e_1, e_2)张成的 2 维子空间，其旋转的角是 α；它旋转由(e_3, e_4)张成的子空间，其旋转的角是 β.

在证明欧拉定理之前，我们注意另外两个结果：

【5.1.28】推论　令 M 是 SO_3 里表示具有自旋(u,θ)的旋转 $\rho_{(u,\alpha)}$ 的矩阵.

(a) M 的迹是 $1+2\cos\alpha$.

(b) 令 B 是 SO_3 的另一个元素，且令 $u'=Bu$. 共轭 $M'=BMB^t$ 表示带有自旋(u', α)的旋转 $\rho(u', \alpha)$.

证明

(a) 选择 $\mathbf{R}^3$ 中的正交基(v_1, v_2, v_3)使得 $v_1=u$. ρ 关于这个新基的矩阵有形式(5.1.24)，它的迹是 $1+2\cos\alpha$. 由于迹不依赖于基，故 M 的迹也是 $1+2\cos\alpha$.

(b) 因为 SO_3 是群，故 M'是 SO_3 的元素. 由欧拉定理知，M'是旋转矩阵. 而且 u'是这个旋转的极点：因 B 是正交的，故 $u'=Bu$ 长度为 1，并且

$$M'u' = BMB^{-1}u' = BMu = Bu = u'.$$

令 α'是 M'绕极点 u'的旋转角. M 的迹与它的共轭 M'的迹是相等的，于是，$\cos\alpha=\cos\alpha'$. 这蕴含着 $\alpha'=\pm\alpha$. 由欧拉定理知，矩阵 B 也表示旋转，比如说，绕某个极点旋转角 β. 因为 B 与 M'连续依赖 β，所以对 α'仅两个值$\pm\alpha$ 能出现. 当 $\beta=0$ 时，$B=I$，$M'=M$，$\alpha'=\alpha$. 所以，对所有 β，$\alpha'=\alpha$. ■

137

【5.1.29】引理　行列式为 1 的 3×3 正交矩阵有特征值为 1.

证明　为证 1 是特征值，我们证明矩阵 $M-I$ 的行列式是 0. 如果 B 是 $n\times n$ 矩阵，则 $\det(-B)=(-1)^n\det B$. 因处理 3×3 矩阵，故 $\det(M-I)=-\det(I-M)$. 而且，$\det(M-I)^t=\det(M-I)$，$\det M=1$. 这样，

$$\det(M-I) = \det(M-I)^t = \det M\det(M-I)^t = \det(M(M^t-I))\det(I-M)$$

关系 $\det(M-I)=\det(I-M)$表明 $\det(M-I)=0$. ■

欧拉定理的证明　假设 M 表示具有自旋(u, α)的旋转 ρ. 由 u 添加到与 u 正交的子空间 W 的标准正交基构成 V 的标准正交基$\boldsymbol{B}$. ρ 关于这个基的矩阵 M'有形式(5.1.24)，它是正交的且其行列式为 1. 而且，$M=PM'P^{-1}$，其中矩阵 P 等于$[\boldsymbol{B}]$(3.5.13). 因为它的列

是正交的，故$[\boldsymbol{B}]$是正交的. 所以，M也是正交的，且它的行列式等于1.

反过来，令M是行列式为1的正交矩阵，设T表示M的左乘. 令u为伴随于特征值为1的单位长度的特征向量，并且W是与u正交的2维空间. 因为T是固定u的正交算子，所以它把W映为自身. 于是，W是T-不变子空间，并且我们可T把限制到W.

因为T是正交的，故保持长度(5.1.13). 于是，它到W的限制也是正交的. 现在，W有维数2，且我们知道正交算子分成两类：旋转和反射(5.1.17). 反射是其行列式为-1的算子. 如果算子T作为反射作用在W上，且固定正交向量u，则它的行列式也是-1. 由于情况不是这样，故$T|_W$是旋转. 这就证明了定义5.1.22的第二个条件，从而T是旋转.

■

第二节　连续性的使用

利用基于我们这里解释的连续性的推理，关于复矩阵各式各样的事实都可通过对角化化简.

$n\times n$矩阵序列A_k收敛于$n\times n$矩阵A，如果对每个i与j，A_k的(i, j)-[⊖]元素收敛于A的(i, j)-元素. 类似地，具有复系数的次数为n的多项式序列$p_k(t)(k=1, 2, \cdots,)$收敛于次数为n的多项式$p(t)$，如果对每个j，$p_k(t)$中t^j的系数收敛于p的对应系数. 我们指出，用$S_k\to S$表示的复数、矩阵或多项式的序列S_k收敛于S.

138

【5.2.1】命题(根的连续性)　令$p_k(t)$是次数$\leqslant n$的首项系数为1的多项式序列，设$p(t)$是次数为n的首项系数为1的另一个多项式. 令$\alpha_{k,1}, \cdots, \alpha_{k,n}$与$\alpha_1, \cdots, \alpha_n$表示这些多项式的根.

(a) 如果$\alpha_{k,\nu}\to\alpha_\nu$对$\nu=1, \cdots, n$成立，则$p_k\to p$.

(b) 反之，如果$p_k\to p$，则p_k的根$\alpha_{k,\nu}$可排序使得$\alpha_{k,\nu}\to\alpha_\nu$对$\nu=1, \cdots, n$成立.

在(b)部分，每个多项式p_k的诸根必须单独重新排序.

证明　注意$p_k(t)=(t-\alpha_{k,1})\cdots(t-\alpha_{k,n})$与$p(t)=(t-\alpha_1)\cdots(t-\alpha_n)$. (a)部分由这样的事实得到：$p(t)$的系数是根的多项式函数，从而是连续函数. 但(b)部分不那么显然.

第一步：令$\alpha_{k,\nu}$是p_k的最接近α_1的根，亦即，使得$|\alpha_{k,\nu}-\alpha_1|$是极小的根. 我们重新排序$p_k$的根使得这个根变为$\alpha_{k,1}$. 这样，

$$|\alpha_1-\alpha_{k,1}|^n\leqslant|(\alpha_1-\alpha_{k,1})\cdots(\alpha_1-\alpha_{k,1})|=|p_k(\alpha_1)|$$

右边收敛于$|p(\alpha_1)|=0$. 所以，左边也是. 这就证明了$\alpha_{k,1}\to\alpha_1$.

第二步：写$p_k(t)=(t-\alpha_{k,1})q_k(t)$与$p(t)=(t-\alpha_1)q(t)$. 于是，$q_k$与$q$都是首项系数为1的多项式，并且它们的诸根分别为$\alpha_{k,2}, \cdots, \alpha_{k,n}$与$\alpha_2, \cdots, \alpha_n$. 如果我们证明$q_k\to q$，那么对次数$n$用归纳法，能够重排$q_k$诸根的顺序，使得它们收敛于$q$的诸根，这样就完成了证明.

为证$q_k\to q$，我们做简单的除法. 为简化记号，从α_1里去掉下标1. 比如说，$p(t)=t^n+a_{n-1}t^{n-1}+\cdots+a_1t+a_0$，$q(t)=t^{n-1}+b_{n-2}t^{n-2}+\cdots+b_1t+b_0$，$p_k$与$q_k$的记号是类似的. 方程$p(t)=(t-\alpha)q(t)$蕴含着

⊖ (i, j)-元素表示第i行第j列的元素. ——译者注

$$b_{n-2} = \alpha + \alpha_{n-1},$$
$$b_{n-3} = \alpha^3 + \alpha + \alpha_{n-2},$$
$$\vdots$$
$$b_0 = \alpha^{n-1} + \alpha^{n-2}\alpha_{n-1} + \cdots + \alpha a_2 + a_1$$

因为 $\alpha_{k,1} \to \alpha_1$ 与 $a_{k,i} \to a_i$，故 $b_{k,i} \to b_i$. ■

【5.2.2】命题 令 A 是一个 $n \times n$ 复矩阵.

(a) 存在收敛于 A 的矩阵序列 A_k，使得对所有 k，A_k 的特征多项式 $p_k(t)$有不同的根.

(b) 如果矩阵序列 A_k 收敛于 A，则它的特征多项式序列 $p_k(t)$收敛于 A 的特征多项式$p(t)$.

(c) 令 λ_i 是特征多项式 p 的根. 如果 $A_k \to A$，则 p_k 的根可重新排序使得 $\lambda_{k,i} \to \lambda_i$ 对每个 i 成立.

证明

(a) 命题 4.6.1 告诉我们，存在可逆 $n \times n$ 矩阵 P 使得 $A' = P^{-1}AP$ 是上三角的. 它的特征值是这个上三角矩阵的对角元. 令 A'_k是收敛于 A' 的矩阵序列，其非对角元与 A' 的一样，其对角元是不同的. 则 A'_k是上三角的，并且特征多项式有不同的根. 因为矩阵乘法是连续的，故 $A_k \to A$. A_k 的特征多项式与 A'_k的相同，所以，它有不同的根.

139

(b) 部分由(a)部分得到，因为特征多项式的系数连续依赖于矩阵的元素. 这样，(c)部分由命题 5.2.1 得到. ■

用连续性可证明著名的凯莱-哈密顿定理. 我们以矩阵形式叙述定理.

【5.2.3】定理(凯莱-哈密顿定理) 令 $p(t) = t^n + c_{n-1}t^{n-1} + \cdots + c_1 t + c_0$ 是 $n \times n$ 复矩阵 A 的特征多项式. 则 $p(A) = A^n + c_{n-1}A^{n-1} + \cdots + c_1 A + c_0 I$ 是零矩阵.

例如，2×2 矩阵 A 的特征多项式(例如 a,b,c,d 为其元素)是 $t^2 - (a+d)t + (ad - bc)$ (4.5.12). 定理断言

【5.2.4】
$$\begin{bmatrix} a & b \\ c & d \end{bmatrix}^2 - (a+d)\begin{bmatrix} a & b \\ c & d \end{bmatrix} + (ad - bc)\begin{bmatrix} 1 & 0 \\ 0 & 1 \end{bmatrix} = \begin{bmatrix} 0 & 0 \\ 0 & 0 \end{bmatrix}$$

很容易验证这个等式.

凯莱-哈密顿定理的证明

第一步：A 是对角矩阵的情形. 令对角元素是 λ_1，…，λ_n，特征多项式是

$$p(t) = (t - \lambda_1) \cdots (t - \lambda_n)$$

这里 $p(A)$也是对角矩阵，且它的对角元素为 $p(\lambda_i)$. 由于 λ_i 是 p 的根，故 $p(\lambda_i) = 0$，$p(A) = 0$.

第二步：A 的特征值不同的情形.

在此情形里，A 是可对角化的；比如说，$A' = P^{-1}AP$ 是对角的. 这样，A' 的特征多项式与 A 的特征多项式相同，而且，

$$p(A) = Pp(A')P^{-1}$$

(见(4.6.14)). 由第一步，$p(A')=0$，所以 $p(A)=0$.

第三步：一般情形.

应用命题5.2.2. 令 A_k 是其特征值不同且收敛于 A 的矩阵序列. 令 p_k 是 A_k 的特征多项式. 因为序列 p_k 收敛于 A 的特征多项式 p，故 $p_k(A_k)\to p(A)$. 由第二步知，$p_k(A_k)=0$ 对所有 k 成立. 所以，$p(A)=0$. ■ 140

第三节 微分方程组

在微积分中我们学过一阶线性微分方程

【5.3.1】
$$\frac{dx}{dt}=ax$$

的解为 $x(t)=ce^{at}$，其中 c 为任意常数. 回顾一下证明，因为我们想再次使用其讨论. 首先，ce^{at}是该方程的解. 要证每一个解都有这样的形式，令 $x(t)$是任一个解. 利用乘积法则求微分 $e^{-at}x(t)$：

【5.3.2】
$$\frac{d}{dt}(e^{-at}x(t))=-ae^{-at}x(t)+e^{-at}ax(t)=0$$

这样，$e^{-at}x(t)$是常数 c，并且 $x(t)=ce^{at}$.

为将这个解拓广到常系数微分方程组，我们使用下面的术语. 一个向量值函数或矩阵值函数是其元素为 t 的函数的一个向量或矩阵：

【5.3.3】
$$X(t)=\begin{bmatrix}x_1(t)\\ \vdots\\ x_n(t)\end{bmatrix},\quad A(t)=\begin{bmatrix}a_{11}(t) & \cdots & a_{1n}(t)\\ \vdots & & \vdots\\ a_{m1}(t) & \cdots & a_{mn}(t)\end{bmatrix}$$

取极限、微分等微积分运算通过分别对每一个元素进行运算拓广到向量值和矩阵值函数. 向量值或矩阵值函数的导数是对每个元素求导得到的函数：

【5.3.4】
$$\frac{dX}{dt}=\begin{bmatrix}x_1'(t)\\ \vdots\\ x_n'(t)\end{bmatrix},\quad \frac{dA}{dt}=\begin{bmatrix}a_{11}'(t) & \cdots & a_{1n}'(t)\\ \vdots & & \vdots\\ a_{m1}'(t) & \cdots & a_{mn}'(t)\end{bmatrix}$$

其中 $x_i'(t)$是 $x_i(t)$的导数，等等. 于是，$\frac{dX}{dt}$有定义当且仅当每一个函数 $x_i(t)$可微. 导数也可用向量记号描述为

【5.3.5】
$$\frac{dX}{dt}=\lim_{h\to 0}\frac{X(t+h)-X(t)}{h}$$

这里 $X(t+h)-X(t)$用向量加法计算，分母上的 h 是指用 h^{-1}乘的标量. 极限是分别在每个元素上取极限得到的. 于是，(5.3.5)的元素为导数 $x_i'(t)$. 同样的结论对矩阵值函数也是正确的. 141

微分的许多性质可移到矩阵值函数上. 乘积法则就是一个例子，其证明留作练习：

【5.3.6】**引理**(乘积法则)

(a) 令 $A(t)$ 与 $B(t)$ 是 t 的可微的矩阵值函数，且它们可以做乘积运算，则矩阵积 $A(t)B(t)$ 是可微的，并且它的导数是

$$\frac{\mathrm{d}(AB)}{\mathrm{d}t}=\frac{\mathrm{d}A}{\mathrm{d}t}B+A\frac{\mathrm{d}B}{\mathrm{d}t}$$

(b) 令 A_1，…，A_k 是 t 的可微的矩阵值函数，且它们可以做乘积运算，则矩阵积 $A_1\cdots A_k$ 是可微的，并且它的导数是

$$\frac{\mathrm{d}(A_1\cdots A_k)}{\mathrm{d}t}=\sum_{i=1}^{k}A_1\cdots A_{i-1}\frac{\mathrm{d}A_i}{\mathrm{d}t}A_{i+1}\cdots A_k$$

齐次一阶线性常系数微分方程组是形如

【5.3.7】
$$\frac{\mathrm{d}X}{\mathrm{d}t}=AX$$

的矩阵方程，其中 A 是一个 $n\times n$ 的常数矩阵，而 $X(t)$ 为 n 维向量值函数. 写出这样的方程组，我们得到形如

【5.3.8】
$$\begin{gathered}\frac{\mathrm{d}x_1}{\mathrm{d}t}=a_{11}x_1(t)+\cdots+a_{1n}x_n(t)\\ \vdots\\ \frac{\mathrm{d}x_n}{\mathrm{d}t}=a_{n1}x_1(t)+\cdots+a_{nn}x_n(t)\end{gathered}$$

的 n 个微分方程的方程组. $x_i(t)$是未知函数，a_{ij} 是标量. 例如，如果

【5.3.9】
$$A=\begin{bmatrix}3 & 2\\ 1 & 4\end{bmatrix},$$

(5.3.7)便成为含有两个未知量的两个方程的方程组：

【5.3.10】
$$\begin{gathered}\frac{\mathrm{d}x_1}{\mathrm{d}t}=3x_1+2x_2\\ \frac{\mathrm{d}x_2}{\mathrm{d}t}=x_1+4x_2\end{gathered}$$

最简单的方程组是其中的 A 为对角矩阵的那些，其对角元素为 λ_i，则方程(5.3.8)写成

142

【5.3.11】
$$\frac{\mathrm{d}x_i}{\mathrm{d}t}=\lambda_i x_i(t),\quad i=1,\cdots,n$$

这里未知函数 x_i 没有被方程混合起来，因而对某个常数 c_i，我们可以分别解出每一个

【5.3.12】
$$x_i=c_i\mathrm{e}^{\lambda_i t}.$$

在大多数情形下，解方程(5.3.7)的实际上是：若 V 是 A 的一个伴随于特征值为 λ 的特征向量，亦即，若 $AV=\lambda V$，则

【5.3.13】
$$X=\mathrm{e}^{\lambda t}V$$

是(5.3.7)的一个特解. 这里 $\mathrm{e}^{\lambda t}V$ 解释为变量标量 $\mathrm{e}^{\lambda t}$ 与常数向量 V 的积. 微分作用于标量

函数上，固定向量 V，而用 A 左乘作用于向量 V，固定标量函数 $e^{\lambda t}$. 这样$\frac{d}{dt}e^{\lambda t}V=\lambda e^{\lambda t}V$，并且有 $Ae^{\lambda t}V=\lambda e^{\lambda t}V$. 例如，

$$\begin{bmatrix}1\\1\end{bmatrix} \quad 与 \quad \begin{bmatrix}2\\-1\end{bmatrix}$$

是矩阵(5.3.9)的特征向量，其伴随特征值分别为 5 与 2，并且

【5.3.14】
$$\begin{bmatrix}e^{5t}\\e^{5t}\end{bmatrix} \quad 与 \quad \begin{bmatrix}2e^{2t}\\-e^{2t}\end{bmatrix}$$

是微分方程组(5.3.10)的解.

这一事实使我们能够在矩阵 A 有不同的实特征值时解方程组(5.3.7). 这一情形中，每一解将是特解(5.3.13)的线性组合. 通过对角化可方便地将解求出来.

【5.3.15】命题 令 A 是一个 $n\times n$ 矩阵，设 P 是一个可逆矩阵，使得 $\Lambda=P^{-1}AP$ 是对角矩阵，其对角元为 λ_1，…，λ_n. 方程组$\frac{dX}{dt}=AX$ 的一般解是 $X=P\widetilde{X}$，其中 $\widetilde{X}=(c_1e^{\lambda_1 t}，\cdots，c_ne^{\lambda_n t})^t$ 是方程$\frac{d\widetilde{X}}{dt}=\Lambda\widetilde{X}$的解.

常数 c_i 是任意的. 它们常由指定的初始条件——X 在某一特殊 t_0 的值确定.

证明 用 P 乘方程$\frac{d\widetilde{X}}{dt}=\Lambda\widetilde{X}$：$P\frac{d\widetilde{X}}{dt}=P\Lambda\widetilde{X}=AP\widetilde{X}$. 但因 P 是一个常量，故 $P\frac{d\widetilde{X}}{dt}=\frac{d(P\widetilde{X})}{dt}=\frac{dX}{dt}$. 这个推导可逆推回去，所以$\widetilde{X}$是带有 Λ 的方程的解当且仅当 X 是带有 A 的方程的解. ■

对角化矩阵(5.3.10)的矩阵在(4.6.8)之前计算出来：

【5.3.16】
$$A=\begin{bmatrix}3&2\\1&4\end{bmatrix},\quad P=\begin{bmatrix}1&2\\1&-1\end{bmatrix},\quad \Lambda=\begin{bmatrix}5&\\&2\end{bmatrix}$$

143

因此，

【5.3.17】
$$X=\begin{bmatrix}x_1\\x_2\end{bmatrix}=P\widetilde{X}=\begin{bmatrix}1&2\\1&-1\end{bmatrix}\begin{bmatrix}c_1e^{5t}\\c_2e^{2t}\end{bmatrix}=\begin{bmatrix}c_1e^{5t}+2c_2e^{2t}\\c_1e^{5t}-c_2e^{2t}\end{bmatrix}$$

换言之，每个解是两个基本解(5.3.14)的线性组合.

我们现在考虑系数矩阵 A 有不同的特征值但是不全为实数的情形. 为了重复上面所用的方法，必须先考虑形如(5.3.1)的微分方程，其中 a 为复数. 通过适当的解释，这样的微分方程的解仍为 ce^{at}的形式. 唯一要记住的是 e^{at} 现在是实变量 t 的复值函数.

倘若极限(5.3.5)存在，则复值函数导数的定义与实值函数是一样的. 不会出现新的特征. 可将这样的函数 $x(t)$用实值函数，即其实部和虚部写出来，比如说

【5.3.18】 $$x(t)=p(t)+\mathrm{i}q(t)$$

则 x 是可微的当且仅当 p 和 q 都是可微的，且当它们可微时，x 的导数为 $x'=p'+\mathrm{i}q'$．这由定义就可直接得到．通常的微分法则(比如乘积法则)对复值函数成立．这些法则可在 p 和 q 上应用实函数相应的定理得到，也可将实函数的证明搬到复函数的情形．

复数 $a=r+s\mathrm{i}$ 的幂指数定义为

【5.3.19】 $$\mathrm{e}^{a}=\mathrm{e}^{r+s\mathrm{i}}=\mathrm{e}^{r}(\cos s+\mathrm{i}\sin s)$$

这个公式的微分表明 $\mathrm{d}\mathrm{e}^{at}/\mathrm{d}t=a\mathrm{e}^{at}$．所以，$c\mathrm{e}^{at}$ 是微分方程(5.3.1)的解，且本节开头的证明表明这是仅有的解．

将一个方程的情形拓广到复系数的情形后，当 A 是具有不同特征值的任意复矩阵时，可以用对角化方法解方程组(5.3.7)．

例如，设 $A=\begin{bmatrix}1&1\\-1&1\end{bmatrix}$．向量 $v_1=\begin{bmatrix}1\\\mathrm{i}\end{bmatrix}$ 与 $v_2=\begin{bmatrix}\mathrm{i}\\1\end{bmatrix}$ 分别是伴随于特征值 $1+\mathrm{i}$ 与 $1-\mathrm{i}$ 的特征向量．设基 $\boldsymbol{B}=(v_1, v_2)$．则 A 可以由矩阵 $P=[\boldsymbol{B}]$ 对角化：

144

【5.3.20】 $$P^{-1}AP=\frac{1}{2}\begin{bmatrix}1&-\mathrm{i}\\-\mathrm{i}&1\end{bmatrix}\begin{bmatrix}1&1\\-1&1\end{bmatrix}\begin{bmatrix}1&\mathrm{i}\\\mathrm{i}&1\end{bmatrix}=\begin{bmatrix}1+\mathrm{i}&\\&1-\mathrm{i}\end{bmatrix}=\Lambda$$

于是，$\widetilde{X}=\begin{bmatrix}\widetilde{x}_1\\\widetilde{x}_2\end{bmatrix}=\begin{bmatrix}c_1\mathrm{e}^{(t+\mathrm{i})t}\\c_2\mathrm{e}^{(1-\mathrm{i})t}\end{bmatrix}$．(5.3.7)的解是

【5.3.21】 $$\begin{bmatrix}x_1\\x_2\end{bmatrix}=P\widetilde{X}=\begin{bmatrix}c_1\mathrm{e}^{(1+\mathrm{i})t}+\mathrm{i}c_2\mathrm{e}^{(1-\mathrm{i})t}\\\mathrm{i}c_1\mathrm{e}^{(1-\mathrm{i})t}+c_2\mathrm{e}^{(1-\mathrm{i})t}\end{bmatrix}$$

其中 c_1，c_2 是任意复数．因而每个解都是两个基本解

【5.3.22】 $$\begin{bmatrix}\mathrm{e}^{(1+\mathrm{i})t}\\\mathrm{i}\mathrm{e}^{(1+\mathrm{i})t}\end{bmatrix}\text{与}\begin{bmatrix}\mathrm{i}\mathrm{e}^{(1-\mathrm{i})t}\\\mathrm{e}^{(1-\mathrm{i})t}\end{bmatrix}$$

的线性组合．然而，这些解并不是完全令人满意的，因为我们从实系数微分方程开始，得到的答案却是复的．当原来的矩阵为实矩阵时，我们想要的解为实解．注意下面的引理：

【5.3.23】引理 设 A 是实 $n\times n$ 矩阵，并设为 $X(t)$ 是微分方程 $\frac{\mathrm{d}X}{\mathrm{d}t}=AX$ 的复值解．则 $X(t)$ 的实部和虚部也是同一方程的解．

现在原方程(5.3.7)的每个解无论是实的还是复的，对某个复数 c_i 都具有(5.3.21)的形式．于是，实解亦在我们所得的解之中．为了把它们具体写出，可取复解的实部和虚部．

基本解(5.3.22)的实部和虚部由等式(5.3.19)确定．它们是

【5.3.24】 $$\begin{bmatrix}\mathrm{e}^{t}\cos t\\-\mathrm{e}^{t}\sin t\end{bmatrix}\text{和}\begin{bmatrix}\mathrm{e}^{t}\sin t\\-\mathrm{e}^{t}\cos t\end{bmatrix}.$$

每个实解都是这些特解的实线性组合．

第四节 矩阵指数

一阶线性常系数微分方程组亦可用矩阵指数形式求解.

$n\times n$ 实或复矩阵 A 的指数由将矩阵代入 e^x 的泰勒展开式

【5.4.1】
$$e^x = 1 + \frac{x}{1!} + \frac{x^2}{2!} + \frac{x^3}{3!} + \cdots$$

145

得到，其中将 x 替换为 A，将 1 替换为 I. 这样由定义，

【5.4.2】
$$e^A = I + A + \frac{A^2}{2!} + \frac{A^3}{3!} + \cdots$$

我们主要感兴趣的是标量变量 t 的矩阵值函数 e^{tA}. 于是，用 tA 替换 A：

【5.4.3】
$$e^{tA} = I + \frac{tA}{1!} + \frac{t^2A^2}{2!} + \frac{t^3A^3}{3!} + \cdots$$

【5.4.4】定理

(a) 序列(5.4.2)对复矩阵的有界集合绝对收敛和一致收敛.

(b) e^{tA} 是 t 的可微函数，并且它的导数是矩阵积 Ae^{tA}.

(c) 令 A 与 B 是交换的复 $n\times n$ 矩阵：$AB=BA$. 则 $e^{A+B}=e^Ae^B$.

为不打断讨论，我们把这个定理的证明放到本节末尾.

A 与 B 是交换的假设对于矩阵保持基本性质 $e^{x+y}=e^xe^y$ 是必需的. 不管怎样，(c)是很有用的.

【5.4.5】推论 对任意 $n\times n$ 复矩阵 A，矩阵指数 e^A 是可逆的，并且它的逆为 e^{-A}.

证明 因为 A 与 $-A$ 是交换的，故 $e^Ae^{-A}=e^{A-A}=e^0=I$. ■

因为矩阵乘法相对较为复杂，所以直接写出 e^A 的矩阵元素并不容易. 特别是 e^A 的元素通常不是由 A 的元素取幂得到，除非 A 是对角矩阵. 如果 A 是对角矩阵，其对角元素为λ_1，…，λ_n，则考察该级数表明 e^A 也是对角的，并且其对角元素为 e^{λ_i}.

对于 2×2 三角矩阵，指数的计算也相对比较容易. 例如，设

$$A = \begin{bmatrix} 1 & 1 \\ & 2 \end{bmatrix}$$

则

【5.4.6】
$$e^A = \begin{bmatrix} 1 & \\ & 1 \end{bmatrix} + \frac{1}{1!}\begin{bmatrix} 1 & 1 \\ & 2 \end{bmatrix} + \frac{1}{2!}\begin{bmatrix} 1 & 3 \\ & 4 \end{bmatrix} + \cdots = \begin{bmatrix} e & * \\ & e^2 \end{bmatrix}$$

由序列直接算出缺失的元素 * 是很好的练习.

146

只要知道有矩阵 P 使 $\Lambda=P^{-1}AP$ 是对角的，就可以确定矩阵 A 的指数. 应用法则 $P^{-1}A^kP=(P^{-1}AP)^k$(4.6.12)和矩阵乘法的分配律，

【5.4.7】
$$P^{-1}e^AP = (P^{-1}IP) + \frac{(P^{-1}AP)}{1!} + \frac{(P^{-1}AP)^2}{2!} + \cdots = e^{P^{-1}AP} = e^{\Lambda}$$

设 Λ 是对角的，其对角元素为 λ_i. 则 e^{Λ} 也是对角的，其对角元素为 e^{λ_i}. 因此可以具体地

算出 e^A：

【5.4.8】 $$e^A = Pe^{\Lambda}P^{-1}$$

例如，如果 $A=\begin{bmatrix}1 & 1\\ & 2\end{bmatrix}$且 $P=\begin{bmatrix}1 & 1\\ & 1\end{bmatrix}$，则 $P^{-1}AP=\Lambda=\begin{bmatrix}1 & \\ & 2\end{bmatrix}$. 所以

$$e^A = Pe^{\Lambda}P^{-1} = \begin{bmatrix}1 & 1\\ & 1\end{bmatrix}\begin{bmatrix}e & \\ & e^2\end{bmatrix}\begin{bmatrix}1 & -1\\ & 1\end{bmatrix}=\begin{bmatrix}e & e^2-e\\ & e^2\end{bmatrix}$$

下一个定理联系矩阵指数与微分方程组：

【5.4.9】定理 令 A 是实或复 $n\times n$ 矩阵，矩阵 e^{tA} 的列构成微分方程 $\frac{dX}{dt}=AX$ 解空间的基.

证明 定理5.4.4(b)表明 e^{tA} 的列是微分方程的解. 要证每个解是列的线性组合，我们只需复制第三节开始给出的证明. 设 $X(t)$是任意一个解. 利用乘积法则(5.3.6)，对矩阵乘积 $e^{-tA}X(t)$进行微分，得

【5.4.10】 $$\frac{d}{dt}(e^{-tA}X(t)) = (-Ae^{-tA})X(t) + e^{-tA}(AX(t))$$

幸运的是，A 与 e^{-tA} 可交换. 这可直接由指数的定义得到. 所以导数为零. 由此得 $e^{-tA}X(t)$是一个常量列向量，比如设为 $C=(c_1, \cdots, c_n)^t$，则 $X(t)=e^{tA}C$. 这就把 $X(t)$表示为 e^{tA}列的线性组合，而 c_i 为其系数. 由于 e^{tA}是可逆矩阵，故这个表达式唯一的. ■

尽管矩阵指数总是微分方程(5.3.7)的解，但因为指数的直接计算非常困难，所以这个定理在具体情形的应用并不容易. 但如果 A 是可对角化矩阵，则指数可如(5.4.8)中那样进行计算. 我们可用计算 e^{tA}的方法解方程(5.3.7)，当然会得到与前面相同的结果. 这样，如果 A，P 和 Λ 是如(5.3.16)中所用到的，则

147

$$e^{tA} = Pe^{t\Lambda}P^{-1} = \begin{bmatrix}1 & 2\\ 1 & -1\end{bmatrix}\begin{bmatrix}e^{5t} & \\ & e^{2t}\end{bmatrix}\left(-\frac{1}{3}\right)\begin{bmatrix}-1 & -2\\ -1 & 1\end{bmatrix}=\left(\frac{1}{3}\right)\begin{bmatrix}(e^{5t}+2e^{2t}) & (2e^{5t}-2e^{2t})\\ (e^{5t}-e^{2t}) & (2e^{5t}+e^{2t})\end{bmatrix}$$

矩阵右边的列构成(5.3.7)里得到的解空间的另一个基.

也可用若尔当形解微分方程. 对任意 $k\times k$ 若尔当块 J_λ(4.7.5)，可通过计算矩阵指数确定其解. 如同(4.7.12)中那样，记 $J_\lambda=\lambda I+N$，其中 N 是 $k\times k$ 若尔当块 J_0，且 $\lambda=0$. 于是，$N^k=0$，所以

$$e^{tN} = I+\frac{tN}{1!}+\cdots+\frac{t^{k-1}N^{k-1}}{(k-1)!}$$

由于 N 与 λI 是交换的，故

$$e^{tJ} = e^{\lambda tI}e^{tN} = e^{\lambda t}\left(I+\frac{tN}{1!}+\cdots+\frac{t^{k-1}N^{k-1}}{(k-1)!}\right)$$

因此，如果 J 是 3×3 矩阵块

$$J = \begin{pmatrix}3 & & \\ 1 & 3 & \\ & 1 & 3\end{pmatrix}$$

则

$$e^{tJ}=\begin{bmatrix}e^{3t}&&\\&e^{3t}&\\&&e^{3t}\end{bmatrix}\begin{bmatrix}1&&\\t&1&\\\frac{1}{2!}t^2&t&1\end{bmatrix}=\begin{bmatrix}e^{3t}&&\\te^{3t}&e^{3t}&\\\frac{1}{2!}t^2e^{3t}&te^{3t}&e^{3t}\end{bmatrix}$$

这个矩阵的列构成微分方程$\frac{dX}{dt}=JX$解空间的一个基.

现在我们回过头来证明定理 5.4.4. 下面给出将要用到的关于序列极限的主要事实，并参阅文献[Mattuck]与[Rudin]. 这些作者仅考虑实值函数，但证明可以搬到复值函数上，因为复值函数的极限与导数可分别通过计算实部和虚部的极限与导数给出定义.

如果 r 与 s 是实数，且 $r<s$，记号$[r, s]$表示区间 $r\leqslant t\leqslant s$.

【5.4.11】定理([Mattuck]定理 22.2B，[Rudin]定理 7.9) 令 m_k 是正实数序列，使得$\sum m_k$收敛. 如果 $u^{(k)}(t)$是区间$[r, s]$上的函数，且对所有 k 和区间里的所有 t，有$|u^{(k)}(t)|\leqslant m_k$，则级数$\sum u^{(k)}(t)$在区间上一致收敛.

【5.4.12】定理([Mattuck]定理 11.5B，[Rudin]定理 7.17) 令 $u^{(k)}(t)$是在区间$[r, s]$上有连续导函数的函数列. 假设级数$\sum u^{(k)}(t)$在区间上收敛于函数 $f(t)$，且导数级数$\sum u'^{(k)}(t)$在区间上一致收敛于函数 $g(t)$. 则 f 在区间上可微，且它的导数是 g.

148

定理 5.4.4(a)的证明 这里我们将矩阵 A 的 i，j 元素记为$(A)_{ij}$. 这样，$(AB)_{ij}$表示乘积矩阵 AB 的元素，而$(A^K)_{ij}$表示 A^k 的元素. 借助这个记号，e^A 的 i，j 元素是级数的和

【5.4.13】
$$(e^A)_{ij}=(I)_{ij}+\frac{(A)_{ij}}{1!}+\frac{(A^2)_{ij}}{2!}+\frac{(A^3)_{ij}}{3!}+\cdots$$

为了证明指数级数绝对收敛和一致收敛，我们需要证明给定矩阵的幂 A^k 的元素不会增长得太快.

我们用记号$\|A\|$表示矩阵 A 的元素的最大绝对值，即使得

【5.4.14】
$$|(A)_{ij}|\leqslant\|A\| \quad 对所有 i,j$$

成立的最小实数. 它的基本性质是：

【5.4.15】引理 设 A, B 是复 $n\times n$ 矩阵. 则$\|AB\|\leqslant n\|A\|\,\|B\|$，且对所有 $k>0$，有$\|A^k\|\leqslant n^{k-1}\|A\|^k$.

证明 我们估计 AB 的 i，j 元素的大小：

$$|(AB)_{ij}|=\left|\sum_{v=1}^{n}(A)_{iv}(B)_{vj}\right|\leqslant\sum_{v=1}^{n}|(A)_{iv}|\,|(B)_{vj}|\leqslant n\|A\|\,\|B\|$$

从第一个不等式出发，作数学归纳法可得第二个不等式. ■

我们现在估计指数级数：令 a 是正实数，使得 $n\|A\|\leqslant a$. 由引理 5.4.15 知，$|(A^k)_{ij}|\leqslant a^k$(省略一个 n). 所以

【5.4.16】
$$|(e^A)_{ij}|\leqslant|(I)_{ij}|+|(A)_{ij}|+\frac{1}{2!}|(A)^2_{ij}|+\frac{1}{3!}|(A)^3_{ij}|+\cdots$$

$$\leqslant 1+\frac{a}{1!}+\frac{a^2}{2!}+\frac{a^3}{3!}+\cdots$$

比率计算表明最后级数当然收敛于 e^a. 定理 5.4.11 表明对所有满足 $n\|A\|\leqslant a$ 的 A，e^A 的级数一致收敛与绝对收敛. ■

定理 5.4.4(b)和(c)的证明 我们使用一个技巧以缩短证明. 首先，假设 A 与 B 是交换的 $n\times n$ 矩阵，对 e^{tA+B}的级数进行微分. $tA+B$ 的导数是 A，且

【5.4.17】
$$e^{tA+B}=I+\frac{(tA+B)}{1!}+\frac{(tA+B)^2}{2!}+\cdots$$

用乘积法则(5.3.6)，对 $k>0$，这个级数的 k 次项的导数为

149

$$\frac{d}{dt}\left(\frac{(tA+B)^k}{k!}\right)=\left(\frac{1}{k!}\sum_{i=1}^{k}(tA+B)^{i-1}A(tA+B)^{k-i}\right)$$

因为 $AB=BA$，故可抽出中间项里的 A 到左边：

【5.4.18】
$$\frac{d}{dt}\left(\frac{(tA+B)^k}{k!}\right)=kA\frac{(tA+B)^{k-1}}{k!}=A\frac{(tA+B)^{k-1}}{(k-1)!}$$

这是矩阵 A 与矩阵指数级数 $k-1$ 次项的乘积. 所以，对(5.4.17)逐项微分得到 Ae^{tA+B}的级数.

要证逐项微分是合理的，我们应用定理 5.4.4(a). 这个定理表明对给定的 A 与 B，指数级数 e^{tA+B}在任意区间 $r\leqslant t\leqslant s$ 上一致收敛. 而且，导数级数一致收敛于 Ae^{tA+B}. 由定理 5.4.12，e^{tA+B}的导数可逐项计算，所以，对任意交换矩阵对 A，B，

$$\frac{d}{dt}e^{tA+B}=Ae^{tA+B}$$

取 $B=0$ 就证明了定理 5.4.4(b).

其次，我们复制定理 5.4.9 的证明所用过的方法. 仍假设 A 与 B 是交换的，对乘积 $e^{-tA}e^{tA+B}$进行微分. 如同(5.4.10)中那样，我们发现

$$\frac{d}{dt}(e^{-tA}e^{tA+B})=(-Ae^{-tA})(e^{tA+B})+(e^{-tA})(Ae^{tA+B})=0$$

所以，$e^{-tA}e^{tA+B}=C$，其中 C 是常数矩阵. 置 $t=0$ 表明 $e^B=C$. 置 $B=0$ 表明 $e^{-tA}=(e^{tA})^{-1}$. 则$(e^{tA})^{-1}e^{tA+B}=e^B$. 置 $t=1$ 表明 $e^{A+B}=e^Ae^B$. 这就证明了定理 5.4.4(c). ■

在第九章我们将再次使用矩阵指数的著名性质.

对一般情形中定理的证明工作

我认为没有必要.

——*Arthur Cayley*[㊀]

㊀ 亚瑟·凯莱，以其名命名凯莱-哈密顿定理的数学家之一，他的论文叙述的是 $n\times n$ 矩阵的一般情形，而验证的是 2×2 的情形(见(5.2.4)). 他用这里所引述的话来结束该定理的讨论.

练　　习

第一节　正交矩阵与旋转

1.1　确定表示 $\mathbf{R}^3$ 的下列旋转的矩阵：

(a) 角 θ，轴 e_2　(b) 角 $2\pi/3$，包含向量$(1,1,1)^t$ 的轴　(c) 角 $\pi/2$，包含向量$(1,1,0)^t$的轴

1.2　表示绕轴 u 转过 θ 角 $\mathbf{R}^3$ 的旋转的矩阵 A 的复特征值是什么？

1.3　O_n 是否同构于积群 $SO_n\times\{\pm I\}$？

1.4　给出行列式为-1的正交 3×3 矩阵作用的几何描述.

150

1.5　令 A 是 3×3 正交矩阵，$\det A=1$，其旋转角不同于 0 或 π，且设 $M=A-A^t$.

(a) 证明 M 的秩为 2，且 M 的零空间里的非零向量 X 是 A 的伴随于特征值 1 的特征向量.

(b) 求这样一个用 A 的元素简洁表出的特征向量.

第二节　连续性的使用

2.1　使用凯莱-哈密顿定理给出由 A，$(\det A)^{-1}$和特征多项式的系数表示的 A^{-1}的表达式．在 2×2 情形里验证你给出的表达式.

2.2　令 A 是 $m\times m$ 复矩阵，B 是 $n\times n$ 复矩阵，考虑在所有复矩阵的空间 $\mathbf{C}^{m\times n}$ 上由 $T(M)=AMB$ 定义的线性算子 T.

(a) 指出如何由一对列向量 X，Y 构造的特征向量，其中 X 是 A 的特征向量而 Y 是 B^t 的特征向量.

(b) 用 A 和 B 的特征值确定 T 的特征值.

(c) 确定这个算子的迹.

2.3　令 A 是 $n\times n$ 复矩阵.

(a) 考虑在所有复 $n\times n$ 矩阵的空间 $\mathbf{C}^{n\times n}$上由法则 $T(M)=AM-MA$ 定义的线性算子．证明这个算子的秩至多是 n^2-n.

(b) 用 T 的特征值$\lambda_1,\cdots,\lambda_n$ 确定 A 的特征值.

2.4　令 A 和 B 是可对角化的复矩阵．证明存在可逆矩阵 P 使得 $P^{-1}AP$ 与 $P^{-1}BP$ 均是对角的当且仅当 $AB=BA$.

第三节　微分方程组

3.1　证明矩阵值函数微分的乘积法则.

3.2　令 $A(t)$与 $B(t)$是 t 的矩阵值可微函数．计算

(a) $\dfrac{\mathrm{d}}{\mathrm{d}t}(A(t)^3)$　(b) $\dfrac{\mathrm{d}}{\mathrm{d}t}(A(t)^{-1})$　(c) $\dfrac{\mathrm{d}}{\mathrm{d}t}(A(t)^{-1}B(t))$

3.3　对下列矩阵 A 解微分方程$\dfrac{\mathrm{d}X}{\mathrm{d}t}=AX$：

(a) $\begin{bmatrix}2&1\\1&2\end{bmatrix}$　(b) $\begin{bmatrix}1&\mathrm{i}\\-\mathrm{i}&1\end{bmatrix}$　(c) $\begin{bmatrix}1&2&3\\0&0&4\\0&0&-1\end{bmatrix}$　(d) $\begin{bmatrix}0&0&1\\1&0&0\\0&1&0\end{bmatrix}$

3.4　令 A 和 B 是常数矩阵，且 A 是可逆的．用方程$\dfrac{\mathrm{d}X}{\mathrm{d}t}=AX$ 的解解非齐次微分方程$\dfrac{\mathrm{d}X}{\mathrm{d}t}=AX+B$.

第四节　矩阵指数

4.1　对下列矩阵 A 计算 e^A：

151

(a) $\begin{bmatrix} a & b \\ & \end{bmatrix}$ (b) $\begin{bmatrix} 2\pi i & 2\pi i \\ & 2\pi i \end{bmatrix}$ (c) $\begin{bmatrix} 0 & -b \\ b & 0 \end{bmatrix}$ (d) $\begin{bmatrix} 1 & 0 \\ 1 & 1 \end{bmatrix}$ (e) $\begin{bmatrix} 0 & & \\ 1 & 0 & \\ & 1 & 0 \end{bmatrix}$

4.2 证明公式 $e^{\mathrm{trace}A}=\det(e^{A})$.

4.3 设 X 是 $n\times n$ 矩阵 A 的特征向量，特征值为 λ.

(a) 证明：如果 A 可逆，则 X 也是 A^{-1} 的特征向量，特征值是 λ^{-1}.

(b) 证明 X 是 e^{A} 的特征向量，特征值是 e^{λ}.

4.4 令 A 和 B 是可交换矩阵．为证 $e^{A+B}=e^{A}e^{B}$，可把两边展开为双和，其诸项为 $A^{i}B^{j}$ 的倍数．证明所得的两个双和是相同的.

4.5 当 A 是已知矩阵，解微分方程 $\frac{dX}{dt}=AX$：

(a) $\begin{bmatrix} 2 & \\ 1 & 2 \end{bmatrix}$ (b) $\begin{bmatrix} 0 & 0 \\ 1 & 0 \end{bmatrix}$ (c) $\begin{bmatrix} 1 & & \\ 1 & 1 & \\ & 1 & 1 \end{bmatrix}$

4.6 对 $n\times n$ 矩阵 A，用 $\sin x$ 和 $\cos x$ 的泰勒级数展开式定义 $\sin A$ 和 $\cos A$.

(a) 证明：对所有 A，这些级数收敛.

(b) 证明 $\sin(tA)$ 是 t 的可微函数，且 $\frac{d\sin(tA)}{dt}=A\cos(tA)$.

4.7 讨论下列恒等式成立的范围：

(a) $\cos^{2}A+\sin^{2}A=I$,

(b) $e^{iA}=\cos A+i\sin A$,

(c) $\sin(A+B)=\sin A\cos B+\cos A\sin B$,

(d) $e^{2\pi i A}=I$,

(e) $\frac{d(e^{A(t)})}{dt}=e^{A(t)}\frac{dA}{dt}$，其中 $A(t)$ 是 t 的可微的矩阵值函数.

4.8 令 P, B_k 与 B 是 $n\times n$ 矩阵，其中 P 是可逆的．证明：如果 B_k 收敛于 B，则 $P^{-1}B_kP$ 收敛于 $P^{-1}BP$.

杂题

M.1 确定具有整数元素的正交矩阵群 $O_n(\mathbf{Z})$.

M.2 用若尔当形证明凯莱-哈密顿定理.

M.3 设 A 是一个 $n\times n$ 复矩阵．证明：如果对所有 $k>0$ 有迹 $\mathrm{trace}A^{k}=0$，则 A 是幂零的.

M.4 令 A 是 $n\times n$ 复矩阵，其所有特征值的绝对值均小于 1，证明级数 $I+A+A^{2}+\cdots$ 收敛于 $(I-A)^{-1}$.

M.5 斐波那契数 0，1，1，2，3，5，8，…是在初始条件 $f_0=0$，$f_1=1$ 之下由迭代关系 $f_n=f_{n-1}+f_{n-2}$ 定义的．迭代关系可用矩阵形式写为

152

$$\begin{bmatrix} 0 & 1 \\ 1 & 1 \end{bmatrix}\begin{bmatrix} f_{n-2} \\ f_{n-1} \end{bmatrix}=\begin{bmatrix} f_{n-1} \\ f_n \end{bmatrix}$$

(a) 证明公式

$$f_n=\frac{1}{\alpha}\left[\left(\frac{1+\alpha}{\alpha}\right)-\left(\frac{1-\alpha}{2}\right)^{2}\right]$$

其中 $\alpha=\sqrt{5}$.

(b) 设序列 a_n 由关系 $a_n=\frac{1}{2}(a_{n-1}+a_{n-2})$ 定义，用 a_0，a_1 计算 $\lim a_n$.

M.6 (积分算子)区间[0，1]上连续函数 $f(u)$ 的空间 $\mathcal{C}$ 是类似 $\mathbf{R}^n$ 的无限维空间之一，且方形区域 $0\leqslant u$，$v\leqslant 1$ 上的连续函数 $A(u，v)$ 是无限维的，类似于矩阵. 积分

$$A\cdot f=\int_0^1 A(u,v)f(v)\mathrm{d}v$$

类似于矩阵与向量乘法.(为使其形象化，在 u，v 平面按顺时针方向旋转单位方形和区间[0，1] 90°.)在适当的假设下，桥对变化的载重的反应由这个积分表示. 为此，f 表示沿桥的载重，于是 $A\cdot f$ 将把由载重引起的桥的垂度计算出来.

这个问题把积分作为线性算子处理. 对函数 $A=u+v$，确定算子的像. 确定它的非零特征值，用某些为零的积分描述它的核. 对函数 $A=u^2+v^2$ 做同样的事.

M.7 令 A 是 2×2 复矩阵，其特征值互不相同，设 X 是 2×2 未定矩阵. 矩阵方程 $X^2=A$ 有多少个解？

M.8 用几何方法确定两个三维旋转的合成的旋转轴. 153

第六章　对　　称

代数不是写出的几何，

几何也不是画出的代数．

——*Sophie Germain*

对称为群论提供了最引人入胜的应用．群最早是为了分析称为扩域的代数结构——域扩张(第十六章)——的对称性而发明的．因为对称性是所有科学中一个共同的现象，所以它仍是群论应用的两个主要方式之一．另一个应用方式是通过群的表示，我们将在第十章加以讨论．第一节所研究的平面图形的对称为第七节引入的群作用的一般概念提供了丰富的实例和背景．

我们将允许自由使用几何推理，而回溯到几何公理的讨论将留到其他场合．

第一节　平面图形的对称

平面图形的对称通常可分为图 6.1.1～图 6.1.3 所示的几种主要类型．

【6.1.1】图

双侧对称

【6.1.2】图

旋转对称

【6.1.3】图

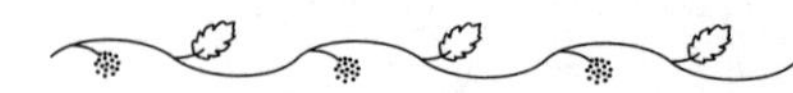

平移对称

这样的图形可假设在两个方向上任意延伸．还存在第四类对称，尽管对它的名称(滑动对称)可能不太熟悉．

【6.1.4】图

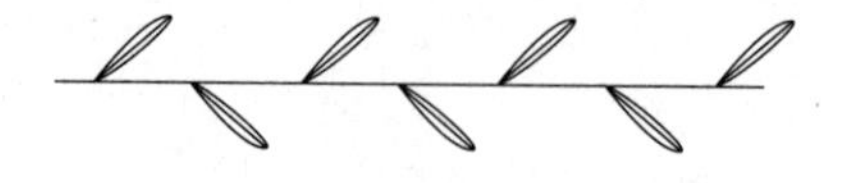

滑动对称

像墙纸图案这样的图形可以有两个独立的平移对称．

【6.1.5】图

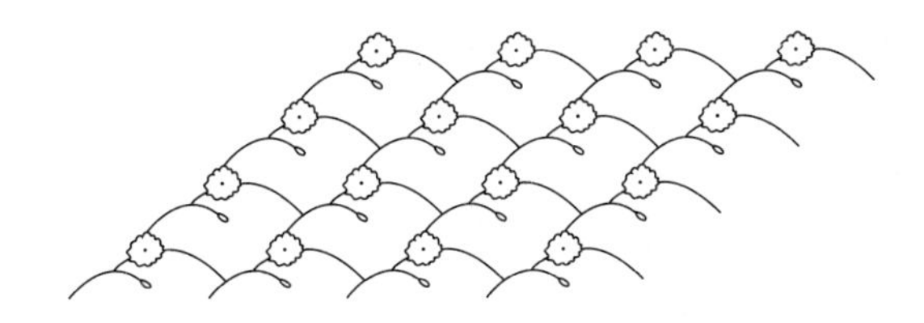

其他对称的组合也可能出现．例如，星形图案具有双侧对称和旋转对称．在下面的图形里，平移对称与旋转对称组合起来：

【6.1.6】图

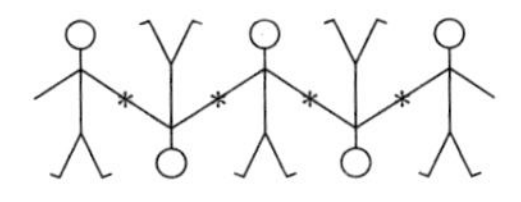

另一个例子：

【6.1.7】图

155

平面的刚体运动称为一个等距，并且如果一个等距把平面的子集 F 映为自身，就称为 F 的对称．F 的全体对称的集合构成平面的所有等距群的一个子群：如果 m 与 m' 映 F 到 F，则合成映射 mm' 也映 F 到 F，等等．这是 F 的对称群．

图 6.1.3 的对称群是由使图形向左移动一个单位的平移 t 生成的一个无限循环群．

$$G=\{\cdots,t^{-2},t^{-1},1,t,t^2,\cdots\}$$

图 6.1.7 除了平移外还有对称．

第二节　等　　距

$\mathbf{R}^n$ 的两点间的距离是向量 $u-v$ 的长度 $|u-v|$．n 维空间 $\mathbf{R}^n$ 的等距是从 $\mathbf{R}^n$ 到其自身的一个保持距离的映射 f，它是一个对 $\mathbf{R}^n$ 的所有 u 与 v，使得

【6.2.1】
$$|f(u)-f(v)|=|u-v|$$

成立的映射．等距映射把一个图形映为一个全等图形．

【6.2.2】例

(a) 正交线性算子是等距．

因为正交算子 φ 是线性的，故 $\varphi(u)-\varphi(v)=\varphi(u-v)$，从而 $|\varphi(u)-\varphi(v)|=|\varphi(u-v)|$．由于 φ 是正交的，它保持点积，故保持长度，于是 $|\varphi(u-v)|=|u-v|$．

(b) 对向量 a，由 $t_a(x)=x+a$ 定义的平移映射 t_a 是等距．

平移不是线性算子，因为它不能把 0 映为 0，除非由零向量所定义的平移，当然这时它是恒等映射．

(c) 等距的合成是等距．■

【6.2.3】定理　关于映射 φ：$\mathbf{R}^n\to\mathbf{R}^n$，下列条件是等价的：

(a) φ 是固定原点的等距：$\varphi(0)=0$．

(b) φ 保持点积：对所有 v 和 w，$(\varphi(v)\cdot\varphi(w))=(v\cdot w)$.

(c) φ 是正交线性算子.

我们已经看到(c)蕴含(a). 下面给出的(b)⇒(c)的证明是几年前由 Sharon Hollander 提供的，当时她是 MIT 代数班里的学生.

【6.2.4】引理 令 x 与 y 是 $\mathbf{R}^n$ 的点，如果三个点积 $(x\cdot x)$，$(x\cdot y)$ 与 $(y\cdot y)$ 相等，则 $x=y$.

156

证明 假设 $(x\cdot x)=(x\cdot y)=(y\cdot y)$. 则

$$((x-y)\cdot(x-y))=(x\cdot x)-2(x\cdot y)+(y\cdot y)=0$$

$x-y$ 的长度为零，所以，$x=y$. ■

定理 6.2.3 中(b)⇒(c)的证明 令 φ 是保持点积的映射. 则它是正交的，倘若它是线性算子(5.1.12). 要证 φ 是线性算子，需证 $\varphi(u+v)=\varphi(u)+\varphi(v)$ 与 $\varphi(cv)=c\varphi(v)$ 对所有的 u 与 v 和所有的标量 c 成立.

已知 $x\in\mathbf{R}^n$，用符号 x' 代表 $\varphi(x)$. 也用符号 w 表示和，写成 $w=u+v$. 于是，要证的关系 $\varphi(u+v)=\varphi(u)+\varphi(v)$ 变成了 $w'=u'+v'$.

用 $x=w'$ 与 $y=u'+v'$ 在引理 6.2.4 里做替换. 要证 $w'=u'+v'$，只需证明三个点积

$$(w'\cdot w'),\quad (w'\cdot(u'+v'))\text{ 与 }((u'+v')\cdot(u'+v'))$$

相等. 展开第二个和第三个点积. 只需证明

$$(w'\cdot w')=(w'\cdot u')+(w'\cdot v')=(u'\cdot u')+2(u'\cdot v')+(v'\cdot v')$$

由假设，φ 保持点积. 所以，我们可丢掉撇：$(w'\cdot w')=(w\cdot w)$，等等. 这样，只需证明

【6.2.5】
$$(w\cdot w)=(w\cdot u)+(w\cdot v)=(u\cdot u)=2(u\cdot v)+(v\cdot v)$$

现在，要证 $w'=u'+v'$，而由定义，$w=u+v$ 是成立的. 于是，可用 $u+v$ 替换 w. 这样，(6.2.5)就成立了.

要证 $\varphi(cv)=c\varphi(v)$，写 $u=cv$，我们需证 $u'=cv'$. 证明与我们刚给出的证明类似. ■

定理 6.2.3 中(a)⇒(b)的证明 令 φ 是固定原点的等距. 利用撇号，φ 的保距性质为

【6.2.6】
$$((u'-v')\cdot(u'-v'))=((u-v)\cdot(u-v))$$

对 $\mathbf{R}^n$ 的所有 u 与 v 成立. 替换 $v=0$. 由于 $0'=0$，故 $(u'\cdot u')=(u,u)$. 类似地，$(v'\cdot v')=(v,v)$. 现在，展开(6.2.6)式并且从方程两边消去 (u,u) 和 (v,v) 就得(b). ■

【6.2.7】推论 $\mathbf{R}^n$ 的每个等距 f 是一个正交线性算子与一个平移的合成. 更确切地，如果 f 是一个等距，并且 $f(0)=a$，则 $f=t_a\varphi$，其中 t_a 是平移，φ 是正交线性算子. f 的这个表达式是唯一的.

证明 令 f 是一个等距，设 $a=f(0)$，$\varphi=t_{-a}f$. 推论等于断言：φ 是正交线性算子. 因为 φ 是等距 t_{-a} 与 f 的合成，故它是一个等距. 因为 $\varphi(0)=t_{-a}f(0)=t_{-a}(a)=0$，所以 φ 固定原点. 定理 6.2.3 表明 φ 是正交线性算子. 表达式 $f=t_a\varphi$ 是唯一的，这是因为由于 $\varphi(0)=0$，我们必须有 $a=f(0)$，从而 $\varphi=t_{-a}f$. ■

157

为利用等距表达式 $t_a\varphi$，我们需要确定两个这样的表达式的(合成)积．我们知道，正交算子的合成是正交算子．其他规则是：

【6.2.8】　$t_a t_b = t_{a+b}$，　$\varphi t_a = t_{a'}\varphi$，　其中 $a' = \varphi(a)$

我们证明最后一个关系：$\varphi t_a(x)=\varphi(x+a)=\varphi(x)+\varphi(a)=\varphi(x)+a'=t_{a'}\varphi(x)$．

【6.2.9】**推论**　$\mathbf{R}^n$ 的所有等距的集合构成一个群，记为 M_n，函数的合成作为它的合成法则．

证明　等距的合成是等距，并且，等距的逆也是等距，因为正交算子与平移是可逆的，且若 $f=t_a\varphi$，则 $f^{-1}=\varphi^{-1}t_a^{-1}=\varphi^{-1}t_{-a}$．这是等距的合成．■

注意　直接从定义上不是很容易证明等距是可逆的．

同态 $M_n \to O_n$

存在一个重要映射 π：$M_n \to O_n$，它由去掉等距 f 的平移部分所定义．把 f 写为(唯一)形式 $f=t_a\varphi$，定义 $\pi(f)=\varphi$．

【6.2.10】**命题**　映射 π 是满同态，它的核是平移的集合 $T=\{t_v\}$，它是 M_n 的正规子群．

证明　显然，π 是满射，且我们一旦证明 π 是同态，那么 T 显然是它的核，因此，T 是正规子群．我们必须证明如果 f 与 g 是等距，则 $\pi(fg)=\pi(f)\pi(g)$．比如说，$f=t_a\varphi$，$g=b_a\psi$，所以 $\pi(f)=\varphi$ 且 $\pi(g)=\psi$．这样，$\varphi t_b=t_{b'}\varphi$，其中 $b'=\varphi(b)$ 并且，$fg=t_a\varphi t_b\psi=t_{a+b'}\varphi\psi$．所以，$\pi(fg)=\varphi\psi=\pi(f)\pi(g)$．■

坐标的变换

令 P 表示 n 维空间．等距公式 $t_a\varphi$ 依赖于坐标的选取，所以，我们想知道当坐标变化时，公式如何变化．我们将允许由正交矩阵引起的变化，也允许通过平移所做的原点的平移．换言之，我们可用等距变换坐标．

要分析这样变换的效果，我们从等距 f(即 P 的点 p)和它的像 $q=f(p)$开始，不涉及坐标．当引进坐标系时，空间 P 与 $\mathbf{R}^n$ 就变得一致了，点 p 与 q 有坐标，比如说，$x=(x_1,\cdots,x_n)^t$，$y=(y_1,\cdots,y_n)^t$．还有，等距 f 有坐标公式 $t_a\varphi$；称这个公式为 m．方程 $q=f(p)$平移到 $y=m(x)(=t_a\varphi(x))$．当坐标变化时，我们想确定坐标向量与公式发生什么变化．基在线性算子下变化的类似计算给出线索：m 由共轭变换．　158

坐标变换由某个等距给出，记之为 η(等等)．令 p 与 q 的新坐标向量为 x'与 y'．f 的新公式 m'使得 $m'(x')=y'$．我们还有类似于基变化公式 $PX'=X$(3.5.11)的公式$\eta(x')=x$．

在方程 $m(x)=y$ 里做替换 $\eta(x')=x$ 与 $\eta(y')=y$，得 $m\eta(x')=\eta(y')$，或 $\eta^{-1}m\eta(x')=y'$．新公式是共轭的，如所期望的那样：

【6.2.11】
$$m' = \eta^{-1}m\eta$$

【6.2.12】**推论**　当原点由平移变换时，同态 π：$M_n \to O_n$(6.2.10)不变化．

当原点由平移 $t_v=\eta$ 变换时，(6.2.11)为 $m'=t_{-v}mt_v$，由于平移是 π 的核，而 π 是同态，故 $\pi(m')=\pi(m)$．

方向

$\mathbf{R}^n$ 上正交算子 φ 的行列式是 ± 1. 算子称为是保向的，如果它的行列式是 1；称为反向的，如果它的行列式为 -1. 类似地，保向(或反向)的等距 f 的定义为，当它写为形式 $f=t_a\varphi$ 时，算子 φ 是保向(或反向)的. 平面的等距是反向的，如果它把平面的前后互换；是保向的，如果它把前面映为前面.

映射

【6.2.13】
$$\sigma: M_n \to \{\pm 1\}$$
是一个群同态，它映保向等距为 1 且映反向等距为 -1.

第三节　平面的等距

本节我们在代数和几何两方面描述平面的等距.

用 M 记平面的等距的群. 为计算这个群，选取某些特殊的等距作为生成元，并且得到它们间的关系. 这些关系有点儿类似于定义对称群 S_3 的那些关系，但因 M 是无限的，所以这其间关系更多.

选取坐标系，用其将平面 P 与空间 $\mathbf{R}^2$ 一致起来. 这样，我们选取平移、绕原点的旋转与绕 e_1 轴的反射为生成元. 记转过角 θ 的旋转为 ρ_θ，关于 e_1 轴的反射为 r. 这些都是线性算子，它们的矩阵 R 与 S_0 在前面表示过(见(5.1.17)与(5.1.16)).

159

【6.3.1】

1. 由向量 a 确定的平移 t_a：$t_a(x)=x+a=\begin{bmatrix}x_1\\x_2\end{bmatrix}+\begin{bmatrix}a_1\\a_2\end{bmatrix}$.

2. 绕原点旋转角 θ 的旋转 ρ_θ：$\rho_\theta(x)=\begin{bmatrix}\cos\theta & -\sin\theta\\ \sin\theta & \cos\theta\end{bmatrix}\begin{bmatrix}x_1\\x_2\end{bmatrix}$.

3. 关于 e_1 轴的反射：$r(x)=\begin{bmatrix}1 & 0\\0 & -1\end{bmatrix}\begin{bmatrix}x_1\\x_2\end{bmatrix}$.

我们没有列出所有的等距. 绕非原点的点旋转没有被列出，关于其他直线的反射或者滑动反射也未被列出. 然而，M 的每个元素都是这些等距的乘积，于是，它们生成这个群.

【6.3.2】**定理**　令 m 是平面的一个等距，对唯一确定的向量 v 与角 θ(v 与 θ 可能为零)，有 $m=t_v\rho_\theta$，或 $m=t_v\rho_\theta r$.

证明　推论 6.2.7 断言任意等距 m 可唯一地写成形式 $m=t_v\varphi$，其中 φ 是正交算子. $\mathbf{R}^2$ 上的正交线性算子是绕原点的旋转 ρ_θ 以及关于过原点的直线的反射. 反射有形式 $\rho_\theta r$(见(5.1.17)). ■

形如 $t_v\rho_\theta$ 的等距保向，而 $t_v\rho_\theta r$ 反向.

M 里的计算可用符号 t_v，ρ_θ 和 r 进行，使用下列规则合成它们. 这些规则可用公式 6.3.1来证明(见(6.2.8)).

【6.3.3】

$$\begin{aligned} \rho_\theta t_v &= t_{v'}\rho_\theta, \quad \text{其中 } v' = \rho_\theta(v), \\ r t_v &= t_{v'} r, \quad \text{其中 } v' = r(v), \\ r\rho_\theta &= \rho_{-\theta} r, \\ t_v t_w &= t_{v+w}, \quad \rho_\theta\rho_\eta = \rho_{\theta+\eta}, rr = 1. \end{aligned}$$

下一个定理从几何上刻画平面的等距.

【6.3.4】定理 平面的每个等距都有下面的形式之一:

(a) 保向等距:

(i) 平移:映 $p \rightsquigarrow p+v$ 的映射 t_v.

(ii) 旋转:绕某点转过角度 θ 的平面旋转.

(b) 反向等距:

(i) 反射:关于直线 ℓ 双侧对称.

(ii) 滑动反射(或简称滑动):关于直线 ℓ 的反射,然后经由平行于直线 ℓ 的非零向量确定的平移.

这个著名定理的证明如下所述. 它的推论之一是,绕两不同点的旋转的合成是绕第三个点的旋转,除非它是平移. 这不是显然的,但由这个定理可得,因为合成会保持方向.

160

一些合成容易可视化. 绕同一点转过两个角 α 与 β 的旋转的合成是绕该点的旋转,转角为 $\alpha+\beta$. 由向量 a 与 b 确定的平移的合成是这两个向量和 $a+b$ 所确定的平移.

关于两条非平行线 ℓ_1 与 ℓ_2 的反射是绕交点 $\ell_1 \cap \ell_2$ 的旋转. 这也可由这个定理得到,因为合成是保向的,且它固定点 p. 关于平行线的反射的合成是由一个与这两条直线正交的向量所确定的平移.

定理 6.3.4 的证明 首先考虑保向等距. 令 f 是一个保向的但不是平移的等距. 我们必须证明 f 是绕某个点的旋转. 选取坐标把 f 的公式写为如(6.3.3)里的 $m=t_v\rho_\theta$. 因为 m 不是平移,故 $\theta \neq 0$.

【6.3.5】引理 具有形式 $m=t_v\rho_\theta$ 的等距 f(其中 $\theta \neq 0$)是围绕平面上一点转过角度 θ 的旋转.

证明 为简化记号,记 ρ_θ 为 ρ. 要证 f 表示围绕平面上某一点 p 转过角度 θ 的旋转,我们用平移 t_p 变换坐标. 希望选取 p 使得等距 f 的新公式变为 $m'=p$. 如果这样,则 f 是围绕平面上点 p 转过角度 θ 的旋转.

坐标变换规则是 $t_p(x')=x$,所以,f 的新公式变为 $m'=t_p^{-1}mt_p=t_{-p}t_a\rho t_p$(6.2.11). 我们使用规则(6.3.3):$\rho t_p=t_{p'}\rho$,其中 $p'=\rho(p)$. 这样,如果 $b=-p+a+p'=a+\rho(p)-p$,则有 $m'=t_b\rho$. 我们希望选取 p 使得 $b=0$.

令 I 表示恒等算子,设 $c=\cos\theta$ 与 $s=\sin\theta$. 线性算子 $I-\rho$ 的矩阵是

【6.3.6】

$$\begin{bmatrix} 1-c & s \\ -s & 1-c \end{bmatrix}$$

它的行列式是 $2-2c=2-2\cos\theta$. 这个行列式不为零，除非 $\cos\theta=1$，而这仅当 $\theta=0$ 时才发生．由于 $\theta\neq 0$，方程 $(I-\rho)p=a$ 对于 p 有唯一的解．当需要时，方程可有明确解． ■

点 p 是等距 $t_a\rho_\theta$ 的固定点，可用如下所示的几何方法找到它．直线 ℓ 通过原点，并与向量 a 垂直．取适当位置使夹角为 θ 的扇形能被 ℓ 平分，固定点 p 可以如图所示通过将向量 a 插入扇形得到．

161

【6.3.7】图

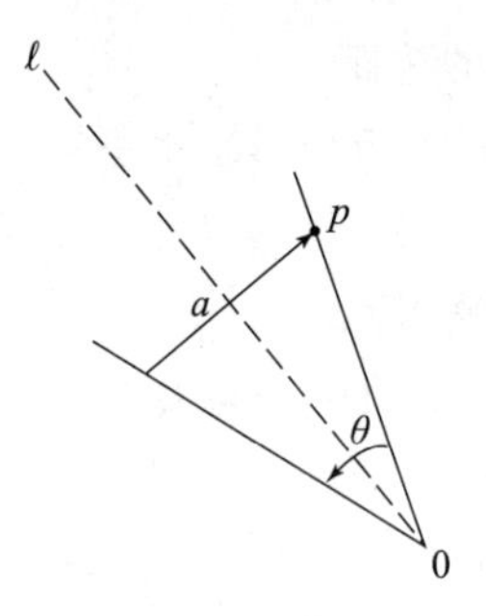

等距 $t_a\rho_\theta$ 的固定点

要完成定理 6.3.4 的证明，我们证明反向等距 $m=t_a\rho_\theta r$ 是滑动或反射．为此，我们变换坐标．等距 $\rho_\theta r$ 是关于过原点的直线 ℓ_0 的反射．我们可旋转坐标使得 ℓ_0 是水平轴．在新的坐标系里，反射变成了我们的标准反射 r，并且平移 t_a 仍是平移，尽管向量 a 的坐标变了．用同一符号 a 表示这个新向量．在新坐标系里，等距变为 $m=t_ar$．它的作用为

$$m\begin{bmatrix}x_1\\x_2\end{bmatrix}=t_a\begin{bmatrix}x_1\\-x_2\end{bmatrix}=\begin{bmatrix}x_1+a_1\\-x_2+a_2\end{bmatrix}$$

这个等距是关于直线 ℓ：$\left\{x_2=\frac{1}{2}a_2\right\}$ 反射所得的滑动，而该直线是由向量 a_1e_1 的平移得到的．如果 $a_1=0$，则 m 是反射．

这就完成了定理 6.3.4 的证明． ■

【6.3.8】**推论** 等距 $t_a\rho_\theta r$ 的滑动直线与反射 $\rho_\theta r$ 的直线平行．

固定原点的等距是正交线性算子，所以，当选取坐标时，正交群 O_2 成为等距群 M 的子群．我们也可考虑固定平面上原点以外的点的等距群 M 的子群．这个群与正交群的关系由下一个命题给出．

【6.3.9】**命题** 假设平面上已选取坐标，使得正交群 O_2 成为固定原点的等距群 M 的子群．则固定平面上的点 p 的等距群是共轭子群 $t_pO_2t_p^{-1}$．

证明 如果等距 m 固定 p，则 $t_p^{-1}m\,t_p$ 固定原点：$t_p^{-1}m\,t_po=t_p^{-1}m\,p=t_p^{-1}p=o$．反之，如果 m 固定 o，则 $t_pmt_p^{-1}$ 固定 p． ■

162

可以以下面的方式可视化绕点 p 的旋转：首先由平移 t_{-p} 移动 p 到原点，然后绕原点旋转，最后再平移到 p．

我们回到在(6.2.10)里定义的同态 π：$M\to O_2$．上面的讨论证明了：

【6.3.10】**命题**　令 p 是平面的一个点，且设 $\rho_{\theta,p}$ 表示围绕 p 转过角度 θ 的旋转，则 $\pi(\rho_{\theta,p})=\rho_\theta$. 类似地，如果 r_ℓ 是关于直线 ℓ 的反射或具有与 x 轴平行的滑动直线 ℓ 的滑动，则 $\pi(r_\ell)=r$.

点与向量

在本书大部分篇幅里，没有必要区分平面 $P=\mathbf{R}^2$ 的点 p 与从原点 o 到 p 的向量，这个向量在微积分书里常常写为 $\overrightarrow{op}$. 然而，当利用等距时，最好是保持这种区分. 于是，我们引进平面的另一个复制，称之为 V，并且把它的元素看作平移向量. 由 V 中的向量 v 确定的平移作用 P 的点 p 为 $t_v(p)=p+v$. 它用 v 平移平面上的每个点.

V 与 P 都是平面. 它们之间的不同仅当变换坐标时变得明显. 假设在 P 中用平移变换 $\eta=t_w$ 平移坐标. 则变换坐标的规则是 $\eta(p')=p$，或 $p'+w=p$. 同时，等距 m 变为 $m'=\eta^{-1}m\eta=t_{-w}mt_w$(6.2.11). 如果用 $m=t_v$ 应用这个规则，则 $m'=t_{-w}t_vt_w=t_v$. P 的点得到新的坐标，但平移向量未变.

另一方面，如果用正交算子 φ 变换坐标，则 $\varphi(p')=p$，且如果 $m=t_v$，则 $m'=\varphi^{-1}t_v\varphi=t_{v'}$，其中 $v'=\varphi^{-1}v$. 所以，$\varphi v'=v$. 用正交算子变换坐标的效果在 P 上及 V 上是一样的.

P 与 V 的仅有差别是 P 中的原点不一定是固定不动的，而零向量在 V 被选作原点.

正交算子作用于 V，但它们不作用于 P，除非在 P 上选择了原点.

第四节　平面上正交算子的有限群

【6.4.1】**定理**　令 G 是正交群 O_2 的有限子群. 存在整数 n 使得 G 是下列群之一：

(a) C_n：由旋转 ρ_θ 生成的秩为 n 的循环群，其中 $\theta=2\pi/n$.

(b) D_n：由两个元素(旋转 ρ_θ 与关于过原点的直线 ℓ 的反射 r')生成的秩为 $2n$ 的二面体群，其中 $\theta=2\pi/n$.

在证明定理前我们用点时间描述下二面体群 D_n. 这个群依赖于反射的直线，但如果选取坐标使得 ℓ 成为水平轴，则该群将含有标准反射 r，其矩阵为

【6.4.2】
$$\begin{bmatrix}1 & \\ & -1\end{bmatrix}$$

163

这样，如果把 ρ_θ 写成 ρ，则该群的 $2n$ 个元素将是 ρ 的 n 个幂 ρ^i 与 n 个积 $\rho^i r$. ρ 与 r 的交换规则是

$$r_\rho=\begin{bmatrix}1 & \\ & -1\end{bmatrix}\begin{bmatrix}c & -s\\ s & c\end{bmatrix}=\begin{bmatrix}c & s\\ -s & c\end{bmatrix}\begin{bmatrix}1 & \\ & -1\end{bmatrix}=\rho^{-1}r$$

其中 $c=\cos\theta$，$s=\sin\theta$，$\theta=2\pi/n$.

为与群的习惯记号一致，记旋转 $\rho_{2\pi/n}$ 为 x，反射 r 为 y.

【6.4.3】**命题**　二面体群 D_n 有秩 $2n$. 它由两个满足下列关系

$$x^n=1,\quad y^2=1,\quad yx=x^{-1}y$$

的元素 x 与 y 生成. D_n 的元素为

$$1,x,x^2,\cdots,x^{n-1};\quad y,xy,x^2y,\cdots,x^{n-1}y$$

利用(6.4.3)里的前两个关系，第三个关系可写成各式各样的形式．它等价于

【6.4.4】 $$xyxy = 1, \quad \text{也等价于} \quad yx = x^{n-1}y.$$

当 $n=3$ 时，关系与对称群 S_3(2.2.6)的一样．

【6.4.5】**推论** *二面体群 D_3 与对称群 S_3 是同构的．*

对 $n>3$，二面体群与对称群是不同构的，因为 D_n 秩为 $2n$，而 S_n 秩为 $n!$．

当 $n\geqslant 3$ 时，二面体群 D_n 的元素是把正 n 边形 Δ 映为自身的正交算子——Δ 的对称群．这很容易看出，易可由定理得出：绕中心转过角度 $2\pi/n$ 的旋转与一些反射把正 n 边形映为自身．定理 6.4.1 把所有对称的群与 D_n 等同起来．

二面体群 D_1, D_2 太小以至于不是通常意义下 n 边形的对称群．D_1 是两个元素的群 $\{1, r\}$．所以，它是循环群，像 C_2 一样．但 D_1 的元素 r 是反射，而 C_2 中不同于恒等元的元素是具有角度 π 的旋转．群 D_2 含有 4 个元素 $\{1, \rho, r, \rho r\}$，其中 ρ 是具有角度 π 的旋转，ρr 是关于竖直轴的反射．这个群同构于克莱因四元群．

如果我们喜欢，可把 D_1 与 D_2 看作 1 边与 2 边的对称群：

164

我们现在开始证明定理 6.4.1．实数加群 $\mathbf{R}^+$ 的子群 Γ 称为离散的，如果存在(小)正实数 ε 使得 Γ 的每个非零元素有绝对值 $\geqslant\varepsilon$．

【6.4.6】**引理** *令 Γ 是 $\mathbf{R}^+$ 的离散子群．则或者 $\Gamma=\{0\}$ 或者 Γ 是正实数 a 的整数倍集合 $\mathbf{Z}a$．*

证明 与定理 2.3.3 的证明很相似，$\mathbf{Z}^+$ 的非零子群有形式 $\mathbf{Z}n$．

如果 a 与 b 是 Γ 的不同元素，那么由于 Γ 是群，故 $a-b$ 在 Γ 里，且 $|a-b|\geqslant\varepsilon$．$\Gamma$ 的不同元由至少为 ε 的距离分开．因为只有有限多个由 ε 分开的元素可放进任一有界区间，故有界区间含有 Γ 的有限多个元素．

假设 $\Gamma\neq\{0\}$．则 Γ 含有非零元素 b，且因为它是一个群，故 Γ 也含有 $-b$．所以，它含有正元素，比如说 a'．在 Γ 中选取最小正元素 a．能够这样做是因为只需在区间 $0\leqslant x\leqslant a'$ 里选取 Γ 的有限子集的最小元素．

我们证明 $\Gamma=\mathbf{Z}a$．因为 a 在 Γ 中，且 Γ 是群，故 $\mathbf{Z}a\subset\Gamma$．令 b 是 Γ 的元素，则对某个实数 r，有 $b=ra$．取出 r 的整数部分，写为 $r=m+r_0$，其中 m 是整数且 $0\leqslant r_0<1$．因为 Γ 是群，故 $b'=b-ma$ 在 Γ 中且 $b'=r_0a$．于是，$0\leqslant b'<a$．因为 a 是 Γ 中最小正元素，故 b' 一定为零．所以，$b=ma$，它包含在 $\mathbf{Z}a$ 里．这就证明了 $\Gamma\subset\mathbf{Z}a$，所以 $\Gamma=\mathbf{Z}a$． ■

定理 6.4.1 的证明 令 G 是 O_2 的有限群．我们要证 G 是 C_n 或 D_n．记住 O_2 的元素是旋转 ρ_θ 和反射 $\rho_\theta r$．

情形 1：G 的所有元素是旋转．

我们必须证明 G 是循环的．令 Γ 是使得 ρ_α 在 G 里的实数 α 的集合，则 Γ 是加群 $\mathbf{R}^+$ 的子群，且它含有 2π．因为 G 是有限的，故 Γ 是离散的．所以，Γ 有形式 $\mathbf{Z}\alpha$．这样，G 由转过角 α 的整数倍角的旋转组成．由于 2π 在 Γ 中，故它是 α 的整数倍．所以，对某个整数

n，$\alpha=2\pi/n$，且 $G=C_n$.

情形 2：G 含有反射.

我们调整坐标使得标准反射 r 在 G 中. 令 H 表示由属于 G 的旋转组成的子群. 应用在情形 1 里所证明的结论得到 H 是由 ρ_θ 生成的循环群，其中 $\theta=2\pi/n$. 这样，对 $0\leqslant k<n-1$，$2n$ 个积 ρ_θ^k 和反射 $\rho_\theta^k r$ 在 G 中，故 G 含有二面体群 D_n. 我们断言 $G=D_n$. 为证明这个断言，取 G 的任意元素 g，则 g 或是旋转，或是反射. 如果 g 是旋转，则由 H 的定义，$g\in H$. H 的元素也在 D_n 中，从而 $g\in D_n$. 如果 g 是反射，则对某个 ρ_α，把它写为形式 $\rho_\alpha r$. 因为 $r\in G$，故有乘积 $gr=\rho_\alpha$. 所以，ρ_α 是 ρ_θ 的幂，于是 $g\in D_n$. ■ 　165

【6.4.7】定理（不动点定理）　设 G 是平面的等距的有限群，则平面上存在一个点，它在 G 的每个元素作用之下不动，即存在点 p 使得对所有 g 属于 G 有 $g(p)=p$.

证明　这是一个漂亮的几何证明. 设 s 是平面上的任意点，并设 S 是在 G 中各个等距作用下 s 的像点的集合. 因而对 G 中的某个 g，S 的每个元素 s' 有形式 $s'=g(s)$. 这个集合称为 s 在 G 作用下的轨道. 元素 s 属于轨道，因为单位元 1 在 G 中，且 $s=1(s)$. 一个典型的轨道与运算的不动点 p 如下图所示，此时 G 是正五边形对称群.

∗p　　· s

群 G 的任意元素都将置换轨道 S. 换言之，若 $s'\in S$ 且 $h\in G$，则 $h(s')\in S$. 比如 $s'=g(s)$，其中 $g\in G$. 因为 G 是群，故 $hg\in G$. 于是 $hg(s)\in S$，且等于 $h(s')$. ■

我们任意排列 S 的元素，记 $S=\{s_1，\cdots，s_n\}$. 所求的不动点是轨道的重心或轨道的重力中心，定义为

【6.4.8】
$$p=\frac{1}{n}(s_1+\cdots+s_n)$$

其中右边可以在平面上的任一坐标系下用向量加法计算.

【6.4.9】引理　等距把重心映为重心：令 $S=\{s_1，\cdots，s_n\}$ 是平面的有限点集，设 p 是它的重心，如同(6.4.8)定义的. 设 m 是等距. 设 $m(p)=p'$ 与 $m(s_i)=s_i'$，则 p' 是集合 $S'=\{s_1'，\cdots，s_n'\}$ 的重心.

集合 S 的重心是不动点的事实由此即得. G 的元素 g 置换轨道 S. 它映 S 到 S，所以，它映 p 到 p.

引理 6.4.9 的证明　可由物理上的推理得以证明，也可通过几何方法证明. 为此，只要分别处理 $m=t_a$ 与 $m=\varphi$ 的情形即可，其中 φ 是正交算子. 任何一个等距可以由这些等距合成得到.

情形 1：$m=t_a$ 是平移. 这样，$s_i'=s_i+a$，$p'=p+a$. 于是，下式成立：

$$p' = p + a = \frac{1}{n}((s_1 + a) + \cdots + (s_n + a)) = \frac{1}{n}(s_1' + \cdots + s_n')$$

情形 2：$m=\varphi$ 是线性算子. 这样

166

$$p' = \varphi(p) = \varphi\left(\frac{1}{n}(s_1 + \cdots + s_n)\right) = \frac{1}{n}(\varphi(s_1) + \cdots + \varphi(s_n)) = \frac{1}{n}(s_1' + \cdots + s_n') \quad \blacksquare$$

把定理 6.4.1 与定理 6.4.7 合起来，得到平面上有界图形对称群的描述.

【6.4.10】**推论** 令 G 是平面的等距群 M 的有限子群. 如果坐标选取得合适，则 G 为定理 6.4.1 中描述的群 C_n 或 D_n 之一.

第五节 离散等距群

本节讨论诸如图 6.1.5 中所示的无界图形的对称群. 我所称的万花筒原理可用来构造具有已知对称群的图形. 你也许看过万花筒. 人们在万花筒的底端看见一个扇形，其边由两个镜片分界，镜片以角度 θ(如 $\theta=\pi/6$)放置. 人们还看见每个镜片里扇形的反射，然后看见反射的反射，等等. 通常在扇形里有一点玻璃的颜色，其反射形成图案.

这其中涉及一个群. 在万花筒底端的平面上，设 ℓ_1 与 ℓ_2 是由镜片构成的扇形的分界直线. 这个群是二面体群，由关于 ℓ_i 的反射 r_i 生成. 这些反射之积 r_1r_2 保向，且固定两直线交点不动，于是它是一个旋转. 它的旋转角是 $\pm 2\theta$.

可应用同一原理到 M 的任意子群 G. 我们不准备给出精确的推理来证明这一点，但讨论的方法可以演变成一个证明. 从平面上一个随机的图形 R 开始. 群 G 中的每一个元素 g 都会将 R 移到一个不同的位置，称为 gR. 图形 F 是所有图形 gR 的并集. G 的一个元素 h 将 gR 映到 hgR，它也是 F 的一部分，于是，它映 F 到自身. 如果 R 充分地随机，则 G 将是 F 的对称群. 正如我们从万花筒所知道的，图形 F 常常是非常引人入胜的. 下面是当 G 是正五边形的对称群时应用这一方法所得的结果.

当然，许多图形都会有相同或类似的对称群. 尽管如此，描述这样的群仍是很有意思并具有指导意义的. 我们将讨论群的大致分类，在练习中将会对它们加以改进.

167

M 的一些子群没有合理的几何意义. 例如，如果在万花筒里的镜片置放角度 θ 不是 2π 的有理数倍，则扇形有无限多不同的反射. 我们需要把这种可能排除在外.

【6.5.1】**定义** 平面 P 的等距群 G 是离散的，如果它不包含任意小的平移或旋转. 更准确地说，G 是离散的，如果存在一个正实数 ε 使得

(i) 如果 G 中元素是由非零向量 a 产生的平移，则 a 的长度至少为 ε：$|a|\geqslant\varepsilon$；

(ii) 如果 G 中元素是围绕平面上某点转过非零角度 θ 的旋转，则角度 θ 的绝对值至少为 θ：$|\theta|\geqslant\varepsilon$.

注意 因为平移向量和旋转角度构成不同的集合，所以对它们分别设置下界也许更合适. 然而，在这个定义里，我们不关心向量和角度的最佳下界，所以选取 ε 足够小以期同时照顾到它们.

平移和旋转都是保向等距(6.3.4)，这些条件亦应用于它们的所有元素. 我们没对反向等距附加条件. 如果 m 是具有非零滑动向量 v 的滑动，则 m^2 是平移 t_{2v}. 所以，平移向量的下界也决定了滑动向量的下界.

分析离散群 G 有三个主要工具：

【6.5.2】

- 平移群 L，平移向量的群 V 的子群.
- 点群$\overline{G}$，正交群 O_2 的子群.
- $\overline{G}$在 L 上的作用.

平移群

G 的平移群 L 是向量 v 的集合，使得平移 t_v 属于 G.

【6.5.3】
$$L=\{v\in V\ \mid\ t_v\in G\}$$

因为 $t_vt_w=t_{v+w}$，$t_v^{-1}=t_{-v}$，故 L 是所有平移向量的加群 V^+ 的子群. G 中平移的下界 ε 界定了 L 中向量的长度：

【6.5.4】
$$L\text{ 中每个非零向量 } v \text{ 的长度 } |v|\geqslant\varepsilon.$$

注 加群 V^+ 或 $\mathbf{R}^{n+}$ 的对某个 $\varepsilon>0$ 满足条件(6.5.4)的子群 L 称为离散子群.（这个定义以前对 $\mathbf{R}^+$ 定义过.）

子群 L 是离散的当且仅当 L 的不同向量 a 和 b 的间距至少是 ε. 距离是 $b-a$ 的长度，因为 L 是子群，有 $b-a$ 属于 L. 所以，这个结论是正确的. 如果(6.5.4)成立，则 $|b-a|\geqslant\varepsilon$.

【6.5.5】**定理** V^+ 或 $\mathbf{R}^{2+}$ 的每个离散子群具有下列形式之一：

(a) 零群：$L=\{0\}$.

(b) 一个非零向量 a 的整数倍的集合：

$$L=\mathbf{Z}a=\{ma\mid m\in\mathbf{Z}\}\text{，或}$$

(c) 两个线性无关的向量 a 和 b 的整数组合的集合：

$$L=\mathbf{Z}a+\mathbf{Z}b=\{ma+nb\mid m,n\in\mathbf{Z}\}$$

上面所列的第三类群称为格，生成集合(a，b)称为格基.

【6.5.6】图

格

168

【6.5.7】引理 令 L 是 V^+ 或 $\mathbf{R}^{2+}$ 的离散子群.

(a) 平面的有界区域仅含有 L 的有限多个点.

(b) 如果 L 不是平凡群，则它含有极小长度的非零向量.

证明

(a) 因为 L 的元素由至少为 ε 的长度分离，故小方形区域至多可含 L 的一个点. 平面区域是有界的，如果它包含在某个大的矩形内. 用有限多个小方形可覆盖任意矩形，每个小方形至多含有 L 的一个点.

(b) 我们说一个向量 v 是 L 的极小长度的非零向量，如果 L 不含有更短长度的非零向量. 要证这样的向量存在，我们利用 L 不是平凡群的假设. L 中存在某个非零向量 a，则关于原点半径为 $|a|$ 的圆盘是含有 a 和 L 的有限多个非零点的有界区域. 这些点中的某一个将有极小长度. ■

已知 $\mathbf{R}^2$ 的基 $\boldsymbol{B}=(u, w)$，令 $\Pi(\boldsymbol{B})$ 表示具有顶点 o，u，w，$u+w$ 的平行四边形. 它由线性组合 $ru+sw$ 组成，其中 $0\leqslant r\leqslant 1$ 与 $0\leqslant s\leqslant 1$. 用 $\Pi'(\boldsymbol{B})$ 表示从 $\Pi(\boldsymbol{B})$ 去掉两条边 $[u, u+w]$ 与 $[w, u+w]$ 得到的区域. 它由线性组合 $ru+sw$ 组成，其中 $0\leqslant r<1$，$0\leqslant s<1$.

【6.5.8】引理 令 $\boldsymbol{B}=(u, w)$ 是 $\mathbf{R}^2$ 的基，设 L 是 $\boldsymbol{B}$ 的整数组合的格. $\mathbf{R}^2$ 的每个向量 v 可唯一写成 $v=x+v_0$ 的形式，其中 x 属于 L，v_0 属于 $\Pi'(\boldsymbol{B})$.

169

证明 因为 $\boldsymbol{B}$ 是基，故每个向量是线性组合 $ru+sw$，其中 r 与 s 为实系数. 取出它们的整数部分，写作 $r=m+r_0$ 与 $s=n+s_0$，m 与 n 为整数，且 $0\leqslant r_0, s_0<1$. 这样，$v=x+v_0$，其中 $x=mu+nv$ 属于 L，$v_0=r_0u+s_0w$ 属于 $\Pi'(\boldsymbol{B})$. 只有一种方法写成这样. ■

定理 6.5.5 的证明 考虑 $\mathbf{R}^{2+}$ 的离散子群 L 就够了. L 为零群的情形包括在列表里. 如果 $L\neq\{0\}$，则有两种可能情形：

情形 1：L 中所有向量位于一条过原点的直线 ℓ 之上.

这样，L 是与 $\mathbf{R}^+$ 同构的加群 ℓ^+ 的子群. 引理 6.4.6 表明 L 有形式 $\mathbf{Z}a$.

情形 2：L 的元素不在一条直线上.

在这种情形下，L 含有无关向量 a' 与 b'. 于是，$\boldsymbol{B}'=(a', b')$ 是 $\mathbf{R}^2$ 的基. 我们必须证明 L 存在格基.

首先，考虑由 a' 所张成的直线 ℓ. ℓ^+ 的子群 $L\cap\ell$ 是离散的，且 a' 不是 0. 所以，由情形 1 所证的，对某个向量 a，L 有形式 $\mathbf{Z}a$. 适当调整坐标使 a 成为向量 $(1, 0)^t$.

其次，如果有必要，我们用 $-b'$ 替换 $b'=(b_1', b_2')^t$ 使得 b_2' 为正的. 在 L 中寻找向量 $b=(b_1, b_2)^t$ 使得 b_2 为正的，否则，使 b_2 尽可能地小. 于是，我们有无限多个元素要检查. 然而，由于 b' 属于 L，故仅需检查使得 $0<b_2\leqslant b_2'$ 的元素 b. 而且，可以加 a 的倍数到 b，所以，可假设 $0<b_1\leqslant 1$. 当完成这步以后，b 将在含有 L 的有限多个点的有界区域里. 通过这个有限集寻找所求元素 b，我们证明 $\boldsymbol{B}=(a, b)$ 是 L 的格基.

令 $\widetilde{L}=\mathbf{Z}a+\mathbf{Z}b$. 于是 $\widetilde{L}\subset L$. 我们必须证明 L 的某个元素属于 $\widetilde{L}$. 根据引理 6.5.8，应用于格 $\widetilde{L}$，只要证明 L 在 $\Pi'(\boldsymbol{B})$ 中仅有的元素是零向量就够了. 令 $c=(c_1, c_2)^t$ 是 L 在那个区域中的点，使得 $0\leqslant c_1<1$ 且 $0\leqslant c_2<b_2$. 因为 b_2 选为极小的，故 $c_2=0$，且 c 在直线 ℓ 上. 这样，c 是 a 的倍数倍. 由于 $0\leqslant c_1<1$，所以，$c=0$. ■

点群

我们现在转到分析等距的离散群的第二个工具．选取坐标，回到同态 π：$M \to O_2$，其核为平移群 T(6.3.10)．当限制这个同态到离散子群 G 时，我们得到同态

【6.5.9】
$$\pi|_G : G \to O_2$$

点群$\overline{G}$是 G 在正交群 O_2 里的像．

在群 G 的元素与它的点群$\overline{G}$的元素之间做个清晰的区分是重要的．所以，为避免混淆，当符号代表$\overline{G}$的元素时，在其上面加一个横杠．对于中 G 的 g，$\overline{g}$表示正交算子．

由定义，如果 G 中含有某个形如 $t_a\rho_\theta$ 的元素，则旋转$\overline{\rho_\theta}$属于$\overline{G}$，并且这是围绕平面上某个点转过角度 θ 的旋转(6.3.5)．$\overline{G}$的元素$\overline{\rho_\theta}$在 G 中的原像由所有 G 的这样的元素组成，即围绕平面上某个点转过角度 θ 的旋转．

170

类似地，设 ℓ 表示 $\rho_\theta r$ 的反射轴的直线．如我们前面已注意到的，它与 e_1 轴的夹角是 $\frac{1}{2}\theta$(5.1.17)．如果 G 中包含某个元素 $t_a\rho_\theta r$，则点群$\overline{G}$包含$\overline{\rho_\theta r}$，而 $t_a\rho_\theta r$ 是沿某条与 ℓ 平行的直线的反射或滑动反射(6.3.5)．$\overline{\rho_\theta r}$的原像由 G 中所有这样的元素组成，即它们是沿某条与 ℓ 平行的直线的反射或滑动反射．总结如下：

点群$\overline{G}$记录 G 中元素的旋转的角度、滑动直线的斜率与反射的直线轴．

【6.5.10】命题　*O_2 的离散子群$\overline{G}$是有限的，所以，要么是循环群要么是二面体群．*

证明　因为$\overline{G}$不含有小旋转，所以使得 ρ_θ 属于$\overline{G}$的实数 θ 的集合 Γ 是加群 $\mathbf{R}^+$ 的含有 2π 的离散子群．由引理 6.4.6 知，Γ 有形式 $\mathbf{Z}\theta$，其中对某个整数 n，有 $\theta = 2\pi/n$．在此，可照搬定理 6.4.1 的证明．■

晶体限制

如果等距的离散群的平移群 G 是平凡群，则 π 到 G 的限制是单射．在此情形下，G 与它的点群$\overline{G}$同构，为循环群或二面体群．下一个命题是分析无限离散群的第三种工具．它将点群与平移群联系起来．

除非已经选定原点，否则正交矩阵 Q_2 不作用在平面 P 上．但它确实作用在平移向量空间 V 上．

【6.5.11】命题　*令 G 是 M 的离散子群．设 a 是它的平移群 L 的元素，且设$\overline{g}$是它的点群$\overline{G}$的元素，则$\overline{g}(a)$属于 L．*

我们可重述命题为：$\overline{G}$的元素映 L 到自身．所以，当视 L 为平面 V 的一个图形时，$\overline{G}$包含在 L 的对称群里．

命题 6.5.11 的证明　令 a 和 g 分别是 L 与 G 的元素，设$\overline{g}$是 g 在$\overline{G}$中的像，且设 $a' = \overline{g}(a)$．我们将证明 $t_{a'}$ 是共轭 gt_ag^{-1}．这将表明 $t_{a'}$ 属于 G，从而 a' 属于 L．我们写 $g = t_b\varphi$．这样，φ 属于 O_2，且$\overline{g} = \overline{\varphi}$．于是，$a' = \overline{\varphi}(a)$．利用公式(6.2.8)，我们有：

$$gt_ag^{-1} = (t_b\varphi)t_a(\varphi^{-1}t_{-b}) = t_bt_{a'}\varphi\varphi^{-1}t_{-b} = t_{a'}$$ ■

注意 理解群G不作用在它的平移群L上是重要的．的确，问G是否作用在L上是没有意义的，因为G的元素是平面P的等距，而L是V的子集．除非原点固定不动，否则P没有意义．我们也许会问：P中存在一点使之为原点，G的元素映L到自身吗？答案为有时对，有时不对．结论依赖于群．

171

下一定理描述了当平移群L不是平凡群时所出现的点群．

【6.5.12】定理(晶体限制) 令L是V^+或$\mathbf{R}^{2+}$的离散子群，且设$H\subset O_2$是L的对称群的子群．假设L不是平凡群，则

(a) H的每个旋转的阶是1，2，3，4或6；

(b) H为群C_n或D_n之一，其中$n=1$，2，3，4或6.

特别地，阶为5的旋转排除在外．不存在五重旋转对称的墙纸图案．(然而，的确存在有五重对称的"拟周期"的图案．例如，见[Senechal].)

晶体限制的证明 我们证(a)．(b)由(a)与定理6.4.1可得．设ρ是H中具有角度θ的旋转，并设a是L中长度极小的非零向量．由于H在L上作用，故$\rho(a)$属于L．于是$b=\rho(a)-a$亦属于L；因为a具有极小长度，故$|b|\geqslant|a|$．如下图所示，当$\theta<2\pi/6$时，$|b|<|a|$，由此必有$\theta\geqslant2\pi/6$．于是，群H是离散的，从而是有限的．因此，ρ的阶$\leqslant6$.

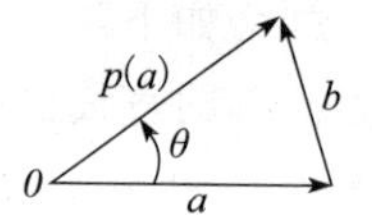

$\theta=2\pi/5$的情形也可排除在外，因为对于这个角度，元素$b'=\rho^2(a)+a$比a短：

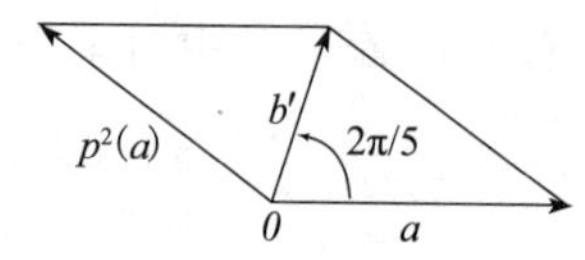

■

第六节 平面晶体群

回到等距的离散群$G\subset M$．我们已经见到，当L是平凡群时，G是循环群或二面体群．使得L是无限循环群(6.5.5)(b)的离散群G是如图6.1.3及图6.1.4所示的带状图案的对称群．这些群的分类留作练习．

当L是格时，G称为*二维晶体群*．这些晶体群是二维晶体(诸如石墨)的对称群．我们想象一个晶体是无限大的．这样，分子规则排列的事实反映了其对称群总是包含两个无关平移．墙纸图案在两个不同的方向上重复——一次是沿着纸条方向，因为图案是用滚筒印刷的，另一次因为纸条是边对着边粘在墙上的．晶体条件限制了可能性，把晶体群分成了17种类型．不同类型的对称的代表图案见图6.6.2.

172

点群$\overline{G}$与平移群L不能完全确定群G．$\overline{G}$中的反射不必是G中一个反射的像这一事实使事情变得复杂．如下面砖形图案所示，它在G中可能只由一个滑动代表．这个图案(我所喜爱的)是相对微妙的，因为它的对称群不含有反射．它有绕每个砖的中心转过角度π的旋转对称．所有这些旋转代表点群$\overline{G}$的同一元素$\overline{\rho_\pi}$．除了旋转角度0与π外，没有其他非平凡

旋转对称．图案也有沿图形所画虚线的滑动对称，于是$\overline{G}=D_2=\{\overline{1}, \overline{\rho_\pi}, \overline{r}, \overline{\rho_\pi r}\}$．

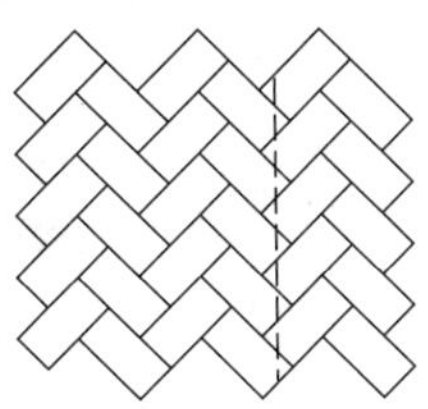

分两步可很容易地确定一个图案的点群：首先寻找旋转对称．通常较容易找到．点群$\overline{G}$中的旋转$\overline{\rho_\theta}$由图案对称群G中具有同一转动角度的一个旋转代表．当所有旋转对称都找到时，将得到一个整数n使得点群G为C_n或D_n．这样，要区分C_n与D_n，可以看图案是否有反射或滑动对称．如果有，则$\overline{G}=D_n$；如果没有，则$\overline{G}=C_n$．

在点群里具有四重旋转的平面晶体群

作为等距的离散群分类方法的范例，我们分析其点群为C_4或D_4的群．

令G是一个这样的群，设$\overline{\rho}$为$\overline{G}$中转过角度$\pi/2$的旋转，并设L是G的格，即使得t_v属于G的向量v的集合．

【6.6.1】引理　*格L是方形．*

证明　在L里选取极小长度的非零向量a．点群作用于L上，所以$\overline{\rho}(a)=b$属于L且与a正交．我们断言：(a, b)是L的格基．

假设不是．根据引理6.5.8，将存在L的点属于由点r_1a+r_2b组成的区域Π'里，其中$0\leqslant r_i<1$．这样的点w与方形四个顶点$0, a, b, a+b$之一的距离将小于$|a|$．称这个顶点为v．这样，$v-w$也属于L，且$|v-w|<|a|$．这与a的选取矛盾．　■

适当选取坐标使得a与b是标准基向量e_1与e_2．这样，L成为一个具有整数坐标的向量格，Π'成为向量$(s, t)^t$的集合，其中$0\leqslant s<1$，$0\leqslant t<1$．这在差一个平移的意义下确定了平面P中的坐标．

【6.6.2】图

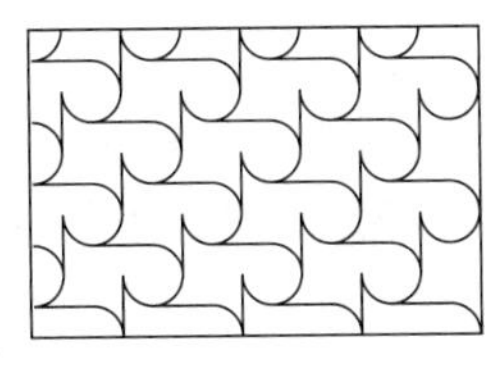

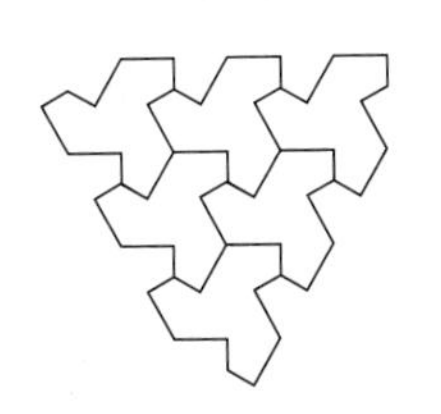

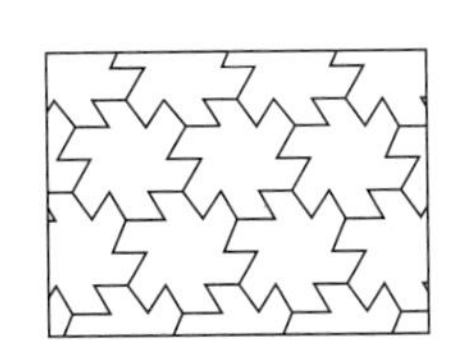

17个平面晶体群的图案范例

【6.6.2】图(续)

V 上映 L 到自身的正交算子构成二面体群 D_4，该二面体群由转过角度为 $\pi/2$ 的旋转$\bar{\rho}$与标准反射$\bar{r}$生成．我们的假设是$\bar{\rho}$属于$\overline{G}$．如果$\bar{r}$也属于$\overline{G}$，则$\overline{G}$是二面体群 D_4．如果不属于，则$\overline{G}$是循环群 C_4．首先，当$\overline{G}$是 C_4 时，我们刻画群 G．令 g 是 G 的元素，其在$\overline{G}$里的像为旋转$\bar{\rho}$．这样，g 是平面上围绕某个点 p 转过角度 $\pi/2$ 的旋转．我们在平面 P 里平移坐标使得点 p 为原点．在这个坐标系里，G 含有绕原点的旋转 $\rho=\rho_{\pi/2}$．

【6.6.3】命题 令 G 是平面晶体群，其点群$\overline{G}$是循环群 C_4．选取坐标使得 L 为具有整数坐标的点格，且 $\rho=\rho_{\pi/2}$ 是 G 的元素，则群 G 由积 $t_v\rho^i$ 组成，其中 v 属于 L，$0\leqslant i<4$：

$$G=\{t_v\rho^i \mid v\in L\}$$

证明 令 G'表示形如 $t_v\rho^i$ 的元素集合，其中 v 属于 L．必须证明 $G'=G$．由 L 的定义，t_v 属于 G，ρ 也属于 G．于是，$t_v\rho^i$ 属于 G，所以 G'是 G 的子集．

要证反包含结论，令 g 是 G 的元素．由于点群$\overline{G}$是 C_4，故 G 的每个元素保持方向．所以，对某个平移向量 u 与某个角度 α，g 有形式 $g=t_u\rho_\alpha$．在点群里这个元素的像是$\overline{\rho_\alpha}$，所以 α 是 $\pi/2$ 的倍数，且对某个 i，$\rho_\alpha=\rho^i$．由于 ρ 属于 G，故 $g\rho^{-i}=t_u$ 属于 G，且 u 属于 L．所以，g 属于 G'．

■

现在考虑点群$\overline{G}$是 D_4 的情形．

【6.6.4】命题 令 G 是平面晶体群，其点群$\overline{G}$是二面体群 D_4．选取坐标使得 L 为具有整数坐标的点格，且 $\rho=\rho_{\pi/2}$ 是 G 的元素．再令 c 表示向量$\left(\frac{1}{2},\ \frac{1}{2}\right)^{\mathrm{t}}$．有两种可能：

(a) G 的元素是积 $t_v\varphi$，其中 v 属于 L，φ 属于 D_4，

$$G=\{t_v\rho^i \mid v\in L\}\cup\{t_v\rho^i r \mid v\in L\}\text{，或}$$

(b) G 的元素是积 $t_x\varphi$，其中 φ 属于 D_4. 如果 φ 是旋转，则 x 属于 L；如果 φ 是反射，则 x 属于陪集 $c+L$：

$$G=\{t_v\rho^i \mid v\in L\}\cup\{t_u\rho^i r \mid u\in c+L\}$$

证明 令 H 是 G 中保向等距的子集. 这是 G 的一个子群，其平移格是 L，且含有 ρ. 所以，它的点群是 C_4. 由命题 6.6.3 知，H 由元素 $t_v\rho^i$ 组成，其中 v 属于 L.

点群也含有反射 $\bar{r}$. 选取 G 的元素 g 使得 $\bar{g}=\bar{r}$. 对某个向量 u，它有形式 $g=t_u r$，但我们不知道 u 是否属于 L. 分析这个情形需要浪费一点儿时间. 比如说 $u=(p,q)^t$.

我们用 G 里的平移 t_v（亦即，v 属于 L）左乘 g，移动 u 到区域 Π' 里，其中 $0\leqslant p$，$q<1$. 假设这已经完成.

175

利用公式(6.3.3)，使用 $g=t_u r$ 计算：

$$g^2=t_u r t_u r=t_{u+ru}\quad,\quad (g\rho)^2=(t_u r\rho)^2=t_{u+r\rho u}$$

这些是 G 的元素，所以，$u+ru=(2p,0)^t$，且 $u+r\rho u=(p-q,q-p)^t$ 属于格 L. 它们是具有整数坐标的向量. 因为 $0\leqslant p$，$q<1$，且 $2p$ 是整数，故 p 或者为 0，或者为 $\frac{1}{2}$. 因为 $p-q$ 也是整数，故如果 $p=0$，q 为 0；如果 $p=\frac{1}{2}$，q 为 $\frac{1}{2}$. 所以，对 u 仅有两种可能：或者 $u=(0,0)^t$，或者 $u=c=\left(\frac{1}{2},\frac{1}{2}\right)^t$. 在前一情形，$g=r$，于是，$G$ 含有一个反射. 这是命题里的情形(a). 第二种可能是情形(b). ■

第七节　抽象对称：群作用

对称的概念可以应用到除几何图形之外的其他对象上. 例如，复共轭 $(a+bi)\rightsquigarrow(a-bi)$ 可以认为是复数的对称. 由于复数共轭与加法和乘法相容，故称之为域 $\mathbf{C}$ 的*自同构*. 几何上，它是复平面关于实轴的双边对称，但是，它是自同构这一说法涉及其代数结构. 域 $F=\mathbf{Q}[\sqrt{2}]$（其元素为形如 $(a+b\sqrt{2})$ 的实数，其中 a 与 b 是有理数）也有自同构，映 $(a+b\sqrt{2})\rightsquigarrow(a-b\sqrt{2})$. 这不是几何对称. 抽象“双边”对称的另一个例子由秩 3 的循环群 H 给出. 这个群有一个自同构，它交换 H 中不等于单位元的两个元素.

代数结构 X（诸如群或域）的自同构的集合构成一个群，合成法则为映射的合成. 在下面的意义下每个自同构都可以看做是 X 的对称：它是与代数结构相容的 X 中元素的一个置换. 但在这种情形下，结构是代数的而不是几何的.

因此，“自同构”和“对称”这两个词的意义或多或少是相同的，只是“自同构”用于描述保持某个代数结构的集合的置换，而“对称”常常（尽管不总是）指保持几何结构的置换.

自同构和对称都是*群作用*这个更一般的概念的特殊情形. 群 G 在集合 S 的一个作用是

组合G的元素g和S的元素s而得到S的另一个元素gs的法则．换言之，它是一个映射$G\times S\to S$．我们暂时把应用于这个法则到元素g和元素s的结果记为$g*s$．一个作用需要满足下列公理：

【6.7.1】例

(a) 对所有$s\in S$，有$1*s=s$(1是G的单位元)．

(b) 结合律：对所有g，$g'\in G$和所有$s\in S$，有$(gg')*s=g*(g'*s)$． ■

通常省略星号，把这个作用以乘法形式写为g，$s\rightsquigarrow gs$．用乘法符号，公理为$1s=s$与

176

$(gg')s=g(g's)$．

群作用集合的例子在许多地方都能找到[⊖]，且作用公理成立通常是很清楚的．平面的等距的群M作用于平面上的点集．它在平面上的直线的集合上作用与在平面上的三角形的集合上作用．对称群S_n作用于指标集$\{\mathbf{1},\ \mathbf{2},\ \cdots,\ \boldsymbol{n}\}$．

把这样的合成法则称为作用的原因在于：如果固定G的一个元素g而让元素s在S中变动，则用g左乘(或g的作用)定义一个S到其自身的映射．用m_g记这个映射，其刻画了元素g作用的方式：

【6.7.2】

$$m_g:S\to S$$

是由$m_g(s)=gs$所定义的映射．它是S的一个置换，即它是一个双射，因为它有逆函数$m_{g^{-1}}$：由g^{-1}所做的乘法．

注 已知群G在集合S上的作用，S的一个元素s由群作用变为其他各式各样元素，把这些元素收集在一起，得到一个子集，称之为s的轨道O_s：

【6.7.3】

$$O_s=\{s'\in S\,|\,s'=gs,g\in G\}$$

当平面的等距群M作用于平面中三角形集合S上时，已知的三角形$\triangle$的轨道$O_\triangle$是所有与$\triangle$全等的三角形的集合．当证明有限群在平面作用(6.4.7)的不动点存在时，引进了另一个轨道．

群作用轨道是等价关系的等价类：

【6.7.4】

$$s\sim s',\text{如果对某个 } g\in G,\text{有 } s'=gs$$

所以，如果$s\sim s'$，也就是对某个$g\in G$，如果$s'=gs$，则s的轨道与s'的轨道是相同的．因为它们是等价类：

【6.7.5】

轨道分划集合S

群G独立作用每个轨道．例如，平面上的三角形的集合可以划分为全等类，且一个等距分别置换每一个全等类．

如果S恰由一个轨道组成，则G的作用称为是可迁的．这意味着S的每一个元素可通过群中的某个元素映为任意其他元素．对称群S_n可迁地作用于指标集$\{\mathbf{1},\ \cdots,\ \boldsymbol{n}\}$．平面的

⊖ 在写书时，数学家 Masayoshi Nagata 决定英语语言需要这个词(manywhere)；后来他实际上在词典里找到了这个词．

等距群 M 可迁地作用于平面上的点的集合，同时也可迁地作用于平面上的直线的集合．但它不是可迁地作用于平面上的三角形的集合．

注　S 的元素 s 的稳定子是 G 中保持 s 不动的元素的集合．它是 G 的子群，常记为 G_S：

【6.7.6】
$$G_S=\{g\in G|gs=s\}$$

177

例如，群 M 对平面的点集作用时，原点的稳定子同构于正交算子群 O_2．对称群 S_n 的作用指标 n 的稳定子同构于$\{\mathbf{1},\cdots,\boldsymbol{n}-\mathbf{1}\}$的置换子群 S_{n-1}．或者，如果 S 是平面中的三角形集合，则一个特定的等边三角形△的稳定子是它的对称群，即 M 的同构于二面体群 D_3 的子群．

注意　下列的清晰区分是重要的：当我们说等距 m 稳定一个三角形△时，不是意味着 m 使三角形△的点固定不动．使一个三角形的每个点都不动的唯一等距是恒等映射．我们的意思是，在置换三角形集合时，m 把△映为自身．

就像群同态 $\varphi:G\to G'$ 的核 K 告诉我们什么时候 G 的两个元素 x 与 y 有同样的像一样，也就是说，如果 $x^{-1}y$ 属于 K，S 的元素 s 的稳定子 G_S 告诉我们什么时候 G 的两个元素 x 与 y 用相同的方式作用于元素 s．

【6.7.7】命题　令 S 是群 G 作用的集合，设 s 是 S 的元素，且 H 是 s 的稳定子．

(a) 如果 a 与 b 是 G 的元素，则 $as=bs$ 当且仅当 $a^{-1}b$ 属于 H；该命题为真当且仅当 b 属于陪集 aH．

(b) 假设 $as=s'$．则 s' 的稳定子 H' 是共轭子群：

$$H'=aHa^{-1}=\{g\in G|g=aha^{-1},h\in H\}$$

证明

(a) $as=bs$ 当且仅当 $s=a^{-1}bs$．

(b) 如果 g 属于 aHa^{-1}，比如说 $g=aha^{-1}$，其中 $h\in H$，则 $gs'=(aha^{-1})(as)=ahs=as=s'$．于是，$g$ 稳定 s'．这表明 $aHa^{-1}\subset H'$．因为 $s=a^{-1}s'$，故可以交换 s 与 s' 的角色，得到 $a^{-1}H'a\subset H$，从而 $H'\subset aHa^{-1}$．所以，$H'=aHa^{-1}$．■

注意　命题的(b)部分解释了我们前面已经几次看见的现象：当 $as=s'$，群元素 g 使 s 不动当且仅当 aga^{-1} 使 s' 不动．

第八节　对陪集的作用

设 H 是群 G 的一个子群．就像我们所知道的那样，左陪集 aH 划分 G．我们常将 H 在 G 中左陪集的集合它记为 G/H，这是当子群为正规子群时用来表示商群的记号(2.12.1)．当考虑作为集合 G/H 的元素时，用括号$[C]$表示陪集 C．

陪集的集合 G/H 不是群，除非 H 是正规子群．

注　G 以一种自然的方式在 G/H 上作用．

作用是相当明显的：设 g 是群 G 的元素，并设 C 是一个陪集．则 $g[C]$定义为陪集$[gC]$，其中 $gC=\{gc|c\in C\}$．因此，如果$[C]=[aH]$，则 $g[C]=[gaH]$．下面是一个基本命题．

178

【6.8.1】命题　令 H 是群 G 的一个子群.

(a) G 在陪集的集合 G/H 上的作用是可迁的.

(b) 陪集 H 的稳定子是子群 H.

再一次提请注意区别：由 H 的元素 h 确定的乘法不是平凡地作用在陪集 H 的元素上，但它将陪集$[H]$映到自身.

请仔细地推敲下面的例子. 设 G 是对称群 S_3，带有通常的表示，令 H 是循环子群$\{1, y\}$. 它的左陪集是

【6.8.2】　$C_1 = H = \{1,y\}$，　$C_2 = xH = \{x,xy\}$，　$C_3 = x^2H = \{x^2,x^2y\}$

(见(2.8.4))，且 G 作用在陪集集合 $G/H=\{[C_1], [C_2], [C_3]\}$. 元素 x 与 y 用相同的方式作用于指标集$\{\mathbf{1}, \mathbf{2}, \mathbf{3}\}$：

【6.8.3】　$m_x \leftrightarrow (\mathbf{1\ 2\ 3})$　，　$m_y \leftrightarrow (\mathbf{2\ 3})$

例如，$yC_2=\{yx, yxy\}=\{x^2y, x^2\}=C_3$.

下面的命题(有时叫轨道－稳定子定理)表明如何通过在陪集上的作用来刻画任意群作用.

【6.8.4】命题　令 S 是群 G 作用的集合，且 s 是 S 的元素. 设 H 与 O_s 分别是 s 的稳定子与轨道. 则存在一个由$[aH] \rightsquigarrow as$ 定义的双射 $\varepsilon: G/H \to O_s$. 这个映射与群的作用相容：$\varepsilon(g[C])=g\varepsilon([C])$对每一个陪集 C 与 G 的每个元素 g 成立.

例如，二面体群 D_5 作用于正五边形顶点. 令$\mathcal{V}$表示顶点集合，令 H 是一个特殊顶点的稳定子. 存在双射 $D_5/H \to \mathcal{V}$. 在平面 P 的等距群 M 作用下，一个点的轨道是 P 的所有点的集合. 原点的稳定子是正交算子群 O_2，且存在一个双射 $M/O_2 \to P$. 类似地，如果 H 表示一条直线的稳定子，且$\mathcal{L}$表示平面上所有点的集合，则存在双射 $M/H \to \mathcal{L}$.

命题 6.8.4 的证明　显然，命题叙述中定义的映射 ε 与群的作用相容，如果它存在的话. 在符号上，ε 简单地用符号 s 替换了 H. 究竟法则$[gH] \rightsquigarrow gs$ 能否定义一个映射并不清楚. 因为许多符号 gH 代表的是同一个陪集，所以我们必须证明如果 a 和 b 是群元素且如果陪集 $aH=bH$，则也有 $as=bs$. 假设 $aH=bH$. 则 $a^{-1}b$ 属于 H(2.8.5). 因为 H 是 s 的稳定子，故 $a^{-1}bs=s$，所以 $as=bs$. 我们的定义是合理的，且由反向推理知，ε 是单射. 由于 ε 映$[gH]$为 gs 且 gs 可以为 O_s 的任意元素，所以 ε 是满射也是单射. ■

179

注意　定义映射 ε 的推理经常出现. 假设集合$\overline{S}$是集合 S 上一个等价关系的等价类集，令 $\pi: S \to \overline{S}$是映它的元素 s 到它的等价类$\bar{s}$的映射. 从$\overline{S}$到另一个集合 T 定义一个映射的通常方法是：给定$\overline{S}$的元素 x，在 S 中选取一个元素 s 使得 $x=\bar{s}$，且用 s 定义 $\varepsilon(x)$. 然后就像我们上面所做的，必须证明定义不依赖于等价类为 x 的元素 s 的选取，而仅依赖于等价类 x. 这个过程用来证明映射是定义良好的.

第九节　计数公式

设 H 是有限群 G 的子群. 我们知道，H 在 G 中的所有陪集有同样数量的元素，用记号 G/H 表示陪集的集合，阶$|G/H|$就是所说的 H 在 G 中的指标$[G:H]$. 计数公式

(2.8.8)变成了

【6.9.1】
$$|G| = |H||G/H|$$
对任意群作用的轨道有类似的公式：

【6.9.2】命题（计数公式）　令 S 是群 G 作用的有限集合，设 G_s 与 O_s 分别是 S 的元素 s 的稳定子与轨道，则
$$|G| = |G_s||O_s|$$
或
$$(G\text{ 的阶}) = (\text{稳定子的阶})\cdot(\text{轨道的阶})$$
由(6.9.1)和命题 6.8.4 可得.

因此，轨道的阶等于稳定子的指标，

【6.9.3】
$$|O_s| = [G:G_s]$$
且它整除群的阶. 对 S 的每个元素 s 都有一个这样的公式.

另一个公式利用集合 S 划分成轨道以对其元素进行计数. 将组成 S 的不同轨道以任意方式标号，如 O_1，…，O_k. 则

【6.9.4】
$$|S| = |O_1| + |O_2| + \cdots + |O_k|$$
公式(6.9.2)与(6.9.4)有许多应用.

【6.9.5】例

(a) 正十二面体的旋转对称群 G 可迁地作用在它的面的集合 F 上. 一个特殊面 f 的稳定子 G_f 是围绕过 f 的中心转过角度 $2\pi/5$ 的倍数的旋转群，它的阶是 5. 十二面体有 12 个面. 由公式 6.9.2 得 $60=5\cdot 12$，所以，G 的阶是 60. 或者，G 可迁地作用在顶点集 V 上. 一个顶点 v 的稳定子 G_v 是围绕过该顶点转过角度 $2\pi/3$ 的倍数的 3 阶旋转群. 十二面体有 20 个顶点，于是验证得 $60=3\cdot 20$. 对边有类似的计算：G 可迁地作用在边的集合上，且边 e 的稳定子含有恒等映射与围绕过 e 的中心转过角度 π 的旋转. 所以，$|G_e|=2$. 因为 $60=2\cdot 30$，故十二面体有 30 条边.

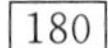
180

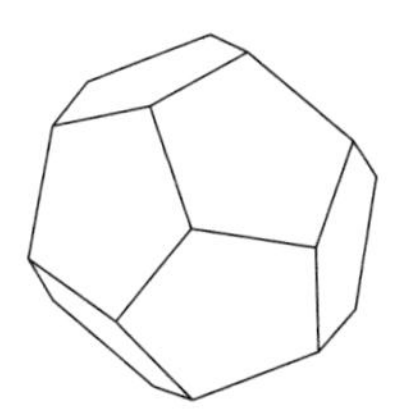

(b) 我们也可把群 G 的作用限制到子群 H 上. 由限制定义，G 在一个集合 S 上的作用定义 G 在 S 上的作用，且这个作用导致更多数量关系. 元素 s 的 H-轨道将含在 s 的 G-轨道内，于是，单个 G-轨道将划分成若干 H-轨道.

例如，设 F 是十二面体的面的集合，而 H 是某个特定面 f 的稳定子，它是一个 5 阶循环群. 任意 H-轨道的阶或者是 1，或者是 5. 所以，当把 12 个面的集合 F 划分成 H-轨道

时，必须找出阶为 1 的两个轨道. 我们发现：H 固定 f 不动，且它也使与 f 相对的面不动. 剩下其他面组成两条阶为 5 的轨道. 对于群 H 在面的集合上的作用，公式 6.9.4 为 $12=1+1+5+5$. 或者，令 K 表示一个顶点的稳定子，它是阶为 3 的循环群. 我们也可把集合 F 划分成 K-轨道. 在这种情形下，公式 6.9.4 成为 $12=3+3+3+3$. ■

第十节　在子集上的作用

假设群 G 作用在子集 S 上. 如果 U 为 S 的阶为 r 的子集，则

【6.10.1】
$$gU=\{gu \mid u \in U\}$$

是另一个阶为 r 的子集. 这就允许我们定义 G 在 S 的阶为 r 的子集的集合上的作用. 作用的公理很容易验证.

例如，令 O 是一个立方体的 24 个旋转的八面体群，且 F 是该立方体的 6 个面的集合. 于是，O 也作用在 F 的阶为 2 的子集上，也就是说，作用在面的无序偶对上. 有 15 个偶对，它们构成两个轨道：$F=${相对面的偶对}$\cup${邻面的偶对}. 这些轨道分别为 3 阶和 5 阶的.

子集 U 的稳定子是群元素 g 的集合，使得$[gU]=[U]$，就是说，$gU=U$. 相对面的偶对的稳定子的阶为 8.

再次提醒注意这点：U 的稳定子由使得 $gU=U$ 的群元素组成. 这意味着 g 在 U 里置换元素，即只要 u 属于 U，则 gu 也属于 U.

第十一节　置 换 表 示

181

在本节里，我们分析群 G 作用在集 S 上的各种方式.

注　*群 G 的置换表示是从该群到一个对称群的同态：*

【6.11.1】
$$\varphi: G \to S_n$$

【6.11.2】命题　*令 G 是一个群，则在 G 对集合 $S=\{1, \cdots, \boldsymbol{n}\}$ 的作用与置换表示 $G \to S_n$ 之间存在双射对应：*

$$[G\text{在}S\text{上的作用}] \leftrightarrow [\text{置换表示}]$$

证明　这是很简单的，尽管当第一次看时可能产生混淆. 若已知 G 在 S 上的作用，我们通过用 $\varphi(g)=m_g$，即由 g 确定的乘法(6.7.2)定义置换表示 φ. 结合性质 $g(h\boldsymbol{i})=(gh)\boldsymbol{i}$ 表明

$$m_g(m_h\boldsymbol{i}) = g(h\boldsymbol{i}) = m_{gh}\boldsymbol{i}$$

因此，φ 是一个同态. 反之，如果 φ 是置换表示，则同样的公式定义了 G 在 S 上的作用. ■

例如，二面体群 D_n 在正 n 边形的顶点集$(v_1, \cdots, v_n)$上的作用定义了同态 $\varphi: D_n \to S_n$.

命题 6.11.2 与它所讨论的指标集没有任何关系. 如果 Perm(S)是任意集合 S 的置换群，则我们也称同态 $\varphi: G \to \text{Perm}(S)$为 G 的一个置换表示.

【6.11.3】推论　*令 Perm(S)表示集合 S 的置换群，且 G 是一个群，则在 G 对集合 S 的作用与置换表示 $\varphi: G \to \text{Perm}(S)$之间存在一个双射对应：*

$$[G\text{在}S\text{上的作用}] \leftrightarrow [\text{同态 }G \to \text{Perm}(S)]$$

置换表示 $G \to \mathrm{Perm}(S)$ 不一定是单射. 如果它碰巧是单射，就称对应的作用是忠实的. 要成为忠实的，作用必须有如下性质：m_g(即由 g 确定的乘法)不是恒等映射，除非 $g=1$：

【6.11.4】　一个作用是忠实的，如果它有以下性质：

G 的使得对每个 $s \in S$ 有 $gs = s$ 的仅有元素是恒等元

等距群 M 在平面上等边三角形的集合上的作用是忠实的，因为等距是仅有的使所有等边三角形映为自身的恒等映射.

182

置换表示 $\varphi: G \to \mathrm{Perm}(S)$ 很少是满射，因为 $\mathrm{Perm}(S)$ 的阶往往很大. 但下面的例子给出了一种情形.

【6.11.5】例　具有系数 mod2 的可逆矩阵的群 $GL_2(\mathbf{F}_2)$ 同构于对称群 S_3.

用 F 表示域 $\mathbf{F}_2$，用 G 表示群 $GL_2(\mathbf{F}_2)$. 列向量空间 F^2 由下面 4 个向量构成：

$$0=\begin{bmatrix}0\\0\end{bmatrix},\quad e_1=\begin{bmatrix}1\\0\end{bmatrix},\quad e_2=\begin{bmatrix}0\\1\end{bmatrix},\quad e_1+e_2=\begin{bmatrix}1\\1\end{bmatrix}$$

群 G 作用在 3 个非零向量的集合 $S=\{e_1, e_2, e_1+e_2\}$，这给出一个置换表示 $\varphi: G \to S_3$. 恒等矩阵是固定 e_1 与 e_2 不动的仅有的矩阵，所以，G 在 S 上的作用是忠实的，且 φ 是单射. 可逆矩阵的列一定是 S 的不同元素的有序偶对. 有 6 个这样的偶对，所以，$|G|=6$. 因为 S_3 的阶为 6，故 φ 是同构. ■

第十二节　旋转群的有限子群

本节我们应用计数公式对 $\mathbf{R}^3$ 的旋转群 SO_3 的有限子群进行分类. 如同平面的有限等距群一样，它们全部都是我们熟悉的图形的对称群.

【6.12.1】定理　SO_3 的有限子群是下列群之一：

C_k：绕一直线转过角度 $2\pi/k$ 的倍数的旋转的循环群，其中 k 是任意的；

D_k：正 k 边形的对称的二面体群，其中 k 是任意的；

T：四面体的 12 个旋转对称的四面体群；

O：立方体或八面体的 24 个旋转对称的八面体群；

I：十二面体或二十面体的 60 个旋转对称的二十面体群.

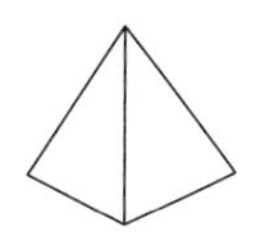 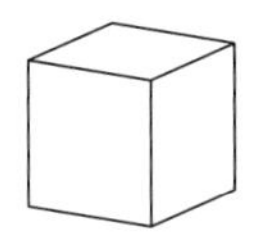 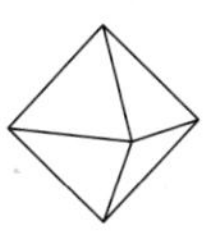 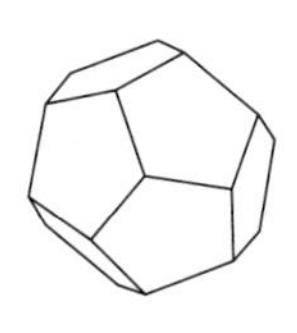 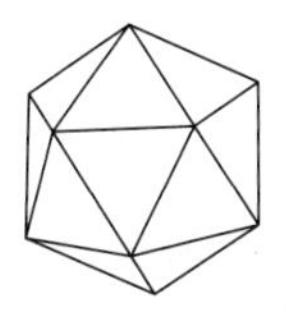

注意　二面体群通常作为平面中正多边形的对称群表现出来，其中反射逆向. 然而，平面的反射可由三维空间中转过角度 π 的旋转得到，用这种方法正多边形的对称可以作为 $\mathbf{R}^3$ 的旋转来实现. 二面体群 D_n 可由围绕 e_1 轴转过角度 $2\pi/n$ 的旋转 x 和围绕 e_2 轴转过角度 π 的旋转 y 生成. 设 $c=\cos 2\pi/n$，$s=\sin 2\pi/n$，表示这些旋转的矩阵为

183

【6.12.2】
$$x=\begin{bmatrix}1&&\\&c&-s\\&s&c\end{bmatrix},\quad y=\begin{bmatrix}-1&&\\&1&\\&&-1\end{bmatrix}$$

令 G 是 SO_3 的有限子群，其阶 $N>1$. 我们称 G 的元素 $g\neq1$ 的极点为群的极点. 除了恒等映射外，$\mathbf{R}^3$ 的任意旋转有两个极点——旋转轴与单位球面 $\mathbf{S}^2$ 的交点. 所以，G 的极点是由不同于 1 的群元素 g 固定不动的 2 维球面上的点.

【6.12.3】**例** 四面体 Δ 的旋转对称群 T 的阶是 12，它的极点是 $\mathbf{S}^2$ 上位于顶点上面、面的中心上面或边的中点上面的点. 因为有 4 个面、4 个顶点和 6 个边，故有 14 个极点.

$$|\text{极点}|=14=|\text{面}|+|\text{顶点}|+|\text{边}|$$

T 有 11 个元素 $g\neq1$，每个这样的元素有两个自旋——两个偶对$(g,\ p)$，其中 p 是 g 的极点. 所以，一共有 22 个自旋. 一个面的稳定子的阶是 3. 它的不等于 1 的两个元素共有面的中心上面的一个极点. 类似地，有两个元素共有一个顶点上面的极点，有一个元素有边的中心上面的顶点.

$$|\text{自旋}|=22=2|\text{面}|+2|\text{顶点}|+|\text{边}|$$ ■

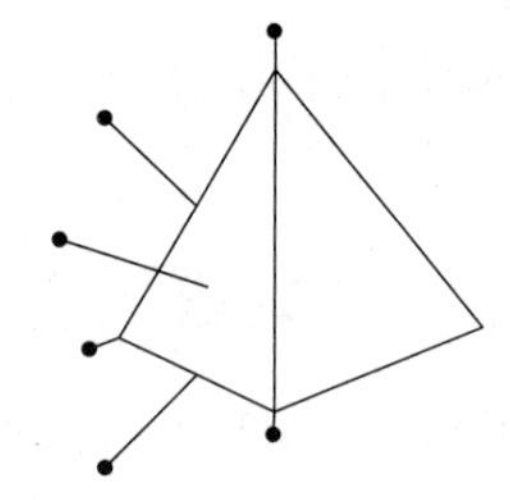

用$\mathcal{P}$表示有限子群 G 的所有极点的集合. 我们将通过数极点的个数得到关于群的信息. 就像例子所展示的，计数可能比较混乱.

【6.12.4】**引理** *G 的极点集$\mathcal{P}$是 G-轨道的并. 所以，G 作用在$\mathcal{P}$上.*

证明 设 p 是一个极点，比如它是 G 的元素 $g\neq1$ 的极点. 设 h 是 G 的另一个元素且 $q=hp$. 我们要证明 q 是一个极点，也就是说证明 q 在 G 的某个不是单位元的元素 g' 的作用下固定不动. 所需的元素为 hgh^{-1}. 因为 $g\neq1$，故这个元素不等于 1，且 $hgh^{-1}q=hgp=hp=q$. ■

极点 p 的稳定子是在 G_p 中所有围绕 $p\in G$ 的旋转的群. 这个群是循环群，它由在 G 中转过最小正角度 θ 的旋转生成. 记它的阶为 r_p，则 $\theta=2\pi/r_p$.

184

由于 p 是极点，故稳定子 G_p 除单位元外还含有其他元素，所以 $r_p>1$. G 中具有给定极点 p 的元素的集合是稳定子 G_p，其中不包含单位元. 于是有 r_p-1 个以 p 为极点的群元素. 除了 1 之外的每个群元素有两个极点. 因为 $|G|=N$，故有 $2N-2$ 个自旋. 这给出关系

【6.12.5】
$$\sum_{p\in\mathcal{P}}(r_p-1)=2(N-1)$$

合并相关项简化这个方程的左边：令 n_p 表示 p 的轨道 O_p 的阶数. 由计数公式(6.9.2)，

【6.12.6】
$$r_p n_p = N$$
如果两个极点 p 与 p' 属于同一轨道，则它们的轨道是相等的，于是，$n_p=n_{p'}$，所以 $r_p=r_{p'}$．我们将各种轨道以任意方式编号，比如说 O_1，O_2，…，O_k，并且令 $n_i=n_p$ 与 $r_i=r_p$，其中 $p\in O_i$，从而 $n_ir_i=N$．因为轨道 O_i 含有 n_i 个元素，故在(6.12.5)的左边有 n_i 项等于 r_i-1．合并这些项，得到方程
$$\sum_{i=1}^{k} n_i(r_i-1) = 2N-2$$
我们用 N 整除两边得到著名公式：

【6.12.7】
$$\sum_i \left(1-\frac{1}{r_i}\right) = 2-\frac{2}{N}$$
一眼看上去，对这个公式可能没有什么太多的期望，但实际上它告诉了我们许多东西．右边大于 1 小于 2，而左边的每一项至少是$\frac{1}{2}$．由此可以得到最多有三条轨道．

剩下的分类工作可通过列出不同的可能情形进行：

一条轨道：$1-\frac{1}{r_1}=2-\frac{2}{N}$．这是不可能的，因为 $1-\frac{1}{r_1}<1$，而 $2-\frac{2}{N}\geqslant 1$．

两条轨道：$\left(1-\frac{1}{r_1}\right)+\left(1-\frac{1}{r_2}\right)=2-\frac{2}{N}$．即$\frac{1}{r_1}+\frac{1}{r_2}=\frac{2}{N}$．

因为 r_i 整除 N，所以这个方程仅当 $r_1=r_2=N$ 时成立．这样，$n_1=n_2=1$．有两个极点 p_1 和 p_2，它们都为群的每一个元素所固定不动．于是，G 是围绕过 p_1 和 p_2 的直线 ℓ 旋转的循环群 C_N．

三条轨道：$\left(1-\frac{1}{r_1}\right)+\left(1-\frac{1}{r_2}\right)+\left(1-\frac{1}{r_3}\right)=2-\frac{2}{N}$．

这是最有趣的情形．因为$\frac{2}{N}$是正的，故公式蕴含着

【6.12.8】
$$\frac{1}{r_1}+\frac{1}{r_2}+\frac{1}{r_3}>1$$
将 r_i 按增序排列．则 $r_1=2$：如果所有的 r_i 都至少为 3，则左边将$\leqslant 1$．

185

情形 1：$r_1=r_2=2$．第三个阶 $r_3=k$ 可以是任意的，且 $N=2k$：
$$r_i = 2,2,k;\quad n_i = k,k,2;\quad N = 2k$$
有一对极点$\{p, p'\}$形成轨道 O_3．所以，G 的一半元素固定 p 不动，另一半元素使 p 和 p' 互换．因而 G 的元素要么是绕过 p 和 p' 的直线 ℓ 的旋转，要么是绕与 ℓ 垂直的直线转过角度 π 的旋转．群 G 是使一个正 k 边形△固定不动的旋转群，是一个二面体群 D_k．多边形△位于与 ℓ 垂直的平面上，△的顶点和面的中心对应于剩下的极点．$\mathbf{R}^2$ 中多边形的双侧(反射)对称成为了 $\mathbf{R}^3$ 中转过角度 π 的旋转．

情形 2：$r_1=2$，$2<r_2\leqslant r_3$．方程 $1/2+1/4+1/4=1$ 排除了 $r_2\geqslant 4$ 的可能性．所以$r_2=3$．这样，方程 $1/2+1/3+1/6=1$ 排除了 $r_3\geqslant 6$．剩下的只有三种可能：

【6.12.9】

(i) $r_i=2, 3, 3$；$n_i=6, 4, 4$；$N=12$.

轨道 O_3 里的极点是正四面体的顶点，且 G 是它的 12 个旋转对称的四面体群 T.

(ii) $r_i=2, 3, 4$；$n_i=12, 8, 6$；$N=24$.

轨道 O_3 里的极点是正八面体的顶点，且 G 是它的 24 个旋转对称的四面体群 O.

(iii) $r_i=2, 3, 5$；$n_i=30, 20, 12$；$N=60$.

轨道 O_3 里的极点是正二十面体的顶点，且 G 是它的 60 个旋转对称的二十面体群 I. 在每一种情形中，整数 n_i 分别是边数、面数和顶点数.

直观上，一条轨道上的极点应该是正多面体的顶点，因为它们一定均衡地分布在球面上. 然而这并不太精确，例如，像立方体的边的中点构成一个轨道，但却不能张成一个正多面体. 它们张成的图案称为截多面体.

我们将证明(iii)的结论. 令 V 是阶为 12 的轨道 O_3. 我们想证明这个轨道里的极点是正二十面体的顶点. 设 p 是 V 里的极点之一. 把 p 想象成单位球面的北极，这样就有赤道与南极. 令 H 是 p 的稳定子. 因为 $r_3=5$，故这是一个循环群，由绕 p 转过角度 $2\pi/5$ 的旋转 x 生成. 当把 V 分解成 H-轨道时，我们一定得到两个阶为 1 的 H-轨道. 这些是北极与南极. 其他 10 个极点构成两个阶为 5 的 H-轨道. 我们记它们为$\{q_0, \cdots, q_4\}$与$\{q_0', \cdots, q_4'\}$，其中$q_i=x^i q_0$，$q_i'=x^i q_0'$. 由于北极与南极的对称性，这些轨道中，一个在北半球，一个在南半球，或者都在赤道上. 比如说，轨道$\{q_i\}$在北半球或在赤道上.

186

令$|x, y|$表示单位球面上点 x 与 y 之间的球面距离. 注意 $d=|p, q_i|$与 $i=0, \cdots, 4$ 无关，因为存在 H 的元素映 $q_0 \rightsquigarrow q_i$，而固定 p 不动. 类似地，$d'=|p, q_i'|$与 i 无关，所以，当 p'遍历轨道 V 时，距离$|p, p'|$仅取四个值 0，d，d'和 π. 值 d 与 d'取到 5 次，0 与 π 取到 1 次. 因为 G 可迁地作用在 V 上，故当用 V 里任意其他极点替换 p 时，我们将得到同样四个值.

注意 $d\leqslant\pi/2$，而 $d'\geqslant\pi/2$. 因为在轨道$\{q_i\}$里有五个极点，所以球面距离$|q_i, q_{i+1}|$小于 $\pi/2$，于是，它等于 d，且 $d<\pi/2$. 所以，那个轨道不是赤道. 三个极点 p，q_i，q_{i+1}构成等边三角形. 有五个全等的等边三角形在 p 处相交，所以，五个全等三角形在极点相交. 它们构成二十面体的面.

注意 恰好存在五个正多面体. 这可通过计数方法证明，即把全等正多边形放在一个顶点上构造正多面体. 可构造三个、四个或五个等边三角形、三个正方形或三个正五边形. (六个三角形、四个正方形或三个六边形粘在一起成为平坦面.) 于是，恰有五种可能. 但这个分析略去了有趣的存在性问题. 二十面体存在吗? 当然，我们可用纸板做一个. 但当我们做时，三角形从来没有精确合适地粘在一起，我确信其原因是我们的不精确. 如果关于乐谱里的五分之一圆周我们下类似的结论，那就错了：五分之一圆周几乎闭合，但不是特别闭合. 保证二十面体存在的最后办法也许是写下它的顶点坐标，验证距离. 这是练习 12.7.

平面等距的讨论对于 3 维空间的等距群有类似结果. 可以定义晶体群的概念，这是其平移群是三维格的离散子群. 晶体群与二维格群类似，三维结构中的晶体形状以这样的群为其对称结构的例子. 与存在 17 个格群(6.6.2)类似，可以证明存在 230 类晶体群. 这些群的列表太长而不太有用，因而晶体被粗分为七个晶体系. 对于这方面更多的内容以及对于 32 个晶体点群的讨论，请参看有关晶体的书，例如[Schwarzenbach].

一个好的传统比最有趣的几何问题更有价值，
因为它保持了一般方法，
并且有助于很好地解决问题.

—*Gottfried Wilhelm Leibnitz*[⊖]

187

练　习

第一节　平面图形的对称

1.1　确定图 6.1.4、图 6.1.6 和图 6.1.7 的所有对称.

第三节　平面的等距

3.1　验证规则(6.3.3).

3.2　令 m 是反向等距. 用代数方法证明 m^2 是一个平移.

3.3　证明 $\mathbf{R}^2$ 上的线性算子是一个反射当且仅当它的特征值是 1 与 -1，且伴随于这些特征值的特征向量是正交的.

3.4　证明 M 里的滑动反射的共轭是滑动反射，且滑动向量有相同长度.

3.5　用复变量 $z=x+\mathrm{i}y$ 的形式写出等距(6.3.1)的公式.

3.6　(a) 令 s 是平面上围绕点 $(1, 1)^t$ 转过角度 $\pi/2$ 的旋转. 写出 s 作为乘积 $t_a\rho_\theta$ 的公式.

(b) 令 s 是平面上围绕竖直轴 $x=1$ 的反射. 求一个等距 g 使得 $grg^{-1}=s$，并把 s 写成 $t_a\rho_\theta r$ 的形式.

第四节　平面上正交算子的有限群

4.1　在二面体群 D_n 中，以 x^iy^j 的形式写出乘积 $x^2yx^{-1}y^{-1}x^3y^3$.

4.2　(a) 列出二面体群 D_4 的所有子群，并确定哪些是正规的.

(b) 列出二面体群 D_{15} 的真正规子群 N，并确定其商群 D_{15}/N.

(c) 列出 D_6 的不含有 x^3 的子群.

4.3　(a) 在二面体群 D_{10} 中计算子群 $H=\{1, x^5\}$ 的左陪集.

(b) 证明 H 是正规的，且 D_{10}/H 同构于 D_5.

(c) D_{10} 同构于 $D_5\times H$ 吗?

第五节　离散等距群

5.1　令 ℓ_1 与 ℓ_2 是 $\mathbf{R}^2$ 中过原点的直线，且它们相交的角度为 π/n，设 r_i 是关于 ℓ_i 的反射. 证明 r_1 与 r_2 生成二面体群 D_n.

⊖ 我从 V. I. Arnold 那里获悉该引文. 洛必达写信给莱布尼兹，道歉长时间没有回信，并说他在乡下照顾遗产. 回信中，莱布尼兹告诉他不用担心，并用该引文继续.

5.2 什么是其平移群 L 有形式 $\mathbf{Z}a$ 且 $a\neq0$ 的等距离散群的晶体限制？

5.3 $\mathbf{R}^2$ 中格 L 里含有多少指标为 3 的子格？

5.4 设(a, b)是 $\mathbf{R}^2$ 中一个格 L 的格基．证明每个其他格基具有$(a', b')=(a, b)P$ 的形式，其中 P 是一个行列式为±1 的 2×2 整数矩阵．

5.5 证明装饰图案◁◁◁◁◁◁◁◁的对称群同构于二阶循环群和无限循环群的直积 $C_2\times C_\infty$．

188

5.6 令 G 是装饰图案└┐┌┘└┐┌┘└┐┌┘└┐┌┘的对称群．确定 G 的点群$\overline{G}$以及它的平移子群在 G 里的指标．

5.7 令 N 表示直线 $\mathbf{R}^1$ 的等距群．对 N 的离散子群分类，将 $\mathbf{R}^1$ 上原点与单位长度的选择有差别的离散子群等同起来．

*5.8 设 N'是一条无限长的带子

$$R=\{(x,y)\mid -1\leqslant y\leqslant 1\}$$

的等距群．它可视为群 M 的子群．下列元素属于 N'：

$$t_a:(x,y)\to(x+a,y)$$

$$s:(x,y)\to(-x,y)$$

$$r:(x,y)\to(x,-y)$$

$$\rho:(x,y)\to(-x,-y)$$

(a) 对这些等距叙述并证明(6.3.3)的类似结果．

(b) 在其对称群离散的意义下，装饰图案为带子上周期的图案．对出现的对称群进行分类，将那些仅在带子上原点和单位长度的选择上有差别的群等同起来．先试着做具有不同种类的对称的图案．当证明你的结论时请做细致的情形分析．

5.9 令 G 是 M 的离散子群，其平移群是非平凡的．证明平面上存在点 p_0 不为 G 的除恒等元以外的任意元素所固定不动．

5.10 令 f 与 g 是平面上围绕两个不同点转过任意非零旋转角度 θ 与 φ 的旋转．证明由 f 与 g 生成的群含有一个平移．

5.11 如果 S 与 S'是 $\mathbf{R}^n$ 的子集且 $S\subset S'$，则 S 在 S'中是*稠密的*，如果对 S'的每个元素 s'，存在 S 的元素任意接近 s'．

(a) 证明 $\mathbf{R}^+$ 的子群 Γ 或者在 $\mathbf{R}$ 里稠密，或者是离散的．

(b) 证明由 1 和$\sqrt{2}$生成的 $\mathbf{R}^+$ 的子群在 $\mathbf{R}^+$ 里稠密．

(c) 令 H 是角度群 G 的子群．证明 H 或者是循环群，或者它在 G 里稠密．

5.12 对加群 $\mathbf{R}^{3+}$ 的离散子群进行分类．

第六节 平面晶体群

6.1 (a) 确定在图 6.6.2 中描绘的每个图案的点群$\overline{G}$.

(b) 对哪个图案可选取坐标使得群 G 作用于格 L？

6.2 令 G 是等边三角格 L 的对称群．确定 G 的平移子群在 G 里的指标．

189

6.3 确定下面所显示的图案的点群，并找出一个与图 6.6.2 中有同一类型的对称的图案．

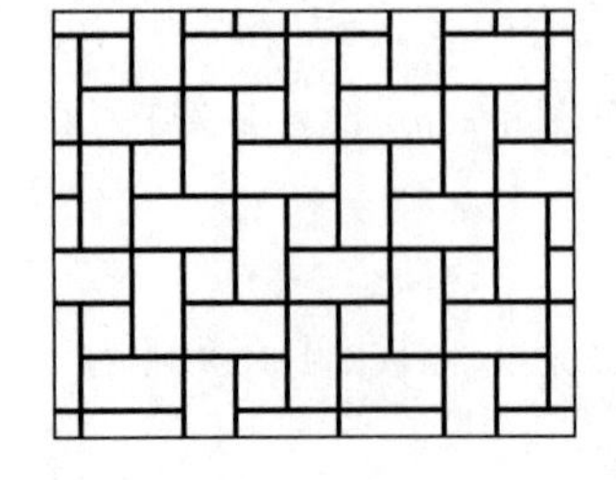

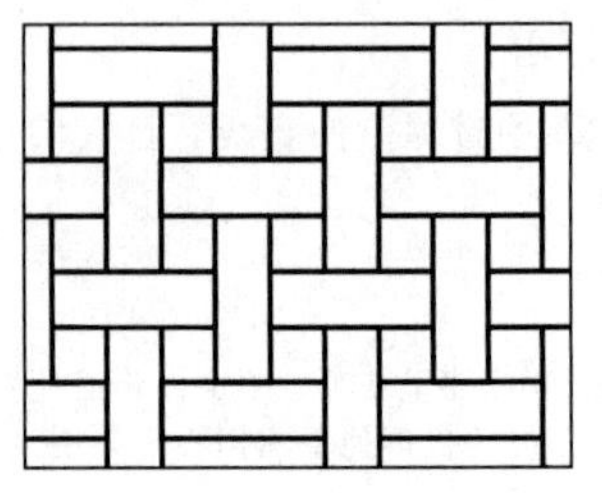

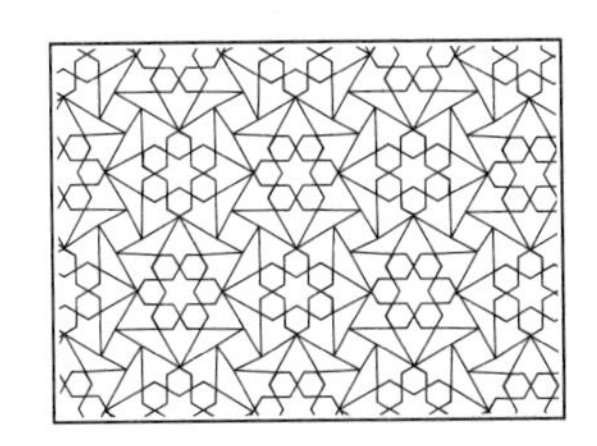
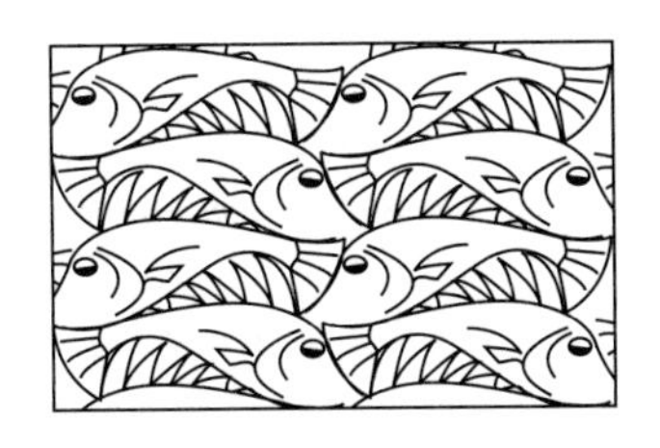

*6.4　将具有点群 $D_1=\{\bar{1},\ \bar{r}\}$ 的平面晶体群进行分类.

6.5　(a) 证明：如果 2 维晶体群 G 的点群是 C_6 或 D_6，则平移群 L 是等边三角格.

(b) 对这些群加以分类.

*6.6　证明图 6.6.2 中所给图的对称群穷尽了所有可能情形.

第七节　抽象对称：群作用

7.1　令 $G=D_4$ 是正方形的对称二面体群.

(a) 顶点的稳定子是什么？边的呢？

(b) G 在由对角线组成的二元集合上作用. 对角线的稳定子是什么？

7.2　平面的等距群 M 作用于平面上直线的集合. 确定一条直线的稳定子.

7.3　对称群 S_3 作用于阶为 3 的两个集合 U 与 V. 在下列两种情形下分解积集 $U\times V$ 为"对角作用"$g(u,v)=(gu,\ gv)$的轨道：

(a) 在 U 与 V 上的作用是可迁的.

(b) 在 U 上的作用是可迁的，在 V 上的作用轨道是 $\{v_1\}$ 与 $\{v_2,\ v_3\}$.

7.4　在练习 6.3 的每个图中求有非平凡稳定子的点，并且确定其稳定子.

7.5　令 G 是一个正方体的含有反向对称的对称群，用几何方法描述 G 的元素.　190

7.6　令 G 是一个等边三角棱柱体 P 的含有反向对称的对称群. 确定 P 的一个矩形面的稳定子和群的阶.

7.7　设 $G=GL_n(\mathbf{R})$ 通过左乘作用于集合 $V=\mathbf{R}^n$.

(a) 描述 V 在这个作用下的轨道分解.

(b) e_1 的稳定子是什么？

7.8　对于 $GL_2(\mathbf{C})$ 的下列作用，分解 2×2 复矩阵集合 $\mathbf{C}^{2\times 2}$ 为轨道.

(a) 左乘(b) 共轭.

7.9　(a) 设 S 是实 $m\times n$ 矩阵的集合 $\mathbf{R}^{m\times n}$，并设 $G=GL_m(\mathbf{R})\times GL_n(\mathbf{R})$. 证明规则 $(P,\ Q)*A=PAQ^{-1}$ 定义 G 在 S 上的作用.

(b) 刻画 S 的 G-轨道分解.

(c) 设 $m\leqslant n$. 矩阵 $[I\,|\,0]$ 的稳定子什么？

7.10　(a) 刻画矩阵 $\begin{bmatrix}1 & 0\\ 0 & 2\end{bmatrix}$ 在一般线性群 $GL_n(\mathbf{R})$ 共轭作用之下的轨道和稳定子.

(b) 在 $GL_2(\mathbf{F}_5)$ 中解释该矩阵，求轨道的阶(元素的个数).

7.11　证明对称群 S_4 的仅有的 12 阶子群是交错群 A_4.

第八节　对陪集的作用

8.1　规则 $P*A=PAP^t$ 定义 GL_n 在 $n\times n$ 矩阵的集合上的作用吗？

8.2　对于 G 在 G/H 上的作用，陪集 aH 的稳定子是什么？

8.3　当 G 是二面体群 D_4 而 S 是正方形顶点的集合时，具体写出双射(6.8.4).

8.4　对于对称群 $G=S_n$ 在指标集 $\{\mathbf{1},\ \cdots,\ \boldsymbol{n}\}$ 上的作用，令 H 是指标 $\mathbf{1}$ 的稳定子. 刻画 G 中 H 的左陪集

并在此情形下刻画映射(6.8.4).

第九节 计数公式

9.1 利用计数公式确定立方体和四面体的旋转对称群的阶.

9.2 设 G 是立方体的旋转对称群，设 G_v，G_e，G_f 为顶点 v、边 e 和面 f 的稳定子，并设 V，E，F 分别是立方体顶点、边和面的集合. 求代表三个集合中的每一个对于其每一个子群分解为轨道的公式.

9.3 当允许像平面反射这样的反向对称时，确定十二面体对称群的阶.

191
9.4 确定正四面体的包含反向对称的旋转对称群 T'.

9.5 令 F 是一段 I-光束，可看作是字母 I 与单位区间的积集合，确定它的包含反向对称的对称群.

9.6 确定垒球的对称群，考虑缝口(但不考虑针线口)，允许反向对称.

第十节 在子集上的作用

10.1 确定 D_3 的阶为 3 的子集的集合上左乘轨道的阶.

10.2 令 S 是一个群 G 可迁地作用的有限集合，并设 U 是 S 的子集. 证明诸子集 gU 均匀地覆盖 S，亦即，S 的每个元素属于同一数量的集合 gU.

10.3 考虑 G 在它的子集的集合上的左乘作用. 设 U 是子集使得集合 gU 划分 G. 令 H 是在这个轨道里含有 1 的唯一子集. 证明 H 是 G 的子群.

第十一节 置换表示

11.1 刻画 S_3 在四元素集合上的所有作用方式.

11.2 刻画四面体群 T 在二元素集合上的所有作用方式.

11.3 设 S 是集合，群 G 在其上作用，且设 H 是使得对所有 $s\in S$ 有 $gs=s$ 的元素 g 的子集. 证明 H 是 G 的正规子群.

11.4 设 G 是正方形的对称二面体群 D_4. G 在顶点集合上的作用是忠实的吗? 在对角线上呢?

11.5 群 G 忠实地作用在五元素集合 S 上，且有两个轨道，一个轨道阶为 3，一个轨道阶为 2. G 可能是什么群?

11.6 设 $F=\mathbf{F}_3$. 列向量空间 F^2 有四个一维子空间. 列出这些子空间. 用可逆矩阵左乘可置换这些子空间. 证明这个作用定义一个同态 $\varphi:GL_2(F)\to S_4$. 确定这个同态的核和像.

11.7 对下面每个群，求最小整数 n，使得群在 n 元集上有忠实作用：(a) D_4，(b) D_6，(c) 四元数群 H.

11.8 在乘法群 $F_p^\times$ 与 p 阶循环群的自同构集合之间求双射对应.

11.9 三张矩形纸片 S_1，S_2，S_3 累成一摞. 令 G 是这个构形的所有对称的群，包括单张纸片的对称以及三张矩形纸片集合的置换. 确定 G 的阶和由集合$\{S_1, S_2, S_3\}$的置换定义的映射 $G\to S_3$ 的核.

第十二节 旋转群的有限子群

192
12.1 解释为什么十二面体与二十面体的对称群是同构的.

12.2 刻画八面体旋转群的极点的轨道.

12.3 设 O 是立方体的旋转群，且设 S 是连接对角顶点的四个对角线的集合. 求连接对角线的稳定子.

12.4 设 $G=O$ 是立方体的旋转群，并设 H 是将其两个内接四面体之一映到自身的子群. 证明 $H=T$.

12.5 证明二十面体群有 10 阶子群.

12.6 确定下列群的所有子群：(a) 四面体群，(b) 二十面体群.

12.7 如果适当选择 $\alpha>1$，则 12 个点$(\pm1, \pm\alpha, 0)^t$，$(0, \pm1, \pm\alpha)^t$，$(\pm\alpha, 0, \pm1)^t$ 构成正二十面体的顶点. 验证这一点，并确定 α.

*12.8 证明三维晶体群的晶体限制：晶体的旋转对称的阶为 2，3，4 或 6.

杂题

*M.1　令 G 是 2 维晶体群使得没有元素 $g\neq 1$ 固定平面任意点不动．证明 G 由两个平移生成，或者由一个平移与一个滑动平移生成．

M.2　(a) 证明群 G 的自同构集合 $\mathrm{Aut}G$ 构成群，合成法则是函数的合成．

(b) 证明由 $g\rightsquigarrow$(由 g 确定的共轭)定义的映射 $\varphi:G\to\mathrm{Aut}G$ 是同态，并确定它的核．

(c) 由群元素确定的共轭所得到的自同构叫做*内自同构*．证明内自同构集合(即 φ 的像)是群 $\mathrm{Aut}G$ 的正规子群．

M.3　确定群的自同构群(见练习 M.2)．

(a) C_4　(b) C_6　(c) $C_2\times C_2$　(d) D_4　(e) 四元数群 H

*M.4　$\mathbf{R}^n$ 中的坐标 x_1，…，x_n 如通常，由不等式 $-1\leqslant x_i\leqslant +1(i=1，\cdots，n)$ 定义的点集是 n *维超立方* $\mathcal{C}_n$．1 维超立方是一线段，2 维超立方是一正方形．4 维超立方有八个*面立方*，它是由 $\{x_i=1\}$ 与 $\{x_i=-1\}(i=1，\cdots，4)$ 定义的 3 维立方，它有 16 个*顶点* $(\pm 1，\pm 1，\pm 1，\pm 1)$．

令 G_n 表示正交群 O_n 的映超立方到自身的元素的子群，即 $\mathcal{C}_n$ 的对称群，包含有反向对称．坐标与符号的置换在 G_n 的元素间变化．

(a) 用计数公式与归纳法确定群 G_n 的阶．

(b) 简洁地描述 G_n，并确定顶点 $(1，\cdots，1)$ 的稳定子．通过证明 G_2 同构于二面体群 D_4 来验证你的答案．

*M.5　(a) 找出一方法确定图 6.6.2 中第一个图案构成的一个河马头的面积．对该图底部图案里的一个鸢尾花形纹章做同样的事情．

(b) 平面晶体群的*基本区域* D 是平面的一个有界区域，使得像 $gD(g\in G)$ 恰好覆盖平面一次，而没有重叠．对河马图案对称群找出两个不全等的基本区域．对鸢尾花形纹章做同样的事情．

193

(c) 证明：如果 D 与 D' 是同一图案的基本区域，则 D 可切割成有限多个小块，并组合构成 D'．

(d) 求一个联系基本区域与图案点群的阶的公式．

*M.6　令 G 是 M 的离散子群．在平面中选取一点 p，其在 G 中的稳定子是平凡的，设 S 是 p 的轨道．对 S 的除 p 外的每个点 q，令 ℓ_q 为线段 $\ell[p，q]$ 的垂直平分线，且 H_q 是含有 p 的以 ℓ_q 为界的半平面．证明 $D=\bigcap H_q$ 是 G 的基本区域(见 M.5)．

*M.7　令 G 是作用在有限集合 S 上的有限群．对 G 的每个元素 g，设 S^g 表示由 g 固定不动的 S 的元素的子集：$S^g=\{s\in S\mid gs=s\}$，令 G_s 是 s 的稳定子．

(a) 我们可以想象断言 $gs=s$ 的真-伪值表，比如行以 G 中元素为指标而列以 S 中元素为指标．对二面体群 D_3 在一个三角形的顶点上的作用构造这样的表．

(b) 证明公式 $\sum\limits_{s\in S}|G_s|=\sum\limits_{g\in G}|S^g|$．

(c) 证明*伯恩赛德公式*：$|G|\cdot(\text{轨道个数})=\sum\limits_{g\in G}|S^g|$．

M.8　存在 $70=\binom{8}{4}$ 种对八边形的边着色的方法，使之有四条黑边四条白边．群 D_8 作用在这 70 个元素的集合上，轨道代表等价的颜色．用伯恩赛德公式(见练习 M.7)计算等价类的个数．

194

第七章　群论的进一步讨论

要做或要证明的越多，做起来或证明起来就越容易.

——James Joseph Sylvester

本章我们讨论三个主题：共轭——最重要的一种群运算；西罗定理——有限群里刻画阶为素数幂的子群的定理；群的生成元和关系.

第一节　凯莱定理

每个群都以各种方式对自身作用，左乘是其中之一：

【7.1.1】
$$G \times G \to G$$
$$g, x \rightsquigarrow gx$$

这是个可迁作用——仅有一条轨道. 任意元素的稳定子都是平凡子群$\langle 1 \rangle$，因而作用是忠实的，并且由这个作用定义的置换表示(见第六章第十一节)

【7.1.2】
$$G \to \mathrm{Perm}(G)$$
$$g \rightsquigarrow m_g\text{——}g\text{ 的左乘}$$

是单射.

【7.1.3】**定理**(凯莱定理)　每一个有限群都同构于某个置换群的子群. 如果 G 的阶为 n，则它同构于对称群 S_n 的子群.

证明　因为左乘作用是忠实的，所以 G 同构于它在 $\mathrm{Perm}(G)$中的像. 如果 G 的阶为 n，则 $\mathrm{Perm}(G)$同构于 S_n. ■

虽然凯莱定理本身是很有意思的，但它难于使用，因为 S_n 的阶与 n 相比太大了.

第二节　类　方　程

共轭，即由

195

【7.2.1】
$$(g, x) \rightsquigarrow gxg^{-1}$$

定义的群 G 到自身的作用比左乘更为微妙和重要. 显然，我们不应用乘法记号表示这个作用. 我们将证明这个作用的结合律(6.7.1)，使用 $g * x$ 作为共轭 gxg^{-1}的暂时记号：

$$(gh) * x = (gh)x(gh)^{-1} = ghxh^{-1}g^{-1} = g(h * x)g^{-1} = g * (h * x)$$

验证完公理，我们回到通常记号 gxg^{-1}.

注　G 的元素 x 关于共轭作用的稳定子叫做 x 的中心化子. 常记为 $Z(x)$：

【7.2.2】
$$Z(x) = \{g \in G \mid gxg^{-1} = x\} = \{g \in G \mid gx = xg\}$$

x 的中心化子是与 x 可交换的群元素的集合.

注　x 关于共轭的轨道叫做 x 的共轭类，常记为 $C(x)$. 它由所有共轭 gxg^{-1}组成：

【7.2.3】 $$C(x)=\{x'\in G \mid x'=gxg^{-1},\ g\in G\}$$

计数公式(6.9.2)告诉我们：

【7.2.4】 $$|G|=|Z(x)|\cdot|C(x)|$$

$$|G|=|\text{中心化子}|\cdot|\text{共轭类}|$$

群 G 的中心 Z 在第二章定义过．它是与群的每个元素交换的元素的集合：$Z=\{z\in G \mid zy=yz,\ y\in G\}$.

【7.2.5】**命题**

(a) G 的元素 x 的中心化子 $Z(x)$ 含有 x，并且它含有中心 Z.

(b) G 的元素 x 属于中心当且仅当它的中心化子 $Z(x)$ 是整个群 G，并且 $Z(x)=G$ 当且仅当共轭类 $C(x)$ 由单个元素 x 组成.

因为共轭类是群作用的轨道，所以它们划分了群 G. 这个事实给出了有限群的类方程：

【7.2.6】 $$|G|=\sum_{\text{共轭类}C}|C|$$

如果对共轭类编号，比如记为 C_1，…，C_k，则这个公式成为

【7.2.7】 $$|G|=|C_1|+\cdots+|C_k|$$

恒等元 1 的共轭类由元素 1 单独组成．首先列出这个类似乎是自然的，于是，$|C_1|=1$. 在类方程右边，1 的再出现对应着 G 的中心 Z 的元素．还要注意右边的每一项整除左边，因为它是轨道的阶.

【7.2.8】 类方程右边的数整除群的阶，且其中至少有一个为 1

196

这对于可能出现在这样方程中的整数组合是一个很强的限制.

对称群 S_3 的阶是 6．用通常的记号，元素 x 的阶是 3．它的中心化子 $Z(x)$ 含有 x，所以它的阶是 3 或 6．因为 $yx=x^2y$，故 x 不属于群的中心，且 $|Z(x)|=3$．于是，$Z(x)=\langle x\rangle$，计数公式(7.2.4)表明共轭类 $C(x)$ 的阶是 2．类似的推理表明元素 y 的共轭类 $C(y)$ 的阶是 3．对称群 S_3 的类方程为

【7.2.9】 $$6=1+2+3$$

如我们所见，计数公式有助于确定类方程．可直接确定共轭类的阶，或者，计算它的中心化子的阶．中心化子是子群，它有更多结构，计算它的阶常常是较好的途径．在下一节我们将看到一种容易确定共轭类的情形，但让我们看一下使用中心化子的另一种情形.

令 G 是域 $\mathbf{F}_3$ 上行列式为 1 的矩阵的特殊线性群 $SL_2(\mathbf{F}_3)$．这个群的阶是 24(见练习 4.4)．通过罗列 G 的元素计算类方程是相当乏味的，而从计算一些矩阵 A 的中心化子开始则比较好．这通过对矩阵 P 求解方程 $PA=AP$ 完成．用这个方程比用 $PAP^{-1}=A$ 更容易．例如，令

$$A=\begin{bmatrix} & -1\\ 1 & \end{bmatrix},\quad P=\begin{bmatrix} a & b\\ c & d\end{bmatrix}$$

方程 $PA=AP$ 迫使条件 $b=-c$ 与 $a=d$ 成立，从而方程 $\det P=1$ 变成了 $a^2+c^2=1$．这个

方程在 $\mathbf{F}_3$ 里有四个解：$a=\pm1$，$c=0$ 与 $a=0$，$c=\pm1$. 所以 $|Z(A)|=4$，$|C(A)|=6$. 这就给出了类方程：$24=1+6+\cdots$. 要完成计算，需要计算更多一些矩阵的中心化子. 因为共轭元素有相同的特征多项式，故可从选取具有不同特征多项式的元素开始.

$SL_2(\mathbf{F}_3)$的类方程是

【7.2.10】
$$24=1+1+4+4+4+4+6$$

第三节 p-群

类方程对阶是一个素数 p 的正幂的群 G 有若干应用. 这样的群称为 p-群.

【7.3.1】**命题** *p-群 G 的中心是非平凡群.*

证明 比如说 $|G|=p^e$，其中 $e\geqslant1$. 类方程右边的每一项整除 p^e，于是，它也是 p 的幂，可能有 $p^0=1$. p 的正幂被 p 整除. 如果恒等元的类 C_1 是右边唯一给出 1 的项，则类方程将为

$$p^e=1+\sum(p\text{ 的倍数})$$

197 这是不可能的. 所以，在右边一定有更多的 1. 中心是非平凡的. ■

类似的讨论可用来证明下面 p-群作用的定理. 我们把它的证明留作练习.

【7.3.2】**定理**（不动点定理） *设 G 是一个 p-群，并设 S 是一个有限集合，G 在它上面作用. 假设 S 的阶不被 p 整除，则 G 在 S 上的作用有个不动点，即稳定子为整个群的元素 s.*

【7.3.3】**命题** *每个阶为 p^2 的群是阿贝尔群.*

证明 设 G 是阶为 p^2 的群. 根据前面的命题，它的中心 Z 不是平凡群. 所以，Z 的阶一定是 p 或 p^2. 如果 Z 的阶是 p^2，则 $Z=G$，从而 G 如同命题所断言的那样是阿贝尔群. 假设 Z 的阶是 p，令 x 是 G 的但不属于 Z 的元素. 中心化子 $Z(x)$ 包含 x 以及 Z，所以，它严格大于 Z. 因为 $|Z(x)|$ 整除 $|G|$，故它一定等于 p^2，所以，$Z(x)=G$. 这意味着 x 与 G 的每个元素交换，于是，它属于中心. 矛盾. 所以，中心不能为 p 阶. ■

【7.3.4】**推论** *阶为 p^2 的群或者是循环群，或者是两个 p 阶循环群的积.*

证明 设 G 是阶为 p^2 的群. 如果 G 包含 p^2 阶元素，则它是循环群. 如果不是，则 G 的每个不同于 1 的元素的阶为 p. 选择阶为 p 的两个元素 x 与 y，使得 y 不属于子群 $\langle x\rangle$. 命题 2.11.4 表明 G 同构于积 $\langle x\rangle\times\langle y\rangle$. ■

p^e 阶群的同构类个数随 e 迅速增长. 有 5 个 8 阶群的同构类，有 14 个 16 阶群的同构类和 51 个 32 阶群的同构类.

第四节 二十面体群的类方程

本节我们确定十二面体的旋转对称的群——二十面体群 I 的共轭类，以此来研究这个非常有趣的群. 当考虑这一点时，你也许想参考十二面体的模型或者图解.

令 $\theta=2\pi/3$. 二十面体群含有围绕顶点 v 转过角度 θ 的旋转. 这个旋转有自旋 (v,θ)，于是，记之为 $\rho_{(v,\theta)}$. 20 个顶点构成 I-轨道，且如果 v' 是另一个顶点，则 $\rho_{(v,\theta)}$ 与 $\rho_{(v',\theta)}$ 是 I

的共轭元素．这由推论 5.1.28(b)可得．诸顶点构成 20 阶的轨道，所以，所有旋转 $\rho_{(v,\theta)}$ 都是共轭的．它们是不同的，因为像(v, θ)那样定义同一旋转的仅有自旋是$(-v, -\theta)$与$-\theta\neq\theta$. 于是，这些旋转构成 12 阶的共轭类．

其次，I 含有绕面的中心转过角度 $2\pi/5$ 的旋转，且 12 个面构成一个轨道．像上面推导的那样，我们找到 12 阶的共轭类．类似地，转过角度 $4\pi/5$ 的旋转构成 12 阶的共轭类．

最后，I 含有绕边的中心转过角度 π 的旋转．有 30 条边，它们给出 30 个自旋(e, π). 但 $\pi=-\pi$. 如果 e 是边的中心，则 $-e$ 也是，从而自旋(e, π)与$(-e, -\pi)$代表同一旋转．这个共轭类仅含有 15 个不同的旋转．

198

二十面体群的类方程是

【7.4.1】
$$60 = 1 + 20 + 12 + 12 + 15$$

注意 称(v, θ)与(e, π)为自旋是不准确的，因为 v 与 e 都没有单位长度．但这点显然是不重要的．

单群

群 G 是单群，如果它不是平凡群并且它不包含真的正规子群——除$\langle 1\rangle$和 G 外没有别的正规子群．(这个“单”字并不意味“不复杂”．它在这里大致的意思为“不是合成的”．)素阶循环群不含有真子群；所以，它们是单群．除平凡群外，所有其他群均含有真子群，尽管不一定是真正规子群．

下列引理的证明可直接得出．

【7.4.2】**引理** 令 N 是群 G 的正规子群．

(a) 如果 N 含有元素 x，则它含有 x 的共轭类 $C(x)$.

(b) N 是共轭类的并．

(c) N 的阶是它所包含的共轭类的阶的和．

现在用类方程证明下列定理．

【7.4.3】**定理** 二十面体群 I 是单群．

证明 二十面体群的真正规子群的阶是 60 的真因子，根据引理，它也是类方程(7.4.1)右边一些项的和，包括项 1，其为恒等元共轭类的阶．没有整数满足这两个条件．这就证明了定理． ■

单的性质是很有用的，因为可能偶然碰到正规子群，就像下面定理所展示的．

【7.4.4】**定理** 二十面体群与交错群 A_5 同构．所以，A_5 是单群．

证明 为描述这个同构，我们需要找到一个 I 在其上面作用的有五个元素的集合 S. 这是相当微妙的，但这样一个集合由内接于十二面体的五个立方体组成，其中一个的图示如下：

【7.4.5】图

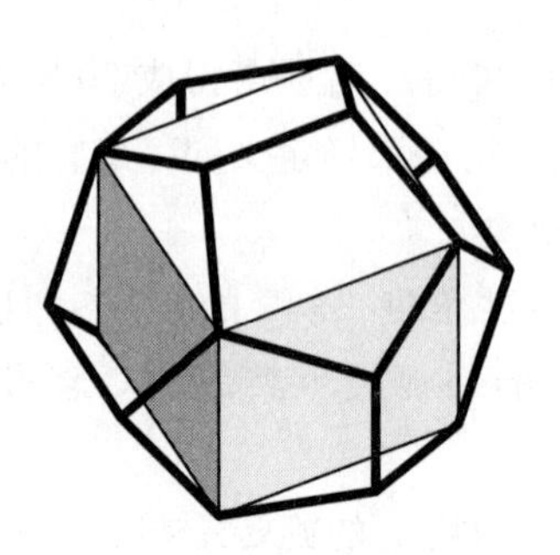

十二面体的一个内接立方体.

二十面体群在这五个立方体的集合 S 上作用，并且这个作用定义了一个相伴随的置换表示的同态 $\varphi: I \to S_5$. 我们证明 φ 定义了从 I 到交错群 A_5 的同构. 为证明它是一个同构，我们将用到 I 是单群这个事实，但需要的关于作用的仅有信息是它不是平凡的.

199

φ 的核是 I 的正规子群. 由于 I 是单群，故 φ 的核或是平凡群 $\langle 1 \rangle$ 或是整个群 I. 如果核是整个群，则 I 在五个立方体上的作用是平凡作用，但这是不对的. 因此，$\mathrm{Ker}\varphi = \langle 1 \rangle$. 这表明 φ 是单射. 于是，它定义了一个从 I 到它在 S_5 中的像的一个同构.

接下来，我们把同态 φ 与符号同态 $\sigma: S_5 \to \{\pm 1\}$ 合成，得到一个同态 $\sigma\varphi: I \to \{\pm 1\}$. 如果这个同态是满射，则其核将是 I 的真正规子群. 由于 I 是单群，故这是不可能的. 因而这个限制是个平凡同态，这意味着 φ 的像包含在 σ 的核里，这个核为交错群 A_5. I 与 A_5 的阶都是 60，且 φ 是单射，所以 φ 同构于 I 的像是 A_5. ■

第五节 对称群里的共轭

在对称群里刻画共轭的最不会引起混淆的方法是考虑重新给指标标号. 如果给定指标是 **1**，**2**，**3**，**4**，**5**，且如果把它们分别标为 ***a***，***b***，***c***，***d***，***e***，则置换 $p = (\mathbf{1\,3\,4})(\mathbf{2\,5})$ 变为 $(\boldsymbol{a\,c\,d})(\boldsymbol{b\,e})$.

要写这个过程的公式，令 $\varphi: I \to L$ 表示从指标集 I 到字母集 L 的重新标号映射：$\varphi(\mathbf{1}) = \boldsymbol{a}$，$\varphi(\mathbf{2}) = \boldsymbol{b}$，等等. 这样，重新标号的置换是 $\varphi \circ p \circ \varphi^{-1}$. 其解释如下：

首先用 φ^{-1} 映射字母到指标.

其次，用 p 置换指标.

最后，用 φ 把指标映射回字母.

可用诸指标的置换 q 以同样方法重新标号. 结果(即共轭 $p' = qpq^{-1}$)将是同一指标集新的置换. 例如，如果用 $q = (\mathbf{1\,4\,5\,2})$ 重新标号，可得

$$qpq^{-1} = (\mathbf{1\,4\,5\,2}) \circ (\mathbf{1\,3\,4})(\mathbf{2\,5}) \circ (\mathbf{2\,5\,4\,1}) = (\mathbf{4\,3\,5})(\mathbf{1\,2}) = p'$$

200

有两点要注意. 第一，重新标号将产生一个置换，其循环与原来的有相同长度. 第二，通过选取适当的置换 q，可得到任意其他具有相同长度的循环的置换. 如果把一个置换写在另一个置换上面，并指定顺序使得循环对应，则可用这个结果作为数表定义 q. 例

如，像我们上面所做的那样，作为置换 $p=(\mathbf{1\ 3\ 4})(\mathbf{2\ 5})$ 的共轭得到 $p'=(\mathbf{4\ 3\ 5})(\mathbf{1\ 2})$，我们可写

$$\frac{(\mathbf{1\ 3\ 4})(\mathbf{2\ 5})}{(\mathbf{4\ 3\ 5})(\mathbf{1\ 2})}$$

通过从上往下读这个数表：$\mathbf{1}\rightsquigarrow\mathbf{4}$，等等，可得到重新标号置换 q.

因为循环可从它的任一指标开始，所以常常是几个置换 q 产生同一共轭.

下一个命题总结了上面的讨论.

【7.5.1】命题 *两个置换 p 与 p' 是对称群里的共轭元当且仅当它们的循环分解有相同的阶.*

我们用命题 7.5.1 确定对称群 S_4 的类方程. 置换的循环分解划分集合 $\{\mathbf{1},\mathbf{2},\mathbf{3},\mathbf{4}\}$. 划分 4 的子集的阶可能是

$$1,1,1,1;\quad 2,1,1;\quad 2,2;\quad 3,1 \text{ 或 } 4$$

具有这些阶的循环的置换分别是恒等置换、对换、(不相交的)对换的积、3-循环与 4-循环.

有 6 个对换、3 个对换的积、8 个 3-循环与 6 个 4-循环. 由命题知，这些集合的每一个构成一个共轭类，所以，S_4 的类方程是

【7.5.2】 $$24=1+3+6+6+8$$

类似的计算表明对称群 S_5 的类方程是

【7.5.3】 $$120=1+10+15+20+20+30+24$$

在前一节(7.4.4)里我们看到交错群 A_5 是单群，因为它同构于二十面体群 I，而 I 是单群. 我们现在证明大多数交错群都是单群.

【7.5.4】定理 *对每个 $n\geqslant 5$，交错群 A_n 是单群.*

为完整起见，我们注意 A_2 是平凡群，A_3 是 3 阶循环群，A_4 不是单群. 由恒等置换和对换的 3 个积 $(\mathbf{1\ 2})(\mathbf{3\ 4})$，$(\mathbf{1\ 3})(\mathbf{2\ 4})$，$(\mathbf{1\ 4})(\mathbf{2\ 3})$ 构成的 4 阶群是 S_4 与 A_4 的正规子群(见(2.5.13)(b)).

【7.5.5】引理

(a) *对 $n\geqslant 3$，交错群 A_n 是由 3-循环生成的.*

(b) *对 $n\geqslant 5$，3-循环在交错群 A_n 里构成唯一的共轭类.*

201

证明

(a) 这与行约简方法类似. 比如说，不是恒等置换的偶置换 p 固定 m 个指标不动，我们证明如果用一个适当的 3-循环 q 左乘 p，则乘积 qp 至少固定 $m+1$ 个指标不动. 对 m 进行归纳证明.

如果 p 不是恒等置换，则它要么含有一个 k-循环，其中 $k\geqslant 3$，要么含有两个 2-循环的积. 由于如何给指标编号不碍事，故可设 $p=(\mathbf{1\ 2\ 3}\cdots \boldsymbol{k})\cdots$ 或 $p=(\mathbf{1\ 2})(\mathbf{3\ 4})\cdots$. 令 $q=(\mathbf{3\ 2\ 1})$. 乘积 qp 固定指标 $\mathbf{1}$ 不动以及固定由 p 固定不动的所有指标不动.

(b) 假设 $n\geqslant 5$，且令 $q=(\mathbf{1\ 2\ 3})$. 根据命题 7.5.1，3-循环在对称群 S_n 里是共轭的.

所以，如果 q' 是另一个 3-循环，则存在一个置换 p 使得 $pqp^{-1}=q'$. 如果 p 是偶置换，则 q 与 q' 在 A_n 中是共轭的. 假设 p 是奇置换. 因为 $n\geqslant 5$，故对换 $\tau=(\mathbf{4\ 5})$ 属于 S_n，于是，$\tau q\tau^{-1}=q$. 这样，$p\tau$ 是偶的，且 $(p\tau)q(p\tau)^{-1}=q'$. ■

定理 7.5.4 的证明　我们现在进行定理的证明. 令 N 是交错群 A_n 的非平凡正规子群，其中 $n\geqslant 5$. 必须证明 N 是整个群 A_n. 只要证明 N 含有 3-循环就够了. 如果证明了这个结论，则由(7.5.5)(b)可知 N 含有每个 3-循环，且由(7.5.5)(a)知 $N=A_n$.

已知 N 是正规子群，且含有不是恒等置换的置换 x，故在 N 中可做三种运算：乘法、逆和共轭. 例如，如果 g 是 A_n 的任一元素，则 gxg^{-1} 与 x^{-1} 也属于 N. 它们的乘积，即交换子 $gxg^{-1}x^{-1}$ 也属于 N. 因为 g 是任意的，故这些交换子给出许多属于 N 的元素.

我们的第一步是注意 x 的适当幂的阶是素数，比如说，阶 ℓ. 用这个幂替换 x，所以可假设 x 的阶是 ℓ. 这样，x 的循环分解由 ℓ-循环和 1-循环组成.

不幸的是，余下的证明需要分几个情形来进行. 在每一情形里，计算交换子 $gxg^{-1}x^{-1}$，希望导出一个 3-循环. 适当的元素可通过实验找到.

情形 1：x 的阶 $\ell\geqslant 5$.

如何给指标编号是没关系的，故可假设 x 含有 ℓ-循环 $(\mathbf{1\ 2\ 3\ 4\ 5}\cdots\ell)$，比如说 $x=(\mathbf{1\ 2\ 3\ 4\ 5}\cdots\ell)y$，其中 y 是剩余指标的置换. 设 $g=(\mathbf{4\ 3\ 2})$. 于是

$$gxg^{-1}x^{-1}=[(\mathbf{4\ 3\ 2})]\circ[(\mathbf{1\ 2\ 3\ 4\ 5}\cdots\ell)y]\circ[(\mathbf{2\ 3\ 4})]\circ[\underset{}{\overset{\text{先做这个}}{y^{-1}(\ell\cdots\mathbf{5\ 4\ 3\ 2\ 1})}}]=(\mathbf{2\ 4\ 5}).$$

因此，这个交换子是 3-循环.

情形 2：x 的阶为 3.

如果 x 是 3-循环，就没有什么可证的了. 如果不是，则 x 至少含有两个 3-循环，比如说 $x=(\mathbf{1\ 2\ 3})(\mathbf{4\ 5\ 6})y$. 设 $g=(\mathbf{4\ 3\ 2})$. 则 $gxg^{-1}x^{-1}=(\mathbf{1\ 5\ 2\ 4\ 3})$. 该交换子阶为 5. 我们回到情形 1.

202

情形 3a：x 阶为 2，且它含有 1-循环.

因为它是偶置换，故 x 一定至少含有两个 2-循环，比如说 $x=(\mathbf{1\ 2})(\mathbf{3\ 4})(\mathbf{5})y$. 令 $g=(\mathbf{5\ 3\ 1})$. 则 $gxg^{-1}x^{-1}=(\mathbf{1\ 5\ 2\ 4\ 3})$. 该交换子阶为 5，我们又回到情形 1.

情形 3b：x 的阶 $\ell=2$，且它不含有 1-循环.

因为 $n\geqslant 5$，故 x 含有多于两个的 2-循环. 比如说 $x=(\mathbf{1\ 2})(\mathbf{3\ 4})(\mathbf{5\ 6})y$. 令 $g=(\mathbf{5\ 3\ 1})$. 则 $gxg^{-1}x^{-1}=(\mathbf{1\ 5\ 3})(\mathbf{2\ 4\ 6})$. 该交换子的阶为 3，故我们回到情形 2.

这些是具有素数阶偶置换的所有可能，所以，定理的证明就完成了. ■

第六节　正规化子

考虑群 G 的子群 H 对于由 G 的共轭作用的轨道. $[H]$ 的轨道是共轭子群 $[gHg^{-1}]$ 的集合，其中 $g\in G$. $[H]$ 关于这个作用的稳定子称为 H 的正规化子，记为 $N(H)$：

【7.6.1】
$$N(H)=\{g\in G\,|\,gHg^{-1}=H\}$$

计数公式为

【7.6.2】 $$|G| = |N(H)| \cdot (\text{共轭子群数})$$

共轭子群数等于指标$[G:N(H)]$.

【7.6.3】命题 令 H 是群 G 的子群，设 N 是 H 的正规化子.

(a) H 是群 N 的正规子群.

(b) H 是群 G 的正规子群当且仅当 $N=G$.

(c) $|H|$ 整除 $|N|$ 且 $|N|$ 整除 $|G|$.

例如，令 H 是对称群 S_5 的由元素 $p=(\mathbf{1\ 2})(\mathbf{3\ 4})$生成的 2 阶循环子群. 共轭类 $C(p)$ 含有 15 对不相交对换，每一个都生成 H 的共轭子群. 由计数公式知正规化子 $N(H)$阶为 8，即 $120=8\cdot 15$.

第七节 西罗定理

西罗定理描述了任意有限群的素数幂阶的子群. 它们用挪威数学家西罗命名. 西罗在 19 世纪发现了这些定理.

设 G 是阶为 n 的群，设 p 是一个整除 n 的素整数. 令 p^e 表示 p 的整除 n 的最大的幂，这样

【7.7.1】 $$n = p^e m$$

其中 m 是不能被 p 整除的整数. G 的 p^e 阶的子群 H 称为 G 的西罗 p-子群. 西罗 p-子群是在群里其指标不能为 p 所整除的 p-群.

203

【7.7.2】定理(西罗第一定理) 其阶为素数 p 整除的有限群包含一个西罗 p-子群.

西罗定理的证明放在本节最后.

【7.7.3】推论 其阶为素数 p 整除的有限群包含一个 p 阶的元素.

证明 令 G 是这样一个群，设 H 为 G 的西罗 p-子群. 于是，H 包含一个不同于 1 的元素 x. x 的阶整除 H 的阶，所以，它是 p 的正幂，比如说 p^k. 因此，$x^{p^{k-1}}$ 阶为 p. ■

这个推论不是显然的. 我们已经知道任意元素的阶整除群的阶，但可以想象，比如说一个 6 阶群由单位元 1 和 5 个 2 阶元素组成. 这样的群是不存在的. 6 阶群必须含有一个 3 阶元素和一个 2 阶元素.

余下的西罗定理给出西罗子群的附加信息.

【7.7.4】定理(西罗第二定理) 令 G 是其阶为素数 p 整除的有限群.

(a) G 的西罗 p-子群是共轭子群.

(b) G 的每一个为 p-群的子群都包含在一个西罗 p-子群里.

西罗 p-子群的共轭子群也是西罗 p-子群.

【7.7.5】推论 群 G 仅仅有一个西罗 p-子群当且仅当这个子群是正规的.

【7.7.6】定理(西罗第三定理) 令 G 是其阶 n 为素数 p 整除的有限群. 比如说 $n=p^e m$，其中 p 不能整除 m，设 s 表示西罗 p-子群的个数. 则 s 整除 m，且 s 模 p 与 1 同余：$s=kp+$

1 对某个整数 $k\geqslant 0$ 成立.

在证明西罗定理之前，我们将用它们对 6 阶群、15 阶群和 21 阶群进行分类. 这些例子展示这些定理的威力，但当 n 有许多因子时，n 阶群的分类是不容易的，因为有太多的可能.

【7.7.7】命题

(a) 每个 15 阶群都是循环群.

(b) 有两个 6 阶群的同构类，即循环群 C_6 的类与对称群 S_3 的类.

(c) 有两个 21 阶群的同构类：循环群 C_{21} 的类与由两个元素 x 和 y 生成的群 G 的类，其中 x 和 y 满足关系 $x^7=1$，$y^3=1$，$yx=x^2y$.

204

证明

(a) 令 G 是 15 阶群. 根据西罗第三定理，它的西罗 3-子群的个数整除 5，且模 3 与 1 同余. 仅有的这样的整数是 1. 所以，有一个西罗 3-子群，比如说 H，它是一个正规子群. 同样理由，仅有一个西罗 5-子群，比如说 K，它是正规的. 子群 H 是 3 阶循环子群，K 是 5 阶循环子群. 交 $H\cap K$ 是平凡群. 由命题 2.11.4(d)可知 G 同构于积群 $H\times K$. 所以，所有 15 阶群都同构于循环群的积 $C_3\times C_5$，且它们相互同构. 循环群 C_{15} 是一个这样的群，所以，所有 15 阶群都是循环群.

(b) 令 G 是 6 阶群. 由西罗第一定理，G 包含一个西罗 3-子群 H(为 3 阶循环群)和一个西罗 2-子群 K(为 2 阶循环子群). 由西罗第三定理可知西罗 3-子群的个数整除 2，且模 3 与 1 同余. 仅有的这样的整数是 1. 所以，有一个西罗 3-子群 H，它是一个正规子群. 同样的定理还告诉我们西罗 2-子群的个数整除 3，且模 2 与 1 同余. 这个数或是 1 或是 3.

情形 1：H 与 K 都是正规子群.

像前面的例子一样，G 同构于积群 $H\times K$，这个积群是阿贝尔群. 所有 6 阶阿贝尔群都是循环群.

情形 2：G 包含 3 个西罗 2-子群，比如说 K_1，K_2，K_3.

群 G 由共轭作用于阶为 3 的集合 $S=\{[K_1],[K_2],[K_3]\}$，这给出从 G 到对称群的一个同态 $\varphi:G\to S_3$，它是伴随的置换表示(6.11.2). 由西罗第二定理知，在 S 上的这个作用是可迁的，所以，元素$[K_i]$在 G 中的稳定子是正规化子 $N(K_i)$，阶为 2. 它等于 K_i. 因为 $K_1\cap K_2=\{1\}$，所以恒等元是 G 的固定 S 的所有元素不动的唯一元素. 作用是忠实的，且置换表示 φ 是单射. 因为 G 与 S_3 有相同的阶，故 φ 是同构.

(c) 令 G 是 21 阶群. 西罗第三定理表明西罗 7-子群 K 一定是正规的，且西罗 3-子群的个数是 1 或 7. 令 x 是 K 的生成元，且设 y 是一个西罗 3-子群 H 的生成元. 这样，$x^7=1$，$y^3=1$，所以，$H\cap K=\{1\}$，因此，积映射 $H\times K\to G$ 是单射(2.11.4)(a). 由于 G 的阶为 21，故积映射是双射. G 的元素是乘积 x^iy^j，其中 $0\leqslant i<7$，$0\leqslant j<3$.

因为 K 是正规子群，故 yxy^{-1}是 K 的元素，它为 x 的幂，比如说 x^i，其中 $1\leqslant i<7$. 所以，元素 x 与 y 满足关系

【7.7.8】
$$x^7=1,\quad y^3=1,\quad yx=x^iy$$

这些关系足以确定群的乘法表. 然而，关系 $y^3=1$ 限制了可能的幂指数 i，因为它蕴含着 $y^3xy^{-3}=x$：

$$x=y^3xy^{-3}=y^2x^iy^{-2}=yx^{i^2}y^{-1}=x^{i^3}$$

所以，$i^3\equiv 1$(模 7). 这告诉我们 i 一定是 1，2 或 4.

205

例如，幂指数 $i=3$ 蕴含着 $x=x^{3^3}=x^6=x^{-1}$. 这样，$x^2=1$，也有 $x^7=1$，因此，$x=1$. 由关系(7.7.8)定义的群是由 y 生成的 3 阶循环群，其中 $i=3$.

情形 1：$yxy^{-1}=x$. 这样，x 与 y 交换. H 与 K 都是正规子群. 同前面一样，G 同构于 3 阶循环群与 7 阶循环群的直积，从而是循环群.

情形 2：$yxy^{-1}=x^2$. 像上面所注解的那样，乘法表被确定. 但我们仍需证明这个群实际存在. 这就要证明关系坍缩成群，像 $i=3$ 时所发生的那样. 我们会学习一个系统方法来做这事，这个方法是 Todd-Coxeter 算法，见本章第十一节. 另一个方法是简洁地展示群，例如以矩阵群为例. 为此，需要做个实验.

由于假设我们正在寻找的群包含 7 阶元，因此自然试图寻找合适的矩阵，其中元素都是模 7 的. 至少我们能写下元素在 $\mathbf{F}_7$ 中阶为 7 的 2×2 矩阵，即下面这样的矩阵 x. 这样，y 可通过反复试验找到. 矩阵

$$x=\begin{bmatrix}1 & 1\\ & 1\end{bmatrix} \quad 与 \quad y=\begin{bmatrix}2 & \\ & 1\end{bmatrix}$$

的元素属于 $\mathbf{F}_7$，满足关系 $x^7=1$，$y^3=1$，$yx=x^2y$，且它们生成 21 阶群.

情形 3：$yxy^{-1}=x^4$. 这样，$y^2xy^{-2}=x^2$. 注意 y^2 也是 3 阶元素. 所以，用 y^2 替换 y，这是 H 的另一个生成元. 结果是幂指数 4 由 2 替换，这又回到前面的情形.

因此，如同所断言的，有两个 21 阶群的同构类. ■

在西罗第一定理的证明中用到两个引理.

【7.7.9】引理 令 U 是群 G 的子集. $[U]$ 对于由 G 在它的子集的集合上的左乘作用的稳定子 $\mathrm{Stab}([U])$ 的阶整除阶 $|U|$ 与 $|G|$.

证明 如果 H 是 G 的子群，则 G 的元素 u 对于由 H 左乘的 H-轨道是右陪集 Hu. 令 H 是 $[U]$ 的稳定子. 则由 H 确定的乘法置换 U 的元素，所以，U 划分成 H-轨道，它们均是右陪集. 每个陪集的阶均为 $|H|$，所以，$|H|$ 整除 $|U|$. 因为 H 是子群，故 $|H|$ 整除 $|G|$. ■

【7.7.10】引理 令 n 是形如 p^em 的整数，其中 $e>0$ 且 p 不整除 m. 在阶为 n 的集合里 p^e 阶的子集个数 N 不被 p 整除.

证明 数 N 是二次项系数

$$\binom{n}{p^e}=\frac{n(n-1)\cdots(n-k)\cdots(n-p^e+1)}{p^e(p^e-1)\cdots(p^e-k)\cdots 1}$$

206

$N\not\equiv 0(\mathrm{mod}\,p)$ 的理由是每当 p 整除 N 的分子上的项 $(n-k)$ 时，它也是整除分母上的项 (p^e-k) 恰好同样数量的次数：如果将 k 写为 $k=p^i\ell$ 的形式，其中 p 不整除 ℓ，则 $i<e$. 所以，$(m-k)=(p^e-k)$ 和 $(n-k)=(p^em-k)$ 都被 p^i 整除而不能被 p^{i+1} 整除. ■

西罗第一定理的证明 设$\mathcal{S}$是 G 的所有 p^e 阶子集的集合．这些子集中有一个是西罗子群，但我们不是直接求出它，而是考虑 G 在$\mathcal{S}$上的左乘作用．我们将证明这些 p^e 阶子集$[U]$中有一个 p^e 阶稳定子．这个稳定子就是所求的子群．

我们将$\mathcal{S}$分解为左乘作用的轨道，得到公式

$$N = |\mathcal{S}| = \sum_{\text{轨道}O} |O|$$

根据引理 7.7.10，p 不整除 N．于是，至少有一个轨道具有不为 p 所整除的阶，设它是子集$[U]$的轨道 $O_{[U]}$．令 H 是$[U]$的稳定子．由引理 7.7.9 知，H 的阶整除 U 的阶，而 U 的阶是 p^e．于是，$|H|$是 p 的幂．我们有$|H|\cdot|O_{[U]}|=|G|=p^e m$，且$|O_{[U]}|$不为 p 整除．所以，$|O_{[U]}|=m$，$|H|=p^e$．于是，H 是西罗 p-子群． ■

西罗第二定理的证明 给定一个群 G 的 p-子群 K 和一个西罗 p-子群 H，我们要证明 H 的某个共轭子群 H'包含 K，这就证明了(b)．如果 K 也是 p-子群，它将等于共轭子群 H'，这样(a)也得证．

选取一个群 G 作用的子集$\mathcal{C}$，它具有如下性质：p 不整除阶$|\mathcal{C}|$，作用是可迁的，且$\mathcal{C}$包含一个元素 c，其稳定子是 H．G 中 H 的左陪集的集合具有这些性质，于是，这样的集合存在．(借助陪集我们没有过多使用记号．)

我们将 G 在$\mathcal{C}$上的作用限制到 p-群 K 上．因为 p 不整除$|\mathcal{C}|$，故对 K 的作用存在不动点 c'．这是不动点定理 7.3.2．因为 G 的作用是可迁的，故对某个 $g\in G$ 有 $c'=gc$．c'的稳定子是 H 的共轭子群 gHg^{-1}(命题 6.7.7)．因为 K 固定 c'不动，所以，稳定子包含 K． ■

西罗第三定理的证明 同以前一样，写$|G|=p^e m$．设 s 表示西罗 p-子群的个数．由西罗第二定理可知，G 在西罗 p-子群的集合 S 上的作用是可迁的．一个特殊西罗 p-子群$[H]$的稳定子是 H 的正规化子 $N=N(H)$．由计数公式知 S 的阶(为 s)等于指标$[G:N]$．因为 N 包含 H(7.6.3)，且$[G:N]$等于 m，故 s 整除 m．

其次，把集合 S 分解为由 H 的共轭作用的轨道．$[H]$的 H-轨道的阶为 1．由于 H 是 p-群，故任意 H-轨道的阶是 p 的幂．要证 $s\equiv 1(\bmod p)$，我们证明除$[H]$外，没有 S 的元素被 H 固定不动．

假设 H'是西罗 p-子群且由 H 的共轭固定$[H']$不动．这样，H 包含在 H'的正规化子 N'中，所以，H 与 H'是 N'的西罗 p-子群．由西罗第二定理知，N'的西罗 p-子群是 N'的共轭子群．但 H'是 N'的正规子群(命题 7.6.3(a))．所以，$H'=H$． ■

207

第八节 12 阶群

我们用西罗定理对 12 阶群进行分类．这个定理用来展示这一事实：当阶有若干因子时，对群进行分类变得复杂．

【7.8.1】定理 存在 5 个 12 阶群的同构类．它们的代表是：

- 循环群的积 $C_4\times C_3$，

- 循环群的积 $C_2 \times C_2 \times C_3$，
- 交错群 A_4，
- 二面体群 D_6，
- 由元素 x 与 y 生成的群，满足关系 $x^4=1$，$y^3=1$，$xy=y^2x$.

除最后一个外，这些群都是众所熟知的. 积群 $C_4 \times C_3$ 同构于 C_{12}，$C_2 \times C_2 \times C_3$ 同构于 $C_2 \times C_6$（见命题 2.11.3）.

证明 设 G 是 12 阶的群，用 H 表示 G 的一个西罗 2-子群，其阶为 4，用 K 表示 G 的一个阶为 3 的西罗 3-子群. 由西罗第三定理知西罗 2-子群的个数或是 1 或是 3，西罗 3-子群的个数或是 1 或是 4. 而且，H 是 4 阶群，所以，它或者是循环群 C_4，或者是克莱因四元群 $C_2 \times C_2$（命题 2.11.5）. 当然，K 是循环群.

尽管对于证明不是必要的，但还是从证明两个子群至少有一个（H 或者 K）是正规子群开始. 如果 K 不是正规子群，则存在 4 个西罗 3-子群与 K 共轭，比如说，K_1，…，K_4，其中 $K_1=K$. 这些群的阶是素数阶，所以，它们之中任意两个的交是平凡群 $\langle 1 \rangle$. 这样，仅有 G 的 3 个元素不属于任一个群 K_i. 这个事实的图解如下.

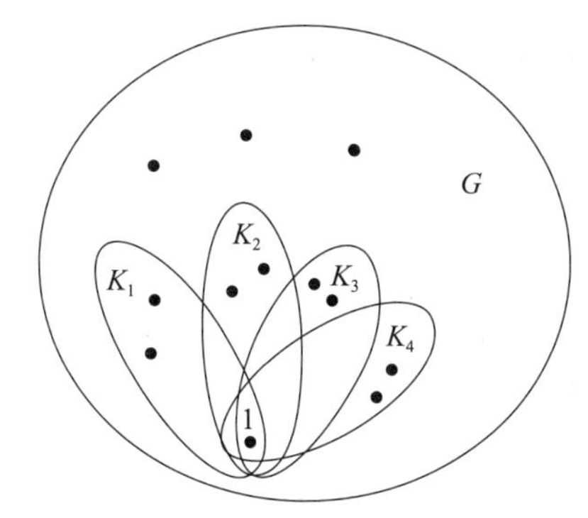

西罗 2-子群 H 的阶为 4，且 $H \cap K_i = \langle 1 \rangle$. 所以，$H$ 由 3 个不属于任一个群 K_i 的元素与 1 组成. 这就为我们描述了任一个群 H，并证明了仅有一个西罗 2-子群. 因此，H 是正规的.

其次，我们注意到 $H \cap K = \langle 1 \rangle$，所以，积映射 $H \times K \to G$ 是集合的双射（2.11.4）. G 的每个元素均有唯一的表示形式 hk，其中 h 属于 H，k 属于 K.

208

情形 1：H 与 K 都是正规的.

这样，G 同构于积群 $H \times K$（2.11.4）. 因为对 H 有两种可能，对 K 有一种可能，故对 G 有两种可能：

$$G \approx C_4 \times C_3 \quad \text{或} \quad G \approx C_2 \times C_2 \times C_3$$

这些是 12 阶阿贝尔群.

情形 2：K 不是正规的. 则存在 4 个共轭的西罗 3-子群 K_1，…，K_4，且 G 通过共轭作用在这 4 个子群的集合 S 上. 这一作用确定一个置换表示，即一个到对称群的同态 φ：$G \to S_4$. 我们将证明 φ 将 G 同构地映射到交错群 A_4 上.

K_i 的正规化子 N_i 包含 K_i，由计数公式知 $|N_i|=3$. 所以，$N_i=K_i$. 因为诸子群 K_i 的唯一公共元素是恒等元，故只有恒等元稳定所有这些子群. 因此，G 的作用是忠实的，φ 是单射，且 G 同构于它在 S_4 中的像.

因为 G 有 4 个 3 阶子群，故它含有 8 个 3 阶元素. 它们的像是 S_4 中的 3-循环，且生成 A_4(7.5.5). 所以，G 的像包含 A_4. 因为 G 与 A_4 有相同的阶，故像等于 A_4.

情形 3：K 正规但 H 不正规.

这样，H 通过共轭在 $K=\{1, y, y^2\}$ 上作用. 因为 H 不是正规的，故它含有不与 y 交换的元素 x，于是，$xyx^{-1}=y^2$.

情形 3a：K 正规但 H 不正规，且 H 是循环群.

元素 x 生成 H，所以，G 由元素 x 与元素 y 生成，且具有关系

【7.8.2】
$$x^4=1, y^3=1, xy=y^2x$$

这些关系确定了 G 的乘法表，所以，至多存在一个这样群的同构类. 但我们必须证明这些关系进一步构成群，像 21 阶群一样(见 7.7.8)，它是用矩阵表示群的最简便的方式. 这里我们使用复矩阵. 令 ω 是单位复立方根 $e^{2\pi i/3}$. 复矩阵

【7.8.3】
$$x=\begin{bmatrix} & -1 \\ 1 & \end{bmatrix},\quad y=\begin{bmatrix} \omega & \\ & \omega^2 \end{bmatrix}$$

满足这 3 个关系，且它们生成一个 12 阶群.

情形 3b：K 正规但 H 不正规，且 $H\approx C_2\times C_2$.

y 对于 H 在集合$\{y, y^2\}$上通过共轭作用的稳定子的阶为 2. 于是，H 含有元素 $z\neq 1$，使得 $zy=yz$，且 H 含有元素 x 使得 $xy=y^2x$. 因为 H 是阿贝尔群，故 $xz=zx$. 这样，G 由 3 个元素 x，y，z 生成，且具有关系

209

$$x^2=1, y^3=1, z^2=1, yz=zy, xz=zx, xy=y^2x$$

这些关系确定了群的乘法表，所以，至多存在一个这样群的同构类. 二面体群 D_6 不是前面描述的 4 个群之一，所以它一定是这个群. 所以，G 同构于 D_6. ■

第九节 自 由 群

我们看到可用通常的生成元 x 与 y 以及关系 $x^3=1$，$y^2=1$，$yx=x^2y$ 来计算对称群 S_3. 在本章的余下部分，我们研究其他群里的生成元与关系.

我们首先考虑有生成元的群，除了由群的公理所给出的那些关系(诸如结合律)外，这些群不满足任何其他关系. 群的元素的一个集合 S 称为是*自由的*，如果其元素除了群的公理给出的关系外不满足任何别的关系. 具有自由的生成元集合的群称为*自由群*.

为了刻画自由群，我们从任意一个集合 S 开始，比如 $S=\{a, b, c, \cdots\}$. 我们称这些元素为“符号”，并定义一个*字*为一个允许重复的有限符号串. 例如，a，aa，ba 与 $aaba$ 是字. 两个字可以通过并置合成，即边靠边地放置它们：

$$aa, ba \rightsquigarrow aaba$$

这是字集合 W 上合成的结合律．在 W 里“空字”作为恒等元素，用符号 1 表示它．这样，集合 W 成为了集合 S 上的自由半群．它不是群，因为它没有逆元素，而逆元素的加入是一件稍复杂的事情．

令 S' 是由符号 a 与 $a'(a\in S)$ 构成的集合：

【7.9.1】
$$S' = \{a, a^{-1}, b, b^{-1}, c, c^{-1}, \cdots\}$$

设 W' 是用 S' 里的符号构成的字的半群．如果对于每个 $x\in S$，一个字看起来是

$$\cdots xx^{-1}\cdots \quad 或 \quad \cdots x^{-1}x\cdots$$

则可约定消去两个符号 x 和 x^{-1} 以缩短字的长度．不能这样消去的字称为约化字．从 W' 中任意字 w 开始，可以执行一有限序列的消去而最终得到约化字 w_0，它也可能是空字 1．我们把这个字 w_0 称为 w 的约化型．

常常会有不止一种方式执行消去．例如，从 $w=abb^{-1}c^{-1}cb$ 开始，我们可用两种方式进行：

$$\begin{array}{ccc}
\underline{a}\,\not{b}\not{b}^{-1}c^{-1}c\,\underline{b} & & \underline{ab}b^{-1}\,\not{c}^{-1}\not{c}\,b \\
\downarrow & & \downarrow \\
a\,\not{c}^{-1}\not{c}\,b & & \underline{ab}\,\not{b}^{-1}\not{b} \\
\downarrow & & \downarrow \\
ab & & ab
\end{array}$$

最后得到相同的约化字，尽管其符号来自原来的字的不同位置．（下划线的字母是最后剩下的字母．）这总是对的．

210

【7.9.2】**命题** 一个给定的字 w 只有一个约化型．

证明 对字 w 的长度用归纳法．如果 w 是约化字，则没有什么需要证明的．否则，一定存在可以消去的某个符号对，比如说，划线字母对

$$\omega = \cdots \underline{xx^{-1}}\cdots$$

（我们用 x 表示 S' 中的任意元素，并理解如果 $x=a^{-1}$，则 $x^{-1}=a$．）如果证明了通过消去符号对 $\underline{xx^{-1}}$ 就可得到 w 的每个约化型，则命题可用归纳法证明，因为字 $\cdots\not{x}\not{x}^{-1}\cdots$ 较短．

设 w_0 是 w 的一个约化型，它是由 w 通过一系列消去得到的．第一种情形是我们的符号对 $\underline{xx^{-1}}$ 在这个过程的某一步被消去．如果这样，就先消去 $\underline{xx^{-1}}$．于是，这种情形就解决了．另一方面，因为 w_0 是约化的，故符号对 $\underline{xx^{-1}}$ 不会保留在 w_0 中．因而两个符号中至少有一个在某个时候被消去．如果这个符号对本身没有被消去，则涉及该符号对的第一个消去一定是

$$\cdots \not{x}^{-1}\,\underline{\not{x}x^{-1}} \quad 或 \quad \cdots \underline{x\not{x}^{-1}}\,\not{x}^{-1}\cdots$$

注意，由这个消去得到的字与通过消去符号对 $\underline{xx^{-1}}$ 得到的字是一样的．于是，可以在这一步用消去原来的符号对来代替．这样，我们回到了第一种情形，于是命题得证． ■

我们称 W' 中的两个字 w 与 w' 是等价的，并写作 $w\sim w'$，如果它们有相同的约化型．这是一个等价关系．

【7.9.3】**命题** 等价的字的乘积是等价的：如果 $w\sim w'$ 与 $v\sim v'$，则 $wv\sim w'v'$．

证明 要得到等价于乘积 wv 的约化字，可首先将 w 与 v 中的字母尽可能多地消去，而将 w 约化为 w_0，v 约化为 v_0. 这样，wv 约化为 w_0v_0. 现在，我们继续约化 w_0v_0，直到这个字是约化字. 如果 $w\sim w'$，$v\sim v'$，则同样的过程用于 $w'v'$时，也需经过 w_0v_0，从而给出同样的约化字. ■

由该命题得到字的等价类可以做乘积：

【7.9.4】命题 *W'中的字的等价类的集合$\mathcal{F}$是一个群，其中合成法则为W'中的乘法(置并).*

证明 乘法是结合的且空字 1 的类是单位元这两个事实由 W'中的相应事实得到. 还需验证$\mathcal{F}$的所有元素可逆. 但显然，如果 w 是 S'中元素的乘积 $xy\cdots z$，则 $z^{-1}\cdots y^{-1}x^{-1}$是 w 的类的逆. ■

S'中的字的等价类的群$\mathcal{F}$称为集合 S 上的*自由群*. $\mathcal{F}$的一个元素恰好对应于 W'中的一个约化字. 要将约化字相乘，先组合然后再消去：$(abc^{-1})(cb)\rightsquigarrow abc^{-1}cb=abb$.

幂记号也可使用：$aaab^{-1}b^{-1}=a^3b^{-2}$.

注意 *一个元素集合 $S=\{a\}$上的自由群只是一个无限循环群. 与之相比，两个或两个以上元素的集合上的自由群是非常复杂的.*

211

第十节 生成元与关系

描述了自由群后，我们现在考虑更为一般的情形，即群的生成元的集合不是自由的——它们中存在一些非平凡的关系.

【7.10.1】定义 *群 G 的元素 x_1，…，x_n 之间的关系 R 是集合$\{x_1, \cdots, x_n\}$上自由群里的字 r，其在 G 里的值为 1. 我们将把这样的关系写为 r，或为了强调写为 $r=1$.*

例如，正 n 边形的对称的二面体群 D_n 是由绕过角度 $2\pi/n$ 的旋转 x 与反射 y 生成的. 这些生成元满足在(6.4.3)中列出的关系：

【7.10.2】
$$x^n=1, y^2=1, xyxy=1$$

(最后一个关系常写成 $yx=x^{-1}y$，但最好在这里写出每个形如 $r=1$ 的关系.)

可用这些关系以形式 x^iy^j(其中 $0\leqslant i<n$，$0\leqslant j<2$)写出 D_n 的元素，从而可算出群的乘法表. 因此，关系确定群. 所以，它们叫做*定义关系*. 当关系比较复杂时，确定群的元素和简洁乘法表是困难的，但利用自由群与下一个引理，我们将定义由给定元素集合与给定关系集合生成的群概念.

【7.10.3】引理 *令 R 是群 G 的子集，则唯一存在 G 的包含 R 的最小正规子群 N，称为由 R 生成的正规子群. 如果 G 的正规子群包含 R，则它包含 N. N 的元素可以用下列方式的某一个加以描述：*

(a) G 的元素属于 N 如果它由 R 的元素通过有限多次乘法、逆和共轭运算得到.

(b) 令 R'是由元素 r 与 r^{-1}组成的集合，其中 r 属于 R，G 的元素属于 N 如果它可写成某个任意长度的乘积 $y_1\cdots y_r$，其中每个 y_v 是 R'的一个元素的共轭.

证明 令 N 表示由(a)中提到的一系列运算得到的元素集合. 一个非空子集是正规子

群当且仅当它在这些运算下是封闭的．因为 N 在这些运算下封闭，故它是正规子群．而且，包含 R 的任一正规子群一定含有 N．所以，包含 R 的最小正规子群存在，且等于 N．类似的推导可确定 N 是(b)中所描述的子集． ■

像通常一样，我们必须照顾到空集．我们说空集生成了平凡子群$\{1\}$．

【7.10.4】**定义** 令$\mathcal{F}$是一个集合 $S=\{x_1, \cdots, x_n\}$上的自由群，设 $R=\{r_1, \cdots, r_k\}$是$\mathcal{F}$的元素集合．由 S 生成的子群(其中关系 $r_1=1, \cdots, r_k=1$)是商群$\mathcal{G}=\mathcal{F}/\mathcal{R}$，其中$\mathcal{R}$是$\mathcal{F}$的由 R 生成的正规子群．

212

群$\mathcal{G}$常常记为

【7.10.5】 $$\langle x_1, \cdots, x_n \mid r_1, \cdots, r_k \rangle$$

因此，二面体群 D_n 同构于群

【7.10.6】 $$\langle x, y \mid x^n, y^2, xyxy \rangle$$

【7.10.7】**例** 在正四面体的旋转对称的四面体群 T 里，令 x 与 y 表示绕一个面的中心和一个顶点转过角度 $2\pi/3$ 的旋转，设 z 表示绕一个边的中心转过角度 π 的旋转，如下图所示．顶点标号如图所示，x 在顶点上作用为置换(**2 3 4**)，y 作用为(**1 2 3**)，z 作用为(**1 3**)(**2 4**)．计算这些置换的乘积表明 xyz 平凡地作用在顶点上．因为唯一固定所有顶点不动的等距是恒等映射，故 $xyz=1$．

【7.10.8】图

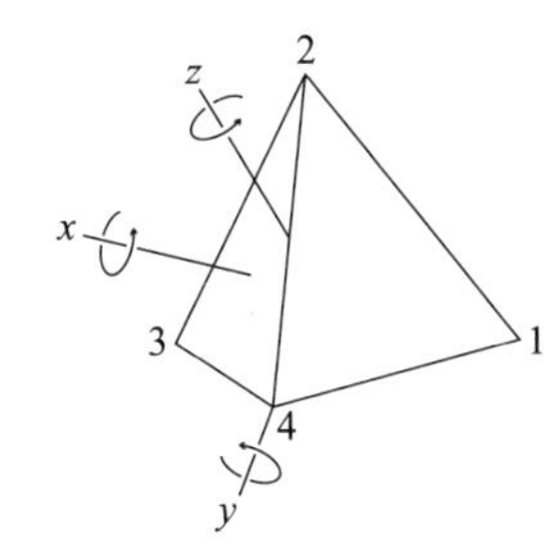

所以，在四面体群里下列关系成立：

【7.10.9】 $$x^3=1, y^3=1, z^2=1, xyz=1$$ ■

出现两个问题：

1．这是 T 的定义关系的集合吗？换言之，群

【7.10.10】 $$\langle x, y, z \mid x^3, y^3, z^2, xyz \rangle$$

同构于 T 吗？

易证旋转 x，y，z 生成 T，但使用这些关系特别不容易．没有重复的以生成元之积列出群的 12 个元素是很乱的．下节证明答案是对的，但我们不用写成群的元素来进行证明．

2．在用生成元和关系表示的群$\mathcal{G}=\langle x_1, \cdots, x_n \mid r_1, \cdots, r_k \rangle$里如何计算？

因为在自由群$\mathcal{F}$里容易计算，所以唯一的问题是决定何时自由群的元素 w 表示$\mathcal{G}$的恒等元素，亦即何时 w 是子群$\mathcal{R}$的元素．这是$\mathcal{G}$的字问题．如果我们能解决字问题，则能够决定何时自由群的两个元素表示$\mathcal{G}$的相等元素，因为关系 $w_1=w_2$ 等价于 $w_1^{-1}w_2=1$．这使

213

我们能够计算.

字问题在任意有限群里可以解决，但不是在每个群里都能解决. 然而，我们将不讨论这一点，因为某些工作需要给出字问题能或不能解决的确切意义. 如果你感兴趣，可参见[Stillwell].

下一个例子表明$\mathcal{R}$里的计算可能变得复杂，甚至在相对简单的情形里亦如此.

【7.10.11】例 在群 T 里元素 $w=yxyx$ 等于 1. 让我们证明 w 属于由 4 个关系(7.10.9)生成的正规子群$\mathcal{R}$. 采用你认为是标准的方法：用允许的运算约化 w 为恒等元.

我们将使用的关系为 z^2 与 xyz，并分别用 p 与 q 记它们. 首先，令 $w_1=y^{-1}wy=xyxy$. 因为$\mathcal{R}$是正规子群，故 w_1 属于$\mathcal{R}$当且仅当 w 属于$\mathcal{R}$. 其次，令 $w_2=q^{-1}w_1=z^{-1}xy$. 因为 q 属于$\mathcal{R}$，故 w_2 属$\mathcal{R}$当且仅当 w_1 属于$\mathcal{R}$. 继续，$w_3=zw_2z^{-1}=xyz^{-1}$，$w_4=q^{-1}w_3=z^{-1}z^{-1}$，$pw_4=1$. 往回求解，$w=yqz^{-1}qp^{-1}zy^{-1}$属于$\mathcal{R}$. 因此，在群(7.10.10)里，$w=1$. ■

我们回到由生成元和关系定义的群$\mathcal{G}$. 像任意商群一样，我们有典范同态

$$\pi:\mathcal{F}\to\mathcal{F}/\mathcal{R}=\mathcal{G}$$

映字 w 为陪集$\overline{w}=[w\mathcal{R}]$，$\pi$ 的核是$\mathcal{R}$(2.12.2). 为保持在所讨论的群里，似乎在字母上放一个杠来记$\mathcal{F}$的元素在$\mathcal{G}$里的像比较妥当. 然而，这不太令人习惯. 当在$\mathcal{G}$里讨论时，简单地记住自由群里的元素 w_1 与 w_2 在$\mathcal{G}$里相等，如果陪集 $w_1\mathcal{R}$与 $w_2\mathcal{R}$相等，或者 $w_1^{-1}w_2$属于$\mathcal{R}$.

因为定义关系 r_i 属于$\mathcal{R}$，故 $r_i=1$ 在$\mathcal{G}$里是对的. 如果把 r_i 写成字，则因为 π 是同态，故在$\mathcal{G}$里对应的积将等于 1(见推论 2.12.3). 例如，在群$\langle x, y, z \mid x^3, y^3, z^2, xyz\rangle$里，$xyz=1$ 是对的.

我们再回到四面体群的例子和第一个问题. 群$\langle x, y, z \mid x^3, y^3, z^2, xyz\rangle$与 T 如何联系？部分解释是基于自由群与商群的映射性质. 这两个性质是直观的. 它们的证明很简单，将其留作练习.

【7.10.12】命题(自由群的映射性质) 令$\mathcal{F}$是一个集合 $S=\{a, b, \cdots\}$上的自由群，并设 G 是一个群. 集合的任一映射 $f:S\to G$ 以唯一的方式扩张成一个群同态 $\varphi:\mathcal{F}\to G$. 如果把 S 的元素 x 的像 $f(x)$记为$\underline{x}$，则 φ 将 $S'=\{a, a^{-1}, b, b^{-1}, \cdots\}$的一个字映为 G 中元素$\{\underline{a}, \underline{a}^{-1}, \underline{b}, \underline{b}^{-1}, \cdots\}$的对应的乘积.

这个性质反映了在$\mathcal{F}$中除了群的公理推出的关系外 S 的元素不满足别的关系的事实. 它解释了形容词“自由”的原因.

【7.10.13】命题(商群的映射性质) 令 $\varphi:G'\to G$ 是群同态，K 为其核，设 N 是G'的含于 K 的正规子群. 设$\overline{G}'=G'/N$，且设 $\pi:G'\to\overline{G}'$是典范映射 $a\rightsquigarrow\overline{a}$. 规则$\overline{\varphi}(\overline{a})=\varphi(\mathrm{a})$定义同态$\overline{\varphi}$: $\overline{G}'\to G$，且$\overline{\varphi}\circ\pi=\varphi$.

214

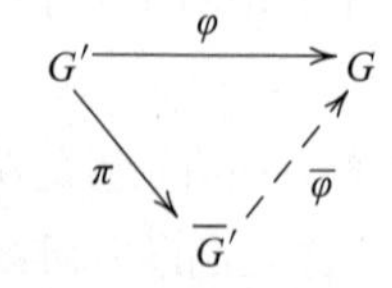

这个映射性质推广了第一同构定理. 当然，N 含于核 K 里的假设是必要的.

下一个推论使用了之前引进的记号：$S=\{x_1, \cdots, x_n\}$是群 G 的子集，$R=\{r_1, \cdots, r_k\}$是 G 中 S 的元素之间关系的集合，$\mathcal{F}$是 S 上的自由群，且$\mathcal{R}$是$\mathcal{F}$的由 R 生成的正规子群．最后，$\mathcal{G}=\langle x_1, \cdots, x_n | r_1, \cdots, r_k\rangle=\mathcal{F}/\mathcal{R}$.

【7.10.14】推论

(i) 存在典型同态 $\psi:\mathcal{G}\to G$ 映 $x_i \rightsquigarrow x_i$.

(ii) ψ 是满射当且仅当集合 S 生成 G.

(iii) ψ 是单射当且仅当 S 的元素之间的每个关系属于$\mathcal{R}$.

证明 我们将证明(i)，而略去(ii)与(iii)的证明．自由群的映射性质给出同态 $\varphi:\mathcal{F}\to G$ 且 $\varphi(x_i)=x_i$．因为在 G 里关系 r_i 等于 1，故 R 包含在 φ 的核 K 里．由于核是正规子群，故$\mathcal{R}$也包含在 K 里．这样，商群的映射性质给出映射$\overline{\varphi}:\mathcal{G}\to G$．这是映射 ψ：

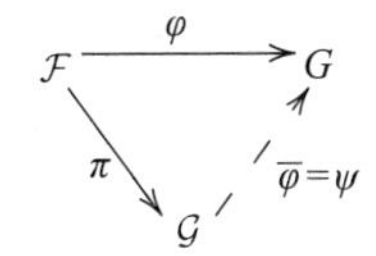

■

如果推论里刻画的映射 ψ 是双射，就说 R 构成生成元 S 之间关系的完备集．要确定这是否成立需要知道有关 G 的更多知识．回到四面体群，推论给出同态 $\psi:\mathcal{G}\to T$，其中$\mathcal{G}=\langle x, y, z | x^3, y^3, z^2, xyz\rangle$．它是满射，因为 x，y，z 生成 T．在例 7.10.11 里我们看到 T 的元素之间成立的关系 $yxyx$ 属于由集合$\{x^3, y^3, z^2, xyz\}$生成的正规子群$\mathcal{R}$．x，y，z 之间的每个关系都属于$\mathcal{R}$吗？如果不属于，我们想添加一些关系到列表里．也许是令人失望的，因为这个问题还没有答案，但在下节我们将看到 ψ 的确是双射．

扼要重述，当说到由生成元集 S 与关系集 R 定义的群时，我们指的是商群$\mathcal{G}=\mathcal{F}/\mathcal{R}$，其中$\mathcal{F}$是 S 上的自由群，$\mathcal{R}$是由 R 生成的$\mathcal{F}$的正规子群．任意关系集定义一个群．R 越大，$\mathcal{R}$就变得越大，从而同态 $\pi:\mathcal{F}\to\mathcal{G}$发生的坍缩的可能性就越大．极端情形是$\mathcal{R}=\mathcal{F}$，此时，$\mathcal{G}$是平凡群．在平凡群里所有关系都是成立的．问题出现了，因为在$\mathcal{F}/\mathcal{R}$里进行计算可能是困难的．但在许多情形里生成元和关系允许有效的计算，故它们是有用的工具． 215

第十一节 托德-考克斯特算法

本节描述的托德-考克斯特算法是一个确定有限群 G 在子群 H 的陪集上作用的令人惊叹的方法．

要进行计算，需明确给出子集 G 与 H．这样我们考虑一个群

【7.11.1】
$$G=\langle x_1, \cdots, x_m | r_1, \cdots, r_k\rangle$$

如上节中那样由生成元和关系表出．

我们还假设 G 的子群 H 由一个在自由群$\mathcal{F}$中的字的集合

【7.11.2】
$$\{h_1, \cdots, h_s\}$$

具体给出，这个集合在 G 中的像生成 H．

当用右陪集 Hg 讨论时，算法通过构造易读取的表进行. 群 G 在右陪集的集合上用右乘作用，这改变了作用合成的阶. 积 gh 通过“先用 g 乘，再用 h 乘”的右乘作用. 类似地，当我们想置换作用右边，一定以这样的方式读取乘积：

$$\overset{\text{先算}}{(\mathbf{2\,3\,4})}\circ\overset{\text{后算}}{(\mathbf{1\,2\,3})}=(\mathbf{1\,2})(\mathbf{3\,4})$$

下面的规则足以确定 G 在右陪集上的作用.

【7.11.3】规则

1. 每个生成元的作用是一个置换.
2. 关系平凡地作用：它们固定每一个陪集不动.
3. H 的生成元固定陪集$[H]$不动.
4. 作用是可迁的.

第一个规则由群元素是可逆的事实得到. 第二个规则反映了关系代表 G 中的恒等元的事实. 规则 3 和 4 是在陪集上作用的特殊性质.

当应用这些规则时，通常用指标 **1**，**2**，**3**，…表示陪集，用 **1** 代表陪集$[H]$. 开始时我们不知道需要多少指标，故在必要时添加一些新指标.

我们从一个简单例子开始，在关系(7.10.9)里用 y^2 替换 y^3.

【7.11.4】例 令 G 是群$\langle x, y, z \mid x^3, y^2, z^2, xyz\rangle$，设 H 是由 z 生成的循环子群$\langle z\rangle$. 首先，由规则 3 知 z 映 **1** 到自身，$\mathbf{1}\xrightarrow{z}\mathbf{1}$. 这用尽了规则 3 的信息，于是用规则 1 和 2. 规则 4 没有被直接用到.

我们不知道 x 如何在指标 **1** 上作用. 在这种情形里，程序简单地指定一个新指标，

216

$\mathbf{1}\xrightarrow{x}\mathbf{2}$.(由于 **1** 代表陪集$[H]$，故指标 **2** 代表$[Hx]$，但最好忽略这一点.)继续，我们不知道何处 x 映指标 **2**，于是指定第三个指标，$\mathbf{2}\xrightarrow{x}\mathbf{3}$. 因此，$\mathbf{1}\xrightarrow{x^2}\mathbf{3}$.

到现在为止都是部分作用，这意味着一些生成元在一些指标上的作用被指定了. 沿着这一部分作用轨道一直进行下去是有帮助的. 迄今为止的部分作用是

$$z=(\mathbf{1})\cdots \quad 与 \quad z=(\mathbf{1\,2\,3}\cdots$$

x 的部分作用的右边括号没有封上，因为我们没有确定 x 映哪个指标到 **3**.

规则 2 现在开始起作用. 它告诉我们因 x^3 是个关系，所以它固定每个指标不动. 因为 x^2 映 **1** 到 **3**，故 x 一定把 **3** 映回到 **1**. 习惯上把这些信息综合在一个在指标上展示 x 作用的表里：

$$\begin{array}{cccc} & x & x & x \\ \hline \mathbf{1} & \mathbf{2} & \mathbf{3} & \mathbf{1} \end{array}$$

关系 xxx 出现在上面，规则 2 反映了同一个指标 **1** 出现在其两端这一事实. 我们现在已经确定了部分作用

$$x=(\mathbf{1\,2\,3})\cdots$$

只是还不知道指标 **1**，**2**，**3** 是否代表不同的陪集.

其次，我们要求 y 在指标 **1** 上的作用．我们也不知道它，因而指定一个新的指标：$\mathbf{1} \xrightarrow{y} \mathbf{4}$. 再次应用规则 2．因为 y^2 是一个关系，故 y 一定把 **4** 映回到 **1**．这展示在表

$$\begin{array}{ccccc} & y & & y & \\ \hline \mathbf{1} & & \mathbf{4} & & \mathbf{1} \end{array}$$

里，于是，$y=(\mathbf{1}\ \mathbf{4})\cdots$.

回顾一下，我们现在已经确定了下面表里的元素．4 个定义关系出现在上面．

$$\begin{array}{ccccccc} & x & & x & & x & \\ \hline \mathbf{1} & & \mathbf{2} & & \mathbf{3} & & \mathbf{1} \end{array} \qquad \begin{array}{ccccc} & y & & y & \\ \hline \mathbf{1} & & \mathbf{4} & & \mathbf{1} \end{array} \qquad \begin{array}{ccccc} & z & & z & \\ \hline \mathbf{1} & & \mathbf{1} & & \mathbf{1} \end{array} \qquad \begin{array}{ccccccc} & x & & y & & z & \\ \hline \mathbf{1} & & \mathbf{2} & & & & \mathbf{1} \end{array}$$

表里对于 xyz 丢失的元素是 **1**．这从 z 作为固定指标 **1** 不动的置换的事实可得．把 **1** 加进表里，我们看到 $\mathbf{2} \xrightarrow{y} \mathbf{1}$．但我们还有 $\mathbf{4} \xrightarrow{y} \mathbf{1}$．所以，**4**=**2**．用 **2** 替换 **4**，继续构造表．

现在下面表中的元素都已确定：

$$\begin{array}{ccccccc} & x & & x & & x & \\ \hline \mathbf{1} & & \mathbf{2} & & \mathbf{3} & & \mathbf{1} \\ \mathbf{2} & & \mathbf{3} & & \mathbf{1} & & \mathbf{2} \\ \mathbf{3} & & \mathbf{1} & & \mathbf{2} & & \mathbf{3} \end{array} \qquad \begin{array}{ccccc} & y & & y & \\ \hline \mathbf{1} & & \mathbf{2} & & \mathbf{1} \\ \mathbf{2} & & \mathbf{1} & & \mathbf{2} \\ \mathbf{3} & & & & \mathbf{3} \end{array} \qquad \begin{array}{ccccc} & z & & z & \\ \hline \mathbf{1} & & \mathbf{1} & & \mathbf{1} \\ \mathbf{2} & & & & \mathbf{2} \\ \mathbf{3} & & & & \mathbf{3} \end{array} \qquad \begin{array}{ccccccc} & x & & y & & z & \\ \hline \mathbf{1} & & \mathbf{2} & & \mathbf{1} & & \mathbf{1} \\ \mathbf{2} & & \mathbf{3} & & & & \mathbf{2} \\ \mathbf{3} & & \mathbf{1} & & \mathbf{2} & & \mathbf{3} \end{array}$$

xyz 表的第三行表明 $\mathbf{2} \xrightarrow{z} \mathbf{3}$，并且这确定了表的余下部分．共有 3 个指标，而完整作用为

$$x=(\mathbf{1}\ \mathbf{2}\ \mathbf{3}),y=(\mathbf{1}\ \mathbf{2}),z=(\mathbf{2}\ \mathbf{3})$$

217

在本节末，我们将证明这的确是由 G 在 H 的陪集上的作用定义的置换表示． ■

这样的表所告诉我们的依赖于特殊情形．它给出陪集的个数，即指标$[G:H]$，等于不同指标的个数：在我们的例子里是 3．它也给出关于生成元的阶的一些信息．在我们的例子里，给定关系 $z^2=1$，所以 z 的阶一定为 1 或 2．但 z 作用在指标上与对换$(\mathbf{2}\ \mathbf{3})$的作用一样，这就告诉我们不能有 $z=1$．因此，z 的阶为 2，且 $|H|=2$．计数公式$|G|=|H|[G:H]$表明 G 的阶为 $2\cdot 3=6$．上面列出的三个置换生成对称群 S_3，所以，由这个作用定义的置换表示 $G\to S_3$ 是一个同构．

如果取 H 为平凡群$\{1\}$，则陪集与群元素一一对应，且置换表示完全确定 G．这样做的代价是会有许多指标．在其他情形里，置换表示可能不足以确定 G 的阶．

我们将计算另外两个例子．

【7.11.5】例 证明关系(7.10.9)构成四面体群的完全关系集．如果用关系 $xyz=1$ 消去生成元 z，则证明会简化一些．因为 $z^2=1$，故这个关系蕴含着 $xy=z^{-1}=z$．余下的元素 x，y 就足以生成 T．所以，用 $z=xy$ 代入 z^2，用 $xyxy$ 替换 z^2．关系变成

【7.11.6】 $$x^3=1,y^3=1,xyxy=1$$

x 与 y 之间的这些关系等价于 x，y 与 z 之间的关系(7.10.9)，所以，它们在 T 里成立．

令 G 表示群$\langle x, y|x^3, y^3, xyxy\rangle$．推论(7.10.14)给出同态 $\psi:G\to T$．要证(7.11.6)定义 T 的关系，我们证明 ψ 是双射．因为 x 与 y 生成 T，故 ψ 是满射．所以，只要证明 G 的阶等于 T 的阶(为 12)就够了．

选取子群 $H=\langle x\rangle$. 这个子群的阶为 1 或 3，因为 x^3 是一个关系. 如果证明 H 阶为 3，则 H 在 G 里的指标是 4，则 G 的阶为 12，证明就完成了. 下面是得到的表. 填表的时候从关系的两边开始.

	x	x	x	
1	**1**	**1**	**1**	
2	**3**	**4**	**2**	
3	**4**	**2**	**3**	
4	**2**	**3**	**4**	

	y	y	y	
1	**2**	**3**	**1**	
2	**3**	**1**	**2**	
3	**1**	**2**	**3**	
4	**4**	**4**	**4**	

	x	y	x	y
1	**1**	**2**	**3**	**1**
2	**3**	**1**	**1**	**2**
3	**4**	**4**	**2**	**3**
4	**2**	**3**	**4**	**4**

置换表示为

【7.11.7】 $$x=(\mathbf{2\,3\,4}),y=(\mathbf{1\,2\,3})$$

因为有 4 个指标，故 H 的指标为 4. 还有，x 的阶为 3，不是 1，因为伴随于 x 的置换的阶为 3. G 的阶是 12，正是所预计的.

218

附带地，我们看到 T 同构于交错群 A_4，因为置换(7.11.7)生成这个群. ■

【7.11.8】例 我们对关系(7.10.9)稍微做些改动，以说明“坏”关系如何坍缩群. 令 G 是群 $\langle x, y | x^3, y^3, yxyxy\rangle$，并设 H 是子群 $\langle y\rangle$. 这里从做表开始：

	x	x	x	
1	**2**	**3**	**1**	
2			**2**	

	y	y	y	
1	**1**	**1**	**1**	
2			**2**	

	y	x	y	x	y
1	**1**	**2**	**3**	**1**	**1**
2	**3**	**1**	**1**	**2**	**2**

对表里的 $yxyxy$，第一行里的三个元素通过从左边计算确定，后三个通过从右边计算确定. 这个行表明 $\mathbf{2}\xrightarrow{y}\mathbf{3}$. 第二行通过从左边计算确定，它表明 $\mathbf{2}\xrightarrow{y}\mathbf{2}$. 所以，$\mathbf{2}=\mathbf{3}$. 看表中的 xxx，我们看到$\mathbf{2}=\mathbf{1}$. 仅有一个指标剩下，从而剩下一个陪集，所以 $H=G$. 群 G 由 y 生成. 它是 3 阶循环群. ■

注意 当构造这样的表时必须小心谨慎，任一失误都将引起作用的坍缩.

在我们的例子里，取 H 为由 G 的一个生成元生成的子群. 如果 H 由一个字 h 生成，则可引进新的生成元 u 与新的关系 $u^{-1}h=1$(亦即，$u=h$). 这样，G(7.11.1)同构于群

$$\langle x_1,\cdots,x_m,u | r_1,\cdots,r_k,u^{-1}h\rangle$$

且 H 变成由 u 生成的子群. 如果 H 有若干个生成元，则我们对每个生成元都这样做.

现在考虑为什么我们所描述的过程的确给出了陪集上的作用这个问题. 在正式定义算法之前，想要正式地证明这个事实是不可能的，而我们还没有定义算法，因而将非正式地讨论这个问题. (更完备的讨论见[Todd-Coxeter].)我们这样来描述计算的过程：在计算的一个特定阶段，有某个指标集合 $\boldsymbol{I}$、在 $\boldsymbol{I}$ 上的部分作用以及某些生成元在一些指标上的作用已被确定. 一个部分作用不必符合规则 1，2 和 3，但应该是可迁的；即每个指标都应该属于 **1** 的“部分轨道”. 这里规则 4 起了作用，它告诉我们不引入任何我们不需要的指标. 在开始的位置，$\boldsymbol{I}$ 是一个元素的集合$\{\mathbf{1}\}$，且没有指定作用.

在任何一个阶段都有两个可能的步骤：

【7.11.9】(i) 可以等同两个指标 $\boldsymbol{i}$ 与 $\boldsymbol{j}$，如果规则告诉我们它们是相等的，或者

(ii) 可以选择一个生成元 x 和一个指标 $\boldsymbol{i}$ 使得 $\boldsymbol{i}x$ 还没有被确定，并且定义 $\boldsymbol{i}x=\boldsymbol{j}$，其中 $\boldsymbol{j}$ 是个新的指标.

我们从不让两个指标相等，除非规则蕴含它们相等.

当作用已经确定并且它们符合我们的规则时，就中止过程. 存在两个问题：第一，这个过程会中止吗？第二，如果过程中止，作用是否是正解？两个问题的答案都是肯定的. 可以证明如果群 G 有限且优先进行步骤(i)，则这个过程总是会中止的. 我们不去证明这一点. 对于应用来讲，更为重要的事实是如果过程中止，则得到的置换表示是正确的. 219

【7.11.10】**定理** *假设经过有限次反复使用步骤(i)和步骤(ii)得到一个与规则(7.11.3)相容的表，则这个表定义一个置换表示，并且通过适当地标号，它是 G 中 H 的右陪集的表示.*

证明 比如说，群是 $G=\langle x_1,\cdots,x_n|r_1,\cdots,r_k\rangle$，令 $\boldsymbol{I}^*$ 表示最后得到的指标集合. 对每个生成元 x_i，表确定了指标的置换，且关系平凡地作用. 推论 7.10.14 给出从 G 到 $\boldsymbol{I}^*$ 的置换群的同态，从而给出 G 在 $\boldsymbol{I}^*$ 右边的作用(见命题 6.11.2). 倘若遵循规则，该表表明 G 的作用是可迁的，且子群 H 固定指标 $\mathbf{1}$ 不动.

令$\mathcal{C}$表示 H 的右陪集的集合. 我们将通过定义一个从 $\boldsymbol{I}^*$ 到$\mathcal{C}$的与群在这两个集合上的作用相容的一一映射 $\varphi^*:\boldsymbol{I}^*\to\mathcal{C}$来证明命题. 我们归纳地定义 φ^*：在每一阶段定义一个由在该阶段所确定的指标集合到$\mathcal{C}$的映射 $\varphi:\boldsymbol{I}\to\mathcal{C}$，使得映射与 $\boldsymbol{I}$ 上所确定的部分作用相容. 开始时，$\varphi_0:\{\mathbf{1}\}\to\mathcal{C}$映 $\mathbf{1}\rightsquigarrow[H]$. 假设 $\varphi:\boldsymbol{I}\to\mathcal{C}$已经定义，并设 $\boldsymbol{I}'$是在 $\boldsymbol{I}$ 上应用步骤(7.11.9)之一的结果.

在步骤(ii)的情形，不难将 φ 拓广为一个映射 $\varphi':\boldsymbol{I}'\to\mathcal{C}$. 比如说，$\varphi(\boldsymbol{i})$是陪集$[Hg]$，生成元 x 在 $\boldsymbol{i}$ 上的作用定义为新的指标，比如说 $\boldsymbol{i}x=\boldsymbol{j}$. 我们定义 $\varphi'(\boldsymbol{j})=[Hgx]$，且对所有其他指标，定义 $\varphi'(\boldsymbol{k})=\varphi(\boldsymbol{k})$.

其次，假设步骤(i)使两个指标 $\boldsymbol{i}$ 与 $\boldsymbol{j}$ 相同，使得 $\boldsymbol{I}$ 被坍缩而构成一个新的指标集合 $\boldsymbol{I}'$. 下面的引理使我们能够定义映射 $\varphi':\boldsymbol{I}'\to\mathcal{C}$.

【7.11.11】**引理** *假设给定映射 $\varphi:\boldsymbol{I}\to\mathcal{C}$，且与 $\boldsymbol{I}$ 上的部分作用相容. 令 $\boldsymbol{i}$ 与 $\boldsymbol{j}$ 是 $\boldsymbol{I}$ 里的指标，且设规则之一使得 $\boldsymbol{i}=\boldsymbol{j}$. 则 $\varphi(\boldsymbol{i})=\varphi(\boldsymbol{j})$.*

证明 这是成立的，因为前面已经注意到，陪集上的作用满足规则. ■

映射 φ 是满射从群在右陪集上作用是可迁的事实得到. 像我们现在所证明的，单性由陪集$[H]$的稳定子是子群 H 的事实得到，且指标 $\mathbf{1}$ 的稳定子包含 H. 令 $\boldsymbol{i}$ 与 $\boldsymbol{j}$ 是指标. 因为 $\boldsymbol{I}^*$ 上的作用是可迁的，故对某个群元素 a，有 $\boldsymbol{i}=\mathbf{1}a$，从而 $\varphi(\boldsymbol{i})=\varphi(\mathbf{1})a=[Ha]$. 类似地，如果 $\boldsymbol{j}=\mathbf{1}b$，则 $\varphi(\boldsymbol{j})=[Hb]$. 假设 $\varphi(\boldsymbol{i})=\varphi(\boldsymbol{j})$，亦即，$Ha=Hb$，则 $H=Hba^{-1}$，所以 ba^{-1}是 H 的元素. 因为 H 稳定指标 $\mathbf{1}$，故 $\mathbf{1}=\mathbf{1}ba^{-1}$且 $\boldsymbol{i}=\mathbf{1}a=\mathbf{1}b=\boldsymbol{j}$. ■

假定我们想要的方法有许多优势；
它们同盗窃诚实劳动的优势一样.

——*Bertrand Russel* 220

练 习

第一节 凯莱定理

1.1 规则 $g*x=xg^{-1}$ 定义一个 G 在 G 上的作用吗？

1.2 令 H 是群 G 的子群．描述 H 在 G 上通过左乘的作用的轨道．

第二节 类方程

2.1 确定

(a) $GL_2(\mathbf{F}_3)$ 中的矩阵 $\begin{bmatrix}1 & 1\\ & 1\end{bmatrix}$ (b) $GL_2(\mathbf{F}_5)$ 中的矩阵 $\begin{bmatrix}1 & \\ & 2\end{bmatrix}$

的中心化子与共轭类的阶．

2.2 21 阶群含有 3 阶共轭类 $C(x)$．x 在群里的阶是什么？

2.3 12 阶群 G 含有 4 阶共轭类．证明 G 的中心是平凡的．

2.4 令 G 是群，且设 φ 是 n 次幂映射：$\varphi(x)=x^n$．φ 如何作用在共轭类上？

2.5 令 G 是形如 $\begin{bmatrix}x & y\\ & 1\end{bmatrix}$ 的矩阵群，其中 x，$y\in\mathbf{R}$ 且 $x>0$．确定 G 中的共轭类，在(x, y)平面概略地描述它们．

2.6 确定平面的等距群 M 里的共轭类．

2.7 在下列各式中尽可能多地划去那些 10 阶群的类方程．

$1+1+1+2+5$，　$1+2+2+5$，　$1+2+3+4$，　$1+1+2+2+2+2$.

2.8 确定具有下面阶数的非阿贝尔群的可能的类方程：(a)8，(b)21．

2.9 确定下面每个群的类方程：

(a) 四元数群　(b) D_4　(c) D_5　(d) $GL_2(\mathbf{F}_3)$ 中的可逆上三角矩阵子群

2.10 (a) 令 A 是 SO_3 的表示转过角度 π 的旋转的元素．用几何方法刻画 A 的中心化子．

(b) 确定平面等距群 M 里的关于 e_1 轴的反射 r 的中心化子．

2.11 确定下列每个矩阵在 $GL_3(\mathbf{R})$ 中的中心化子．

$$\begin{bmatrix}1 & & \\ & 2 & \\ & & 3\end{bmatrix},\ \begin{bmatrix}1 & & \\ & 1 & \\ & & 2\end{bmatrix},\ \begin{bmatrix}1 & 1 & \\ & 1 & \\ & & 1\end{bmatrix},\ \begin{bmatrix}1 & 1 & \\ & 1 & 1\\ & & 1\end{bmatrix},\ \begin{bmatrix} & 1 & \\ & & 1\\ 1 & & \end{bmatrix}.$$

*2.12 确定至多含有 3 个共轭类的所有有限群．

2.13 令 N 是群 G 的正规子群．假设 $|N|=5$ 且 $|G|$ 是奇数．证明 N 包含在 G 的中心里．

2.14 群 G 的类方程是 $1+4+5+5+5$．

(a) G 有 5 阶子群吗？如果有，它是正规子群吗？

221

(b) G 有 4 阶子群吗？如果有，它是正规子群吗？

2.15 证明 $SL_2(\mathbf{F}_3)$ 的类方程(7.2.10)．

2.16 令 $\varphi: G\to G'$ 一个满的群同态，设 C 是 G 的元素 x 的共轭类，设 C' 表示它的像 $\varphi(x)$ 在 G' 中的共轭类．证明 φ 将 C 满射地映射到 C' 上，且 $|C'|$ 整除 $|C|$．

2.17 用类方程证明 pq 阶群含有 p 阶元素，其中 p 与 q 是素数.

2.18 哪个矩阵对 $\begin{bmatrix} 0 & -1 \\ 1 & d \end{bmatrix}$，$\begin{bmatrix} 0 & 1 \\ -1 & d \end{bmatrix}$是下列群的共轭元？

(a) $GL_n(\mathbf{R})$ (b) $SL_n(\mathbf{R})$

第三节 p-群

3.1 证明不动点定理 7.3.2.

3.2 设 Z 是群 G 的中心. 证明：如果 G/Z 是循环群，则 G 是阿贝尔群，因而 $G=Z$.

3.3 一个非阿贝尔群的阶为 p^3，其中 p 是素数.

(a) 中心 Z 的可能阶数是什么？

(b) 令 x 是 G 的不属于 Z 的元素. 它的中心化子 $Z(x)$ 的阶是什么？

(c) G 的可能的类方程是什么？

3.4 将 8 阶群分类.

第四节 二十面体群的类方程

4.1 二十面体群作用在十二面体的 5 个内接立方体的集合上. 确定一个立方体的稳定子.

4.2 A_5 是 S_5 仅有的真正规子群吗？

4.3 二十面体群 I 的 2 阶元素的稳定子是什么？

4.4 (a) 确定正四面体群 T 的类方程.

(b) 证明 T 有一个 4 阶正规子群，没有 6 阶子群.

4.5 (a) 确定八面体群 O 的类方程.

(b) 这个群含有两个真正规子群. 求出它们，证明它们是正规的，并证明没有其他正规子群.

4.6 (a)证明四面体群 T 同构于交错群 A_4，而八面体群 O 同构于对称群 S_4.

提示：从求这些群作用的一个四元素集合开始.

(b) 两个四面体可内接到一个正方体 C 中，每个使用其一半顶点. 将这一事实与包含关系 $A_4 \subset S_4$ 联系起来.

4.7 令 G 是非平凡地作用在 r 阶集合上的 n 阶群. 证明：如果 $n>r!$，则 G 有一个真正规子群.

4.8 (a) 设群元素 x 的中心化子 $Z(x)$ 的阶为 4. 关于群的中心有何结论？

(b) 设元素 y 的共轭类 $C(y)$ 的阶为 4. 关于群的中心有何结论？ 222

4.9 令 x 是群 G 的不为恒等元的元素，其中心化子 $Z(x)$ 的阶为 pq，其中 p 与 q 是素数. 证明 $Z(x)$ 是阿贝尔的.

第五节 对称群里的共轭

5.1 (a) 证明置换$(\mathbf{1\ 2})$，$(\mathbf{2\ 3})$，…，$(\boldsymbol{n-1},\ \boldsymbol{n})$生成对称群 S_n.

(b) 需要多少置换来写出循环$(\mathbf{1\ 2\ 3}\ \cdots\ \boldsymbol{n})$？

(c) 证明循环$(\mathbf{1\ 2\ 3}\ \cdots\ \boldsymbol{n})$与$(\mathbf{1\ 2})$生成对称群 S_n.

5.2 在 S_5 里元素$(\mathbf{1\ 2})$的中心化子是什么？

5.3 确定对称群 S_7 中元素的阶.

5.4 在对称群 S_7 中描述置换 $\sigma=(\mathbf{1\ 5\ 3})(\mathbf{2\ 4\ 6})$的中心化子 $Z(\sigma)$，并计算 $Z(\sigma)$与 $C(\sigma)$的阶.

5.5　设 p 与 q 是置换．证明乘积 pq 与 qp 有同样大小的循环．

5.6　求对称群 S_4 的所有 4 阶子群，并确定哪些是正规的．

5.7　证明 A_n 是 S_n 的唯一的指标为 2 的子群．

㊀5.8　确定整数 n 使得从对称群 S_n 到 S_{n-1} 存在满同态．

5.9　令 q 是 S_n 里的 3-循环．存在多少偶置换 p 使得 $pqp^{-1}=q$?

5.10　对 S_4 与 S_5 的类方程证明公式(7.5.2)与(7.5.3)，并确定每个共轭类里代表元的中心化子．

5.11　(a) 令 C 是 S_n 里偶置换 p 的共轭类，证明 C 或者是 A_n 中的共轭类，或者是 A_n 中的两个等阶共轭类的并．解释如何用 p 的中心化子确定出现哪种情况．

(b) 确定 A_4 与 A_5 的类方程．

(c) 也可把奇数阶置换的共轭类分解成 A_n-轨道．描述这个分解．

5.12　确定 S_6 与 A_6 的类方程．

第六节　正规化子

6.1　证明在 $GL_n(\mathbf{R})$里可逆上三角矩阵子群 B 与可逆下三角矩阵子群 L 是共轭的．

6.2　令 B 是 $G=GL_n(\mathbf{R})$的可逆上三角矩阵子群，且设 $U\subset B$ 是对角元为 1 的上三角矩阵的集合．证明 $B=N(U)$与 $B=N(B)$．

*6.3　令 P 表示 $GL_n(\mathbf{R})$的由置换矩阵组成的子群．确定正规化子 $N(P)$．

6.4　令 H 是有限群 G 里的素数阶 p 的正规子群．设 p 是整除 G 的阶的最小素数．证明 H 包含在中心 $Z(G)$里．

223

6.5　令 p 是素整数，且设 G 是 p-群．令 H 是 G 的真子群．证明 H 的正规化子 $N(H)$严格大于 H，且 H 包含在指标 p 的一个正规子群里．

*6.6　令 H 是有限群 G 的真子群．证明：

(a) 群 G 不是 H 的共轭子群的并．

(b) 存在共轭类 C 与 H 不相交．

第七节　西罗定理

7.1　令 $n=p^e m$，如同(4.5.1)中那样，且令 N 是 n 阶集合里阶 p^e 的子集的个数．确定 N 模 p 的同余类．

7.2　令 $G_1\subset G_2$ 是其阶为 p 所整除的群，且设 H_1 是 G_1 的西罗 p-子群．证明存在 G_2 的西罗 p-子群 H_2 使得 $H_1=H_2\cap G_1$．

7.3　有多少个 5 阶元素包含在 20 阶群里？

7.4　(a) 证明不存在阶为 pq 的单群，其中 p 与 q 是素数．

(b) 证明不存在阶为 p^2q 的单群，其中 p 与 q 是素数．

7.5　求下列群的西罗 2-子群：(a)D_{10}　(b)T　(c)O　(d)I

7.6　求出对称群 S_7 的 21 阶的非阿贝尔子群．

7.7　令 $n=pm$ 是恰为 p 整除一次的整数，且设 G 是 n 阶群．设 H 是 G 的西罗 p-子群，且设 S 是所有西罗 p-子群的集合．解释 S 如何分解为 H-轨道．

㊀ 由 Ivan Borsenko 建议．

*7.8 计算 $GL_n(\mathbf{F}_p)$的阶. 求 $GL_n(\mathbf{F}_p)$的西罗 p-子群，并确定西罗 p-子群的个数.

7.9 将下列阶数的群分类：(a)33 (b)18 (c)20 (d)30

7.10 证明阶<60 的唯一单群是素数阶群.

第八节 12 阶群

8.1 定理 7.8.1 里所描述的哪个 12 阶群同构于 $S_3 \times C_2$?

8.2 (a) 确定最小整数 n 使得对称群 S_n 含有同构于群(7.8.2)的子群.

(b) 求 $SL_2(\mathbf{F}_5)$的同构于那个群的子群.

8.3 确定 12 阶群的类方程.

8.4 证明阶 $n=2p$ 的群或是循环的，或是二面体的，其中 p 是素数.

8.5 令 G 是 28 阶的非阿贝尔群，其西罗 2-子群是循环群.

(a) 确定西罗 2-子群与西罗 7-子群的个数.

(b) 证明至多存在一个这样群的同构类.

(c) 确定每个阶的元素的个数与 G 的类方程.

224

8.6 令 G 是 55 阶群.

(a) 证明 G 是由元素 x 与 y 生成的，带有关系 $x^{11}=1$，$y^5=1$，$yxy^{-1}=x^r$，其中$1\leqslant r<11$.

(b) 确定 r 的哪个值是可能的.

(c) 证明存在两个 55 阶群的同构类.

第九节 自由群

9.1 令 F 是$\{x, y\}$上的自由群. 证明三个元素 $u=x^2$，$v=y^2$ 与 $z=xy$ 生成同构于 u，v 与 z 上的自由群的子群.

9.2 可在 S'里定义封闭字为连接字的首尾端得到的方向环. 反时针方向读，

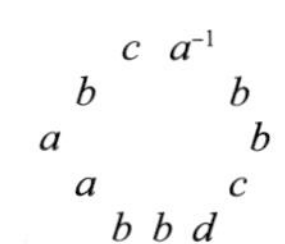

是个封闭字. 在简约封闭字与自由群的共轭类之间建立一一对应.

第十节 生成元与关系

10.1 证明自由群和商群的映射性质.

10.2 令 $\varphi: G \to G'$是群的满同态. 设 S 是 G 的子集，其像 $\varphi(S)$生成 G'，并设 T 是 $\ker\varphi$ 的生成元集. 证明 $S \cup T$ 生成 G.

10.3 每个有限群 G 都能由有限生成元集与有限关系集表示出来吗?

10.4 群 $G=\langle x, y; xyx^{-1}y^{-1}\rangle$叫做自由阿贝尔群. 证明这个群的映射性质：如果 u 与 v 是阿贝尔群 A 的元素，则存在唯一同态 $\varphi: G \to A$ 使得 $\varphi(x)=u$，$\varphi(y)=v$.

10.5 证明由 x，y，z 与单个关系 $yxyz^{-2}=1$ 生成的群实际上是自由群.

10.6 群 G 的子群 H 是特征的，如果 G 的所有自同构把它映到它自身.

(a) 证明每个特征子群是正规的，中心 Z 是特征子群.

(b) 确定四元数群的正规子群与特征子群.

10.7 群 G 的换位子子群 C 是含有所有换位子的最小子群．证明换位子子群是特征子群(见练习 10.6)，且 G/C 是阿贝尔群．

225

10.8 确定下列群的换位子子群(练习 10.7)：

(a) SO_2 (b) O_2 (c) 平面等距群 M (d) S_n (b) SO_3

10.9 令 G 是元素在域 $\mathbf{F}_p$ 里的 3×3 上三角矩阵群且对角元均为 1．对每个素数 p，确定 G 的中心，换位子子群(练习 10.6)和元素的阶．

10.10 令 $\mathcal{F}$ 是 x，y 上的自由群，且设 $\mathcal{R}$ 是含有换位子 $xyx^{-1}y^{-1}$ 的最小正规子群．

(a) 证明 $x^2y^2x^{-2}y^{-2}$ 属于 $\mathcal{R}$．

(b) 证明 $\mathcal{R}$ 是 $\mathcal{F}$ 的换位子子群(练习 10.7)．

第十一节 托德-考克斯特算法

11.1 完善例 7.11.8 给出的群是 3 阶循环群的证明．

11.2 用托德-考克斯特算法证明由关系(7.8.2)定义的群的阶为 12，且由关系(7.7.8)定义的群的阶为 21．

11.3 用托德-考克斯特算法分析由两个元素 x，y 与下列关系生成的群．可能的话确定群的阶和群：

(a) $x^2=y^2=1$，$xyx=yxy$ (b) $x^3=y^3=1$，$xyx=yxy$

(c) $x^4=y^2=1$，$xyx=yxy$ (d) $x^4=y^4=x^2y^2=1$

(e) $x^3=1$，$y^2=1$，$yxyxy=1$ (f) $x^3=y^3=yxyxy=1$

(g) $x^4=1$，$y^3=1$，$xy=y^2x$ (h) $x^7=1$，$y^3=1$，$yx=x^2y$

(i) $x^{-1}yx=y^{-1}$，$y^{-1}xy=x^{-1}$ (j) $y^3=1$，$x^2yxy=1$

11.4 G 的子群 H 的正规性如何反映在展示陪集上作用的表里？

11.5 令 G 是由元素 x，y 与关系 $x^4=1$，$y^3=1$，$x^2=yxy$ 生成的群．用两种方法证明这个群是平凡的：用托德-考克斯特算法和直接利用关系．

11.6 三角群 G^{pqr} 是群 $\langle x, y, z \mid x^p, y^q, z^r, xyz\rangle$，其中 $p\leqslant q\leqslant r$ 是正整数．在每种情形里，证明三角群同构于下面列出的群．

(a) 二面体群 D_n，当 p，q，$r=2$，2，n

(b) 八面体群，当 p，q，$r=2$，3，4

(c) 二十面体群，当 p，q，$r=2$，3，5

11.7 令 Δ 表示等边三角形，且设 a，b，c 是关于 Δ 的三个边的反射．设 $x=ab$，$y=bc$，$z=ca$．证明 x，y，z 生成三角群(练习 11.6)．

11.8 (a) 证明由元素 x，y，z 与关系 $x^2=y^3=z^5=1$，$xyz=1$ 生成的群 G 的阶为 60．

(b) 令 H 是由 x 与 zyz^{-1} 生成的子群．确定 G 在 G/H 上的置换表示，并确定 H．

226

(c) 证明 G 同构于交错群 A_5．

(d) 令 K 是 G 的由 x 与 yxz 生成的子群．确定 G 在 G/K 上的置换表示，并确定 K．

杂题

M.1 对于由阶为 2 的两个元素 x 与 y 生成的群进行分类．

提示：利用元素 $z=xy$ 较为方便．

M.2 用表示(6.4.3)确定二面体群 D_n 中子群 $H=\{1, y\}$ 的双陪集(见练习 M.9) HgH. 证明每个双陪集或有两个或有四个元素.

*M.3 (a) 设群 G 可迁地作用在集合 S 上，且 H 是 S 的元素 s_0 的稳定子. 考虑 G 在 $S\times S$ 上由 $g(s_1, s_2)=(gs_1, gs_2)$ 定义的作用. 在 G 中 H 的双陪集与 $S\times S$ 中 G-轨道之间建立一一对应.

(b) 对于 G 是二面体群 D_5 与 S 是五边形顶点的集合的情形具体给出这个对应.

(c) 在 $G=T$ 与 S 是四面体的边集时给出这个对应.

*M.4 令 H 和 K 是群 G 的子群，且 $H\subset K$. 设 H 在 K 里是正规的且 K 在 G 里是正规的. H 在 G 里是正规的吗?

M.5 令 H 和 N 是群 G 的子群，且设 N 是正规子群.

(a) 确定典型同态 $\pi: G\to G/N$ 到子群 H 和 HN 的限制的核.

(b) 应用第一同构定理到这些限制，证明第二同构定理：$H/(H\cap N)$ 同构于 $(HN)/N$.

M.6 令 H 和 N 是群 G 的正规子群，使得 $H\supset N$. 设 $\overline{H}=H/N$ 与 $\overline{G}=G/N$.

(a) 证明 $\overline{H}$ 是 $\overline{G}$ 的正规子群.

(b) 用合成同态 $G\to\overline{G}\to\overline{G}/\overline{H}$ 证明第三同构定理：G/H 同构于 $\overline{G}/\overline{H}$.

[⊖]M.7 令 p_1, p_2 是集合 $S=\{1, 2, \cdots, n\}$ 的置换，且设 U_i 是 S 的不为 p_i 固定不动的指标的子集. 证明：

(a) 如果 $U_1\cap U_2=\varnothing$，则换位子 $p_1p_2p_1^{-1}p_2^{-1}$ 是恒等的.

(b) 如果 $U_1\cap U_2$ 恰含有一个元素，则换位子 $p_1p_2p_1^{-1}p_2^{-1}$ 是 3-循环.

*M.8 令 H 是群 G 的子群. 证明当 G 是无限群时，左陪集的个数等于右陪集的个数.

M.9 令 x 是奇数阶群的非恒等元的元素. 证明元素 x 与 x^{-1} 是共轭的. 227

M.10 设 G 是可迁地作用在阶 $\geqslant 2$ 的集合 S 上的有限群，证明 G 含有一个元素 g，其不能固定 S 的任何元素不动.

M.11 确定 $GL_2(\mathbf{Z})$ 里 2 阶元素的共轭类.

*M.12 (SL_2 的类方程)在 $SL_2(F)$ 里，许多共轭类(尽管不是所有)含有形如 $A=\begin{bmatrix} & -1 \\ 1 & a\end{bmatrix}$ 的矩阵.

(a) 在 $SL_2(\mathbf{F}_5)$ 里确定 $a=0, 1, 2, 3, 4$ 时矩阵 A 的中心化子.

(b) 确定 $SL_2(\mathbf{F}_5)$ 的类方程.

(c) 在 $\mathbf{F}_p$ 里形如 $x^2+axy+y^2=1$ 的方程可能有多少个解? 要分析它，可从置 $y=\lambda x+1$ 开始. 对大多数的 λ 值，有两个解，其中一个为 $x=0$, $y=1$.

(d) 确定 $SL_2(\mathbf{F}_p)$ 的类方程. 228

⊖ 由 Benedict Gross 建议.

第八章 双线性型

我认为公式对于无经验的人是冷漠和不受欢迎的.

——*Benjamim Pierce*

第一节 双线性型

在第五章里讨论了 $\mathbf{R}^n$ 上的点积 $(X\cdot Y)=X^tY=x_1y_1+\cdots+x_ny_n$. 它是对称的: $(Y\cdot X)=(X\cdot Y)$, 且是正定的: 对每个 $X\neq 0$, $(X\cdot X)>0$. 在本章我们研究几个类似的点积. 最重要的一个是对称型与埃尔米特型. 本章的所有向量空间均假设是有限维的.

令 V 是实向量空间. V 上的双线性型是两个向量变量的实值函数——映射 $V\times V\to\mathbf{R}$. 给定一对向量 v, w, 这个型给出一个实数, 通常记为 $\langle v, w\rangle$. 双线性型对每个变量都是线性的:

【8.1.1】
$$\langle rv_1,w_1\rangle = r\langle v_1,w_1\rangle \quad,\quad \langle v_1+v_2,w_1\rangle = \langle v_1,w_1\rangle+\langle v_2,w_1\rangle$$
$$\langle v_1,rw_1\rangle = r\langle v_1,w_1\rangle \quad,\quad \langle v_1,w_1+w_2\rangle = \langle v_1,w_1\rangle+\langle v_1,w_2\rangle$$

对 V 中的所有 v_i 与 w_i 和所有实数 r 成立. 叙述这个性质的另一个方式为型与每个变量的线性组合是相容的:

【8.1.2】
$$\langle \sum x_iv_i,w\rangle = \sum x_i\langle v_i,w\rangle$$
$$\langle v,\sum w_jy_j\rangle = \sum\langle v,w_j\rangle y_j$$

对所有向量 v_i 与 w_i 和所有实数 x_i 与 y_i 成立. (把标量写在第二个变量外的右边常常是方便的.)

$\mathbf{R}^n$ 上的型定义为

【8.1.3】
$$\langle X,Y\rangle = X^tAY$$

其中 A 是 $n\times n$ 矩阵, 这是双线性型的一个例子. 点积是 $A=I$ 的情形, 并且当用实列向量讨论时, 总是假设型是点积, 除非已指定了不同的型.

229

如果给定 V 的基 $\boldsymbol{B}=(v_1, \cdots, v_n)$, 则双线性型可通过型的矩阵与(8.1.3)类型的型联系起来. 这个矩阵是 $A=(a_{ij})$, 其中

【8.1.4】
$$a_{ij} = \langle v_i,v_j\rangle$$

【8.1.5】命题 令 $\langle,\rangle$ 是向量空间 V 上的双线性型, 设 $\boldsymbol{B}=(v_1, \cdots, v_n)$ 是 V 的基, 且设 A 是双线性型关于这个基的矩阵. 如果 X 与 Y 分别是向量 v 与 w 的坐标向量, 则

$$\langle v,w\rangle = X^tAY$$

证明 如果 $v=\boldsymbol{B}X$ 与 $w=\boldsymbol{B}Y$, 则

$$\langle v,w\rangle = \langle \sum_i v_ix_i, \sum_j v_jy_j\rangle = \sum_{i,j}x_i\langle v_i,v_j\rangle y_j = \sum_{i,j}x_ia_{ij}y_j = X^tAY$$ ■

一个双线性型是对称的，如果对 V 中的所有 v 与 w 有 $\langle v, w\rangle=\langle w, v\rangle$；是斜对称的，如果对 V 中的所有 v 与 w 有 $\langle v, w\rangle=-\langle w, v\rangle$. 当提及对称型时，我们指的是双线性对称型，类似地，提及斜对称型就蕴含双线性性.

【8.1.6】引理

(a) 令 A 是 $n\times n$ 矩阵，型 $X^{\mathrm{t}}AY$ 是对称的：对所有 X 与 Y，$X^{\mathrm{t}}AY=Y^{\mathrm{t}}AX$ 当且仅当矩阵 A 是对称的，即 $A^{\mathrm{t}}=A$.

(b) 双线性型 $\langle ,\rangle$ 是对称的当且仅当它的关于任意基的矩阵是对称矩阵.

当把词对称换为斜对称时，类似的叙述也成立.

证明

(a) 假设 $A=(a_{ij})$ 是对称矩阵. 把 $X^{\mathrm{t}}AY$ 看成 1×1 矩阵，它等于其转置. 这样，$X^{\mathrm{t}}AY=(X^{\mathrm{t}}AY)^{\mathrm{t}}=Y^{\mathrm{t}}A^{\mathrm{t}}X=Y^{\mathrm{t}}AX$. 因此，型是对称的. 要推导另一面的含义，注意 $e_i^{\mathrm{t}}Ae_j=a_{ij}$，而 $e_j^{\mathrm{t}}Ae_i=a_{ji}$. 为使型是对称的，必须有 $a_{ij}=a_{ji}$.

(b) 因为 $\langle v, w\rangle=X^{\mathrm{t}}AY$，故由(a)可得(b)的结论. ■

基变换在型矩阵上的效果用通常的方法确定.

【8.1.7】命题 令 $\langle ,\rangle$ 是实向量空间 V 上的双线性型，设 A 与 A' 是型关于两个基 $\mathbf{B}$ 与 $\mathbf{B}'$ 的矩阵. 如果 P 是基变换的矩阵，使得 $\mathbf{B}'=\mathbf{B}P$，则

$$A' = P^{\mathrm{t}}AP$$

证明 令 X 与 X' 是向量 v 关于基 $\mathbf{B}$ 与 $\mathbf{B}'$ 的坐标向量，则 $v=\mathbf{B}X=\mathbf{B}'X'$，且 $PX'=X$. 用类似的记号，$w=\mathbf{B}Y=\mathbf{B}'Y'$，

$$\langle v,w\rangle = X^{\mathrm{t}}AY = (PX')^{\mathrm{t}}A(PY') = X'^{\mathrm{t}}(P^{\mathrm{t}}AP)Y'$$

这把 $P^{\mathrm{t}}AP$ 与型的矩阵关于基 $\mathbf{B}'$ 等同起来. ■ 230

【8.1.8】推论 设 A 是双线性型关于基的矩阵，则关于不同基表示同一型的矩阵为 $P^{\mathrm{t}}AP$，其中 P 可以是任意可逆矩阵.

注意 这里有一点很重要. 给出基时，线性算子与双线性型均由矩阵描述. 可猜想线性算子理论与双线性型理论以某种方式是等价的. 但它们是不等价的. 当做基变换时，双线性型 $X^{\mathrm{t}}AY$ 的矩阵变为 $P^{\mathrm{t}}AP$，而线性算子 $Y=AX$ 的矩阵变为 $P^{-1}AP$. 关于新基所得的矩阵多数时候是不同的.

第二节 对 称 型

令 V 是实向量空间. V 上对称型是正定的，如果对所有非零向量 v 有 $\langle v, v\rangle>0$；是正半定的，如果对所有非零向量 v 有 $\langle v, v\rangle\geqslant 0$. 负定与负半定可类似地进行定义. 点积是 $\mathbf{R}^n$ 上对称的正定型.

不是正定的对称型称为不定的. 洛仑兹型

【8.2.1】
$$\langle X,Y\rangle = x_1y_1 + x_2y_2 + x_3y_3 - x_4y_4$$

在"时-空"$\mathbf{R}^4$ 上是不定对称型，其中 x_4 是"时间"坐标，且光的速度正规化为 1. 它关于 $\mathbf{R}^4$

的标准基的矩阵为

【8.2.2】
$$\begin{bmatrix} 1 & & & \\ & 1 & & \\ & & 1 & \\ & & & -1 \end{bmatrix}$$

作为学习对称型的入门，我们问，当变换坐标的时候，点积会发生什么情况？从标准基 $\boldsymbol{E}$ 到新基 $\boldsymbol{B}'$ 的基变换的效果已由命题 8.1.7 给出．如果 $\boldsymbol{B}'=\boldsymbol{E}P$，则点积矩阵 I 变为 $A'=P^{t}IP=P^{t}P$，或根据型，如果 $PX'=X$，$PY'=Y$，则

【8.2.3】
$$X^{t}Y = X'^{t}A'Y',\text{其中 } A' = P^{t}P$$

如果基变换是正交的，则 $P^{t}P$ 是恒等矩阵，且 $(X\cdot Y)=(X'\cdot Y')$．但在基的一般变换下，点积公式如同所显示的那样变换．

这就产生了一个问题：什么样的双线性型 $X^{t}AY$ 等价于点积，即关于 $\mathbf{R}^{n}$ 的某个基它们表示点积？公式(8.2.3)给出一个理论上的答案．

【8.2.4】推论 表示等价于点积的型 $\langle X, Y\rangle=X^{t}AY$ 的矩阵 A 是那些对某个可能的矩阵 P 可写成积 $P^{t}P$ 的矩阵．

在我们确定什么样的矩阵能写成这样的积之前，这个答案不是令人满意的．A 必须满足的一个条件很简单：它必须是对称的，因为 $P^{t}P$ 总是对称矩阵．另一个条件来自于点积是正定的事实．

231

与对称型的术语类似，实对称矩阵 A 称为*正定的*，如果对所有非零列向量 X 有 $X^{t}AX>0$．如果型 $X^{t}AY$ 等价于点积，则矩阵 A 是正定的．

两个条件，即对称性与正定性刻画了表示点积的矩阵．

【8.2.5】定理 实 $n\times n$ 矩阵 A 的下列性质是等价的：

(i) 关于 $\mathbf{R}^{n}$ 的某个基，型 $X^{t}AY$ 表示点积．

(ii) 存在可逆矩阵 P 使得 $A=P^{t}P$．

(iii) 矩阵 A 是对称与正定的．

我们已经知道(i)与(ii)是等价的(推论 8.2.4)且(i)蕴含着(iii)．在第四节我们将证明(iii)蕴含着(i)(见(8.4.18))．

第三节 埃尔米特型

将对称型的概念扩展到复向量空间的最有用的途径是埃尔米特型．复向量空间 V 上的*埃尔米特型*是一个映射 $V\times V\to\mathbf{C}$，记为 $\langle v, w\rangle$，对第一个变量它是共轭线性的，对第二个变量它是线性的和埃尔米特对称的：

【8.3.1】
$$\langle cv_1, w_1\rangle = \bar{c}\langle v_1, w_1\rangle \quad,\quad \langle v_1+v_2, w_1\rangle = \langle v_1, w_1\rangle + \langle v_2, w_1\rangle$$
$$\langle v_1, cw_1\rangle = c\langle v_1, w_1\rangle \quad,\quad \langle v_1, w_1+w_2\rangle = \langle v_1, w_1\rangle + \langle v_1, w_2\rangle$$

$$\langle w_1, v_1 \rangle = \overline{\langle v_1, w_1 \rangle}$$

对 V 中的所有 v_i 与 w_i 和所有复数 c 成立，其中上划线表示复共轭. 同双线性型(8.1.2)一样，这个条件可用变量的线性组合表示出来：

【8.3.2】
$$\langle \sum x_i v_i, w \rangle = \sum \overline{x_i} \langle v_i, w \rangle$$
$$\langle v, \sum w_j y_j \rangle = \sum \langle v, w_j \rangle y_j$$

对任意向量 v_i 与 w_i 和任意复数 x_i 与 y_i 成立. 由于埃尔米特对称性，故 $\langle v, v \rangle = \overline{\langle v, v \rangle}$，所以，对所有向量 v，$\langle v, v \rangle$ 是一个实数.

$\mathbf{C}^n$ 上的标准埃尔米特型是

【8.3.3】
$$\langle X, Y \rangle = X^* Y = \overline{x}_1 y_1 + \cdots + \overline{x}_n y_n$$

其中记号 X^* 代表 $X=(x_1, \cdots, x_n)^t$ 的共轭转置. 当在 $\mathbf{C}^n$ 上讨论时，总是假设型是标准埃尔米特型，除非指定其他型.

复共轭造成复杂化的原因是 $\langle X, X \rangle$ 对每个非零复向量 X 变成了正实数. 如果用复 n 维向量与实 $2n$ 维向量之间的一一对应

232

【8.3.4】
$$(x_1, \cdots, x_n)^t \leftrightarrow (a_1, b_1, \cdots, a_n, b_n)^t$$

其中 $x_v = a_v + b_v \mathrm{i}$，则 $\overline{x}_v = a_v - b_v \mathrm{i}$，并且

$$\langle X, X \rangle = \overline{x}_1 x_1 + \cdots + \overline{x}_n x_n = a_1^2 + b_1^2 + \cdots + a_n^2 + b_n^2$$

因此，$\langle X, X \rangle$ 是对应的实向量的平方长度，是正实数.

对任意向量 X 与 Y，点积的对称性质由埃尔米特对称替换：$\langle Y, X \rangle = \overline{\langle X, Y \rangle}$. 记住当 $X \neq Y$ 时，$\langle X, Y \rangle$ 可能是复数，而对应的实向量的点积是实的. 虽然 $\mathbf{C}^n$ 的元素与 $\mathbf{R}^{2n}$ 的元素如上所述是一一对应的，但这两个空间是不等价的，因为复数的标量乘法在 $\mathbf{R}^{2n}$ 上没有定义.

复矩阵 $A=(a_{ij})$ 的伴随 A^* 是转置矩阵 A^t 的复共轭，是上面列向量使用的记号. 所以，A^* 的 i，j 元素是 $\overline{a}_{ji}$. 例如，$\begin{bmatrix} 1 & 1+\mathrm{i} \\ 2 & \mathrm{i} \end{bmatrix}^* = \begin{bmatrix} 1 & 2 \\ 1-\mathrm{i} & -\mathrm{i} \end{bmatrix}$.

下面是一些计算伴随矩阵的规则：

【8.3.5】 $(cA)^* = \overline{c}A^*$，$(A+B)^* = A^* + B^*$，$(AB)^* = B^* A^*$，$A^{**} = A$

方阵 A 是埃尔米特的(或自伴随的)，如果

【8.3.6】
$$A^* = A$$

埃尔米特矩阵 A 的元素满足关系 $a_{ji} = \overline{a}_{ij}$. 它的对角元是实的，且对角线下面的元素是对角线上面元素的复共轭：

【8.3.7】
$$A = \begin{bmatrix} r_1 & & a_{ij} \\ & \ddots & \\ \overline{a}_{ij} & & r_n \end{bmatrix}, \quad r_i \in \mathbf{R}, \quad a_{ij} \in \mathbf{C}$$

例如，$\begin{bmatrix} 2 & \mathrm{i} \\ -\mathrm{i} & 3 \end{bmatrix}$ 是埃尔米特矩阵. 实矩阵是埃尔米特矩阵当且仅当它是对称矩阵.

埃尔米特型关于基 $\boldsymbol{B}=(v_1, \cdots, v_n)$ 的矩阵的定义同双线性型的一样. 它是 $A=(a_{ij})$，其中 $a_{ij}=\langle v_i, v_j\rangle$. $\mathbf{C}^n$ 上标准埃尔米特型的矩阵是恒等矩阵.

【8.3.8】命题 令 A 是复向量空间 V 上的埃尔米特型 $\langle,\rangle$ 关于基 $\boldsymbol{B}$ 的矩阵. 如果 X 与 Y 分别是向量 v 与 w 的坐标向量，则 $\langle v, w\rangle=X^*AY$，且 A 是埃尔米特矩阵. 反之，如果 A 是埃尔米特矩阵，则在 $\mathbf{C}^n$ 上由 $\langle X, Y\rangle=X^*AY$ 定义的型是埃尔米特型.

233

证明 类似于命题 8.1.5 的证明. ■

回忆如果型是埃尔米特型，则 $\langle v, v\rangle$ 是实数. 埃尔米特型是正定的，如果对每个非零向量 v，$\langle v, v\rangle$ 是正的. 埃尔米特矩阵是正定的，如果对每个非零复列向量 X，X^*AX 是正的. 埃尔米特型是正定的当且仅当它关于任意一个基的矩阵是正定的.

像通常一样，通过替换 $PX'=X$ 与 $PY'=Y$ 来确定埃尔米特型的矩阵中基变换 $\boldsymbol{B}'=\boldsymbol{B}P$ 的规则：

$$X^*AY=(PX')^*A(PY')=X'^*(P^*AP)Y'$$

型关于新基的矩阵是

【8.3.9】
$$A'=P^*AP$$

【8.3.10】推论

(a) 令 A 是埃尔米特型关于一个基的矩阵. 代表同一个型的关于不同基的矩阵是那些形如 $A'=P^*AP$ 的矩阵，其中 P 可以是任意可逆复矩阵.

(b) $\mathbf{C}^n$ 里基变换 $\boldsymbol{B}'=\boldsymbol{E}P$ 把标准埃尔米特型 X^*Y 变为 $X'^*A'Y'$，其中 $A'=P^*P$.

下一个定理给出埃尔米特矩阵的第一个特殊性质.

【8.3.11】定理 埃尔米特矩阵 A 的特征值、迹与行列式均是实数.

证明 因为迹与行列式可用特征值表示，故只要证明埃尔米特矩阵 A 的特征值是实数就够了. 令 X 是 A 的伴随于特征值 λ 的特征向量，则

$$X^*AX=X^*(AX)=X^*(\lambda X)=\lambda X^*X$$

注意 $(\lambda X)^*=\bar{\lambda}X^*$. 由于 $A^*=A$，故

$$X^*AX=(X^*A)X=(X^*A^*)X=(AX)^*X=(\lambda X)^*X=\bar{\lambda}X^*X$$

因此，$\lambda X^*X=\bar{\lambda}X^*X$. 因为 X^*X 是正实数，故它不等 0. 所以，$\lambda=\bar{\lambda}$. 这就意味着 λ 是实数. ■

请仔细阅读这个证明. 该证明很简单，但它却如此巧妙以致似乎难以让人相信. 下面是使人大吃一惊的推论：

【8.3.12】推论 实对称矩阵的特征值是实数.

证明 当把实对称矩阵看成复矩阵时，它是埃尔米特矩阵. 所以，该推论可由定理得到. ■

234

不借助复矩阵是很难证明这个推论的，虽然对于 2×2 实对称矩阵可以直接验证结论.

一个矩阵 P 满足

【8.3.13】
$$P^*P=I \quad (\text{或 } P^*=P^{-1})$$

则称该矩阵为酉矩阵. 一个矩阵 P 是酉矩阵当且仅当它的列 P_1, …, P_n 关于标准埃尔米特型是正交的，亦即当且仅当 $i\neq j$, $P_i^*P_i=1$, $P_i^*P_j=0$. 例如，矩阵$\frac{1}{\sqrt{2}}\begin{bmatrix}1 & -\mathrm{i}\\ 1 & \mathrm{i}\end{bmatrix}$是酉矩阵.

酉矩阵构成复一般线性群的子群，称为酉群，记之为 U_n：

【8.3.14】
$$U_n=\{P\mid P^*P=I\}$$

我们已经知道 $\mathbf{R}^n$ 中基变换保持点积当且仅当基变换矩阵是正交的(5.1.14). 类似地，$\mathbf{C}^n$ 中基变换保持标准埃尔米特型 X^*Y 当且仅当基变换矩阵是酉矩阵(见(8.3.10)(b)).

第四节 正交性

本节我们同时描述实向量空间上的对称(双线性)型与复向量空间上的埃尔米特型. 整节假设已给出具有对称型的有限维实向量空间 V，或者具有埃尔米特型的有限维复向量空间 V. 不假设已给出的型是正定的. 涉及对称型表示 V 是实向量空间，而涉及埃尔米特型表示 V 是复向量空间. 尽管我们做的每件事都能应用于两种情形，但首次读到这一点时最好考虑实向量空间上的对称型.

为了包含埃尔米特型，需在一些符号上边放一横杠. 因为复共轭在实数上是恒等作用，故当考虑对称型时可忽略横杠. 还有，实矩阵的伴随与它的转置是相等的. 当矩阵 A 是实矩阵时，A^* 是 A 的转置.

假设已知有限维向量空间 V 上的对称或埃尔米特型. 用来研究型的基本概念是正交.

注 两个向量 v 与 w 是正交的(写为 $v\perp w$)，如果

$$\langle v,w\rangle=0$$

当型是点积时这扩展了之前给出的定义. 注意 $v\perp w$ 当且仅当 $w\perp v$.

几何上实向量的正交既依赖于型也依赖于基. 特别之处在于，当型是不定的时，非零向量 v 可能是自正交的：$\langle v, v\rangle=0$. 对每个对称型，与其理解正交的几何意义，不如代数上用好正交的定义，$\langle v, w\rangle=0$.

235

如果 W 是 V 的子空间，可把 V 上的型限制到 W 上，简单地说就是，取同一个型但仅用 W 中的向量. 显然，如果 V 上的型是对称的、埃尔米特的或正定的，则它在 W 上的限制将具有同一性质.

注 V 的子空间 W 的正交空间常记为 $W^{\perp}$，它是与 W 的每个向量都正交的向量 v 的子空间，或符号上，使得 $v\perp W$：

【8.4.1】
$$W^{\perp}=\{v\in V\mid\langle v, w\rangle=0,\ 对所有\ w\in W\}.$$

注 V 的正交基 $\boldsymbol{B}=(v_1, \cdots, v_n)$是一个基，其向量是相互正交的：对所有指标 i 与 j 且 $i\neq j$, $\langle v_i, v_j\rangle=0$. 型关于正交基的矩阵是对角阵，且型是非退化的(见下面)当且仅当矩阵的对角元$\langle v_i, v_i\rangle$是非零的(命题 8.4.4(b)).

注 V 中迷向向量 v 是与 V 中每个向量都正交的向量. 型的迷向空间 N 是迷向向量的

集合．迷向空间可描述为与整个空间 V 正交的空间：

$$N=\{v|v\perp V\}=V^{\perp}$$

注 V 上的型是非退化的，如果它的迷向空间是零空间$\{0\}$．意思是对每个非零向量 v，存在一个向量 v'使得$<v, v'>\neq 0$．不是非退化的型是退化的．最有意思的型是非退化型．

注 V 上的型在子空间 W 上是非退化的，如果它对 W 的限制是非退化型，亦即，对每个非零向量 $w\in W$，还存在向量 $w'\in W$ 使得$\langle w, w'\rangle\neq 0$．一个型可能在子空间上是退化的，尽管在整个空间上它是非退化的，反之亦然．

【8.4.2】引理 型在 W 上是非退化的当且仅当 $W\cap W^{\perp}=\{0\}$．

根据非退化型有一个向量相等的重要判别法．

【8.4.3】命题 令$\langle,\rangle$是 V 上非退化对称型或埃尔米特型，设 v 与 v'是 V 中的向量．如果$\langle v, w\rangle=\langle v', w\rangle$，则对所有向量 $w\in V$，有 $v=v'$．

证明 如果$\langle v, w\rangle=\langle v', w\rangle$，则 $v-v'$与 w 正交．如果这对所有向量 $w\in V$ 是成立的，则 $v-v'$是迷向向量．因为型是非退化的，故 $v-v'=0$． ■

【8.4.4】命题 令$\langle,\rangle$是实向量空间上的对称型或复向量空间上的埃尔米特型，且设 A 是它关于一个基的矩阵．

(a) 向量 v 是迷向向量当且仅当它的坐标向量 Y 是齐次方程 $AY=0$ 的解．

(b) 这个型是非退化的当且仅当矩阵 A 是可逆的．

证明 通过基，这个型对应于型 X^*AY，所以，我们可用这个型讨论．如果 Y 是一个向量使得 $AY=0$，则对所有 X，$X^*AY=0$，这意味着 Y 与每个向量正交，亦即，它是迷向向量．反过来，如果 $AY\neq 0$，则 AY 有非零坐标．矩阵积 e_i^*AY 为 AY 的第 i 个坐标．于是，这些乘积之一不为零，所以，Y 不是迷向向量．这就证明了(a)．因为 A 是可逆的当且仅当方程 $AY=0$ 有非平凡解，故得(b)． ■

236

【8.4.5】定理 令$\langle,\rangle$是实向量空间 V 上的对称型或复向量空间 V 上的埃尔米特型，且设 W 是 V 的子空间．

(a) 这个型在 W 上是非退化的当且仅当 V 是直和 $W\oplus W^{\perp}$．

(b) 如果这个型在 V 上和在 W 上是非退化的，则它在 $W^{\perp}$上是非退化的．

当向量空间 V 是直和 $W_1\oplus\cdots\oplus W_k$，且对 $i\neq j$，W_i 与 W_j 正交时，称 V 是子空间的正交和．定理断言如果这个型在 W 上是非退化的，则 V 是 W 与 $W^{\perp}$的正交和．

定理 8.4.5 的证明 (a) 直和条件为 $W\cap W^{\perp}=\{0\}$与 $V=W+W^{\perp}$(命题 3.6.6(c))．第一个条件简单重述为型在子空间上是非退化的假设．如果 V 是直和，则型是非退化的．我们必须证明如果型在 W 上是非退化的，则 V 中的每个向量 v 可表示为和 $v=w+u$，其中 $w\in W$ 与$u\in W^{\perp}$．

扩展 W 的基$(w_1, \cdots, w_k)$为 V 的基 $\boldsymbol{B}=(w_1, \cdots, w_k; v_1, \cdots, v_{n-k})$，把型关于这个基的矩阵写为分块形式

【8.4.6】
$$M=\begin{bmatrix}A & B\\ C & D\end{bmatrix}$$

其中 A 是左上 $k\times k$ 子矩阵.

块 A 的元素是$\langle w_i, w_j\rangle$，其中 i，$j=1$，…，k，所以，A 是型限制到 W 的矩阵. 因为型在 W 上是非退化的，故 A 是可逆的. 块 B 的元素是$\langle w_i, v_j\rangle$，其中 $i=1$，…，k 与 $j=1$，…，$n-k$. 如果选取向量 v_1，…，v_{n-k}使得 B 变为 0，则这些向量与 W 的基正交，于是，它们属于正交空间 $W^{\perp}$. 这样，因为 $\boldsymbol{B}$ 是 V 的基，故得 $V=W+W^{\perp}$，这就是我们想要证明的.

要得到 $B=0$，我们用分块矩阵变换基

【8.4.7】
$$P=\begin{bmatrix}I & Q\\ 0 & I\end{bmatrix}$$

其中块 Q 待定. 新基 $\boldsymbol{B}'=\boldsymbol{B}P$ 具有形式$(w_1, \cdots, w_k; v_1', \cdots, v_{n-k}')$. W 的基没有变. 型关于新基的矩阵为

【8.4.8】
$$M'=P^*MP=\begin{bmatrix}I & 0\\ Q^* & I\end{bmatrix}\begin{bmatrix}A & B\\ C & D\end{bmatrix}\begin{bmatrix}I & Q\\ 0 & I\end{bmatrix}=\begin{bmatrix}A & AQ+B\\ \cdot & \cdot\end{bmatrix}$$

不需要计算其他元素. 当置 $Q=-A^{-1}B$ 时，M'的右上角变为所希望的 0.

237

(b) 假设型在 V 上和在 W 上是非退化的. (a)表明 $V=W\oplus W^{\perp}$. 如果把 W 与 $W^{\perp}$ 的基附加在一起选取 V 的基，则型在 V 上的矩阵是对角分块矩阵，其中块为型限制在 W 与 $W^{\perp}$ 上的矩阵. 型在 V 上的矩阵是可逆的(命题 8.4.4)，所以块是可逆的. 于是，型在 $W^{\perp}$ 上是非退化的. ■

【8.4.9】引理　*如果对称型或埃尔米特型不恒等于 0，则在 V 里存在向量 v 使得$\langle v, v\rangle\neq 0$.*

证明　如果型不恒等于 0，则存在向量 x 与 y 使得$\langle x, y\rangle\neq 0$. 如果型是埃尔米特的，那么用 cy 替换 y 使得$\langle x, y\rangle$是实的且仍不为 0，其中 c 是非零复数. 这样，$\langle y, x\rangle=\langle x, y\rangle$. 展开：

$$\langle x+y, x+y\rangle=\langle x, x\rangle+2\langle x, y\rangle+\langle y, y\rangle$$

因为项 $2\langle x, y\rangle$不为 0，故方程的三个其他项中至少有一个不为 0. ■

【8.4.10】定理　*令$\langle , \rangle$是实向量空间 V 上的对称型或复向量空间 V 上的埃尔米特型，则 V 存在一个正交基.*

证明　情形 1：型恒等于 0. 这样，每个基都是正交的.

情形 2：型不恒等于 0. 对维数进行归纳证明，可假设型在 V 的任意真子空间上有正交基. 应用引理 8.4.9，选取使得$\langle v_1, v_1\rangle\neq 0$ 的向量 v_1 作为基的第一个向量. 令 W 是(v_1)的张成. 型限制在 W 上的矩阵是 1×1 矩阵，其元素为$\langle v_1, v_1\rangle$. 它是可逆矩阵，于是，型在 W 上是非退化的. 由定理 8.4.5，$V=W\oplus W^{\perp}$. 由归纳假设，$W^{\perp}$ 有正交基，比如说$(v_2, \cdots, v_n)$. 这样，$(v_1, v_2, \cdots, v_n)$是 V 的正交基. ■

正交投影

假设给定型在子空间 W 上是非退化的. 定理 8.4.5 告诉我们 V 是直和 $W \oplus W^{\perp}$. V 中的每个向量 v 可唯一地写成形式 $v=w+u$，其中 $w\in W$ 与 $u\in W^{\perp}$. 从 V 到 W 的正交投影是由 $\pi(v)=w$ 定义的映射 $\pi:V\to W$. 分解 $v=w+u$ 与向量的和以及标量乘法是相容的. 于是，π 是线性变换.

正交投影是从 V 到 W 的唯一线性变换，使得 $\pi(w)=w$ 如果 $w\in W$；$\pi(u)=0$ 如果 $u\in W^{\perp}$.

注意 如果型在子空间 W 上是退化的，则到 W 的正交投影不存在. 理由是 $W\cap W^{\perp}$ 含有非零元素 x，而且不可能既有 $\pi(x)=x$ 又有 $\pi(x)=0$.

238

下一个定理提供了正交投影的一个非常重要的公式.

【8.4.11】定理（投影公式） 令 $\langle\,,\rangle$ 是实向量空间 V 上的对称型或复向量空间 V 上的埃尔米特型，设 W 是 V 的子空间，型在其上是非退化的. 如果 $(w_1, \cdots, w_k)$ 是 W 的正交基，则正交投影 $\pi:V\to W$ 由公式 $\pi(v)=w_1c_1+\cdots+w_kc_k$ 给出，其中

$$c_i=\frac{\langle w_i,v\rangle}{\langle w_i,w_i\rangle}$$

证明 因为型在 W 上是退化的，且它关于正交基的矩阵是对角的，故 $\langle w_i, w_i\rangle\neq 0$. 因此，公式是有意义的. 已知向量 v，令 w 表示向量 $w_1c_1+\cdots+w_kc_k$，其中 c_i 同上. 这是 W 的元素，所以，如果我们证明 $v-w=u$ 属于 $W^{\perp}$，则得 $\pi(v)=w$，如同定理所断言的. 要证 $u\in W^{\perp}$，我们证明对 $i=1, \cdots, k$，有 $\langle w_i, u\rangle=0$. 因为如果 $i\neq j$，则 $\langle w_i, w_j\rangle=0$，故

$$\begin{aligned}\langle w_i, u\rangle&=\langle w_i, v\rangle-\langle w_i, w\rangle=\langle w_i, v\rangle-(\langle w_i, w_1\rangle c_1+\cdots+\langle w_i, w_k\rangle c_k)\\&=\langle w_i, v\rangle-\langle w_i, w_i\rangle c_i=0\end{aligned}$$

■

注意 这个投影公式不成立，除非基是正交的.

【8.4.12】例 令 V 是列向量空间 $\mathbf{R}^3$，令 $\langle v, w\rangle$ 表示点积型. 令 W 是由向量 w_1 张成的子空间，w_1 的坐标向量为 $(1, 1, 1)^t$. 令 $(x_1, x_2, x_3)^t$ 是向量 v 的坐标向量. 则 $\langle w_1, v\rangle=x_1+x_2+x_3$. 投影公式为 $\pi(v)=w_1c$，其中 $c=(x_1+x_2+x_3)/3$. ■

如果型在整个空间 V 上是非退化的，则从 V 到 V 的正交投影将是恒等映射. 投影公式在这种情形中也值得关注，因为它可用于计算向量 v 关于正交基的坐标.

【8.4.13】推论 令 $\langle\,,\rangle$ 是实向量空间 V 上的对称型或复向量空间 V 上的埃尔米特型，设 $(v_1, \cdots, v_n)$ 是 V 的正交基，且 v 是任意向量. 则 $v=v_1c_1+\cdots+v_nc_n$，其中

$$c_i=\frac{\langle v_i,v\rangle}{\langle v_i,v_i\rangle}$$

【8.4.14】例 令 $\boldsymbol{B}=(v_1, v_2, v_3)$ 是 $\mathbf{R}^3$ 的正交基，其坐标向量为

$$\begin{bmatrix}1\\1\\1\end{bmatrix},\begin{bmatrix}1\\-1\\0\end{bmatrix},\begin{bmatrix}1\\1\\-2\end{bmatrix}$$

令 v 是一个向量，其坐标向量为$(x_1, x_2, x_3)^t$. 这样，$v=v_1c_1+v_2c_2+v_3c_3$ 且

$$c_1=(x_1+x_2+x_3)/3, \quad c_2=(x_1-x_2)/2, \quad c_3=(x_1+x_2-2x_3)/6$$ ■

接下来考虑构成正交基的向量的缩放.

239

【8.4.15】**推论** 令$\langle , \rangle$是实向量空间 V 上的对称型或复向量空间 V 上的埃尔米特型.

(a) 存在 V 的正交基 $\boldsymbol{B}=(v_1, \cdots, v_n)$，具有性质：对每个 i，$\langle v_i, v_i\rangle=1$，$-1$ 或 0.

(b) 矩阵形式：如果 A 是一个实对称 $n\times n$ 矩阵，则存在可逆实矩阵 P 使得 P^tAP 是对角矩阵，其每个对角元为 1，-1 或 0. 如果 A 是一个复埃尔米特 $n\times n$ 矩阵，则存在可逆复矩阵 P 使得 P^*AP 是对角矩阵，其每个对角元为 1，-1 或 0.

证明 (a) 令$(v_1, \cdots, v_n)$是正交基. 如果 v 是一个向量，则对任意非零实数 c，有 $\langle cv, cv\rangle=c^2\langle v, v\rangle$，且 c^2 可以是任意正实数. 所以，如果用一个标量乘 v_i，则可用任意正实数调整实数$\langle v_i, v_i\rangle$. 这就证明了(a). 应用(a)到型 X^*AY 就得到(b). ■

如果适当排列正交基，则型的矩阵有块分解

【8.4.16】
$$A=\begin{bmatrix} I_p & & \\ & -I_m & \\ & & 0_z \end{bmatrix}$$

其中 p，m 和 z 是对角线上 1，-1 和 0 的个数，且 $p+m+z=n$. 型是非退化的当且仅当 $z=0$.

如果型是非退化的，则整数对(p, m)称为型的符号差. 西尔维斯特法则(见练习 4.21)断言符号差不依赖于正交基的选取.

记号 $I_{p,m}$ 常用来表示对角矩阵

【8.4.17】
$$I_{p,m}=\begin{bmatrix} I_p & \\ & -I_m \end{bmatrix}$$

用这个记号，表示洛仑兹型的矩阵(8.2.2)是 $I_{3,1}$.

这个型是正定的当且仅当 m 与 z 都是 0. 这样，正规化基有如下性质：对每个 i，$\langle v_i, v_i\rangle=1$，对 $i\neq j$，$\langle v_i, v_j\rangle=0$. 这叫做标准正交基，与前面引进 $\mathbf{R}^n$ 的基的术语一致(5.1.8). 标准正交基 $\boldsymbol{B}$ 涉及 $\mathbf{R}^n$ 上点积的型，或涉及 $\mathbf{C}^n$ 上标准埃尔米特型. 亦即，如果 $v=\boldsymbol{B}Z$，$w=\boldsymbol{B}Y$，则$\langle v, w\rangle=X^*Y$. 标准正交基存在当且仅当型是正定的.

注意 如果 $\boldsymbol{B}$ 是 V 的子空间 W 的标准正交基，则从 V 到 W 的投影由公式 $\pi(v)=w_1c_1+\cdots+w_kc_k$ 给出，其中 $c_i=\langle w_i, v\rangle$. 投影公式比较简单，因为(8.4.11)里的分母$\langle w_i, w_i\rangle$等于 1. 然而正规化向量需要求平方根，正因为如此，有时宁愿用正交基而不用正规化.

定理 8.2.5(iii)⇒(i)的证明由这个讨论得到：

240

【8.4.18】**推论** 如果实矩阵 A 是对称与正定的，则型 X^tAY 关于 $\mathbf{R}^n$ 的某个基表示点积.

当已知正定对称型或埃尔米特型时，投影公式提供了归纳法，称为格拉姆-施密特过程，用以求标准正交基，这个方法从任意一个基$(v_1, \cdots, v_n)$开始. 过程如下：令 V_k 表示由基向量$(v_1, \cdots, v_k)$张成的空间. 假设对某个 $k\leqslant n$ 已经求得 V_{k-1} 的标准正交基$(w_1,$

w_2，…，w_{k-1}）．令 π 表示从 V_k 到 V_{k-1} 的正交投影．则 $\pi(v_k)=w_1c_1+\cdots+w_{k-1}c_{k-1}$，其中 $c_i=\langle w_i, v_k\rangle$ 和 $w_k=v_k-\pi(v_k)$ 与 V_{k-1} 正交．当正规化 $\langle w_k, w_k\rangle$ 到 1 时，集合（w_1，…，w_k）是 V_k 的标准正交基．

本节最后一个话题是将对称型用关于任意基的矩阵判别为正定型的判别准则．设 $A=(a_{ij})$ 是对称型关于 V 的基 $\mathbf{B}=(v_1, \cdots, v_n)$ 的矩阵，且设 A_k 表示由矩阵元素 a_{ij} 构成的 $k\times k$ 子式，其中 i，$j\leqslant k$：

$$A_1=[a_{11}],\quad A_2=\begin{bmatrix}a_{11} & a_{12}\\ a_{21} & a_{22}\end{bmatrix},\cdots,A_n=A$$

【8.4.19】定理 型与矩阵是正定的当且仅当 $\det A_k>0$，其中 $k=1$，…，n.

把证明留作练习．

例如，矩阵 $A=\begin{bmatrix}2 & 1\\ 1 & 1\end{bmatrix}$ 是正定的，因为 $\det[2]$ 与 $\det A$ 都是正的．

第五节　欧几里得空间与埃尔米特空间

当在 $\mathbf{R}^n$ 里讨论时，我们也许希望变换基．但如果我们的问题涉及点积——若涉及向量的长度与正交性——对任意新基的变换也许是不合理的，因为它将不保持长度与正交性．最好是限制到标准正交基，以便保持点积．欧几里得空间的概念提供了这样做的框架．一个实向量空间与一个正定对称型一起称为*欧几里得空间*，而一个复向量空间与一个正定埃尔米特型一起称为*埃尔米特空间*．

具有点积的空间 $\mathbf{R}^n$ 是*标准欧几里得空间*．任意欧几里得空间的标准正交基把空间归回到标准欧几里得空间．类似地，标准埃尔米特型 $\langle X, Y\rangle=X^*Y$ 使 $\mathbf{C}^n$ 成为*标准埃尔米特空间*，且任意埃尔米特空间的标准正交基把空间归回到标准埃尔米特空间．在任意欧几里得空间或埃尔米特空间与标准欧几里得空间或标准埃尔米特空间之间的重要区别是没有涉及标准正交基．无论如何，当在这样的空间里讨论时，我们总是使用标准正交基，尽管还未选取它．标准正交基的变换将视情况由正交矩阵或酉矩阵给出．

241

【8.5.1】推论 令 V 是欧几里得空间或埃尔米特空间，带有正定型 $\langle,\rangle$，且设 W 是 V 的子空间．则型在 W 上是非退化的，从而 $V=W\oplus W^{\perp}$．

证明 如果 w 是 W 的非零向量，则 $\langle w, w\rangle$ 是正实数．它不是 0，所以，w 不是 V 或 W 里的非零迷向向量．所以，迷向空间是 0． ■

关于对称型所了解到的知识允许我们在欧几里得空间 V 里解释向量的长度及两个向量 v 和 w 内的夹角．把这些向量是相关的这种特殊情形放在一边，假设它们张成 2 维子空间 W．当我们限制型时，W 成为 2 维欧几里得空间．所以，W 有标准正交基（w_1，w_2），且通过这个基，向量 v 和 w 在 $\mathbf{R}^2$ 里有坐标向量．用小写字母 x 和 y 记这些 2 维坐标向量．它们不是我们在整个空间 V 里使用标准正交基时得到的坐标向量，但我们有 $\langle v, w\rangle=x^{t}y$，而这允许我们用 $\mathbf{R}^2$ 里的点积解释型的几何性质．

向量v的长度$|v|$定义为$|v|^2=\langle v, v\rangle$. 如果$x$是$v$在$\mathbf{R}^2$里的坐标向量，则$|v|^2=x^t x$. $\mathbf{R}^2$里的余弦定理$(x\cdot y)=|x||y|\cos\theta$变成了

【8.5.2】
$$\langle v,w\rangle = |v||w|\cos\theta$$

其中θ是x和y间的夹角. 由于这个公式用型表示了$\cos\theta$，所以它定义了向量v和w间的无向角θ. 因为$\cos\theta=\cos(-\theta)$不能被消去，所以出现了角度符号的混乱. 当在$\mathbf{R}^3$里从前往后看时，角度用符号区分.

第六节 谱 定 理

本节我们分析埃尔米特空间上的某个线性算子.

令$T:V\to V$是埃尔米特空间V上的线性算子，设A是T关于标准正交基$\boldsymbol{B}$的矩阵. 伴随算子$T^*:V\to V$是这样一个算子，其关于同一个基的矩阵是伴随矩阵A^*.

如果变换到新的标准正交基$\boldsymbol{B}'$，则基变换矩阵P是酉矩阵，且T的新矩阵有形式$A'=P^*AP=P^{-1}AP$. 它的伴随是$A'^*=P^*A^*P$. 这是T^*关于新基的矩阵. 于是，T^*的定义有意义：它与标准正交基无关.

伴随矩阵的计算规则(8.3.5)可平移到伴随算子：

【8.6.1】
$$(T+U)^* = T^*+U^*,\quad (TU)^* = U^*T^*,\quad T^{**} = T$$

正规矩阵是一个与它的伴随交换的复矩阵A，满足$A^*A=AA^*$. 它本身不是特别重要的矩阵类，但却是叙述我们本节证明的谱定理的自然类. 它包含两个重要类：埃尔米特矩阵($A^*=A$)和酉矩阵($A^*=A^{-1}$).

【8.6.2】引理 令A是$n\times n$复矩阵，设P是$n\times n$酉矩阵. 如果A是正规的、埃尔米特的或酉的，则P^*AP也是正规的、埃尔米特的或酉的.

埃尔米特空间V上的线性算子T称做*正规的、埃尔米特的*或*酉的*，如果它关于一个标准正交基的矩阵有同样的性质. 所以，T是正规的，如果$T^*T=TT^*$；T是埃尔米特的，如果$T^*=T$；T是酉的，如果$T^*T=I$. 埃尔米特算子有时叫做*自伴随算子*，但我们不用这个术语. 242

下一个命题用型解释了这些条件.

【8.6.3】命题 令T是埃尔米特空间V上的线性算子，设T^*是它的伴随算子.

(a) 对V中所有v和w，有$\langle Tv, w\rangle=\langle v, T^*w\rangle$，$\langle v, Tw\rangle=\langle T^*v, w\rangle$.

(b) T是正规的当且仅当对V中所有v和w，$\langle Tv, Tw\rangle=\langle T^*v, T^*w\rangle$.

(c) T是埃尔米特的当且仅当对V中所有v和w，$\langle Tv, w\rangle=\langle v, Tw\rangle$.

(d) T是酉的当且仅当对V中所有v和w，$\langle Tv, w\rangle=\langle v, w\rangle$.

证明

(a) 令A是算子T关于标准正交基$\boldsymbol{B}$的矩阵. $\langle Tv, w\rangle=(AX)^*Y=X^*A^*Y$，$\langle v, T^*w\rangle=X^*A^*Y$，其中，与通常一样$v=\boldsymbol{B}X$，$w=\boldsymbol{B}Y$. 所以，$\langle Tv, w\rangle=\langle v, T^*w\rangle$. (a)的其他公式的证明是类似的.

(b) 在(a)的第一个方程里用 T^*v 替换 v:$\langle TT^*v, w\rangle=\langle T^*v, T^*w\rangle$. 类似地,在(a)的第二个方程里用 Tv 替换 v:$\langle Tv, Tw\rangle=\langle T^*Tv, w\rangle$. 于是,如果 T 是正规的,则 $\langle Tv, Tw\rangle=\langle T^*v, T^*w\rangle$. 应用命题 8.4.3 到两个向量 T^*Tv 与 TT^*v 可得(b)的反向结论. (c)与(d)的证明是类似的. ■

令 T 是埃尔米特空间 V 上的线性算子. 同以前一样,V 的子空间 W 是 T-不变的,如果 $TW\subset W$. 线性算子 T 限制为 T-不变子空间上的线性算子,且如果 T 是正规的、埃尔米特的或酉的,则限制线性算子将也有同样的性质. 这由命题 8.6.3 得到.

【8.6.4】命题 令 T 是埃尔米特空间 V 上的线性算子,且令 W 是 V 的子空间. 如果 W 是 T-不变的,则正交空间 $W^{\perp}$ 是 T-不变的. 如果 W 是 T^*-不变的,则 $W^{\perp}$ 是 T^*-不变的.

证明 假设 W 是 T-不变的. 要证 $W^{\perp}$ 是 T^*-不变的,我们必须证明如果 $u\in W^{\perp}$,则 $T^*u\in W^{\perp}$. 根据 $W^{\perp}$ 的定义,这意味着对所有 $w\in W$,$\langle w, T^*u\rangle=0$. 由命题 8.6.3,$\langle w, T^*u\rangle=\langle Tw, u\rangle$. 因为 W 是 T-不变的,故 $Tw\in W$. 这样,因为 $u\in W^{\perp}$,故 $\langle Tw, u\rangle=0$. 于是,$\langle w, T^*u\rangle=0$,正如所要求的. 因为 $T^{**}=T$,故互换 T 与 T^* 的作用可得到第二个结论. ■

下一个定理是应用已知的 V 上的型是正定的主要地方.

【8.6.5】定理 令 T 是埃尔米特空间 V 上的正规算子,且令 v 是 T 的伴随于特征值 λ 的特征向量,则 v 也是 T^* 的特征向量,且伴随于特征值 $\overline{\lambda}$.

证明 情形 1:$\lambda=0$. 这样,$Tv=0$,我们必须证明 $T^*v=0$. 因为型是正定的,故只要证明 $\langle T^*v, T^*v\rangle=0$ 就够了. 由命题 8.6.3,$\langle T^*v, T^*v\rangle=\langle Tv, Tv\rangle=\langle 0, 0\rangle=0$.

情形 2:λ 是任意的. 令 S 表示线性算子 $T-\lambda I$. 这样,v 是 S 的伴随于特征值 0 的特征向量:$Sv=0$. 而且,$S^*=T^*-\overline{\lambda}I$. 可以验证 S 是正规算子. 由情形 1,v 是 S^* 的伴随于特征值 0 的特征向量:$S^*v=T^*v-\overline{\lambda}v=0$. 这表明 v 是 T^* 的伴随于特征值 $\overline{\lambda}$ 的特征向量. ■

243

【8.6.6】定理(正规算子的谱定理)

(a) 令 T 是埃尔米特空间 V 上的正规算子,则 V 存在由 T 的特征向量组成的标准正交基.

(b) 矩阵形式:令 A 是正规矩阵,则存在酉矩阵 P 使得 P^*AP 是对角的.

证明

(a) 选取 T 的特征向量 v_1,正规化它的长度为 1. 由定理 8.6.5 知 v_1 也是 T^* 的特征向量. 所以,由 v_1 张成的 1 维子空间 W 是 T^*-不变的. 由命题 8.6.4,$W^{\perp}$ 是 T-不变的. 我们还知道 $V=W\oplus W^{\perp}$. T 在任意不变子空间(包括 $W^{\perp}$)上的限制是正规算子. 对维数作归纳,可假设 $W^{\perp}$ 有由特征向量组成的标准正交基,比如说$(v_2, \cdots, v_n)$. 把 v_1 添加到这个集合就得到由 T 的特征向量组成的 V 的标准正交基.

(b) 这由(a)用通常方法证明. 把 A 看成 $\mathbf{C}^n$ 上 A 的乘法的正规算子的矩阵. 由(a),存在由特征向量组成的标准正交基 $\boldsymbol{B}$. 从 $\boldsymbol{E}$ 到 $\boldsymbol{B}$ 的基变换矩阵 P 是酉矩阵,且算子关于新基的矩阵为 P^*AP,是对角的. ■

下个推论是应用谱定理到两个最重要的正规矩阵得到的.

【8.6.7】推论(埃尔米特算子的谱定理)

(a) 令 T 是埃尔米特空间 V 上的埃尔米特算子.

(i) V 存在由 T 的特征向量组成的标准正交基.

(ii) T 的特征值是实数.

(b) 矩阵形式:令 A 是埃尔米特矩阵.

(i) 存在酉矩阵 P 使得 P^*AP 为实对角矩阵.

(ii) A 的特征值是实数.

证明 以前证明过(b)(ii)(定理 8.3.11),而(a)(i)由正规算子的谱定理得到. 其他断言是变形. ■

【8.6.8】推论(酉矩阵的谱定理)

(a) 令 A 是酉矩阵,则存在酉矩阵 P 使得 P^*AP 是对角的.

(b) 酉矩阵群 U_n 里每个共轭类含有对角阵.

要对角化埃尔米特矩阵 M,可通过确定它的特征值进行. 如果特征值是不同的,则对应的特征向量是正交的,可正规化它们的长度到 1. 这由谱定理可得到. 例如,$v_1'=\begin{bmatrix}1\\-\mathrm{i}\end{bmatrix}$与 $v_2'=\begin{bmatrix}1\\\mathrm{i}\end{bmatrix}$是埃尔米特矩阵 $M=\begin{bmatrix}2 & \mathrm{i}\\-\mathrm{i} & 2\end{bmatrix}$的特征向量,分别伴随于特征值 3 和 1. 用因子 $1/\sqrt{2}$正规化它们的长度为 1,得到酉矩阵 $P=\frac{1}{\sqrt{2}}\begin{bmatrix}1 & 1\\-\mathrm{i} & \mathrm{i}\end{bmatrix}$. 这样,$P^*MP=\begin{bmatrix}3 & \\ & 1\end{bmatrix}$.

244

然而,谱定理断言埃尔米特矩阵能够对角化,即使它的特征值不是不同的. 例如,其特征多项式有重根 λ 的唯一 2×2 埃尔米特矩阵是 λI.

我们对埃尔米特矩阵所证明的结果对于实对称矩阵有着类似的结果. 欧几里得空间 V 上的对称算子 T 是其关于标准正交基的矩阵为对称的线性算子. 类似地,欧几里得空间 V 上的正交算子 T 是其关于标准正交基的矩阵为正交的线性算子.

【8.6.9】命题 令 T 是欧几里得空间 V 上的线性算子.

(a) T 是对称的当且仅当对 V 中所有 v 与 w,$\langle Tv, w\rangle=\langle v, Tw\rangle$.

(b) T 是正交的当且仅当对 V 中所有 v 与 w,$\langle Tv, Tw\rangle=\langle v, w\rangle$.

【8.6.10】定理(对称算子的谱定理)

(a) 令 T 是欧几里得空间 V 上的对称算子.

(i) V 存在由 T 的特征向量组成的标准正交基.

(ii) T 的特征值是实数.

(b) 矩阵形式:令 A 是实对称矩阵.

(i) 存在正交矩阵 P 使得 P^tAP 为实对角矩阵.

(ii) A 的特征值是实数.

证明 以前我们证明过(b)(ii)(推论 8.3.12),从而得证(a)(ii). 知道这些,(a)(i)的

证明仿照定理 8.6.6 可得. ■

谱定理是强大的工具. 遇到埃尔米特算子或埃尔米特矩阵时，应用该定理会是自动反应.

第七节 圆锥曲线与二次曲面

椭圆、双曲线与抛物线称为圆锥曲线. 它们是 $\mathbf{R}^2$ 中由二次方程 $f=0$ 定义的轨迹，其中

【8.7.1】 $$f(x_1,x_2)=a_{11}x_1^2+2a_{12}x_1x_2+a_{22}x_2^2+b_1x_1+b_2x_2+c$$

且系数 a_{ij}，b_i 与 c 是实数.（随后会解释 x_1x_2 的系数写成 $2a_{12}$ 的理由.）如果二次方程的轨迹 $f=0$ 不是一条圆锥曲线，就称它是退化圆锥曲线. 退化圆锥曲线按照其方程不同，可以是一对直线、单独一条直线、一个点或空集. 为强调一个特殊轨迹是非退化的，我们有时称它为非退化圆锥曲线.

245

我们计划在平面的等距群的作用下描述圆锥曲线的轨道. 两个非退化圆锥曲线在同一轨道当且仅当它们是全等的几何图形.

多项式 $f(x_1, x_2)$的二次部分称为二次型：

【8.7.2】 $$q(x_1,x_2)=a_{11}x_1^2+2a_{12}x_1x_2+a_{22}x_2^2$$

任意多个变量的二次型是多项式，它的每一项的变量次数为 2. 以矩阵形式表示二次型 q 是方便的. 为此，引进对称矩阵

【8.7.3】 $$A=\begin{bmatrix}a_{11} & a_{12}\\ a_{12} & a_{22}\end{bmatrix}$$

这样，如果 $X=(x_1, x_2)^t$，则二次型可写为 $q(x_1, x_2)=X^tAX$. 为避免在这个矩阵里出现一些$\frac{1}{2}$系数，把系数 2 放进公式(8.7.1)与(8.7.2)里. 如果还引入 1×2 矩阵 $B=[b_1, b_2]$，则方程 $f=0$ 可用矩阵记号紧缩地写为

【8.7.4】 $$X^tAX+BX+c=0$$

【8.7.5】定理 每个非退化圆锥曲线全等于下列轨迹之一，其中系数 a_{11} 与 a_{22} 是正的：

$$\text{椭圆：}a_{11}x_1^2+a_{22}x_2^2-1=0$$

$$\text{双曲线：}a_{11}x_1^2-a_{22}x_2^2-1=0$$

$$\text{抛物线：}a_{11}x_1^2-x_2=0$$

系数 a_{11} 与 a_{22} 由圆锥曲线的同余类确定，除非在椭圆方程里它们可互换.

证明 用两步简化方程(8.7.4)，首先应用正交变换对角化矩阵 A，其次，当可能时应用平移消去一次项和常数项.

对称算子的谱定理 8.6.10 断言：存在 2×2 正交矩阵 P 使得 P^tAP 是对角的. 做变量变化 $PX'=X$，且代入(8.7.4)：

【8.7.6】 $$X'^tA'X'+B'X'+c=0$$

其中 $A'=P^tAP$，$B'=BP$. 用变量的正交变换，二次型变为对角的，亦即，$x_1'x_2'$ 的系数为 0. 去掉撇号，当二次型是对角的时候，f 有形式

$$f(x_1,x_2)=a_{11}x_1^2+a_{22}x_2^2+b_1x_1+b_2x_2+c$$

246

我们用“完全平方法”消去 b_i，利用代换继续

【8.7.7】
$$x_i=\left(x_i'-\frac{b_i}{2a_{ii}}\right)$$

这个代换对应坐标平移. 再次去掉撇号，f 变为

【8.7.8】
$$f(x_1,x_2)=a_{11}x_1^2+a_{22}x_2^2+c=0$$

其中常数项 c 变了. 需要时，新常数项可以计算出来. 当其为 0 时，轨迹是退化的. 假设 $c\neq0$，可用一个标量乘 f 把 c 变为 -1. 如果 a_{ii} 均为负的，则轨迹是空的. 因此，它是退化的. 所以，至少有一个系数是正的，可假设 $a_{11}>0$. 这样，在定理的叙述中就剩下椭圆方程与双曲线方程.

因为消去一次项系数 b_i 的代换需要 a_{ii} 是非零的，故抛物线出现了. 由于假设 f 是二次的，故这些系数不全为 0，可设 $a_{11}\neq0$. 如果 $a_{22}=0$ 但 $b_2\neq0$，我们消去 b_1，且用代换

【8.7.9】
$$x_2=x_2'-c/b_2$$

消去常数项. 用标量因子调整 f 并去掉退化情形就剩下抛物线方程了. ■

【8.7.10】例　令 f 是二次多项式 $x_1^2+2x_1x_2-x_2^2+2x_1+2x_2-1$，则

$$A=\begin{bmatrix}1&1\\1&-1\end{bmatrix},\quad B=[2\quad 2],\quad c=1$$

A 的特征值为 $\pm\sqrt{2}$. 置 $a=\sqrt{2}-1$ 与 $b=\sqrt{2}+1$，向量

$$v_1=\begin{bmatrix}1\\a\end{bmatrix},\quad v_2=\begin{bmatrix}-1\\b\end{bmatrix}$$

是分别伴随于特征值 $\sqrt{2}$ 与 $-\sqrt{2}$ 的特征向量. 它们是正交的，且当把它们的长度正规化为 1 时，它们构成标准正交基 $\boldsymbol{B}$ 使得 $[\boldsymbol{B}]^{-1}A[\boldsymbol{B}]$ 为对角的. 不幸的是，v_1 的平方长度是 $4-2\sqrt{2}$. 为正规化它的长度为 1，必须除以 $\sqrt{4-2\sqrt{2}}$. 手工继续进行这样的计算是很烦人的.

如果给定二次方程 $f(x_1,x_2)=0$，则通过简单任意的基变换(不一定是正交的)，我们能够确定它所表示的圆锥曲线类型. 非正交变换将扭曲椭圆曲线，但它不会把椭圆曲线变为双曲线、抛物线或退化圆锥曲线. 如果仅仅希望确定圆锥曲线类型，那么基的任意变换都是允许的.

我们继续如同(8.7.6)里的讨论，但用基的非正交变换：

$$P=\begin{bmatrix}1&-1\\&1\end{bmatrix},P^tAP=\begin{bmatrix}1&\\-1&1\end{bmatrix}\begin{bmatrix}1&1\\1&-1\end{bmatrix}\begin{bmatrix}1&-1\\&1\end{bmatrix}=\begin{bmatrix}1&\\&-2\end{bmatrix},BP=[2\quad 0]$$

247

去掉撇号，新方程变为 $x_1^2-2x_2^2+2x_1-1=0$，完全配方后得 $x_1^2-2x_2^2-2=0$，这是一条双

曲线. 所以，原来的轨迹也是双曲线.

顺便，椭圆方程里的矩阵 A 是正定的或负定的，而双曲线方程里的矩阵 A 是不定的. 上面所用的矩阵 A 是不定的. 我们马上就能看到刚才检查的轨迹或是双曲线还是退化圆锥曲线. ■

用来描述圆锥曲线的方法可应用于分类任意维的二次曲面. 一般二次方程有形式 $f=0$，其中

【8.7.11】 $$f(x_1,\cdots,x_n)=\sum_i a_{ii}x_i^2+\sum_{i<j}2a_{ij}x_ix_j+\sum_i b_ix_i+c$$

令矩阵 A 与 B 定义为

$$A=\begin{bmatrix} a_{11} & \cdots & a_{1n} \\ \vdots & & \vdots \\ a_{1n} & \cdots & a_{nn} \end{bmatrix},\quad B=\begin{bmatrix} b_1 & \cdots & b_n \end{bmatrix}$$

这样，

【8.7.12】 $$f(x_1,\cdots,x_n)=X^tAX+BX+c$$

伴随二次型为

【8.7.13】 $$q(x_1,\cdots,x_n)=X^tAX$$

根据对称算子的谱定理，矩阵 A 可通过正交变换 P 对角化. 当 A 是对角阵的时候，只要可能，同上面一样，一次项与常数项就可以消去. 下面是三个变量的分类：

【8.7.14】定理 $\mathbf{R}^3$ 中非退化二次曲面的同余类由下列轨迹代表，其中 a_{ii} 是正实数：

椭圆面：$a_{11}x_1^2+a_{22}x_2^2+a_{33}x_3^2-1=0$，

单叶双曲面：$a_{11}x_1^2+a_{22}x_2^2-a_{33}x_3^2-1=0$，

双叶双曲面：$a_{11}x_1^2-a_{22}x_2^2-a_{33}x_3^2-1=0$，

椭圆抛物面：$a_{11}x_1^2+a_{22}x_2^2-x_3=0$，

双曲抛物面：$a_{11}x_1^2-a_{22}x_2^2-x_3=0$

词按在二次多项式 $f(x_1, x_2, x_3)$(8.7.2)，即 f 等于它的二次型 q(8.7.13)里的 B 与 c 为 0 的情况排序. 轨迹$\{q=0\}$是退化的，但却是有趣的. 我们称之为 Q. 因为 q 里所有项 $a_{ij}x_ix_j$ 次数为 2，故对任意实数 λ，有

248

【8.7.15】 $$q(\lambda x_1,\lambda x_2,\lambda x_3)=\lambda^2 q(x_1,x_2,x_3)$$

因此，如果点 $X\neq 0$ 位于 Q 上，亦即 $q(X)=0$，则也有 $q(\lambda X)=0$，所以，对每一个实数 λ，λX 也位于 Q 上. 因此，Q 是通过原点的直线的并，是一个双锥.

例如，假设 q 是对角二次型

$$a_{11}x_1^2+a_{22}x_2^2-x_3^2$$

其中 a_{ii} 是正的. 当用平面 $x_3=1$ 截割轨迹 Q 时，我们得到剩余变量的椭圆 $a_{11}x_1^2+a_{22}x_2^2=1$. 在这个情形里，$Q$ 是通过原点的直线与椭圆中点的并，

【8.7.16】图

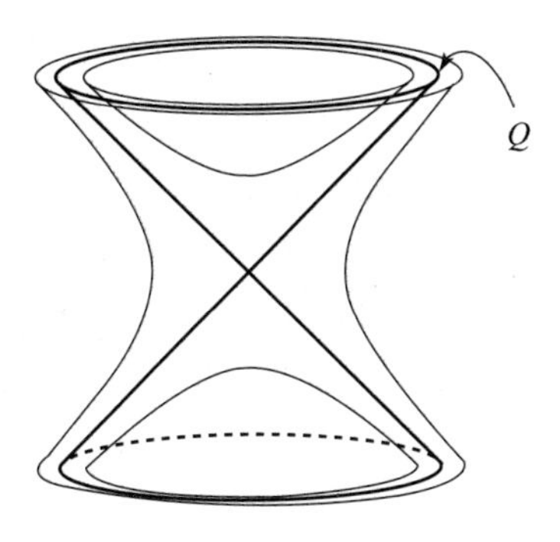

圆锥附近的双曲面

注意到在双圆锥的外部，$q(x)$是正的，而在内部，$q(x)$是负的.（$q(x)$的值仅当跨过Q时变号.）所以，对任意$r>0$，轨迹$a_{11}x_1^2+a_{22}x_2^2-x_3^2-r=0$位于双圆锥的外部. 它是单叶双曲面，而轨迹$a_{11}x_1^2+a_{22}x_2^2-x_3^2+r=0$位于双圆锥的内部，为双叶双曲面.

类似的推理可应用到齐次多项式$g(x_1, \cdots, x_n)$，即所有项都有同一次数d的任意多项式. 如果g是d次齐次多项式，并且因为此原因，轨迹$\{g=0\}$也是通过原点的直线的并.

第八节　斜对称型

对任意标量域，对斜对称型双线性型的描述都是一样的，所以，在本节我们允许向量空间是在任意域F上. 然而，当第一次学习这个问题时，通常最好考虑实向量空间. 249

向量空间V上的双线性型$\langle ,\rangle$是斜对称的，如果它有下列等价性质之一：

【8.8.1】
$$\langle v,v\rangle = 0, v\in V$$

【8.8.2】
$$\langle u,v\rangle = -\langle v,u\rangle, u,v\in V$$

更确切地，只要标量域的特征不是2，这些条件就是等价的. 如果F有特征2，则第一个条件(8.8.1)是正确的.（8.8.1)蕴含(8.8.2)的事实由展开$\langle u+v, u+v\rangle$：

$$\langle u+v,u+v\rangle = \langle u,u\rangle + \langle u,v\rangle + \langle v,u\rangle + \langle v,v\rangle$$

并利用事实$\langle u, u\rangle=\langle v, v\rangle=\langle u+v, u+v\rangle=0$证明. 反过来，如果第二个条件成立，则置$u=v$得$\langle v, v\rangle=-\langle v, v\rangle$，因此，$2\langle v, v\rangle=0$. 于是，$\langle v, v\rangle=0$，除非$2=0$.

双线性型$\langle ,\rangle$是斜对称的当且仅当它的关于任意基的矩阵A是斜对称矩阵，亦即对所有i和j，$a_{ij}=-a_{ji}$，$a_{ii}=0$. 除在特征为2的域里外，当置$i=j$时，条件$a_{ii}=0$由$a_{ji}=-a_{ij}$可得.

$\mathbf{R}^2$上的行列式型$\langle X, Y\rangle$，即由

【8.8.3】
$$\langle X,Y\rangle = \det\begin{bmatrix} x_1 & y_1 \\ x_2 & y_2 \end{bmatrix} = x_1y_2 - x_2y_1$$

定义的型为斜对称型的简单例子. 线性性质与斜对称性质是行列式的熟知性质. 行列式型(8.8.3)关于$\mathbf{R}^2$的标准基的矩阵是

【8.8.4】
$$\Sigma = \begin{bmatrix} & 1 \\ -1 & \end{bmatrix}$$

在下面的定理 8.8.7 里我们将会看到每个非退化斜对称型看上去很像这个型.

当对路在曲面上的交点计数时也产生斜对称型. 为得到路变形时不变的点数，可采用交通车流使用的规则：一辆车从右边进入交叉路口有路权. 如果曲面上两条路 X 和 Y 在点 p 相交，则定义在点 p 的交数如下：如果 X 进入 Y 右边的交叉路口，则 $\langle X, Y\rangle_p=1$；如果 X 进入 Y 左边的交叉路口，则 $\langle X, Y\rangle_p=-1$. 这样，不论哪一个情形，都有 $\langle X, Y\rangle_p=-\langle Y, X\rangle_p$. 总交数 $\langle X, Y\rangle$ 为所有交叉点的交数的和. 这样，当 X 越过 Y 时，交数增加，而转回越过时再取消. 这就是拓扑学家在"同调"里定义的积.

250

【8.8.5】图

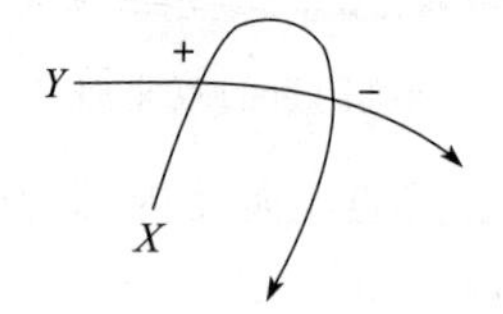

有向交数 $\langle X, Y\rangle$.

在本章第四节里的许多定义也可用于斜对称型上. 特别地，两个向量 v 与 w 是正交的，如果 $\langle v, w\rangle=0$. 再次有 $v\perp w$ 当且仅当 $w\perp v$，但有个差别：当型是斜对称时，每个向量是自正交的：$v\perp v$. 由于所有向量都是自正交的，故没有正交基.

就像对于对称型为真一样，斜对称型是非退化的当且仅当它关于任意基的矩阵是非奇异的. 下一个定理的证明与定理 8.8.5 的一样.

【8.8.6】定理 令 $\langle,\rangle$ 是向量空间 V 上的斜对称型，且设 W 是 V 的子空间，使得型在其上为非退化的，则 V 是正交和 $W\oplus W^{\perp}$. 如果型在 V 与 W 上都是非退化的，则它在 $W^{\perp}$ 上也是非退化的.

【8.8.7】定理

(a) 令 V 是域 F 上正维数 m 的向量空间，且设 $\langle,\rangle$ 是 V 上的非退化斜对称型. 则 V 的维数是偶数，且 V 有基 $\boldsymbol{B}$ 使得型关于这个基的矩阵 S_0 由对角块组成，其中所有块等于上面(8.8.4)所示的 2×2 矩阵 S：

$$S_0=\begin{bmatrix}\Sigma & & & \\ & \cdot & & \\ & & \cdot & \\ & & & \Sigma\end{bmatrix}$$

(b) 矩阵形式：令 A 是可逆的 $m\times m$ 斜对称矩阵，则存在可逆矩阵 P 使得 $P^{t}AP=S_0$，如上所示.

证明 (a) 因为型是非退化的，故可选取非零向量 v_1 与 v_2 使得 $\langle v_1, v_2\rangle=c$ 不为 0. 用标量因子调整 v_2 使得 $c=1$. 由于 $\langle v_1, v_2\rangle\neq0$，但 $\langle v_1, v_1\rangle=0$，故这些向量是无关的. 令 W 是具有基 (v_1, v_1) 的 2 维子空间. 型限制在 W 上的矩阵是 Σ. 由于这个矩阵是可逆的，故型在 W 上是非退化的. 所以，V 是直和 $W\oplus W^{\perp}$，且型在 $W^{\perp}$ 是非退化的. 由归纳

法，可假设存在 $W^{\perp}$ 的基$(v_3, \cdots, v_n)$使得型在这个子空间上的矩阵有形式(8.8.7)．这样，$(v_1, v_2, v_3, \cdots, v_n)$是 V 中所要求的基． ■ 251

【8.8.8】定理 如果 A 是可逆的 $m\times m$ 斜对称矩阵，则 m 是偶数．

设$\langle,\rangle$是 $2n$ 维向量空间 V 上的非退化斜对称型．借助定理 8.8.7 把基重新排序为$(v_1, v_3, \cdots, v_{2n-1}; v_2, v_4, \cdots, v_{2n})$．矩阵将变为由 $n\times n$ 个块组成的块矩阵

【8.8.9】
$$S=\begin{bmatrix}0 & I\\ -I & 0\end{bmatrix}$$

第九节　小　　结

在这里我们收集了曾使用过的术语．它们用在了实向量空间上的对称型或斜对称型，并且也用在了复向量空间上的埃尔米特型．

正交向量：两个向量 v 与 w 是正交的(写为 $v\perp w$)，如果$\langle v, w\rangle=0$．

子空间的正交空间：对 V 的子空间 W 的正交空间 $W^{\perp}$ 是与 W 的每个向量正交的向量 v 的集合：

$$W^{\perp}=\{v\in V\,|\,\langle v,W\rangle=0\}$$

迷向向量：一个迷向向量是与 V 的每个向量都正交的向量．

迷向空间：给定型的迷向空间 N 是迷向向量的集合：

$$N=\{v\,|\,\langle v,V\rangle=0\}$$

非退化型：型是非退化的，如果它的迷向空间是零空间$\{0\}$．这意味着对每个非零向量 v，存在向量 v' 使得$\langle v, v'\rangle\neq 0$．

子空间上的非退化性：型在子空间 W 上是非退化的，如果它在 W 上的限制是非退化的型，或如果 $W\cap W^{\perp}=\{0\}$．如果型在子空间 W 上是非退化的，则 $V=W\oplus W^{\perp}$．

正交基：V 的基 $\boldsymbol{B}=(v_1, \cdots, v_n)$是正交的，如果向量是相互正交的，亦即对所有指标 i 和 j 且 $i\neq j$，$\langle v_i, v_j\rangle=0$．型关于正交基的矩阵是对角矩阵．对任意对称型或埃尔米特型，正交基存在，但对斜对称型，它是不存在的．

标准正交基：基 $\boldsymbol{B}=(v_1, \cdots, v_n)$是正交的，如果对 $i\neq j$ 有$\langle v_i, v_j\rangle=0$ 且$\langle v_i, v_i\rangle=1$．对任意对称型或埃尔米特型，标准正交基存在当且仅当型是正定的．

正交投影：如果对称型或埃尔米特型在子空间 W 上是非退化的，则到 W 的正交投影是唯一线性变换 $\pi:V\to W$ 使得如果 $v\in W$，则 $\pi(v)=v$，且如果 $v\in W^{\perp}$，则 $\pi(v)=0$． 252

如果型在子空间 W 上是非退化的，并且如果$(w_1, \cdots, w_k)$是 W 的正交基，则正交投影由公式 $\pi(v)=w_1c_1+\cdots+w_kc_k$ 给出，其中

$$c_i=\frac{\langle w_i,v\rangle}{\langle w_i,w_i\rangle}$$

谱定理：

- 如果 A 是正规的，则存在酉矩阵 P 使得 P^*AP 是对角的．

- 如果 A 是埃尔米特的，则存在酉矩阵 P 使得 P^*AP 是实对角矩阵.
- 在酉群 U_n 中，每个矩阵都与对角矩阵共轭.
- 如果 A 是实对称矩阵，则存在正交矩阵 P 使得 P^tAP 是对角的.

下表比较了实向量空间与复向量空间所用到的各种各样的概念.

	实向量空间	复向量空间
型	对称型：$\langle v, w\rangle=\langle w, v\rangle$	埃尔米特型：$\langle v, w\rangle=\overline{\langle w, v\rangle}$
矩阵	对称阵：$A^t=A$ 正交阵：$A^tA=I$	埃尔米特阵：$A^*=A$ 酉矩阵：$A^tA=I$ 正规矩阵：$A^*A=AA^*$
算子	对称算子：$\langle Tv, w\rangle=\langle v, Tw\rangle$ 正交算子：$\langle v, w\rangle=\langle Tv, Tw\rangle$	埃尔米特算子：$\langle Tv, w\rangle=\langle v, Tw\rangle$ 酉算子：$\langle v, w\rangle=\langle Tv, Tw\rangle$ 正规算子：$\langle Tv, Tw\rangle=\langle T^*v, T^*w\rangle$ 任意算子：$\langle v, Tw\rangle=\langle T^*v, w\rangle$

近世代数促进了几何的发展，更重要的是促进了自身的发展.

——*Oscar Zariski*

253

练　　习

第一节　双线性型

1.1　证明实向量空间 V 上的双线性型 $\langle,\rangle$ 是对称型与斜对称型的和.

第二节　对称型

2.1　证明正定的对称实矩阵的最大元素在对角线上.

2.2　设 A 与 A' 为由 $A'=P^tAP$ 联系起来的对称矩阵，其中 P 是可逆的. A 的秩与 A' 的秩相等吗？

第三节　埃尔米特型

3.1　对所有埃尔米特矩阵 X，复 $n\times n$ 矩阵 A 使得 X^*AX 为实矩阵吗？

3.2　令 $\langle,\rangle$ 是复向量空间 V 上的正定埃尔米特型，且设 $\{,\}$ 与 $[,]$ 为它的实部与虚部，实值型定义如下

$$\langle v,w\rangle = \{v,w\} + [v,w]\mathrm{i}$$

证明：当把标量限制到 $\mathbf{R}$ 使 V 构成实向量空间时，$\{,\}$ 是正定对称型，而 $[,]$ 是斜对称型.

3.3　$n\times n$ 埃尔米特矩阵的集合构成实向量空间. 求这个空间的一个基.

3.4　证明：如果 A 是可逆矩阵，则 A^*A 是埃尔米特与正定的.

3.5　令 A 与 B 是正定埃尔米特矩阵. 确定下列矩阵中哪个是正定埃尔米特矩阵：

$$A^2, A^{-1}, AB, A+B$$

3.6　用特征多项式证明 2×2 埃尔米特矩阵 A 的特征值是实的.

第四节　正交性

4.1　其列为正交的矩阵的逆是什么？

4.2 令$\langle,\rangle$是实向量空间V上的双线性型，且设v是向量使得$\langle v, v\rangle\neq 0$. 到与$v$正交的空间$W=v^{\perp}$的正交投影公式是什么？

4.3 令A是实$m\times n$矩阵. 证明$B=A^{t}A$是半正定的，亦即，对所有X，$X^{t}BX\geqslant 0$，且A与B有相同的秩.

4.4 当型是$\langle X, Y\rangle=x_1y_1-x_2y_2$时，在$\mathbf{R}^2$中指出一些正交向量的大概位置.

4.5 在$\mathbf{R}^n$上求型的正交基，型的矩阵如下：

$$\text{(a)}\begin{bmatrix}1&1\\1&1\end{bmatrix},\quad \text{(b)}\begin{bmatrix}1&0&1\\0&2&1\\1&1&1\end{bmatrix}$$

254

4.6 扩展向量$X_1=\frac{1}{2}(1, -1, 1, 1)^{t}$为$\mathbf{R}^4$的标准正交基.

4.7 将格拉姆-施密特过程应用到$\mathbf{R}^3$的基$(1, 1, 0)^{t}$，$(1, 0, 1)^{t}$，$(0, 1, 1)^{t}$.

4.8 令$A=\begin{bmatrix}2&1\\1&2\end{bmatrix}$. 求$\mathbf{R}^2$关于型$X^{t}AX$的一个标准正交基.

4.9 求次数至多为2的所有多项式的向量空间P的一个标准正交基，其上面的对称型定义为

$$\langle f,g\rangle=\int_{-1}^{1}f(x)g(x)\mathrm{d}x$$

4.10 令V表示实$n\times n$矩阵的向量空间. 证明$\langle A, B\rangle=\mathrm{trace}(A^{t}B)$在$V$上定义了一个正定双线性型，并求这个型的标准正交基.

4.11 令W_1与W_2是具有对称双线性型的向量空间V的子空间. 证明

(a) $(W_1+W_2)^{\perp}=W_1^{\perp}\cap W_2^{\perp}$　(b) $W\subset W^{\perp\perp}$　(c) 如果$W_1\subset W_2$，则$W_1^{\perp}\supset W_2^{\perp}$

4.12 令$V=\mathbf{R}^{2\times 2}$是实2×2矩阵的向量空间.

(a) 确定V上双线性型$\langle A, B\rangle=\mathrm{trace}(AB)$关于标准基$\{e_{ij}\}$的矩阵.

(b) 确定这个型的符号差.

(c) 求这个型的标准正交基.

(d) 在实$n\times n$矩阵的空间$\mathbf{R}^{n\times n}$上求型$\mathrm{trace}AB$的符号差.

*4.13 (a) 确定规则$\langle A, B\rangle=\mathrm{trace}(A^{*}B)$是否在复矩阵空间$\mathbf{C}^{n\times n}$上定义了埃尔米特型. 如果定义了，确定它的符号差.

(b) 对于由$\langle A, B\rangle=\mathrm{trace}(\overline{A}B)$定义的型回答同样的问题.

4.14 定理8.4.10的矩阵形式断言如果A是实对称矩阵，则存在可逆矩阵P使得$P^{t}AP$是对角的. 用行列变换证明这个结论.

4.15 令W是由向量$(1, 1, 0)^{t}$与$(0, 1, 1)^{t}$张成的$\mathbf{R}^3$的子空间. 确定向量$(1, 0, 0)^{t}$对于W的正交投影.

4.16 令V是3×3矩阵的实向量空间，带有双线性型$\langle A, B\rangle=\mathrm{trace}(A^{t}B)$，且设$W$是斜对称矩阵的子空间. 计算对于$W$关于这个型的正交投影，而型的矩阵为

$$\begin{bmatrix}1&2&0\\0&0&1\\1&3&0\end{bmatrix}$$

4.17 用(3.5.13)的方法计算向量$(x_1, x_2, x_3)^{t}$关于例8.4.14中所描述的基$\boldsymbol{B}$的坐标向量，并用投影公式比较你的答案.

4.18 求投影 $\pi:\mathbf{R}^3\to\mathbf{R}^2$ 的矩阵使得 $\mathbf{R}^3$ 的标准基的像构成等边三角形且 $\pi(e_1)$ 为 x 轴方向的点.

4.19 令 W 是 $\mathbf{R}^3$ 的子空间，考虑 $\mathbf{R}^3$ 到 W 的正交投影 π. 设 $(a_i,\ b_i)^t$ 是 $\pi(e_i)$ 关于 W 的一个选定标准正交基的坐标向量. 证明 $(a_1,\ a_2,\ a_3)$ 与 $(b_1,\ b_2,\ b_3)$ 是正交单位向量.

255

4.20 证明定理 8.4.19 所给出的正定性的判别准则. 该判别准则适用于埃尔米特矩阵吗?

4.21 证明西尔维斯特法则(见 8.4.17).

提示：先证明如果 W_1 与 W_2 是 V 的子空间，并且如果型在 W_1 上是正定的而在 W_2 上是半负定的，则 W_1 与 W_2 是无关的.

第五节 欧几里得空间与埃尔米特空间

5.1 令 V 是欧几里得空间.

(a) 证明施瓦兹不等式 $|\langle v,\ w\rangle|\leqslant|v|\ |w|$.

(b) 证明平行四边形法则 $|v+w|^2+|v-w|^2=2|v|^2+2|w|^2$.

(c) 证明如果 $|v|=|w|$，则 $(v+w)\perp(v-w)$.

5.2 令 W 是欧几里得空间 V 的子空间，证明 $W=W^{\perp\perp}$.

*5.3 令 $w\in\mathbf{R}^n$ 是长度为 1 的向量，设 U 表示正交空间 $w^{\perp}$. 关于 U 的反射 r_w 定义如下：把向量 v 写为形式 $v=cw+u$，其中 $u\in U$，则 $r_w(v)=-cw+u$.

(a) 证明矩阵 $P=I-2ww^t$ 是正交的.

(b) 证明 P 的乘法是关于正交空间 U 的反射.

(c) 令 u，v 是 $\mathbf{R}^n$ 中等长的向量. 确定向量 w 使得 $Pu=v$.

5.4 令 T 是 $V=\mathbf{R}^n$ 上的线性算子，其矩阵 A 是实对称矩阵.

(a) 证明 V 是正交和 $V=(\ker T)\oplus(\mathrm{im}T)$.

(b) 证明 T 是到 $\mathrm{im}T$ 的正交投影当且仅当(除了对称外) $A^2=A$.

5.5 令 P 是酉矩阵，设 X_1 与 X_2 是 P 的特征向量，伴随于不同的特征值 λ_1 与 λ_2. 证明 X_1 与 X_2 关于 $\mathbf{C}^n$ 上的标准埃尔米特型是正交的.

5.6 什么复数可作为酉矩阵的特征值出现?

第六节 谱定理

6.1 证明命题 8.6.3(c)，(d).

6.2 令 T 是欧几里得空间的对称算子. 用命题 8.6.9 证明：如果 v 是一个向量，且如果 $T^2v=0$，则 $Tv=0$.

6.3 关于既对称又正交的 3×3 实矩阵，由谱定理可得出什么结论?

6.4 关于使得 A^*A 为对角的矩阵 A 有什么结论?

6.5 证明：如果 A 是斜对称实矩阵，则 $\mathrm{i}A$ 是埃尔米特矩阵. 关于斜对称实矩阵，由谱定理可得出什么结论?

6.6 证明：可逆矩阵 A 是正规的当且仅当 A^*A^{-1} 是酉矩阵.

256

6.7 令 P 是有实特征值的正规的实矩阵，证明 P 是对称的.

6.8 令 V 是复平面里单位圆周上可微复值函数空间，且对于 f，$g\in V$，定义

$$\langle f,g\rangle=\int_0^{2\pi}\overline{f(\theta)}g(\theta)\mathrm{d}\theta$$

(a) 证明该型是埃尔米特与正定的.

(b) 令 W 是由函数 $f(\mathrm{e}^{\mathrm{i}\theta})$ 构成的 V 的子空间，其中 f 是次数 $\leqslant n$ 的多项式. 求 W 的标准正交基.

(c) 证明 $T=\mathrm{i}\dfrac{\mathrm{d}}{\mathrm{d}\theta}$是 V 上的埃尔米特算子，并确定它在 W 上的特征值.

6.9 确定 $\mathbf{R}^2$ 上其矩阵为$\begin{bmatrix} & 1 \\ 1 & \end{bmatrix}$的型的符号差，并确定正交矩阵 P 使得 $P^{t}AP$ 是对角的.

6.10 证明：如果 T 是埃尔米特空间 V 上的埃尔米特算子，则规则$\{v, w\}=\langle v, Tw\rangle$定义了 V 上另一个埃尔米特型.

6.11 证明伴随于埃尔米特矩阵 A 的不同特征值的特征向量是正交的.

6.12 求一个酉矩阵 P 使得当$A=\begin{bmatrix} 1 & \mathrm{i} \\ -\mathrm{i} & 1 \end{bmatrix}$时，$P^{*}AP$ 是对角的.

6.13 求一个实正交矩阵 P 使得当 A 是下列矩阵时，$P^{t}AP$ 是对角的：

(a) $\begin{bmatrix} 1 & 2 \\ 2 & 1 \end{bmatrix}$ (b) $\begin{bmatrix} 1 & 1 & 1 \\ 1 & 1 & 1 \\ 1 & 1 & 1 \end{bmatrix}$ (c) $\begin{bmatrix} 1 & 0 & 1 \\ 0 & 1 & 0 \\ 1 & 0 & 0 \end{bmatrix}$

6.14 证明实对称矩阵 A 是正定的当且仅当它的特征值是正的.

6.15 证明对于任意方阵 A，$\ker A=(\mathrm{im}A^{*})^{\perp}$，且如果 A 是正规的，则 $\ker A=(\mathrm{im}A)^{\perp}$.

*6.16 令 $\xi=\mathrm{e}^{2\pi\mathrm{i}/n}$，且设 A 是 $n\times n$ 矩阵，其元素为 $a_{jk}=\xi^{jk}/\sqrt{n}$. 证明 A 是酉矩阵.

*6.17 设 A，B 是可交换埃尔米特矩阵. 证明存在酉矩阵 P 使得 $P^{*}AP$ 与 $P^{*}BP$ 都是对角的.

6.18 用谱定理证明正定实对称 $n\times n$ 矩阵 A 对某个矩阵 P，有形式 $A=P^{t}P$.

6.19 证明循环移位算子

$$\begin{bmatrix} 0 & 1 & & & \\ & 0 & 1 & & \\ & & & \ddots & \\ & & & \ddots & 1 \\ 1 & & & & 0 \end{bmatrix}$$

是酉的，并确定它的对角化.

257

6.20 证明下面的循环矩阵

$$\begin{bmatrix} c_0 & c_1 & \cdots & c_n \\ c_n & c_0 & \cdots & c_{n-1} \\ \vdots & & & \vdots \\ c_1 & c_2 & \cdots & c_0 \end{bmatrix}$$

是正规的.

6.21 正规矩阵 A 的特征值上的什么条件蕴含 A 是埃尔米特的？A 是酉的？

6.22 对对称算子证明谱定理.

第七节 圆锥曲线与二次曲面

7.1 确定二次曲面 $x^2+4xy+2xz+z^2+3x+z-6=0$ 的类型.

7.2 假设二次方程(8.7.1)表示椭圆. 除了先对角化然后再作平移而将型化为标准形式外，我们也可先作平移. 说明如何确定所需的平移.

7.3 用方程的系数给出圆锥曲线到圆的充分必要条件.

7.4　用几何方法刻画退化的二次曲面.

第八节　斜对称型

8.1　令 A 是可逆斜对称实矩阵，证明 A^2 是对称的与负定的.

8.2　令 W 是一个子空间，在其上一个实斜对称型为非退化的. 求正交投影 $\pi:V\to W$ 的公式.

8.3　令 S 是斜对称实矩阵，证明 $I+S$ 是可逆的，且 $(I-S)(I+S)^{-1}$ 是正交的.

*8.4　令 A 是斜对称实矩阵.

(a) 证明 $\det A\geqslant 0$.

(b) 证明如果 A 的元素是整数，则 $\det A$ 是整数的平方.

杂题

M.1　根据西尔维斯特法则，每个 2×2 实对称矩阵恰与 6 个标准型之一同余. 列出它们. 如果考虑由 $P*A=PAP^t$ 定义的 GL_2 在 2×2 矩阵上的作用，则西尔维斯特法则断言对称矩阵构成 6 个轨道. 可视对称矩阵为 $\mathbf{R}^3$ 里的点，令 (x, y, z) 对应于矩阵 $\begin{bmatrix} x & y \\ y & z \end{bmatrix}$. 用几何方法描述如何将 $\mathbf{R}^3$ 分解成轨道，并做出描绘它的清晰图.

提示：如果没有得到漂亮的结果，则说明你没有理解结构.

M.2　在下列情形描述矩阵 $AB+BA$ 与 $AB-BA$ 的对称性.

(a) A，B 是对称的.　(b) A，B 是埃尔米特的.　(c) A，B 是斜对称的.

258

(d) A 是对称的，B 是斜对称的.

M.3　用每一种下列类型的矩阵描述可能的行列式和特征值.

(a) 实正交矩阵　(b) 酉矩阵　(c) 埃尔米特矩阵　(d) 实对称的负定矩阵　(e) 实斜对称矩阵

M.4　令 E 是 $m\times n$ 复矩阵，证明矩阵 $\begin{bmatrix} I & E^* \\ -E & I \end{bmatrix}$ 是可逆的.

M.5　向量交叉积 $x\times y=(x_2y_3-x_3y_2, x_3y_1-x_1y_3, x_1y_2-x_2y_1)^t$. 令 v 是 $\mathbf{R}^3$ 里一个固定向量，且设 T 是线性算子 $T(x)=(x\times v)\times v$.

(a) 证明这个算子是对称的. 可利用标量三重积 $\det[x|y|z]=(x\times y)\cdot z$ 但不是算子的矩阵的一般性质.

(b) 计算矩阵.

M.6　(a) 下列讨论什么地方错了？令 P 是实正交矩阵. 设 X 是 P 的伴随于特征值 λ 的(可能是复的)特征向量. 这样，$X^tP^tX=(PX)^tX=\lambda X^tX$. 另一方面，$X^tP^tX=X^t(P^{-1}X)=\lambda^{-1}X^tX$. 所以，$\lambda=\lambda^{-1}$，从而 $\lambda=\pm 1$.

(b) 在这个错误讨论的基础上叙述和证明正确的定理.

*M.7　令 A 是 $m\times n$ 实矩阵，证明在 O_m 里存在正交矩阵 P，在 O_n 里存在 Q，使得 PAQ 是对角的，其中对角元是非负的.

M.8　(a) 证明：如果 A 是非奇异复矩阵，则存在正定埃尔米特矩阵 B 使得 $B^2=A^*A$，且 B 是由 A 唯一确定的.

(b) 令 A 是非奇异矩阵，设 B 是正定埃尔米特矩阵使得 $B^2=A^*A$，证明 AB^{-1} 是酉的.

(c) 证明极分解：每个非奇异矩阵 A 是积 $A=UP$，其中 P 是正定埃尔米特矩阵且 U 是酉的.

(d) 证明极分解是唯一的.

(e) 关于酉群 U_n 在群 GL_n 上的左乘的作用有什么结论？

*M.9 令 V 是 n 维欧几里得空间，设 $S=(v_1, \cdots, v_k)$ 是 V 中向量的集合. S 的正组合是线性组合 $p_1v_1+\cdots+p_kv_k$，其中所有系数 p_i 是正的. V 的与向量 w 正交的向量的子空间 $U=\{v \mid \langle v, w\rangle=0\}$ 叫做超平面. 一个超平面把 V 分成两个半空间 $\{v \mid \langle v, w\rangle \geqslant 0\}$ 与 $\{v \mid \langle v, w\rangle \leqslant 0\}$.

(a) 证明下列叙述是等价的：

- S 不包含在任一半空间内.
- 对 V 的每个非零向量 w，对某个 $i=1, \cdots, k$，$\langle v_i, w\rangle<0$.

(b) 令 S' 表示由在 S 中去掉 v_k 所得的集合. 证明：如果 S 不包含在半空间里，则 S' 张成 V.

(c) 证明下列条件是等价的：

(i) S 不包含在半空间里.

(ii) V 中的每个向量是 S 的正组合.

(iii) S 张成 V，且 0 是 S 的正组合.

259

提示：要证(i)蕴含(ii)或(iii)，我建议投影到与 v_k 正交的空间 U. 这将允许你用归纳法.

M.10 $n\times n$ 傅里叶矩阵 A 的行与列指标从 0 到 $n-1$，且 i, j 元素为 ξ^{ij}，其中 $\xi=e^{2\pi i/n}$. 这个矩阵解决了下列插值问题：给定复数 $b_0, \cdots, b_{n-1}$，求复多项式 $f(t)=c_0+c_1t+\cdots+c_{n-1}t^{n-1}$ 使得 $F(\xi^v)=b_v$.

(a) 解释矩阵如何解决问题.

(b) 证明 A 是对称的和正规的，并计算 A^2.

(c) 确定 A 的特征值.

M.11 令 A 是 $n\times n$ 实矩阵. 证明 A 定义了到它的像 W 的正交投影当且仅当 $A^2=A=A^tA$.

M.12 令 A 是 $n\times n$ 实正交矩阵.

(a) 令 X 是 A 的伴随于复特征值 λ 的复特征向量. 证明 $X^tX=0$. 把特征向量写为 $X=R+Si$，其中 R 与 S 是实向量. 证明由 R 与 S 张成的空间 W 是 A-不变的，并描述算子 A 到 W 的限制.

(b) 证明存在实正交矩阵 P 使得 P^tAP 是由 1×1 与 2×2 块组成的分块对角矩阵，并描述这些块.

M.13 令 $V=\mathbf{R}^n$，设 $\langle X, Y\rangle=X^tAY$，其中 A 是对称矩阵. 令 W 是由秩为 r 的 $n\times r$ 矩阵 M 的列张成的 V 的子空间，且设 $\pi: V\to W$ 表示 V 到 W 的关于型 $\langle,\rangle$ 的正交投影. 可通过建立和解适当的对于 Y 的线性方程组把 π 写为形式 $\pi(X)=MY$. 用 A 与 M 确定 π 的矩阵. 在 $r=1$ 与 $\langle,\rangle$ 为点积的情形里验证你的结果. A 与 M 上的什么假设是必要的?

M.14 $\mathbf{R}^n$ 里使得对所有 $i\neq j$ 有 $(v_i\cdot v_j)<0$ 的向量 v_i 的最大个数是什么?

㊀M.15 这个问题是关于变量 x 与 y 的实多项式的空间 V 的. 如果 f 是一个多项式，∂_f 表示算子 $f\left(\frac{\partial}{\partial x}, \frac{\partial}{\partial y}\right)$，且 $\partial_f(g)$ 表示应用这个算子到多项式 g 的结果.

(a) 规则 $\langle f, g\rangle=\partial_f(g)_0$ 在 V 上定义一个双线性型，下标 0 表示多项式在原点的值. 证明这个型是对称的和正定的，且单项式 x^iy^j 构成 V 的正交基(不是标准正交基).

(b) 我们也有 f 的乘法算子，记为 m_f. 所以，$m_f(g)=fg$. 证明 ∂_f 与 m_f 是伴随算子.

(c) 当 $f=x^2+y^2$ 时，算子 ∂_f 是拉普拉斯算子，常记为 Δ. 一个多项式 h 是调和的，如果 $\Delta h=0$. 令 H 表示调和多项式空间. 确定关于给定型与 H 正交的空间 $H^{\perp}$.

260

㊀ 由 Serge Lang 建议.

第九章 线 性 群

在这些日子里，拓扑学的天使与抽象代数的魔鬼

为争夺每一个数学方向的灵魂进行着斗争.

——Hermann Weyl ㊀

第一节 典 型 群

一般线性群 GL_n 的子群称为*线性群*或*矩阵群*. 最重要的群是特殊线性群、正交群、酉群及辛群——典型群. 我们对其中一些较为熟悉，下面首先复习其定义.

实特殊线性群 SL_n 是行列式为 1 的实矩阵的群：

【9.1.1】
$$SL_n = \{P \in GL_n(\mathbf{R}) \mid \det P = 1\}$$

正交群 O_n 是使得 $P^t = P^{-1}$ 的实矩阵的群：

【9.1.2】
$$O_n = \{P \in GL_n(\mathbf{R}) \mid P^t P = I\}$$

正交矩阵所做的基变换保持 $\mathbf{R}^n$ 上的点积 X^tY.

酉群 U_n 是使得 $P^* = P^{-1}$ 的复矩阵的群：

【9.1.3】
$$U_n = \{P \in GL_n(\mathbf{C}) \mid P^* P = I\}$$

酉矩阵所做的基变换保持 $\mathbf{C}^n$ 上的标准埃尔米特积 X^*Y.

*辛群*是 $\mathbf{R}^{2n}$ 上的保持斜对称型 X^tSY 的实矩阵的群，其中

$$S = \begin{bmatrix} 0 & I \\ -I & 0 \end{bmatrix}$$

261

【9.1.4】
$$SP_{2n} = \{P \in GL_{2n}(\mathbf{R}) \mid P^t SP = S\}$$

不定型有类似正交群的结果. *洛仑兹群*是保持洛仑兹型(8.2.2)的实矩阵的群

【9.1.5】
$$O_{3,1} = \{P \in GL_n \mid P^t I_{3,1} P = I_{3,1}\}$$

由这些矩阵表示的线性算子叫做*洛仑兹变换*. 对任意符号差 p，m 可定义类似的群 $O_{p,m}$.

加上特殊一词来表示行列式为 1 的矩阵的子群：

特殊正交群 SO_n：行列式为 1 的实正交矩阵，

特殊酉群 SU_n：行列式为 1 的酉矩阵.

虽然由定义这不是显然的，但辛矩阵的行列式总是 1，因而在两个记号中使用 S 并不会产生矛盾.

许多这样的群有类似的由相同关系定义的复数结果. 但除第八节外，GL_n，SL_n，O_n 与 SP_{2n} 在本章都代表实数群. 注意复正交群与酉群不一样. 这两个群定义的性质分别为

㊀ 这段引语选自 Morris Kline 的著作《古今数学思想》.

$P^{t}P=I$ 与 $P^{*}P=I$.

我们计划描述典型群的几何性质，将它们视为矩阵空间的子集. 来自拓扑学的词“同胚”将出现. 同胚 $\varphi: X \to Y$ 是连续双射，其逆函数也是连续的[Munkres, p. 105]. 同胚的集合是拓扑等价的. 区分清楚“同态”与“同胚”的意义是非常重要的，尽管不幸的是，同胚的英文单词只是比同态多了一个字母.

我们熟悉一些线性群的几何图形. 例如，单位圆

$$x_0^2 + x_1^2 = 1$$

有几个群的体现，它们都是同构的. 写$(x_0, x_1)=(\cos\theta, \sin\theta)$，把圆周与角度的加群等同起来. 或者，通过 $e^{i\theta}$把它看成复平面上的单位圆，它变成了乘法群，即 1×1 酉矩阵的群：

【9.1.6】
$$U_1 = \{p \in \mathbf{C}^{+} \mid \overline{p}p = 1\}$$

单位圆也可通过映射

【9.1.7】
$$(\cos\theta, \sin\theta) \rightsquigarrow \begin{bmatrix} \cos\theta & -\sin\theta \\ \sin\theta & \cos\theta \end{bmatrix}$$

嵌入 $\mathbf{R}^{2\times 2}$ 里. 它与特殊正交群 SO_2(即平面的旋转群)同构. 这些是本质上同一个群的三种描述，即*圆周群*.

粗略地讲，线性群 G 的*维数*是矩阵在 G 中的自由度数. 圆周群维数为 1. 群 SL_2 维数为 3，因为方程 $\det P=1$ 从四个矩阵元素消去了一个自由度数. 在第九节我们更谨慎地讨论维数，但我们想首先描述一些低维数的群. 在有真正意义的非阿贝尔群里，最小维数是 3，且最重要的小维数群有 SU_2，SO_3 与 SL_2. 我们将在第三节和第四节检验特殊酉群 SU_2 与旋转群 SO_3.

262

第二节 插曲：球面

与 $\mathbf{R}^3$ 中的单位球面类似，轨迹

$$\{x_0^2 + x_1^2 + \cdots + x_n^2 = 1\}$$

在 $\mathbf{R}^{n+1}$中称为 *n 维单位球面*，或简称为 *n-球面*，记之为 $\mathbf{S}^n$. 因此，$\mathbf{R}^3$ 中单位球面是 2-球面 $\mathbf{S}^2$，且 $\mathbf{R}^2$ 中单位圆周是 1-球面 $\mathbf{S}^1$. 与球面同胚的空间有时也称球面.

我们复习一下从 2-球面到平面的球极平面射影，因为它可用来给出球面的拓扑描述，其在维数方面有类似结果. 在(x_0, x_1, x_2)-空间 $\mathbf{R}^3$ 中把 x_0 轴看作竖直轴. 球面上的*北极*是点 $p=(1, 0, 0)$. 我们也把轨迹$\{x_0=0\}$与称为 $\mathbf{V}$ 的平面等同起来，且把 $\mathbf{V}$ 中的坐标记为 v_1，v_2. $\mathbf{V}$ 的点(v_1, v_2)对应于 $\mathbf{R}^3$ 中的$(0, v_1, v_2)$.

球极平面射影 $\pi: \mathbf{S}^2 \to \mathbf{V}$ 定义如下：要得到球面上点 x 的像$\pi(x)$，构造通过 p 与 x 的直线 ℓ. 投影 $\pi(x)$是 ℓ 与 $\mathbf{V}$ 的交点. 投影除北极外在 $\mathbf{S}^2$ 的其他所有点上是双射的，北极对应着“无穷远点”.

【9.2.1】图

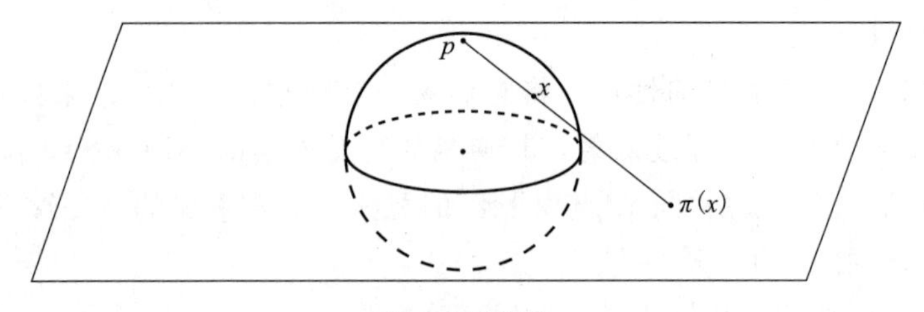

球极平面射影

拓扑上构造球面的一个办法是将其作为平面 $\mathbf{V}$ 与北极这单个点的并. π 的逆函数正是这一构造. 它把平面收缩在无穷远点附近，因为在球面上围绕点 p 的小圈对应着平面中的大圈.

球极平面射影在赤道上是恒等映射. 它把南半球双射地映到 $\mathbf{V}$ 的单位圆盘$\{v_1^2+v_2^2\leqslant 1\}$，把北半球映到该单位圆盘的外面，只是北极在圆盘的外面没有对应点. 另一方面，南极的球极平面射影把北半球双射地映到单位圆盘. 两个半球都与单位圆盘一一对应. 这在拓扑上就提供了第二种构造球面的方法，即将其作为单位圆盘的并，而这两个单位圆盘沿着边缘粘连在一起. 这两个圆盘需要伸展，就像吹气球一样，做成一个真正的球.

要求得球极平面射影的公式，我们把通过 p 与 x 的直线写成参数形式 $q(t)=p+t(x-p)=(1+t(x_0-1),\ tx_1,\ tx_2)$. 当 $t=\dfrac{1}{1-x_0}$时，点 $q(t)$在平面 $\mathbf{V}$ 中. 所以，

263

【9.2.2】
$$\pi(x)=(v_1,v_2)=\left(\frac{x_1}{1-x_0},\frac{x_2}{1-x_0}\right)$$

从 n-球面到 n-空间的球极平面射影 π 恰以同样方式定义. n-球面的北极是点 $p=(1,0,\cdots,0)$，我们把 $\mathbf{R}^{n+1}$中的轨迹$\{x_0=0\}$与 n-空间 $\mathbf{V}$ 等同起来. $\mathbf{V}$ 的点$(v_1,\cdots,v_n)$对应着 $\mathbf{R}^{n+1}$中的$(0,v_1,\cdots,v_n)$. 球面上点 x 的像 $\pi(x)$是通过北极 p 与 x 的直线 ℓ 与 $\mathbf{V}$ 的交点. 同以前一样，北极 p 映到无穷远点，且除 p 外，π 在 $\mathbf{S}^n$ 的所有点处都是双射的. π 的公式为

【9.2.3】
$$\pi(x)=\left(\frac{x_1}{1-x_0},\cdots,\frac{x_n}{1-x_0}\right)$$

这个投影把下半球面$\{x_0\leqslant 0\}$双射地映到 $\mathbf{V}$ 的 n-维单位球，而南极的投影把上半球面$\{x_0\geqslant 0\}$双射地映到单位球. 所以，像 2-球面一样，在拓扑上 n-球面也有两种构造方法：作为 n-空间 $\mathbf{V}$ 与单个点 p 的并，或两个 n 维单位球的并，而这两个单位球要沿着它们的边缘(即$(n-1)$-球面)粘连在一起，并做适当的伸展.

我们特别感兴趣 3-维球面 $\mathbf{S}^3$，做些努力熟悉这个轨迹是值得的. 拓扑上，$\mathbf{S}^3$ 可构造为 3-空间 $\mathbf{V}$ 与单个点 p 的并，或构造为 $\mathbf{R}^3$ 中两个单位球$\{v_1^2+v_2^2+v_3^2\leqslant 1\}$的并，两个单位球要沿着它们的边缘(为一般 2-球面)粘连并伸展. 每一种结构都不能在 3 维空间构造.

可将 $\mathbf{V}$ 看成我们生活的空间. 通过球极平面射影 3-球面 $\mathbf{S}^3$ 的下半球面对应着空间的单位球. 传统上，将其描绘为地球仪，即地球. 上半球面对应着地球的外部，即天空.

另一方面，上半球面通过南极投影可对应到单位球. 当用这种方式考虑时，传统上是

把它描述成天球.(短语“地球”与“天球”作为数学术语较为合适，但它们不是传统叫法.)

【9.2.4】图

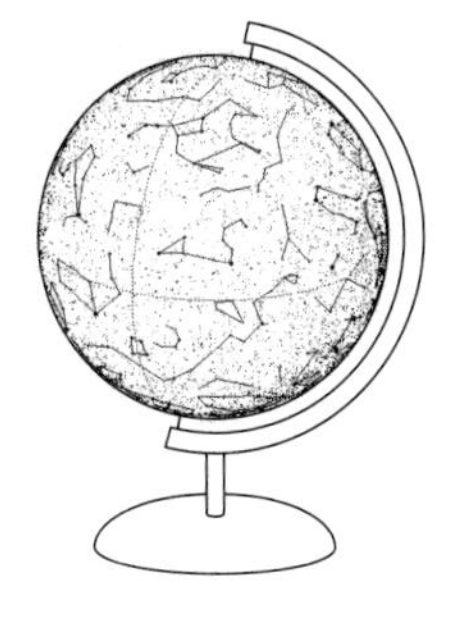

地球仪模型

264

要理解这一点需要一些思考. 当上半球面被表示为天球时，球的中心对应于 $\mathbf{S}^3$ 的北极与我们的空间 $\mathbf{V}$ 的无穷远点. 从外部看地球仪时，你必须想象你站在地球上，看着天空. 把地球看成地球仪的中心是个寻常错误.

3-球面上的纬度与经度

地球仪(即 2-球面 $\{x_0^2+x_1^2+x_2^2=1\}$)上的常纬度曲线是水平圆周 $x_0=c$，其中 $-1<c<1$，而常经度曲线是通过极点的竖直大圆. 经度曲线可描述为 2-球面与 $\mathbf{R}^3$ 的包含极点(1，0，0)的 2 维子空间的交集.

当我们来到 3-球面 $\{x_0^2+x_1^2+x_2^2+x_3^2=1\}$ 时，维数增加了，且必须要做应该与什么类似的决定. 我们使用下节将要学习的具有代数意义的群 SU_2 的类似.

作为 3-球面上的纬度曲线的类似，我们取“水平”曲面，即在其上 x_0 坐标是常数的曲面. 我们称它们为轨迹纬. 它们是由

【9.2.5】
$$x_0=c,\quad x_1^2+x_2^2+x_3^2=(1-c^2),\quad \text{其中 } -1<c<1$$

嵌入 $\mathbf{R}^4$ 的 2 维球面. 由 $x_0=0$ 定义的特殊纬度是 3-球面与水平空间 $\mathbf{V}$ 的交集. 它是 $\mathbf{V}$ 中的单位 2-球面 $\{v_1^2+v_2^2+v_3^2=1\}$. 我们称这个纬度为赤道，记之为 $\mathbf{E}$.

其次，作为经度曲线的类似，我们取通过北极(1，0，0，0)的大圆. 它们是 3-球面与 $\mathbf{R}^4$ 的包含极点的 3 维子空间 W 的交集. 交集 $L=W\cap\mathbf{S}^3$ 是 W 里的单位圆，我们称 L 为经. 如果选取空间 W 的标准正交基(p，v)，则第一向量是北极，经有参数方程

【9.2.6】
$$L:\ell(\theta)=\cos\theta p+\sin\theta v$$

这是基本的结论，但我们在下面证明它.

因此，$\mathbf{S}^3$ 上的纬是 2-球面，而经是 1-球面.

【9.2.7】引理 令(p，v)是 $\mathbf{R}^4$ 的子空间 W 的标准正交基，第一向量是北极 p，且设 L 是 W 中单位向量的经.

(a) L 交赤道 $\mathbf{E}$ 于两个点. 如果 v 是其中一个点，则另一个点是 $-v$.

(b) L 有参数化(方程)(9.2.6). 如果 q 是 L 的点，则如有必要用 $-v$ 替换 v，可把 q 表示为

$\ell(\theta)$的形式，其中θ属于区间$0\leqslant\theta\leqslant\pi$，这样，对所有$\theta\neq 0$，$\pi$，$L$的点的这个表示是唯一的.

(c) 除了两个极点外，球面$\mathbf{S}^3$的每个点都位于唯一一个经上.

证明 我们略去(a)的证明.

(b) 通过计算W的向量$ap+bv$的长度可得证：

265

$$|ap+bv|^2=a^2(p\cdot p)+2ab(p\cdot v)+b^2(v\cdot v)=a^2+b^2$$

所以，$ap+bv$是单位向量当且仅当点(a,b)位于单位圆周上，在这个情形里，对某个θ，$a=\cos\theta$，$b=\sin\theta$.

(c) 令x是$\mathbf{R}^4$中的单位向量，不在竖直轴上. 这样，集合(p,x)是无关的，从而张成包含p的2-维子空间W. 所以，x恰位于一个这样的子空间里，从而恰在一个经上. ■

第三节 特殊酉群 SU_2

SU_2的元素是形如

【9.3.1】
$$P=\begin{bmatrix}a & b\\ -\bar{b} & \bar{a}\end{bmatrix},\quad 其中\ \bar{a}a+\bar{b}b=1$$

的2×2复矩阵.

我们来证明这个结论. 令$P=\begin{bmatrix}a & b\\ u & v\end{bmatrix}$是$SU_2$的元素，其中$a$，$b$，$u$，$v$属于$\mathbf{C}$. 定义$SU_2$的方程是$P^*=P^{-1}$且$\det P=1$. 当$\det P=1$时，方程$P^*=P^{-1}$变成了

$$\begin{bmatrix}\bar{a} & \bar{u}\\ \bar{b} & \bar{v}\end{bmatrix}=P^*=P^{-1}=\begin{bmatrix}v & -b\\ -u & a\end{bmatrix}$$

所以，$v=\bar{a}$，$u=-\bar{b}$，这样，$\det P=\bar{a}a+\bar{b}b=1$.

$a=x_0+x_1\mathrm{i}$与$b=x_2+x_3\mathrm{i}$定义了SU_2与$\mathbf{R}^4$中的3-球面$\{x_0^2+x_1^2+x_2^2+x_3^2=1\}$的一一对应.

【9.3.2】
$$\begin{array}{ccc}SU_2 & \longleftrightarrow & \mathbf{S}^3\\ P=\begin{bmatrix}x_0+x_1\mathrm{i} & x_2+x_3\mathrm{i}\\ -x_2+x_3\mathrm{i} & x_0-x_1\mathrm{i}\end{bmatrix} & \longleftrightarrow & (x_0,x_1,x_2,x_3)\end{array}$$

这给出SU_2的元素的两个记号. 我们尽可能多地使用矩阵记号，因为对于群计算它是最好的，但长度和正交性涉及$\mathbf{R}^4$中的点积.

注意 3-球面有群结构的事实是非常值得注意的. 没有办法把2-球面做成群. 一个著名的拓扑定理断言，能够定义具有连续的群法则的球面只有1-球面和3-球面.

用矩阵记号，球面上的北极$e_0=(1,0,0,0)$是恒等矩阵I. 其他标准基向量是定义四元数群的矩阵(2.4.5). 作为参考，我们再次列出它们：

【9.3.3】
$$\boldsymbol{i}=\begin{bmatrix}\mathrm{i} & 0\\ 0 & -\mathrm{i}\end{bmatrix},\quad \boldsymbol{j}=\begin{bmatrix}0 & 1\\ -1 & 0\end{bmatrix},\quad \boldsymbol{k}=\begin{bmatrix}0 & \mathrm{i}\\ \mathrm{i} & 0\end{bmatrix}\longleftrightarrow e_1,e_2,e_3$$

这些矩阵满足在(2.4.6)中所展示的诸如$\boldsymbol{ij}=\boldsymbol{k}$的关系. 具有基$(I,\boldsymbol{i},\boldsymbol{j},\boldsymbol{k})$的实向量空间

叫做四元数代数. 所以，SU_2 可看成四元数代数里单位向量集合. 266

【9.3.4】**引理** 除了两种特殊矩阵 $\pm I$ 外，P(9.3.2)的特征值是绝对值 1 的复共轭数.

证明 P 的特征多项式是 t^2-2x_0t+1，且它的判别式 D 为 $4x_0^2-4$. 当(x_0, x_1, x_2, x_3)在单位球面上时，x_0 属于区间 $-1\leqslant x_0\leqslant 1$，且 $D\leqslant 0$.（事实上，任意酉矩阵的特征值有绝对值 1.） ■

我们现在描述 SU_2 上对应于前节定义的 $\mathbf{S}^3$ 上的经和纬的代数结构.

【9.3.5】**命题** SU_2 里的纬是共轭类. 对于区间 $-1<c<1$ 中给定的 c，纬由 SU_2 中使得 $\text{trace}P=2c$ 的矩阵 P 组成. 剩下的共轭类为$\{I\}$与$\{-I\}$. 它们构成 SU_2 的中心.

该命题由下列引理可得.

【9.3.6】**引理** 令 P 是 SU_2 的具有特征值 λ 与 $\bar{\lambda}$ 的元素. 则在 SU_2 里存在元素 Q 使得 Q^*PQ是对角矩阵 Λ，其对角元为 λ 与 $\bar{\lambda}$. 所以，SU_2 里具有相同特征值或相同迹的所有元素是共轭的.

证明 可把引理的证明基于酉算子的谱定理上，或者直接证明如下：令 $X=(u, v)^t$ 是 P 的伴随于特征值λ 的长度为 1 的特征向量，且设 $Y=(-\bar{v}, \bar{u})^t$. 能够验证 Y 是 P 的伴随于特征值 $\bar{\lambda}$ 的特征向量，矩阵 $Q=\begin{bmatrix} u & -\bar{v} \\ v & \bar{u}\end{bmatrix}$属于 SU_2 且 $PQ=Q\Lambda$. ■

SU_2 的赤道 $\mathbf{E}$ 是由方程 $\text{trace}P=0$(或 $x_0=0$)定义的纬. 赤道上的点有形式

【9.3.7】
$$A=\begin{bmatrix} x_1\mathrm{i} & x_2+x_3\mathrm{i} \\ -x_2+x_3\mathrm{i} & -x_1\mathrm{i}\end{bmatrix}=x_1\boldsymbol{i}+x_2\boldsymbol{j}+x_3\boldsymbol{k}$$

注意矩阵 A 是斜埃尔米特的：$A^*=-A$，且它的迹为 0. 以前我们没有遇到过斜埃尔米特矩阵，但它们与埃尔米特矩阵是紧密相关的：矩阵 A 是斜埃尔米特的当且仅当 $\mathrm{i}A$ 是埃尔米特的.

迹为 0 的 2×2 斜埃尔米特矩阵构成 3 维实向量空间，记之为 $\mathbf{V}$，与上节使用过的记号一致. 空间 $\mathbf{V}$ 是与 I 正交的空间. 它有基$(\boldsymbol{i}, \boldsymbol{j}, \boldsymbol{k})$，且 $\mathbf{E}$ 是 $\mathbf{V}$ 中单位 2-球面.

【9.3.8】**命题** 关于 SU_2 的元素 A，下列条件是等价的：

- A 在赤道上，亦即 $\text{trace}A=0$，
- A 的特征值是 i 或 $-\mathrm{i}$，
- $A^2=-I$.

证明 前两个叙述是等价的由观察特征多项式 $t^2-(\text{trace}A)t+1$ 得到. 对于第三个叙述，注意 $-I$ 是 SU_2 中具有特征值 -1 的唯一矩阵. 如果 λ 是 A 的特征值，则 λ^2 是 A^2 的特征值. 所以，在 $A^2=-I$ 的情形里，$\lambda=\pm\mathrm{i}$ 当且仅当 A^2 有特征值 -1. ■ 267

其次，考虑 SU_2 的经，它是 SU_2 与 $\mathbf{R}^4$ 的包含极点 I 的 2 维子空间的交集. 我们使用矩阵记号.

【9.3.9】**命题** 令 W 是 $\mathbf{R}^4$ 的包含极点 I 的 2 维子空间，且设 L 是 W 里单位向量的经.

(a) L 交赤道 $\mathbf{E}$ 于两点. 如果 A 是其中之一，则另一个是 $-A$. 而且，(I, A)是 W 的标准正交基.

(b) L 的元素可写成形式 $P_\theta=(\cos\theta)I+(\sin\theta)A$，其中 A 在 $\mathbf{E}$ 上，且 $0\leqslant\theta\leqslant 2\pi$. 当

$P \neq \pm I$，A 时，θ 可选取为 $0 < \theta < \pi$，从而 P 的表达式是唯一的.

(c) 除 $\pm I$ 外，SU_2 的每个元素位于唯一的经上．元素 $\pm I$ 位于每个经上.

(d) 经是 SU_2 的共轭子群.

证明 当转换成矩阵记号时，前三个断言成为引理 9.2.7．要证明(d)，首先证明经 L 是子群．令 c，s 与 c'，s' 分别表示角 α 与 α' 的正弦与余弦，且设 $\beta = \alpha + \alpha'$．这样，因为 $A^2 = -I$，故正弦和余弦的加法公式表明

$$(cI + sA)(c'I + s'A) = (cc' - ss')I + (cs' + sc')A = (\cos\beta)I + (\sin\beta)A$$

所以，L 在乘法下是封闭的．它在逆下也是封闭的.

最后，我们证明经是共轭的．比如说，L 同上面一样，为经 $P_\theta = cI + sA$．由命题 9.3.5 知 A 共轭于 $\boldsymbol{i}$，比如说 $\boldsymbol{i} = QAQ^*$．这样，$QP_\theta Q^* = cQIQ^* + sQAQ^* = cI + s\boldsymbol{i}$．所以，$L$ 共轭于经 $cI + s\boldsymbol{i}$. ■

【9.3.10】例

- 经 $cI + s\boldsymbol{i}$ 是 SU_2 里的对角矩阵群，其中 $c = \cos\theta$，$s = \sin\theta$．用 T 记这个经．它的元素有形式

$$c\begin{bmatrix} 1 & \\ & 1 \end{bmatrix} + s\begin{bmatrix} \mathrm{i} & \\ & -\mathrm{i} \end{bmatrix} = \begin{bmatrix} \mathrm{e}^{\mathrm{i}\theta} & \\ & \mathrm{e}^{-\mathrm{i}\theta} \end{bmatrix}$$

- 纬 $cI + s\boldsymbol{j}$ 是 SU_2 里的实矩阵群，它是旋转群 SO_2．矩阵 $cI + s\boldsymbol{i}$ 表示转过角度 $-\theta$ 的平面的旋转.

$$c\begin{bmatrix} 1 & \\ & 1 \end{bmatrix} + s\begin{bmatrix} & 1 \\ -1 & \end{bmatrix} = \begin{bmatrix} c & s \\ -s & c \end{bmatrix}$$

以前我们没有遇到过经 $cI + s\boldsymbol{k}$. ■

下面的图形为 Bill Schelter 所构筑．它表示 3-球面 SU_2 到平面里单位圆盘的投影．图中所示的椭圆盘是赤道的像．恰如一个圆从 $\mathbf{R}^3$ 到 $\mathbf{R}^2$ 的正交投影是一个椭圆一样，2-球面 $\mathbf{E}$ 从 $\mathbf{R}^4$ 到 $\mathbf{R}^3$ 的投影是一个椭球，这个椭球到平面的进一步投影将其映到椭圆盘．圆盘内部的每个点是 $\mathbf{E}$ 的两个点的像.

268

【9.3.11】图

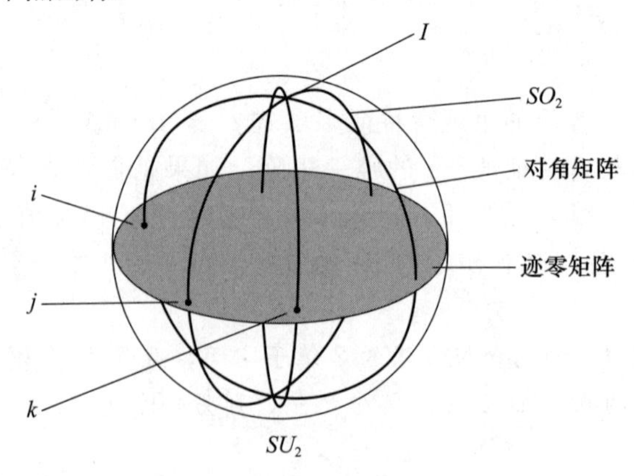

SU_2 的一些纬与经

第四节 旋转群 SO_3

因为 SU_2 的赤道 **E** 是共轭类，所以群通过共轭作用于它. 我们将证明由 SU_2 的元素 P 确定的共轭作用(记之为 γ_P)旋转这个球面. 这将允许我们用特殊酉群 SU_2 描述 3 维旋转群 SO_3.

E 的非平凡旋转的极点是它的固定不动点，为 **E** 与旋转轴的交点(5.1.22). 如果 A 在 **E** 上，则用(A, α)表示绕极点 A 转过角度 α 的旋转 **E** 的自旋. 两个自旋(A, α)与$(-A, -\alpha)$表示同一旋转.

【9.4.1】定理

(a) 规则 $P \rightsquigarrow \gamma_P$ 定义满同态 $\gamma: SU_2 \to SO_3$，即自旋同态. 它的核是 SU_2 的中心$\{\pm I\}$.

(b) 假设 $P = \cos\theta I + \sin\theta A$，其中 $0 < \theta < \pi$ 且 A 在 **E** 上，则 γ_P 绕极点 A 转过角度 2θ 旋转 **E**. 所以，γ_P 由自旋$(A, 2\theta)$表示.

由这个定理描述的同态 γ 叫做 SU_2 的*正交表示*. 它映 SU_2 的一个 2×2 复矩阵 P 为一个神秘的 3×3 实矩阵，即 γ_P 的矩阵. 定理告诉我们除 $\pm I$ 外，SU_2 的每个元素均可描述为一个非平凡旋转以及选择好了的自旋. 正因为如此，SU_2 常叫做*自旋群*.

在证明定理前我们讨论映射 γ 的几何性质. 如果 P 是 SU_2 的点，则点 $-P$ 是它的*对极点*. 因为 γ 是满的，且因为它的核是中心 $Z = \{\pm I\}$，故 SO_3 同构于商群 SU_2/Z，其元素为对极点的偶对，即 Z 的陪集$\{\pm P\}$. 因为 γ 是二对一的，故 SU_2 叫做 SO_3 的*双重覆盖*. [269]

1-球面到它自身的同态 $\mu: SO_2 \to SO_2$ 定义为 $\rho_\theta \rightsquigarrow \rho_{2\theta}$，它是另一个密切相关的双重覆盖的例子. μ 的每个纤维由两个旋转 ρ_θ 与 $\rho_{\theta+\pi}$组成.

正交表示有助于描述旋转群的拓扑结构. 因为 SO_3 的元素对应于 SU_2 的对极点的偶对，故在 3-球面上可拓扑地通过等同对极点得到 SO_3. 这样得到的空间叫做(实)*射影 3-空间*，记之为 $\mathbf{P}^3$.

【9.4.2】 *SO_3 同胚于射影 3- 空间 $\mathbf{P}^3$*

$\mathbf{P}^3$ 的点与 $\mathbf{R}^4$ 的 1 维子空间一一对应. 每个 1 维子空间交 3-球面于一对对极点.

射影 3-空间 $\mathbf{P}^3$ 比球面 $\mathbf{S}^3$ 难图示. 然而，容易描述射影 1-空间 $\mathbf{P}^1$，即通过等同单位圆 $\mathbf{S}^1$ 的对极点得到的集合. 如果我们缠绕 $\mathbf{S}^1$ 一圈使它成为图(9.4.3)左边的图形，则右边的图形将是 $\mathbf{P}^1$. 拓扑上，$\mathbf{P}^1$ 也是圆.

【9.4.3】图

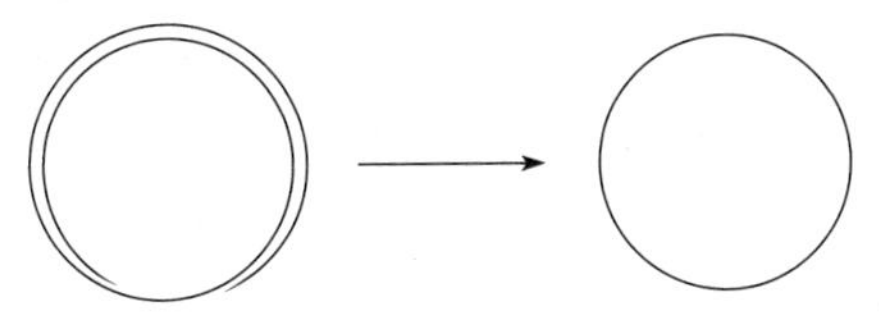

1-球面的双重覆盖

我们以试图扩展到较高维射影空间的方式再次描述 $\mathbf{P}^1$. 除水平轴上两个点外，单位圆的对极点的每个偶对仅包含下半圆的一个点．所以，要得到 $\mathbf{P}^1$，我们简单地把点对与下半圆的单个点等同起来．但半圆的端点(即水平轴上的两个点)仍必须等同起来．于是，把端点粘连在一起，就得到如以前的圆．

原则上，同样的方法可用来描述 $\mathbf{P}^2$．除 2-球面的赤道上的点外，对极点的偶对恰含有下半球面的一个点．所以，通过把赤道的相对点等同起来可由下半球面构造 $\mathbf{P}^2$．让我们想象把赤道的短弧和与其相对的短弧通过粘连等同起来．不幸的是，当给赤道定向并一直往前运行时，我们看到相对的短弧得到相反的方向．因此，当粘连这两个短弧在一起时，必须扭曲一下．这就给出了拓扑上的默比乌斯带，且 $\mathbf{P}^2$ 含有这个默比乌斯带．它不是可定向的曲面．

要图示 $\mathbf{P}^3$，可在 $\mathbf{S}^3$ 中取下半球面，并把它的赤道 $\mathbf{E}$ 的对极点等同起来．或者，取地球仪并把它的边缘(即地球的表面)的对极点等同起来．这是很令人眼花缭乱的．

270

我们现在证明定理 9.4.1. 回忆赤道 $\mathbf{E}$ 是迹为零的斜埃尔米特矩阵(9.3.7)的 3 维空间 $\mathbf{V}$ 里的单位 2-球面．由 SU_2 的元素 P 确定的共轭既保持迹也保持斜埃尔米特性质，所以，将这个共轭记为 γ_P，它作用在整个空间 $\mathbf{V}$ 上．关键是要证明 γ_P 为一个旋转．这由下面的引理 9.4.5给出．

令$\langle U, V\rangle$表示 $\mathbf{V}$ 上的型，它是由 $\mathbf{R}^3$ 上的点积搬过来的．$\mathbf{V}$ 的基对应于 $\mathbf{R}^3$ 的标准基($\boldsymbol{i}$，$\boldsymbol{j}$，$\boldsymbol{k}$)(9.3.3)．写 $U=u_1\boldsymbol{i}+u_2\boldsymbol{j}+u_3\boldsymbol{k}$，且对 V 也用类似的记号．这样

$$\langle U,V\rangle = u_1v_1 + u_2v_2 + u_3v_3$$

【9.4.4】引理 记号同上，$\langle U, V\rangle=-\frac{1}{2}\mathrm{trace}(UV)$.

证明 用四元数关系(2.4.6)计算积 UV：

$$UV = (u_1\boldsymbol{i} + u_2\boldsymbol{j} + u_3\boldsymbol{k})(v_1\boldsymbol{i} + v_2\boldsymbol{j} + v_3\boldsymbol{k}) = -(u_1v_1 + u_2v_2 + u_3v_3)I + U\times V$$

其中 $U\times V$ 是向量叉积

$$U\times V = (u_2v_3 - u_3v_2)\boldsymbol{i} + (u_3v_1 - u_1v_3)\boldsymbol{j} + (u_1v_2 - u_2v_1)\boldsymbol{k}$$

这样，因为 $\mathrm{trace}I=2$，且 $\boldsymbol{i}$，$\boldsymbol{j}$，$\boldsymbol{k}$ 的迹为 0，故

$$\mathrm{trace}(UV) = -2(u_1v_1 + u_2v_2 + u_3v_3) = -2\langle U,V\rangle$$

■

【9.4.5】引理 算子 γ_P 是 $\mathbf{E}$ 和 $\mathbf{V}$ 的旋转.

证明 回忆 γ_P 是由 $\gamma_P U=PUP^*$ 定义的算子．证明这个算子为旋转的最保险的办法也许是计算它的矩阵．但矩阵太复杂以致得不到许多领悟．直接描述 γ_P 会好些．我们将证明 γ_P 是行列式为 1 的线性算子．欧拉定理 5.1.25 将告诉我们它是一个旋转．

要证 γ_P 是线性算子，必须证明对 $\mathbf{V}$ 中的所有 U 与 V 和所有实数 r，有 $\gamma_P(U+V)=\gamma_P U+\gamma_P V$ 与 $\gamma_P(rU)=r(\gamma_P U)$．我们略去这些例行公事的证明．要证 γ_P 是正交的，我们验证如下的正交性判别法则(8.6.9)：

【9.4.6】
$$\langle \gamma_P U,\gamma_P V\rangle = \langle U,V\rangle$$

因为共轭保持迹，故这可由前面引理得证.

$$\langle \gamma_P U, \gamma_P V \rangle = -\frac{1}{2}\text{trace}((\gamma_P U)(\gamma_P V)) = -\frac{1}{2}\text{trace}(PUP^* PVP^*)$$

$$= -\frac{1}{2}\text{trace}(PUVP^*) = -\frac{1}{2}\text{trace}(UV) = \langle U, V \rangle$$

最后，要证 γ_P 的行列式为 1，我们回忆任意正交矩阵的行列式为± 1. 因为 SU_2 是个球面，故它是路连通的. 又因为行列式为连续函数，故 $\det\gamma_P$ 只能取到两个值± 1 中的一个. 当 $P=I$时，γ_P 是恒等算子，从而有行列式 1. 因此，对每个 P，$\det\gamma_P=1$. ■ 271

我们现在证明定理的(a)部分. 因为 γ_P 是旋转，故 γ 映 SU_2 到 SO_3. 验证 γ 为同态是简单的：$\gamma_P\gamma_Q=\gamma_{PQ}$，因为

$$\gamma_P(\gamma_Q U) = P(QUQ^*)P^* = (PQ)U(PQ)^* = \gamma_{PQ}U$$

接下来证明 γ 的核是$\pm I$. 如果 P 属于它的核，则由 P 确定的共轭固定 $\mathbf{E}$ 的每个元素不动. 这就意味着 P 与每个元素可交换. SU_2 的任意元素可写成形式 $Q=cI+sB$，其中 B 属于 $\mathbf{E}$. 这样，P 也与 Q 交换. 因此，P 属于 SU_2 的中心$\{\pm I\}$. 一旦我们确定 2θ 为旋转的角度，则 γ 是满同态的事实将得证，因为每个角 α 有形式 2θ，其中 $0\leqslant\theta\leqslant\pi$.

令 P 是 SU_2 的元素，写成形式 $P=\cos\theta I+\sin\theta A$，其中 A 属于 $\mathbf{E}$. $\gamma_P A=A$ 成立，所以，A 是 γ_P 的极点. 令 α 表示 γ_P 绕极点 A 旋转的角度. 要确定这个角，我们首先证明对共轭类里单个矩阵 P 确定这个角就足够了.

比如说，$P'=QPQ^*$（$=\gamma_Q P$）是共轭的，其中 Q 是 SU_2 的另一个元素. 这样，$P'=\cos\theta I+\sin\theta A'$，其中 $A'=\gamma_P A=QAQ^*$. 角度 θ 没有变化.

其次，应用推论 5.1.28，其断言如果 M 与 N 是 SO_3 的元素，且如果 M 是绕极点 X 转过角度α 的旋转，则共轭 $M'=NMN^{-1}$是绕极点 NX 转过同一角度 α 的旋转. 因为 γ 是同态，故 $\gamma_{P'}=\gamma_Q\gamma_P\gamma_Q^{-1}$. 由于 γ_P 是绕 A 转过角度 α 的旋转，故 $\gamma_{P'}$是绕 $A'=\gamma_Q A$ 转过角度 α 的旋转. 角度 α 也没有变化.

正因为这样，我们做矩阵 $P=\cos\theta I+\sin\theta\boldsymbol{i}$ 的计算，这是对角元为 $e^{i\theta}$与 $e^{-i\theta}$的对角矩阵. 应用 γ_P 到 $\boldsymbol{j}$：

【9.4.7】
$$\gamma_P\boldsymbol{j} = P\boldsymbol{j}P^* = \begin{bmatrix} e^{i\theta} & \\ & e^{-i\theta} \end{bmatrix}\begin{bmatrix} & 1 \\ -1 & \end{bmatrix}\begin{bmatrix} e^{-i\theta} & \\ & e^{i\theta} \end{bmatrix} = \begin{bmatrix} & e^{2i\theta} \\ -e^{-2i\theta} & \end{bmatrix}$$
$$= \cos 2\theta\boldsymbol{j} + \sin 2\theta\boldsymbol{k}$$

集合$(\boldsymbol{j},\boldsymbol{k})$是正交空间 W 到 $\boldsymbol{i}$ 的标准正交基，上面的方程表明 γ_P 在 W 中将向量 $\boldsymbol{j}$ 旋转了角度 2θ. 旋转角度是 2θ，不出所料. 这就完成了定理 9.4.1 的证明.

第五节 单参数群

在第五章，我们使用矩阵值函数

【9.5.1】
$$e^{tA} = I + \frac{tA}{1!} + \frac{t^2A^2}{2!} + \frac{t^3A^3}{3!} + \cdots$$

来描述微分方程$\frac{dX}{dt}=AX$ 的解. 同样的函数描述一般线性群里的单参数群——从实数加群

$\mathbf{R}^+$ 到 GL_n 的可微同态.

【9.5.2】**定理**

(a) 令 A 是任意实或复矩阵，且设 GL_n 表示 $GL_n(\mathbf{R})$ 或 $GL_n(\mathbf{C})$. 则由 $\varphi(t)=e^{tA}$ 定义的映射 $\varphi:\mathbf{R}^+\to GL_n$ 是群同态.

272

(b) 反过来，令 $\varphi:\mathbf{R}^+\to GL_n$ 是可微同态映射，且设 A 表示它在原点的导数 $\varphi'(0)$，则对所有 t，有 $\varphi(t)=e^{tA}$.

证明 对任意实数 r 与 s，矩阵 rA 与 sA 可交换. 所以(见(5.4.4))

【9.5.3】
$$e^{(r+s)A}=e^{rA}e^{sA}$$

这表明 e^{tA} 是同态. 反过来，令 $\varphi:\mathbf{R}^+\to GL_n$ 是可微同态，则 $\varphi(\Delta t+t)=\varphi(\Delta t)\varphi(t)$ 且 $\varphi(t)=\varphi(0)\varphi(t)$. 所以，我们可用差商除 $\varphi(t)$：

【9.5.4】
$$\frac{\varphi(\Delta t+t)-\varphi(t)}{\Delta t}=\frac{\varphi(\Delta t)-\varphi(0)}{\Delta t}\varphi(t)$$

当 $\Delta t\to 0$ 取极限，我们看到 $\varphi'(t)=\varphi'(0)\varphi(t)=A\varphi(t)$. 所以，$\varphi(t)$ 是微分方程

【9.5.5】
$$\frac{d\varphi}{dt}=A\varphi$$

的解，为矩阵值函数. 函数 e^{tA} 是另一个解，当 $t=0$ 时，这两个解都取值 I. 所以，$\varphi(t)=e^{tA}$(见(5.4.9)). ■

【9.5.6】**例**

(a) 令 A 是 2×2 矩阵单位 e_{12}，则 $A^2=0$. 幂级数展开式除两项外所有项均为 0，从而 $e^{tA}=I+e_{12}t$.

如果 $A=\begin{bmatrix}0&1\\0&0\end{bmatrix}$，则 $e^{tA}=\begin{bmatrix}1&t\\&1\end{bmatrix}$.

(b) SO_2 的通常参数化是单参数群.

如果 $A=\begin{bmatrix}0&-1\\1&0\end{bmatrix}$，则 $e^{tA}=\begin{bmatrix}\cos t&-\sin t\\\sin t&\cos t\end{bmatrix}$.

(c) 复平面单位圆的通常参数化是 U_1 里的单参数群.

如果 a 是一个非零实数且 $\alpha=a\mathrm{i}$，则 $e^{t\alpha}=[\cos at+\mathrm{i}\sin at]$. ■

如果 α 是绝对值 $\neq 1$ 的非实复数，则 $e^{t\alpha}$ 在 $\mathbf{C}^{\times}$ 里的像是对数螺旋线. 如果 a 是一个非零实数，则 e^{ta} 的像是正实轴，且如果 $a=0$，则像由单独的点 1 构成.

如果已知 GL_n 的子群 H，我们也可寻找 H 里的单参数群，即其像属于 H 的单参数群，或可微同态 $\varphi:\mathbf{R}^+\to H$. 结果是正维数的线性群总有单参数群，并且对一个特别的群不难确定它们.

因为单参数群与 $n\times n$ 矩阵一一对应，所以我们寻找矩阵 A 使得对所有 t 有 e^{tA} 属于 H. 我们将在正交群、酉群和特殊线性群里确定单参数群.

273

【9.5.7】图

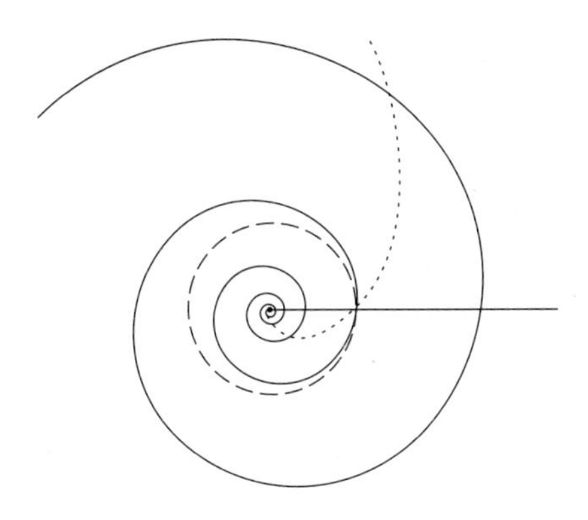

$\mathbf{C}^{\times}=GL_1(\mathbf{C})$的一些单参数群的像

【9.5.8】**命题**

(a) 如果 A 是实斜对称矩阵($A^t=-A$)，则 e^A 是正交的. 如果 A 是复斜对称矩阵($A^*=-A$)，则 e^A 是酉的.

(b) 正交群 O_n 里的单参数群是同态 $t \rightsquigarrow e^{tA}$，其中 A 是实斜对称矩阵.

(c) 酉群 U_n 里的单参数群是同态 $t \rightsquigarrow e^{tA}$，其中 A 是复埃尔米特矩阵.

证明　我们讨论复的情形.

关系$(e^A)^*=e^{(A^*)}$由幂指数的定义可得，且我们知道$(e^A)^{-1}=e^{(-A)}$(5.4.5). 所以，如果 A 是斜埃尔米特矩阵，亦即 $A^*=-A$，则$(e^A)^*=(e^A)^{-1}$，且 e^A 是酉的. 这对复矩阵的情形证明了(a).

其次，如果 A 是斜埃尔米特矩阵，则 tA 也是. 且由上面所证的，对所有 t，e^{tA} 是酉矩阵，所以它在酉群中是单参数群. 反之，假设对所有 t，e^{tA} 是酉矩阵. 把这写为 $e^{tA^*}=e^{-tA}$. 这个方程两边的导数在 $t=0$ 时一定是相等的，所以，$A^*=-A$，且 A 是斜埃尔米特矩阵.

当我们将 A^* 变成 A^t 时，正交群的证明是相同的. ■

接下来我们考虑特殊线性群 SL_n.

【9.5.9】**引理**　对任意方阵 A，$e^{\mathrm{trace}A}=\det A$.

证明　A 的伴随于特征值 λ 的特征向量 X 也是 e^A 的伴随于特征值 e^{λ} 的特征向量. 所以，如果 $\lambda_1,\cdots,\lambda_n$ 是 A 的特征值，则 e^A 的特征值是 e^{λ_i}. A 的迹是和 $\lambda_1+\cdots+\lambda_n$，且 e^A 的行列式是积 $e^{\lambda_1}\cdots e^{\lambda_n}$(4.5.15). 所以，$e^{\mathrm{trace}A}=e=^{\lambda_1+\cdots+\lambda_n}=e^{\lambda_1}\cdots e^{\lambda_n}=\det A$. ■ 274

【9.5.10】**命题**　特殊线性群 SL_n 里的单参数群是同态 $t \rightsquigarrow e^{tA}$，其中 A 是其迹为 0 的实 $n\times n$ 矩阵.

证明　引理 9.5.9 表明，如果 $\mathrm{trace}A=0$，则对所有 t 有 $\det e^{tA}=e^{t\,\mathrm{trace}A}=e^0=1$. 所以，$e^{tA}$ 是 SL_n 里的单参数群. 反过来，如果对所有 t 有 $\det e^{tA}=1$，则 $e^{t\,\mathrm{trace}A}$ 的导数在 $t=0$ 时为 0. 该导数是 $\mathrm{trace}A$. ■

SL_2 里的最简单的单参数群是例 9.5.6(a)里的群. SU_2 里的单参数群是(9.3.9)中所描述的经.

第六节 李 代 数

矩阵群 G 在恒等元处的切向量空间叫做群的李代数．记之为 $\mathrm{Lie}(G)$．之所以称它为代数，是因为它有合成法则，下面定义括号的作用．

例如，当我们将圆周群表示为复平面的单位圆时，李代数是 i 的实数倍的空间．

导出切向量的定义是我们在微积分里所学的某些知识：如果 $\varphi(t)=(\varphi_1(t),\cdots,\varphi_k(t))$ 是 $\mathbf{R}^k$ 里的可微路，则速度向量 $v=\varphi'(0)$ 是路在点 $x=\varphi(0)$ 处的斜率．称一个向量 v 与 $\mathbf{R}^k$ 的子集 S 在点 x 相切，如果存在可微路 $\varphi(t)$，使得 $\varphi(0)=x$ 和 $\varphi'(0)=v$，这里的 $\varphi(t)$ 要求对充分小的 t 有定义，并完全在 S 里．

线性群 G 的元素是矩阵，于是，G 里的路 $\varphi(t)$ 是矩阵值函数．它的导数 $\varphi'(0)$ 在 $t=0$ 时自然表示为矩阵，且如果 $\varphi(0)=I$，则矩阵 $\varphi'(0)$ 将是 $\mathrm{Lie}(G)$ 的元素．例如，群 SO_2 的通常参数化(9.5.6)(b)表明矩阵 $\begin{bmatrix}0 & -1\\ 1 & 0\end{bmatrix}$ 属于 $\mathrm{Lie}(SO_2)$．

我们已经知道正交群 O_n 里的一些路：单参数群 $\varphi(t)=e^{At}$，其中 A 是斜对称矩阵(9.5.8)．因为 $(e^{At})_{t=0}=I$ 且 $\left(\frac{\mathrm{d}}{\mathrm{d}t}e^{At}\right)_{t=0}=A$，所以每个斜对称矩阵 A 是 O_n 在恒等元(它的李代数的元素)处的切向量．我们现在证明李代数恰恰由这些矩阵组成．因为单参数群很特殊，所以这不是完全显然的．存在许多其他的路．

【9.6.1】命题 正交群 O_n 的李代数由斜对称矩阵组成．

证明 用 * 记转置．如果 φ 是 O_n 的路，且 $\varphi(0)=I$，$\varphi'(0)=A$，则 $\varphi(t)^*\varphi(t)=I$，从而 $\frac{\mathrm{d}}{\mathrm{d}t}(\varphi(t)^*\varphi(t))=0$．这样，

$$\frac{\mathrm{d}}{\mathrm{d}t}(\varphi^*\varphi)_{t=0}=\left(\frac{\mathrm{d}\varphi^*}{\mathrm{d}t}\varphi+\varphi^*\frac{\mathrm{d}\varphi}{\mathrm{d}t}\right)_{t=0}=A^*+A=0$$ ■

其次，我们考虑特殊线性群 SL_n．SL_n 里的单参数群有形式 $\varphi(t)=e^{At}$，其中 A 是迹为 0 的矩阵(9.5.10)．因为 $(e^{At})_{t=0}=I$ 且 $\left(\frac{\mathrm{d}}{\mathrm{d}t}e^{At}\right)_{t=0}=A$，所以每个迹为 0 的矩阵 A 是 SL_n 在恒等元——它的李代数的元素——处的切向量．

275

【9.6.2】引理 令 φ 是 GL_n 中的路，且 $\varphi(0)=I$，$\varphi'(0)=A$，则 $\left(\frac{\mathrm{d}}{\mathrm{d}t}(\det\varphi)\right)_{t=0}=\mathrm{trace}A$．

证明 把矩阵 φ 的元素写为 φ_{ij}，用行列式的完全展开式(1.6.4)计算 $\frac{\mathrm{d}}{\mathrm{d}t}\det\varphi$：

$$\det\varphi=\sum_{p\in S_n}(\mathrm{sign}\,p)\varphi_{1,p1}\cdots\varphi_{n,pn}$$

由乘积法则，

【9.6.3】
$$\frac{\mathrm{d}}{\mathrm{d}t}(\varphi_{1,p1}\cdots\varphi_{n,pn})=\sum_{i=1}^{n}\varphi_{1,p1}\cdots\varphi'_{i,pi}\cdots\varphi_{n,pn}$$

我们计算 $t=0$ 时的值. 因为 $\varphi(0)=I$，故如果 $i\neq j$，$\varphi_{ij}(0)=0$，且 $\varphi_{ii}(0)=1$. 所以，在和(9.6.3)里，项 $\varphi_{1,p1}\cdots\varphi'_{i,pi}\cdots\varphi_{n,pn}$ 的值为 0，除非对所有 $j\neq i$ 有 $pj=j$. 且如果对所有$j\neq i$，有 $pj=j$ 则因为 p 是置换，所以也有 $pi=i$，所以，p 是恒等元. 于是，(9.6.3)等于 0 除非 $p=1$，而当 $p=1$ 时，它变为 $\sum_i \varphi'_{ii}(0) = \text{trace}A$. 这是 $\det\varphi$ 的导数. ■

【9.6.4】命题 特殊线性群 SL_n 的李代数由迹零矩阵构成.

证明 如果 φ 是特殊线性群的路，且 $\varphi(0)=I$，$\varphi'(0)=A$，则恒等地，$\det(\varphi(t))=1$. 所以，$\frac{\mathrm{d}}{\mathrm{d}t}\det(\varphi(t))=0$. 计算在 $t=0$ 时的值，我们得 $\text{trace}A=0$. ■

类似的方法用于描述其他典型群的李代数. 注意 O_n 与 SL_n 的李代数是实向量空间，它们都是矩阵空间的子空间. 容易证明对于其他群，Lie(G)是实向量空间.

李括号

李代数有加法结构，是称为括号的运算，合成法则由规则

【9.6.5】
$$[A,B] = AB - BA$$

定义括号是交换子：它为零当且仅当 A 与 B 交换. 它不满足结合律，但满足所谓的雅可比恒等式：

【9.6.6】
$$[A,[B,C]]+[B,[C,A]]+[C,[A,B]] = 0$$

要证括号是定义在李代数上，必须验证如果 A 与 B 属于 Lie(G)，则$[A, B]$也属于 Lie(G). 这对任一个特殊群都很容易证明. 对一个特定线性群，所需的证明是，如果 A 与 B 迹为 0，则 $AB-BA$ 迹为 0. 这是成立的，因为 $\text{trace}AB=\text{trace}BA$. 正交群的李代数是斜对称矩阵空间. 对于该群，必须证明如果 A 与 B 是斜对称的，则$[A, B]$是斜对称的：

276

$$[A,B]^t = (AB)^t - (BA)^t = B^tA^t - A^tB^t = (-B)(-A)-(-A)(-B) = -[A,B]$$

抽象李代数的定义包含了括号运算.

【9.6.7】定义 李代数 V 是实向量空间，具有称为括号的合成法则 $V\times V\to V$，记为 $v, w \rightsquigarrow [v, w]$，满足公理：对所有 $u, v, w\in V$ 与所有 $c\in\mathbf{R}$，

双线性性：$[v_1+v_2,w]=[v_1,w]+[v_2,w], [cv,w]=c[v,w],$

$[v,w_1+w_2]=[v,w_1]+[v,w_2], [v,cw]=c[v,w],$

斜对称性：$[v,w]=-[w,v]$ 或 $[v,v]=0,$

雅可比恒等式：$[u,[v,w]]+[v,[w,u]]+[w,[u,v]]=0.$

李代数是有用的，因为它们是向量空间，容易与线性群一起研究. 并且，许多线性群(包括典型群)几乎都是由它们的李代数确定，尽管这点不容易证明.

第七节 群的平移

令 P 是矩阵群 G 的一个元素. 由 P 确定的左乘是 G 到自身的双射：

【9.7.1】
$$G \xrightarrow{m_P} G$$
$$X \rightsquigarrow PX$$

它的逆函数为由 P^{-1}确定的左乘．映射 m_P 与 m_{P-1}是连续的，这是因为矩阵乘法是连续的．因此，m_P 是从 G 到 G 的同胚(不一定是同态)．它也称为由 P 确定的*左平移*，与平面的平移类似，而平面的平移为加群 $\mathbf{R}^{2+}$ 的左平移．

群的由这些映射的存在性蕴含的重要性质是*齐性*．用 P 左乘是将恒等元 I 映到 P 的一个同胚．直觉上，群在 P 看上去与在 I 看上去一样．因为 P 是任意的，所以它在任意两点看上去是一样的．这类似于平面上任两点看上去都是一样的事实．

圆周群 SO_2 上的左乘旋转圆，且 SU_2 的左乘也是 3-球面的刚性运动．但齐性在其他矩阵群较弱．例如，令 G 是实可逆对角 2×2 矩阵群．如果我们把 G 的元素与平面上不在坐标轴上的点(a, d)等同起来，则由矩阵

【9.7.2】
$$P = \begin{bmatrix} 2 & 0 \\ 0 & 1 \end{bmatrix}$$

277 确定的乘法会使群变形，但这种变形是连续的．

【9.7.3】图

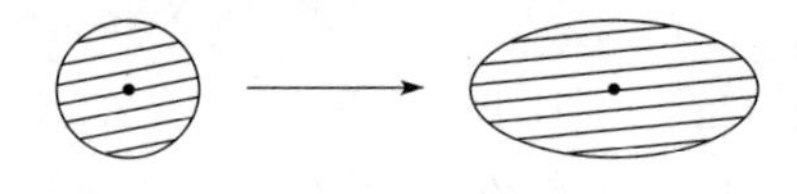

一个群中的左乘

现在，$\mathbf{R}^k$ 中在几何上具有这样齐性的唯一合理的子集是流形．一个 d 维*流形* M 是一个集合，该集合的每个点都有一个同胚于 $\mathbf{R}^d$ 的开集的邻域(见[Munkres]，p. 155)．典型群是流形并不使人感到意外，虽然 GL_n 有不是流形的子群．有理系数的可逆矩阵的群 $GL_n(\mathbf{Q})$是一个有意思的群，但它是矩阵空间的可数稠密子集．

下面的定理对哪些线性群是流形的这个问题给出了令人满意的回答．

【9.7.4】定理 *如果 GL_n 的子群是它的闭子集，则该子群是流形．*

在这里给出这个定理的证明将把我们带离主题太远，我们转而通过证明正交群 O_n 是流形来说明这个定理．对其他典型群的证明是类似的．

【9.7.5】引理 *矩阵指数 $A \rightsquigarrow e^A$ 同胚地把 $\mathbf{R}^{n\times n}$ 里 0 的小邻域 U 映为 $GL_n(\mathbf{R})$ 里 I 的邻域 V．*

幂级数在矩阵的有界集合上一致收敛的事实蕴含着它是个连续函数([Rudin]定理 7.12)．要证这个引理，需要证明对充分接近 I 的矩阵，它有连续逆函数．这可用逆函数定理或 $\log(1+x)$的级数证明：

【9.7.6】
$$\log(1+x) = x - \frac{1}{2}x^2 + \frac{1}{3}x^3 - \cdots$$

级数 $\log(I+B)$对小矩阵 B 收敛，并且它是指数的逆．

【9.7.7】图

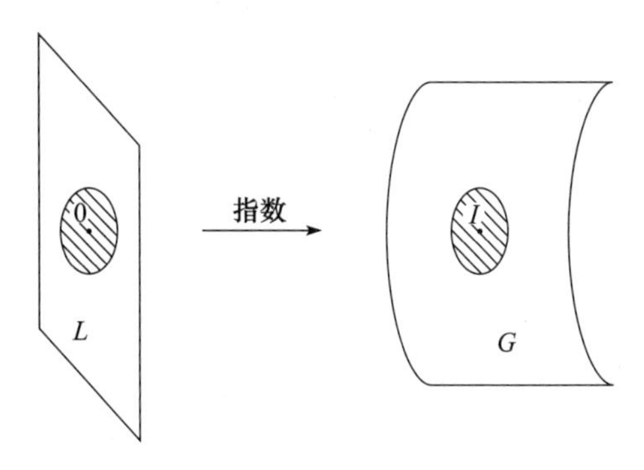

矩阵指数

278

【9.7.8】**命题** 正交群 O_n 是 $\frac{1}{2}n(n-1)$ 维流形.

证明 用 G 记群 O_n，并把它的李代数(即斜对称矩阵空间)记为 L. 如果 A 是斜对称的，则 e^A 是正交的(9.5.8). 所以，指数映 L 到 G. 反之，假设 A 接近 0，则用 $*$ 记转置，A^* 与 $-A$ 也接近 0，且 e^{A^*} 与 e^{-A} 接近 I. 如果 e^A 是正交的，亦即，如果 $e^{A^*}=e^{-A}$，则由引理 9.7.5 可知 $A^*=-A$，于是，A 是斜对称的. 所以，接近 0 的矩阵 A 属于 L 当且仅当 e^A 属于 G. 这证明了指数定义了从 L 里 0 的邻域 V 到 G 里 I 的邻域 U 的一个同胚. 因为 L 是向量空间，故它是流形. 正交群在恒等元处满足流形条件. 齐性蕴含着在所有点都满足条件. 所以，G 是个流形，并且它的维数与 L 的相同，都为 $\frac{1}{2}n(n-1)$. ■

下面是齐性原则的另一个应用.

【9.7.9】**命题** 令 G 是路连通矩阵群，且设 $H\subset G$ 是包含 G 的非空开子集 U 的子群，则 $H=G$.

证明 $\mathbf{R}^n$ 的子集是路连通的，如果 S 的任意两个点可由完全位于 S 里的连续路连接(见[Munkres, p. 155]或第二章练习 M. 6).

因为由元素 g 确定的左乘是从 G 到 G 的同胚，故集合 gU 也是开的，且它包含于 H 的单个陪集，即 gH 里. 由于 U 的平移覆盖 G，故包含于陪集 C 里的平移覆盖陪集 C. 所以，每个陪集是 G 的开子集的并，从而 G 本身也是开的. 这样，G 划分成开子集，即 H 的陪集. 路连通集合不是真开子集的不交并(见[Munkres, p. 155]). 因此，只有一个陪集，从而 $H=G$. ■

我们用这个命题确定 SU_2 的正规子群.

【9.7.10】**定理**

(a) SU_2 的真正规子群只有其中心 $\{\pm I\}$.

(b) 旋转群 SO_3 是单群.

证明 (a) 令 N 是 SU_2 的包含元素 $P\neq\pm I$ 的正规子群. 必须证明 N 等于 SU_2. 因为 N 是正规的，所以它包含 P 的共轭类 C，这是一个纬，是一个 2-球面.

选取一个从单位区间$[0, 1]$到C的连续映射$P(t)$使得$P(0)=P$且$P(1)\neq P$，且构成路$Q(t)=P(t)P^{-1}$. 这样，$Q(0)=I$，且$Q(1)\neq I$，所以，这条路从恒等元I开始，如下图所示. 因为N是一个包含P和$P(t)$的群，故对每个$t\in[0, 1]$，它也包含$Q(t)$. 我们不需要知道关于路$Q(t)$的其他任何事情.

注意对任意$Q\in SU_2$，有$\text{trace}Q\leqslant 2$，且I是迹等于2的唯一矩阵. 所以，$\text{trace}Q(0)=2$，$\text{trace}Q(1)=\tau<2$. 由连续性，τ与2之间的所有值均为$\text{trace}Q(t)$取到. 因为N是正规的，故对每个t，它含有$Q(t)$的共轭类. 所以，N包含SU_2的迹充分接近2的所有元素，且包含所有接近恒等阵的矩阵. 于是，N包含SU_2中恒等元的开邻域. 因为SU_2是路连通的，故命题9.7.9表明$N=SU_2$.

279

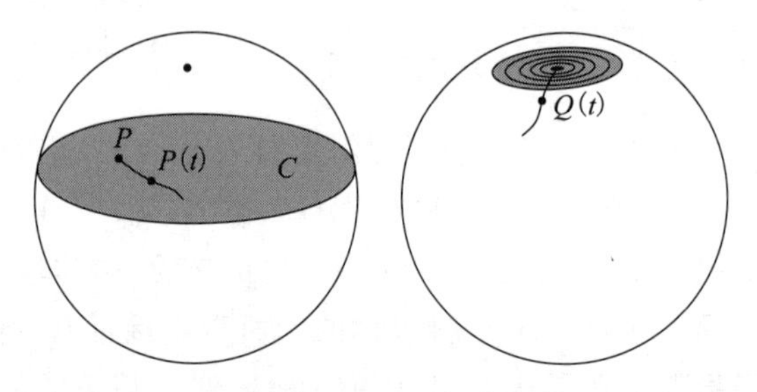

(b) 存在满射$\varphi: SU_2\to SO_3$，其核为$\{\pm I\}$(9.4.1). 由对应定理2.10.5，SO_3里正规子群的逆像是SU_2的含有$\{\pm I\}$的正规子群. (a)部分告诉我们SU_2除了$\{\pm I\}$外没有真子群，因此，SO_3不含有真的正规子群. ■

也可应用群G的平移到切向量. 如果A是恒等元处的切向量，且如果P是G的元素，则向量PA在P处相切于G. 如果A不是0，则PA也不是0. 当P遍历整个群时，这些向量族构成所谓的**切向量场**. 现在，仅是存在无处为零的切向量场这一点对空间G就加上了很强的限制. 它是拓扑定理，有时也叫"毛球定理"，2-球面上任意切向量场必在某个点为零(见[Milnor]). 这就是为什么2-球面没有群结构的原因. 但作为群的3-球面具有无处为零的切向量场.

第八节　SL_2的正规子群

令F是一个域. 群$SL_2(F)$的中心是$\{\pm I\}$. (这是练习8.5.)商群$SL_2(F)/\{\pm I\}$称为**射影群**，记之为$PSL_2(F)$. 它的元素是陪集$\{\pm P\}$.

【9.8.1】定理　令F是阶至少为4的一个域.

(a) $SL_2(F)$的真正规子群只有其中心$Z=\{\pm I\}$.

(b) 射影群$PSL_2(F)$是单群.

定理的(b)部分由(a)部分与对应定理2.10.5得到，它确定了一个有意思的有限单群类：当F是有限域时的射影群$PSL_2(F)$. 我们见到的其他有限非阿贝尔单群是交错群(7.5.4).

我们将在第十五章证明有限域的阶永远是一个素数的幂，对每个素数幂$q=p^e$，存在

阶为 q 的域，且 $\mathbf{F}_q$ 有特征 p(定理 15.7.3)．2^e 阶的有限域有特征 2．在这些域里，$1=-1$ 且 $I=-I$．这样，$SL_2(\mathbf{F}_q)$的中心是平凡群．现在假设有这些事实．

280

我们略去下个引理的证明．(对于 q 是素数的情形，见第三章或练习 4.4.)

【9.8.2】引理 令 q 是一个素数的幂，则 $SL_2(\mathbf{F}_q)$的阶是 q^3-q．如果 q 不是 2 的幂，则 $PSL_2(\mathbf{F}_q)$的阶是$\frac{1}{2}(q^3-q)$．如果 q 是 2 的幂，则 $PSL_2(\mathbf{F}_q)\approx SL_2(\mathbf{F}_q)$，且 $PSL_2(\mathbf{F}_q)$的阶是 q^3-q.

对于小的 q，PSL_2 的阶与前三个单交错群的阶列表如下：

$\|F\|$	4	5	7	8	9	11	13	16	17	19
$\|PSL_2\|$	60	60	168	504	360	660	1092	4080	2448	3420

n	5	6	7
$\|A_n\|$	60	360	2520

10 个最小非阿贝尔单群的阶出现在这个表里．下一个最小的群将是 $PSL_3(\mathbf{F}_3)$，其阶为 5616.

当$|F|=2$ 或 3 时，射影群不是单群．$PSL_2(\mathbf{F}_2)$同构于对称群 S_3，而 $PSL_2(\mathbf{F}_3)$同构于交错群 A_4.

如这些表里所显示的，$PSL_2(\mathbf{F}_4)$，$PSL_2(\mathbf{F}_5)$和 A_5 都有阶 60．这三个群恰好是同构的．(这是练习 8.3.)阶里其他的吻合是群 $PSL_2(\mathbf{F}_9)$与 A_6，阶为 360．它们也是同构的.

对于证明，我们留下$|F|=4$ 与 5 的情形，以便能用下面的引理.

【9.8.3】引理 阶比 5 大的域 F 含有元素 r，其平方不是 0，1 或-1.

证明 平方为 0 的元素是 0，平方为 1 的元素是±1．至多有两个元素，其平方是-1：如果 $a^2=b^2=-1$，则$(a-b)(a+b)=0$，所以，$b=\pm a$. ■

定理 9.8.1 的证明 假设已知域 F，令 SL_2 与 PSL_2 分别代表 $SL_2(F)$与 $PSL_2(F)$，用 V 记空间 F^2．选取 F 的非零元素 r，其平方 s 不是±1.

令 N 是SL_2 的包含元素 $A\neq\pm I$ 的正规子群．必须证明 N 是整个群SL_2．因为 A 是任意的，所以用它进行直接讨论比较困难．策略是从证明 N 含有特征值为 s 的矩阵开始.

第一步：SL_2 存在矩阵 P 使得交换子 $B=APA^{-1}P^{-1}$属于 N，且有特征值 s 与 s^{-1}.

这是一个很好的技巧．在 V 中选取一个不为 A 的特征向量的向量 v_1，令 $v_2=Av_1$．这样，v_1 与 v_2 是无关的，所以，$\mathbf{B}(v_1, v_2)$是 V 的基．(容易验证 SL_2 中每个向量都是特征向量的矩阵只有 I 与$-I$.)

设 R 是具有对角元 r 与 r^{-1}的对角阵．矩阵 $P=[\mathbf{B}]R[\mathbf{B}]^{-1}$有行列式 1，且 v_1 与 v_2 是分别伴随于特征值 r 与 r^{-1}的特征向量(4.6.10)．因为 N 是正规子群，所以交换子 $B=APA^{-1}P^{-1}$是 N 的元素(见(7.5.4))．这样，

281

$$Bv_2 = APA^{-1}P^{-1}v_2 = APA^{-1}(rv_2) = rAPv_1 = r^2Av_1 = sv_2$$

所以，s 是 B 的特征值．因为 $\det B=1$，所以另一个特征值为 s^{-1}.

第二步：具有特征值s与s^{-1}的矩阵构成SL_2里单个共轭类C，且这个共轭类包含在N里.

元素s与s^{-1}是不同的，因为$s\neq\pm1$. 令S是具有对角元s与s^{-1}的对角矩阵. 具有特征值s与s^{-1}的每个矩阵Q在$GL_2(F)$里是S的共轭(4.4.8)(b)，比如说$Q=LSL^{-1}$. 因为S是对角的，故它与任何其他对角矩阵交换. 在右边用适当的对角矩阵乘L，使得$\det L=1$而保持方程$Q=LSL^{-1}$. 所以，Q是S在SL_2里的共轭类. 这表明具有特征值s与s^{-1}的矩阵构成单个共轭类. 由第一步，正规子群N包含一个这样的矩阵. 于是，$C\subset N$.

第三步：初等矩阵$E=\begin{bmatrix}1 & x\\ 0 & 1\end{bmatrix}$与$E^t=\begin{bmatrix}1 & 0\\ x & 1\end{bmatrix}$属于$N$，其中$x\in F$.

对F的任意元素，方程左边的项

$$\begin{bmatrix}s^{-1} & 0\\ 0 & s\end{bmatrix}\begin{bmatrix}s & sx\\ 0 & s^{-1}\end{bmatrix}=\begin{bmatrix}1 & x\\ 0 & 1\end{bmatrix}=E$$

属于C，从而属于N，所以E属于N. 类似地，可得到E^t属于N.

第四步：矩阵E与E^t生成SL_2，其中$x\in F$. 所以，$N=SL_2$.

这是第二章练习4.8的证明. ■

如交错群与射影群所表明的，单群常常出现，而这是深入研究它们的原因之一. 另一方面，单性是对群的一个很强的限制. 它们不能太多，嘉当的一个著名定理就是阐述这一点的.

复代数群是一般复线性群$GL_n(\mathbf{C})$的子群，它是有限多个矩阵元素的复多项式方程组的解的轨迹. 嘉当定理列出了复单代数群. 在定理的叙述里，用符号Z表示群的中心.

【9.8.4】定理

(a) 群$SL_n(\mathbf{C})$，$SO_n(\mathbf{C})$与$SP_{2n}(\mathbf{C})$的中心是有限循环群.

(b) 对$n\geqslant1$，群$SL_n(\mathbf{C})/Z$，$SO_n(\mathbf{C})/Z$与$SP_{2n}(\mathbf{C})/Z$是路连通的复代数群. 除了$SO_2(\mathbf{C})/Z$与$SO_4(\mathbf{C})/Z$外，它们是单的.

282

(c) 除这些群的同构类之外，恰有五个单路连通复代数群的同构类，称为例外群.

定理9.8.4是基于对应的李代数的分类的. 它在这里太难以致无法给出证明.

作为一项大工程的有限单群的分类于1980年完成. 我们看到的有限单群是素数阶的群(交错群A_n，其中$n\geqslant5$)与当F是阶至少为4的有限域时的群$PSL_2(F)$. 矩阵群在有限群分类中起着至关重要的作用. 当有限域替换复数域时，每一种形式(9.8.4)都导致一个完整系列的有限单群. 还存在一些类似于酉群的有限单群. 所有这些有限的线性群称为是李型的. 除了素数阶群、交错群、李型群外，还有26个有限单群称为*离散群*. 最小的离散群是马修群M_{11}，其阶为7920. 最大离散单群是大魔群，其阶大致为10^{53}.

簇拥在成功的理论周围而将其失败扫除门外是不公平的.

——Richard Brauer

练　　习

第一节　典型群

1.1 (a) $GL_n(\mathbf{C})$同构于$GL_{2n}(\mathbf{R})$的一个子群吗?

(b) $SO_2(\mathbf{C})$是$\mathbf{C}^{2\times 2}$的有界子集吗?

1.2 矩阵P是正交的当且仅当它的列构成标准正交基.在洛仑兹群里描述矩阵的列的性质.

1.3 证明从正交群O_4到洛仑兹群$O_{3,1}$不存在连续同构.

1.4 用方程描述群$O_{1,1}$，并证明它有4个路连通分支.

1.5 证明$SP_2=SL_2$，但$SP_4\neq SL_4$.

1.6 证明下列矩阵是辛矩阵，如果块是$n\times n$:

$$\begin{bmatrix} & -I \\ I & \end{bmatrix},\ \begin{bmatrix} A^t & \\ & A^{-1} \end{bmatrix},\ \begin{bmatrix} I & B \\ & I \end{bmatrix}$$，其中$B=B^t$，A是可逆的.

*1.7 证明

(a) 辛群SP_{2n}可迁地作用在$\mathbf{R}^{2n}$上.

(b) SP_{2n}是路连通的.

(c) 辛矩阵的行列式为1.

283

第二节　插曲：球面

2.1 计算球极平面射影π: $\mathbf{S}^3\to\mathbf{R}^3$的逆的公式.

2.2 通过圆以两种方法参数化$\mathbf{R}^2$的真子空间.首先，如果子空间W与水平轴相交，交角为θ，可用双倍角$\alpha=2\theta$.双倍角消去了θ与$\theta+\pi$之间的歧义.或者，可在W里选取一个非零向量(y_1, y_2)，用球极平面射影的逆把斜率$\lambda=y_2/y_1$映为$\mathbf{S}^1$的一个点.计算这两个参数化.

2.3 ($\mathbf{C}^2$里的单位向量与子空间)向量空间$\mathbf{C}^2$的真子空间W有维数1.它的斜率定义为$\lambda=y_2/y_1$，其中(y_1, y_2)是W里的非零向量.斜率可以是任一个复数，或者，当$y_1=0$时，$\lambda=\infty$.

(a) 令$z=v_1+v_2\mathrm{i}$.写出球极平面射影公式π(9.2.2)并用z表出它的逆函数σ.

(b) 映单位向量(y_1, y_2)到$\sigma(y_2/y_1)$的函数定义了从$\mathbf{C}^2$中的单位球面$\mathbf{S}^3$到2-球面$\mathbf{S}^2$的映射.这个映射可用来参数化由$\mathbf{S}^2$的点构成的子空间.计算单位向量(y_1, y_2)上的函数$\sigma(y_2/y_1)$.

(c) $\mathbf{S}^2$的什么点对对应关于$\mathbf{C}^2$上标准埃尔米特型正交的子空间W与W'的偶对?

第三节　特殊酉群 SU_2

3.1 令P与Q是SU_2的元素，分别由实向量(x_0, x_1, x_2, x_3)与(y_0, y_1, y_2, y_3)表示.计算对应于积PQ的实向量.

3.2 证明U_2同胚于积$\mathbf{S}^3\times\mathbf{S}^1$.

3.3 证明SU_2里每个大圆(半径为1的圆)是一个经的陪集.

3.4 确定SU_2里$\boldsymbol{j}$的中心化子.

第四节　旋转群 SO_3

4.1 令W是实斜对称3×3矩阵的空间.描述SO_3在W上作用$P*A=PAP^t$的轨道.

4.2 旋转群SO_3通过映旋转矩阵到它的第一列的映射映到一个2-球面.描述这个映射的纤维.

4.3 扩展正交表示$\varphi: SU_2\to SO_3$到一个同态$\Phi: U_2\to SO_3$，并描述Φ的核.

4.4　(a) 借助(9.4.1)中的记号，计算旋转 γ_P 的矩阵，并证明它的迹是 $1+2\cos 2\theta$.

(b) 直接证明矩阵是正交的.

4.5　证明由 SU_2 的元素确定的共轭旋转每个纬.

4.6　用两种方法描述 SO_3 里的共轭类：

284

(a) 它的元素作为旋转作用于 $\mathbf{R}^3$ 上. 哪些旋转组成共轭类?

(b) 用自旋同态 $SU_2 \to SO_3$ 来联系两个群里的共轭类.

(c) SU_2 里的共轭类是球面. 用几何方法描述 SO_3 里共轭类.

4.7　(a) 用坐标向量 (x_0, x_1, x_2, x_3) 具体计算 SU_2 里固定矩阵 P 不动的左乘. 证明它是由 4×4 正交矩阵 Q 给出的乘法.

(b) 用类似于刻画正交表示时用过的方法证明 Q 是正交的：以矩阵形式表示向量 (x_0, x_1, x_2, x_3) (对应于 SO_2 中的矩阵 P)与 (x_0', x_1', x_2', x_3') (对应于 SO_2 中的矩阵 P')的点积.

4.8　令 W 是 2×2 埃尔米特矩阵的实向量空间.

(a) 证明规则 $P\cdot A=PAP^*$ 定义了 $SL_2(\mathbf{C})$ 在 W 上的作用.

(b) 证明函数 $\langle A, A'\rangle=\det(A+A')-\det A-\det A'$ 是 W 上的双线性型，且它的符号差为(3, 1).

*4.9　(a) 令 H_i 是 SO_3 的绕 x_i 轴旋转的子群，$i=1, 2, 3$. 证明 SO_3 的每个元素可写为乘积 ABA'，其中 A 与 A' 属于 H_1 而 B 属于 H_2. 证明这个表示是唯一的，除非 $B=I$.

(b) 用几何方法描述双陪集 H_1QH_1 (见第二章练习 M.9).

第五节　单参数群

5.1　$GL_n(\mathbf{R})$ 的单参数群的像能穿过自己吗?

5.2　确定 U_2 里的单参数群.

5.3　用方程描述实可逆 2×2 对角矩阵群里单参数群的像，在平面上画草图展示它们当中的一些元素.

5.4　寻找矩阵 A 上的条件使得 e^{tA} 是下面群里的单参数群：

(a) 特殊酉群 SU_n　(b) 洛仑兹群 $O_{3,1}$

5.5　令 G 是形如 $\begin{bmatrix} x & y \\ & 1 \end{bmatrix}$ 的实矩阵的群，其中 $x>0$.

(a) 确定矩阵 A 使得 e^{tA} 是 G 里的单参数群.

(b) 对(a)中的矩阵 A 具体计算 e^{tA}.

(c) 在 (x, y) 平面中图示说明某个单参数群.

5.6　令 G 是 GL_2 的矩阵 $\begin{bmatrix} x & y \\ & x^{-1} \end{bmatrix}$ 的子群，其中 $x>0$，y 是任意的. 确定 G 中的共轭类及矩阵 A 使得 e^{tA} 是 G 里的单参数群.

5.7　确定 $n\times n$ 可逆上三角矩阵群里的单参数群.

285

5.8　令 $\varphi(t)=e^{tA}$ 是 GL_n 的子群 G 里的单参数群. 证明它的像的陪集是微分方程 $dX/dt=AX$ 的矩阵解.

5.9　令 $\varphi:\mathbf{R}^+\to GL_n$ 是一个单参数群. 证明 $\ker\varphi$ 或是平凡的，或是无限循环群，或是整个群.

5.10　确定从圆周群 SO_2 到 GL_n 的可微同态.

第六节　李代数

6.1　对于括号运算 $[A, B]=AB-BA$ 证明雅可比恒等式.

6.2　令 V 是 2 维实向量空间，带有的合成规则 $[v, w]$ 为双线性与斜对称的(见(9.6.7)). 证明雅可比恒等式成立.

6.3　群 SL_2 共轭作用在迹零矩阵空间上. 把这个空间分解成轨道.

6.4　令 G 是形如 $\begin{bmatrix} a & b \\ & a^2 \end{bmatrix}$ 的可逆实矩阵群. 确定 G 的李代数 L，计算 L 上的括号.

6.5　证明由 $xy=1$ 定义的集合是可逆对角 2×2 矩阵群的子群，并计算它的李代数.

6.6　(a) 证明 O_2 共轭作用在它的李代数上.

(b) 证明这个作用与双线性型 $\langle A, B\rangle = \frac{1}{2}\text{trace}AB$ 相容.

(c) 用这个作用定义同态 $O_2 \to O_2$，并具体地描述这个同态.

6.7　确定下列群的李代数.

(a) U_n　(b) SU_n　(c) $O_{3,1}$　(d) $SO_n(\mathbf{C})$

6.8　用分块矩阵形式 $M=\left[\begin{array}{c|c} A & B \\ \hline C & D \end{array}\right]$ 确定 SP_{2n} 的李代数.

6.9　(a) 证明向量叉积使 $\mathbf{R}^3$ 成为李代数 L_1.

(b) 令 $L_2=\text{Lie}(SU_2)$，且设 $L_3=\text{Lie}(SO_3)$. 证明三个李代数 L_1，L_2 与 L_3 是同构的.

6.10　对维数$\leqslant 3$的复李代数进行分类.

6.11　令 B 是一个实 $n\times n$ 矩阵，且设$\langle\ ,\ \rangle$是双线性型 X^tBY. 这个型的正交群 G 定义为使得 $P^tBP=B$ 的矩阵 P 的群. 确定 G 里的单参数群和 G 的李代数.

第七节　群的平移

7.1　证明酉群 U_n 是路连通的.

7.2　确定下列群的维数：

(a) U_n　(b) SU_n　(c) $SO_n(\mathbf{C})$　(d) $O_{3,1}$　(e) SP_{2n}

7.3　用指数求方程 $P^2=I$ 的所有接近 I 的解.

7.4　求 GL_2 的 2 维路连通非阿贝尔子群.　286

*7.5　(a) 证明指数映射定义了所有埃尔米特矩阵的集合与正定埃尔米特矩阵的集合之间的双射.

(b) 用极分解(第八章，练习 M.8)和(a)描述 $GL_2(\mathbf{C})$的拓扑结构.

7.6　概述群 $\mathbf{C}^\times$ 的切向量场 PA，其中 $A=1+\mathrm{i}$.

7.7　令 H 是路连通群 G 的有限正规子群. 证明 H 包含于 G 的中心.

第八节　SL_2 的正规子群

8.1　对情形 $F=\mathbf{F}_4$ 与 $\mathbf{F}_5$ 证明定理 9.8.1.

8.2　描述同构 $PSL_2(\mathbf{F}_2)\approx S_3$ 与 $PSL_2(\mathbf{F}_3)\approx A_4$.

8.3　(a) 确定 $PSL_2(\mathbf{F}_5)$的西罗 p-子群的个数，$p=2，3，5$.

(b) 证明三个群 A_5，$PSL_2(\mathbf{F}_4)$和 $PSL_2(\mathbf{F}_5)$是同构的.

8.4　(a) 写出定义辛群的多项式方程.

(b) 证明酉群 U_n 可由其矩阵元素的实部与虚部的实多项式方程定义.

8.5　确定群 $SL_n(\mathbf{R})$与 $SL_n(\mathbf{C})$的中心.

8.6　确定 $GL_2(\mathbf{R})$的包含它的中心的所有正规子群.

8.7 用 Z 表示一个群的中心，$PSL_n(\mathbf{C})$同构于 $GL_n(\mathbf{C})/Z$ 吗？$PSL_n(\mathbf{R})$同构于 $GL_n(\mathbf{R})/Z$ 吗？

8.8 (a) 令 P 是 SO_n 的中心里的矩阵，且设 A 是斜对称矩阵．证明 $PA=AP$.

(b) 证明 SO_n 的中心是平凡的，如果 n 为奇数；是$\{\pm I\}$，如果 n 为偶数且 $n\geqslant 4$.

8.9 计算群的阶：

(a) $SO_2(\mathbf{F}_3)$ (b) $SO_3(\mathbf{F}_3)$ (c) $SO_2(\mathbf{F}_5)$ (d) $SO_3(\mathbf{F}_5)$

*8.10 (a) 令 V 是 2×2 复矩阵空间，具有基$(e_{11}, e_{12}, e_{21}, e_{22})$．在 V 上以分块矩阵形式写出由 $A=\begin{bmatrix} a & b \\ c & d \end{bmatrix}$给出的共轭的矩阵.

(b) 证明共轭定义同态 $\varphi: SL_2(\mathbf{C})\to GL_4(\mathbf{C})$，且 φ 的像同构于 $PSL_2(\mathbf{C})$.

(c) 通过求 4×4 矩阵的元素 y_{ij} 的多项式方程使其解正好是 $\mathrm{im}\varphi$ 中的矩阵来证明 $PSL_2(\mathbf{C})$是复代数群.

杂题

M.1 令 $G=SL_2(\mathbf{R})$，设 $A=\begin{bmatrix} x & y \\ z & w \end{bmatrix}$是$G$ 中的矩阵，设 t 是它的迹．用 $t-x$ 替换 w，条件 $\det A=1$ 变为 $x(t-x)-yz=1$．对固定不动的迹 t，这个方程解的轨迹是 x，y，z 空间的二次曲面．刻画以这种方式产生的曲面，并把它们分解成共轭类.

*M.2 $SL_2(\mathbf{R})$的哪个元素位于单参数群上？

287 M.3 路连通群 G 中的共轭类是路连通的吗？

M.4 四元数是形如 $\alpha=a+b\boldsymbol{i}+c\boldsymbol{j}+d\boldsymbol{k}$ 的表达式，其中 a，b，c，d 是实数(见(9.3.3)).

(a) 令 $\bar{\alpha}=a-b\boldsymbol{i}-c\boldsymbol{j}-d\boldsymbol{k}$．计算 $\bar{\alpha}\alpha$.

(b) 证明每个 $\alpha\neq 0$ 有一个乘法逆.

(c) 证明使得 $a^2+b^2+c^2+d^2=1$ 的四元数 α 的集合在乘法下构成一个与 SU_2 同构的群.

M.5 仿射群是 A_n 是由 GL_n 与平移 $t_a(x)=x+a$ 的群 T_n 生成的 $\mathbf{R}^n$ 的变换群，证明 T_n 是 A_n 的正规子群且 A_n/T_n 同构于 GL_n.

M.6 (凯莱变换)设 U 表示使得 $I+A$ 为可逆的矩阵 A 的集合，并定义 $A'=(I-A)(I+A)^{-1}$.

(a) 证明：如果 A 属于 U，则 A'也属于 U，且$(A')'=A$.

(b) 设 V 表示由实斜对称 $n\times n$ 矩阵组成的向量空间．证明法则 $A\rightsquigarrow(I-A)(I+A)^{-1}$定义了 V 中 0 的一个邻域到 SO_n 中 I 的一个邻域的一个同胚.

(c) 对于酉群有类似的结论吗？

(d) 设 $S=\begin{bmatrix} 0 & I \\ -I & 0 \end{bmatrix}$．证明 U 中的矩阵 A 是辛的当且仅当$(A')^{t}S=-SA'$.

M.7 设 $G=SL_2$．$\mathbf{R}^2$ 中的一条射线是从原点到无穷远点的半直线．射线与 $\mathbf{R}^2$ 中单位 1-球面上的点一一对应.

(a) 确定射线$\{re_1 \mid r\geqslant 0\}$的稳定化子 H.

(b) 证明由 $f(P, B)=PB$ 定义的映射 $f: H\times SO_2\to G$ 是一个同胚(不是一个同态).

(c) 用(b)确定 SL_2 的拓扑结构.

M.8 2 维时空是 3 维实列向量空间，带有洛仑兹型$\langle Y, Y'\rangle=Y^{t}I_{2,1}Y'=y_1y_1'+y_2y_2'-y_3y_3'$.
实的迹零的 2×2 矩阵空间 W 有基 $\boldsymbol{B}=(w_1, w_2, w_3)$，其中

$$w_1=\begin{bmatrix}1 & \\ & -1\end{bmatrix},\quad w_2=\begin{bmatrix} & 1\\ 1 & \end{bmatrix},\quad w_3\begin{bmatrix} & 1\\ -1 & \end{bmatrix}$$

(a) 证明：如果 $A=\boldsymbol{B}Y$ 与 $A'=\boldsymbol{B}Y'$ 是迹零矩阵，则洛仑兹型适用于 $\langle A, A'\rangle=y_1y_1'+y_2y_2'-y_3y_3'=\frac{1}{2}\mathrm{trace}(AA')$.

(b) 群 SL_2 通过共轭作用到空间 W 上．用这个作用定义同态 $\varphi: SL_2\to O_{2,1}$，其核是 $\{\pm I\}$.

*(c) 证明洛仑兹群 $O_{2,1}$ 有 4 个连通分支，且 φ 的像是包含恒等元的分支.

M.9　二十面体群是十二面体的所有对称(包括逆向对称)的群 G_1 里指标为 2 的子群．交错群 A_5 是对称群 $G_2=S_5$ 的指标为 2 的子群．最后，考虑自旋同态 $\varphi: SU_2\to SO_3$．令 G_3 为二十面体群在 SU_2 里的逆像．群 G_i 中哪些是同构的？

288

*M.10　令 P 是 SU_2 里的矩阵(9.3.1)，且设 T 表示 SU_2 里的对角矩阵的子群．证明：如果 P 的元素 a，b 不为零，则双陪集 TPT 同胚于环面，并描述余下的双陪集(见第二章，练习 M.9).

*M.11　线性群 G 的伴随表示是它的李代数上的共轭表示：由 $P, A\rightsquigarrow PAP^{-1}$ 定义的映射 $G\times L\to L$．L 上的型 $\langle A, A'\rangle=\mathrm{trace}(AA')$ 称为基灵型．对下列群，证明如果 P 属于 G，A 属于 L，则 PAP^{-1} 属于 L．证明基灵型是对称双线性型，并且作用与型相容，即 $\langle A, A'\rangle=\langle PAP^{-1}, PA'P^{-1}\rangle$.

(a) SU_n　(b) $O_{3,1}$　(c) $SO_n(\mathbf{C})$　(d) SP_{2n}

*M.12　确定如下李代数上基灵型的符号差(练习 M.11)：

(a) SU_n　(b) SO_n　(c) SL_n

*M.13　用 $SL_2(\mathbf{C})$ 的伴随表示(练习 M.11)定义同构 $SL_2(\mathbf{C})/\{\pm I\}\approx SO_3(\mathbf{C})$.

289

第十章 群 表 示

在一个多世纪里数学家花费了巨大的努力来消除群论中的混乱，

然而我们仍不能回答一些最简单的问题.

——Richard Brauer

当研究带有对称的结构时，数学与其他科学就产生了群表示. 如果对某个物品(化学里也可能是分子振动)做所有可能的测量，并收集结果成"状态向量"，则分子的对称将变换那个向量. 这就产生了对称群在向量空间上的作用，即能够帮助分析结构的群表示.

第一节 定 义

在本章里，GL_n 表示一般复线性群 $GL_n(\mathbf{C})$.

群 G 的矩阵表示是从 G 到一个一般复线性群的同态

【10.1.1】
$$R: G \to GL_n$$

数字 n 是表示的维数.

我们用记号 R_g 而不是 $R(g)$ 表示群元素 g 的像. 每个 R_g 是个可逆矩阵，R 是同态的叙述读作

【10.1.2】
$$R_{gh} = R_g R_h$$

如果一个群由生成元和关系给出，比如说，$\langle x_1, \cdots, x_n | r_1, \cdots, r_k \rangle$，则矩阵表示可通过指派满足关系的矩阵 $R_{x_1}, \cdots, R_{x_n}$ 定义. 例如，对称群 S_3 可表示为 $\langle x, y | x^3, y^2, xyxy \rangle$，所以，$S_3$ 的一个表示由使得 $R_x^3 = I$，$R_y^2 = I$ 与 $R_x R_y R_x R_y = I$ 的矩阵 R_x 与 R_y 定义. 除这些所需关系之外，还有一些关系也成立.

因为 S_3 同构于二面体群 D_3，所以它有一个 2 维矩阵表示，记为 A. 我们以原点为其中心放置一个等边三角形，使得它的一个顶点在 e_1 轴. 这样，它的对称群将由转过角度 $2\pi/3$ 的旋转 A_x 与关于 e_1 轴的反射 A_y 生成. 设 $c = \cos 2\pi/3$，$s = \sin 2\pi/3$，

290

【10.1.3】
$$A_x = \begin{bmatrix} c & -s \\ s & c \end{bmatrix}, \quad A_y = \begin{bmatrix} 1 & 0 \\ 0 & -1 \end{bmatrix}$$

我们将其称为二面体群 D_3 与 S_3 的标准表示.

注 表示 R 是忠实的，如果同态 $R: G \to GL_n$ 是单的. 所以同构地映 G 到它的像(即 GL_n 的子群). S_3 的标准表示是忠实的.

S_3 的第二个表示是 1 维符号表示 Σ. 它在群元素上的值是 1×1 矩阵，其元素是置换的符号：

【10.1.4】
$$\Sigma_x = [1], \quad \Sigma_y = [-1]$$

这不是忠实表示.

最后，每个群都有平凡表示，是取值恒为 1 的 1 维表示：

【10.1.5】 $$T_x=[1],\quad T_y=[1]$$

存在 S_3 的其他表示，包括置换矩阵表示和 $\mathbf{R}^3$ 的旋转群表示．但我们将看到，这个群的每个表示可由三个表示 A，Σ 与 T 构造出来．

因为它们涉及几个矩阵，其中每个矩阵有许多元素，故表示在符号上是复杂的．理解它们的秘诀是扔掉矩阵含有的绝大部分信息，仅保留一个必要部分，即保留它的迹或特征标．

注 矩阵表示 R 的特征标 χ_R 是其定义域为群 G 的复值函数，由 $\chi_R(g)=\mathrm{trace}R_g$ 定义．

特征标通常记为 χ(希腊字母“chi”)．已定义的对称群的三个表示的特征标展示在下面的表里，群元素以通常顺序列出．

【10.1.6】

	1	x	x^2	y	xy	x^2y
χ_T	1	1	1	1	1	1
χ_Σ	1	1	1	-1	-1	-1
χ_A	2	-1	-1	0	0	0

在这个表里可观察到几个有趣的现象：

- 行构成长度为 6 的正交向量，S_3 的阶也是 6．列也是正交的．

这些令人惊讶的事实阐明了关于特征标的漂亮的主要定理 10.4.6． 291

两个其他现象是更基本的：

- $\chi_R(1)$是表示的维数，也叫特征标的维数．

  因为表示是同态，故它把群里的恒等元映为恒等矩阵．所以，$\chi_R(1)$是恒等矩阵的迹．

- 特征标在共轭类上为常数．

  (S_3 里的共轭类是集合$\{1\}$，$\{x,\ x^2\}$与$\{y,\ xy,\ x^2y\}$.)

这个现象解释如下：令 g 与 g'是群 G 的共轭类，比如说 $g'=hgh^{-1}$．因为表示 R 是同态，故 $R_{g'}=R_hR_gR_h^{-1}$．所以，$R_{g'}$ 与 R_g 是共轭矩阵．共轭矩阵有相同的迹．

当研究表示时，本质上尽可能不用固定的基，为此，我们引入群在一个有限维向量空间 V 上的表示的概念．用

【10.1.7】 $$GL(V)$$

记 V 上可逆线性变换群，合成法则是算子合成．总假设 V 是有限维复向量空间，且不是零空间．

注 群 G 在复向量空间 V 上的表示为同态

【10.1.8】 $$\rho: G\to GL(V)$$

于是，表示给每个群元素指派一个线性算子．矩阵表示可看成 G 在列向量空间上的表示．

有限旋转群(6.12)的元素是 3 维欧几里得空间 V 的没有涉及基的旋转，且这些正交算

子给出所谓的群的标准表示.(我们使用这个术语，尽管对于 D_3，它与(10.1.3)冲突.)对于其他表示也用符号 ρ，这并不蕴含算子 ρ_g 是旋转.

如果 ρ 是一个表示，为保留符号 g 而不碍事，我们用 ρ_g 而不是 $\rho(g)$ 来记 $GL(V)$ 中元素 g 的像. 应用 ρ_g 到向量 v 的结果写为

$$\rho_g(v) \quad 或 \quad \rho_g v$$

由于 ρ 是一个同态，故

【10.1.9】
$$\rho_{gh} = \rho_g \rho_h$$

V 的基 $\boldsymbol{B}=(v_1, \cdots, v_n)$ 的选择定义了从 $GL(V)$ 到一般线性群 GL_n 的同构：

【10.1.10】
$$\begin{gathered} CL(V) \to GL_n \\ T \rightsquigarrow T \text{ 的矩阵} \end{gathered}$$

且表示 ρ 通过规则

292

【10.1.11】
$$\rho_g \rightsquigarrow \text{它的矩阵} = R_g$$

定义了矩阵表示 R. 这样，如果我们想选择一个基，则有限维向量空间上 G 的每个表示可成为一个矩阵表示. 为了作具体计算我们会选择一个基，但必须确定哪些性质与基无关，哪个基要好一些.

V 的由矩阵 P 给出的基变换将伴随于 ρ 的矩阵表示 R 变为共轭表示 $R'=P^{-1}RP$，亦即

【10.1.12】
$$R'_g = P^{-1} R_g P$$

其中对 G 的每个 g，P 是相同的. 这由基的变换规则 4.3.5 得到.

注 群 G 的由线性算子在向量空间 V 上的作用是基础集上的作用：

【10.1.13】
$$1v = v, \quad (gh)v = g(hv)$$

此外，每个群元素作为线性算子作用. 写出来就得到了规则

【10.1.14】
$$g(v+v') = gv + gv' \quad 与 \quad g(cv) = cgv$$

这两个规则加上(10.1.13)就给出了这个作用的全部公理. 我们也可像前面一样考虑其轨道和稳定子.

“线性算子在 V 上的作用”与“V 上的表示”这两个概念是等价的. 给定 G 在 V 上的一个表示 ρ，我们可用

【10.1.15】
$$gv = \rho_g(v)$$

定义 G 在 V 上的一个作用. 反过来，给定一个作用，同样的公式可用来定义算子 ρ_g.

这样对 g 在 v 上的作用有两个记号(10.1.15)，我们将交替使用它们，记号 gv 更为紧凑，我们会尽可能地使用它，尽管意思模糊，因为没有对特别指定 ρ.

注 从群 G 的一个表示 $\rho: G\to GL(V)$ 到另一个表示 $\rho': G\to GL(V')$ 是向量空间的同构 $T: V\to V'$，它是一个可逆线性变换，与 G 的作用相容：

【10.1.16】
$$T(gv) = gT(v)$$

对所有 $v\in V$ 与所有 $g\in G$ 成立. 如果 $T: V\to V'$ 是同构，且如果 $\boldsymbol{B}$ 与 $\boldsymbol{B}'$ 是 V 与 V' 对应的基，则伴随矩阵表示 R_g 与 $R_{g'}$ 是相等的.

本章的主题是确定群 G 的复表示——有限维非零复向量空间上的表示——的同构类．任一个实矩阵表示，诸如上面描述的 S_3 的表示，都可用来定义复表示，简单地把实矩阵解释为复矩阵就行了．我们将这样做而不做更多的解释．在最后一节，我们的群是有限的． 293

第二节　既约表示

令 ρ 是有限群 G 在(非零，有限维)复向量空间 V 上的表示．一个向量 v 是 G-不变的，如果每个群元素的作用固定这个向量不动：

【10.2.1】 $$gv = v \text{ 或 } \rho_g(v) = v, \quad \text{对所有 } g \in G$$

大部分向量不是 G-不变的．然而，从任一个向量 v 开始，通过平均整个群可得到 G-不变的向量．平均是经常用到的一个重要过程．以前在第六章我们用过一次求平面上有限群作用的不动点．G-不变平均向量是

【10.2.2】 $$\tilde{v} = \frac{1}{|G|}\sum_{g\in G} gv$$

对于正规化因子 $\frac{1}{|G|}$ 的理由是，如果 v 本身恰好是 G-不变的，则 $\tilde{v}=v$.

我们证明 $\tilde{v}$ 是 G-不变的：因为符号 g 在和式使用(10.2.2)，所以把 G-不变条件写为对所有 $h\in G$，$h\tilde{v}=\tilde{v}$．证明是基于 h 的左乘定义了一个从 G 到自身的双射的事实．做替换 $g'=hg$．这样，当 g 遍历群 G 的元素时，g' 也遍历，尽管遍历的顺序不同，且

【10.2.3】 $$h\tilde{v} = h\frac{1}{|G|}\sum_{g\in G} gv = \frac{1}{|G|}\sum_{g\in G} g'v = \frac{1}{|G|}\sum_{g\in G} gv = \tilde{v}$$

当第一次看到这个推理时，可能让人觉得混乱．所以，我们以 $G=S_3$ 为例加以说明．按通常那样列出群的元素：$g=1$，x，x^2，y，xy，x^2y．这样，$g'=hg$ 列出群的元素顺序 $g'=y$，x^2y，xy，1，x^2，x．于是

$$\sum_{g\in G} g'v = yv + x^2yv + xyv + 1v + x^2v + xv = \sum_{g\in G} gv$$

h 的左乘是双射的事实蕴含着 g' 将永远以某个顺序遍历群．请研究这个重置下标的技巧．

平均过程也许没有产生有意思的向量．有可能 $\tilde{v}=0$.

接下来，我们转到 G-不变子空间．

注　令 ρ 是 G 在 V 上的表示．V 的子空间 W 称为 G-不变的，如果 $gw\in W$ 对所有 $w\in W$ 与所有 $g\in G$ 成立．于是，群元素的作用把 W 变到自身：对所有 g，

【10.2.4】 $$gW \subset W \quad \text{或} \quad \rho_g W \subset W$$

这是第四章第四节引进的 T-不变子空间的概念的延伸．我们在这里要问，对每个算子 ρ_g，W 是不变子空间吗？

当 W 为 G-不变时，可限制 G 的作用得到 G 在 W 上的表示．

【10.2.5】引理　如果 W 是 V 的不变子空间，则 $gW=W$ 对所有 $g\in G$ 成立． 294

证明　因为群元素是可逆的，故它们在 V 上的作用是可逆的．所以，gW 与 W 有相同

的维数．如果 $gW \subset W$，则 $gW=W$． ■

注 如果 V 是 G-不变子空间的直和，比如说 $V=W_1 \oplus W_2$，则 V 上的表示 ρ 叫做它在 W_1 与 W_2 上限制的直和，写为

【10.2.6】
$$\rho = \alpha \oplus \beta$$

其中 α 与 β 分别表示 ρ 在 W_1 与 W_2 上的限制．假设正是这种情形，且设 $\boldsymbol{B}=(\boldsymbol{B}_1, \boldsymbol{B}_2)$ 是由相继列出 W_1 与 W_2 的基得到的 V 的基．则 ρ_g 的矩阵将有分块矩阵形式

【10.2.7】
$$R_g = \begin{bmatrix} A_g & 0 \\ 0 & B_g \end{bmatrix}$$

其中 A_g 是 α 关于所选取的基的矩阵，B_g 是 β 关于所选取的基的矩阵．块 A_g 下面的零反映了 g 的作用没有使子空间 W_1 的向量跑出 W_1 的事实，而 B_g 上面的零反映了 W_2 的类似事实．

反过来，如果 R 是一个矩阵表示，且如果所有矩阵 R_g 有分块矩阵形式(10.2.7)，其中 A_g 与 B_g 是方阵，我们就说矩阵表示 R 是直和 $A \oplus B$．

例如，因为对称群 S_3 同构于二面体群 D_3，故它是一个旋转群，是 SO_3 的子群．选取坐标使得 x 像绕 e_3 轴转过角度 $2\pi/3$ 的旋转那样作用在 $\mathbf{R}^3$ 上，而 y 像绕 e_1 轴转过角度 π 的旋转那样作用．这就给出了 3 维矩阵表示 M：

【10.2.8】
$$M_x = \begin{bmatrix} c & -s & \\ s & c & \\ & & 1 \end{bmatrix}, \quad M_y = \begin{bmatrix} 1 & & \\ & -1 & \\ & & -1 \end{bmatrix}$$

其中 $c=\cos 2\pi/3$，$s=\sin 2\pi/3$．我们看到 M 有块分解，且它是标准表示与符号表示的直和 $A \oplus \Sigma$．

甚至当表示 ρ 为直和时，用基得到的矩阵表示也没有分块矩阵形式，除非基与直和分解相容．当一个表示没有用合适的基表出时，如果不做进一步的分析，将很难说一个表示是否为直和．但如果我们找到表示 ρ 的这样一个分解，则可试着进一步分解分量 α 与 β，一直继续到不能分解为止．

注 如果 ρ 是群 G 在 V 上的一个表示，且如果 V 没有真的 G-不变子空间，则 ρ 称为既约表示．如果有真的 G-不变子空间，则 ρ 是可约的．

S_3 的标准表示是既约的．

假设表示 ρ 是可约的，且令 W 是 V 的真 G-不变子空间．设 α 是 ρ 在 W 上的限制．我们把 W 的基扩展为 V 的基，比如说 $\boldsymbol{B}=(w_1, \cdots, w_k; v_{k+1}, \cdots, v_d)$．$\rho_g$ 的矩阵有分块矩阵形式

295

【10.2.9】
$$R_g = \begin{bmatrix} A_g & * \\ 0 & B_g \end{bmatrix}$$

其中 A 是 α 的矩阵，而 B_g 是 G 的其他矩阵表示的矩阵．我认为用 $*$ 表示的块是“废物”．下面的马什克定理告诉我们可避开这个废物．但要这样做，就必须更谨慎地选取基．

【10.2.10】**定理**(马什克定理) 有限群 G 在非零有限维复向量空间上的每个表示为既约表示的直和.

这个定理将在下一节证明. 这里我们用例子说明它，其中 G 为对称群 S_3. 考虑 S_3 的通过与置换 $x=(\mathbf{1\ 2\ 3})$ 与 $y=(\mathbf{1\ 2})$ 对应的置换矩阵表出的表示. 用 N 记这个表示：

【10.2.11】
$$N_x=\begin{bmatrix}0&0&1\\1&0&0\\0&1&1\end{bmatrix},\quad N_y=\begin{bmatrix}0&1&0\\1&0&0\\0&0&1\end{bmatrix}$$

这对矩阵没有块分解. 然而，向量 $w_1=(1, 1, 1)^t$ 为这两个矩阵所固定不动，于是它是 G-不变的，且由 w_1 张成的 1 维子空间 W 也是 G-不变的. N 在这个子空间的限制是平凡表示 T. 把 $\mathbf{C}^3$ 的标准基变换为 $\boldsymbol{B}=(w_1, e_2, e_3)$. 关于这个新基，表示 N 变为如下：

$$P=[\boldsymbol{B}]=\left[\begin{array}{c|cc}1&0&0\\\hline 1&1&0\\1&0&1\end{array}\right];\quad P^{-1}N_xP=\left[\begin{array}{c|cc}1&0&1\\\hline 0&0&-1\\0&1&-1\end{array}\right],\quad P^{-1}N_yP=\left[\begin{array}{c|cc}1&1&0\\\hline 0&-1&0\\0&-1&1\end{array}\right]$$

右上的块不是 0，所以，我们没有表示的直和分解.

存在更好的方法：矩阵 N_x 与 N_y 是酉的，所以，N_g 对所有 $g\in G$ 是酉矩阵.（它们是正交的，但我们正在考虑复表示.）酉矩阵保持正交性. 因为 W 是 G-不变的，故正交空间 $W^\perp$ 也是 G-不变的(见(10.3.4)). 如果从 $W^\perp$ 选取向量 w_2 与 w_3 构成一个基，则废物消失. 置换表示 N 同构于直和 $T\oplus A$. 不久，我们将有技术来很简单地证明这个结论. 所以，这里我们不要担心这样做.

使用正交空间所做的表示分解展示了我们下面研究的一般方法.

第三节 酉 表 示

令 V 是埃尔米特空间——具有正定埃尔米特型 $\langle\,,\rangle$ 的复向量空间. V 上的酉算子是具有性质

【10.3.1】
$$\langle Tv, Tw\rangle=\langle v, w\rangle$$

的线性算子，其中所有 v，$w\in V$(8.6.3). 如果 A 是线性算子 T 关于一个正交基的矩阵，则 T 是酉的当且仅当 A 是酉矩阵：$A^*=A^{-1}$.

296

注 埃尔米特空间 V 上的表示 $\rho:G\to GL(V)$ 称为酉的，如果对每个 g，ρ_g 是酉算子. 可写这个条件为：

【10.3.2】
$$\langle gv, gw\rangle=\langle v, w\rangle \quad 或 \quad \langle\rho_g v, \rho_g w\rangle=\langle v, w\rangle$$

对所有 v，$w\in V$ 和所有 $g\in G$ 成立. 类似地，矩阵表示 $R:G\to GL_n$ 是酉的，如果对每个 $g\in G$，R_g 是酉矩阵. 一个酉矩阵表示是从 G 到酉群的同态：

【10.3.3】
$$R:G\to U_n$$

埃尔米特空间上的表示ρ是酉的当且仅当用正交基得到的矩阵表示是酉的.

【10.3.4】引理 令ρ是G在埃尔米特空间V上的酉表示，且设W是G-不变子空间. 正交补$W^\perp$也是G-不变的，且ρ是它在埃尔米特空间W与$W^\perp$上限制的直和. 这些限制也是酉表示.

证明 $V=W\oplus W^\perp$成立(8.5.1). 因为ρ是酉的，故它保持正交性：如果W是不变的，且$u\perp W$，则$gu\perp gW=W$. 这意味着，如果$u\in W^\perp$，则$gu\in W^\perp$. ■

下一个推论用归纳法由该引理得到.

【10.3.5】推论 埃尔米特向量空间V上的每个酉表示$\rho:G\to GL(V)$是既约表示的正交和.

这里的技巧是对酉表示把条件(10.3.2)反过来，将其看作型的条件而不是表示的条件. 假设已知向量空间V上的表示$\rho:G\to GL(V)$，且设$\langle,\rangle$是V上正定埃尔米特型. 我们说型是G-不变的，如果(10.3.2)成立. 当用型使V成为埃尔米特空间时，这恰与说表示为酉的是一样的. 但如果表示ρ已给定，则我们可自由地选取型.

【10.3.6】定理 令$\rho:G\to GL(V)$是有限群在向量空间V上的表示，则V上存在G-不变的正定埃尔米特型.

证明 我们从V上任意一个正定埃尔米特型开始，记这个型为$\{,\}$. 例如，可选取V的一个基，并用其把$\mathbf{C}^n$上的标准埃尔米特型X^*Y转换到V上. 这样，我们用平均过程构造另一个型. 平均型定义为

【10.3.7】
$$\langle v,w\rangle=\frac{1}{|G|}\sum_{g\in G}\{gv,gw\}$$

我们断言这个型是埃尔米特的、正定的且是G-不变的. 容易证明这些性质. 我们略去前两个的证明，但证明G-不变性. 证明与证明平均产生G-不变向量(10.2.3)几乎相同，除了这里基于G的元素h的右乘定义双射$G\to G$的事实.

297

令h是G的元素. 必须证明$\langle hv, hw\rangle=\langle v, w\rangle$对所有$v, w\in V$(10.3.2)成立. 做替换$g'=gh$. 当$g$遍历群时，$g'$也遍历群. 这样

$$\langle hv,hw\rangle=\frac{1}{|G|}\sum_{g}\{ghv,ghw\}=\frac{1}{|G|}\sum_{g}\{g'v,g'w\}=\frac{1}{|G|}\sum_{g}\{gv,gw\}=\langle v,w\rangle$$ ■

定理10.3.6有著名的推论：

【10.3.8】推论

(a)(马什克定理)有限群G的每个表示是既约表示的直和.

(b) 令$\rho:G\to GL(V)$是有限群G在向量空间V上的表示，则V存在基$\mathbf{B}$使得由ρ用这个基得到的矩阵表示是酉的.

(c) 令$R:G\to GL_n$是有限群G的矩阵表示，则存在可逆矩阵P使得$R'_g=P^{-1}R_gP$对所有g是酉的，亦即，使得R'是从G到酉群U_n的同态.

(d) GL_n的每个有限子群与酉群U_n的子群共轭.

证明

(a) 这由定理10.3.6与推论10.3.5得到.

(b) 已知 ρ，选取 V 上的 G-不变正定埃尔米特型，且取 $\boldsymbol{B}$ 为关于这个型的标准正交基，则伴随矩阵表示是酉的.

(c) 这是(b)的矩阵形式. 把 R 看作空间 $\mathbf{C}^n$ 上的表示，然后变换基，则它以通常方式导出.

(d) 把子群 H 到 GL_n 的包含看成 H 的矩阵表示，由(c)得到该结论. ■

这个推论提供了定理 4.7.14 的另一个证明：

【10.3.9】**推论** $GL_n(\mathbf{C})$的每个有限阶矩阵 A 是可对角化的.

证明 矩阵 A 生成 GL_n 的有限子群. 由定理 10.3.8(d)，这个子群与酉群的一个子群共轭. 因此，A 与一个酉矩阵共轭. 谱定理 8.6.8 告诉我们酉矩阵可对角化. 所以，A 可对角化. ■

第四节 特 征 标

如同第一节所提到的，几乎只用特征标研究表示的一个理由是因为表示是复杂的. 表示 ρ 的特征标 χ 是复值函数，其定义域为群 G，定义如下： 298

【10.4.1】
$$\chi(g) = \mathrm{trace}\rho_g$$

如果 R 是由 ρ 通过基的选取得到的矩阵表示，则 χ 也是 R 的特征标. 向量空间 V 的维数叫做表示 ρ 的维数，也是它的特征标 χ 的维数. 既约表示的特征标叫做既约特征标.

下面是特征标的一些基本性质.

【10.4.2】**命题** 令 χ 是有限群 G 的表示 ρ 的特征标.

(a) $\chi(1)$是 χ 的维数.

(b) 特征标在共轭类上为常数：如果 $g'=hgh^{-1}$，则 $\chi(g')=\chi(g)$.

(c) 令 g 是G 的 k 阶元素. ρ_g 的特征多项式的根是 k 次单位根 $\zeta=\mathrm{e}^{2\pi\mathrm{i}/k}$ 的幂. 如果 ρ 的维数为 d，则 $\chi(g)$是 d 个这样幂的和.

(d) $\chi(g^{-1})$是 $\chi(g)$的复共轭$\overline{\chi(g)}$.

(e) 表示的直和 $\rho\oplus\rho'$的特征标是它们特征标的和 $\chi+\chi'$.

(f) 同构表示有相同的特征标.

证明

(a) 与(b)以前对于矩阵表示讨论过(见(10.1.6)).

(c) ρ_g 的迹是它的特征值的和. 如果 λ 是 ρ_g 的特征值，则 λ^k 是 ρ_g^k 的特征值，且如果 $g^k=1$，则 $\rho_g^k=1$，$\lambda^k=1$. 所以，λ 是 ζ 的幂.

(d) R_g 的特征值 λ_1，…，λ_d 有绝对值 1，因为它们是单位根. 对于有绝对值 1 的任意复数 λ，有 $\lambda^{-1}=\bar{\lambda}$. 所以，$\chi(g^{-1})=\lambda_1^{-1}+\cdots+\lambda_d^{-1}=\bar{\lambda}_1+\cdots+\bar{\lambda}_d=\overline{\chi(g)}$.

(e) 与(f)是显然的. ■

简化特征标的计算有两点．第一，因为χ在共轭类上为常数，故仅需确定每个类里一个元素(即代表元)上的值χ．第二，因为迹与基无关，故对每个群元素可选取一个方便的基来计算它．对所有元素不需要同一个基．

特征标上存在埃尔米特积，定义为

【10.4.3】
$$\langle\chi,\chi'\rangle=\frac{1}{|G|}\sum_{g}\overline{\chi(g)}\chi'(g)$$

当把χ与χ'如同表10.1.6中那样视为向量时，这是通过因子$\frac{1}{|G|}$做了标准埃尔米特特积

299 (8.3.3)．

对每个共轭类把项分组重写这个公式是方便的．这是允许的，因为特征标在它们上是常数．我们把共轭类任意地标号为C_1，…，C_r，并用c_i表示类C_i的阶．我们还在类C_i里选取代表元g_i．这样

【10.4.4】
$$\langle\chi,\chi'\rangle=\frac{1}{|G|}\sum_{i=1}^{r}c_i\,\overline{\chi(g_i)}\chi'(g_i)$$

回到我们通常的例子：令G是对称群S_3．它的类方程是$6=1+2+3$，且元素1，x，y分别代表阶为1，2，3的共轭类．这样

$$\langle\chi,\chi'\rangle=\frac{1}{6}(\overline{\chi(1)}\chi'(1)+2\overline{\chi(x)}\chi'(x)+3\overline{\chi(y)}\chi'(y))$$

观察表10.1.6，我们发现

【10.4.5】
$$\langle\chi_A,\chi_A\rangle=\frac{1}{6}(4+2+0)=1,\langle\chi_A,\chi_\Sigma\rangle=\frac{1}{6}(2+(-2)+0)=0$$

特征标χ_T，χ_Σ，χ_A关于埃尔米特积$\langle,\rangle$是正交的．

这些计算展示了关于特征标的主要定理．这是代数学最漂亮的定理之一，因为它是如此的优美，如此地简化了表示的分类问题．

【10.4.6】定理(主要定理)　令G是有限群．

(a)(正交关系)G的既约特征标是标准正交的：如果χ_i是既约表示ρ_i的特征标，则$\langle\chi_i,\chi_i\rangle=1$．如果$\chi_i$与$\chi_j$是非同构既约表示$\rho_i$与$\rho_j$的特征标，则$\langle\chi_i,\chi_j\rangle=0$．

(b)存在有限多个既约表示的同构类，其个数与群的共轭类的个数一样多．

(c)设ρ_1，…，ρ_r表示G的既约表示的同构类，且设χ_1，…，χ_r是它们的特征标，则ρ_i(或χ_i)的维数d_i整除群的阶$|G|$，且$|G|=d_1^2+\cdots+d_r^2$．

这个定理将在第八节中证明，但不证明d_i整除$|G|$．

应该将(c)与类方程比较．令共轭类是C_1，…，C_r，且设$c_i=|C_i|$，则c_i整除$|G|$，且$|G|=c_1+\cdots+c_r$．

主要定理允许我们用正交投影公式(8.4.11)将任一特征标分解为既约特征标的线性组合．马什克定理告诉我们每个表示ρ同构于既约表示ρ_1，…，ρ_r的直和．用符号将其写为

【10.4.7】 $$\rho \approx n_1\rho_1 \oplus \cdots \oplus n_r\rho_r$$

其中 n_i 是非负整数，且 $n_i\rho_i$ 代表 n_i 个 ρ_i 的直和.

300

【10.4.8】推论 令 ρ_1，…，ρ_r 表示有限群 G 的既约表示的同构类，且设 ρ 是 G 的任意表示. 令 χ_i 与 χ 分别是 ρ_i 与 ρ 的特征标，且设 $n_i=\langle\chi, \chi_i\rangle$. 那么

(a) $\chi=n_1\chi_1+\cdots+n_r\chi_r$，

(b) ρ 同构于 $n_1\rho_1 \oplus\cdots\oplus n_r\rho_r$.

(c) 有限群 G 的两个表示 ρ 与 ρ' 是同构的当且仅当它们的特征标是相等的.

证明 任一个表示 ρ 同构于表示 ρ_i 的整数线性组合 $m_1\rho_1 \oplus\cdots\oplus m_r\rho_r$，从而 $\chi=m_1\chi_1 \oplus\cdots\oplus m_r\chi_r$(引理 10.4.2). 因为特征标 χ_i 是正交的，故投影公式表明 $m_i=n_i$. 这就证明了(a)与(b)，进一步可得(c). ■

【10.4.9】推论 对任意特征标 χ 与 χ'，$\langle\chi, \chi'\rangle$是整数.

还要注意，对于 χ 如同 10.4.8(a)，有

【10.4.10】 $$\langle\chi,\chi\rangle = n_1^2 + \cdots + n_r^2$$

这个公式的一些推论是：

$\langle\chi, \chi\rangle=1\Leftrightarrow\chi$ 是既约特征标，

$\langle\chi, \chi\rangle=2\Leftrightarrow\chi$ 是两个不同既约特征标的和，

$\langle\chi, \chi\rangle=3\Leftrightarrow\chi$ 是三个不同既约特征标的和，

$\langle\chi, \chi\rangle=4\Leftrightarrow\chi$ 或是四个不同既约特征标的和，或对某个既约特征标 χ_i 有 $\chi=2\chi_i$.

群上的在每个共轭类上为常数的复值函数(诸如特征标)叫做类函数. 对每个共轭类通过指派任意值可给出类函数 φ. 所以，类函数的复向量空间$\mathcal{H}$的维数等于共轭类的个数. 我们用与(10.4.3)相同的积使$\mathcal{H}$成为埃尔米特空间：

$$\langle\varphi,\psi\rangle = \frac{1}{|G|}\sum_g \overline{\varphi(g)}\psi(g)$$

【10.4.11】推论 既约特征标构成类函数空间$\mathcal{H}$的标准正交基.

证明 这由主要定理(a)与(b)可得. 特征标是无关的，因为它们是正交的. 它们张成$\mathcal{H}$，因为$\mathcal{H}$的维数等于共轭类的个数. ■

利用主要定理容易看出，T，Σ 和 A 代表群 S_3 的既约表示的所有同构类(见本章第一节). 由于有三个共轭类，故有三个既约表示. 在(10.4.5)上面我们证明了$\langle\chi_A, \chi_A\rangle=1$，所以，$A$ 是既约表示. 表示 T 与 Σ 显然是既约的，因为它们是 1 维的. 而这三个表示又是不同构的，因为它们的特征标是不同的.

301

群的既约特征标可列成一个表，即群的特征标表. 习惯上，特征标在共轭类上的值仅列出一次. 展示 S_3 的既约特征标的表 10.1.6 压缩成三列. 在下面的表里，S_3 里的三个共轭类由代表元 1，x，y 描述，为便于参考，共轭类的阶在它们上面的括号里给出. 我们对每个既约特征标指派一个指标：$\chi_T=\chi_1$，$\chi_\Sigma=\chi_2$，$\chi_A=\chi_3$.

	共轭类			
	(1)	(2)	(3)	类的阶
既约特征标	1	x	y	代表元
χ_1	1	1	1	特征标的值
χ_2	1	1	-1	
χ_3	2	-1	0	

【10.4.12】 对称群 S_3 的特征标表

在这样的表里，把平凡特征标(即平凡表示的特征标)放在了最上面的行里. 它全由 1 组成. 第一列列出了表示的维数(10.4.2)(a).

其次，我们确定四面体的 12 个旋转对称的四面体群 T 的特征标表. 令 x 表示绕一个面转过角度 $2\pi/3$ 的旋转，令 z 表示绕一个边的中心转过角度 π 的旋转，如同图 7.10.8 所示. 共轭类是 $C(1)$，$C(x)$，$C(x^2)$与 $C(z)$，它们的阶分别为 1，4，4 与 3. 所以，有 4 个既约特征标；设它们的维数为 d_i. 这样，$12=d_1^2+\cdots+d_4^2$. 这个方程的唯一解是 $12=1^2+1^2+1^2+3^2$，于是，既约表示的维数是 1，1，1，3，我们先写出元素不全的表：

	(1)	(4)	(4)	(3)
	1	x	x^2	z
χ_1	1	1	1	1
χ_2	1	a	b	c
χ_3	1	a'	b'	c'
χ_4	3	*	*	*

我们计算出型(10.4.4)在正交特征标 χ_1 与 χ_2 上的值.

【10.4.13】
$$\langle \chi_1, \chi_2 \rangle = \frac{1}{12}(1+4a+4b+3c)=0$$

因为 χ_2 是 1 维特征标，故 $\chi_2(z)=c$ 是 1×1 矩阵的迹. 这是矩阵里唯一的元素. 由于 $z^2=1$，故它的平方是 1. 所以，c 是 1 或 -1. 类似地，由于 $x^3=1$，故 $\chi_2(x)=a$ 是 $\omega=e^{2\pi i/3}$的幂. 于是，a 等于 1，ω 或 ω^2. 而且，$b=a^2$. 由(10.4.13)，可以看到 $a=1$ 是不可能的. 可能的值是 $a=\omega$ 或 ω^2，从而 $c=1$. 同样的推理应用到特征标 χ_3. 因为 χ_2 与 χ_3 是不同的，又因为它们可互换，所以可假设 $a=\omega$ 与 $a'=\omega^2$. 自然会猜测既约 3 维特征标 χ_4 也许是通过旋转是 T 的标准表示的特征标. 通过计算那个特征标并检验$\langle\chi, \chi\rangle=1$ 容易验证这个猜测. 因为我们知道其他特征标，所以 χ_4 也是由特征标是正交的事实确定的. 特征标表是

302

【10.4.14】

	(1)	(4)	(4)	(3)
	1	x	x^2	z
χ_1	1	1	1	1
χ_2	1	ω	ω^2	1
χ_3	1	ω^2	ω	1
χ_4	3	0	0	-1

四面体群的特征标表

这些表里的列是正交的. 这是个一般现象，其证明留作练习.

第五节 1 维特征标

1 维特征标是 G 在 1 维向量空间上的表示的特征标. 如果 ρ 是 1 维表示，则 ρ_g 由1×1 矩阵 R_g 表示，且 $\chi(g)$是矩阵里唯一元素. 非严格地说，

【10.5.1】
$$\chi(g) = \rho_g = R_g$$

1 维特征标 χ 是从 G 到 $GL_1=\mathbf{C}^\times$ 的同态，因为

$$\chi(gh) = \rho_{gh} = \rho_g\rho_h = \chi(g)\chi(h)$$

如果 χ 是 1 维的，且如果 g 是 G 的 k 阶元素，则 $\chi(g)$是本原单位根 $\zeta=e^{2\pi i/k}$ 的幂. 因为 $\mathbf{C}^\times$ 是阿贝尔的，故任一交换子都属于这样特征标的核.

观察特征标表可确定正规子群的许多事情. 1 维特征标 χ 的核为使得 $\chi(g)=1$ 的共轭类 $C(g)$的并. 例如，在四面体群 T 的特征标表中，特征标 χ_2 的核是两个共轭类的并，即为 $C(1)\cup C(y)$. 它是我们以前见到过的 4 阶正规子群.

注意 维数大于 1 的特征标不是同态. 这样的特征标所取的值是单位根的和.

【10.5.2】**定理** 令 G 是有限阿贝尔群.

(a) G 的每个既约特征标是 1 维的. 既约特征标的个数等于群的阶.

(b) G 的每个矩阵表示 R 是可对角化的：存在可逆矩阵 P 使得 $P^{-1}R_gP$ 对所有 g 是可对角化的.

303

证明 在 N 阶阿贝尔群里，有 N 个共轭类，每个都只含有单个元素. 根据主要定理，既约表示的个数也等于 N. 公式 $N=d_1^2+\cdots+d_N^2$ 表明对所有 i，$d_i=1$. ■

简单例子：3 阶循环群 $C_3=\{1, x, x^2\}$有 3 个 1 维的既约特征标. 如果 χ 是其中之一，则 $\chi(x)$是 $\omega=e^{2\pi i/3}$的幂，且 $\chi(x^2)=\chi(x)^2$. 因为存在 3 个 ω 的不同的幂与 3 个既约特征标，故 $\chi_i(x)$一定取到所有三个值. 所以，C_3 的特征标表为

【10.5.3】

	(1)	(1)	(1)
	1	x	x^2
χ_1	1	1	1
χ_2	1	ω	ω^2
χ_3	1	ω^2	ω

循环群 C_3 的特征标表

第六节 正 则 表 示

令 $S=\{s_1, \cdots, s_n\}$是群 G 作用其上的有限序集，且设 R_g 表示描述 S 上群元素 g 的作用的置换矩阵. 如果 g 作用于 S 上为置换 p，亦即，如果 $gs_i=s_{pi}$，则矩阵(见 1.5.7)

【10.6.1】 $$R_g = \sum_i e_{pi,i}$$

且 $R_g e_i = e_{pi}$. 映射 $g \rightsquigarrow R_g$ 定义 G 的矩阵表示 R，称为置换表示，尽管这个短语在第六章第十一节有不同的意义. S_3 的表示(10.2.11)是置换表示的例子.

S 的排序仅用于把 R_g 组织成矩阵. 不借助排序描述置换表示更好些. 为此，我们引进向量空间 V_S，它具有由 S 的元素作为下标的无序基$\{e_s\}$. V_S 的元素是线性组合 $\sum_g c_g e_g$，其中 c_g 是复系数. 如果已知 G 在 S 上的作用，则 G 在 V_S 上的伴随置换表示 ρ 由

【10.6.2】 $$\rho_g(e_s) = e_{gs}$$

定义. 当选取 S 的一个序时，基$\{e_s\}$变成有序基，且 ρ_g 的矩阵有上面描述的形式.

置换表示的特征标非常容易计算：

【10.6.3】引理 令 ρ 是伴随于群 G 在非空有限集合 S 上作用的置换表示，则所有 $g \in G$，$\chi(g)$ 是 S 的为 g 所固定不动的元素的个数.

证明 给 S 一个任意的序，则对为 g 所固定不动的每个元素，在矩阵 R_g 的对角线上存在 1(10.6.1)，且对不为 g 所固定不动的每个元素，存在 0. ■

304

当分解 G 所作用的集合为轨道时，我们将得到置换表示 ρ 或 R 的直和分解. 这很容易看到. 但有一个新的重要特征：容易得到线性组合的事实允许我们进一步将表示分解. 甚至当 G 在 S 上的作用是可迁时，ρ 也不是既约的，除非 S 是单元素集合.

【10.6.4】引理 令 R 是伴随于群 G 在非空有限集合 S 上作用的置换表示，当它的特征标 χ 写成既约特征标的整数组合时，则平凡特征标 χ_1 出现.

证明 V_S 的向量 $\sum_g e_g$ 对应于 $\mathbf{C}^n$ 里的$(1, 1, \cdots, 1)^t$，由 S 的每个置换所固定不动，所以，它张成 1 维 G-不变子空间，群在其上的作用是平凡的. ■

【10.6.5】例 令 G 是四面体群 T，且设 S 是四面体的顶点集$(v_1, \cdots, v_4)$. G 在 S 上的作用定义 G 的一个 4 维表示. 同前面一样(见 7.10.8)，令 x 表示绕一个面转过 $2\pi/3$ 角度的旋转，z 表示绕一个边转过角度 π 的旋转. 这样，x 是 3－循环$(\mathbf{2\,3\,4})$，而 z 是$(\mathbf{1\,3})(\mathbf{2\,4})$. 伴随置换表示为

【10.6.6】 $$R_x = \begin{bmatrix} 1 & 0 & 0 & 0 \\ 0 & 0 & 0 & 1 \\ 0 & 1 & 0 & 0 \\ 0 & 0 & 1 & 0 \end{bmatrix}, \quad R_z = \begin{bmatrix} 0 & 0 & 1 & 0 \\ 0 & 0 & 0 & 1 \\ 1 & 0 & 0 & 0 \\ 0 & 1 & 0 & 0 \end{bmatrix}$$

它的特征标为

【10.6.7】

	1	x	x^2	z
χ^{vert}	4	1	1	0

特征标表(10.4.14)表明 $\chi^{\text{vert}} = \chi_1 + \chi_4$. 附带提一下，确定特征标表中特征标 χ_4 的另一个

办法是验证$\langle\chi^{\text{vert}},\chi^{\text{vert}}\rangle=2$. 这样，$\chi^{\text{vert}}$是两个既约特征标的和. 引理 10.6.4 表明它们之一是平凡特征标χ_1. 所以，$\chi^{\text{vert}}-\chi_1$ 是既约特征标. 它一定是 χ_4. ■

注 群G的正则表示ρ^{reg}是伴随于G在自身左乘作用的表示. 它是向量空间V_G上的表示，而V_G具有由G的元素为指标的基$\{e_g\}$. 如果h是G的元素，则

【10.6.8】
$$\rho_g^{\text{reg}}(e_h)=e_{gh}$$

G的以左乘到自身的作用并不是一个特别有意思的作用，但其相伴随的置换表示ρ^{reg}是非常有意思的. 其特征标χ^{reg}特别简单：

【10.6.9】
$$\chi^{\text{reg}}(1)=|G|;\chi^{\text{reg}}(g)=0,\text{如果 } g\neq 1$$

这是成立的，因为χ^{reg}的维数是群的阶，且用g左乘不能保持G的任一元素不变，除了$g=1$的情形外.

305

这个简单的公式使得对于任意特征标χ容易计算$\langle\chi^{\text{reg}},\chi\rangle$：

【10.6.10】
$$\langle\chi^{\text{reg}},\chi\rangle=\frac{1}{|G|}\sum_g\overline{\chi^{\text{reg}}(g)}\chi(g)=\frac{1}{|G|}\overline{\chi^{\text{reg}}(1)}\chi(1)=\chi(1)=\dim\chi$$

【10.6.11】推论 令$\chi_1,\cdots,\chi_r$是有限群G的既约特征标，且设ρ_i是具有特征标χ_i的表示，设$d_i=\dim\chi_i$. 这样，$\chi^{\text{reg}}=d_1\chi_1+\cdots+d_r\chi_r$，且$\rho^{\text{reg}}$同构于$d_1\rho_1\oplus\cdots\oplus d_r\rho_r$.

这由(10.6.10)与投影公式得到. 难道它不漂亮吗？计算维数

【10.6.12】
$$|G|=\dim\chi^{\text{reg}}=\sum_{i=1}^r d_i\dim\chi_i=\sum_{i=1}^r d_i^2$$

这是主要定理(c)的公式. 所以，这个公式由正交关系(10.4.6)(a)得到.

例如，对称群S_3的正则表示的特征标是

	1	x	y
χ^{reg}	6	0	0

看S_3的特征标表(10.4.12)，会看到$\chi^{\text{reg}}=\chi_1+\chi_2+2\chi_3$，这正如所预期的.

确定四面体群的最后一个特征标χ_4(见(10.4.14))还有一个方法，即用关系$\chi^{\text{reg}}=\chi_1+\chi_2+\chi_3+3\chi_4$.

其次，我们确定二十面体群I的特征标表. 就我们所知，I同构于交错群A_5(7.4.4). 前面已经确定了共轭类(7.4.1). 它们列表如下，代表元取自A_5：

【10.6.13】

类	代表元
$C_1=\{1\}$	**(1)**
$C_2=15$ 个转过角度 π 的边旋转	**(1 2)(3 4)**
$C_3=20$ 个转过角度 $\pm 2\pi/3$ 的顶点旋转	**(1 2 3)**
$C_4=12$ 个转过角度 $\pm 2\pi/5$ 的面旋转	**(1 2 3 4 5)**

$$C_5 = 12 \text{ 个转过角度 } \pm 4\pi/5 \text{ 的面旋转} \qquad \textbf{(1 3 5 2 4)}$$

因为有 5 个共轭类，故有 5 个既约特征标．特征标表是

【10.6.14】

	(1)	(15)	(20)	(12)	(12)	
	0	π	2π/3	2π/5	4π/5	角
χ_1	1	1	1	1	1	
χ_2	3	−1	0	α	β	
χ_2	3	−1	0	β	α	
χ_4	4	0	1	−1	−1	
χ_5	5	1	−1	0	0	

306

二十面体群 I 的特征标表

元素 α 与 β 解释如下．求既约特征标的一种方法是分解一些置换表示．交错群 A_5 作用在 5 个指标的集合上．这给出一个 5 维置换表示，我们称之为 ρ'．它的特征标 χ' 为

	0	π	2π/3	2π/5	4π/5	角
χ'	5	1	2	0	0	

这样，$\langle\chi', \chi'\rangle = \frac{1}{60}(1 \cdot 5^2 + 15 \cdot 1^2 + 20 \cdot 2^2) = 2$．所以，$\chi'$ 为两个不同既约特征标的和．因为平凡表示是分项，故 $\chi' - \chi_1$ 是既约特征标，即表中标为 χ_4 的特征标．

其次，二十面体群 I 作用在十二面体的 6 个对面偶对集合上；设对应的 6 维特征标为 χ''．类似的计算表明 $\chi'' - \chi_1$ 是既约特征标 χ_5．

我们还有 I 作为旋转群的 3 维表示．它的特征标是 χ_2．为计算特征标，我们记住 $\mathbf{R}^3$ 的具有角度 θ 的旋转的迹是 $1+2\cos\theta$，它也等于 $1+e^{i\theta}+e^{-i\theta}$(5.1.28)．$\chi_2$ 的第二个与第三个元素为 $1+2\cos\pi=-1$ 与 $1+2\cos 2\pi/3=0$．最后两个元素为

$$\alpha = 1+2\cos(2\pi/5) = 1+\zeta+\zeta^4 \quad \text{与} \quad \beta = 1+2\cos(4\pi/5) = 1+\zeta^2+\zeta^3$$

其中 $\zeta = e^{2\pi i/5}$．余下的特征标 χ_3 可由正交性确定，或由下列关系确定：

$$\chi^{\text{reg}} = \chi_1 + 3\chi_2 + 3\chi_3 + 4\chi_4 + 5\chi_5$$

第七节　舒尔引理

令 ρ 与 ρ' 是群 G 在向量空间 V 与 V' 上的表示．一个线性变换 $T: V' \to V$ 称为 G-不变的，如果它与 G 的作用相容，亦即对 G 中所有 g，

【10.7.1】
$$T(gv') = gT(v') \quad \text{或} \quad T \circ \rho'_g = \rho_g \circ T$$

如下图所示：

【10.7.2】
$$\begin{array}{ccc} V' & \xrightarrow{T} & V \\ \rho'_g \downarrow & & \downarrow \rho_g \\ V' & \xrightarrow{T} & V \end{array}$$

一个双射的 G-不变的线性变换是表示的同构(10.1.16).

将 G-不变的条件写成形式

$$T(v') = g^{-1}T(gv') \quad 或 \quad \rho_g^{-1}T\rho'_g = T$$

是有用的. G-不变的线性变换 T 的这个定义仅当表示 ρ 与 ρ' 给定时有意义. 当使用群作用符号 $T(gv')=gT(v')$ 不是明确的时候, 记住这一点是重要的.

307

如果 V 与 V' 的基 $\boldsymbol{B}$ 与 $\boldsymbol{B}'$ 已给, 且如果 R_g, R'_g, M 表示 ρ_g, ρ'_g 与 T 关于这些基的矩阵, 则对 G 中所有 g, 条件(10.7.1)变为

【10.7.3】 $$MR'_g = R_gM \quad 或 \quad R_g^{-1}MR'_g = M$$

矩阵 M 称为 G-不变的, 如果它满足这个条件.

【10.7.4】引理 G-不变的线性变换 $T:V'\to V$ 的核与像分别是 V' 与 V 的 G-不变子空间.

证明 任意线性变换的核与像是子空间. 要证核是 G-不变的, 必须证明如果 x 属于 $\mathrm{Ker}T$, 则 gx 也属于 $\mathrm{Ker}T$, 亦即, 如果 $T(x)=0$, 则 $T(gx)=0$. 这是成立的: $T(gx)=gT(x)=g0=0$. 如果 y 属于 T 的像, 亦即, 对某个 x 属于 V' 有 $y=T(x)$, 则 $gy=gT(x)=T(gx)$, 于是, gy 也属于 T 的像. ■

类似地, 如果 ρ 是 G 在 V 上的表示, 则 V 上的线性算子是 G-不变的, 如果

【10.7.5】 $$T(gv) = gT(v), \quad 或 \quad 对所有\ g \in G, \rho_g \circ T = T \circ \rho_g$$

这意味着 T 与每个算子 ρ_g 交换. 这一条件的矩阵型是

$$R_gM = MR_g, 或者对所有\ g \in G, M = R_g^{-1}MR_g$$

因为 G-不变的线性算子 T 与所有算子 ρ_g 必须交换, 故不变性是个强条件. 舒尔引理表明了这一点.

【10.7.6】引理(舒尔引理)

(a) 令 ρ 与 ρ' 分别是 G 在向量空间 V 与 V' 上的既约表示, 且设 $T:V'\to V$ 是 G-不变的变换, 则或者 T 是一个同构, 或者 $T=0$.

(b) 令 ρ 是 G 在向量空间 V 上的既约表示, 且设 $T:V\to V$ 是 G-不变的线性算子, 则 T 是标量乘法: $T=cI$.

证明

(a) 假设 T 不是一个零映射. 因为 ρ' 是既约的, 且 $\mathrm{Ker}T$ 是 G-不变子空间, 故 $\mathrm{Ker}T$ 或者为 V', 或者为 $\{0\}$. 由于 $T\neq 0$, 故它不是 V'. 所以, $\mathrm{Ker}T=\{0\}$, 且 T 是单的. 因为 ρ 是既约的, 且 $\mathrm{im}T$ 是 G-不变的, 故 $\mathrm{im}T$ 或者为 $\{0\}$, 或者为 V. 由于 $T\neq 0$, 故它不是 $\{0\}$. 所以, $\mathrm{im}T=V$, 且 T 是满的.

(b) 假设 T 是 V 上的 G-不变的线性算子. 选取 T 的特征值 λ. 线性算子 $S=T-\lambda I$ 也是 G-不变的. S 的核不是零, 因为它含有 T 的特征向量. 所以, S 不是同构. 由(a), $S=0$ 且 $T=\lambda I$. ■

假设给定向量空间 V 与 V' 上的表示 ρ 与 ρ'. 尽管 G-不变的线性变换非常少, 但平均过程可用来从任意线性变换 $T:V'\to V$ 求得 G-不变的变换. 平均是如下定义的线性变换 $\tilde{T}$:

308

【10.7.7】 $\widetilde{T}(v')=\frac{1}{|G|}\sum_{g\in G}g^{-1}(T(gv'))$ 或 $\widetilde{T}=\frac{1}{|G|}\sum_{g\in G}\rho_g^{-1}T\rho'_g$

类似地，如果已知G的维数为n与m的矩阵表示R与R'，且如果M是任意$m\times n$矩阵，则平均矩阵是

【10.7.8】 $$\widetilde{M}=\frac{1}{|G|}\sum_{g\in G}R_g^{-1}MR'_g$$

【10.7.9】**引理** 记号同上，$\widetilde{T}$是G-不变线性变换，且$\widetilde{M}$是G-不变矩阵．如果T是G-不变的，则$\widetilde{T}=T$，且如果M是G-不变的，则$\widetilde{M}=M$.

证明 因为线性变换的合成与和是线性的，故$\widetilde{T}$是线性变换．如果T是不变的，则易见$\widetilde{T}=T$．要证$\widetilde{T}$是不变的，令h是G的元素，我们证明$\widetilde{T}=h^{-1}\widetilde{T}h$．做替换$g_1=gh$．像(10.2.3)中那样重新标号，

$$h^{-1}\widetilde{T}h=h^{-1}\Big(\frac{1}{|G|}\sum_g g^{-1}Tg\Big)h=\frac{1}{|G|}\sum_g(gh)^{-1}T(gh)$$
$$=\frac{1}{|G|}\sum_g g_1^{-1}Tg_1=\frac{1}{|G|}\sum_g g^{-1}Tg=\widetilde{T}$$

$\widetilde{M}$是不变的证明是类似的. ■

尽管T不是零，但平均过程可使$\widetilde{T}=0$，这是一个平凡变换．舒尔引理告诉我们这种情形一定发生，如果ρ与ρ'是既约的和不同构的．这个事实是下节给出不同既约特征标是正交的证明的基础．对于线性算子，平均常常不为0，因为迹为平均过程所保持.

【10.7.10】**命题** 设ρ是G在向量空间V上的既约表示．令$T:V\to V$是线性算子，设$\widetilde{T}$如同(10.7.7)里的，且$\rho'=\rho$，则 trace $\widetilde{T}$=trace$T$．如果 trace$T\neq 0$，则$\widetilde{T}\neq 0$.

第八节 正交关系的证明

我们现在证明主要定理的(a)．使用矩阵记号．令$\mathcal{M}$表示$m\times n$矩阵空间$\mathbf{C}^{m\times n}$.

【10.8.1】**引理** 令A与B分别是$m\times m$与$n\times n$矩阵，且设F是$\mathcal{M}$上由$F(M)=AMB$定义的线性算子，则F的迹是积(trace$A$)(trace$B$).

309

证明 算子的迹是它的特征值的和．令α_1，…，α_m与β_1，…，β_n分别是A与B^t的特征值．如果X_i是A的伴随于特征值α_i的特征向量，而Y_j是B^t的伴随于特征值β_j的特征向量，则$m\times n$矩阵$M=X_iY_j^t$是算子F的伴随于特征值$\alpha_i\beta_j$的特征向量．由于$\mathcal{M}$的维数是mn，故mn个复数$\alpha_i\beta_j$是所有特征值，倘若它们是互不相同的．如果是这样，则

$$\text{trace}F=\sum_{i,j}\alpha_i\beta_j=\Big(\sum_i\alpha_i\Big)\Big(\sum_j\beta_j\Big)=(\text{trace}A)(\text{trace}B)$$

一般地，存在任意接近于A与B的矩阵A'与B'使得它们的特征值的积是不同的，于是引理由连续性得证(见第五章第二节). ■

令ρ'与ρ分别是带有特征标χ'与χ的m维与n维表示，且设R'与R是由ρ'与ρ利用任

意基得到的矩阵表示．我们在空间$\mathcal{M}$上定义线性算子 Φ 如下：

【10.8.2】
$$\Phi(M)=\frac{1}{|G|}\sum_g R_g^{-1}MR'_g=\widetilde{M}$$

在前一节，我们看到$\widetilde{M}$是G-不变矩阵，且如果 M 是不变的，则$\widetilde{M}=M$．所以，Φ 的像是G-不变矩阵空间．我们用$\widetilde{\mathcal{M}}$记这个空间．

下一个引理的(a)与(b)用两种方法计算了算子 Φ 的迹．(c)是正交关系．

【10.8.3】引理 记号同上，

(a) $\mathrm{trace}\Phi=\langle\chi,\chi'\rangle$.

(b) $\mathrm{trace}\Phi=\dim\widetilde{\mathcal{M}}$.

(c) 如果 ρ 是既约表示，则$\langle\chi,\chi\rangle=1$，且如果 ρ' 与 ρ 是非同构既约表示，则$\langle\chi,\chi'\rangle=0$.

证明

(a) 回忆 $\chi(g^{-1})=\overline{\chi(g)}$(10.4.2)(d)．令 F_g 表示$\mathcal{M}$上由 $F_g(M)=R_g^{-1}MR'_g$ 定义的线性算子．因为迹是线性的，故引理 10.8.1 表明

【10.8.4】
$$\begin{aligned}\mathrm{trace}\Phi&=\frac{1}{|G|}\sum_g\mathrm{trace}F_g=\frac{1}{|G|}\sum_g(\mathrm{trace}R_g^{-1})(\mathrm{trace}R'_g)\\&=\frac{1}{|G|}\sum_g\chi(g^{-1})\chi'(g)=\frac{1}{|G|}\sum_g\overline{\chi(g)}\chi'(g)=\langle\chi,\chi'\rangle\end{aligned}$$

(b) 令$\mathcal{N}$是 Φ 的核．如果 M 属于交$\widetilde{\mathcal{M}}\cap\mathcal{N}$，则 $\Phi(M)=M$，并且 $\Phi(M)=0$，于是 $M=0$．交是零空间．所以，$\mathcal{M}$是直和$\widetilde{\mathcal{M}}\oplus\mathcal{N}$(4.3.1)(b)．通过附加$\widetilde{\mathcal{M}}$与$\mathcal{N}$的基选取$\mathcal{M}$的基．因为如果 M 是不变的，则$\widetilde{M}=M$，所以 Φ 在$\widetilde{\mathcal{M}}$上为恒等的．所以，Φ 的矩阵有分块矩阵形式

$$\begin{bmatrix}I&\\&0\end{bmatrix}$$

其中 I 是 $\dim\widetilde{\mathcal{M}}$阶的恒等矩阵．它的迹等于$\widetilde{\mathcal{M}}$的维数． 310

(c) 应用(a)与(b)：$\langle\chi,\chi'\rangle=\dim\widetilde{\mathcal{M}}$．如果 ρ' 与 ρ 是既约的且是非同构的，则舒尔引理告诉我们唯一 G-不变的算子是 0，于是，唯一 G-不变矩阵是零矩阵．所以，$\widetilde{\mathcal{M}}=\{0\}$且$\langle\chi,\chi'\rangle=0$，如果 $\rho'=\rho$，由舒尔引理有 G-不变矩阵有形式 cI．这样，$\widetilde{\mathcal{M}}$有维数 1，且$\langle\chi,\chi'\rangle=1$. ■

为证明定理 10.4.6(b)，即既约特征标的个数等于群里共轭类的个数，我们转向算子记号．同前面一样，$\mathcal{H}$表示类函数空间．它的维数等于共轭类的个数(见(10.4.11))．令$\mathcal{C}$表示$\mathcal{H}$的由特征标张成的子空间．我们通过证明$\mathcal{H}$中与$\mathcal{C}$正交的空间为 0 来证明$\mathcal{C}=\mathcal{H}$．下一个引理做这件事．

【10.8.5】引理

(a) 令 φ 是 G 上的与每个特征标正交的类函数，则对 G 的任意表示 ρ，$\frac{1}{|G|}\sum_g\overline{\varphi(g)}\rho_g$ 是零算子．

(b) 令 ρ^{reg} 是 G 的正则表示，则具有下标 $g\in G$ 的诸算子 ρ_g^{reg} 是线性无关的.

(c) 与每个特征标都正交的唯一类函数 φ 是零函数.

证明

(a) 因为任意表示是既约表示的直和，故可设 ρ 是既约的. 令 $T=\frac{1}{|G|}\sum_g \overline{\varphi(g)}\rho_g$. 我们首先证明 T 是 G-不变算子，亦即，对每个 $h\in G$，$T=\rho_h^{-1}T\rho_h$. 令 $g''=h^{-1}gh$，这样，当 g 遍历群 G 时，g'' 也遍历群 G. 因为 ρ 是同态，故 $\rho_h^{-1}\rho_g\rho_h=\rho_{g''}$；因为 φ 是类函数，故 $\varphi(g)=\varphi(g'')$. 所以

$$\rho_h^{-1}T\rho_h=\frac{1}{|G|}\sum_g \overline{\varphi(g)}\rho_g{}''=\frac{1}{|G|}\sum_g \overline{\varphi(g'')}\rho_g{}''=\frac{1}{|G|}\sum_g \overline{\varphi(g)}\rho_g=T$$

令 χ 是 ρ 的特征标. T 的迹是 $\frac{1}{|G|}\sum_g \overline{\varphi(g)}\chi(g)=\langle\varphi,\chi\rangle$. 因为 φ 与 χ 正交，故这个迹为零. 由于 ρ 是既约的，故由舒尔引理可知 T 是标量乘法. 因为它的迹为零，故 $T=0$.

(b) 应用公式(10.6.8)到 V_G 的基元素 e_1 得：$\rho_g^{\mathrm{reg}}(e_1)=e_g$. 这样，因为向量 e_g 是 V_G 的无关元素，故算子 ρ_g^{reg} 也是无关的.

(c) 令 φ 是与每个特征标都正交的类函数. (a)告诉我们 $\sum_g \overline{\varphi(g)}\rho_g^{\mathrm{reg}}=0$ 是算子 ρ_g^{reg} 间的线性关系，由(b)，它是无关的. 所以，所有系数 $\overline{\varphi(g)}$ 是零，从而 φ 是零函数. ■

第九节 SU_2 的表示

311 值得注意的是，当群上的求和为积分所替换时，正交关系就搬到了紧群——矩阵空间的紧子集的矩阵群上. 在本节中，我们针对特殊酉群 SU_2 的一些表示证明这个断言.

从定义我们将要分析的表示开始. 令 H_n 表示变量 u，v 的形如

【10.9.1】 $$f(u,v)=c_0u^n+c_{n-1}u^{n-1}v+\cdots+c_{n-1}uv^{n-1}+c_nv^n$$

的 n 次齐次多项式的复向量空间. 我们定义表示

【10.9.2】 $$\rho_n:SU_2\to GL(H_n)$$

如下：SU_2 的元素 P 作用于 H_n 中多项式 f 的结果是记为 $[Pf]$ 的另一个多项式. 定义是

【10.9.3】 $$[Pf](u,v)=f(ua+vb,-u\bar{b}+v\bar{a}),\text{其中 } P=\begin{bmatrix}a & -\bar{b}\\ b & \bar{a}\end{bmatrix}$$

换句话说，P 的作用就是用 $(u,v)P$ 替换变量 (u,v). 因此

$$[Pu^iv^j]=(ua+vb)^i(-u\bar{b}+v\bar{a})^j$$

当 P 是对角阵时，容易计算这个算子的矩阵. 令 $\alpha=e^{i\theta}$，且设

【10.9.4】 $$A_\theta=\begin{bmatrix}e^{i\theta} & \\ & e^{-i\theta}\end{bmatrix}=\begin{bmatrix}\alpha & \\ & \bar{\alpha}\end{bmatrix}=\begin{bmatrix}\alpha & \\ & \alpha^{-1}\end{bmatrix}.$$

这样，$[A_\theta u^iv^j]=(u\alpha)^i(v\bar{\alpha})^j=u^iv^j\alpha^{i-j}$. 所以，$A_\theta$ 像对角阵

$$\begin{bmatrix} \alpha^n & & & \\ & \alpha^{n-2} & & \\ & & \ddots & \\ & & & \alpha^{-n} \end{bmatrix}$$

一样作用在空间 H_n 的基(u^n，$u^{n-1}v$，…，uv^{n-1}，v^n)上.

表示 ρ_n 的特征标 χ_n 的定义同前面的一样：$\chi_n(g)=\mathrm{trace}\rho_{n,g}$. 它在共轭类上是常数，为球面 SU_2 上的纬. 正因如此，只要计算每个纬中一个矩阵上的特征标 χ_n 就够了. 我们利用 A_θ. 为简化记号，将 $\chi_n(A_\theta)$写为 $\chi_n(\theta)$. 特征标为

$$\chi_0(\theta)=1$$

$$\chi_1(\theta)=\alpha+\alpha^{-1}$$

$$\chi_2(\theta)=\alpha^2+1+\alpha^{-2}$$

$$\cdots$$

【10.9.5】
$$\chi_n(\theta)=\alpha^n+\alpha^{n-2}+\cdots+\alpha^{-n}=\frac{\alpha^{n+1}-\alpha^{-(n+1)}}{\alpha-\alpha^{-1}}$$

312

替换(10.4.3)的埃尔米特积是

【10.9.6】
$$\langle\chi_m,\chi_n\rangle=\frac{1}{|G|}\int_G\overline{\chi_m(g)}\chi_n(g)\mathrm{d}V$$

在这个公式中，G 代表群 SU_2，是单位 3-球面，$|G|$是单位球面的 3 维体积，而 $\mathrm{d}V$ 代表关于 3 维体积的积分. 特征标恰好为实值函数，于是，公式里出现的复共轭是没有关系的.

【10.9.7】定理 上面定义的 SU_2 的特征标是标准正交的：如果 $m\neq n$，则$\langle\chi_m,\chi_n\rangle=0$，且$\langle\chi_n,\chi_n\rangle=1$.

证明 因为特征标在纬上是常数，我们可通过分割薄片计算积分(10.9.6)，就像我们在微积分里学得的那样. 用单位圆 $x_0=\cos\theta$，$x_1=\sin\theta$ 与 $x_2=\cdots=x_n=0$ 参数化单位 n-球面：$\{x_0^2+x_1^2+\cdots+x_n^2=1\}$的薄片. 于是，$\theta=0$ 是北极，且 $\theta=\pi$ 是南极(见第九章第二节). 对于 $0<\theta<\pi$，单位 n-球面的薄片是半径为 $\sin\theta$ 的$(n-1)$-球面.

要通过薄片计算积分，我们关于单位圆上的弧长做积分. 令 $\mathrm{vol}_n(r)$表示半径为 r 的 n-球面的 n 维体积. 于是，$\mathrm{vol}_1(r)$是半径为 r 的圆的弧长，而 $\mathrm{vol}_2(r)$半径为 r 的 2-球面的表面积. 如果 f 是在薄片 $\theta=c$ 上为常数的 n-球面 $\mathbf{S}^n$ 上的函数，则它的积分将是

【10.9.8】
$$\int_{\mathbf{S}^n}f\,\mathrm{d}V_n=\int_0^\pi f(\theta)\mathrm{vol}_{n-1}(\sin\theta)\mathrm{d}\theta$$

其中 $\mathrm{d}V_n$ 表示关于 n 维体积的积分，$f(\theta)$表示 f 在薄片上的值.

通过薄片积分对球的体积提供了一个迭代公式：

【10.9.9】
$$\mathrm{vol}_n(1)=\int_{\mathbf{S}^n}1\mathrm{d}V_n=\int_0^\pi\mathrm{vol}_{n-1}(\sin\theta)\mathrm{d}\theta$$

且 $\mathrm{vol}_n(r)=r^n\mathrm{vol}_n(1)$. 0-球面 $x_0^2=r^2$ 由两个点构成. 它的 0 维体积是 2. 所以

$$\mathrm{vol}_1(r)=r\int_0^\pi \mathrm{vol}_0(\sin\theta)\mathrm{d}\theta = r\int_0^\pi 2\mathrm{d}\theta = 2\pi r,$$

【10.9.10】
$$\mathrm{vol}_2(r)=r^2\int_0^\pi \mathrm{vol}_1(\sin\theta)\mathrm{d}\theta = r^2\int_0^\pi 2\pi\sin\theta\mathrm{d}\theta = 4\pi r^2,$$

$$\mathrm{vol}_3(r)=r^3\int_0^\pi \mathrm{vol}_2(\sin\theta)\mathrm{d}\theta = r^3\int_0^\pi 4\pi\sin^2\theta\mathrm{d}\theta = 2\pi^2 r^3.$$

要计算最后一个积分，使用公式 $\sin\theta=-\mathrm{i}(\alpha-\alpha^{-1})/2$ 是方便的.

313 【10.9.11】
$$\mathrm{vol}_2(\sin\theta) = 4\pi\sin^2\theta = -\pi(\alpha-\alpha^{-1})^2$$

展开得，$\mathrm{vol}_2(\sin\theta)=\pi(2-(\alpha+\alpha^{-1}))$. $\alpha^2+\alpha^{-2}$ 的积分为零：

【10.9.12】
$$\int_0^\pi(\alpha^k+\alpha^{-k})\mathrm{d}\theta = \int_0^{2\pi}\alpha^k\mathrm{d}\theta = \begin{cases}0 & \text{如果 } k>0\\ 2\pi & \text{如果 } k=0\end{cases}$$

我们现在计算积分(10.9.6). 群 SU_2 的体积是

【10.9.13】
$$\mathrm{vol}_3(1) = 2\pi^2$$

含有 A_θ 的纬球半径为 $\sin\theta$. 因为特征标是实的，故通过薄片的积分给出

【10.9.14】
$$\begin{aligned}\langle\chi_m,\chi_n\rangle &= \frac{1}{2\pi^2}\int_0^\pi \chi_m(\theta)\chi_n(\theta)\mathrm{vol}_2(\sin\theta)\mathrm{d}\theta\\ &= \frac{1}{2\pi^2}\int_0^\pi\left(\frac{\alpha^{m+1}-\alpha^{-(m+1)}}{\alpha-\alpha^{-1}}\right)\left(\frac{\alpha^{n+1}-\alpha^{-(n+1)}}{\alpha-\alpha^{-1}}\right)(-\pi(\alpha-\alpha^{-1})^2)\mathrm{d}\theta\\ &= -\frac{1}{2\pi}\int_0^\pi(\alpha^{m+n+2}+\alpha^{-(m+n+2)})\mathrm{d}\theta + \frac{1}{2\pi}\int_0^\pi(\alpha^{m-n}+\alpha^{n-m})\mathrm{d}\theta\end{aligned}$$

如果 $m=n$，则这个值为 1；否则，值为 0(见(10.9.12)). 特征标 χ_n 是标准正交的. ■

我们将不证明下面的定理，尽管证明由有限群情形很容易得到. 如果你感兴趣，可参见[Sepanski].

【10.9.15】定理 *SU_2 的每个连续表示同构于表示 ρ_n 的直和(10.9.2).*

我们把明显的推广留给读者.

——*Israel Herstein*

练 习

第一节 定义

1.1 证明有限群的维数为 1 的表示的像是循环群.

1.2 (a) 对 $\mathbf{R}^3$ 选取适当的基，具体写出八面体群 O 的标准表示.

(b) 对二面体群 D_n 做同样的事情.

第二节 既约表示

314 2.1 证明四面体群 T 的标准 3 维表示作为复表示是既约的.

2.2 考虑二面体群 D_n 的标准 2 维表示．对哪个 n，这是既约复表示？

2.3 假设给定向量空间 V 上对称群 S_3 的表示．令 x 与 y 表示 S_3 的通常生成元．

(a) 令 u 是 V 中非零向量，设 $v=u+xu+x^2u$ 与 $w=u+yu$．通过分析 v，w 的 G-轨道，证明 V 含有维数至多为 2 的非零不变子空间．

(b) 证明 G 的所有既约 2 维表示都是同构的，并确定 G 的所有既约表示．

第三节 酉表示

3.1 令 G 是 3 阶循环群．矩阵 $A=\begin{bmatrix}-1 & -1\\ 1 & 0\end{bmatrix}$ 阶为 3，于是，它定义了 G 的一个矩阵表示．用平均过程由 $\mathbf{C}^2$ 上的标准埃尔米特积 $X*Y$ 构造一个 G-不变型．

3.2 令 $\rho:G\to GL(V)$ 是实向量空间 V 上有限群的一个表示．证明下列结论：

(a) V 上存在 G-不变的正定的对称型 $\langle,\rangle$．

(b) ρ 是既约表示的直和．

(c) $GL_n(\mathbf{R})$ 的每个有限子群与 O_n 的一个子群共轭．

3.3 (a) 令 $R:G\to SL_2(\mathbf{R})$ 是由行列式为 1 的实 2×2 矩阵确定的有限群的一个忠实表示．用练习 3.2 的结果证明 G 是一个循环群．

(b) 确定具有忠实实 2 维表示的有限群．

(c) 确定具有行列式为 1 的忠实 3 维表示的有限群．

3.4 令 $\langle,\rangle$ 是向量空间 V 上的非退化斜对称型，且设 ρ 是有限群 G 在 V 上的表示．证明平均过程 (10.3.7) 构造出 V 上 G-不变的斜对称型，并通过例子说明用这种方式得到的型不一定是非退化的．

3.5 令 x 是 p 阶循环群 G 的生成元．映 $x\rightsquigarrow\begin{bmatrix}1 & 1\\ & 1\end{bmatrix}$ 定义了矩阵表示 $G\to GL_2(\mathbf{F}_p)$．证明这个表示不是既约表示的直和．

第四节 特征标

4.1 求八面体群、四元数群与二面体群 D_4，D_5 和 D_6 的既约表示的维数．

4.2 非阿贝尔群 G 的阶为 55．确定它的类方程与它的既约特征标．

4.3 确定下面群的特征标表：

(a) 克莱因四元群

(b) 四元数群

(c) 二面体群 D_4

(d) 二面体群 D_6

(e) 21 阶非阿贝尔群(见命题 7.7.7)

4.4 令 G 是二面体群 D_5，它由生成元 x，y 和关系 $x^5=1$，$y^2=1$，$yxy^{-1}=x^{-1}$ 表出，且设 χ 是 G 的任意 2 维特征标．

(a) 关于 $\chi(x)$，由关系 $x^5=1$ 可得出什么结论？

(b) 关于 $\chi(x)$，由 x 与 x^{-1} 共轭的事实可得出什么结论？

(c) 确定 G 的特征标．

(d) 把 D_5 的每个既约特征标的限制分解成 C_5 的既约特征标．

4.5 令 $G=\langle x, y \mid x^5, y^4, yxy^{-1}x^{-2}\rangle$，确定 G 的特征标表．

4.6 解释如何调整一个特征标表的元素来构造一个酉矩阵，并且证明特征标表的列是正交的．

4.7 令$\pi:G\to G'=G/N$是从有限群到一个商群的典范映射，且设ρ'是G'的既约表示．用两种方法证明G的表示$\rho=\rho'\circ\pi$是既约的：直接证明，利用定理10.4.6.

4.8 求下列特征标表中缺失的行：

	(1)	(3)	(6)	(6)	(8)
χ_1	1	1	1	1	1
χ_2	1	1	−1	−1	1
χ_3	3	−1	1	−1	0
χ_4	3	−1	−1	1	0

4.9 下面是特征标表中的一部分．缺少一个共轭类．

	(1)	(1)	(2)	(2)	(3)
	1	u	v	w	x
χ_1	1	1	1	1	1
χ_2	1	1	1	1	−1
χ_3	1	−1	1	−1	i
χ_4	1	−1	1	−1	−i
χ_5	2	2	−1	−1	0

(a) 将特征标表补充完整．

(b) 确定每个共轭类代表元的阶．

(c) 确定正规子群．

(d) 描述这个群．

4.10 (a)求下面特征标表中缺失的行．

(b) 确定元素a，b，c，d的阶．

316 (c) 证明拥有这个特征标表的群G有一个10阶的子群H，并将这个子群描述为共轭类的并．

(d) 确定H是C_{10}还是D_5．

(e) 确定G的所有正规子群．

	(1)	(4)	(5)	(5)	(5)
	1	a	b	c	d
χ_1	1	1	1	1	1
χ_2	1	1	−1	−1	1
χ_3	1	1	−i	i	−1
χ_4	1	1	i	−i	−1

*4.11 在下列特征标表中，$\omega=e^{2\pi i/3}$．

	(1)	(6)	(7)	(7)	(7)	(7)	(7)
	1	a	b	c	d	e	f
χ_1	1	1	1	1	1	1	1
χ_2	1	1	1	ω	$\overline{\omega}$	ω	$\overline{\omega}$
χ_3	1	1	1	$\overline{\omega}$	ω	$\overline{\omega}$	ω
χ_4	1	1	−1	$-\omega$	$-\overline{\omega}$	ω	$\overline{\omega}$
χ_5	1	1	−1	$-\overline{\omega}$	$-\omega$	$\overline{\omega}$	ω
χ_6	1	1	−1	−1	−1	1	1
χ_7	6	−1	0	0	0	0	0

(a) 证明 G 有一个同构于 D_7 的正规子群 N.

(b) 将每个特征标在 N 的限制分解为既约 N-特征标.

(c) 对 $p=2$，3，7 确定西罗 p-子群的个数.

(d) 确定代表元 c，d，e，f 的阶.

(e) 确定 G 的所有正规子群.

4.12 令 H 是群 G 的指标为 2 的子群，且设 $\sigma: H\to GL(V)$ 是一个表示. 令 a 是 G 的但不属于 H 的元素. 由规则 $\sigma'(h)=\sigma(a^{-1}ha)$ 定义共轭表示 σ'：$H\to GL(v)$. 证明

(a) σ' 是 H 的表示.

(b) 如果 σ 是 G 的表示在 H 上的限制，则 σ' 同构于 σ.

(c) 如果 b 是 G 的不属于 H 的另一个元素，则表示 $\sigma''(h)=\sigma(b^{-1}hb)$ 同构于 σ'.

第五节 1 维特征标

5.1 用旋转分解循环群 C_n 的标准 2 维表示为既约(复)表示.

5.2 证明符号表示 $p \rightsquigarrow \operatorname{sign}p$ 与平凡表示是对称群 S_n 的仅有的 1 维表示.

5.3 假设群 G 恰有两个 1 维既约特征标，且令 χ 表示非平凡 1 维特征标. 证明对所有 $g\in G$，$\chi(g)=\pm 1$. 317

5.4 令 χ 是维数为 d 的表示 ρ 的特征标. 证明对所有 $g\in G$，$|\chi(g)|\leqslant d$，并且如果 $|\chi(g)|=d$，则对某个单位根 ζ，$\rho(g)=\zeta I$. 而且，如果 $\chi(g)=d$，则 ρ_g 是恒等算子.

5.5 证明群 G 的 1 维特征标在函数乘法下构成一个群. 这个群称为 G 的*特征标群*，常记为 $\hat{G}$. 证明如果 G 是阿贝尔的，则 $|\hat{G}|=|G|$，且 $\hat{G}\approx G$.

5.6 令 G 是由元素 x 生成的 n 阶循环群，且设 $\zeta=e^{2\pi i/n}$.

(a) 证明既约表示是 ρ_0，…，ρ_{n-1}，其中 $\rho_k: G\rightsquigarrow \mathbf{C}^{\times}$ 由 $\rho_k(x)=\zeta^k$ 定义.

(b) 确定 G 的特征标群(见练习 5.5).

5.7 (a) 令 $\varphi: G\to G'$ 是阿贝尔群的同态，在它们的特征标群之间定义诱导同态 $\hat{\varphi}: \hat{G}'\to\hat{G}$(见练习 5.5).

(b) 证明如果 φ 是单的，则 $\hat{\varphi}$ 是满的. 反之亦然.

第六节 正则表示

6.1 令 R^{reg} 表示群 G 的正则矩阵表示. 确定 $\sum_g R_g^{\text{reg}}$.

6.2 令 ρ 是伴随于 D_3 到自身的共轭作用的置换表示. 将 ρ 的特征标分解成既约特征标.

6.3 令 χ^e 表示四面体群 T 在四面体六个边上作用的表示的特征标. 将这个特征标分解成既约特征标.

6.4 (a) 确定八面体群 O 中的五个共轭类，并且求出它的既约表示的阶.

(b) 群 O 作用于下面这些集合：

- 立方体的六个面
- 三个对面偶对
- 八个顶点
- 四个对顶点的偶对
- 六个对边的偶对
- 两个内切四面体

分解对应特征标为既约特征标.

(c) 计算 O 的特征标表.

6.5 对称群 S_n 通过置换坐标作用在 $\mathbf{C}^n$ 上. 具体分解这个表示为既约表示.

提示：建议不用正交关系. 这个问题与第四章的练习 M.1 关系密切.

6.6 分解二十面体群在其面集、边集与顶点集上作用的表示的特征标为既约特征标.

318

6.7 群 S_5 通过共轭作用在它的正规子群 A_5 上. 这个作用如何作用在 A_5 的既约表示的同构类上?

6.8 内切于十二面体的一个立方体的二十面体群里的稳定子是四面体群 T. 分解 I 的既约特征标在 T 的限制.

6.9 (a) 解释如何通过观察群的特征标表证明群是单的.

(b) 用二十面体群的特征标表证明它是单群.

6.10 确定 12 阶非阿贝尔群的特征标表(见(7.8.1)).

6.11 群 $G=PSL_2(\mathbf{F}_7)$ 的特征标表如下，其中 $\gamma=\frac{1}{2}(-1+\sqrt{7}\mathrm{i})$，$\gamma'=\frac{1}{2}(-1-\sqrt{7}\mathrm{i})$.

	(1)	(2 1)	(2 4)	(2 4)	(4 2)	(5 6)
	1	a	b	c	d	e
χ_1	1	1	1	1	1	1
χ_2	3	-1	γ	γ'	1	0
χ_3	3	-1	γ'	γ	1	0
χ_4	6	2	-1	-1	0	0
χ_5	7	-1	0	0	-1	1
χ_6	8	0	1	1	0	-1

(a) 用它给出这个群是单群的两个证明.

(b) 尽可能多地确定元素

$$\begin{bmatrix}1 & 1\\ & 1\end{bmatrix},\begin{bmatrix}2 & \\ & 4\end{bmatrix}$$

的共轭类对应的列，并求出代表剩下的共轭类的矩阵.

(c) G 作用在 $\mathbf{F}_7^2$ 的八个 1 维子空间的集合上，分解相伴随的特征标为既约特征标.

第七节 舒尔引理

7.1 证明舒尔引理的逆：如果 ρ 是一个表示，且如果 V 上仅有的 G-不变线性算子是标量乘法，则 ρ 是既约的.

7.2 令 A 是对称群 S_3 的标准表示(10.1.3)，且设 $B=\begin{bmatrix}1 & 1\\ & \end{bmatrix}$. 用平均过程求出由 B 左乘的 G-不变线性算子.

7.3 矩阵 $R_x=\begin{bmatrix}1 & 1 & -1\\ & & 1\\ 1 & & -1\end{bmatrix}$，$R_y=\begin{bmatrix} & -1 & -1\\ -1 & & 1\\ & & -1\end{bmatrix}$ 定义群 S_3 的表示 R. 设 φ 是线性变换 $\mathbf{C}^1\to\mathbf{C}^3$，其矩阵为$(1，0，0)^t$. 利用(10.1.4)在 $\mathbf{C}^1$ 上的符号表示 Σ 与 $\mathbf{C}^3$ 上的表示 R，应用平均方法由 φ 生成一个 G-不变线性变换.

319

7.4 令 ρ 是 G 的表示，且设 C 是 G 中的共轭类. 证明线性算子 $T=\sum_{g\in C}\rho_g$ 是 G-不变的.

7.5 令 ρ 是群 G 在 V 上的表示，且设 χ 是 G 的特征标，不一定是 ρ 的特征标. 证明 V 上的线性算子 $T=\sum_g \chi(g)\rho_g$ 是 G-不变的.

7.6 计算引理 10.8.1 的算子 F 的矩阵，并且用这个矩阵验证它的迹的公式.

第九节 SU_2 的表示

9.1 通过 3 维切片计算 $\mathbf{R}^4$ 中半径为 r 的 4-球 $\mathbf{B}^4$（其轨迹为 $x_0^2+\cdots+x_3^2\leqslant r^2$）的 4 维体积. 通过微分验证你的答案.

9.2 证明作用(10.9.3)的结合律 $[Q[Pf]]=[(QP)f]$.

9.3 证明正交表示(9.4.1) $SU_2\to SO_3$ 是既约的.

9.4 如第九章第三节，左乘定义了 SU_2 在坐标为 x_0，…，x_3 的空间 $\mathbf{R}^4$ 上的一个表示. 将与之相伴随的表示分解为既约表示.

9.5 用定理 10.9.14 确定旋转群 SO_3 的既约表示.

9.6 （圆周群的表示）这里所有的表示假设为 θ 的可微函数. 令 G 是圆周群 $\{e^{i\theta}\}$.

(a) 令 ρ 是 G 在向量空间 V 上的表示，证明在 V 上存在正定 G-不变埃尔米特型.

(b) 对 G 证明马什克定理.

(c) 用 1-参数群描述 G 的表示，并且用这个描述证明既约表示是 1 维的.

(d) 利用埃尔米特积(10.9.6)的类似验证正交关系.

9.7 利用练习 8.6 确定正交群 O_2 的既约表示.

杂题

M.1 在这个问题里表示是实的. 在“平地”(2 维世界)里分子 M 由三个类原子 a_1，a_2，a_3 构成，形成一个三角形. 三角形在时刻 t_0 是等边的，它的中心是在原点，且 a_1 在正 x 轴上. M 在时刻 t_0 的对称群 G 是二面体群 D_3. 我们列出单个原子在 t_0 的速率，并称 6 维向量 $\mathbf{v}=(v_1, v_2, v_3)^t$ 为 M 的状态. G 在状态向量的空间 V 上的作用定义了 6 维矩阵表示 S. 例如，绕原点转过角度 $2\pi/3$ 的旋转 ρ 循环置换原子，并同时旋转它们.

(a) 令 r 是关于 x 轴的反射. 确定矩阵 S_ρ 与 S_r.

(b) 确定由 S_ρ 固定的向量空间 W，并证明 W 是 G-不变的.

(c) 具体分解 W 与 V 为既约 G-不变子空间的直和.

(d) 根据分子的运动和振动解释(c)里发现的子空间.

320

M.2 关于恰有维数分别为 1，2，与 3 的三个既约特征标的群有什么结论?

M.3 令 ρ 是群 G 的表示. 在下列的每个情形里确定 ρ' 是否为一个表示，它是否一定同构于 ρ.

(a) x 是 G 的固定元素，且 $\rho'_g=\rho_{xgx^{-1}}$.

(b) φ 是 G 的自同构，且 $\rho'_g=\rho_{\varphi(g)}$.

(c) σ 是 G 的 1 维表示，且 $\rho'_g=\sigma_g\rho_g$.

M.4 证明群 G 的元素 z 属于 G 的中心当且仅当对所有既约表示 ρ，$\rho(z)$ 是标量乘法.

M.5 令 A，B 是使其每个矩阵的某个正幂恒等的交换矩阵. 证明存在可逆矩阵 P 使得 PAP^{-1} 与 PBP^{-1} 都是对角的.

M.6 令 ρ 是有限群 G 的既约表示. 正定 G-不变埃尔米特型的唯一性如何?

M.7 根据特征标表描述群 G 的交换子子群.

M.8 证明非素数阶的有限单群没有非平凡的 2 维表示.

*M.9 令 H 是有限群 G 的指标为 2 的子群，并设 a 是 G 的一个不属于 H 的元素，于是 H 和 aH 是 H 的两个陪集.

(a) 给定子群 H 的矩阵表示 $S:H\to GL_n$，对 $h\in H$ 与 $g\in aH$，定义 G 的一个诱导表示 $\mathrm{ind}S:G\to GL_{2n}$ 如下：

$$(\mathrm{ind}S)_h=\begin{bmatrix}S_h & 0\\ 0 & S_{a^{-1}ha}\end{bmatrix},(\mathrm{ind}S)_g=\begin{bmatrix}0 & S_{ga}\\ S_{a^{-1}g} & 0\end{bmatrix}$$

证明 $\mathrm{ind}S$ 是 G 的表示，并描述它的特征标.

注：元素 $a^{-1}ha$ 将属于 H，但因为 a 不属于 H，故它不一定是 h 在 H 中的共轭.

(b) 如果 $R:G\to GL_n$ 是 G 的矩阵表示，则可限制它到 H. 将限制记为 $\mathrm{res}R:H\to GL_n$. 证明 $\mathrm{res}(\mathrm{ind}S)\approx S\oplus S'$，其中 S' 是由 $S'_h=S_{a^{-1}ha}$ 定义的共轭表示.

(c) 证明弗罗贝尼乌斯互反律：$\langle\chi_{\mathrm{ind}S},\chi_R\rangle=\langle\chi_S,\chi_{\mathrm{res}R}\rangle$.

(d) 令 S 是 H 的既约表示. 用弗罗贝尼乌斯互反律证明如果 S 不同构于共轭表示 S'，则诱导表示 $\mathrm{ind}S$ 是既约的；另一方面，如果 S 与 S' 是不同构的，则 $\mathrm{ind}S$ 是 G 的两个既约表示的和.

*M.10 令 H 是群 G 的指标为 2 的子群，并设 R 是 G 的一个矩阵表示. 用 R' 记表示，定义为如果 $g\in H$ 则 $R'_g=R_g$，否则 $R'_g=-R_g$.

(a) 证明 R' 同构于 R 当且仅当 R 的特征标在不等于 H 的陪集 gH 上恒等于零.

321

(b) 用弗罗贝尼乌斯互反律(练习 M.9)证明 $\mathrm{ind}(\mathrm{res}R)\approx R\oplus R'$.

(c) 假设 R 是既约的. 证明如果 R 不同构于 R'，则 $\mathrm{res}R$ 是既约的，且如果这两个表示是同构的，则 $\mathrm{res}R$ 是 H 的两个既约表示的和.

*M.11 当(a)$n=3$，(b)$n=4$，(c)$n=5$ 时，用 A_n 的诱导表示导出 S_n 的特征标表.

*M.12 用 C_n 的诱导表示导出二面体群 D_n 的特征标表.

M.13 令 G 是 $GL_n(\mathbf{C})$ 的有限子群. 证明如果 $\sum_g \mathrm{trace}g=0$，则 $\sum_g g=0$.

M.14 令 $\rho:G\to GL(V)$ 是有限群 G 的 2 维表示，且假设对每个 $g\in G$，1 是 ρ_g 的特征值. 证明 ρ 是两个 1 维表示的和.

M.15 令 $\rho:G\to GL_n(\mathbf{C})$ 是有限群 G 的一个既约表示. 给定 GL_n 的一个表示 $\sigma:GL_n\to GL(V)$，考虑合成 $\sigma\circ\rho$ 作为 G 的表示.

(a) 当 σ 是 GL_n 在 $n\times n$ 矩阵空间 V 上的左乘时，确定以这种方式得到的表示的特征标. 在此情形将 $\sigma\circ\rho$ 分解为既约表示.

322

(b) 当 σ 是在 $\mathbf{C}^{n\times n}$ 上的共轭作用时，求 $\sigma\circ\rho$ 的特征标.

第十一章　环

请忘掉你在中学所学的一切，
因为你并没有学懂.

——Edmund Landau

第一节　环的定义

环是对于加法、减法、乘法封闭的代数结构，但对除法未必封闭. 整数集合形成了这个概念的一个基本模型.

在进入环的定义之前，我们先看几个例子——复数集合 $\mathbf{C}$ 的子环. 一个复数集合的子环是一个子集，它关于加法、减法、乘法封闭，且含有 1.

注　高斯整数是形如 $a+b\mathrm{i}$ 的复数，其中 a 与 b 为整数，它构成了复数集合 $\mathbf{C}$ 的一个子环，记作 $\mathbf{Z}[\mathrm{i}]$：

【11.1.1】
$$\mathbf{Z}[\mathrm{i}]=\{a+b\mathrm{i} \mid a,b\in\mathbf{Z}\}$$

它的元素是复平面上的格子点.

类似于高斯整数的环，我们可以构造一个子环 $\mathbf{Z}[\alpha]$，从任何一个复数 α 开始：由 α 生成的子环. 这是 $\mathbf{C}$ 的包含 α 的最小子环，它可以用一般方式来刻画. 如果一个环包含 α，则它包含 α 的所有正幂，因为它关于乘法封闭. 它也包含这些幂的和与差，而且还包含 1. 因此它包含每一个可以表示为 α 的幂的整数组合的复数 β，或换种说法，可由整系数的关于 α 的多项式来表示：

【11.1.2】
$$\beta=a_n\alpha^n+\cdots+a_1\alpha+a_0\text{，其中 } a_i\in\mathbf{Z}$$

另外，所有这样的数关于加、减、乘运算封闭，且它包含 1. 故它是由 α 生成的子环.

在多数情形下，$\mathbf{Z}[\alpha]$不表示复平面上的格点. 例如，环 $\mathbf{Z}\left[\frac{1}{2}\right]$由可以表示成整系数的关于$\frac{1}{2}$的多项式的那些有理数构成. 这些有理数可以简单描述为分母为 2 的幂的数，它们形成了实数轴上的一个稠密子集.

注　一个复数 α 是代数元，如果它是某个非零整系数多项式的根，即如果形如(11.1.2)的某个表达式值为零. 若 α 不是任何整系数多项式的根，则 α 称为超越元. 数 e 和 π 是超越元，尽管这点很难证明.

当 α 是超越元时，两个不同的多项式表达式(11.1.2)代表不同的复数. 则环 $\mathbf{Z}[\alpha]$中的元素与整系数多项式 $p(x)$通过规则 $p(x)\leftrightsquigarrow p(\alpha)$形成双射. 当 α 是一个代数元，则有许多多项式表达式代表同一个复数. 代数数的几个例子有：$\mathrm{i}+3$，$\frac{1}{7}$，$7+\sqrt[3]{2}$和$\sqrt{3}+\sqrt{-5}$.

环的定义与域(3.2.2)的定义类似，唯一的差别在于乘法不要求有逆元：

【11.1.3】定义(+、−、×、1)　一个环 R 是一个具有两种合成法则 + 和 ×(称为加和乘)的集合，此集合满足下面的公理：

(a) 对于合成法则 +，R 是一个阿贝尔群，记为 R^+. 它的单位元用 0 表示.

(b) 乘法是交换的和结合的，且有单位元，记作 1.

(c) 分配律：对所有 a，b，$c \in R$，$(a+b)c = ac+bc$.

环的子环是一个子集，该子集对环的加、减、乘运算是封闭的，且包含元素 1.

注意　存在一个相关的概念——非交换环——一种满足(11.1.3)中除关于乘法的交换律外其他所有公理的代数结构. 所有 $n \times n$ 实矩阵的集合就是非交换环的一个例子. 由于我们不打算研究非交换环，因此说到“环”就是指“交换环”.

除了 **C** 的子环外，最重要的环是多项式环. 一个系数在环 R 上的关于 x 的多项式具有形式

【11.1.4】
$$a_n x^n + \cdots + a_1 x + a_0$$

其中 $a_i \in R$. 这些多项式的集合构成一个环，我们将在下一节讨论.

另一个例子：关于实变量 x 的实值连续函数的集合 $\mathcal{R}$ 在如下定义的加法和乘法下构成一个环：$[f+g](x) = f(x)+g(x)$ 与 $[f \cdot g](x) = f(x)g(x)$.

存在只有一个元素 0 的环，称为零环. 在域的定义(3.2.2)中，集合 $F^\times$ 通过删除 0 得到一个包含单位元 1 的群. 故在域中 1 不等于 0. 关系 $1=0$ 在环中并不排除这种可能，但这只在下面情况下发生：

【11.1.5】命题　满足关系 $1=0$ 的环只有零环.

证明　首先注意 $0a=0$ 对环 R 的每个元素 a 成立. 其证明与向量空间中的证明类似：$0=0a-0a=(0-0)a=0a$. 假设在 R 中 $1=0$，且令 a 为 R 中任意元，则 $a=1a=0a=0$. R 中仅有的元素为 0. ■

324

虽然环中的元素不要求有乘法逆元，但特别的元素可以有逆元，如果逆元存在的话，则逆元是唯一的.

注　一个环的单位是有乘法逆元的元素.

整数环的单位是 1 和 −1，高斯整数环的单位为 ±1 和 ±i. 实多项式环 $\mathbf{R}[x]$ 的单位是非零常数多项式. 域是满足 $1 \neq 0$ 且每个非零元是单位的环.

环的恒等元 1 总是一个单位，当指 R 中“这个”单位元时，就是恒等元. 选用模糊的术语“单位”太糟糕了，但也来不及改用别的术语了.

第二节　多项式环

一个系数在环 R 中的多项式是变量 x 的幂的(有限)线性组合：

【11.2.1】
$$f(x) = a_n x^n + a_{n-1} x^{n-1} + \cdots + a_1 x + a_0$$

此处系数 $a_i \in R$. 这种表达式有时称为形式多项式，以区别于多项式函数. 每个实系数的

形式多项式确定实数集合上的一个多项式函数．但我们运用多项式这个词时指的是形式多项式．

系数在环 R 中的多项式的集合记作 $R[x]$．因此 $\mathbf{Z}[x]$ 表示整系数多项式的集合——整多项式集．

单项式 x^i 被看成是独立的．故如果

【11.2.2】 $$g(x) = b_m x^m + b_{m-1} x^{m-1} + \cdots + b_1 x + b_0$$

是另一个系数在 R 中的多项式，则 $f(x)=g(x)$ 当且仅当 $a_i=b_i$ 对所有 $i=0, 1, 2, \cdots$ 成立．

一个非零多项式的次数记作 $\deg f$，它是使得 x^n 的系数 $a_n \neq 0$ 的最大整数 n．一个零次多项式称为常数多项式．虽然零多项式也是常数多项式，但它的次数没有定义．

多项式的最高次的非零系数叫首项系数，首一多项式就是首项系数为 1 的多项式．

一个多项式的某些系数可能为 0，这便产生了一种恼人的情况．我们必须丢掉系数为 0 的项，故多项式 $f(x)$ 可以有多种表达方式．很恼人是因为这不是我们的兴趣点．避免混淆的一种方法是想象列出了所有单项式的系数，无论系数是否为 0．这使得可以有效验证环的公理．故为了定义环运算，我们将一个多项式记作

【11.2.3】 $$f(x) = a_0 + a_1 x + a_1 x^2 + \cdots$$

325

此处系数 $a_i \in R$ 且只有有限多个 a_i 不等于 0．这个多项式由其系数 a_i 所成的向量(或序列)确定：

【11.2.4】 $$a = (a_0, a_1, \cdots)$$

此处 $a_i \in R$，但只有有限个 a_i 为零．每个这样的向量对应着一个多项式．

当 R 是一个域时，这些无限多个向量构成一个向量空间 Z，此向量空间有如(3.7.2)中定义的无限基 e_i．向量 e_i 对应于单项式 x^i，且单项式构成所有多项式所成的空间的一组基．

多项式的加法和乘法的定义仿照我们熟悉的多项式函数的运算．如果 $f(x)$ 和 $g(x)$ 是多项式，则用上面的记号，它们的和是

【11.2.5】 $$f(x) + g(x) = (a_0 + b_0) + (a_1 + b_1)x + \cdots = \sum_k (a_k + b_k) x^k$$

此处记号 $a_i + b_i$ 指的是环 R 中的加法．故如果把一个多项式看成一个向量，其加法就是向量加法：$a+b=(a_0+b_0, a_1+b_1, \cdots)$．

多项式 f 和 g 的积是通过展开其积来计算的：

【11.2.6】 $$f(x)g(x) = (a_0 + a_1 x + \cdots)(b_0 + b_1 x + \cdots) = \sum_{i,j} a_i b_j x^{i+j}$$

此处积 $a_i b_j$ 按环 R 中的乘法计算．存在有限多个非零系数 $a_i b_j$．这是个正确的公式，但右边不是如(11.2.3)中的标准形式，因为同样的单项式 x^n 出现多次——对每一对下标 i，j，$i+j=n$ 出现一次．所以右边这些项必须合并．这就导出定义

【11.2.7】 $$f(x)g(x) = p_0 + p_1 x + p_2 x^2 + \cdots$$

$$p_k=\sum_{i+j=k}a_ib_j$$

$$p_0=a_0b_0,\quad p_1=a_0b_1+a_1b_0,\quad p_2=a_0b_2+a_1b_1+a_2b_0,\cdots$$

每个 p_k 用环中的合成法则计算．然而，做计算时，我们往往暂时推迟合并同类项．

【11.2.8】命题 在多项式集合 $R[x]$ 上存在唯一的具有如下性质的交换环结构：

- 多项式的加法由(11.2.5)定义．
- 多项式的乘法由(11.2.7)定义．
- 环 R 当被看作常数多项式时成为 $R[x]$ 的子环．

326

由于多项式代数是大家所熟悉的，这个命题的证明没有令人感兴趣的特征，故此省略．

带余除法是多项式的一个重要运算．

【11.2.9】命题(带余除法) 令 R 是一个环，令 f 是首一多项式，g 为任意多项式，两个多项式的系数均在 R 中．则在 $R[x]$ 中存在唯一确定的多项式 q 和 r 使得

$$g(x)=f(x)q(x)+r(x)$$

且对余式 r，如果不为零，则 $\deg r<\deg f$．此外，f 在 $R[x]$ 中整除 g 当且仅当 $r=0$．

此命题的证明来自在学校中学过的多项式的除法算法．

【11.2.10】推论 只要 f 的首项系数为单位，就可以做带余除法运算．特别地，每当系数环是一个域且 $f\neq0$，便可以做带余除法运算．

如果首项系数是一个单位 u，则可以从 f 中提取出这个因式．

然而，在整多项式环 $\mathbf{Z}[x]$ 中我们不能用 $2x+1$ 去除 x^2+1．

【11.2.11】推论 令 $g(x)$ 是 $R[x]$ 中一个多项式，且令 α 是 R 中一个元素，则 $g(x)$ 用 $x-\alpha$ 去除所得的余数为 $g(\alpha)$．因此，$x-\alpha$ 在 $R[x]$ 中整除 g 当且仅当 $g(\alpha)=0$．

这个推论只要将 $x=\alpha$ 代入方程 $g(x)=(x-\alpha)q(x)+r$，并注意到 r 是一个常数就能证明．

多项式是环论的基础，我们也将用到多个变量的多项式．在定义上没有本质的改变．

注 一个单项式是多个变量 x_1，x_2，…，x_n 的形式积，它具有下面的形式：

$$x_1^{i_1}x_2^{i_2}\cdots x_n^{i_n}$$

此处指数 i_v 是非负整数．单项式的次数有时称为总次数，是和 $i_1+\cdots+i_n$．

一个 n 元组$(i_1,\cdots,i_n)$称为一个多重指标，用向量记号 $i=(i_1,\cdots,i_n)$ 表示多重指标是很方便的．用多重指标记号，我们可以将一个单项式记为 x^i：

【11.2.12】

$$x^i=x_1^{i_1}x_2^{i_2}\cdots x_n^{i_n}$$

327

单项式 x^0 用 1 表示，其中 $0=(0,\cdots,0)$．一个系数在环 R 中的多个变量 x_1，…，x_n 的多项式是有限多个系数在 R 中的单项式的线性组合．借助于多重指标记号，一个多项式 $f(x)=f(x_1,x_2,\cdots,x_n)$恰可用一种方式表示：

【11.2.13】

$$f(x)=\sum_i a_ix^i$$

此处 i 取遍所有多重指标集$(i_1, i_2, \cdots, i_n)$，系数 $a_i \in R$，且只有有限多个系数不为零.

若一个多项式中每个单项式的系数非零且(总)次数是 d，这样的多项式就叫做齐次多项式.

用多重指标记号，公式(11.2.5)和(11.2.7)定义了多变量多项式的加法与乘法，且命题 11.2.8 的类似结果成立. 然而，带余除法则需要慎重. 在后面会回到这一点(见推论 11.3.9).

系数在 R 中的多项式的环通常用下面的符号之一表示：

【11.2.14】 $$R[x_1,\cdots,x_n] \quad 或 \quad R[x]$$

其中符号 x 理解为变量$\{x_1, x_2, \cdots, x_n\}$的集合. 当没有引入变量的集合时，$R[x]$表示一个变量的多项式环.

第三节 同态与理想

一个环同态 $\varphi:R\to R'$是从一个环 R 到另一个环 R'的映射，它与合成法则相容，并且从 R 到 R'保持单位元 1，即这样一个映射，对任意 a，$b\in R$，满足：

【11.3.1】 $$\varphi(a+b)=\varphi(a)+\varphi(b), \quad \varphi(ab)=\varphi(a)\varphi(b), \quad \varphi(1)=1$$

映射

【11.3.2】 $$\varphi:\mathbf{Z}\to\mathbf{F}_p$$

将一个整数映射到它模 p 的同余类，这个映射 φ 是一个环同态.

环同构是一个双射同态，且如果存在 R 到 R'的同构，则称这两个环是同构的. 我们经常用记号 $R\approx R'$表示环 R 与 R'同构.

关于(11.3.1)的第 3 个条件：假设同态 φ 对加法是相容的是指它是 R 的加群 R^+ 到加群 R'^+的同态. 一个群同态把单位元映射到单位元，故 $\varphi(0)=0$. 但是从乘法的相容性不能得出 $\varphi(1)=1$，所以这个条件必须单独列出来. (R 关于乘法$\times$不是群.)例如，零映射 $R\to R'$将 R 中每个元素都映射到 R'中的零元，这个映射对加法和乘法是相容的，但它并不把 R 中的单位元映射到 R'中的单位元，除非在 R'中 $1=0$. 故零映射不能叫做环同态，除非 R'是零环(参见(11.1.5)).

最重要的环同态由计算多项式的值得到. 实多项式在实数 a 的值定义一个同态：

【11.3.3】 $$\mathbf{R}[x]\to\mathbf{R}, \quad 映 \quad p(x)\rightsquigarrow p(a)$$

328

也可以计算实多项式在某个复数(比如 i)处的值，得到一个同态 $\mathbf{R}[x]\to\mathbf{C}$，它映 $p(x)\rightsquigarrow p(\mathrm{i})$.

多项式求值的一般法则是：

【11.3.4】命题(替换原则) 令 $\varphi:R\to R'$是一个环同态，且令 $R[x]$是系数在 R 中的多项式环.

(a) 令 α 是 R'中的一个元素，则存在唯一的同态 $\Phi:R[x]\to R'$，它在常数多项式上的作用与映射 φ 相同，且映 $x\rightsquigarrow\alpha$.

(b) 更一般地，给定 R' 中的元素 $\alpha_1, \cdots, \alpha_n$，存在唯一一个同态 $\Phi: R[x_1, x_2, \cdots, x_n] \to R'$，它是从 n 个变量的多项式环到 R' 的映射，与 φ 在常数多项式上的作用相同，且映 $x_v \rightsquigarrow \alpha_v$，其中 $v=1, 2, \cdots, n$.

证明 (a) 将 $a \in R$ 在 φ 下的像 $\varphi(a)$ 记作 a'. 利用 Φ 是在 R 上限制到 φ 的同态并映 x 到 α 的事实，可以看到 φ 通过映 ■

【11.3.5】
$$\Phi(\sum a_i x^i) = \sum \Phi(a_i)\Phi(x)^i = \sum a_i' \alpha^i$$

作用在多项式 $f(x) = \sum a_i x^i$ 上. 换言之，Φ 如同 φ 一样作用在一个多项式的系数上，并将 x 替换为 α.

因为这个公式刻画了 Φ，所以我们已经证明了代入同态的唯一性. 为了证明这样的同态的存在性，取上述公式定义的 Φ，并证明 Φ 是 $R[x] \to R'$ 的环同态. 显然 $\Phi(1)=1$，且容易验证对多项式加法的相容性. 关于乘法的相容性用公式(11.2.6)检验：

$$\Phi(fg) = \Phi(\sum a_i b_j x^{i+j}) = \sum \Phi(a_i b_j x^{i+j}) = \sum_{i,j} a_i' b_j' \alpha^{i+j}$$
$$= \Big(\sum_i a'_i \alpha^i\Big)\Big(\sum_j b_j' \alpha^i\Big) = \Phi(f)\Phi(g)$$

采用多重指标记号，(b)的证明与(a)的证明相同. ■

这里是一个替换原则的简单例子，其中系数环 R 变了. 令 $\psi: R \to S$ 是一个环同态. 将 ψ 与 S 的作为多项式环 $S[x]$ 的子环的包含映射加以合成，得到同态 $\varphi: R \to S[x]$. 替换原则断言，存在 φ 的到一个同态 $\Phi: R[x] \to S[x]$ 的唯一扩张映 $x \rightsquigarrow x$. 这个映射作用在多项式的系数上，而保持变量 x 不变. 如果用 a' 表示 $\psi(a)$，则 φ 把一个多项式 $a_n x^n + \cdots + a_1 x + a_0$ 映射为 $a_n' x^n + \cdots\cdots + a_1' x + a_0'$.

一个特别有趣的情形是 φ 是同态 $\mathbf{Z} \to \mathbf{F}_p$，映整数 a 到它的剩余 $\bar{a}$ 模 p. 这个映射扩展为一个同态 $\Phi: \mathbf{Z}[x] \to \mathbf{F}_p[x]$，定义如下：

329 **【11.3.6】**
$$f(x) = a_n x^n + \cdots + a_0 \rightsquigarrow \bar{a}_n x^n + \cdots + \bar{a}_0 = \bar{f}(x)$$

此处 $\bar{a}_i$ 是 a_i 模 p 的剩余类，自然称多项式 $\bar{f}(x)$ 为 $f(x)$ 模 p 的剩余.

另一个例子：令 R 是一个环，且令 P 表示多项式环 $R[x]$，可以用替换原则来构造一个同构

【11.3.7】
$$R[x,y] \to P[y] = (R[X])[y]$$

这在下面的命题 11.3.8 中给出陈述和证明. 其定义域为两个变量 x，y 的多项式环；值域是关于 y 的多项式环，多项式系数是关于 x 的多项式. 这些环是同构的，该论断是一个多项式 $f(x, y)$ 按照 y 的次数合并同类项的程序的形式化. 例如，

$$x^4 y + x^3 - 3x^2 y + y^2 + 2 = y^2 + (x^4 - 3x^2)y + (x^3 + 2)$$

这个程序很有用. 例如，可以把一个多项式最终写成一个关于变量 y 的首一多项式，如上例的情形. 如果这样，就可作带余除法(见下面的推论 11.3.9).

【11.3.8】命题 令 $x=(x_1, \cdots, x_m)$ 和 $y=(y_1, \cdots, y_n)$ 表示变量的集合，则存在唯一一个同构 $R[x, y] \to R[x][y]$，它在 R 上是恒等映射，且将变量映射到自身.

这是很基础的，但直接验证这两个环上乘法的相容性是枯燥的.

证明 注意到 R 是 $R[x]$ 的子环，$R[x]$ 是 $R[x][y]$ 的子环，故 R 也是 $R[x][y]$ 的子环．令 φ 是 R 到 $R[x][y]$ 的包含映射．替换原则告诉我们存在唯一的同态 $\Phi:R[x, y]\to R[x][y]$，这个同态扩展了 φ 并映射 x_u 与 y_v 到想到的地方．故我们可以让变量映射到自身．所构造的 Φ 要求是一个同构．不难看出 Φ 是一个双射．证明此点的一种方法是再次应用替换原则来定义一个逆映射． ■

【11.3.9】推论 令 $f(x, y)$ 和 $g(x, y)$ 是两个变量的多项式，是 $R[x, y]$ 中的元素．假设当视为关于 y 的多项式时，f 是首一的 m 次多项式，则存在唯一确定的多项式 $q(x, y)$ 和 $r(x, y)$ 使得 $g=fq+r$，且使得若 $r(x, y)\neq 0$，则它关于 y 的次数 $<m$.

此推论由命题 11.2.9 和 11.3.8 可得.

另一个容易刻画同态的情形是当定义域是整数环的时候.

【11.3.10】命题 令 R 为一个环，则恰好存在一个从整数环 $\mathbf{Z}$ 到环 R 的同态 $\varphi:\mathbf{Z}\to R$. 这个映射定义为：对 $n\geqslant 0$，$\varphi(n)=1+\cdots+1$(n 项)且 $\varphi(-n)=-\varphi(n)$.

简略证明 令 $\varphi:\mathbf{Z}\to R$ 是一个同态．由同态的定义，$\varphi(1)=1$ 且 $\varphi(n+1)=\varphi(n)+\varphi(1)$．递归定义刻画了 φ 作用于自然数的情形以及如果 $n>0$ 则 $\varphi(-n)=-\varphi(n)$ 且 $\varphi(0)=0$，由此唯一确定了 φ．故它是仅有的一个能成为同态的映射 $\mathbf{Z}\to R$，不难证明仅有一个．要给出形式上的证明，可回到整数加法和乘法的定义(参见附录)． ■

330

命题 11.3.10 可以把一个整数的像等同于任意一个环 R．例如：我们解释符号 3 为 R 中的元素 $1+1+1$.

注意 令 $\varphi:R\to R'$ 是环同态．φ 的核是 R 中映射到零的元素的集合：

【11.3.11】
$$\ker\varphi=\{s\in R\,|\,\varphi(s)=0\}$$

这和将 φ 视为加群的同态 $R^{+}\to R'^{+}$ 得到的核是一样的．所以，关于群同态核的性质适用于此．例如，φ 是单射当且仅当 $\ker\varphi=\{0\}$.

正如你将回想到的，一个群同态的核不仅是一个子群，而且是一个正规子群．同样，一个环同态的核在加法运算下封闭，它还有比在乘法运算下封闭更强的性质：

【11.3.12】
$$\text{如果 } s\in\ker\varphi, \text{则对任意 } r\in R,\quad rs\in\ker\varphi$$

因为如果 $\varphi(s)=0$，则 $\varphi(rs)=\varphi(r)\varphi(s)=\varphi(r)\cdot 0=0$.

这个性质被抽象到理想这个概念中.

【11.3.13】定义 环 R 的一个理想 I 是 R 的满足下列性质的非空子集：

- I 在加法下封闭.
- 如果 $s\in I$，$r\in R$，则 $rs\in I$.

环同态的核是一个理想.

这个奇怪的术语“理想”是以前用在数论中的“理想元素”这个短语的缩写．在第十三章我们会看到这个名称是如何产生的．一个好的办法(可能是更好的办法)就是将理想的定义看成与下面的公式化表达等价：

【11.3.14】$I\neq\varnothing$(空集)且线性组合 $r_1s_1+\cdots+r_ks_k\in I$，其中 $s_i\in I, r_i\in R$.

注 任何环 R 中，一个特定元素 a 的倍数构成一个理想称为由 a 生成的主理想. 一个元素 $b\in R$ 属于这个理想当且仅当 b 是 a 的倍数，即当且仅当在 R 中 a 整除 b.

有几种表示主理想的记号：

【11.3.15】
$$(a)=aR=Ra=\{ra \mid r\in R\}$$

环 R 本身是主理想(1)，鉴于此，(1)称为单位理想. 这是仅有的包含环的单位的理想. 只包含元素零的集合是主理想(0)，称为零理想. 不是单位理想也不是零理想的理想称为真理想.

331

每个理想 I 满足子环的条件，除非 I 是整个环，否则 R 的单位元 $1\notin I$. 如果 $I=R$，则 I 并不是我们所说的子环.

【11.3.16】例

(a) 令 φ 是同态 $\mathbf{R}[x]\to\mathbf{R}$，定义为用实数 2 代替 x. 它的核是所有以 2 为根的多项式的集合，可刻画为能被 $x-2$ 整除的多项式的集合. 这是一个主理想，可记为$(x-2)$.

(b) 令 $\Phi:\mathbf{R}[x, y]\to\mathbf{R}[t]$是一个同态，其在实数上保持不变，且映 $x\rightsquigarrow t^2$，$y\rightsquigarrow t^3$. 则映 $g(x, y)\rightsquigarrow g(t^2, t^3)$. 多项式 $f(x, y)=y^2-x^3$ 是 Φ 的核. 我们将证明核是由 f 生成的主理想(f)，即如果 $g(x, y)$是一个多项式且 $g(t^2, t^3)=0$，则 f 整除 g. 为证明此结论，将 f 视为系数为关于 x 的多项式的关于 y 的多项式(参见(11.3.8)). f 是一个关于 y 的首一多项式，故可做带余除法：$g=fq+r$，此处 q 和 r 是多项式，余式是 r，如果 $r\neq 0$，则它关于 y 的次数至多为 1. 我们将余式写成关于 y 的多项式：$r(x, y)=r_1(x)y+r_0(x)$. 如果 $g(t^2, t^3)=0$，则 g 和 $fq\in\ker\Phi$，故 $r\in\ker\varphi$：$r(t^2, t^3)=r_1(t^2)t^3+r_0(t^2)=0$. $r_0(t^2)$中的单项式有偶数次数，而 $r_1(t^2)t^3$ 中的单项式有奇数次数. 因此为使 $r(t^2, t^3)=0$，$r_0(x)$与 $r_1(x)$必须均为零. 由于余式 $r=0$，故 f 整除 g. ■

用记号(a)表示主理想是很方便的，但如果不指出是哪个环的理想，就会出现歧义. 例如，$(x-2)$可代表 $\mathbf{R}(x)$的理想，也可代表 $\mathbf{Z}(x)$的理想，依情况而定. 将几个环一起讨论时，最好用不同的表示记号.

注 由环 R 的元素集合$\{a_1, \cdots, a_n\}$生成的理想 I 是包含这些元素的最小理想. 它可以描述为所有形如(11.3.17)的线性组合的集合.

【11.3.17】
$$r_1a_1+\cdots+r_na_n$$

其中系数 $r_i\in R$. 这个理想常记作$(a_1, \cdots, a_n)$：

【11.3.18】
$$(a_1,\cdots,a_n)=\{r_1a_1+\cdots+r_na_n \mid r_i\in R\}$$

例如，映 $f(x)$为 $f(0)(\mathrm{mod}p)$的剩余的同态 $\varphi:\mathbf{Z}[x]\to\mathbf{F}_p$ 的核 K 是 $\mathbf{Z}[x]$中由 p 和 x 生成的理想(p, x). 我们验证如下：首先，p，$x\in K$，故$(p, x)\subset K$. 要证明 $K\subset(p, x)$，令$f(x)=a_nx^n+\cdots\cdots+a_1x+a_0$ 是整多项式，则 $f(0)=a_0$. 如果 $a_0\equiv 0(\mathrm{mod}p)$，即 $a_0=bp$，则 f 是 p 和 x 的一个线性组合 $bp+(a_nx^{n-1}+\cdots+a_1)x$. 故 $f\in(p, x)$.

生成一个理想的元素个数可以任意多. 多项式环 $\mathbf{C}[x, y]$的理想(x^3, x^2y, xy^2, y^3)

由这样的多项式组成：多项式的每一项的次数至少是3. 这个理想不能由少于4个元素生成.

在本节的其余部分，我们将理想描述为一些简单情形. 332

【11.3.19】命题

(a) 域仅有的理想是零理想与单位理想.

(b) 恰有两个理想的环是域.

证明 若一个域 F 的理想 I 包含一个非零元 a，且这个元是可逆的，则 I 包含 $a^{-1}a=1$，因此这个理想为单位理想. F 仅有的理想为(0)和(1).

假设 R 恰有两个理想. 域区别于环的性质是 $1\neq 0$ 且 R 的每个非零元 a 有乘法逆元. 我们已经看到 $1=0$ 只发生在零环的情形. 零环只有一个理想，即零理想. 由于我们的环有两个理想，故在 R 中 $1\neq 0$. 两个理想(1)和(0)不同，故它们是 R 的仅有的两个理想.

为证明 R 的每个非零元素 a 有逆元，考虑主理想 (a). 因为 (a) 包含元素 a，故 $(a)\neq(0)$，因此 $(a)=(1)$. (a) 的元素是 a 的倍数，故1为 a 的倍数，因此 a 是可逆的. ■

【11.3.20】推论 每个从一个域 F 到非零环 R 的同态 $\varphi:F\to R$ 是一个单射.

证明 $\ker\varphi$ 是 F 的一个理想. 故由命题11.3.19知，$\ker\varphi=(0)$ 或 (1). 如果 $\ker\varphi=(1)$，则 φ 将是零映射. 但当 R 是非零环时，零映射不是同态. 因此 $\ker\varphi=(0)$，故 φ 是单射. ■

【11.3.21】推论 整数环的理想是 $\mathbf{Z}^+$ 的子群，且它们是主理想.

整数环 $\mathbf{Z}$ 的一个理想是加群 $\mathbf{Z}^+$ 的一个子群，在(2.3.3)之前已经证明了 $\mathbf{Z}^+$ 的每个子群具有形式 $\mathbf{Z}n$.

关于 $\mathbf{Z}^+$ 的子群有形式 $\mathbf{Z}n$ 的证明可改编到域上的多项式环 $F[x]$.

【11.3.22】命题 域 F 上关于一个变量 x 的多项式环 $F[x]$ 的每一个理想是一个主理想. $F[x]$ 上的一个非零理想 I 由它所包含的次数最低的首一多项式生成.

证明 令 I 为 $F[x]$ 的一个理想. 零理想是主理想，故假设 I 不是零理想. 找 $\mathbf{Z}$ 的一个非零子群的生成元的第一步是选取其中的最小正数. 这里替换成选取 I 中次数最低的非零多项式 f. 由于 F 是一个域，故可以取 f 为首一的. 我们断言 $I=(f)$ 是 f 的多项式倍数的主理想. 由于 $f\in I$，故 f 的任意倍数也属于 I，因此 $(f)\subset I$. 要证明 $I\subset(f)$，选取元素 $g\in I$，应用带余除法写成 $g=fq+r$，其中如果 $r\neq 0$，则 $\deg r<\deg f$. 由于 g 与 f 均属于 I，故 $g-fq=r\in I$. 由于 f 是 I 中次数最小的非零多项式，且只有 $r=0$，因此 f 整除 g，故 $g\in(f)$. 333

如果 f_1 与 f_2 均为 I 中两个次数最低的首一多项式，则它们的差在 I 中的次数小于 n，故必为零多项式. 因此最低次的首一多项式在 I 中是唯一的. ■

【11.3.23】例 令 $\gamma=\sqrt[3]{2}$ 是2的实三次方根，且令 $\Phi:\mathbf{Q}[x]\to\mathbf{C}$ 是一个代入映射，映 $x\rightsquigarrow\gamma$. 此映射的核是一个主理想，由 $\mathbf{Q}[x]$ 中有一个根为 γ(11.3.22)的次数最低的首一多项式生

成．多项式 x^3-2 在核中，因为 $\sqrt[3]{2}$ 不是一个有理数，故该多项式不能写成两个有理系数的非常数多项式之积 $f=gh$．故它是核中次数最低的多项式，因此它生成这个核，即 $\ker\Phi=(x^3-2)$． ■

我们限制映射 Φ 到整数环 $\mathbf{Z}[x]$ 上，得到一个同态 $\Phi':\mathbf{Z}[x]\to\mathbf{C}$．下面的引理证明 $\ker\Phi'$ 是 $\mathbf{Z}[x]$ 的主理想，由同一个多项式 f 生成．

【11.3.24】引理 令 f 是一个首一的整多项式，且令 g 是另一个整多项式．如果 f 在 $\mathbf{Q}[x]$ 上整除 g，则 f 在 $\mathbf{Z}[x]$ 上整除 g．

证明 由于 f 是首一的，故可在 $\mathbf{Z}[x]$ 上做带余除法：$g=fq+r$．这个式子在环 $\mathbf{Q}[x]$ 上也成立，且 $\mathbf{Q}[x]$ 上的带余除法给出同样的结果．在 $\mathbf{Q}[x]$ 上，f 整除 g，因此 $r=0$，且在 $\mathbf{Z}[x]$ 上 f 整除 g． ■

下面推论的证明类似于证明整数环中存在最大公因式((2.3.5)，也可参见(12.2.8))．

【11.3.25】推论 令 R 表示域 F 上一个变量的多项式环 $F[x]$，且令 f，$g\in R$，均非零．它们的最大公因式 $d(x)$ 是唯一的首一多项式，它生成理想 (f, g)．$d(x)$ 有下列性质：

(a) $Rd=Rf+Rg$．

(b) d 整除 f 和 g．

(c) 如果多项式 $e=e(x)$ 整除 f 和 g，则 $e(x)$ 整除 d．

(d) 存在多项式 p 和 q 使得 $d=pf+qg$．

环 R 的特征的定义与域的特征的定义一样．它是一个能生成同态 $\varphi:\mathbf{Z}\to R$(11.3.10)的核的非负整数 n．如果 $n=0$，则环 R 的特征为 0，这意味着 R 中 1 的任何整数倍均不为 0．否则 n 是 R 中使得“n 倍的 1”等于 0 的最小正整数．一个环的特征可以是任何非负整数．

第四节 商　　环

令 I 是环 R 的理想．R^+ 中加法子群的陪集 I^+ 是子集 $a+I$．陪集的集合 $\overline{R}=R/I$ 在加法运算下是一个群．对于环，也有类似的结论：

334

【11.4.1】定理 令 I 是环 R 的理想．在 I 的加法陪集的集合 $\overline{R}$ 上存在唯一的环结构使得映射 $\pi:R\to\overline{R}$ 映 $a\rightsquigarrow\overline{a}=[a+I]$，该映射是一个环同态．$\pi$ 的核是理想 I．

如商群中一样，映射 π 称为典范映射，$\overline{R}$ 叫做商环．元素 a 的像 $\overline{a}$ 叫做元素的剩余．

证明 对于整数环已经进行过证明了(见第二章第九节)．我们要在 $\overline{R}$ 上加上一个环结构，如果只考虑加法运算而不考虑乘法，则 I 是 R^+ 的一个正规子群，对此，(2.12.2)已经给出了证明．剩下的就是定义乘法，然后验证环的公理成立，再证明 π 是一个同态．令 $\overline{a}=[a+I]$ 与 $\overline{b}=[b+I]$ 为 $\overline{R}$ 中的元素．定义 $\overline{a}\,\overline{b}=[ab+I]$．积的集合

$$P=(a+I)(b+I)=\{rs\,|\,r\in a+I,s\in b+I\}$$

不总是 I 的陪集．然而，如同整数环的情形，$P\subset ab+I$．如果记 $r=a+u$，$s=b+v$，其中 u，$v\in I$，则

$$(a+u)(b+v)=ab+(av+bu+uv)$$

由于 I 是一个理想，且包含 u，v，则 $av+bu+uv\in I$. 这是定义积陪集所需要的：这个陪集包含积的集合. 由于陪集划分 R，故陪集 $ab+I$ 是唯一确定的.

定理其他部分的证明仿照第二章第九节可得. ■

和群中一样，我们经常省略商环$\overline{R}$的代表元$\overline{a}$上面的横线，记住“在$\overline{R}$上 $a=b$”意味着“$\overline{a}=\overline{b}$”.

下面的定理也和我们在群中看到的定理类似：

【11.4.2】**定理**（商环的映射性质） 令 $f:R\to R'$是环同态，$\ker f=K$ 且令 I 是 R 的另一个理想. 令 $\pi:R\to\overline{R}$是 R 到$\overline{R}=R/I$ 的典范映射.

(a) 如果 $I\subset K$，则存在唯一同态$\overline{f}:\overline{R}\to R'$使得$\overline{f}\pi=f$：

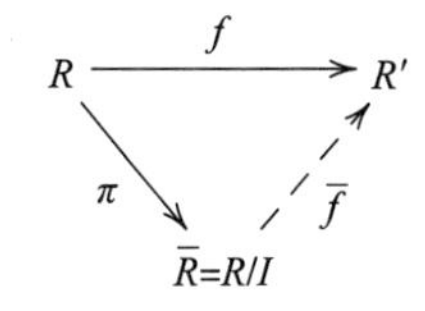

(b)（第一同构定理） 如果 f 是满射且 $I=K$，则$\overline{f}$是一个同构.

第一同构定理是我们确定商环的基本方法，然而，它并不常用. 在许多情形中，商环是新的环，这就是商结构重要的原因. 例如，环 $\mathbf{C}[x,\ y]/(y^2-x^3+1)$就完全不同于至今我们所看到的任何一个环. 它的元素是一个椭圆曲线上的函数（参加[Silverman]）. 335

环的对应定理刻画了环的理想与商环之间的关系.

【11.4.3】**定理**（对应定理） 令 $\varphi:R\to\mathcal{R}$是一个满射环同态，且 $\ker\varphi=K$. 则存在$\mathcal{R}$的全部理想的集合与 R 的包含 K 的理想的集合之间的一个双射对应：

$$\{R\text{ 的包含 }K\text{ 的理想}\}\leftrightarrow\{\mathcal{R}\text{的理想}\}$$

这个对应定义如下：

- 如果 I 是 R 的理想，且 $K\subset I$，则在$\mathcal{R}$中对应的理想为 $\varphi(I)$.
- 如果$\mathcal{I}$是$\mathcal{R}$的一个理想，则在 R 中对应的理想为 $\varphi^{-1}(\mathcal{I})$.

如果 R 的理想 I 对应于$\mathcal{R}$的理想$\mathcal{I}$，则商环 R/I 和$\mathcal{R}/\mathcal{I}$自然是同构的.

注意包含关系 $K\subset I$ 是与映射性质中的包含关系相反的.

对应定理的证明 令$\mathcal{I}$是$\mathcal{R}$的一个理想，令 I 是 R 的包含 K 的一个理想. 我们必须验证下面几点：

- $\varphi(I)$是$\mathcal{R}$的理想.
- $\varphi^{-1}(\mathcal{I})$是 R 的一个理想，且包含 K.
- $\varphi(\varphi^{-1}(\mathcal{I}))=\mathcal{I}$，且 $\varphi^{-1}(\varphi(I))=I$.
- $\varphi(I)=\mathcal{I}$，则 $R/I\approx\mathcal{R}/\mathcal{I}$.

参考群的对应定理 2.10.5 的证明，我们按顺序逐条验证. 我们已经看到了子群的像仍是子群. 故要证明 $\varphi(I)$是$\mathcal{R}$的理想，只需证明它对$\mathcal{R}$中的乘法封闭. 令$\widetilde{r}\in\mathcal{R}$，令$\widetilde{x}\in\varphi(I)$.

则对于某个 $x\in I$，有 $\widetilde{x}=\varphi(x)$. 由于 φ 是满射，故对某个 $r\in R$，有 $\widetilde{r}=\varphi(r)$. 由于 I 是一个理想，故 $rx\in I$ 且 $\widetilde{r}\widetilde{x}=\varphi(rx)\in\varphi(I)$.

其次，验证 $\varphi^{-1}(\mathcal{I})$是 R 的包含 K 的理想. 无论 φ 是否为满射，这个结论都是成立的. 记 $\varphi(a)=\widetilde{a}$. 由原像的定义，$a\in\varphi^{-1}(\mathcal{I})$当且仅当 $\widetilde{a}\in\mathcal{I}$. 如果 $a\in\varphi^{-1}(\mathcal{I})$，$r\in R$，则 $\varphi(ra)=\widetilde{r}\widetilde{a}\in\mathcal{I}$(因为$\mathcal{I}$是一个理想)，因此 $ra\in\varphi^{-1}(\mathcal{I})$. $\varphi^{-1}(\mathcal{I})$在加法下封闭和包含 K 已在(2.10.4)里证明.

第三个断言(即对应的双射性)从群同态的情形可得.

最后，假设 $K\subset I$，其中 I 是 R 的理想，对应于环 R 中的理想$\mathcal{I}$，即$\mathcal{I}=\varphi(I)$且 $I=\varphi^{-1}(\mathcal{I})$. 令$\widetilde{\pi}:\mathcal{R}\to\mathcal{R}/\mathcal{I}$是典范映射，令 f 表示合成映射$\widetilde{\pi}:R\to\mathcal{R}\to\mathcal{R}/\mathcal{I}$. $\ker f=\{x\in R\mid\widetilde{\pi}\,\varphi(x)=0\}$，即 $\varphi(x)\in\mathcal{I}$，或 $x\in\varphi^{-1}(\mathcal{I})=I$. 故 $\ker f=I$. 将映射性质应用于映射 f 就给出了一个同态$\overline{f}:R/I\to\mathcal{R}/\mathcal{I}$，且第一同构定理断言$\overline{f}$是一个同构. ■

336

要应用对应定理，了解环的理想是有益的. 下面的例子以一种最简单的情形说明了这一点，其中两环之一是 $\mathbf{C}[t]$. 我们将能够用到 $\mathbf{C}[t]$的每个理想是主理想这一事实(11.3.22).

【11.4.4】例

(a) 令 $\varphi:\mathbf{C}[x,\ t]\to\mathbf{C}[t]$是一个同态，映 $x\rightsquigarrow t$ 及 $y\rightsquigarrow t^2$. 这是一个满射，其核 K 是由 $y-x^2$ 生成的 $\mathbf{C}[x,\ y]$的一个主理想(其证明与例 11.3.16 类似).

对应定理将 $\mathbf{C}[x,\ y]$中包含 $y-x^2$ 的理想 I 与 $\mathbf{C}[t]$中的理想 J 通过 $J=\varphi(I)$和 $I=\varphi^{-1}(J)$联系起来，此处 J 是由多项式 $p(t)$生成的主理想. 令 I_1 表示 $\mathbf{C}[x,\ y]$的由 $y-x^2$和 $p(x)$生成的理想. 则 I_1 包含 K，且它的像等于 J. 对应定理断言 $I_1=I$. 多项式环 $\mathbf{C}[x,\ y]$的包含 $y-x^2$ 的每一个理想具有形式 $I=(y-x^2,\ p(x))$，其中 $p(x)$为某个多项式.

(b) 用典范映射 $\pi:\mathbf{C}[t]\to R'$确定商环 $R'=\mathbf{C}[t]/(t^2-1)$的理想. π 的核为主理想(t^2-1). 令 I 是 $\mathbf{C}[t]$的包含 t^2-1 的理想，则 I 是由首一多项式 f 生成的主理想，$t^2-1\in I$ 意味着 f 整除 t^2-1. t^2-1 的首一因子有 1，$t-1$，$t+1$ 和 t^2-1. 因此环 R'恰好包含 4 个理想. 它们是由 t^2-1 的因子的剩余生成的主理想. ■

添加关系

当理想 I 是主理想时，比如 $I=(a)$，我们重新对商环的结构给出说明. 在此情形，我们将商环$\overline{R}=R/I$ 看作是在环 R 上施加了一个关系 $a=0$ 或是消去元素 a 得到的环. 例如，域 $\mathbf{F}_7$ 就看作是整数环 $\mathbf{Z}$ 消去 7 得到的环.

我们检验发生的映射 $\pi:R\to\overline{R}$上的坍缩. 它的核是理想 I，故 $a\in I:\pi(a)=0$. 若 b 为 R 中任意的元素，与 b 在$\overline{R}$中有同一个像的元素是陪集 $b+I$ 中的元素，且由于 $I=(a)$，故陪集中的元素具有形式 $b+ra$. 我们看到在环 R 上施加关系 $a=0$ 使我们能够令 $b=b+ra$ 对所有 b 和 r 属于 R 成立，且这是消去 a 的仅有的结果.

可通过模由 a_1，…，a_n 生成的理想 I 而引入任意多个关系 $a_1=0$，…，$a_n=0$，其中 $I=\{r_1a_1+\cdots+r_na_n \mid 系数\ r_i\in R\}$．商环$\overline{R}=R/I$ 可看做消去这 n 个元素得到的环．R 中两个元素 b 与 b'在$\overline{R}$中有相同的像当且仅当 b'有形式 $b+r_1a_1+\cdots+r_na_n$ 对某个 $r_i\in R$ 成立．

添加的关系越多，映射 π 坍缩得就越严重．如果我们随意地添加关系，则最坏的情况是 $I=R$，此时$\overline{R}=0$．所有关系 $a=0$ 都添加到 R 上，则 R 就坍缩成一个零环．

此处对应定理给出了某些直观上显然的东西：一次引入一个关系或者全部关系得出同构的结果．为解释清楚，令 a，$b\in R$，且令$\overline{R}=R/(a)$是 R 中消去元素 a 得到的结果．令 $\overline{b}$ 是 $\overline{R}$ 中 b 的剩余．由对应定理知 $\overline{R}$ 的主理想$(\overline{b})$对应于 R 的理想$(a，b)$，且 $R/(a，b)$同构于$\overline{R}/(\overline{b})$．在 R 中同时消去$(a，b)$所得到的结果与从先消去 a 得到的商环$\overline{R}=R/a$ 中消去$\overline{b}$所得的结果一样．

337

【11.4.5】例　我们要求识别商环$\overline{R}=\mathbf{Z}[\mathrm{i}]/(\mathrm{i}-2)$，即一个在高斯整数上引入关系 $\mathrm{i}-2=0$ 后得到的环．我们不直接分析，而是注意到映射 $\mathbf{Z}[x]\to\mathbf{Z}[\mathrm{i}]$映 $x\rightsquigarrow\mathrm{i}$，这个映射的核是 $\mathbf{Z}[x]$的由 $f=x^2+1$ 生成的主理想．第一同构定理告诉我们 $\mathbf{Z}[x]/f\approx\mathbf{Z}[\mathrm{i}]$．$g=x-2$ 的像是 $\mathrm{i}-2$，故$\overline{R}$也可以通过引入两个关系 $f=0$ 和 $g=0$ 到整多项式环上来得到．令 $I=(f，g)$是由两个多项式 f，g 生成的理想．则$\overline{R}\approx\mathbf{Z}[x]/I$．

要构造$\overline{R}$，我们可以按相反的顺序引入这两个关系．先消去 g，再消去 f．$\mathbf{Z}[x]$的主理想(g)是映 $x\rightsquigarrow 2$ 的同态 $\mathbf{Z}[x]\to\mathbf{Z}$ 的核．故当在 $\mathbf{Z}[x]$中消去 $x-2$ 时，我们得到一个与环 $\mathbf{Z}$ 同构的环，在这个环中，x 的剩余是 2．则 $f=x^2+1$ 的剩余为 5．故我们也可以通过在 $\mathbf{Z}$ 中消去 5 得到$\overline{R}$，因此$\overline{R}\approx\mathbf{F}_5$．

将上面所提到的环总结如下：

【11.4.6】图

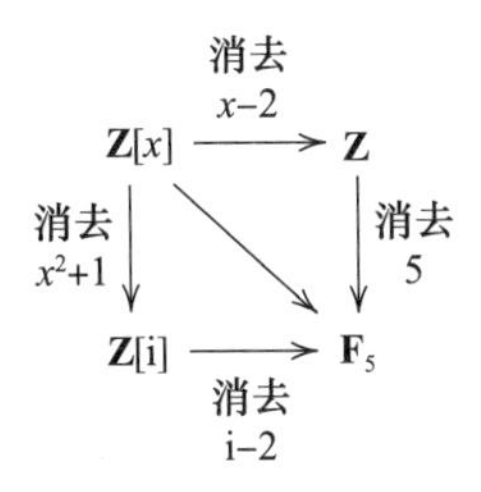

■

第五节　元素的添加

本节讨论与关系的添加密切相关的一个过程：添加新元素到一个环上．这个过程的模型是从实数构造复数域的过程．在 $\mathbf{R}$ 中加上 i 得到 $\mathbf{C}$ 的构造完全是形式的：虚数 i 只有 $\mathrm{i}^2=-1$ 这一个性质，除此之外没有别的性质．我们现在要刻画这一构造背后的一般原理．从任意一个环 R 开始，考虑构造一个包含 R 的元素同时包含一个记为 α 的新元素的更大的环．我们希望 α 满足某个关系，例如 $\alpha^2+1=0$．一个包含环 R 并将其作为子环的环 R'称为 R 的一个环扩张．因而我们是在寻找适当的环扩张．

有时元素 α 会在一个已知的环扩张 R' 中．在这种情形，解是由 R 和 α 生成的 R' 的子环，即包含 R 和 α 的最小子环．这个环记为 $R[\alpha]$．在本章第一节中就 $R=\mathbf{Z}$ 的情形已经描述了这个环，而一般情形的描述没有什么区别：$R[\alpha]$ 由 R' 中所有系数 $r_i\in R$ 的具有下列多项式表达式的元素 β 构成：$\beta=r_n\alpha^n+\cdots\cdots+r_1\alpha+r_0$．

但正如由 $\mathbf{R}$ 构造 $\mathbf{C}$ 时所发生的情况一样，我们也许还没有包含 α 的扩张．于是必须抽象地构造它．我们从多项式环 $R[x]$ 开始．它是由 R 和 x 生成的环．元素 x 除了环公理所蕴含的关系外，不满足别的关系，我们可能要求新元素 α 满足某些关系．既然有了环 $R[x]$，就可以用第四节给出的关于多项式环 $R(x)$ 的过程在它上面添加我们想要的关系．在构造中用 $R[x]$ 代替 R 使记号变得复杂，除此之外，没有什么不同．

338

例如，可以通过在实多项式环 $P=\mathbf{R}[x]$ 上引入关系 $x^2+1=0$ 形式地构造复数．为此构造商环 $\overline{P}=P/(x^2+1)$．x 的剩余成为元素 i．注意在 $\overline{P}$ 中关系 $\overline{x}^2+1=0$ 成立，这是因为映射 $\pi:P\to\overline{P}$ 是同态且 $x^2+1\in\ker\pi$，故 $\overline{P}$ 同构于 $\mathbf{C}$．

一般地，比如我们想添加元素 α 到环 R 上，且想令 α 满足多项式关系 $f(x)=0$，此处

【11.5.1】 $$f(x)=a_nx^n+a_{n-1}x^{n-1}+\cdots+a_1x+a_0,\quad \text{其中 } a_i\in R$$

解是 $R'=R[x]/(f)$，其中 (f) 为 $R[x]$ 中由 f 生成的主理想．

令 α 表示 x 在 R' 中的剩余 $\overline{x}$，则因为映射 $\pi:R[x]\to R[x]/(f)$ 是一个同态，故

【11.5.2】 $$\pi(f(x))=\overline{f(x)}=\overline{a}_n\alpha^n+\cdots+\overline{a}_0=0$$

此处 $\overline{a_i}$ 是常数多项式 a_i 在 R' 中的像．故省略掉 $\overline{a_i}$ 上的横杠，α 满足关系 $f(\alpha)=0$．以这种方式得到的环也记为 $R[\alpha]$．

例如：令 a 为环 R 中的元素．a 的逆元是一个元素 α，满足关系

【11.5.3】 $$a\alpha-1=0$$

故我们能添加这个逆元到 R 上形成一个商环 $R'=R[x]/(ax-1)$．

最重要的情形是元素 α 是一个首一多项式的根：

【11.5.4】 $$f(x)=x^n+a_{n-1}x^{n-1}+\cdots+a_1x+a_0,\quad \text{其中 } a_i\in R$$

在这种情形可精确地描述环 $R[\alpha]$．

【11.5.5】命题 令 R 是一个环，$f(x)$ 是系数属于 R 的具有正次数 n 的首一多项式．令 $R[\alpha]$ 表示通过添加满足关系 $f(\alpha)=0$ 的元素得到的环 $R[x]/(f)$．

(a) 集合 $(1, \alpha, \cdots, \alpha^{n-1})$ 是 $R[\alpha]$ 在 R 上的一组基：$R[\alpha]$ 中每个元素可以唯一表示为系数在 R 上的这组基的一个线性组合．

(b) 两个线性组合的加法是向量加法．

(c) 线性组合的乘法如下：令 $\beta_1, \beta_2\in R[\alpha]$，且令 $g_1(x)$ 和 $g_2(x)$ 为满足 $\beta_1=g_1(\alpha)$ 和 $\beta_2=g_2(\alpha)$ 的多项式，我们用 f 整除多项式的积 g_1g_2，比如 $g_1g_2=fq+r$，其中若余式 $r(x)\neq 0$，则有 $\deg r(x)<n$．于是 $\beta_1\beta_2=r(\alpha)$．

下面的引理是显然的．

【11.5.6】**引理** 令 f 是一个多项式环 $R[x]$ 上 n 次的首一多项式. (f)的每个非零元次数至少为 n.

339

命题 11.5.5 的证明 (a)由于 $R[\alpha]$是多项式环 $R[x]$的商，故 $R[\alpha]$中每个元素 β 是多项式 $g(x)$的剩余，即 $\beta=g(\alpha)$. 由于 f 是首一的，故可做带余除法：$g(x)=f(x)q(x)+r(x)$，此处 $r(x)$或为 0 或次数小于 n(11.2.9). 则由于 $f(\alpha)=0$，故 $\beta=g(\alpha)=r(\alpha)$. 这样 β 可以写成这组基的组合. β 的表达式是唯一的，因为主理想(f)不包含次数小于 n 的元素. 这也证明了(c)，且(b)可由 $R[x]$中的加法为向量加法这个事实得出. ■

【11.5.7】**例**

(a) 代入映射 $\mathbf{Z}[x]\to\mathbf{C}$ 映 $x\rightsquigarrow\gamma=\sqrt[3]{2}$，该映射的核是 $\mathbf{Z}[x]$的主理想(x^3-2)(11.3.23). 故 $\mathbf{Z}[\gamma]$同构于 $\mathbf{Z}[x]/(x^3-2)$. 命题表明$(1, \gamma, \gamma^2)$是 $\mathbf{Z}[\gamma]$的一组 $\mathbf{Z}$-基. 它的元素是线性组合 $a_0+a_1\gamma+a_2\gamma^2$，其中 $a_i\in\mathbf{Z}$. 如果 $\beta_1=(\gamma^2-\gamma)$且 $\beta_2=(r^2+1)$，则

$$\beta_1\beta_2=\gamma^4-\gamma^3+\gamma^2-\gamma=f(\gamma)(\gamma-1)+(\gamma^2+\gamma-2)=\gamma^2+\gamma-2$$

(b) 令 R'为通过添加满足关系 $\delta^2-3=0$ 的元素 δ 到 $\mathbf{F}_5$ 所得到的环. 这里 δ 为 3 的一个抽象平方根. 命题 11.5.5 告诉我们 R'的元素是 25 个线性表达 $a+b\delta$，其中系数 a，$b\in\mathbf{F}_5$.

我们将通过证明 R'的每个非零元素 $a+b\delta$ 均有逆元来证明 R'是一个 25 阶的域. 为此，考虑积 $c=(a+b\delta)(a-b\delta)=(a^2-3b^2)$. 这是 $\mathbf{F}_5$ 的一个元素，因为 3 在 $\mathbf{F}_5$ 中不是平方数，故除非 a，b 均为零，否则 $c\neq 0$. 故如果 $a+b\delta\neq 0$，则 c 在 $\mathbf{F}_5$ 中可逆. 这样 $a+b\delta$ 的逆元为$(a-b\delta)c^{-1}$.

(c) (b)中的过程若用在 $\mathbf{F}_{11}$上则不能产生域. 原因是 $\mathbf{F}_{11}$已经包含了 3 的两个平方根，即± 5. 若 R'是通过添加满足关系 $\delta^2-3=0$ 的元 δ 得到的环，那么我们再添加一个抽象的 3 的平方根，尽管 $\mathbf{F}_{11}$已经包含了两个平方根. 乍一看，可能希望找出 $\mathbf{F}_{11}$，但我们做不到，因为并不知道 δ 是否等于 5 或-5. 我们只知道 δ 是 3 的平方根. 故 $\delta-5$ 和 $\delta+5$ 均不为 0，但$(\delta-5)(\delta+5)=\delta^2-3=0$. 这在域中是不可能发生的情况. ■

分析由在环上添加一个满足非首一多项式关系的元素得到的环的结构是比较困难的.

注 有一点我们在讨论中一直回避，现在考虑它：当添加一个元素 α 到环 R 上并满足关系 $f(\alpha)=0$，原来的环 R 会不会是我们构造的环 R'的子环？我们知道 R 作为常数多项式的子环包含在多项式环 $R[x]$中，我们还有典范映射 $\pi:R[x]\to R'=R[x]/(f)$. 限制 π 到常数多项式上给出同态 $R\to R'$，称这个同态为 ψ，这个 ψ 是单射吗？如果不是单射，就不能把 R 看做 R'的子环.

ψ 的核是在理想中的常数多项式的集合：

【11.5.8】
$$\ker\psi=R\cap(f)$$

很可能 $\ker\psi=0$，因为 f 有正次数. 必须进行多次消去使得 f 的多项式倍数的次数为零. 当要求 α 满足首一多项式关系时，这个核为零. 但核不总是零. 例如，令 R 是整数模 6 的同余类环 $\mathbf{Z}/(6)$，且令 f 是 $R[x]$上的多项式 $2x+1$，则 $3f=3$. 故映射 $R\to R/(f)$的核不

340

是零.

第六节　积　　环

在第二章定义了两个群的积 $G\times G'$. 这是集合的积，合成法则按分量形式进行：$(x, x')(y, y')=(xy, x'y')$，在环上可有类似结构.

【11.6.1】命题　令 R 和 R' 是环.

(a) 集合的积 $R\times R'$ 是一个叫做"积环"的环，加法和乘法均按分量进行计算：

$$(x,x')+(y,y')=(x+y,x'+y')\text{ 且}(x,x')(y,y')=(xy,x'y')$$

(b) 在 $R\times R'$ 中，加法和乘法的单位元分别是(0, 0)和(1, 1).

(c) 投影 $\pi:R\times R'\to R$ 和 $\pi:R\times R'\to R'$ 定义为 $\pi(x, x')=x$ 与 $\pi'(x, x')=x'$ 是环同态. π 和 π' 的核分别是 $R\times R'$ 的理想 $\{0\}\times R'$ 和 $R\times\{0\}$.

(d) π' 的核 $R\times\{0\}$ 是一个环，具有乘法单位元 $e=(1, 0)$. 但如果 $R'\neq\{0\}$，则它不是 $R\times R'$ 的子环. 同样，$\{0\}\times R'$ 是一个环，且有单位元 $e'=(0, 1)$. 如果 $R\neq\{0\}$，则它也不是 $R\times R'$ 的子环.

这些断言的证明非常初等，在此省略，但对于(d)可参见下一个命题.

要确定一个给定的环是否同构于一个积环，我们在积环中寻找元素(1, 0)和(0, 1). 它们是幂等元.

注　一个环 S 中的幂等元 e 是 s 中满足 $e^2=e$ 的元.

【11.6.2】命题　令 e 是环 S 的一个幂等元.

(a) 元素 $e'=1-e$ 也是幂等元，$e+e'=1$ 且 $ee'=0$.

(b) 将 S 中合成法则限制在主理想 eS 上，主理想 eS 是一个有单位元 e 的环，用 e 乘定义一个 S 到 eS 的环同态.

(c) 理想 eS 不是 S 的子环，除非 e 是 S 的单位元素 1 且 $e'=0$.

(d) 环 S 同构于积环 $eS\times e'S$.

证明

(a) $e'^2=(1-e)^2=1-2e+e=e'$，且 $ee'=e(1-e)=e-e=0$.

(b) 环 S 的每个理想 I 具有除乘法单位元的存在性以外的环的其他性质. 在此情形，e 是 eS 的单位元，因为若 $a\in eS$，比如 $a=eS$，则 $ea=e^2S=es=a$. 环的公理表明用 e 乘是一个同态：$e(a+b)=ea+eb$，$e(ab)=e^2ab=(ea)(eb)$，且 $e1=e$.

341

(c) 要成为 S 的子环，eS 一定得含有 S'的单位元 1. 如果是这样，e 和 1 将都是 eS 的单位元，且由于环中单位元唯一，故 $e=1$ 且 $e'=0$.

(d) 法则 $\varphi(x)=(ex, e'x)$ 定义了一个同态 $\varphi: S\to eS\times e'S$，因为两个映射 $x\rightsquigarrow ex$ 与 $x\rightsquigarrow e'x$均为同态，且合成法则在积环中是按分量进行的. 我们验证这个同态是双射. 首先，如果 $\varphi(x)=(0, 0)$，则 $ex=0$ 且 $e'x=0$. 若如此，则 $x=(e+e')x=ex+e'x=0$. 这证明了 φ 是单射. 要证 φ 是满射，令(u, v)是 $eS\times e'S$ 中的元素，比如 $u=ex$，$v=e'y$. 则$\varphi(u+v)=$

$(e(ex+e'y),\ e'(ex+e'y))=(u,\ v)$. 故$(u,\ v)$在 φ 的像中，因此，φ 是满射. ■

【11.6.3】例

(a) 我们回到添加 3 的一个抽象平方根到 $\mathbf{F}_{11}$ 得到的环 R'. 它的元素是 11^2 个 $a+b\delta$ 的线性组合，其中 a，$b\in\mathbf{F}_{11}$，$\delta^2=3$. 在(11.5.7)(c)中我们看到这个环不是一个域，原因是 $\mathbf{F}_{11}$ 已包含两个 3 的平方根±5. 元素 $e=\delta-5$ 和 $e'=-\delta-5$ 是 R' 中的幂等元，且 $e+e'=1$. 因此 $R'\approx eR'\times e'R'$. 由于 R' 的阶为 11^2，故 $|eR'|=|e'R'|=11$. 环 eR' 和 $e'R'$ 均与 $\mathbf{F}_{11}$ 同构，且 $R'\approx\mathbf{F}_{11}\times\mathbf{F}_{11}$.

(b) 我们定义 $\varphi:\mathbf{C}[x,\ y]\to\mathbf{C}[x]\times\mathbf{C}[y]$ 是从两个变元的多项式环到积环的同态，满足 $\varphi(f(x,\ y))=(f(x,\ 0),\ f(0,\ y))$. $\ker\varphi=\{f(x,\ y)\mid f(x,\ y)$能被 x 和 y 整除$\}$，它为 $\mathbf{C}[x,\ y]$中由多项式 xy 生成的主理想. 这个映射不是满射. φ 的像是由形如$(p(x),\ q(y))$的多项式对(p 与 q 的常数项相同)构成的积的子环. 故商 $\mathbf{C}[x,\ y]/(xy)$同构于这个子环. ■

第七节 分 式

在本节，我们考虑环中的分式而不是整数的用法. 例如，两个多项式 p，q 所构成的分式 p/q，$q\neq0$ 称为有理函数.

我们复习一下整数分式的算术. 为了将下面的论述应用到其他环上，我们用一个中性符号 R 表示整数环.

- 一个分式是一个符号 a/b 或$\dfrac{a}{b}$，其中 a，$b\in R$，$b\neq0$.
- R 中每个元素按照法则 $a=a/1$ 可看成分式.
- 两个分式 a_1/b_1 与 a_2/b_2 是等价的，$a_1/b_1\approx a_2/b_2$，如果 R 中的由“十字相乘”后得到的元素是相等的，即如果 $a_1b_2=a_2b_1$.
- 分式的和与积由$\dfrac{a}{b}+\dfrac{c}{d}=\dfrac{ad+bc}{bd}$与$\dfrac{a}{b}\cdot\dfrac{c}{d}=\dfrac{ac}{bd}$给出.

在第三条中，我们采用“等价”这个术语. 因为严格来讲，分式实际上是不相等的.

用任意环 R 取代整数产生的一个问题是：在加法的定义中，和的分母是积 bd. 由于零不能做分母，故 bd 最好不是零. 由于 b 和 d 是分母，故 b 和 d 都不是零，但我们需要知道 R 的非零元的积是非零元. 这是产生的仅有的一个问题，但任何非零元的积未必总是非零的. 例如，在同余类模 6 的环 $\mathbf{Z}/(6)$中，2 和 3 所在的类非零，但 $2\cdot3=0$. 或在非零环的一个积环$R\times R'$中，幂等元$(1,\ 0)$和$(0,\ 1)$是非零元，但它们的积是零. 在这样的环中不能考虑分式. 342

注 整环 R 是具有下面性质的环：R 不是零环，且如果 a，$b\in R$，且 $ab=0$ 则 $a=0$ 或 $b=0$.

一个域的任意环是一个整环，且如果 R 是整环，则多项式环 $R[X]$也是一个整环.

环的一个元素 a 成为一个零因子，如果它是非零的，且如果存在一个非零元素 b 使得 $ab=0$. 整环是不包含零因子的非零环.

一个整环 R 满足消去律：

【11.7.1】 $$\text{如果 } ab = ac \text{ 且 } a \neq 0, \quad \text{则 } b = c$$

因为从 $ab=ac$ 可得 $a(b-c)=0$，则由 $a\neq 0$，R 为整环，有 $b-c=0$.

【11.7.2】定理 令 F 是一个整环 R 的元素的分式的等价类的集合.

(a) 按如上定义的运算律，F 是一个域，称为 R 的分式域.

(b) R 按规则 $a \rightsquigarrow a/1$ 可以作为子环嵌入 F 中.

(c) 映射性质：如果 R 作为子环嵌入另一个域 $\mathcal{F}$ 中，则 F 中的规则 $a/b=ab^{-1}$ 也嵌入到 $\mathcal{F}$ 中.

短语"映射性质"解释如下：为表述清楚这个性质，我们应该想象环 R 到 $\mathcal{F}$ 的嵌入由一个单射环同态 $\varphi:R\to\mathcal{F}$ 给出. "映射性质"就是将 φ 推广到一个单射同态 $\Phi:F\to\mathcal{F}$ 上，规则是 $\Phi(a/b)=\varphi(a)\varphi(b)^{-1}$.

定理 11.7.2 的证明有几部分. 必须验证我们所说的分式的等价的确是一个等价关系，加法和乘法在等价类上是定义好的；二要验证域的公理成立；三要验证映 $a \rightsquigarrow a/1$ 的映射是 $R\to F$ 的单射同态. 最后还要验证映射性质. 所有这些验证都是直接的.

如果我们是第一个想在环上使用分式的，则会焦急地想仔细验证每一部分. 但这些已经被验证了许多次. 看来只需验证其中某几部分获得所涉及的问题的一点感性知识就够了.

我们验证分式的等价是传递关系. 假设 $a_1/b_1\approx a_2/b_2$ 与 $a_2/b_2\approx a_3/b_3$. 则 $a_1b_2=a_2b_1$，$a_2b_3=a_3b_2$ 分别用 b_3 与 b_1 乘两边：

$$a_1b_2b_3 = a_2b_1b_3, \quad a_2b_3b_1 = a_3b_2b_1$$

因此 $a_1b_2b_3=a_3b_2b_1$. 消去 b_2 得 $a_3b_1=a_1b_3$. 因此 $a_1/b_1\approx a_3/b_3$. 由于用到了消去律，因此 R 是整环至关重要.

其次，我们证明分式的加法是定义好的. 假设 $a/b\approx a'/b'$ 与 $c/d\approx c'/d'$. 我们必须证明：$a/b+c/d\approx a'/b'+c'/d'$. 为此，用十字相乘来表示和. 我们必须证明：$u=(ad+bc)(b'd')$ 等于 $v=(a'd'+b'c')(bd)$. 关系 $ab'=a'b$ 和 $cd'=c'd$ 表明：

343

$$u = adb'd' + bcb'd' = a'dbd' + bc'b'd = v$$

映射性质的验证也是例行公事. 唯一值得注意的是，如果 $R\subset\mathcal{F}$ 且 a/b 是一个分式，则 $b\neq 0$，故规则 $a/b=ab^{-1}$ 有意义.

如前所述，一个多项式分式称为有理函数. 当 K 是一个域时，多项式环 $K[x]$ 的分式域称为系数在 K 上的 x 的有理函数域，这个域通常记为 $K(x)$：

【11.7.3】 $K(x)=\{$分式 f/g 的等价类，其中 f 与 g 是多项式，且 g 是非零多项式$\}$

此处所定义的有理函数是在本章第二节中定义的形式多项式的分式的等价类. 如果 $K=\mathbf{R}$，则有理函数 f/g 的值就定义了实数轴上的一个实际函数，此处 $g(x)=0$. 但对于多项式，我们应该区分它是形式地定义的有理函数还是实际中定义的有理函数.

第八节 极大理想

本节讨论从一个环 R 到一个域 F 的满同态

【11.8.1】 $$\varphi: R \to F$$

的核.

令 φ 是一个映射. 域 F 只有两个理想，一个零理想(0)和一个单位理想(1)(11.3.19). 零理想的原像是 φ 的核 I，单位理想的原像为 R 的单位理想. 由对应定理可知 R 的仅有的包含 I 的理想为 I 和 R. 鉴于此，I 称为一个极大理想.

注 环 R 的一个极大理想 M 是 R 的一个理想，$M \neq R$，它不包含在任何异于 M 和 R 的理想中：如果 I 包含 M，则 $I=M$ 或 $I=R$.

【11.8.2】命题

(a) 令 $\varphi: R \to R'$ 是一个满的环同态，其中 $\ker\varphi = I$，则 φ 的像 R' 为一个域当且仅当 I 是一个极大理想.

(b) 环 R 的一个理想 I 是极大理想当且仅当 $\overline{R}=R/I$ 是一个域.

(c) 环 R 的零理想是极大的当且仅当 R 是一个域.

证明 (a)一个环是域如果它恰好包含两个理想(11.3.19)，故对应定理断言 φ 的像是域当且仅当恰好存在包含核 I 的两个理想. R' 是域当且仅当 I 是极大理想.

当把(a)应用于典范映射 $R \to R/I$ 时，可得出(b)和(c)的结论. ■ 344

【11.8.3】命题 整数环 $\mathbf{Z}$ 的极大理想是由素数生成的主理想.

证明 $\mathbf{Z}$ 的每个理想是主理想. 考虑主理想 (n)，$n \geqslant 0$. 如果 n 是素数，比如 $n=p$，则 $\mathbf{Z}/(n)=\mathbf{F}_p$，是一个域. 则理想 (n) 是极大的. 如果 n 不是素数，则存在三种可能性：$n=0$，$n=1$，或 n 有因子. 零理想和单位理想都不是极大理想. 如果 n 有因子，比如 $n=ab$，且 $1<a<n$，则 $1 \notin (a)$，$a \notin (n)$，且 $n \in (a)$. 因此，$(n)<(a)<(1)$. 理想 (n) 不是极大的. ■

注 一个系数在一个域上的多项式为既约的，如果它不是常数且它不是两个非常数的多项式的乘积.

【11.8.4】命题

(a) 令 F 是一个域，则 $F[x]$ 的极大理想是由既约的首一多项式生成的主理想.

(b) 令 $\varphi: F[x] \to R'$ 是一个到整环 R' 的同态，且令 $P=\ker\varphi$，则或者 P 是一个极大理想，或 $P=(0)$.

(a)的证明与上面给出的证明类似，(b)的证明省略.

【11.8.5】推论 存在复数域上单变量多项式环 $\mathbf{C}[x]$ 的极大理想与复平面上的点之间的一个双射对应. 对应于复平面上的点 a 的极大理想 M_a 是映 $x \rightsquigarrow a$ 的代入同态 $s_a: \mathbf{C}[x] \to \mathbf{C}$ 的核. 该核是由线性多项式 $x-a$ 生成的主理想.

证明 代入同态 s_a 的核 M_a 由满足 $f(a)=0$ 的 $\mathbf{C}[x]$ 中的多项式 $f(x)$ 组成，a 是 $f(x)$

的一个根，即 $x-a$ 整除 $f(x)$. 故 $M_a=(x-a)$. 反之，令 M 为 $\mathbf{C}[x]$中的一个极大理想，则 M 由首一的既约多项式生成. 在 $\mathbf{C}[x]$中首一的既约多项式是多项式 $x-a$. ■

下面的定理把此推论推广到多变量多项式环上.

【11.8.6】定理（希尔伯特零点定理）[⊖] 多项式环 $\mathbf{C}[x_1, \cdots, x_n]$的极大理想与复 n 维空间的点一一对应. $\mathbf{C}^n$ 的一个点 $a=(a_1, \cdots, a_n)$对应于映 $x_i \rightsquigarrow a_i$ 的代入映射 $s_a:\mathbf{C}[x_1, \cdots, x_n]\to\mathbf{C}$ 的核 M_a. 这个映射的核 M_a 是由 n 个线性多项式 x_i-a_i 生成的理想.

证明 令 $a\in\mathbf{C}^n$ 且 $M_a=\ker s_a$. 由于 s_a 是满射且 $\mathbf{C}$ 是域，因此 M_a 是极大理想. 要证明 M_a 是由线性多项式 x_i-a_i 生成的，先考虑点 a 为原点$(0, \cdots, 0)$的情形. 必须证明在原点对多项式求值的映射 s_0 的核是由变量 $x_1, \cdots, x_n$ 生成的. $f(0, \cdots, 0)=0$ 当且仅当 f 的常数项是零. 如果是这样的话，那么任何出现在 f 中的单项式都至少被一个变量整除，故 f 可以写成以多项式为系数的变量 x_i 的线性组合. 对任意一点 $a=(a_1, \cdots, a_n)$的情形的证明可以通过变换 $x_i=x_i'+a_i$ 将 a 移动到原点得到.

345

证明每个极大理想具有 M_a 的形式较困难. 令 M 是一个极大理想，且令$\mathcal{F}$表示域 $\mathbf{C}[x_1, \cdots, x_n]/M$. 我们限制典范映射(11.4.1)$\pi:\mathbf{C}[x_1, \cdots, x_n]/\to\mathcal{F}$到第一个变元的多项式子环 $\mathbf{C}[x_1]$上，得到一个同态映射 $\varphi_1:\mathbf{C}[x_1]\to\mathcal{F}$. 命题 11.8.4 表明 φ 的核或是零理想或是 $\mathbf{C}[x_1]$的一个极大理想(x_1-a_1). 我们证明 $\ker\varphi\neq\{0\}$. 将指标 1 换成其他指标，结论也成立. 故对每个 i，M 将包含形如 x_i-a_i 的线性多项式. 这就表明 M 包含某个理想 M_a，且由 M_a 是极大理想，有$M=M_a$.

接下来，我们省去 x_1 的下标. 假设 $\ker\varphi=(0)$，则 φ 将 $\mathbf{C}[x]$同构地映射到它的像，即$\mathcal{F}$的一个子环. 分式域的映射性质表明此映射推广到一个内射 $\mathbf{C}[x]\to\mathcal{F}$，其中 $\mathbf{C}[x]$是有理函数域——多项式环 $\mathbf{C}[x]$的分式域. 故$\mathcal{F}$包含一个同构于 $\mathbf{C}[x]$的域. 下一个引理表明这是不可能的. 因此 $\ker\varphi=(0)$.

【11.8.7】引理

(a) 令 R 是以复数域 $\mathbf{C}$ 作为子环的环. R 上的合成法则可用来使 R 成为复向量空间.

(b) 作为一个向量空间，域$\mathcal{F}=[x_1, \cdots, x_n]/M$ 可由可数多个元素的集合张成.

(c) 令 V 是域上一个向量空间，并假设 V 由可数多个向量集合张成，则 V 的每个无关子集是有限的或可数无限的.

(d) 当把 $\mathbf{C}[x]$看成 $\mathbf{C}$ 上一个向量空间时，有理函数$(x-\alpha)^{-1}$，$\alpha\in\mathbf{C}$ 的不可数集是无关的.

假设这个引理已被证明. 则(b)和(c)表明$\mathcal{F}$上每个无关的集合是有限的或可数无限的. 另一方面，$\mathcal{F}$包含同构于 $\mathbf{C}(x)$的子环，故由(d)，$\mathcal{F}$包含一个不可数的无关集. 这导出矛盾. ■

引理的证明 (a)对加法，用环 R 上的加法运算律，标量乘法 ca，$a\in R$，$c\in\mathbf{C}$ 定义为

⊖ 德文词 Nullstellensatz 是三个其译文是零、地点和定理的词的组合.

将 R 中这些元素相乘. 由环公理可得到一个向量空间的公理.

(b) 满同态 $\pi:\mathbf{C}[x_1, \cdots, x_n]\to\mathcal{F}$定义一个映射 $\mathbf{C}\to\mathcal{F}$, 借助此同态可把 $\mathbf{C}$ 看做$\mathcal{F}$的一个子环, 且把$\mathcal{F}$做成复向量空间. 所有可数的首一的单项式的集合构成 $\mathbf{C}[x_1, \cdots, x_n]$的一组基, 且由于 π 是满的, 故这些单项式的像张成$\mathcal{F}$.

(c) 令 S 是张成 V 的可数集, 比如 $S=\{v_1, v_2, \cdots\}$. S 是有限的或无限的. 令 S_n 是由 S 的前 n 个元素构成的子集$(v_1, \cdots, v_n)$, 令 V_n 是 S_n 的张成. 如果 S 是无限的, 则将有无限多个这样的子空间. 由于 S 张成 V, 故 V 的每个元素是 S 中有限多个元素的线性组合, 故是某个空间 V_n 中的元素. 换句话说, $\bigcup V_n=V$.

346

令 L 是 V 中的一个无关集合, 且令 $L_n=L\cap V_n$. 则 L_n 是空间 V_n 的一个线性无关子集, 它由 n 个元素的集合张成. 故 $|L_n|\leqslant n$(3.4.18). 而且, $L=\bigcup L_n$ 因为 $V=\bigcup V_n$. 可数多个有限集合的并是有限集或可数无限集.

(d) 必须记住: 线性组合只涉及有限多个向量. 试问: 线性关系

$$\sum_{v=1}^{k}\frac{c_v}{x-\alpha_v}=0$$

成立吗? 其中 $\alpha_1, \cdots, \alpha_k$ 是不同复数, 且其中某个系数 c_v 不是零. 答案是不成立. 这样的一个形式有理函数的线性组合除去在点 $x=\alpha_v$ 外定义了一个复值函数. 如果这个线性自合是零, 则所定义的函数等同于 0. 但$(x-\alpha_1)^{-1}$在 α_1 点临近可以取任意大的值, 而$(x-\alpha_v)^{-1}$在 α_1 点临近是有界的, 其中 $v=2, \cdots, k_0$. 故这个线性组合不能定义零函数. ■

第九节 代数几何

$\mathbf{C}^n$ 中的一个点$(a_1, \cdots, a_n)$称为 n 个变量的多项式 $f(x_1, \cdots, x_n)$的零点, 如果 $f(a_1, \cdots, a_n)=0$. 我们也称多项式 f 在这一点消失了. 多项式的集合$\{f_1, \cdots, f_r\}$的公共零点是 $\mathbf{C}^n$ 中这样的点: 在此点, 所有多项式消失. 公共零点是方程组 $f_1=\cdots=f_r=0$ 的解集.

注 n 个变元的有限多个多项式的公共零点的集合构成复 n 维空间 $\mathbf{C}^n$ 的一个子集 V, 被称为一个代数簇, 或叫做簇.

例如, 由定义, 在(x, y)-平面 $\mathbf{C}^2$ 上的复直线是一个线性方程 $ax+by+c=0$ 的解集. 这是一个族. 故一个点也是一个簇. 点$(a, b)\in\mathbf{C}^2$ 是两个多项式 $x-a$ 与 $y-b$ 的公共零点的集合. 群 $SL_2(\mathbf{C})$是 $\mathbf{C}^{2\times 2}$的一个簇. 它是多项式 $x_{11}x_{22}-x_{12}x_{21}-1$ 的零点的集合.

零点定理给出了代数与几何之间的一个重要联系. 它告诉我们多项式环 $\mathbf{C}[x_1, \cdots, x_n]$上的极大理想对应于 $\mathbf{C}^n$ 中的点. 这个对应也将代数簇和多项式环的商环联系起来.

【11.9.1】定理 令 I 是由一些多项式 $f_1, \cdots, f_r$ 生成的 $\mathbf{C}[x_1, \cdots, x_n]$的一个理想, 令 R 表示商环 $\mathbf{C}[x_1, \cdots, x_n]/I$. 令 V 表示 $f_1, \cdots, f_r$ 在 $\mathbf{C}^n$ 中的(公共)零点的簇, 则 R 的极大理想与 V 中的点一一对应.

证明 R 的极大理想对应着 $\mathbf{C}[x_1, \cdots, x_n]$中一个包含 I 的极大理想(对应定理). $\mathbf{C}[x_1, \cdots, x_n]$的一个理想包含 I 当且仅当它包含 I 的所有生成元 $f_1, \cdots, f_r$. 环 $\mathbf{C}[x_1, \cdots, x_n]$的每个极大理想是对 $\mathbf{C}^n$ 中某个点 $a=(a_1, \cdots, a_n)$的代入映射 $x_i \rightsquigarrow a_i$ 的核 M_a，347 且 $f_1, \cdots, f_r \in M_a$ 当且仅当 $f_1(a)=\cdots=f_r(a)=0$，也就是说，当且仅当 a 是 V 的点. ■

正如这个定理所示，环 $R=\mathbf{C}[x]/I$ 的代数性质与簇 V 的几何性质紧密联系. 对两者关系的分析属于一个叫做代数几何的数学领域.

关于集合人们常问的一个问题是其是否为空集. 对于一个环，是否可能没有极大理想？这种情况只发生在零环上.

【11.9.2】定理 *令 R 是一个环. R 的每个不等于 R 本身的理想 I 都包含在一个极大理想中.*

要找到一个极大理想，可以试试这个程序：如果 I 不是极大理想，则选取比 I 大的一个真理想 I'. 用 I'代替 I，重复上述过程. 证明遵循这样的推理思路，但可能会多次重复这个程序，甚至可能重复无数多次此程序. 鉴于此，证明需要选择公理或佐恩引理(见附录). 希尔伯特基定理(后面将证明(14.6.7))表明，对我们研究的多数环，证明只需要一个弱可数版本的选择公理. 此处我们不讨论选择公理，并将证明的进一步讨论推迟到第十四章.

【11.9.3】推论 *没有极大理想的唯一的环是零环.*

因为每个非零环 R 包含一个异于 R 的极大理想(零理想)，因此没有极大理想的环只有零环.

将定理 11.9.1 和 11.9.2 合并得到另一个推论：

【11.9.4】推论 *如果 n 个变量的多项式方程组 $f_1=\cdots=f_r=0$ 在 $\mathbf{C}^n$ 中没有解，则 $1=\sum g_i f_i$，其中 g_i 是多项式系数.*

证明 如果方程组没解，则不存在包含理想 $I=(f_1, \cdots, f_r)$的极大理想. 故 I 是单位理想，且 $1 \in I$. ■

【11.9.5】例 两个变量的三个多项式 f_1，f_2，f_3 多数情况下没有公共解. 例如，由

【11.9.6】 $$f_1=t^2+x^2-2, \quad f_2=tx-1, \quad f_3=t^3+5tx^2+1$$

生成的 $\mathbf{C}[t, x]$的理想是一个单位理想. 这可以通过验证方程组 $f_1=f_2=f_3=0$ 在 $\mathbf{C}^2$ 上无解来证明. ■

对于 $\mathbf{C}^n$ 的代数簇想要有一个清晰的几何图像是不容易的，但是对于 $\mathbf{C}^2$ 中的簇的一般形状可以有一个相当简单的刻画，在此我们从两个变量 t 和 x 的多项式环开始对 $\mathbf{C}^2$ 上代数簇的一般形状给予刻画.

348 **【11.9.7】引理** *令 $f(t, x)$是一个多项式，令 α 是一个复数. 下列条件是等价的：*

(a) *$f(t, x)$在 $\mathbf{C}^2$ 上轨迹为$\{t=\alpha\}$的每个点消失.*

(b) *一个变量的多项式 $f(\alpha, x)$为零多项式.*

(c) *在 $\mathbf{C}[t, x]$上 $t-\alpha$ 整除 f.*

证明 如果 f 在轨迹 $t=\alpha$ 上的每个点消失，则多项式 $f(\alpha, x)$对每个 x 而言为 0. 又

由于一个变量的非零多项式有有限多个根，故 $f(\alpha, x)$是零多项式．这证明了(a)蕴含(b)．

变换 $t=t'+\alpha$ 将(b)蕴含(c)的证明简化为 $\alpha=0$ 的情形．如果 $f(0, x)$是零多项式，则 t 整除 f 中出现的每一个单项式，且 t 整除 f．最后显然有(c)蕴含(a)． ■

令$\mathcal{F}$表示关于 t 的有理函数域 $\mathbf{C}(t)$，即环 $\mathbf{C}[t]$的分式域．环 $\mathbf{C}[t, x]$是单变量多项式环$\mathcal{F}(x)$的子环；它的元素是关于 x 的多项式，

【11.9.8】
$$f(t,x) = a_n(t)x^n + \cdots + a_1(t)x + a_0(t)$$

系数 $a_i(t)$为关于 t 的有理函数．在环$\mathcal{F}(x)$上研究 $\mathbf{C}[t, x]$上的问题会很有帮助．因为$\mathcal{F}(x)$上的代数更简单．也可用带余除法，且$\mathcal{F}(x)$上的每个理想都是主理想．

【11.9.9】命题 令 $h(t, x)$和 $f(t, x)$是 $\mathbf{C}[t, x]$的非零元．假设 h 不能被任何形如 $t-\alpha$ 的多项式整除．如果 h 在$\mathcal{F}(x)$中整除 f，则 h 在 $\mathbf{C}[t, x]$中整除 f．

证明 h 在$\mathcal{F}[x]$中整除 f，比如 $f=hq$，我们证明 q 是 $\mathbf{C}[t, x]$中的元素．由于 $q\in\mathcal{F}[x]$，故它是关于 t 的有理函数为系数的关于 x 的多项式．将方程 $f=hq$ 两边均乘以关于 t 的首一多项式，以去掉系数中的分母．这给出形如下面的方程：$u(t)f(t, x)=h(t, x)q_1(t, x)$，其中 $u(t)$是一个首一的关于 t 的多项式，且 $q_1\in\mathbf{C}[t, x]$．我们对 u 的次数使用数学归纳法．如果 u 有正的次数，则它必有一个复根 α．于是 $t-\alpha$ 整除方程的左边，因而也整除方程的右边．这意味着 $h(\alpha, x)q_1(\alpha, x)$是关于 x 的零多项式．由假设，$t-\alpha$ 不整除 h，故 $h(\alpha, x)\neq 0$．由于多项式环 $\mathbf{C}[x]$为整环，故$q_1(\alpha, x)=0$，且此引理表明 $t-\alpha$ 整除 $q_1(t, x)$．从 u 和 q_1 中消去 $t-\alpha$．归纳法完成证明． ■

【11.9.10】定理 两个变量的两个非零多项式 $f(t, x)$和 $g(t, x)$在 $\mathbf{C}^2$ 上只有有限个共同的零点，除非它们在 $\mathbf{C}[t, x]$上有共同的非常数的因子．

如果多项式 f 和 g 的次数分别为 m 和 n，则共同零点的个数至多为 mn 个．这被称为贝祖界．例如，两个二次多项式至多有 4 个共同的零点．(对于实多项式的类似命题是两条圆锥曲线至多有 4 个交点.)除了有限性之外要证明贝祖界是困难的．我们不需要贝祖界，因此也不证明它． 349

定理 11.9.10 的证明 假设 f 和 g 没有公因子．令 I 表示$\mathcal{F}[x]$中由 f 和 g 生成的理想，此处$\mathcal{F}=\mathbf{C}(t)$，如上．这是一个主理想，其生成元 h 是 f 和 g 在$\mathcal{F}[x]$上(首一)的最大公因子．

如果 $h\neq 1$，它将是一个多项式，其系数含有关于 t 的多项式的分母．我们乘以一个关于 t 的多项式以去掉 h 中的分母，得到一个多项式 $h_1\in\mathbf{C}[t, x]$．我们可以假设 h_1 不能被任何形如 $t-\alpha$ 的多项式整除．由于分母在$\mathcal{F}$中是单位，且 h 在$\mathcal{F}[x]$中整除 f 和 g，故 h_1 在$\mathcal{F}[x]$中也整除 f 和 g．命题 11.9.9 表明 h_1 在 $\mathbf{C}[t, x]$中整除 f 和 g．则 f 和 g 在 $\mathbf{C}[t, x]$中有一个共同的非常数因子．此与假设矛盾．

故 f 和 g 在$\mathcal{F}[x]$中的最大公因子为 1，且 $1=rf+sg$，此处 $r, s\in\mathcal{F}[x]$．我们去掉 r 和 s 的分母，方程 $1=rf+sg$ 两边同乘以一个合适的多项式 $u(t)$．得到如下形式的方程：

$$u(t) = r_1(t,x)f(t,x) + s_1(t,x)g(t,x)$$

此处右边所有的项都是 $\mathbf{C}[t, x]$中的多项式．这个方程表明如果(t_0, x_0)是 f 和 g 的一个

共同零点，则 t_0 为 u 的一个根. 但 u 是关于 t 的多项式，且一个仅有一个变量的非零多项式有有限多个根. 故在 f 和 g 的共同零点上，变量 t 只取有限多个值. 类似的推理可证 x 也只取有限多个值. 对于共同零点只给了有限多种可能. ■

定理 11.9.10 表明 $\mathbf{C}^2$ 中最有趣的代数簇是那些定义在多项式 $f(t, x)$的零点的轨迹上的簇.

注 一个多项式 $f(t, x)$在 $\mathbf{C}^2$ 中的零点的轨迹 X 称为 f 的黎曼曲面.

黎曼曲面也称为平面代数曲线——一个令人费解的短语. 作为一个拓扑空间，轨迹 X 是二维的. 把它称为一条代数曲线指的是 X 中的点仅依赖于一个复参数. 这里我们对黎曼曲面给出一个粗略的描述. 假设 f 是既约的——即它不是任何两个非常数的多项式的积，且 f 关于变量 x 有正的次数. 令

【11.9.11】
$$X = \{(t,x) \in \mathbf{C}^2 \mid f(t,x) = 0\}$$

是它的黎曼曲面，且令 T 表示复 t-平面. 映射$(t, x) \rightsquigarrow t$ 定义一个连续映射，我们称之为投影

【11.9.12】
$$\pi : X \to T$$

我们将用这个投影来刻画 X. 然而，我们的描述需要从 X 中去掉“坏点”的一个有限集. 事实上，通常所说的黎曼曲面只在除去适当的有限子集后才与我们的定义一致. 轨迹$\{f=0\}$在某些点可能是“奇异的”，而 X 的其他点可能是“无穷远”点. 在无穷远的点解释如下(参见 11.9.17).

350

最简单的奇异点的例子是结点，在结点处曲面自交或出现尖点. $x^2=t^3-t^2$ 的轨迹在原点有一个结点，而 $x^2=t^3$ 的轨迹在原点有一个尖点. 这些黎曼曲面的实点展示如下.

【11.9.13】图

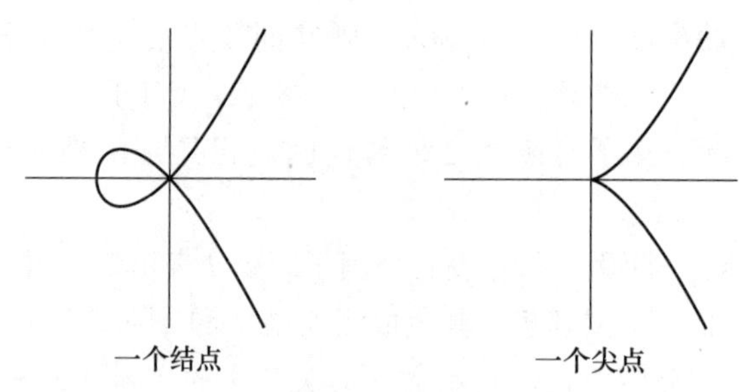

一些奇异曲线

为了避免重复说“除去一个有限子集”，我们用 X'记 X 的没有特别指定的有限子集的补，而这个有限子集允许变动. 只要结构在某点遇到麻烦，我们就简单地去掉这个点. 从本质上讲这里做的一切以及我们何时回到第十五章黎曼曲面时将仅对 X'成立. 我们手头保留 X 作为参考.

黎曼曲面的描述将作为复 t-平面 T 的分支覆盖. 这里给出的覆盖空间的定义假设空间是豪斯道夫空间([Munkres]p. 98). 如果你不知道它是什么意思，可以忽略这一点. 我们感兴趣的集合是豪斯道夫空间，因为它们是 $\mathbf{C}^2$ 的子集.

【11.9.14】定义 令 X 与 T 是豪斯道夫空间. 一个连续映射 $\pi:X\to T$ 是 n-叶覆盖空间，如果每个纤维由 n 个点组成，并且它有如下性质：令 x_0 是 X 的一个点，且设 $\pi(x_0)=t_0$，则 π 将 X 中点 x_0 的开邻域 U 同胚地映射到 T 中点 t_0 的开邻域 V.

从 X 到复平面 T 的映射 π 是 n-叶分支覆盖，如果 X 不含有孤立点且 π 的纤维是有限的，并且如果存在 T 的有限点集 Δ(称为分支点)，使得映射 $(X-\pi^{-1}\Delta)\to(T-\Delta)$ 是 n-叶覆盖空间. 为了强调，覆盖空间有时也叫无分支覆盖.

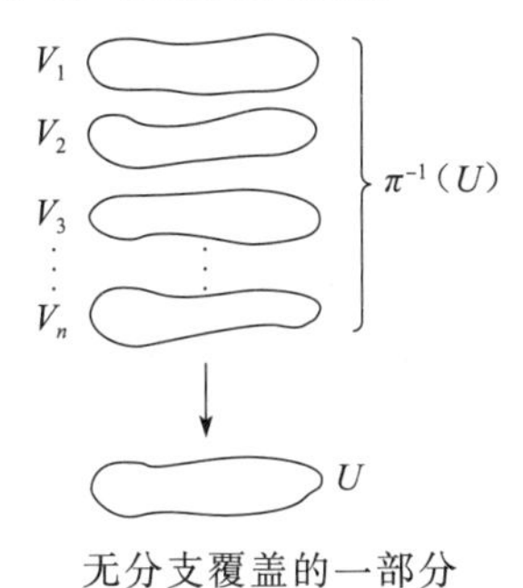

无分支覆盖的一部分

图 11.9.15 描绘了多项式 x^2-t 的黎曼曲面，它是 T 在点 $t=0$ 处分叉的 2-叶覆盖. 图形通过用实部和虚部写出 t 和 x 得到，这里 $t=t_0+t_1\mathrm{i}$，$x=x_0+x_1\mathrm{i}$，去掉 x 的虚部 x_1 得到了一维空间的曲面. 它到平面的进一步投影用标准绘图学描绘.

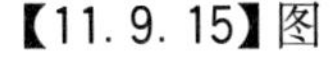

【11.9.15】图

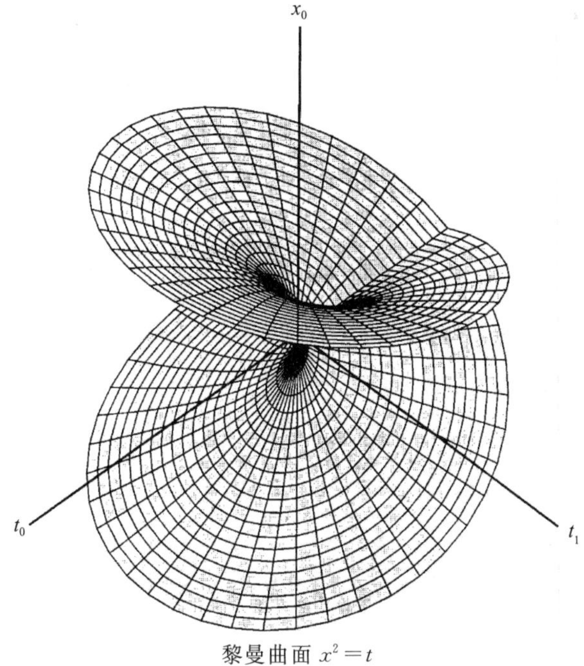

黎曼曲面 $x^2=t$

351
~
352

投影曲面沿负 t_0 轴与自身相交，尽管黎曼曲面自身不相交. 每个负实数 t 有两个纯虚平方根，这些平方根的实部为 0，并且这在投影曲面里产生了自相交.

已知一个分支覆盖 $X\to T$，在集合 Δ 中的点作为分支点，尽管这样描述并不精确：当我们添加任意有限点集到 Δ 时，定义性质仍然成立．故我们允许 Δ 的某些点不必包含在里面——它们不是“真的”分支点．

【11.9.16】定理　令 $f(t, x)$ 是 $\mathbf{C}[t, x]$ 中变量 x 的次数 $n>0$ 的既约多项式．则 $f(t, x)$ 的黎曼曲面是复平面 T 的一个 n-叶覆盖．

证明　主要步骤是验证(11.9.14)的第一个条件，即纤维 $\pi^{-1}(t_0)$ 恰好由除去一个有限子集 Δ 外的 n 个点构成．

纤维 $\pi^{-1}(t_0)$ 中的点 (t_0, x_0) 是那些使 x_0 是单变量多项式 $f(t_0, x)$ 的根的点．我们必须证明，除去 $t=t_0$ 的一个有限集外，这个多项式有 n 个不同的根．把 $f(t, x)$ 写成 x 的多项式，其系数是 t 的多项式，比如说，$f(x)=a_n(t)x^n+\cdots+a_0(t)$，并且用 a_i^0 记 $a_i(t_0)$．多项式 $f(t_0, x)=a_n^0x^n+\cdots+a_1^0x+a_0^0$ 次数至多为 n，于是，它至多有 n 个根．所以，纤维 $\pi^{-1}(p)$ 至多含有 n 个点．如果要么

【11.9.17】

(a) $f(t_0, x)$ 的次数小于 n，要么

(b) $f(t_0, x)$ 有重根，

则它将有少于 n 个的点．

当 t_0 是 $a_n(t)$ 的根时，第一种情形出现．(如果 t_0 是 $a_n(t)$ 的根，则当 $t_1\to t_0$，$f(t_1, x)$ 有一个根趋于无穷．)因为 $a_n(t)$ 是多项式，故存在有限多个这样的值．

考虑第二种情形．对于复数 x_0，如果 $(x-x_0)^2$ 整除 $h(x)$，则 x_0 是多项式 $h(x)$ 的重根，并且这样的情况发生当且仅当 x_0 是 $h(x)$ 与它的导数 $h'(x)$ 的公共根(见练习 3.5)．这里 $h(x)=f(t_0, x)$．第一个变量是固定的，所以，导数是偏导数 $\frac{\partial f}{\partial x}$．回到两个变量的多项式 $f(t, x)$，我们看到第二种情形在点 (t_0, x_0) 出现，而这个点是 f 与 $\frac{\partial f}{\partial x}$ 的公共零点．现在，f 不能整除它的偏导数，其 x 有较低的次数．因为假设 f 是既约的，故 f 与 $\frac{\partial f}{\partial x}$ 没有公共非常数因子．定理 11.9.10 告诉我们有有限多个零点．

我们现在检验(11.9.14)的第二个条件．令 t_0 是 T 的点使得纤维 $\pi^{-1}(t_0)$ 由 n 个点组成，且设 (t_0, x_0) 是 X 在纤维里的点．这样，x_0 是 $f(t_0, x)$ 的单根，所以，$\frac{\partial f}{\partial x}$ 在这一点不为零．隐函数定理 A.4.3 蕴含着可在 t_0 的一个邻域里解出 x 作为 t 的函数 $x(t)$，使得 $x(t_0)=x_0$．涉及覆盖空间定义里的邻域 U 是这个函数的图．■

代数几何对于我来说是令人激动的代数．

——Solomon Lefschetz

练　　习

第一节　环的定义

1.1　证明 $7+\sqrt[3]{2}$ 和 $\sqrt{3}+\sqrt{-5}$ 是代数数.

1.2　证明：对 $n\neq 0$，$\cos(2\pi/n)$ 是一个代数数.

1.3　令 $\mathbf{Q}[\alpha,\beta]$ 表示复数 $\mathbf{C}$ 的包含有理数 $\mathbf{Q}$ 和元素 $\alpha=\sqrt{2}$ 与 $\beta=\sqrt{3}$ 的最小子环. 令 $\gamma=\alpha+\beta$. 问 $\mathbf{Q}[\alpha,\beta]=\mathbf{Q}[\gamma]$ 成立吗？$\mathbf{Z}[\alpha,\beta]=\mathbf{Z}[\gamma]$ 成立吗？

1.4　令 $\alpha=\frac{1}{2}\mathrm{i}$. 证明 $\mathbf{Z}[\alpha]$ 的元素在复平面上是稠密的.

1.5　确定 $\mathbf{R}$ 的所有为离散集合的子环.

1.6　在下列两种情况下确定 S 是否为 R 的一个子环：

(a) S 是所有形如 a/b 的有理数集合，其中 b 不能被 3 整除，且 $R=\mathbf{Q}$.

(b) S 是函数集 $\{1, \cos nt, \sin nt\}(n\in\mathbf{Z})$ 的任意整系数线性组合的全体，且 R 是 t 的所有实值函数的集合.

1.7　确定所给结构是否构成环. 如果不是环，确定哪条环公理成立，哪条环公理不成立：

(a) U 是一个任意集合，且 R 是 U 的子集的集合. R 中元素的加法与乘法按规则 $A+B=(A\cup B)-(A\cap B)$ 和 $A\cdot B=A\cap B$ 定义.

(b) R 是 $\mathbf{R}\to\mathbf{R}$ 的连续函数的集合. 加法和乘法按规则 $[f+g](x)=f(x)+g(x)$ 和 $[f\circ g](x)=f(g(x))$ 定义.

1.8　确定下列环中的单位：(a) $\mathbf{Z}/12\mathbf{Z}$　(b) $\mathbf{Z}/8\mathbf{Z}$　(c) $\mathbf{Z}/n\mathbf{Z}$

1.9　令 R 是一个带有两个合成法则的满足除了加法的交换律之外的所有环公理的集合. 用分配律证明加法交换律成立，故 R 是一个环.

第二节　多项式环

2.1　对怎样的正整数 n，x^2+x+1 在 $[\mathbf{Z}/(n)][x]$ 上整除 $x^4+3x^3+x^2+7x+5$？

2.2　令 F 是一个域，所有形式幂级数 $p(t)=a_0+a_1t+a_2t^2+\cdots$ 的集合构成一个环，其中 $a_i\in F$，常记作 $F[[t]]$. 形式幂级数指的是其系数在 F 中构成任意一个元素数列. 并不要求级数收敛. 证明 $F[[t]]$ 是一个环，并确定其单位.

第三节　同态与理想

3.1　证明环 R 的一个理想是加群 R^+ 的一个子群.

3.2　证明高斯整数环的任意非零理想包含一个非零整数.

3.3　求出下列映射的核的生成元：

(a) $\mathbf{R}[x,y]\to\mathbf{R}$ 由 $f(x,y)\rightsquigarrow f(0,0)$ 定义.

(b) $\mathbf{R}[x]\to\mathbf{C}$ 由 $f(x)\rightsquigarrow f(2+\mathrm{i})$ 定义.

(c) $\mathbf{Z}[x]\to\mathbf{R}$ 由 $f(x)\rightsquigarrow f(1+\sqrt{2})$ 定义.

(d) $\mathbf{Z}[x]\to\mathbf{C}$ 由 $x\rightsquigarrow\sqrt{2}+\sqrt{3}$ 定义.

(e) $\mathbf{C}[x,y,z]\to\mathbf{C}[t]$ 由 $x\rightsquigarrow t$，$y\rightsquigarrow t^2$，$z\rightsquigarrow t^3$ 定义.

354

3.4　令 $\varphi:\mathbf{C}[x,y]\to\mathbf{C}[t]$ 是一个同态，且映 $x\rightsquigarrow t+1$，$y\rightsquigarrow t^3-1$. 确定 $K=\ker\varphi$，并证明 $\mathbf{C}[x,y]$ 的每个包含 K 的理想 I 可由两个元素生成.

3.5　系数属于一个域 F 的多项式 f 的导数由微积分公式 $(a_nx^n+\cdots+a_1x+a_0)'=na_nx^{n-1}+\cdots+1a_1$ 定义.

整系数理解为用唯一同态 $\mathbf{Z}\to F$ 定义的 F 中的元.

(a) 证明乘法法则 $(fg)'=f'g+fg'$ 和链式求导法则 $(f\circ g)'=(f'\circ g)g'$.

(b) 令 α 是 F 中一个元素. 证明 α 是一个多项式 f 的重根当且仅当它是 f 与其导数 f' 的公共根.

3.6 环 R 的一个自同构是 R 到 R 自身的一个同构. 令 R 是一个环, 且令 $f(y)$ 是系数在 R 中的一个变量 y 的一个多项式. 证明由 $x\rightsquigarrow x+f(y)$, $y\rightsquigarrow y$ 定义的映射 $R[x, y]\to R[x, y]$ 是 $R[x, y]$ 的一个自同构.

3.7 确定多项式环 $\mathbf{Z}[x]$ 的自同构(参见练习 3.6).

3.8 令 R 是具有素数特征 p 的环. 证明由 $x\rightsquigarrow x^p$ 定义的映射 $R\to R$ 是一个环同态. (称为*弗洛贝尼乌斯映射*.)

3.9 (a) 环 R 的一个元素 x 称为*幂零的*, 如果它的某个幂为 0. 证明如果 x 是幂零的, 则 $1+x$ 为单位.

(b) 假设 R 有素数特征 $p\neq 0$. 证明如果 a 是一个幂零元, 则 $1+a$ 是*幂单位元*, 即 $1+a$ 的某个幂等于 1.

3.10 确定系数在一个域 F 上的形式幂级数环 $F[[t]]$ 的所有理想(参见练习 2.2).

3.11 令 R 是一个环, 且令 I 是多项式环 $R[x]$ 的一个理想. 令 n 为 I 中非零元的最低次数. 证明或举反例: I 包含一个次数为 n 的首一多项式当且仅当 I 是一个主理想.

3.12 令 I 和 J 是环 R 的理想, 证明由形如 $x+y$, $x\in I$, $y\in J$ 的元素构成的集合 $I+J$ 是一个理想. 这个理想称为理想 I 和 J 的*和*.

3.13 令 I 和 J 是环 R 的理想. 证明交 $I\cap J$ 是一个理想. 举例说明积的集合 $\{xy\,|\,x\in I, y\in J\}$ 未必是一个理想, 但有限和 $\sum x_v y_v$, $x_v\in I$, $y_v\in J$ 的集合是一个理想. 这个理想被称为*积理想*, 记作 IJ. IJ 和 $I\cap J$ 之间有什么关系?

第四节 商环

4.1 考虑由映射 $x\rightsquigarrow 1$ 定义的同态 $\mathbf{Z}[x]\to\mathbf{Z}$. 解释将对应定理应用于此同态映射时, 对于 $\mathbf{Z}[x]$ 的理想有何结论.

4.2 由对应定理, $\mathbf{Z}[x]$ 的包含 x^2+1 的理想是什么?

4.3 识别下列环: (a) $\mathbf{Z}[x]/(x^2-3, 2x+4)$ (b) $\mathbf{Z}[\mathrm{i}]/(2+\mathrm{i})$ (c) $\mathbf{Z}[x]/(6, 2x-1)$ (d) $\mathbf{Z}[x]/(2x^2-4, 4x-5)$ (e) $\mathbf{Z}[x]/(x^2+3, 5)$.

355

4.4 环 $\mathbf{Z}[x]/(x^2+7)$ 与 $\mathbf{Z}[x]/(2x^2+7)$ 同构吗?

第五节 元素的添加

5.1 令 $f=x^4+x^3+x^2+x+1$ 且令 α 表示 x 在环 $R=\mathbf{Z}[x]/(f)$ 中的剩余. 将 $(\alpha^3+\alpha^2+\alpha)(\alpha^5+1)$ 用 R 的基 $(1, \alpha, \alpha^2, \alpha^3)$ 表示.

5.2 令 $a\in R$, R 为一个环. 如果添加具有关系 $\alpha=a$ 的元素 α 我们希望得到一个与 R 同构的环. 证明此结论成立.

5.3 刻画从 $\mathbf{Z}/12\mathbf{Z}$ 中通过添加 2 的逆元所得到的环.

5.4 确定由 $\mathbf{Z}$ 添加满足下列关系集的元素 α 后得到的环 R' 的结构:

(a) $2\alpha=b$, $6\alpha=15$ (b) $2\alpha-6=0$, $\alpha-10=0$ (c) $\alpha^3+\alpha^2+1=0$, $\alpha^2+\alpha=0$

5.5 是否存在域 F 使得环 $F[x]/(x^2)$ 与 $F[x]/(x^2-1)$ 同构?

5.6 令 a 是环 R 中的一个元素, 令 R' 是通过添加 a 的逆元到 R 上得到的环 $R[x]/(ax-1)$. 令 α 表示 x 的剩余(a 在 R' 中的逆).

(a) 证明 R' 中每个元素 β 可写成形式 $\beta=a^k b$, $b\in R$.

(b) 证明映射 $R\to R'$ 的核是 R 中满足 $a^n b=0$ 对某个 $n>0$ 成立的元素 b 的集合.

(c) 证明 R' 为零环当且仅当 a 是幂零的(参见练习 3.9).

5.7 令 F 是一个域，且令 $R=F[t]$ 是一个多项式环. 令 R' 是通过添加 t 的逆元到 R 得到的环扩张 $R[x]/(tx-1)$. 证明这个环可看做劳伦多项式环，它是 t 的幂(包括负方幂)的有限线性组合.

第六节 积环

6.1 令 $\varphi:\mathbf{R}[x]\to\mathbf{C}\times\mathbf{C}$ 是由 $\varphi(x)=(1,\mathrm{i})$ 和 $\varphi(r)=(r,r)$，$r\in\mathbf{R}$ 定义的同态，确定 φ 的核与像.

6.2 $\mathbf{Z}/(6)$ 与积环 $\mathbf{Z}/(2)\times\mathbf{Z}/(3)$ 同构吗? $\mathbf{Z}/(8)$ 与 $\mathbf{Z}/(2)\times\mathbf{Z}/(4)$ 同构吗?

6.3 对阶为 10 的环分类.

6.4 在每一种情形，刻画在域 $\mathbf{F}_2$ 上通过添加满足给定关系的元素 α 后得到的环:

(a) $\alpha^2+\alpha+1=0$ (b) $\alpha^2+1=0$ (c) $\alpha^2+\alpha=0$

6.5 假设添加满足关系 $\alpha^2=1$ 的元素 α 到实数集合 $\mathbf{R}$ 上，证明所得到的环同构于积 $\mathbf{R}\times\mathbf{R}$.

6.6 刻画由积环 $\mathbf{R}\times\mathbf{R}$ 添加元素 $(2,0)$ 的逆元后得到的环.

6.7 证明在环 $\mathbf{Z}[x]$ 中，主理想 (2) 与 (x) 的交 $(2)\cap(x)$ 是主理想 $(2x)$，且商环 $R=\mathbf{Z}[x]/(2x)$ 同构于由满足 $f(0)\equiv n(\mathrm{mod}2)$ 的元素对 $(f(x),n)$ 所构成的积环 $\mathbf{F}_2[x]\times\mathbf{Z}$ 的子环.

6.8 令 I 和 J 是环 R 的理想且满足 $I+J=R$.

(a) 证明 $IJ=I\cap J$(参见练习 3.13).

(b) 证明中国剩余定理：对 R 的元素对 a，b，存在一个元素 x 满足 $x\equiv a(\mathrm{mod}I)$ 和 $x\equiv b(\mathrm{mod}J)$(记号 $x\equiv a(\mathrm{mod}I)$ 意思是 $x-a\in I$).

356

(c) 证明如果 $IJ=0$，则 $R\approx(R/I)\times(R/J)$.

(d) 刻画对应于(c)中积的分解中的幂等元.

第七节 分式

7.1 证明有限阶的整环是一个域.

7.2 令 R 是一个整环. 证明多项式环 $R[x]$ 也是一个整环，并确定 $R[x]$ 中的单位.

7.3 存在恰好含有 15 个元素的整环吗?

7.4 证明域 F 上的形式幂级数环 $F[[x]]$ 的分式域可通过添加 x 的逆元(即添加 α，使得 $\alpha x=1$)得到，找到这个域中元素的一个简洁的描述(参见练习 11.2.1).

7.5 整环 R 的一个不包含零且在乘法下封闭的子集 S 称为一个*乘法集*. 给定一个乘法集 S，定义 S-分式为形如 a/b 的元素，其中 $b\in S$. 证明 S-分式的等价类构成一个环.

第八节 极大理想

8.1 在 $\mathbf{Z}[x]$ 中哪个主理想是极大理想?

8.2 确定下列环的极大理想:

(a) $\mathbf{R}\times\mathbf{R}$ (b) $\mathbf{R}[x]/(x^2)$ (c) $\mathbf{R}[x]/(x^2-3x+2)$ (d) $\mathbf{R}[x]/(x^2+x+1)$

8.3 证明环 $\mathbf{F}_2[x]/(x^3+x+1)$ 是一个域，但 $\mathbf{F}_3[x]/(x^3+x+1)$ 不是域.

8.4 建立 $\mathbf{R}[x]$ 的极大理想与上半平面上点之间的一一对应.

第九节 代数几何

9.1 令 I 是由 $\mathbf{C}[x,y]$ 中多项式 y^2+x^3-17 生成的主理想. 下列哪个集合生成商环 $R=\mathbf{C}[x,y]/I$ 中的极大理想: $(x-1,y-4)$，$(x+1,y+4)$，(x^3-17,y^2)?

9.2 令 $f_1,\cdots,f_r$ 是以 $x_1,\cdots,x_n$ 为变量的复多项式，令 V 是它们的公共零点所形成的簇，且令 I 是由 $f_1,\cdots,f_r$ 生成的多项式环 $R=\mathbf{C}[x_1,\cdots,x_n]$ 的理想. 定义商环 $\overline{R}=R/I$ 到 V 中连续的复值函数环 $\mathcal{R}$ 上的一个同态.

9.3 令$U=\{f_i(x_1, \cdots, x_m)=0\}$，$V=\{g_j(y_1, \cdots, y_n)=0\}$分别是$\mathbf{C}^m$和$\mathbf{C}^n$上的簇．证明由方程组$\{f_i(x)=0, g_j(y)=0\}$在$x$，$y$—空间$\mathbf{C}^{m+n}$上定义的簇是集合的积$U\times V$．

9.4 令U和V是$\mathbf{C}^n$中的簇．证明其并$U\cup V$和交$U\cap V$是簇．$U\cap V=\varnothing$的代数意义是什么？$U\cup V=\mathbf{C}^n$的代数意义是什么？

9.5 证明由一个多项式集合$\{f_1, \cdots, f_r\}$的零元定义的簇仅与它们生成的理想有关．

9.6 证明$\mathbf{C}^2$的每一个簇是有限多个点和代数曲线的并．

9.7 在下面的每一种情形确定两个轨迹在$\mathbf{C}^2$中的交点．

(a) $y^2-x^3+x^2=1$，$x+y=1$　(b) $x^2+xy+y^2=1$，$x^2+2y^2=1$

357

(c) $y^2=x^3$，$xy=1$　(d) $x+y^2=0$，$y+x^2+2xy^2+y^4=0$

9.8 多项式环$\mathbf{C}[x, y]$中哪个理想包含x^2+y^2-5和$xy-2$？

9.9 一条既约平面代数曲线C是既约多项式$f(x, y)$在$\mathbf{C}^2$中的零点的轨迹．C的一个点p叫做曲线的奇异点，如果在p点有$f=\partial f/\partial x=\partial f/\partial y=0$．否则$p$叫做非奇异点．证明既约曲线只有有限个奇异点．

9.10 令L是$\mathbf{C}^2$中的(复)直线$\{ax+by+c=0\}$，且令C是代数曲线$\{f(x, y)=0\}$，其中f是次数为d的不可约多项式．证明除非$C=L$，否则$C\cap L$至多含有d个点．

9.11 令C_1和C_2分别是没有公共线性因子的两个二次多项式f_1和f_2的零点．

(a) 令p和q是C_1和C_2的不同的交点，且令L是通过p和q的(复)直线．证明存在不全为零的常数c_1和c_2使得$g=c_1f_1+c_2f_2$同样在L上消失．并证明g是线性多项式之积．(提示：使g在L上的第三个点上消失．)

(b) 证明C_1和C_2至多有4个公共点．

9.12 以两种方式证明三个多项式$f_1=t^2+x^2-2$，$f_2=tx-1$，$f_3=t^3+5tx^2+1$在$\mathbf{C}[x, y]$上生成单位理想：通过证明它们没有公共的零点，且可以通过将1写成带有多项式系数的f_1，f_2，f_3的线性组合来证明．

*9.13 令$\varphi:\mathbf{C}[x, y]\to\mathbf{C}[t]$在$\mathbf{C}$上为恒等映射的同态，映$x\rightsquigarrow x(t)$，$y\rightsquigarrow y(t)$，且$x(t)$，$y(t)$不都是常数．证明$\ker\varphi$是一个主理想．

杂题

M.1 证明或举反例：如果对非零环R中每个元素a有$a^2=a$，则R有特征2．

M.2 一个半群S是一个合成法则满足结合律且有单位元的集合．令S是一个交换半群且满足消去律：若$ab=ac$，则$b=c$．证明S可以嵌入到一个群中．

M.3 令R表示实数列$a=(a_1, a_2, a_3, \cdots)$的集合，其中$a$具有性质：对某个充分大的$n$，$a_n=a_{n+1}=\cdots$加法与乘法按照分量进行，即加法是向量的加法，乘法定义为$ab=(a_1b_1, a_2b_2, \cdots)$．证明$R$是一个环，并确定其极大理想．

M.4 (a)对包含$\mathbf{C}$且在$\mathbf{C}$上向量空间的维数为2的环R进行分类．

(b) 对3维的情况做与(a)同样的分类．

M.5 定义$\varphi:\mathbf{C}[x, y]\to\mathbf{C}[x]\times\mathbf{C}[y]\times\mathbf{C}[t]$，使得$f(x, y)\rightsquigarrow(f(x, 0)), f(0, y), f(t, t))$．确定此映射的像，并求其核的生成元．

M.6 证明$y=\sin x$在$\mathbf{R}^2$上的轨迹不位于$\mathbf{C}^2$上的任何代数曲线上．

*M.7 令X表示闭单位区间$[0, 1]$，令R表示连续函数$X\to\mathbf{R}$的环．

(a) 令$f_1, \cdots, f_n$是在X上没有公共零点的函数．证明由这些函数生成的理想是单位理想．提示：考虑$f_1^2+\cdots+f_n^2$．

358

(b) 建立R的极大理想与区间中的点之间的一一对应．

第十二章　因子分解

你也许认为人们知道多项式的一切.

——Serge Lang

第一节　整数的因子分解

本章学习环中的除法，由于它以整数环的性质为模型，因此我们将先复习这些性质，其中一些在本书前几章就已不加说明地使用了，有些已被证明.

由一个性质可得出所有其他性质，这就是带余除法：若 a，b 是整数且 $a>0$，则存在整数 q，r 使得

【12.1.1】
$$b=aq+r, 0\leqslant r<a$$

我们已经看到了带余除法的一些重要的结果：

【12.1.2】定理

(a) 整数环 $\mathbf{Z}$ 的每个理想都是主理想.

(b) 一对不全为零的整数 a，b 的最大公约数是 d，d 为正整数且具有下列性质：

(i) $\mathbf{Z}d=\mathbf{Z}a+\mathbf{Z}b$，

(ii) d 整除 a 且 d 整除 b，

(iii) 如果整数 e 整除 a 和 b，则 e 整除 d，

(iv) 存在整数 r，s 使得 $d=ra+sb$.

(c) 若素整数 p 整除两个整数的积 ab，则 p 整除 a 或 p 整除 b.

(d) 算术基本定理：每个正整数 $a\neq 1$ 可以写成积 $a=p_1\cdots p_k$ 的形式，其中 p_i 是正的素整数，且 $k>0$. 除了素因子的次序外，这个表达式是唯一的.

这些事实的证明将在下一节更广泛的背景下给予回顾.

第二节　唯一分解整环

看到整数环的因子分解，自然会问其他环是否也有类似的性质，在此便研究这个问题. 定理 12.1.2 的所有结论都能推广，相对来讲这样的环不多，但对域上的多项式环来说，这一定理的各个部分均可以拓广.

当研究因子分解时，自然会假定所给的环 R 是整环，因而可以使用消去律 11.7.1，而且我们不考虑元素零. 下面是一些要用到的术语：

【12.2.1】

u 是一个单位	如果 u 在环 R 中有乘法逆元.
a 整除 b	如果 $b=aq$ 对于某个 $q\in R$ 成立.
a 是 b 的真因子	如果 $b=aq$,且 a 和 q 都不是单位.
a 和 b 称为相伴的	如果它们互相整除,或如果 $b=ua$,且 u 为单位.
a 为既约的	如果它不是单位且没有真因子 —— 其仅有的因子为单位且是相伴的.
p 是素元	如果 p 不是单位,且当 p 整除积 ab,则 p 整除 a 或 p 整除 b.

这些概念可用由元素生成的主理想的语言来解释. 回忆由元素 a 生成的主理想(a)由 R 的所有能被 a 整除的元素组成. 于是

【12.2.2】

u 是一个单位	$\Leftrightarrow$	$(u)=(1)$
a 整除 b	$\Leftrightarrow$	$(b)\subset(a)$
a 是 b 的真因子	$\Leftrightarrow$	$(b)<(a)<(1)$
a 和 b 称为相伴的	$\Leftrightarrow$	$(a)=(b)$
a 为既约的	$\Leftrightarrow$	$(a)<(1)$,且没有主理想(c)使得$(a)<(c)<(1)$
p 是素元	$\Leftrightarrow$	$ab\in(p)$ 蕴含 $a\in(p)$ 或 $b\in(p)$

在继续讨论之前，我们看一个最简单的环中元素有多于一种分解的例子. 环 $R=\mathbf{Z}[\sqrt{-5}]$，它由所有形如 $a+b\sqrt{-5}$的复数组成，其中 a，b 为整数. 我们将在本章和下一章用这个环做例子. 在 R 中，整数 6 有两种分解方法：

【12.2.3】
$$2\cdot 3=6=(1+\sqrt{-5})(1-\sqrt{-5})$$

不难证明 2，3，$1+\sqrt{-5}$，$1-\sqrt{-5}$这些项不能继续分解，它们是环中的既约元.

首先，我们将带余除法抽象为一个程序. 为了使带余除法有意义，我们需要度量一个元素大小. 一个整环 R 上的*尺度函数*可以是任何定义域为 R 上非零元集合且值域为非负整数集的函数σ. 一个整环 R 是*欧几里得整环*，如果存在 R 上一个尺度函数 σ 使得带余除法在下面的意义下成为可能：

360

【12.2.4】 令 $a,b\in R,a\neq 0$. 存在元素 $q\in R$ 和 $r\in R$ 使得 $b=aq+r$,
$$\text{且或者 } r=0 \text{ 或者 } \sigma(r)<\sigma(a)$$

关于带余除法最重要的事实是 r 为零当且仅当 a 整除 b.

【12.2.5】命题

(a) *整数环* $\mathbf{Z}$ *在尺度函数* $\sigma(\alpha)=|\alpha|$ *下是欧几里得整环.*

(b) *域* F *上单变量多项式环* $F[x]$*在尺度函数* $\sigma(f)=f$ *的次数下是欧几里得整环.*

(c) *高斯整数环* $\mathbf{Z}[\mathrm{i}]$*在尺度函数* $\sigma(a)=|a|^2$ *下是欧几里得整环.*

整数环和多项式环在第十一章已经讨论过. 在此我们证明高斯整数环是欧几里得整环. $\mathbf{Z}[\mathrm{i}]$的元素形成了复平面上的格点，给定非零元 α 的所有倍数构成主理想(α)，它是相似的几何图形. 如果记 $\alpha=r\mathrm{e}^{\mathrm{i}\theta}$，则$(\alpha)$是 $\mathbf{Z}[\mathrm{i}]$的格点通过旋转 θ 度角并伸长 r 倍得到，正如

当 $\alpha=2+\mathrm{i}$ 时下图所示：

【12.2.6】图

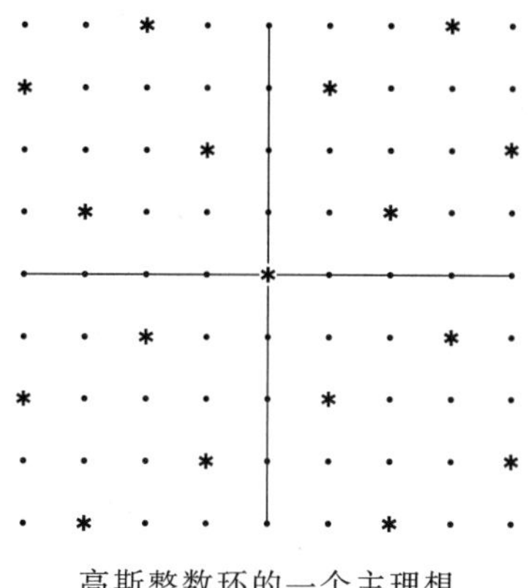

高斯整数环的一个主理想

对于任何复数 β，存在格点 (α) 到 β 的平方距离小于 $|\alpha|^2$. 我们选取一个这样的点，比如 $\gamma=\alpha q$，且令 $r=\beta-\gamma$. 则 $\beta=\alpha q+r$，且 $|r|^2<|\alpha|^2$. 这里 $q\in\mathbf{Z}[\mathrm{i}]$，且如果 $\beta\in\mathbf{Z}[\mathrm{i}]$，则 $r\in\mathbf{Z}[\mathrm{i}]$.

带余除法不是唯一的：存在至多 4 种 γ 的选取.

注 一个整环如果其每一个理想都是主理想就称为主理想整环.

361

【12.2.7】命题 欧几里得整环是主理想整环.

证明 我们再一次模仿整数环是主理想整环的证明. 令 R 是带有尺度函数 σ 的欧几里得整环，且令 A 是 R 的理想. 我们必须证明 A 是主理想. 零理想是主理想，故假设 A 是非零理想. 则 A 包含非零元. 选取一个非零元 $a\in A$ 使得 $\sigma(a)$ 尽可能小，我们证明 A 是由元素 a 的倍数生成的主理想 (a).

因为 A 是一个理想，且 $a\in A$，故任何倍数 $aq\in A$，$q\in R$. 因此 $(a)\subset A$. 为了证明 $A\subset(a)$，任取元素 $b\in A$. 用带余除法写成 $b=aq+r$，其中 $r=0$ 或者 $\sigma(r)<\sigma(a)$. 则 $b\in A$，$aq\in A$，因此 $r=b-aq\in A$. 由于 $\sigma(a)$ 是最小值，故 $\sigma(r)<\sigma(a)$ 不成立，因此只有 $r=0$. 这就证明了 a 整除 b，因此 $b\in(a)$. 由 b 的任意性，$A\subset(a)$，因此 $A=(a)$. ■

令 a，b 是整环 R 上一对不全为零的元素，a，b 的最大公因子 d 是满足下列性质的元素：

(a) d 整除 a，d 整除 b，

(b) 如果 e 整除 a 和 b，则 e 整除 d.

任意两个最大公因子 d 和 d' 是相伴的元素. 第一个条件告诉我们 d 和 d' 整除 a 和 b，而第二个条件告诉我们 d 和 d' 相互整除.

然而，最大公因子可能不存在. 经常有这样的极大公因子 m，意思是 a/m 和 b/m 没有公共的真因子. 但这个元素不满足条件(b). 例如，在(12.2.3)的环 $\mathbf{Z}[\sqrt{-5}]$ 中，元素 $a=6$ 和 $b=2+2\sqrt{-5}$ 都能被 2 和 $1+\sqrt{-5}$ 整除. 这些是公因子的极大元，但是这两个元素彼此不整除.

最大公因子存在的一种情形是 a 和 b 没有除了单位元以外的公因子. 则 1 就是最大公

因子．此时，a 和 b 称为是互素的．

在主理想整环上最大公因子总是存在的．

【12.2.8】命题 令 R 是主理想整环，令 a，b 是 R 上一对不全为零的元素．理想$(a, b)=Ra+Rb$ 的生成元 d 是 a，b 的最大公因子．它有下面的性质：

(a) $Rd=Ra+Rb$.

(b) d 整除 a，d 整除 b.

(c) 如果 e 整除 a 和 b，则 e 整除 d.

(d) 存在 r，$s\in R$ 使得 $d=ra+sb$.

证明

证明实际上和整数环的情形是一样的．(a)重述为 d 生成理想(a, b)．(b)表示 a，$b\in Rd$．(d)表示 $d\in Ra+Rb$．对于(c)，如果 e 整除 a 和 b，则 a 和 b 属于 Re．在此情形，Re 包含 $Ra+Rb=Rd$，故 e 整除 d． ■

362

【12.2.9】推论 令 R 是主理想整环．

(a) 如果 a 和 b 是 R 中的互素元，则 1 是线性组合 $ra+sb$.

(b) R 中的元素是既约元当且仅当该元素是素元．

(c) R 的极大理想是既约元生成的主理想．

证明

(a) 由命题 12.2.8(d)可得．

(b) 在任何整环中，素元是既约元．我们在下面的引理 12.2.10 中给出证明．假设 R 是主理想整环且 q 是 R 中的既约元，q 整除积 ab．必须证明：若 q 不整除 a，则 q 整除 b．令 d 是 q 和 a 的最大公因子．由于 q 是既约的，故其因子或为单位元或者与 q 相伴．由于 q 不整除 a，故 d 不与 q 相伴．因此 d 是单位元，q 和 a 互素，且 $1=ra+sq$，其中 r，$s\in R$．两边乘以 b：$b=rab+sqb$．方程右边两项都能被 q 整除，故 q 整除 b．

(c) 令 q 是既约元．它的因子只有单位元和相伴元．因此包含(q)的唯一主理想是(q)本身和单位理想(1)(参见(12.2.2))．由于 R 的理想是主理想，故这些是包含(q)的唯一理想．因此(q)是极大理想．反之，如果元素 b 有真因子 a，则$(b)<(a)<(1)$，所以(b)本身不是极大理想． ■

【12.2.10】引理 在整环 R 中，素元是既约元．

证明 假设素元 p 是两个元素的积，比如 $p=ab$．则 p 整除 a 和 b 其中之一，比如 a．但是方程 $p=ab$ 也表明 a 整除 p．故 a 和 p 是相伴的，且 b 是一个单位．分解不是真分解． ■

对于一个整环，希望有什么与算术基本定理 12.1.2(d)类似的结果？我们可将分解唯一性所需要的叙述分成两部分．第一，一个给定的元素可以写成既约元的乘积；第二，这个积实质上是唯一的．

环中的单位使得唯一性的叙述变得复杂．单位因子必须忽略且相伴因子必须看成是等价的．整数环的单位为± 1，在这个环里，对正整数讨论是自然的．类似地，在域上的多项式环 $F(x)$里，用首一多项式去讨论是自然的．但是我们没有一种合理的方式把整环中的元素正规化，最好别试.

我们说整环 R 上的分解是唯一的，如果整环 R 中的元素 a 有两种写为积的既约分解方式，比如，

【12.2.11】
$$p_1\cdots p_m = a = q_1\cdots q_n$$
则 $m=n$，且如果右边适当排序的话，可使得对于每个 i，p_i 和 q_i 相伴. 故在分解的唯一性的叙述中，相伴分解认为是等价的.

例如，在高斯整数环中，
$$(2+\mathrm{i})(2-\mathrm{i}) = 5 = (1+2\mathrm{i})(1-2\mathrm{i})$$
元素 5 的这两种分解是等价的，因为左右两边元素是相伴的：$-\mathrm{i}(2+\mathrm{i})=1-2\mathrm{i}$ 且 $\mathrm{i}(2-\mathrm{i})=1+2\mathrm{i}$. 363

讨论主理想比讨论元素要简洁，因为相伴元的主理想是相同的. 然而，讨论元素也不是很繁琐，我们在此还是讨论元素. 在下一章，理想的重要性就清楚了.

在我们尝试把一个元素 a 表示为既约元之积时，总是假设这个元素是非零的且不是单位. 这样，我们试图用下述方法分解 a：如果 a 本身是既约的，则已得到分解. 如果 a 不是既约的，则 a 有一个真因子，因而它以某种方式分解为乘积 $a=a_1b_1$，其中 a_1 和 b_1 都不是单位. 如果可能，继续分解 a_1 和 b_1，而且希望这一过程会停下来；换言之，希望在有限步后所有因子为既约的. 我们说在 R 中*分解终止*，就是指有限步后所有因子为既约的. 我们把分解成既约元的分解叫做*既约分解*.

一个整环 R 是*唯一分解整环*，如果它有下述性质：

【12.2.12】

- 分解终止.
- 元素的既约分解在上面的意义下是唯一的.

分解终止的条件用主理想有一个实用的描述：

【12.2.13】**命题** *设 R 是整环. 下列条件等价：*

- *因子分解过程在有限步后终止.*
- *R 中不包含主理想的无限的严格升链 $(a_1)<(a_2)<(a_3)<\cdots$.*

证明 假设分解过程不能终止，则有一个元素 a_1 有真分解使得这个分解过程至少对一个因子不能终止. 设真分解为 $a_1=a_2b_2$，且这个过程对 a_2 的分解不能终止. 由于 a_2 是 a_1 的真因子，故 $(a_1)<(a_2)$（参见(12.2.2)）. 用 a_2 替换 a_1 并重复上面的过程，我们得到一个无限升链.

反之，如果存在一个严格的升链 $(a_1)<(a_2)<(a_3)<\cdots$，则每个 (a_n) 都不是单位理想，因此，a_2 是 a_1 的真因子，a_3 是 a_2 的真因子，等等(12.2.2). 这表明分解过程不能终止. ■

我们很少遇到分解不能终止的环，后面我们会证明一个定理来解释原因（见推论 14.6.9），所以不必太担心. 实际上，分解的唯一性是导致大部分麻烦的所在. 因子分解为既约元通常是可能的，但即使是把相伴因子看成等价的，分解也未必是唯一的.

回到环 $R=\mathbf{Z}[\sqrt{-5}]$，不难证明 2，3，$1+\sqrt{-5}$，$1-\sqrt{-5}$ 都是既约的，而 R 的单位是 1 和 -1，所以 2 不是 $1+\sqrt{-5}$ 与 $1-\sqrt{-5}$ 的相伴元. 因此 $2\cdot 3=6=(1+\sqrt{-5})(1-\sqrt{-5})$ 是两种不同的分解方法：R 不是唯一分解整环. 364

【12.2.14】命题

(a) 令 R 是整环. 假设在 R 中分解可以终止. 则 R 是唯一分解整环当且仅当每个既约元是素元.

(b) 主理想整环是唯一分解整环.

(c) 整数环 $\mathbf{Z}$、高斯整数环 $\mathbf{Z}[i]$ 和域 F 上的单变量多项式环 $F[x]$ 是唯一分解整环.

因此，在唯一分解整环中短语既约分解与素分解是同义词，但是多数环包含非素的既约元. 在环 $\mathbf{Z}[\sqrt{-5}]$ 中，元素 2 是既约元，但不是素元，因为 2 能整除积 $(1+\sqrt{-5})(1-\sqrt{-5})$，但不整除其中任何一个因子.

(b) 的逆不真. 我们在下一节将看到整多项式环 $\mathbf{Z}[x]$ 是唯一分解整环，但不是主理想整环.

命题 12.2.14 **的证明** 首先，因为(c)里的环是欧几里得整环，因此是主理想整环. 由(b)知，(c)中的环均为唯一分解整环.

(a) 令 R 是一个环，其上每个既约元都是素元，且假设其中一个元素 a 采用两种方式分解为既约元的乘积，比如 $p_1\cdots p_m=a=q_1\cdots q_n$，其中 $m\leqslant n$. 如果 $n=1$，则 $m=1$ 且 $p_1=q_1$. 假设 $n>1$. 由于 p_1 是素元，故它整除 q_1，…，q_n 之一，比如 q_1. 由于 q_1 是既约元且 p_1 不是单位，故 q_1 和 p_1 是相伴的，不妨设 $p_1=uq_1$，此处 u 为单位. 我们移动单位因子到 q_2 上，用 uq_1 代替 q_1，用 $u^{-1}q_2$ 代替 q_2. 现在的结果是 $p_1=q_1$. 然后消去 p_1，并对 n 使用归纳法.

反过来，假设存在非素的既约元 p. 这样，存在元素 a 和 b 使得 p 整除它们的积 $r=ab$，比如说 $r=pc$，但 p 不整除 a 和 b. 通过将 a，b 和 c 分解为既约元的乘积，得到 r 的两个不等价的分解.

(b) 令 R 是一个主理想整环. 由于 R 的每个既约元都是素元(12.2.8)，只需证明分解可以终止(12.2.14). 我们利用证明 R 不含有无限的主理想的严格升链来证明. 假设给定了一个无限弱升链

$$(a_1)\subset(a_2)\subset(a_3)\subset\cdots$$

我们证明它不可能是严格升的.

【12.2.15】引理 令 $I_1\subset I_2\subset I_3\subset\cdots$ 是环 R 的理想的升链. 则 $I_1\subset I_2\subset I_3\subset\cdots$ 的并 $J=\bigcup I_n$ 是 R 的一个理想.

证明 如果 u，$v\in J$，则对某个 n，u，$v\in I_n$，从而 $u+v$ 及 ru 亦属于 I_n，其中 $r\in R$. 因此，它们也属于 J. 这就证明了 J 是一个理想. ■

将此引理应用于主理想链，且 $I_v=(a_v)$，并用 R 是主理想整环的假设得到并 J 是主理想，比如说 $J=(b)$. 由于 b 属于理想 (a_n) 的并，因此它也属于其中一个理想. 但如果 $b\in(a_n)$，则 $(b)\subset(a_n)$. 而另一方面，$(a_n)\subset(a_{n+1})\subset(b)$，因而 $(b)=(a_n)=(a_{n+1})$. 这个链不是严格升的. ■

365

在唯一分解整环中可以利用元素的既约分解来确定元素 a 是否整除元素 b.

【12.2.16】命题 令 R 是一个唯一分解整环.

(a) 令 $a=p_1\cdots p_m$ 和 $b=q_1\cdots q_n$ 是 R 中两个元素的既约分解. 则 a 整除 b 当且仅当 $m\leqslant n$ 且适当调整 q_j 的次序，使得对于 $i=1$，…，m，p_i 是 q_i 的相伴元.

(b) 任何不全为零的元素对 a 和 b 都有最大公因子.

证明

(a) 的证明与命题 12.2.14(a)非常相似. a 的既约因子是素元. 如果 a 整除 b，则 p_1 整除 b，因此 p_1 整除某个 q_i，比如 q_1. 则 p_1 和 q_1 是相伴的. 从 a 中消去 p_1，从 b 中消去 q_1 后，断言由归纳法得证. 我们省去(b)的证明. ■

注意 a 和 b 的任意两个最大公因子是相伴的. 但是只有在唯一分解整环是主理想整环时，最大公因子(尽管存在)才必须具有形式 $ra+sb$. 2 和 x 在唯一分解整环 $\mathbf{Z}[x]$上的最大公因子为 1，但是我们不能将 1 写成这些整系数多项式的线性组合.

我们回顾一下对域上的多项式环 $F[x]$的这个重要情形已得出的结论. 多项式环$F[x]$的单位是非零常数. 我们可以把非零多项式的首项系数提取出来得到首一多项式，而首一多项式 f 仅有的首一相伴元是 f 自身. 通过使用首一多项式，可以避免相伴分解造成的模糊认识. 考虑到这一点，下面的定理由命题 12.2.14 可得.

【12.2.17】**定理** 令 $F[x]$是域 F 上单变量的多项式环.

(a) 两个不全为零的多项式 f 和 g 有唯一的首一最大公因子 d，且存在多项式 r，s 使得 $rf+sg=d$.

(b) 如果两个多项式 f 和 g 没有非常数的公因子，则存在多项式 r，s 使得 $rf+sg=1$.

(c) 每个 $F[x]$上的既约多项式 p 是 $F[x]$上的素元：如果 p 整除积 fg，则 p 整除 f 或者 p 整除 g.

(d) 唯一分解：$F[x]$上每个首一多项式可以写成 $F(x)$上首一既约多项式的乘积 $p_1\cdots p_k$ 且 $k\geqslant 0$. 这个分解除了项的顺序之外是唯一的.

在今后，我们提到系数在一个域上的两个多项式的最大公因子时，指的是具有上面性质(a)的唯一的首一多项式. 最大公因子有时记作 $\gcd(f, g)$.

系数在域 F 上的两个不全为零的多项式 f 和 g 的最大公因子 $\gcd(f, g)$可以通过反复使用带余除法得到，这个过程称为欧几里得算法，在第二章第三节整数环中提到过：假设 g 的次数至少等于 f 的次数. 将 g 写成 $g=fq+r$，此处 r 是余式，如果 r 非零，则次数低于 f 的次数. 于是 $\gcd(f, g)=\gcd(f, r)$. 如果 $r=0$，则 $\gcd(f, g)=f$. 如果 $r\neq 0$，则用 r 和 f 代替 f 和 g，重复上面的过程. 由于多项式的次数变低，因此这个过程止于有限步. 可用类似方法确定欧几里得整环上的最大公因子.

366

在复数域上任何正次数多项式都有根 α，因此有形如 $x-\alpha$ 的因子. 既约多项式是线性的，首一多项式的既约分解有下面的形式：

【12.2.18】
$$f(x)=(x-\alpha_1)\cdots(x-\alpha_n)$$

其中 α_i 是 $f(x)$的根，重根重复计算. 分解的唯一性是显然的.

当 $F=\mathbf{R}$ 时，有两类既约多项式：线性的和二次的. 一个实二次多项式 x^2+bx+c 是既约的当且仅当判别式 $b^2-4c<0$，此时多项式有一对共轭的复根. 事实上，每个复数域上的既约多项式是线性的蕴含了没有次数大于 2 的实多项式.

【12.2.19】**命题** 令 α 是实多项式 f 的一个非实数的复根. 则其复共轭$\overline{\alpha}$也是 f 的一个根. 二次多项式 $q=(x-\alpha)(x-\overline{\alpha})$有实系数，且整除 f. □

有理系数的多项式环 $\mathbf{Q}[x]$上的多项式的分解更有趣，因为在 $\mathbf{Q}[x]$上存在任意次数的既约多项式. 这在下两节解释. 在这种情形下既约分解的形式和唯一性都不是显然的.

为供以后参考，注意下面的基本事实：

【12.2.20】**命题** 系数在域 F 上的 n 次多项式 f 在 F 中至多有 n 个根.

证明 一个元素 α 是 f 的根当且仅当 $x-\alpha$ 整除 f(11.2.11). 若如此，则 $f(x)=(x-\alpha)q(x)$，其中 $q(x)$是 $n-1$ 次多项式. 令 β 是 f 的异于 α 的根，令 $x=\beta$，有 $0=(\beta-\alpha)q(\beta)$. 由于$\beta\neq\alpha$，故 β 必是 $q(x)$的根. 对多项式次数应用归纳法，在域 F 上 $q(x)$至多有 $n-1$ 个根，加上根 α，则 f 至多有 n 个根. ■

第三节 高斯引理

每个首一的有理系数多项式 $f(x)$可以唯一表示为形式 $p_1\cdots p_k$，其中 p_i 是环 $\mathbf{Q}[x]$上首一既约的多项式. 但是，假设多项式 $f(x)$有整数系数，且其在 $\mathbf{Q}[x]$里分解. 这些因子是整系数的多项式吗？我们将看到回答是肯定的，而且 $\mathbf{Q}[x]$是唯一分解整环.

367

下面是整系数多项式的既约分解的一个例子：

$$6x^3+9x^2+9x+3=3(2x+1)(x^2+x+1)$$

正如我们所看到的，$\mathbf{Z}[x]$上的既约分解较 $\mathbf{Q}[x]$上的要稍微复杂一些. 素整数是 $\mathbf{Z}[x]$上的既约元，它们也可能出现在一个多项式的分解中. 而且如果我们要保留整数系数，就不能要求是首一的因子.

研究 $\mathbf{Z}[x]$上的因子分解有两个主要工具. 第一个工具是将整系数多项式环看成是有理系数的多项式的环：

$$\mathbf{Z}[x]\subset\mathbf{Q}[x]$$

这样做会很有用，因为环 $\mathbf{Q}[x]$上的代数更简单.

第二个工具利用模素数 p 约简，同态

【12.3.1】
$$\psi_p:\mathbf{Z}[x]\to\mathbf{F}_p[x]$$

映 $x\rightsquigarrow x$(11.3.6). 我们经常把整系数多项式的像 $\psi_p(f)$记作$\overline{f}$，虽然这个记号有点儿模棱两可，因为没有提到 p.

下面的引理应该是清楚的.

【12.3.2】**引理** 令 $f(x)=a_nx^n+\cdots+a_1x+a_0$ 是整系数多项式，且令 p 是整素数. 下列叙述是等价的：

- p 整除 f 的每一个系数 $a_i\in\mathbf{Z}$.
- p 整除 $f\in\mathbf{Z}[x]$.
- $f\in\ker\psi_p$.

这个引理表明 ψ_p 的核可以很容易理解而不必提及这个映射. 但 ψ_p 是同态且它的像

$\mathbf{F}_p[x]$是整环的事实使得作为核的解释很有用.

注意 一个有理系数多项式 $f(x)=a_nx^n+\cdots+a_1x+a_0$ 被称为是本原的，如果它是正次数的整系数多项式，且整数系数 a_0，a_1，…，a_n 的最大公因子是 1，多项式的首项系数 a_n 是正的.

【12.3.3】引理 令 f 是正次数的整多项式，其首相系数为正数. 下列条件是等价的：

- f 是本原的.
- f 不能被任何素数 p 整除.
- 对每一个整素数 p，$\psi_p(f)\neq 0$. ■

【12.3.4】命题

(a) 一个整数是 $\mathbf{Z}[x]$的素元当且仅当它是素整数. 故一个素整数 p 整除整多项式的积 fg 当且仅当 p 整除 f 或 p 整除 g.

(b) (高斯引理)本原多项式的积是本原的.

368

证明

(a) 显然，一个整数是素数如果它是 $\mathbf{Z}[x]$的既约元. 令 p 是素整数. 我们用横杠记号 $\overline{f}=\psi_p(f)$. 则 p 整除 fg 当且仅当$\overline{fg}=0$，且由于 $\mathbf{F}_p[x]$是一个整环，故 p 整除 fg 当且仅当$\overline{f}=0$ 或$\overline{g}=0$，即当且仅当 p 整除 f 或 p 整除 g.

(b) 假设 f 和 g 是本原多项式. 由于它们的首项系数均为正数，故积 fg 的首项系数也是正数. 而且，没有素数 p 整除 f 或 g，且由(a)，没有素数整除 fg. 故 fg 是本原的. ■

【12.3.5】引理 每个有理系数的正次数的多项式 $f(x)$可唯一地写成 $f(x)=cf_0(x)$，其中 c 是有理数，且 $f_0(x)$是本原多项式. 而且，c 是整数当且仅当 f 是整多项式. 如果 f 是整多项式，则 f 的系数的最大公因子是$\pm c$.

证明 要求 $f_0(x)$，首先用一个整数 d 乘 f 以去掉系数中的分母. 这样得到一个整系数多项式 $df=f_1$. 然后将 f_1 的系数的最大公约数提取出来，并调整首项系数的正负号. 得到的多项式 $f_0(x)$是本原的，且 $f=cf_0$ 对某个有理数 c 成立. 这证明了存在性.

如果 f 是整多项式，就不需要去分母了. 则 c 是整数，且加上符号，如前所述，正是系数的最大公约数.

积的唯一性是重要的，所以，我们仔细地检验. 假设给定有理数 c 和 c'以及本原多项式 f_0 和 f_0'使得 $cf_0=c'f_0'$. 我们将证明 $f_0=f_0'$. 由于 $\mathbf{Q}[x]$是整环，故有 $c=c'$.

方程 $cf_0=c'f_0'$两边同乘以一个整数，如果必要，调整一下正负号，从而化简为 c 和 c'为正整数. 如果 $c\neq 1$，则选取素整数 p 整除 c. 则 p 整除 $c'f_0'$. 命题 12.3.4(a)证明了 p 整除因子 c'或因子 f_0'. 由于 f_0'是本原的，故它不能被 p 整除，所以 p 整除 c'. 方程两边消去 p. 归纳化简得到 $c=1$ 的情形. 同样的推理可证明 $c'=1$. 故 $f_0=f_0'$. ■

【12.3.6】定理

(a) 令 f_0 是一个本原多项式，且令 g 是整多项式. 如果 f_0 在 $\mathbf{Q}[x]$中整除 g，则 f_0 在

$\mathbf{Z}[x]$中整除 g.

(b) 如果两个整多项式 f 和 g 在 $\mathbf{Q}[x]$上有非常数的公因子，则它们在 $\mathbf{Z}[x]$上有非常数的公因子.

证明

(a) 比如 $g=f_0q$，其中 q 有有理系数. 我们证明 q 有整系数. 记 $g=cg_0$ 且 $q=c'q_0$，g_0 和 q_0 是本原的. 则 $cg_0=c'f_0q_0$. 高斯引理告诉我们 f_0q_0 是本原的. 因此由引理 12.3.5 的唯一性的断言可知，$c=c'$且 $g_0=f_0q_0$. 由于 g 是整多项式，故 c 是整数. 因此 $q=cq_0$ 是整多项式.

(b) 如果整多项式 f 和 g 在 $\mathbf{Q}[x]$上有非常数的公因子 h，我们记 $h=ch_0$，其中 h_0 是本原的，则 h_0 也在 $\mathbf{Q}[x]$上整除 f 和 g，且由(a)，h_0 在 $\mathbf{Z}[x]$上整除 f 和 g. ■

369

【12.3.7】命题

(a) 令 f 是首项系数是正数的整多项式. 则 f 是 $\mathbf{Z}[x]$上的既约元当且仅当它或为素整数或为 $\mathbf{Q}(x)$上既约的本原多项式.

(b) $\mathbf{Z}[x]$上的每个既约元是素元.

证明 命题 12.3.4(a)证明了对常数多项式(a)和(b)成立. 如果 f 是既约的且不为常数，则没有异于± 1 的整数因子，所以如果首项系数是正的，则它就是本原的. 假设 f 是本原多项式且在 $\mathbf{Q}[x]$上有真因子，比如 $f=gh$. 记 $g=cg_0$ 和 $h=c'h_0$，其中 g_0 和 h_0 是本原的. 则 g_0h_0 是本原的. 由于 f 也是本原的，故 $f=g_0h_0$. 因此 f 在 $\mathbf{Z}[x]$上有真因子. 故若 f 是 $\mathbf{Q}[x]$上的既约元，则也是 $\mathbf{Z}[x]$上的既约元. 显然，本原多项式在 $\mathbf{Z}[x]$上可约则在$\mathbf{Q}[x]$上也可约. 这就证明了(a).

令 f 是一个本原的既约多项式且整除两个整多项式的积 gh. 则 f 在 $\mathbf{Q}[x]$上是既约的. 由于 $\mathbf{Q}[x]$是主理想整环，故 f 是 $\mathbf{Q}[x]$上的素元(12.2.8)，所以 f 在 $\mathbf{Q}[x]$上整除 g 或 h. 由(12.3.6)，f 在 $\mathbf{Z}[x]$上整除 g 或 h. 这就证明了 f 是素元，即证明了(b). ■

【12.3.8】定理 多项式环 $\mathbf{Z}[x]$是唯一分解整环. 每个不是± 1 的非零多项式 $f(x)\in\mathbf{Z}[x]$可以写成积的形式：

$$f(x)=\pm p_1\cdots p_m q_1(x)\cdots q_n(x)$$

其中 p_i 是整素数，且 $q_j(x)$是一个本原的既约多项式. 这个表达式除了因子的次序外是唯一的.

证明 容易看出在 $\mathbf{Z}[x]$中分解是能终止的，故这个定理可以由命题 12.3.7 和 12.2.14 得到. ■

对于域 F 上两个变量的多项式环 $F[t, x]$，本节的结果有相似之处. 为建立这种相似，把 $F[t, x]$看成是系数为 t 的多项式的关于 x 的多项式环 $F[t][x]$. 与有理数域 $\mathbf{Q}$ 类似的是关于 t 的有理函数域 $F(t)$，即 $F[t]$的分式域. 记这个域为$\mathcal{F}$. 则 $F[t, x]$是多项式环$\mathcal{F}[x]$的子环：

$$f=a_n(t)x^n+\cdots+a_1(t)x+a_0(t)$$

它的系数 $a_i(t)$是关于 t 的有理函数. 这一结论非常有用，因为$\mathcal{F}[x]$的每个理想都是主理想.

一个多项式 f 被称为是本原的，如果它是正次数的，其系数 $a_i(t)$ 是 $F[t]$ 中的多项式，这些系数的最大公因子是 1，而首项系数 $a_n(t)$ 是首一的．一个本原多项式是多项式环 $F[t, x]$ 中的元素．

本原多项式的积仍是本原的，而且 $\mathcal{F}[x]$ 的每个元素 $f(t, x)$ 可以写成形式 $c(t)f_0(t, x)$，其中 f_0 是 $F[t, x]$ 上的本原多项式，c 是 t 的有理函数，二者在差一个常数因子的情形下是唯一确定的．

370

下面断言的证明与命题 12.3.4、定理 12.3.6 及 12.3.8 的证明几乎相同．

【12.3.9】定理 令 $F[t]$ 是域 F 带有一个变量的多项式环，且令 $\mathcal{F}=F(t)$ 是它的分式域．

(a) $F[t, x]$ 中的本原多项式的积是本原的．

(b) 令 f_0 是本原多项式，且令 g 是 $F[t, x]$ 中的多项式．如果 f_0 在 $\mathcal{F}(x)$ 上整除 g，则 f_0 在 $F[t, x]$ 上整除 g．

(c) 如果 $F[t, x]$ 中两个多项式 f 和 g 在 $\mathcal{F}(x)$ 上有非常数的公因子，则它们在 $F[t, x]$ 中也有非常数的公因子．

(d) 令 f 是 $F[t, x]$ 中首项系数为首一多项式．则 f 是 $F[t, x]$ 中的既约元当且仅当它或者为仅关于 t 的既约多项式或者为在 $\mathcal{F}(x)$ 上既约的本原多项式．

(e) 环 $F[t, x]$ 是唯一分解整环．

$\mathbf{Z}[x]$ 上的分解的结果还与系数在唯一分解整环 R 上的多项式的分解类似．

【12.3.10】定理 如果 R 是唯一分解整环，则有任意有限个变量的多项式环 $R[x_1, \cdots, x_n]$ 是唯一分解整环．

注意 与一个变量的多项式环相比，这里每个复多项式是线性多项式的积，而两个变量的复多项式在 $\mathbf{C}[t, x]$ 中经常是既约的，因此是素元．

第四节 整多项式的分解

现在提出一个给定的整多项式的因子分解的问题：

【12.4.1】
$$f(x) = a_n x^n + \cdots + a_1 x + a_0$$

其中 $a_n \neq 0$．其线性因子很容易找到．

【12.4.2】引理

(a) 如果整多项式 $b_1 x + b_0$ 在 $\mathbf{Z}[x]$ 中整除 f，则 b_1 整除 a_n，且 b_0 整除 a_0．

(b) 一个本原多项式 $b_1 x + b_0$ 在 $\mathbf{Z}[x]$ 中整除 f 当且仅当有理数 $-\dfrac{b_0}{b_1}$ 是 f 的根．

(c) 首一的整多项式 f 的有理根是整数．

证明

(a) 乘积 $(b_1 x + b_0)(q_{n-1}x^{n-1} + \cdots + q_0)$ 的常数系数是 $b_0 q_0$，且若 $q_{n-1} \neq 0$，则首项系数为 $b_1 q_{n-1}$．

(b) 根据定理 12.3.10(c)，$b_1 x + b_0$ 在 $\mathbf{Z}[x]$ 中整除 f 当且仅当它在 $\mathbf{Q}[x]$ 上整除 f，并

371 且该结论成立当且仅当 $x+b_0/b_1$ 整除 f，即 $-b_0/b_1$ 是 f 的一个根.

(c) 如果 $\alpha=a/b$ 是一个根，且 $b>0$，如果 $\gcd(a, b)=1$，则 $bx-a$ 是一个整除首一多项式 f 的本原多项式，故 $b=1$ 且 α 是一个整数. ■

同态 ψ_p：$\mathbf{Z}[x]\to\mathbf{F}_p[x]$(12.3.1)对于具体的分解是有用的，原因之一就是在 $\mathbf{F}_p[x]$ 中每个次数的多项式只有有限多个.

【12.4.3】命题 令 $f(x)=a_nx^n+\cdots+a_0$ 是一个整多项式，且令 p 是一个不能整除首项系数 a_n 的素整数. 如果 f 模 p 的剩余 $\overline{f}$ 是 $\mathbf{F}_p[x]$ 中的既约元，则 f 是 $\mathbf{Q}[x]$ 上的既约元.

证明 我们证明其逆否命题，即如果 f 可约的，则 $\overline{f}$ 是可约的. 假设 $f=gh$ 是 f 在 $\mathbf{Q}[x]$ 上的真分解. 我们可假设 $g, h\in\mathbf{Z}[x]$(12.3.6). 由于在 $\mathbf{Q}[x]$ 中有真分解，故 g 和 h 的次数都是正的，且如果 f 的次数记作 $\deg f$，则 $\deg f=\deg g+\deg h$.

由于 ψ_p 是同态，$\overline{f}=\overline{g}\overline{h}$，故 $\deg\overline{f}=\deg\overline{g}+\deg\overline{h}$. 对于任何一个整多项式 p，$\deg\overline{p}\leqslant\deg p$. 关于 f 的首项系数的假设告诉我们 $\deg\overline{f}=\deg f$. 情形如此，必有 $\deg\overline{g}=\deg g$ 和 $\deg\overline{h}=\deg h$. 因此分解 $\overline{f}=\overline{g}\overline{h}$ 是真分解. ■

如果 p 整除 f 的首项系数，则 $\overline{f}$ 有较低的次数，用模 p 约化就更困难.

如果怀疑一个整多项式是既约的，则可试着对一些小素数模 p 进行约化，例如 $p=2$ 或 3，这时希望 $\overline{f}$ 是既约的且与 f 有相同的次数. 如果是这样，就证明了 f 也是既约的. 遗憾的是，存在这样的既约整多项式，对所有素数 p 它们是模 p 可分解的，多项式 x^4-10x^2+1 就是这样的一个例子. 因而模 p 约化的方法不总是可行的，但它常常是有效的.

$\mathbf{F}_p[x]$ 中的既约多项式可用“筛法”找到. 埃拉托色尼筛法是确定小于给定的数 n 的素数的方法. 列出从 2 到 n 的整数. 第一个整数 2 是素数，因为 2 的真因数必小于 2，而所列的数中没有比 2 小的数. 我们标注 2 是素数，然后在所列的数中划去 2 的倍数. 除去 2 本身，它们都不是素数. 剩下的第一个整数 3 是素数，因为它不能被比它小的任何素数整除. 我们认定 3 是素数，然后从所列的数中划去 3 的倍数. 剩下的下一个最小整数 5 也是个素数，等等.

2 3 ~~4~~ 5 ~~6~~ 7 ~~8~~ ~~9~~ ~~10~~ 11 ~~12~~ 13 ~~14~~ ~~15~~ ~~16~~ 17 ~~18~~ 19 ...

这一方法亦可确定 $\mathbf{F}_p[x]$ 中的既约多项式. 我们按次数依次列出首一多项式，然后划 372 去乘积. 例如，$\mathbf{F}_2[x]$ 中的线性多项式为 x 与 $x+1$. 它们是既约的. 二次多项式为 x^2，x^2+x，x^2+1 和 x^2+x+1，前面三个被 x 或 $x+1$ 整除，因而最后一个 x^2+x+1 是 $\mathbf{F}_2[x]$ 上仅有的二次既约多项式.

【12.4.4】 $\mathbf{F}_2[x]$ 中次数小于等于 4 的既约多项式如下：

$$x, x+1;\quad x^2+x+1;\quad x^3+x^2+1,\quad x^3+x+1;$$
$$x^4+x^3+1,\quad x^4+x+1,\quad x^4+x^3+x^2+x+1$$

列出的多项式来试除，我们可以在 $\mathbf{F}_2[x]$ 上分解所有 9 次以下的多项式. 例如，在 $\mathbf{F}_2[x]$ 上分解 $f(x)=x^5+x^3+1$. 如果能分解，则必有一个次数最多为 2 的既约因子. 0 和

1都不是根，因此 f 没有线性因子．只有一个既约二次多项式，即 $p=x^2+x+1$．做带余除法：$f(x)=p(x)(x^3+x^2+x)+(x+1)$．故 p 不能整除 f，因此 f 是既约的．

所以，整多项式 $f=x^5-64x^4+127x^3-200x+99$ 在 $\mathbf{Q}[x]$上是既约的，因为它在 $\mathbf{F}_2[x]$上的剩余是既约多项式 x^5+x^3+1．

【12.4.5】 $\mathbf{F}_3[x]$上二次的首一既约多项式有：

$$x^2+1,\quad x^2+x-1,\quad x^2-x-1$$

即使当模 p 的剩余可约时，它对刻画多项式的因式分解也是有帮助的．作为例子，考虑多项式 $f(x)=x^3+3x^2+9x+6$．模3约化，我们得到 x^3．这看起来起不了什么作用．然而，假设 $f(x)$在 $\mathbf{Z}[x]$上是可约的，比如设 $f(x)=(x+a)(x^2+bx+c)$．则 $x+a$ 的剩余在 $\mathbf{F}_3[x]$中整除 x^3．这表明 $a\equiv 0(\mathrm{mod}3)$．类似地，我们得到 $c\equiv 0(\mathrm{mod}3)$．因为常数项的乘积 $ac=6$，故这两个条件不可能同时得到满足．因而没有这样的因式分解存在，从而 $f(x)$是既约的．

这个例子中起作用的原理称为艾森斯坦准则．

【12.4.6】命题(艾森斯坦准则) 设 $f(x)=a_nx^n+\cdots+a_0$ 是一个整多项式，并设 p 是一个素整数．假设 f 的系数满足下列条件：

- p 不能整除 a_n；
- p 整除所有其余系数 a_{n-1}，$\cdots a_0$；
- p^2 不能整除 a_0．

则 f 在 $\mathbf{Q}[x]$中是既约的．

例如，多项式 $x^4+25x^2+30x+20$ 在 $\mathbf{Q}[x]$中是既约的．

艾森斯坦准则的证明 假设 f 满足条件，并设$\overline{f}$表示 f 模 p 的剩余．假设蕴含了 $\overline{f}=\overline{a}_nx^n$和$\overline{a}_n\neq 0$．如果 f 在 $\mathbf{Q}[x]$上可约，则它将在 $\mathbf{Z}[x]$中分解成正次数因子的积，比如 $f=gh$，其中 $g(x)=b_rx^r+\cdots+b_0$ 和$h(x)=c_sx^s+\cdots+c_0$．则$\overline{g}$整除$\overline{a}_nx^n$，故$\overline{g}$有如下形式：$\overline{b}_rx^r$．g 和 h 的所有系数(除去首项系数)都被 p 整除．f 的常系数 $a_0=b_0c_0$．由于 p 整除 b_0 和 c_0，由此得到 p^2 必整除 a_0，这与假设的第三个条件矛盾．因此，f 在 $\mathbf{Q}[x]$中是既约的． ■ 373

艾森斯坦准则的应用之一是证明分圆多项式 $\Phi(x)=x^{p-1}+x^{p-2}+\cdots+x+1$ 的不可约性，其中 p 是素数．其根为异于1的 p 次单位根，即 $\zeta=\mathrm{e}^{2\pi i/p}$的幂：

【12.4.7】
$$(x-1)\Phi(x)=x^p-1$$

【12.4.8】引理 令 p 为素整数．对于任意整数 r，$1<r<p$，二项式系数$\binom{p}{r}$是一个能且只能被 p 除一次的整数．

证明 二项式系数$\binom{p}{r}$是

$$\binom{p}{r}=\frac{p(p-1)\cdots(p-r+1)}{r(r-1)\cdots 1}$$

当 $r<p$ 时，分母中的项均小于 p，因此不能和分子中的 p 约分. 因此 $\binom{p}{r}$ 只有一个因子 p. ■

【12.4.9】定理 令 p 为素数. 分圆多项式 $\Phi(x)=x^{p-1}+x^{p-2}+\cdots+x+1$ 在 $\mathbf{Q}$ 中是既约的.

证明 用 $x=y+1$ 代入(12.4.7)中，并展开得到

$$y\Phi(y+1)=(y+1)^p-1=y^p+\binom{p}{1}y^{p-1}+\cdots+\binom{p}{p-1}y+1-1$$

消去 y. 这个引理表明艾森斯坦准则适用，且 $\Phi(y+1)$ 是既约的. 故 $\Phi(x)$ 也既约. ■

系数的估计

计算机通过编程借助分解模素数的幂来分解整多项式，通常素数取 $p=2$. 有一个快速算法为 Berlekamp 算法，它可以实现整多项式的分解. 最简单的情形是当 f 是首一的整多项式，其模 p 的剩余是互素的首一多项式之积，比如在 $\mathbf{F}_p[x]$ 中，$\overline{f}=\overline{g}\overline{h}$. 这样，有唯一一种方式分解 f 为模 p 的幂. (在此我们不花时间证明了). 假设这个结论为真，且假设我们(或计算机)已经模方幂 p，p^2，p^3，…进行了分解. 如果 f 在 $\mathbf{Z}[x]$ 上分解，则因子模 p^k 的系数用介于 $-p^k/2$ 和 $p^k/2$ 间的整数表示时将是稳定的，且将产生整数分解. 如果 f 在 $\mathbf{Z}[x]$ 上既约，则因子的系数是不稳定的. 当这些系数太大时，可以得出多项式是既约的结论.

下面的柯西定理可以用来估计整因子的系数有多大.

【12.4.10】定理 令 $f(x)=x^n+\cdots+a_1+a_0$ 是首一的复数系数的多项式，且令 r 是所有系数绝对值 $|a_i|$ 的最大值. f 的根的绝对值小于 $r+1$.

374

定理 12.4.10 的证明 技巧是改写 f 成下面的形式:

$$x^n=f-(a_{n-1}x^{n-1}+\cdots+a_1x+a_0)$$

应用三角不等式:

【12.4.11】
$$\begin{aligned}|x|^n&\leqslant|f(x)|+|a_{n-1}||x|^{n-1}+\cdots+|a_1||x|+|a_0|\\&\leqslant|f(x)|+r(|x|^{n-1}+\cdots+|x|+1)=|f(x)|+r\frac{|x|^n-1}{|x|-1}\end{aligned}$$

令 α 是满足 $|\alpha|\geqslant r+1$ 的复数，则 $\frac{r}{|\alpha|-1}\leqslant 1$. 将 $x=\alpha$ 代入(12.4.11):

$$|\alpha|^n\leqslant|f(\alpha)|+r\frac{|\alpha|^n-1}{|\alpha|-1}\leqslant|f(\alpha)|+|\alpha|^n-1$$

因此 $|f(\alpha)|\geqslant 1$，且 α 不是 f 的根. ■

我们给出两个 $r=1$ 时的例子.

【12.4.12】例

(a) 令 $f(x)=x^6+x^4+x^3+x^2+1$. 模 2 的既约分解是

$$x^6+x^4+x^3+x^2+1=(x^2+x+1)(x^4+x^3+x^2+x+1)$$

由于因子互不相同，故只存在一种模 2^2 的 f 的分解，即

$$x^6+x^4+x^3+x^2+1=(x^2-x+1)(x^4+x^3+x^2+x+1),\quad \bmod 4$$

模 2^3 和模 2^4 的分解是一样的. 如果已经做了这些计算，我们会猜测这是一个整数分解，事实上的确如此.

(b) 令 $f(x)=x^6-x^4+x^3+x^2+1$. 这个多项式做与模 2 同样的分解. 如果 f 在 $\mathbf{Z}[x]$ 上是可约的，则将有一个二次因子 x^2+ax+b，且 b 将是 f 的两个根的积. 柯西定理告诉我们根的绝对值小于 2，故 $|b|<4$. 计算模 2^4，

$$x^6-x^4+x^3+x^2+1=(x^2+x-5)(x^4-x^3+5x^2+7x+3),\quad \bmod 16$$

二次因子的常数项为 -5. 这太大了，故 f 是既约的. ■

注意 这里不必用柯西定理. 既然 f 的常数系数是 1，则 $-5\not\equiv\pm1 \pmod{16}$ 的事实也证明了 f 是既约的.

用计算机实现分解很有趣，但若手工分解就难了. 用手工确定如上的模 16 的分解很不爽，虽然利用线性代数可以做. 对计算机分解方法我们不做进一步讨论. 如果你想探究这个话题，参看[LL&L].

375

第五节　高斯素数

我们已知道高斯整数环 $\mathbf{Z}[i]$ 是欧几里得整环，并且每一个非零非单位的元素是素元的乘积，本节将研究这些称为高斯素数的素元以及它们与素整数的关系.

在 $\mathbf{Z}[i]$ 中，$5=(2+i)(2-i)$，且因子 $2+i$ 和 $2-i$ 是高斯素数. 而 3 在 $\mathbf{Z}[i]$ 中没有真因子. 它本身就是高斯素数. 这些例子展示了在高斯整数环中素整数可以通过两种方式进行因子分解.

下面的引理由高斯整数的定义直接可得：

【12.5.1】引理

- 作为实数的高斯整数是一个整数.
- 一个整数 d 在环 $\mathbf{Z}[i]$ 中整除高斯整数 $a+bi$ 当且仅当 d 在 $\mathbf{Z}$ 中整除 a 和 b.

【12.5.2】定理

(a) 设 π 是一个高斯素数，且令 $\overline{\pi}$ 是其共轭复数. 则 $\overline{\pi}\pi$ 或者是一个整素数或者是一个整素数的平方.

(b) 令 p 是一个整素数，则 p 或者是高斯素数或是一个高斯素数与其复共轭的积 $\overline{\pi}\pi$.

(c) 作为高斯素数的整素数 p 是模 4 与 3 同余的那些整素数，即 $p=3, 7, 11, 19, \cdots$.

(d) 设 p 是整素数，下列结论等价：

(i) p 是两个复共轭高斯素数的乘积.

(ii) $p\equiv1 \pmod 4$ 或 $p=2$，即 $p=2, 5, 13, 17, \cdots$.

(iii) p 是两个整数的平方和：$p=a^2+b^2$.

(iv) -1 的剩余是一个模 p 的平方.

定理 12.5.2 的证明

(a) 令 π 是一个高斯素数，比如 $\pi=a+b\mathrm{i}$. 我们在整数环上分解正整数$\bar{\pi}\pi=a^2+b^2$：$\bar{\pi}\pi=p_1\cdots p_k$. 这个分解在高斯整数上也是成立的，尽管该环上的分解可能不是素分解. 可能的话我们继续分解每一个 p_i，直到成为 $\mathbf{Z}[\mathrm{i}]$上的素分解. 因为高斯整数有唯一分解，所得到的 π 和$\bar{\pi}$的素因子一定是两两相伴的. 因此 k 至多为 2. 或者$\bar{\pi}\pi$ 是整素数，或者是两个整素数的积. 假设$\bar{\pi}\pi=p_1p_2$，且比如说 π 是与整素数 p_1 相伴的，即$\pi=\pm p_1$或者 $\pi=\pm \mathrm{i}p_1$. 则$\bar{\pi}$也和 p_1 相伴，故 $p_1=p_2$，且$\bar{\pi}\pi=p_1^2$.

(b) 设 p 是一个整素数，但不是环 $\mathbf{Z}[\mathrm{i}]$中的单位(单位为± 1，$\pm \mathrm{i}$)，因此 p 被高斯素数 π 整除. 则$\bar{\pi}$整除$\bar{p}$，且$\bar{p}=p$. 于是整数$\bar{\pi}\pi$ 在 $\mathbf{Z}[\mathrm{i}]$中整除 p^2，且在 $\mathbf{Z}$ 中整除 p^2. 因此$\bar{\pi}\pi$ 等于 p 或 p^2. 若$\bar{\pi}\pi=p^2$，则 π 和 p 相伴. 故 p 是高斯素数.

定理的(c)部分由(b)和(d)可得，不必做进一步考虑，我们转而证明(d). 容易看出 376 (d)(i)与(d)(iii)是等价的：如果 $p=\bar{\pi}\pi$ 对某个高斯素数成立，比如 $\pi=a+b\mathrm{i}$，则 $p=a^2+b^2$ 是两个整数的平方和. 反之，如果 $p=a^2+b^2$，则 p 分解为高斯整数：$p=(a-b\mathrm{i})(a+b\mathrm{i})$，(a)证明了两个因子是高斯素数.

下面的引理 12.5.3 表明(d)(i)和(d)(iv)是等价的，因为(12.5.3)(a)是(d)(i)的否定，(12.5.3)(c)是(d)(iv)的否定.

【12.5.3】引理 令 p 是一个整素数. 下列论断等价：

(a) p 是高斯素数；

(b) 商环$\overline{R}=\mathbf{Z}[\mathrm{i}]/(p)$是一个域；

(c) x^2+1 是 $\mathbf{F}_p[x]$的既约元(12.2.8)(c).

证明 前两个断言的等价性由事实 $\mathbf{Z}[\mathrm{i}]/(p)$是一个域当且仅当 $\mathbf{Z}[\mathrm{i}]$中的主理想(p)是一个极大理想，而这为真当且仅当 p 是高斯素数(参见(12.2.9)).

我们真正要证的是(a)与(c)等价，第一眼看上去两个断言似乎是根本没有联系的，就是为了得到这个等价关系我们才引入辅助的环$\overline{R}=\mathbf{Z}[\mathrm{i}]/(p)$. 这个环可以由多项式环 $\mathbf{Z}[x]$ 经过两步得到：第一步消去 x^2+1，得到一个与 $\mathbf{Z}[\mathrm{i}]$同构的环；第二步，再消去 p 便得到$\overline{R}=\mathbf{Z}[\mathrm{i}]/(p)$. 我们也可以以相反的顺序引进这个关系：消去 p 得到多项式环 $\mathbf{F}_p[x]$，再消去 x^2+1 得到$\overline{R}=\mathbf{Z}[\mathrm{i}]/(p)$，如下图所总结的：

【12.5.4】图

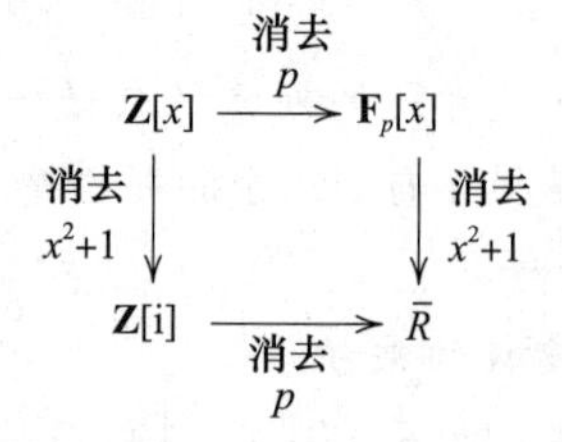

我们现在有两种方法确定$\overline{R}$是否是一个域. 首先，$\overline{R}$是域当且仅当 $\mathbf{Z}[\mathrm{i}]$中的主理想(p)

是一个极大理想，这为真当且仅当 p 是高斯素数．其次，$\overline{R}$是域当且仅当理想(x^2+1)在环 $\mathbf{F}_p[x]$中是极大理想，这为真当且仅当 x^2+1 是环(12.2.9)的既约元．这证明了定理 12.5.2 的(a)和(c)是等价的． ■

为了证明定理 12.5.2(d)的(i)～(iv)等价只需证明(ii)与(iv)等价．-1 是模 2 的平方，考虑异于 2 的素数．下面的引理完成这个工作．

【12.5.5】引理 设 p 是奇素数．

(a) 乘法群 $\mathbf{F}_p^{\times}$ 含有一个 4 阶元素当且仅当 $p\equiv1(\text{mod } 4)$．

(b) 整数 a 是 $x^2\equiv-1(\text{mod } p)$的解当且仅当其剩余$\overline{a}$是乘法群 $\mathbf{F}_p^{\times}$ 的一个 4 阶元素． 377

证明

(a) 从以前提到的一个事实可得：乘法群 $\mathbf{F}_p^{\times}$ 是循环群(参见(15.7.3))．在此给出一个特设的证明．元素的阶整除群的阶．故如果 $\mathbf{F}_p^{\times}$ 中$\overline{a}$的阶是 4，则群 $\mathbf{F}_p^{\times}$ 的阶(即 $p-1$)被 4 整除．反之，假设 $p-1$ 被 4 整除．考虑同态 φ：$\mathbf{F}_p^{\times}\to\mathbf{F}_p^{\times}$ 映 $x\rightsquigarrow x^2$．$\mathbf{F}_p^{\times}$ 中平方为 1 的元素只有±1(参见(12.2.20))．所以 φ 的核是$\{\pm1\}$．因此它的像(记为 H)有偶数阶$(p-1)/2$．第一西罗定理表明 H 包含阶为 2 的元素．那个元素就是阶为 4 的某个元素 x 的平方．

(b) 剩余$\overline{a}$阶为 4 当且仅当$\overline{a}^2$ 阶为 2．在 $\mathbf{F}_p$ 中只有一个阶为 2 的元素，即-1．故$\overline{a}$阶为 4 当且仅当$\overline{a}^2=-\overline{1}$．

这完成了定理 12.5.2 的证明． ■

练　　习

第一节　整数的因子分解

1.1　证明一个不是整数的平方的正整数 n 不是一个有理数的平方．

1.2　(部分分式)

(a) 将分式 7/24 写成 $a/8+b/3$ 的形式．

(b) 证明：如果 $n=uv$，其中 u 和 v 互素，则任意分式 $q=m/n$ 均可以写成 $q=a/u+b/v$ 的形式．

1.3　(中国剩余定理)

(a) 设 n，m 为互素的整数，并设 a，b 是任意整数．证明存在整数 x 同时是同余式

$x\equiv a(\text{mod } m)$及 $x\equiv b(\text{mod } n)$的解．

(b) 求这两个同余式所有的解．

1.4　求下列同余式的公共解．

(a) $x\equiv3(\text{mod}8)$，$x\equiv2(\text{mod}5)$

(b) $x\equiv3(\text{mod}15)$，$x\equiv5(\text{mod}8)$，$x\equiv2(\text{mod}7)$

(c) $x\equiv13(\text{mod}43)$，$x\equiv7(\text{mod}71)$

1.5　令 a，b 是互素整数．证明存在整数 m 和 n 使得 $a^m+b^n\equiv1(\text{mod}ab)$． 378

第二节　唯一分解整环

2.1　在 $\mathbf{F}_p[x]$上分解下列多项式为既约因子之积．

(a) x^3+x^2+x+1，$p=2$　(b) x^2-3x-3，$p=5$　(c) x^2+1，$p=7$

2.2 求多项式 $x^6+x^4+x^3+x^2+x+1$ 和 $x^5+2x^3+x^2+x+1$ 在 $\mathbf{Q}[x]$上的最大公因子.

2.3 多项式 x^2-2 模 8 有多少个根？

2.4 欧几里得用下面的方法证明了有无限多个素整数：如果 p_1，…，p_k 是素数，则$(p_1\cdots p_k)+1$ 的素因子一定不同于任何 p_i. 改写这个断言为证明对任何域 F，多项式环 $F[x]$中存在无限多个首一的既约多项式.

2.5 （多项式的部分分式）

(a) 证明 $\mathbf{C}(x)$中每个元素均可以写成多项式与形如 $1/(x-a)^i$ 的函数的线性组合的和；

(b) 列出有理函数域 $\mathbf{C}(x)$作为 $\mathbf{C}$ 上向量空间的一组基.

2.6 证明下面的环是欧几里得整环.

(a) $\mathbf{Z}[\omega]$，$\omega=e^{2\pi i/3}$　(b) $\mathbf{Z}[\sqrt{-2}]$.

2.7 令 a，b 是整数. 证明它们在整数环上的最大公因子就是在高斯整数环上的最大公因子.

2.8 描述在 $\mathbf{Z}[i]$中做带余除法的一种系统的方法. 用这种方法做除法 $4+36i$ 被 $5+i$ 除.

2.9 令 F 是域. 证明劳伦多项式环 $F[x, x^{-1}]$(第十一章练习 5.7)是一个主理想整环.

2.10 证明形式幂级数环 $\mathbf{R}[[t]]$(第十一章练习 2.2)是唯一分解整环.

第三节　高斯引理

3.1 令 φ 表示同态 $\mathbf{Z}[x]\to\mathbf{R}$，定义如下：

(a) $\varphi(x)=1+\sqrt{2}$　(b) $\varphi(x)=\frac{1}{2}+\sqrt{2}$

φ 的核是主理想吗？如果是，找出生成元.

3.2 证明两个整多项式在 $\mathbf{Q}[x]$中互素当且仅当它们在 $\mathbf{Z}[x]$中生成的理想包含一个整数.

3.3 叙述并证明欧几里得整环的高斯引理.

3.4 令 x，y，z，w 是变量. 证明一个 2×2 矩阵$\begin{bmatrix} x & z \\ w & y \end{bmatrix}$的行列式 $xy-zw$ 是多项式环 $\mathbf{C}[x, y, z, w]$上的一个既约元.

3.5 (a) 考虑映射 ψ：$\mathbf{C}[x, y]\to\mathbf{C}[t]$定义为 $f(x, y)\rightsquigarrow f(t^2, t^3)$. 证明它的像是满足$\frac{dp}{dt}(0)=0$ 的多项式 $p(t)$的集合.

(b) 考虑由 $f(x, y)\rightsquigarrow f(t^2-t, t^3-t^2)$定义的映射 φ：$\mathbf{C}[x, y]\to\mathbf{C}[t]$. 证明它的核 $\ker\varphi$ 是一个主理想，并求这个主理想的生成元 $g(x, y)$. 证明 φ 的像是满足 $p(0)=p(1)$的多项式 $p(t)$的集合. 给出在 $\mathbf{C}^2$ 中簇$\{g=0\}$的直观几何解释.

379

3.6 令 α 是一个复数. 证明代入映射 $\mathbf{Z}[x]\to\mathbf{C}$ 映 $x\rightsquigarrow\alpha$ 的核是一个主理想，并求此主理想的生成元.

第四节　整多项式的分解

4.1 (a)在 $\mathbf{F}_3[x]$中分解 x^9-x 和 x^9-1.　(b)在 $\mathbf{F}_2[x]$中分解 $x^{16}-x$.

4.2 证明下列多项式是既约的：

(a) 在 $\mathbf{F}_7[x]$中，x^2+1　(b)在 $\mathbf{F}_{31}[x]$中，x^3-9

4.3 确定多项式 x^4+6x^3+9x+3 是否生成 $\mathbf{Q}[x]$上的一个极大理想.

4.4 在模 2、模 3 和有理数域 $\mathbf{Q}$ 上分解整多项式 $x^5+2x^4+3x^3+3x+5$.

4.5 确定下列哪个多项式在 $\mathbf{Q}[x]$上是既约的：

(a) $x^2+27x+213$　(b) $8x^3-6x+1$　(c) x^3+6x^2+1　(d) x^5-3x^4+3

4.6 在 $\mathbf{Q}[x]$和 $\mathbf{F}_2[x]$上分解 x^5+5x+5 为既约多项式之积.

4.7 在 $\mathbf{F}_2[x]$，$\mathbf{F}_3[x]$和 $\mathbf{F}_5[x]$上分解多项式 x^3+x+1.

4.8 系数在域 F 上的多项式 $f(x)=x^4+bx^2+c$ 怎样才能在 $F[x]$上可分解？借助于特定多项式 x^4+4x^2+4 和 x^4+3x^2+4 给予解释.

4.9 对于怎样的素数 p 和怎样的整数 n，多项式 x^n-p 在 $\mathbf{Q}[x]$上既约？

4.10 在 $\mathbf{Q}[x]$上分解下列多项式.

(a) $x^2+2351x+125$　(b) x^3+2x^2+3x+1

(c) $x^4+2x^3+2x^2+2x+2$　(d) $x^4+2x^3+3x^2+2x+1$

(e) $x^4+2x^3+x^2+2x+1$　(f) x^4+2x^2+x+1

(g) $x^8+x^6+x^4+x^2+1$　(h) $x^6-2x^5-3x^2+9x-3$

(i) x^4+x^2+1　(j) $3x^5+6x^4+9x^3+3x^2-1$

(k) $x^5+x^4+x^2+x+2$

4.11 用筛法确定所有小于 100 的素数，并讨论筛法的效率：非素数多快能被滤出？

4.12 确定：

(a) $\mathbf{F}_3$ 上首一的 3 次既约多项式，

(b) $\mathbf{F}_5$ 上首一的 2 次既约多项式，

(c) 域 $\mathbf{F}_5$ 上首一的 3 次既约多项式的个数.

4.13 拉格朗日插值公式：

(a) 令 a_0，…，a_d 是不同的复数. 求一个 n 次多项式 $p(x)$，它具有 n 个根 a_1，…，a_n 且 $p(a_0)=1$.

(b) 令 a_0，…，a_d 和 b_0，…，b_d 是复数，假设 a_i 不同. 存在唯一一个次数$\leqslant d$ 的多项式 g 使得 $g(a_i)=b_i$对于 $i=0$，…，d 成立. 用 a_i 和 b_i 明确表示多项式 g.

4.14 通过分析轨迹 $x^2+y^2=1$，证明多项式 x^2+y^2-1 在 $\mathbf{C}[x, y]$上是既约的.

4.15 参考艾森斯坦准则，在以下两种情况有何结论？

(a) $\overline{f}$是常数　(b) $\overline{f}=x^n+\overline{b}x^{n-1}$

4.16 在 $\mathbf{Q}[x]$上分解 $x^{14}+8x^{13}+3$，用模 3 进行约化.

4.17 借助模 4 同余，在 $\mathbf{Q}[x]$上分解 $x^4+6x^3+7x^2+8x+9$. 380

*4.18 令 $q=p^e$，其中 p 为素数，且令 $r=p^{e-1}$. 证明分圆多项式$(x^q-1)/(x^r-1)$是既约的.

4.19 在模 2、模 16 和 $\mathbf{Q}$ 上分解 $x^5-x^4-x^2-1$.

第五节 高斯素数

5.1 在 $\mathbf{Z}[\mathrm{i}]$上分解下列各数为素数的积：(a) $1-3\mathrm{i}$　(b) 10　(c) $6+9\mathrm{i}$　(d) $7+\mathrm{i}$

5.2 在 $\mathbf{Z}[\mathrm{i}]$上求每组数的最大公约数：(a) $11+7\mathrm{i}$，$4+7\mathrm{i}$　(b) $11+7\mathrm{i}$，$8+\mathrm{i}$　(c) $3+4\mathrm{i}$，$18-\mathrm{i}$

5.3 在 $\mathbf{Z}[\mathrm{i}]$上求由 $3+4\mathrm{i}$ 和 $4+7\mathrm{i}$ 生成的理想的生成元.

5.4 绘制一个清楚的图，表示出在适当大小范围内的高斯整数环的素数.

5.5 设 π 为高斯素数. 证明 π 与$\overline{\pi}$相伴当且仅当π 和一个整素数相伴或者 $\pi\overline{\pi}=2$.

5.6 令 R 是环 $\mathbf{Z}[\sqrt{-3}]$. 证明整素数 p 是 R 中的素元当且仅当多项式 x^2+3 在 $\mathbf{F}_p[x]$中是不可约的.

5.7 对于每个素数 p 描述剩余环 $\mathbf{Z}[\mathrm{i}]/(p)$.

5.8 令 $R=\mathbf{Z}(\omega)$，其中 $\omega=\mathrm{e}^{2\pi\mathrm{i}/3}$. 作图表出 R 中绝对值$\leqslant 10$ 的素数.

*5.9 令 $R=\mathbf{Z}(\omega)$，其中 $\omega=e^{2\pi i/3}$. 令 p 是不等于 3 的整素数，修改定理 12.5.2 的证明过程来证明下列断言：

(a) 多项式 x^2+x+1 在 $\mathbf{F}_p$ 中有一个根当且仅当 $p\equiv 1 \pmod 3$.

(b) (p)是 R 的极大理想当且仅当 $p\equiv -1 \pmod 3$.

(c) p 在 R 中可以分解当且仅当存在整数 a，b 使得 p 可写为 $p=a^2+ab+b^2$ 的形式.

[⊖]5.10 (a) 令 α 是高斯整数. 假设 α 没有整数因子，且$\bar{\alpha}\alpha$ 是平方整数. 证明 α 在 $\mathbf{Z}[i]$上是一个平方.

(b) 令 a，b，c 是整数，且 a 和 b 互素，满足 $a^2+b^2=c^2$. 证明存在整数 m，n 使得 $a=m^2-n^2$，$b=2mn$，且 $c=m^2+n^2$.

杂题

M.1 令 S 是交换半群——一个合成法则满足交换律和结合律的有单位元的集合(第二章练习 M.4). 假设消去律在 S 中成立：如果 $ab=ac$，则 $b=c$. 给出适当的定义并把命题 12.2.14(a)推广到此情形.

M.2 令 v_1，…，v_n 是 $\mathbf{Z}^2$ 中的元素，令 S 是所有 $a_1v_1+\cdots+a_nv_n$(其中 a_i 为非负整系数)所组成的半群，合成法则是加法(第二章练习 M.4). 确定这些半群中那个具有唯一分解(a)当向量 v_i 的坐标非负，(b)一般情况.

381

提示：从把(12.2.1)的术语翻译为加法记号开始.

M.3 令 p 是一个整素数，且令 A 是一个 $n\times n$ 整数矩阵满足 $A^p=I$ 但是 $A\neq I$. 证明 $n\geqslant p-1$. 给出 $n=p-1$时的例子.

*M.4 (a) 令 R 是由关于 $\cos t$，$\sin t$ 的实系数多项式构成的函数环. 证明 R 同构于 $\mathbf{R}[x, y]/(x^2+y^2-1)$.

(b) 证明 R 不是唯一分解整环.

(c) 证明 $S=\mathbf{C}[x, y]/(x^2+y^2-1)$是主理想整环，因此是唯一分解整环.

(d) 确定环 S 和 R 的单位.

提示：证明 S 同构于劳伦多项式环 $\mathbf{C}[u, u^{-1}]$.

M.5 对于怎样的整数 n 圆 $x^2+y^2=n$ 包含具有整数坐标的点？

M.6 令 R 是一个整环，且令 I 是一个理想，这个理想可以以两种方式表示为不同的极大理想的积，比如 $I=P_1\cdots P_r=Q_1\cdots Q_s$. 证明这两个分解除了顺序之外是相同的.

M.7 令 $R=\mathbf{Z}[x]$.

(a) 证明 R 中每个极大理想具有形式(p, f)，其中 p 是一个整素数，f 是模 p 的既约的本原整多项式.

(b) 令 I 是R 的由两个除了± 1 之外没有其他公因子的多项式 f 和 g 生成的理想. 证明 R/I 是有限的.

M.8 令 u 和 v 是互素整数，且令 R'是由 $\mathbf{Z}$ 添加具有关系 $v\alpha=u$ 的元素 α 得到的环. 证明 R'同构于 $\mathbf{Z}\left[\frac{u}{v}\right]$，也同构于 $\mathbf{Z}\left[\frac{1}{v}\right]$.

M.9 令 R 是高斯整数环，且令 W 是由系数在R 上的 2×2 矩阵的列生成的 $V=R^2$ 的 R-子模.
解释如何求指标$[V:W]$.

M.10 令 f 和 g 是 $\mathbf{C}[x, y]$上没有公因子的多项式. 证明环 $R=\mathbf{C}[x, y]/(f, g)$是 $\mathbf{C}$ 上有限维向量

⊖ 由 Nathaniel Kuhn 建议.

空间.

M. 11 (Berlekamp 方法)此处谈到的问题是在 $\mathbf{F}_2[x]$上有效地分解. 解线性方程和求最大公因子用比较因子法很简单. 多项式 f 的导数 f'利用微积分法则求出，但是注意要模 2. 证明：

(a)(平方因子)导数 f'是一个平方，且 $f'=0$ 当且仅当 f 是一个平方. 而且，$\gcd(f, f')$是 f 的平方因子的幂的积.

(b)(互素因子) 令 n 是 f 的次数. 如果 $f=uv$，其中 u 和 v 是互素的，则中国剩余定理表明存在一个次数至多为 n 的多项式 g，满足 $g^2-g\equiv 0(\bmod f)$，且 g 可以由解线性方程组求得. 或者 $\gcd(f, g)$或者 $\gcd(f, g-1)$是 f 的真因子.

(c) 用这个方法分解 $x^9+x^6+x^4+1$.

382

第十三章　二次数域

唯真最美.

Hermann Minkowski

在这一章，我们将看到在一些有趣的环上如何用理想代替元素．我们将用到各种关于平面格点的事实，为了不中断讨论，我们在本章的最后(第十节)把这些事实总结在一起．

第一节　代数整数

作为某个有理系数多项式的根的一个复数 α 叫做代数数．代入同态 φ：$\mathbf{Q}[x]\to\mathbf{C}$ 把 x 映射为代数数 α，代入同态的核是一个主理想，如同 $\mathbf{Q}[x]$的所有理想一样．它由一个以 α 为根的 $\mathbf{Q}[x]$上次数最低的首一多项式生成．如果 α 是多项式的积 gh 的根，则 α 是其中一个因子的根．故以 α 为根的首一的次数最低的多项式是既约的．我们称这个多项式是 α 在 $\mathbf{Q}$ 上的既约多项式．

注　一个代数数是代数整数，如果它在 $\mathbf{Q}$ 上的(首一的)既约多项式是整系数的．

单位立方根 $\omega=e^{2\pi i/3}=\frac{1}{2}(-1+\sqrt{-3})$是一个代数整数，因为它在 $\mathbf{Q}$ 上的既约多项式为 x^2+x+1，而 $\alpha=\frac{1}{2}(-1+\sqrt{3})$是既约多项式 $x^2-x-\frac{1}{2}$的根，它不是代数整数．

【13.1.1】引理　一个有理数是代数整数当且仅当它是一个通常的整数．

引理成立是因为一个有理数 a 在 $\mathbf{Q}$ 上的既约多项式为 $x-a$．

二次数域是一个形如 $\mathbf{Q}[\sqrt{d}]$的域，其中 d 是一个固定的正整数或负整数，它不是 $\mathbf{Q}$ 中数的平方．二次数域的元素是有如下形式的复数：

【13.1.2】
$$a+b\sqrt{d},\quad 其中\ a,b\in\mathbf{Q}$$

记号$\sqrt{d}$代表正的实平方根，如果 $d>0$；如果 $d<0$，则代表正的虚平方根．如果 $d>0$，则域 $\mathbf{Q}[\sqrt{d}]$是一个实二次数域；如果 $d<0$，则域 $\mathbf{Q}[\sqrt{d}]$是一个虚二次数域．

383

如果 d 有一个平方整数因子，则可以将其开方而不改变这个域．故我们假设 d 是无平方的．这样，d 可以是下列整数之一：

$$d=-1,\pm 2,\pm 3,\pm 5,\pm 6,\pm 7,\pm 10,\cdots$$

我们现在确定二次数域 $\mathbf{Q}[\sqrt{d}]$中的代数整数．令 δ 表示$\sqrt{d}$．设 $\alpha=a+b\delta$ 是属于 $\mathbf{Q}[\delta]$但不属于 $\mathbf{Q}$ 的元素，即 $b\neq 0$，且令 $\alpha'=a-b\delta$．则 α 和 α'是下面多项式的根：

【13.1.3】
$$(x-\alpha')(x-\alpha)=x^2-2ax+(a^2-b^2d)$$

这个多项式具有有理系数．由于 α 不是有理数，故它不是线性多项式的根．因此这个二次

多项式在 $\mathbf{Q}$ 上是既约的. 因此，它就是 α 在 $\mathbf{Q}$ 上的既约多项式.

【13.1.4】**推论** 复数 $\alpha=a+b\delta$(其中 a，$b\in\mathbf{Q}$)是代数整数当且仅当 $2a$ 和 a^2-b^2d 是通常整数.

这个推论对于 $b=0$ 和 $\alpha=a$ 也成立.

a 和 b 的可能性取决于模 4 同余. 由于假设 d 是无平方的，故没有 $d\equiv 0(\text{mod}4)$，从而 $d\equiv 1(\text{mod}4)$，$d\equiv 2(\text{mod}4)$或 $d\equiv 3(\text{mod}4)$.

【13.1.5】**引理** 令 d 是无平方因子的整数，且令 r 是有理数. 如果 r^2d 是整数，则 r 是整数.

证明 d 是无平方因子的整数，故不能消去 r^2 的分母中的平方. ■

半整数是一个具有形式 $m+\frac{1}{2}$的有理数，其中 m 为整数.

【13.1.6】**命题** 二次数域 $\mathbf{Q}[\delta]$中的代数整数(其中 $\delta^2=d$ 且 d 是无平方的)具有形式 $\alpha=a+b\delta$，其中：

- 如果 $d\equiv 2(\text{mod}4)$或者 $d\equiv 3(\text{mod}4)$，则 a，b 是整数.
- 如果 $d\equiv 1(\text{mod}4)$，则 a，b 或者都是整数，或者都是半整数.

代数整数形成一个环 R，即域 F 的整数环.

证明 假设 $2a$ 和 a^2-b^2d 是整数，我们分析 a 和 b 取值的可能性有两种情形：a 要么是整数，要么是半整数.

情形 1：a 是整数. 则 b^2d 必为整数. 引理表明 b 为整数.

情形 2：$a=m+\frac{1}{2}$为半整数. 则 $a^2=m^2+m+\frac{1}{4}$属于集合 $\mathbf{Z}+\frac{1}{4}$. 由于 a^2-b^2d 是整数，故 b^2d 也属于 $\mathbf{Z}+\frac{1}{4}$. 则 $4b^2d$ 为整数，引理表明 $2b$ 是整数. 故 b 是半整数，于是，b^2d属于集合 $\mathbf{Z}+\frac{1}{4}$当且仅当 $d\equiv 1(\text{mod}4)$.

代数整数形成一个环的事实由计算可证明. ■ 384

虚二次情形 $d<0$ 比其他情形容易处理，故下一节集中阐述. 当 $d<0$ 时，代数整数形成复平面上一个格. 如果 $d\equiv 2(\text{mod}4)$或者 $d\equiv 3(\text{mod}4)$，则这个格是长方形；如果 $d\equiv 1(\text{mod}4)$，则这个格是“等腰三角形”.

当 $d=-1$ 时，R 是高斯整数环，且格是正方形. 当 $d=-3$ 时，格是等边三角形. 两个另外的例子如下图所示.

【13.1.7】图

$d=-5$　　　　$d=-7$

在一些虚二次域中的整数

作为一个格是我们考虑环的一个非常特殊的性质，格的几何性质有助于分析这些环.

当$d\equiv2(\bmod 4)$或者$d\equiv3(\bmod 4)$时，在$\mathbf{Q}[\delta]$中的整数是复数$a+b\delta$，其中a，b是整数．它们形成一个环，记作$\mathbf{Z}[\delta]$．当$d\equiv1(\bmod 4)$时，书写所有整数的便捷的方法是引入代数整数

【13.1.8】
$$\eta=\frac{1}{2}(1+\delta)$$

它是一个首一的整多项式

【13.1.9】
$$x^2-x+h$$

的根，其中$h=(1-d)/4$．在$\mathbf{Q}[\delta]$中的代数整数是复数$a+b\eta$，其中a，b是整数．整数的环为$\mathbf{Z}[\eta]$.

第二节 分解代数整数

符号R表示虚二次数域$\mathbf{Q}[\delta]$上的整数所构成的环．为集中精力，我们最好先考虑$d\equiv2(\bmod 4)$或者$d\equiv3(\bmod 4)$的情形，故代数整数具有形式$a+b\delta$，其中a，b是整数.

385

可能的情况下，通常的整数用拉丁字母a，b，…表示，R的元素用希腊字母α，β，…表示．理想用大写字母A，B，…表示．我们只讨论非零理想.

如果$\alpha=a+b\delta\in\mathbf{R}$，则其共轭复数$\overline{\alpha}=a-b\delta$也属于$R$．这些是在本章第一节中引入的多项式$x^2-2ax+(a^2-b^2d)$的根.

注 *$\alpha=a+b\delta$的范数是$N(\alpha)=\overline{\alpha}\alpha$.*

范数等于$|\alpha|^2$，也等于a^2-b^2d．对所有$\alpha\neq0$，其范数是个正整数，且有乘法性质：

【13.2.1】
$$N(\beta\gamma)=N(\beta)N(\gamma)$$

这个性质提供给我们一个元素的因子的掌控方法．如果$\alpha=\beta\gamma$，则(13.2.1)右边两项都是正整数．为检验α的因子，只需检验元素β的范数是否整除α的范数．当$N(\alpha)$很小时，这是可以操作的．例如，这使我们能够确定R的单位.

【13.2.2】命题 *令R为虚二次数域上的整数所构成的环.*

- *R的元素α为一个单位当且仅当$N(\alpha)=1$．如果α为一个单位，则$\alpha^{-1}=\overline{\alpha}$.*
- *R的单位是$\{\pm1\}$，除非$d=-1$或-3.*
- *当$d=-1$时，R是高斯整数环，单位是i的四个方幂.*
- *当$d=-3$时，单位是$\mathrm{e}^{2\pi\mathrm{i}/6}=\frac{1}{2}(1+\sqrt{-3})$的六个方幂.*

证明 如果α是一个单位，则$N(\alpha)N(\alpha^{-1})=N(1)=1$．由于$N(\alpha)$和$N(\alpha^{-1})$是正整数，故它们都等于1．反之，如果$N(\alpha)=\overline{\alpha}\alpha=1$，则$\overline{\alpha}$是$\alpha$的逆，故$\alpha$是一个单位．其余的断言通过研究格$R$得到. ■

【13.2.3】推论 *虚二次数域上的整数所构成的环上的分解终止.*

这由整数的分解可以终止的事实得到．如果$\alpha=\beta\gamma$是R上的真分解，则

$N(\alpha)=N(\beta)N(\gamma)$是$\mathbf{Z}$上的真分解.

【13.2.4】命题 令R为虚二次数域上的整数所构成的环. 假设$d\equiv 3(\text{mod}4)$，则除去$d=-1$(此时R是高斯整数环)的情形之外，R不是单一分解整环.

证明 这和证明$d=-5$的情况类似. 假设$d\equiv 3(\text{mod}4)$且$d<-1$. R中的整数有形式$a+b\delta$，其中a，$b\in\mathbf{Z}$，单位为± 1. 令$e=(1-d)/2$. 则

$$2e=1-d=(1+\delta)(1-\delta)$$

元素$1-d$在R中有两种分解方式. 由于$d<-1$，故没有元素$a+b\delta$的范数等于2. 因此，2的范数为4，它是R中的既约元. 如果R是单一分解整环，则2会被R中元素$1+\delta$或$1-\delta$整除，而这办不到：当$d\equiv 3(\text{mod}4)$时，$\frac{1}{2}(1\pm\delta)$不是R中的元素. ■ 386

当$d\equiv 2(\text{mod}4)$时有类似的论证(这是练习2.2). 但是注意当$d\equiv 1(\text{mod}4)$时，推理就不成立了. 在这种情形，$\frac{1}{2}(1+\delta)\in\mathbf{R}$，事实上当$d\equiv 1(\text{mod}4)$时存在单一分解的多种情形. 一个著名的定理列举了这些情形：

【13.2.5】定理 虚二次数域$\mathbf{Q}[\sqrt{d}]$上的整数所构成的环R是单一分解整环当且仅当d是下列整数之一：-1，-2，-3，-7，-11，-19，-43，-67，-163.

高斯证明了对于d的这些值，R有唯一分解. 我们要学习如何分解. 他还猜想不存在别的整数. 这个定理更困难的部分在人们对此进行了150多年的研究之后，在20世纪中叶被Baker、Heegner和Stark证明了. 我们不能证明他们的定理.

第三节 $\mathbf{Z}[\sqrt{-5}]$中的理想

在讨论一般理论之前，我们用一种特设的方法把环$R=\mathbf{Z}[\sqrt{-5}]$的理想描述为复平面上的格.

【13.3.1】命题 令R是虚二次数域上的整数所构成的环. R的每个非零理想是格R的子格. 而且，

- 如果$d\equiv 2(\text{mod}4)$或者$d\equiv 3(\text{mod}4)$，则子格A是理想当且仅当$\delta A\subset A$.
- 如果$d\equiv 1(\text{mod}4)$，则子格A是理想当且仅当$\eta A\subset A$(见(13.1.8)).

证明 非零理想A包含非零元素α，且$(\alpha, \alpha\delta)$是$\mathbf{R}$上无关的集合. 而且，A是离散的因为它是格R的子格. 因此A是一个格(定理6.5.5).

要成为一个理想，R的子集必须在R的加法和乘法下封闭. 每个子格A在整数的加法和乘法下是封闭的. 如果A被δ乘是封闭的，则被任何形如$a+b\delta$(a，b为整数)的元素乘也是封闭的. 如果$d\equiv 2(\text{mod}4)$或者$d\equiv 3(\text{mod}4)$，那么这包含了R的所有元素. 故A是一个理想. $d\equiv 1(\text{mod}4)$情形的证明类似. ■

我们刻画环$R=\mathbf{Z}[\delta]$的理想，其中$\delta^2=-5$.

【13.3.2】引理 令$\mathbf{Q}=\mathbf{Z}[\delta]$，其中$\delta^2=-5$. 则2和$1+\delta$的整数组合的格$A$是一个理想.

证明 格 A 在被 δ 乘时是封闭的，因为 $\delta\cdot 2$ 和 $\delta\cdot(1+\delta)$ 是 2 和 $1+\delta$ 的整数组合. ■

图 13.3.4 展示了这个理想.

【13.3.3】定理 令 $R=\mathbf{Z}[\delta]$，其中 $\delta=\sqrt{-5}$，令 A 是 R 的一个非零理想. 令 α 是 A 中具有最小范数(或最小绝对值)的一个非零元. 则或者

- 集合$(\alpha, \alpha\delta)$是 A 的一组格基，且 A 是主理想(α)，或者
- 集合$\left(\alpha, \frac{1}{2}(\alpha+\alpha\delta)\right)$是 A 的一组格基，且 A 不是主理想.

387

这个定理有下面的几何解释：主理想(α)的格基$(\alpha, \alpha\delta)$由单位理想 R 的格基$(1, \delta)$乘 α 得到. 如果 α 用极坐标表示为 $\alpha=re^{i\theta}$，则用 α 乘就是在复平面上旋转 θ 角，并伸长 r 倍. 故所有主理想都是相似的几何图形. 而且，以$\left(\alpha, \frac{1}{2}(\alpha+\alpha\delta)\right)$为基的格由格$(2, 1+\delta)$乘 $\frac{1}{2}\alpha$ 得到. 所有第二种类型的理想是类似下图的几何图形(也可见图 13.7.4).

【13.3.4】图

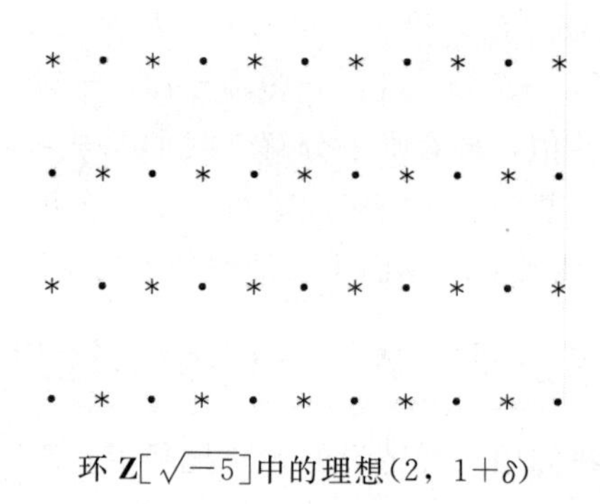

环 $\mathbf{Z}[\sqrt{-5}]$中的理想$(2, 1+\delta)$

理想的相似类称为理想类，理想类的数量是 R 的类数. 此定理表明 $\mathbf{Z}[\sqrt{-5}]$的类数是 2. 其他虚二次数域的理想类将在本章第七节中讨论.

定理 13.3.3 基于下面关于格的简单引理：

【13.3.5】引理 令 A 是复平面上的一个格，设 r 是 A 中具有最小绝对值的非零元，且设 γ 是 A 的元素. 令 n 是一个正整数. 关于点 $\frac{1}{n}\gamma$ 的半径为 $\frac{1}{n}r$ 的圆盘内部不含有异于中心 $\frac{1}{n}\gamma$ 的 A 中的元素. 中心可以在 A 内，也可以在 A 外.

证明 如果 β 是 A 的元素且位于圆盘内，则 $\left|\beta-\frac{1}{n}\gamma\right|<\frac{1}{n}r$，也就是说，$|n\beta-\gamma|<r$. 而且，$n\beta-\gamma\in A$. 由于这个元素的绝对值小于最小值，故 $n\beta-\gamma=0$. 则 $\beta=\frac{1}{n}\gamma$ 是圆盘的中心. ■

定理 13.3.3 的证明 令 α 是理想 A 中具有最小绝对值 r 的非零元. 由于 A 包含 α，故它包含主理想(α)，而 $A=(\alpha)$则是第一种情形.

假设 A 包含一个元素 $\beta \notin (\alpha)$. 理想(α)有格基 $\boldsymbol{B}=(\alpha, \alpha\delta)$，故我们可以选取 β 位于线性组合 $r\alpha+s\alpha\delta$(其中 $0\leqslant r, s\leqslant 1$)所成的平行四边形 $\Pi(\boldsymbol{B})$. (事实上，可以选取 β 使得 $0\leqslant r, s<1$，参见引理 13.10.2.)因为 δ 是纯虚数，故平行四边形是一个矩形. 这个矩形的大小以及这个矩形在平面上的位置取决于 α，但边长的比总是 $1:\sqrt{5}$. 如果我们证明了 β 是矩形的中心$\frac{1}{2}(\alpha+\alpha\delta)$，证明就完成了. 388

图 13.3.6 表明以矩形的四个顶点为圆心半径为 r 的四个圆盘和以三个半格点$\frac{1}{2}\alpha\delta$，$\frac{1}{2}(\alpha+\alpha\delta)$和 $\alpha+\frac{1}{2}\alpha\delta$ 为圆心半径为$\frac{1}{2}r$ 的圆盘. 注意这七个圆盘的内部覆盖了整个矩形. (要用代数的方法检验这一点是很难说清楚的，无需赘述. 几何上一眼就能看出.)

根据引理 13.3.5，圆盘内部属于 A 的元素只可能是这些圆的圆心. 由于 β 不属于主理想(α)，故它不是矩形的顶点. 因此 β 一定是三个半格点之一. 如果 $\beta=\alpha+\frac{1}{2}\alpha\delta$，则由于 $\alpha\in A$，故$\frac{1}{2}\alpha\delta$ 也属于 A. 因此仅有两种情形要考虑：$\beta=\frac{1}{2}\alpha\delta$ 和 $\beta=\frac{1}{2}(\alpha+\alpha\delta)$.

【13.3.6】图

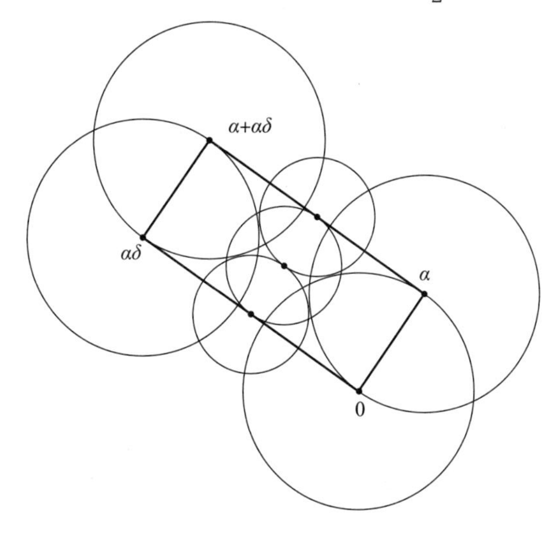

这就用尽了从 A 是格这个事实得到的所有信息. 现在我们要用 A 是一个理想的事实. 假设$\frac{1}{2}\alpha\delta$ 属于 A. 用 δ 乘表明$\frac{1}{2}\alpha\delta^2=-\frac{5}{2}\alpha$ 也属于 A. 故由于 $\alpha\in A$，故$\frac{1}{2}\alpha\in A$. 此与 α 是 A 中绝对值最小的非零元相矛盾. 故 $\beta\neq\frac{1}{2}\alpha\delta$. 余下的可能性是 β 是矩形的中心$\frac{1}{2}(\alpha+\alpha\delta)$. 如果这样，就是定理的第二种情形. ■

第四节　理想的乘法

令 R 为虚二次数域上的整数所构成的环. 和通常一样，记号 $A=(\alpha, \beta, \cdots, \gamma)$表示

A 是 R 上由 α，β，…，γ 生成的理想．它由所有系数属于环 R 的这些元素的线性组合构成．

389

由于一个非零理想 A 是一个格，故它有包含两个元素的格基(α, β)．A 的每个元素是 α 和 β 的整数组合．我们必须仔细区分格基的概念和理想的生成元集的概念．任何格基生成一个理想，但是反过来不真．例如，主理想是由单个元素生成的理想，而格基却有两个元素．

戴德金用下面的理想乘法的定义将可除性概念推广到理想：

注 令 A 和 B 是环 R 的理想．积理想 AB 由积的所有有限和构成：

【13.4.1】
$$\sum_i \alpha_i\beta_i \quad 其中 \quad \alpha_i \in A, \quad \beta_i \in B.$$

这是包含所有乘积 $\alpha\beta$ 的 R 的最小理想．

理想乘法的定义可能不像人们希望的那样简单，但它很好用．注意到理想乘积满足交换律和结合律，还有单位元 R．（这是 R 被称为单位理想的原因之一．）

【13.4.2】
$$AB = BA, \quad A(BC) = (AB)C, \quad AR = RA = A.$$

我们省略下面命题的证明，这个命题对任意环成立．

【13.4.3】命题 令 A 和 B 是环$\mathcal{R}$的理想．

(a) 令$\{\alpha_1, \cdots, \alpha_m\}$和$\{\beta_1, \cdots, \beta_n\}$分别是理想 A 和 B 的生成元．积理想 AB 是由 mn 个积 $\alpha_i\beta_j$ 生成的理想：AB 的每个元素是系数属于环的这些积 $\alpha_i\beta_j$ 的线性组合．

(b) 主理想的积是主理想：如果 $A=(\alpha)$，$B=(\beta)$，则 AB 是由积 $\alpha\beta$ 生成的主理想$(\alpha\beta)$．

(c) 假设 $A=(\alpha)$是主理想，B 是任意理想．则 AB 是由积 $\alpha\beta$(其中 $\beta\in B$)所成的集合：$AB=\alpha B$．

我们回到环 $R=\mathbf{Z}[\delta]$，其中 $\delta^2=-5$，在这个环上，

【13.4.4】
$$2 \cdot 3 = 6 = (1+\delta)(1-\delta)$$

如果在 R 上的分解是唯一的，则存在 R 上的元素γ，它整除 2 和 $1+\delta$，则 2 和 $1+\delta$ 都是主理想(γ)中的元素．不存在这样的元素．然而，存在包含 2 和 $1+\delta$ 的理想，即由这两个元素生成的理想$(2, 1+\delta)$，这个理想在图 13.3.4 中描述．

我们可用 6 的因子构造四个理想：

【13.4.5】
$$A = (2,1+\delta), \quad \overline{A} = (2,1-\delta), \quad B = (3,1+\delta), \quad \overline{B} = (3,1-\delta)$$

在每一个理想中，生成元恰好构成格基．我们记最后一个理想为$\overline{B}$，因为它是 B 的复共轭：

390

【13.4.6】
$$\overline{B} = \{\overline{\beta} | \beta \in B\}$$

它由 B 沿着实数轴做反射得到．$\overline{R}=R$ 意味着理想的复共轭还是理想．理想$\overline{A}$是理想 A 的复共轭，等于 A．格 A 恰好是对称的这种情况不常见．

我们现在计算一些积理想．由命题 13.4.3(a)可知理想$\overline{A}A$ 是由$\overline{A}$和 A 的生成元$(2, 1-\delta)$和$(2, 1+\delta)$的四个乘积生成的：

$$\overline{A}A=(4,2+2\delta,2-2\delta,6)$$

这四个生成元的每一个都能被 2 整除，故$\overline{A}A$ 包含在主理想(2)中.（此处记号(2)代表理想 $2R$.）另一方面，2 是$\overline{A}A$ 中的元素，因为 $2=6-4$. 因此$(2)\subset\overline{A}A$. 这表明$\overline{A}A=(2)$.

其次，积理想 AB 由四个积生成：

$$AB=(6,2+2\delta,3+3\delta,(1+\delta)^2)$$

这四个生成元中每一个都被 $1+\delta$ 整除，且 $1+\delta$ 是其中两个生成元之差，故 $1+\delta\in AB$. 因此 AB 等于主理想$(1+\delta)$. 同样可以看到$\overline{A}\,\overline{B}=(1-\delta)$和$\overline{B}B=(3)$.

主理想(6)是四个理想的积：

【13.4.7】 $$(6)=(2)(3)=(\overline{A}A)(\overline{B}B)=(\overline{A}\,\overline{B})(AB)=(1-\delta)(1+\delta)$$

这不是很漂亮吗？理想的分解提供了两个分解的公共加细(13.4.4).

在下一节我们将证明任何虚二次数域上的整数环上的理想的分解的唯一性. 下面的引理是要用到的一个工具.

【13.4.8】引理(主引理) 令 R 为虚二次数域上的整数所构成的环. R 的非零理想 A 与其共轭$\overline{A}$的积是一个由普通正整数 n 生成的主理想：$\overline{A}A=(n)=nR$.

这个引理在任何比 R 小的环上不成立，比如，当 $d\equiv1(\mathrm{mod}4)$时，如果这个环不含有以半整数为系数的元素.

证明 令(α,β)是理想 A 的格基. 则$(\overline{\alpha},\overline{\beta})$是$\overline{A}$的格基. 而且，$\overline{A}$和 A 是由这些基生成的理想，故四个积$\overline{\alpha}\alpha$，$\overline{\alpha}\beta$，$\overline{\beta}\alpha$，$\overline{\beta}\beta$ 生成积理想$\overline{A}A$. 三个元素$\overline{\alpha}\alpha$，$\overline{\beta}\beta$ 和$\overline{\beta}\alpha+\overline{\alpha}\beta$ 属于$\overline{A}A$，是代数整数，等于自身的复共轭，故它们是有理数，因此是通常的整数(13.1.1). 令 n 是它们在整数环上的最大公约数. 它是那些元素的整线性组合，故也是$\overline{A}A$ 中的元素. 因此$(n)\subset\overline{A}A$. 如果我们能证明 n 整除 R 中$\overline{A}A$ 的四个生成元，则可得$(n)=\overline{A}A$，这就证明了引理.

由 n 的构造，n 整除$\overline{\alpha}\alpha$，$\overline{\beta}\beta\in\mathbf{Z}$，因此属于 R. 我们必须证明 n 整除$\overline{\alpha}\beta$ 和$\overline{\beta}\alpha$. 怎么做呢？这里需要美妙的洞察力. 我们用代数整数的定义. 如果我们证明了商 $\gamma=\overline{\alpha}\beta/n$ 和$\overline{\gamma}=\overline{\beta}\alpha/n$ 是代数整数，就知道它们是属于 R 的整数环的元素. 这就意味着在 R 中 n 整除$\overline{\alpha}\beta$ 和$\overline{\beta}\alpha$.

391

元素 γ 和$\overline{\gamma}$是多项式 $p(x)=x^2-(\gamma+\overline{\gamma})x+(\overline{\gamma}\gamma)$的根：

$$\overline{\gamma}+\gamma=\frac{\overline{\beta}\alpha+\overline{\alpha}\beta}{n},\quad \overline{\gamma}\gamma=\frac{\overline{\beta}\alpha}{n}\frac{\overline{\alpha}\beta}{n}=\frac{\overline{\alpha}\alpha}{n}\frac{\overline{\beta}\beta}{n}$$

由其定义，n 整除三个整数$\overline{\beta}\alpha+\overline{\alpha}\beta$，$\overline{\alpha}\alpha$ 和$\overline{\beta}\beta$ 中的每一个. $p(x)$的系数是整数，故正如我们所希望的，γ 和$\overline{\gamma}$是代数整数.（对于 γ 恰好是有理数的情形参见引理 12.4.2.） ∎

主引理的第一个应用是理想的可除性. 类似于环上元素的可除性，我们称一个理想 A 整除另一个理想 B，如果存在一个理想 C 使得 B 是积理想 AC.

【13.4.9】推论 令 R 为虚二次数域上的整数所构成的环.

(a) 消去律：令 A，B，C 是 R 的非零理想. 则 $AB=AC$ 当且仅当 $B=C$. 同理，$AB\subset AC$，当且仅当 $B\subset C$，且 $AB<AC$ 当且仅当 $B<C$.

(b) 令 A，B 是 R 的非零理想. 则 $A\supset B$ 当且仅当 A 整除 B，即当且仅当存在一个理

想 C 使得 $B=AC$.

证明

(a) 显然，如果 $B=C$，则 $AB=AC$. 如果 $AB=AC$，则$\overline{A}AB=\overline{A}AC$. 由主引理，$\overline{A}A=(n)$，故 $nB=nC$. 两边除以 n，得证 $B=C$. 其他断言同理可证.

(b) 我们首先考虑由通常的整数 n 生成的主理想(n)包含理想 B 的情形. 则在 R 中 n 整除 B 的每一个元素. 令 $C=n^{-1}B$ 是商集，它是元素 $n^{-1}\beta$(其中 $\beta\in B$)的集合. 可以检验 C 是一个理想且 $nC=B$. 则 B 是积理想$(n)C$，故(n)整除 B.

现在假设理想 $A\supset B$. 再一次应用主引理：$\overline{A}A=(n)$. 则$(n)=\overline{A}A\supset\overline{A}B$. 由已经证明的结果，存在一个理想 C 使得$\overline{A}B=(n)C=\overline{A}AC$. 由消去律，$B=AC$.

反之，如果 A 整除 B，比如 $B=AC$，则 $B=AC\subset AR=A$. ■

第五节 分解理想

这一节我们证明虚二次数域上的整数所构成的环上的非零理想唯一分解. 这从主引理 13.4.8 和它的推论 13.4.9 易得，但在推导这个定理以前，我们定义素理想的概念. 这样做是为了和标准术语保持一致：出现的素理想就是极大理想.

【13.5.1】命题 令$\mathcal{R}$是一个环. 下列关于$\mathcal{R}$的理想$\mathcal{P}$的条件是等价的. 一个满足这些条件的理想是素理想.

(a) 商环$\mathcal{R}/\mathcal{P}$是整环.

(b) $\mathcal{P}\neq\mathcal{R}$，如果 a，$b\in\mathcal{R}$满足 $ab\in\mathcal{P}$，则或者 $a\in\mathcal{P}$，或者 $b\in\mathcal{P}$.

(c) $\mathcal{P}\neq\mathcal{R}$，如果 A 和 B 是$\mathcal{R}$的理想，满足 $AB\subset\mathcal{P}$，则 $A\subset\mathcal{P}$或者 $B\subset\mathcal{P}$.

条件(b)解释了术语“素”. 它模仿了素整数的重要性质，即如果 p 整除整数的积 ab，则或者 p 整除 a，或者 p 整除 b.

392

证明 (a)⇔(b)：条件“商环$\mathcal{R}/\mathcal{P}$是整环”是$\mathcal{R}/\mathcal{P}\neq\{0\}$，且$\overline{ab}=0$ 蕴含$\overline{a}=0$ 或$\overline{b}=0$. 这些条件翻译为$\mathcal{P}\neq\mathcal{R}$和 $ab\in\mathcal{P}$蕴含 $a\in\mathcal{P}$，或者 $b\in\mathcal{P}$.

(b)⇒(c)：假设 $ab\in\mathcal{P}$蕴含 $a\in\mathcal{P}$或者 $b\in\mathcal{P}$，且令 A 和 B 是$\mathcal{R}$的理想，满足 $AB\subset\mathcal{P}$. 如果$A\not\subset\mathcal{P}$，则存在A 中元素$a\notin\mathcal{P}$. 令 b 为B 的任意元素. 则 $ab\in AB$，因此也属于$\mathcal{P}$. 但 $a\notin\mathcal{P}$，故 $b\in\mathcal{P}$. 由 b 的任意性，故 $B\subset\mathcal{P}$.

(c)⇒(b)：假设$\mathcal{P}$具有性质(c)，令 a，$b\in\mathcal{R}$满足 $ab\in\mathcal{P}$，主理想(ab)是积理想$(a)(b)$. 如果 $ab\in\mathcal{P}$，则$(ab)\subset\mathcal{P}$，故(a)$\subset\mathcal{P}$或者(b)$\subset\mathcal{P}$. 由此可得 $a\in\mathcal{P}$或者$b\in\mathcal{P}$. ■

【13.5.2】推论 令$\mathcal{R}$是一个环.

(a) $\mathcal{R}$的零理想是一个素理想当且仅当$\mathcal{R}$是一个整环.

(b) $\mathcal{R}$的极大理想是一个素理想.

(c) 主理想(α)是$\mathcal{R}$的一个素理想当且仅当 α 是$\mathcal{R}$的一个素元.

证明 (a) 由(13.5.1)(a)可直接推出，因为商环$\mathcal{R}/(0)$同构于$\mathcal{R}$.

(b) 也可以由(13.5.1)(a)推出，因此$\mathcal{M}$是极大理想，$\mathcal{R}/\mathcal{M}$是域．域是整环，所以$\mathcal{M}$是素理想．

(c) 这是(13.5.1)(b)的主理想情形． ■

这完成了任意环上的素理想的讨论，我们回到虚二次数域上的整数所构成的环上．

【13.5.3】推论 令R为虚二次数域上的整数所构成的环，令A，B是R的理想，令P是R的非零素理想．如果P整除积理想AB，则P整除A或者P整除B．

当把(13.4.9)(b)中的包含关系翻译成可除性时，从(13.5.1)(c)可得证．

【13.5.4】引理 令R为虚二次数域上的整数所构成的环，令B是R的非零理想．则

(a) B在R中有有限指标，

(b) R中存在有限多个包含B的理想，

(c) B包含在一个极大理想中，

(d) B是素理想当且仅当它是极大理想．

证明

(a) 是引理13.10.3(d)，(b)由推论13.10.5可得．

(c) 在包含B的有限多个理想中必有至少一个是极大理想．

(d) 令P是R的非零素理想．则由(a)，P在R中有有限指标．故R/P是有限整环．有限整环是一个域(这是第十一章练习7.1)．因此P是一个极大理想．逆命题是(13.5.2)(b)． ■ 393

【13.5.5】定理 令R为虚二次数域F上的整数所构成的环．R的每个真理想是素理想的积．一个理想除去因子的次序之外唯一地分解为素理想的积．

证明 如果理想B是一个极大理想，则它本身就是素理想．否则，存在一个理想A真包含B．则A整除B，比如$B=AC$．消去律表明C也真包含B．继续分解A和C．既然仅有有限多个理想包含B，这个分解过程便会终止．当终止时，所以因子都是极大理想，因而是素理想．

如果$P_1\cdots P_r=Q_1\cdots Q_s$，其中$P_i$和$Q_j$是素理想，则$P_1$整除$Q_1\cdots Q_s$，因此$P_1$整除$Q_1\cdots Q_s$的因子之一，比如$Q_1$，则$P_1$包含$Q_1$，由于$Q_1$是极大理想，故$P_1=Q_1$．当把方程两边消去$P_1$后，由归纳法可证分解的唯一性． ■

注意 这个定理可以推广到其他数域上的代数整数环，但这是一个很特殊的性质．多数环没有理想分解的唯一性这个性质，理由是在多数环中，$P\supset B$并不蕴含着P整除B，于是素理想和素元的相似程度就弱些．

【13.5.6】定理 虚二次数域的整数所构成的环R是唯一分解整环当且仅当它是主理想整环，且这个结论成立当且仅当R的类群$\mathcal{C}$(见(13.7.3))是平凡群．

证明 一个主理想整环是唯一分解整环(12.2.14)．反之，假设R是唯一分解整环．我们必须证明每个理想都是主理想．由于主理想的积还是主理想，且每个非零理想是素理

想的乘积，因此只要证明每个非零素理想是主理想即可．

令 P 是 R 的非零素理想，且令 α 是 P 中非零元素．则 α 是既约元之积，且由于 R 是唯一分解的，因此这些既约元是素元(12.2.14)．由于 P 是素理想，故 P 包含 α 的一个素因子，比如 π，则 P 包含主理想(π)．但由于 π 是素元，故(π)是非零素理想，因此是一个极大理想．由于 P 包含(π)，因此 $P=(\pi)$．故 P 是主理想． ■

第六节　素理想与素整数

在第十二章第五节中，我们看到高斯素数与整素数有关．对于虚二次数域的整数所构成的环 R 可以做类似的分析，但我们要谈素理想而不是素元．这使定理 12.5.2 的一些部分的类似变得复杂了．我们只考虑直接推广的部分．

【13.6.1】定理　令 R 为虚二次数域 F 上的整数所构成的环．

(a) 令 P 是 R 的非零素理想，比如说 $\overline{P}P=(n)$，其中 n 是正整数，则 n 或是一个整素数或是一个整素数的平方．

(b) 令 p 是一个整素数，则主理想$(p)=pR$ 或者是素理想，或者是一个素理想与这个素理想的共轭的乘积 $\overline{P}P$．

394

(c) 假设 $d\equiv 2(\bmod 4)$ 或 $d\equiv 3(\bmod 4)$，则一个整素数 p 生成 R 的一个素理想(p)当且仅当 d 不是一个模 p 的平方，这个结论成立当且仅当多项式 x^2-d 在 $\mathbf{F}_p[x]$上是既约的．

(d) 假设 $d\equiv 1(\bmod 4)$，令 $h=\frac{1}{4}(1-d)$，则一个整素数 p 生成素理想(p)当且仅当多项式 x^2-x+h 在 $\mathbf{F}_p[x]$上是既约的．

【13.6.2】推论　用定理中的记号，任何严格大于(p)的真理想是素理想，因此是极大理想．

注　一个整素数 p 称为持素的，如果主理想$(p)=pR$ 是一个素理想．否则主理想(p)是一个素理想与该素理想的共轭的积 $\overline{P}P$．在此情形，素数 p 称为分裂的．如果还满足条件 $\overline{P}=P$，则素数 p 称为可分叉的．

回到 $d=-5$ 的情形，素数 2 在 $\mathbf{Z}[\sqrt{-5}]$中可分叉，因为$(2)=\overline{A}A$ 且 $\overline{A}=A$．素数 3 是分裂的．它不是可分叉的，因为$(3)=\overline{B}B$ 但是 $\overline{B}\neq B$(参见(13.4.5))．

定理 13.6.1 的证明　证明从定理 12.5.2 的证明而来，故我们省略(a)和(b)的证明．为了回顾推理过程，我们讨论(c)．设 $d\equiv 2(\bmod 4)$ 或 $d\equiv 3(\bmod 4)$．则 $R=\mathbf{Z}[\delta]$与商环 $\mathbf{Z}[x]/(x^2-d)$同构．一个素整数 p 在 R 上持素当且仅当 $\widetilde{R}=R/(p)$是一个域．(我们使用一个波浪号以避免与复共轭混淆．)这导出下面的图：

【13.6.3】图

$$\begin{array}{ccc}\mathbf{Z}[x] & \xrightarrow{\text{核}(p)} & \mathbf{F}_p[x] \\ \downarrow{\scriptstyle \text{核}(x^2-d)} & & \downarrow{\scriptstyle \text{核}(x^2-d)} \\ \mathbf{Z}[\delta] & \xrightarrow[\text{核}(p)]{} & \widetilde{R}\end{array}$$

这个图表明$\widetilde{R}=R/(p)$是一个域当且仅当核 x^2-d 在 $\mathbf{F}_p[x]$上是既约的.

(d) 的证明类似. ■

【13.6.4】命题 令 A，B，C 是非零理想且$B\supset C$. C 在 B 中的指标等于指标$[AB:AC]$.

证明 由于 A 是素理想的积，因此只要证明当 P 是非零素理想时，$[B:C]=[PB:PC]$即可. 对于任意理想 A 的引理只要一次乘以一个素理想即可得证.

存在一个素整数 p 使得或者 $P=(p)$或者$\overline{P}P=(p)$(13.6.1). 如果 $P=(p)$，则要证明的公式就是$[B:C]=[pB:pC]$，这是显然的(参见(13.10.3)(c)).

假设$(p)=\overline{P}P$. 我们研究理想链 $B\supset PB\supset\overline{P}PB\supset pB$. 消去律表明包含关系是严格的，且$[B:pB]=p^2$. 因此$[B:PB]=p$. 同理，$[C:PC]=p$(13.10.3)(b). 下图以及指标的乘法性质表明$[B:C]=[PB:PC]$.

395

$$\begin{array}{ccc} B & \supset & C \\ \cup & & \cup \\ PB & \supset & PC \end{array}$$ ■

第七节 理 想 类

和前面一样，R 为虚二次数域上的整数所构成的环. 我们已经看到 R 是主理想整环当且仅当它是唯一分解整环(13.5.6). 我们定义一个与理想的乘法相容的非零理想间的等价关系，使得主理想形成一个等价类.

注 R 的两个非零理想 A 和 A'是相似的，如果对于某个复数 λ，

【13.7.1】
$$A'=\lambda A$$

理想的相似性是一个等价关系，它的几何解释在前面已经提到过：A 和 A'相似当且仅当看成复平面上的格时，它们是相似的几何图形，相似是指保持同向. 要看清这一点，我们注意到一个格在各个点上看起来是相同的. 故几何相似性可以假设为把 A 的元素 0 与 A'的元素 0 联系起来. 然后就可以描述成一个旋转之后紧跟着伸缩，即用复数 λ 去乘.

注 相似性理想类称为理想类. 一个理想 A 的类记作$\langle A\rangle$.

【13.7.2】引理 单位理想类$\langle R\rangle$由所有主理想构成.

证明 如果$\langle A\rangle=\langle R\rangle$，则存在某个复数 λ，使得 $A=\lambda R$. 由于 1 属于 R，故 λ 属于 A，因此它也是 R 中的元素. 则 A 是主理想(λ). ■

我们在(13.3.3)中看到在环 $R=\mathbf{Z}[\delta]$(其中 $\delta^2=-5$)上有两个理想类. 理想 $A=(2,1+\delta)$和 $B=(3,1+\delta)$两个都代表非主理想类，如下图 13.7.4 中所示. 在图中放入一个矩形是为了从几何上直观地帮助理解两个格是相似的几何图形这个事实.

下面(定理 13.7.10)我们会看到存在有限多个理想类. R 中理想类的数量称为 R 的类数.

【13.7.3】命题 理想类构成阿贝尔群$\mathcal{C}$，它是 R 的类群，由理想的乘法定义合成法则：

$\langle A\rangle\langle B\rangle=\langle AB\rangle$：

$$(A\text{ 的类})(B\text{ 的类})=(AB\text{ 的类})$$

证明 设$\langle A\rangle=\langle A'\rangle$，$\langle B\rangle=\langle B'\rangle$，即 $A'=\lambda A$ 和 $B'=\gamma B$ 对某些复数 λ，γ 成立. 则 396 $A'B'=\lambda\gamma AB$，因此$\langle AB\rangle=\langle A'B'\rangle$. 这表明合成法则是定义良好的. 合成法则是交换的和结合的是因为理想的乘法是交换的和结合的，单位理想类$\langle R\rangle$是单位元，和通常一样，还用 1 表示. 唯一不太明显的群的公理就是每个类$\langle A\rangle$有逆元. 但这由主引理可得，因为主引理断言$\overline{A}A$是主理想(n). 由于主理想类是 1，因此$\langle\overline{A}\rangle\langle A\rangle=1$，且$\langle\overline{A}\rangle=\langle A\rangle^{-1}$. ■

类数被认为是量化元素不能唯一分解的恶劣程度的一个指标. 更精确的信息用类群的结构定理给出. 正如我们看到的，环 $R=\mathbf{Z}[\sqrt{-5}]$的类数为 2. R 的类群的阶为 2. 这个类群的结果之一是 R 的任意两个非主理想的积是一个主理想. 在(13.4.7)中我们看到了几个例子.

【13.7.4】图

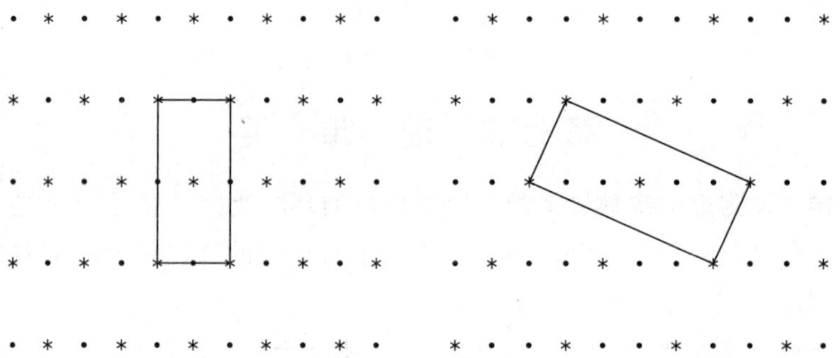

理想 $A=(2,\ 1+\delta)$和 $B=(3,\ 1+\delta)$，$\delta^2=-5$

理想的度量

主引理告诉我们如果 A 是非零理想，则$\overline{A}A=(n)$是由一个正整数生成的主理想. 这个正整数定义为 A 的范数，记作 $N(A)$：

【13.7.5】 $N(A)=n$， 如果 n 是正整数使得$\overline{A}A=(n)$

一个理想的范数类似于一个元素的范数. 对于元素的范数成立的乘法性质对于理想的范数也是成立的.

【13.7.6】**引理** *如果 A 和 B 是非零理想，则 $N(AB)=N(A)N(B)$. 而且，主理想(α)的范数等于元素 α 的范数 $N(\alpha)$.*

证明 设 $N(A)=m$，$N(B)=n$. 这意味着$\overline{A}A=(m)$，$\overline{B}B=(n)$. 则$(\overline{AB})(AB)=(\overline{A}A)(\overline{B}B)=(m)(n)=(mn)$. 因此 $N(AB)=mn$.

其次，假设 A 是主理想(α)，令 $n=N(\alpha)(=\overline{\alpha}\alpha)$. 则$\overline{A}A=(\overline{\alpha})(\alpha)=(\overline{\alpha}\alpha)=(n)$，故 397 $N(A)=n$. ■

我们现在有 4 种方式度量一个理想 A 的大小：

- 范数 $N(A)$.
- A 在 R 中的指标 $[R:A]$.
- A 的格基张成的平行四边形的面积 $\Delta(A)$.
- A 的非零元的范数 $N(\alpha)$ 的最小值.

这些度量之间的关系在下面的定理 13.7.8 中给出. 为表述这个定理, 我们需要一个特殊的数:

【13.7.7】

$$\mu=\begin{cases}2\sqrt{\dfrac{|d|}{3}} & \text{如果 } d\equiv 2(\text{mod}4) \text{ 或 } d\equiv 3(\text{mod}4)\\ \sqrt{\dfrac{|d|}{3}} & \text{如果 } d\equiv 1(\text{mod}4)\end{cases}$$

【13.7.8】定理 令 R 为虚二次数域 F 上的整数所构成的环, 且 A 是 R 的一个非零理想. 则

(a) $N(A)=[R:A]=\dfrac{\Delta(A)}{\Delta(R)}$.

(b) 如果 α 是 A 中具有最小范数的非零元, 则 $N(\alpha)\leqslant N(A)\mu$.

关于(b)的最重要的一点是系数 μ 不依赖于理想.

证明

(a) 参考命题 13.10.6 关于 $[R:A]=\dfrac{\Delta(A)}{\Delta(R)}$ 的证明. $N(A)=[R:A]$ 的证明大致如下. 在等号上放上了参考字母. 令 $n=N(A)$. 则

$$n^2\overset{1}{=}[R:nR]\overset{2}{=}[R:\overline{A}A]\overset{3}{=}[R:A][A:\overline{A}A]\overset{4}{=}[R:A][R:\overline{A}]\overset{5}{=}[R:A]^2.$$

等号上标注的 1 是引理 13.10.3(b), 标注的 2 是主引理, 即 $nR=\overline{A}A$, 标注的 3 是指标的乘法性质. 第四个等号从命题 13.6.4 得出: $[A:\overline{A}A]=[RA:\overline{A}A]=[R:\overline{A}]$. 最后, 环 R 等于其复共轭 $\overline{R}$, 第五个等号由 $[\overline{R}:\overline{A}]=[R:A]$ 得到.

(b) 当 $d\equiv2(\text{mod}4)$ 或 $d\equiv3(\text{mod}4)$ 时, R 有格基$(1, \delta)$, 而当 $d\equiv1(\text{mod}4)$ 时, R 有格基$(1, \eta)$. 这个基张成的平行四边形的面积 $\Delta(R)$ 是

【13.7.9】

$$\Delta(R)=\begin{cases}\sqrt{|d|} & \text{如果 } d\equiv 2(\text{mod}4) \text{ 或 } d\equiv 3(\text{mod}4)\\ \dfrac{1}{2}\sqrt{|d|} & \text{如果 } d\equiv 1(\text{mod}4)\end{cases}$$

故 $\mu=\dfrac{2}{\sqrt{3}}\Delta(R)$. 在引理 13.10.8 中, 格中最短向量的长度估计为: $N(\alpha)\leqslant\dfrac{2}{\sqrt{3}}\Delta(A)$. 将从(a)得到的 $\Delta(A)=N(A)\Delta(R)$ 代入这个不等式, 得到 $N(\alpha)\leqslant N(A)\mu$. ■ 398

【13.7.10】定理

(a) 每个理想类包含具有范数 $N(A)\leqslant\mu$ 的理想 A.

(b) 类群 $\mathcal{C}$ 由素理想 P 的类生成, 且素理想 P 的范数是小于 μ 的素整数 p.

(c) 类群 $\mathcal{C}$ 是有限的.

定理 13.7.10 的证明

(a) 令 A 是一个理想. 我们必须在类 $\langle A\rangle$ 中找到一个范数至多为 μ 的理想 C. 选取 A 中非零元 α, 满足 $N(\alpha)\leqslant N(A)\mu$. 则 A 包含主理想 (α), 故 A 整除 (α), 即 $(\alpha)=AC$ 对于某个理想 C 成立, 且 $N(A)N(C)=N(\alpha)\leqslant N(A)\mu$. 因此 $N(C)\leqslant\mu$. 现在, 既然 AC 是主理想, 那么 $\langle C\rangle=\langle A\rangle^{-1}=\langle\overline{A}\rangle$. 这表明类 $\langle\overline{A}\rangle$ 包含一个理想, 即 C, 它的范数至多为 μ. 则类 $\langle A\rangle$ 包含 $\overline{C}$, 且 $N(\overline{C})=N(C)\leqslant\mu$.

(b) 每个类包含范数小于等于 μ 的一个理想 A. 我们分解 A 为素理想: $A=P_1\cdots P_k$. 则 $N(A)=N(P_1)\cdots N(P_k)$, 故 $N(P_i)\leqslant\mu$ 对于每个 i 成立. 范数小于等于 μ 的素理想类生成 $\mathcal{C}$. 素理想 P 的范数或者是素整数 p 或者是素整数的平方 p^2. 如果 $N(P)=p^2$, 则 $P=(p)$(13.6.1). 这是主理想, 它的类是平凡的. 我们可以忽略那些素理想.

(c) 我们证明存在有限多个理想 A, 其范数 $N(A)\leqslant\mu$. 如果把这样的理想写成素理想之积: $A=P_1\cdots P_k$ 且如果 $m_i=N(P_i)$, 则 $m_1\cdots m_k\leqslant\mu$. 存在有限多个整数 m_i 的集合, 每个 m_i 是素数或者是素数的平方且满足这个不等式. 存在至多两个素理想, 它们的范数等于给定整数 m_i. 故存在有限多个素理想的集合使得 $N(P_1\cdots P_k)\leqslant\mu$. ■

第八节 计算类群

下表列出了几个类群. 在表中, $\lfloor\mu\rfloor$ 表示 μ 向下取整, 它是不超过 μ 的最大整数. 如果 n 是一个整数, 且 $n\leqslant\mu$, 则 $n\leqslant\lfloor\mu\rfloor$.

【13.8.1】

d	$\lfloor\mu\rfloor$	类群
-2	1	C_1
-5	2	C_2
-7	1	C_1
-14	4	C_4
-21	5	$C_2\times C_2$
-23	2	C_3
-47	3	C_5
-71	4	C_7

一些类群

399

为了应用定理 13.7.10, 我们检验素整数 $p\leqslant\lfloor\mu\rfloor$. 如果 p 在 R 中分裂(或分叉), 我们便将其两个素理想因子之一的类加入类群的生成元集合中. 另一个素因子的类是其逆元. 如果 p 持素, 则它的类是平凡的, 我们舍掉它.

【13.8.2】例 $d=-163$. 由于 $-163\equiv1(\mathrm{mod}4)$, 故整数环 R 是 $\mathbf{Z}[\eta]$, 其中 $\eta=\frac{1}{2}(1+\delta)$, 且 $\lfloor\mu\rfloor=8$. 我们必须检查素数 $p=2$, 3, 5 和 7. 如果 p 分裂, 则把它的素因子之一作为类群的一个生成元. 据定理 13.6.1, 一个整素数 p 在 R 上持素当且仅当多项式 x^2-x+41 是

模 p 既约的．这个多项式恰好是模每一个素数 $p=2$，3，5 和 7 既约的．故类群是平凡的，R 是唯一分解整环．■

这一节的余下的部分，我们考虑 $d\equiv 2(\text{mod}4)$ 或 $d\equiv 3(\text{mod}4)$ 的情形．在这些情形，一个素数 p 分裂当且仅当 x^2-d 在 $\mathbf{F}_p$ 上有一个根．下表告诉我们哪个素数需要检验．

【13.8.3】

	$p\leqslant\mu$
$-d\leqslant 2$	
$-d\leqslant 6$	2
$-d\leqslant 17$	2，3
$-d\leqslant 35$	2，3，5
$-d\leqslant 89$	2，3，5，7
$-d\leqslant 123$	2，3，5，7，11

当 $d\equiv 2(\text{mod}4)$ 或 $d\equiv 3(\text{mod}4)$ 时小于 μ 的素数

如果 $d=-1$ 或 $d=-2$，则不存在小于 μ 的素数，故类群是平凡的，R 是唯一分解整环．

我们假设已经确定了哪个素数需要检验其是分裂的，则得到类群的生成元集合．但要确定类群的结构，我们还需要确定这些生成元之间的关系．最好直接分析素数 2．

【13.8.4】引理　假设 $d\equiv 2(\text{mod}4)$ 或 $d\equiv 3(\text{mod}4)$．素数 2 在 R 上分叉．主理想(2)的素因子 P 是

- $P=(2,\ 1+\delta)$，如果 $d\equiv 3(\text{mod}4)$，
- $P=(2,\ \delta)$，如果 $d\equiv 2(\text{mod}4)$．

类$\langle P\rangle$在类群中的阶为 2，除非 $d=-1$ 或 $d=-2$．在 $d=-1$ 或 $d=-2$ 时，P 是主理想．在所有情形，给定的生成元形成理想 P 的格基．

证明　令 P 如引理中所述．我们计算积理想 $\overline{P}P$．如果 $d\equiv 3(\text{mod}4)$，则 $\overline{P}P=(2,\ 1-\delta)(2,\ 1+\delta)=(4,\ 2+2\delta,\ 2-2\delta,\ 1-d)$，而如果 $d\equiv 2(\text{mod}4)$，则 $\overline{P}P=(2,\ -\delta)(2,\ \delta)=(4,\ 2\delta,\ -d)$．在这两种情形，$\overline{P}P=(2)$．定理 15.10.1 告诉我们理想(2)或者是素理想或者是素理想与该素理想的共轭的积，故 P 一定是素理想．

400

我们还注意到 $\overline{P}=P$，故 2 分叉，$\langle P\rangle=\langle P\rangle^{-1}$，$\langle P\rangle$在类群中的阶为 1 或 2．$\langle P\rangle$在类群中的阶为 1 当且仅当它是一个主理想．这发生在 $d=-1$ 或 $d=-2$ 时．如果 $d=-1$，则 $P=(1+\delta)$，而如果 $d=-2$，则 $P=(\delta)$．当 $d<-2$ 时，整数 2 在 R 上没有真因子，则 P 不是主理想．■

【13.8.5】推论　如果 $d\equiv 2(\text{mod}4)$ 或 $d\equiv 3(\text{mod}4)$ 且 $d<-2$，则类数是偶数．

【13.8.6】例　$d=-26$．表 13.8 告诉我们检查素数 $p=2$，3，5．多项式 x^2+26 是模 2，3，5 既约的，故所有素数 2，3，5 都分裂．不妨设

$$(2)=\overline{P}P,\quad (3)=\overline{Q}Q,\quad (5)=\overline{S}S$$

关于类群我们有 3 个生成元：$\langle P\rangle$，$\langle Q\rangle$，$\langle S\rangle$，且$\langle P\rangle$阶为 2．我们怎样确定这些生成元之间的关系？秘诀是计算几个元素的范数，希望从中获得一些信息．我们并不需要看得

太远：$N(1+\delta)=27=3^3$，$N(2+\delta)=30=2\cdot3\cdot5$.

令 $\alpha=1+\delta$. 则$\bar{\alpha}\alpha=3^3$. 由于$(3)=\bar{Q}Q$，我们有理想间的关系

$$(\bar{\alpha})(\alpha)=(\bar{Q}Q)^3$$

因为理想因子唯一，故主理想(α)是上式右边一半项的乘积，$(\bar{\alpha})$是这些项的共轭. 我们注意到 3 在 R 上不整除α. 因此$\bar{Q}Q=(3)$不整除(α). 从而(α)或者是 Q^3 或者是$\bar{Q}^3$. $(\alpha)=Q^3$ 还是$(\alpha)=\bar{Q}^3$ 取决于我们把(3)的哪一个素因子标记为 Q.

无论在哪种情形，$\langle Q\rangle^3=1$，$\langle Q\rangle$在类群中的阶为 1 或 3. 我们验证了 3 在 R 中没有真因子. 由于 Q 整除(3)，故它不是主理想. 故$\langle Q\rangle$的阶为 3.

其次，令 $\beta=2+\delta$. 则$\bar{\beta}\beta=2\cdot3\cdot5$，这给出理想关系

$$(\bar{\beta})(\beta)=\bar{P}P\bar{Q}Q\bar{S}S$$

因此主理想(β)是上式右边一半理想之积，$(\bar{\beta})$是那些理想的共轭之积. 我们知道$\bar{P}=P$. 如果我们不在乎(3)和(5)的哪个素因子标注为 Q 和 S，则可以假定$(\beta)=PQS$. 这给出关系$\langle P\rangle\langle Q\rangle\langle S\rangle=1$.

我们已经发现三个关系：

$$\langle P\rangle^2=1,\quad \langle Q\rangle^3=1,\quad \langle P\rangle\langle Q\rangle\langle S\rangle=1$$

这些关系表明$\langle Q\rangle=\langle S\rangle^2$，$\langle P\rangle=\langle S\rangle^3$，$\langle S\rangle$的阶为 6. 类群是 6 阶循环群，由 5 的素理想因子生成. ■

下一个引理解释了为什么计算范数的方法有效.

401 **【13.8.7】引理** *令 P，Q，S 是虚二次整数环 R 的素理想，它们的范数分别为 p，q，s. 假设关系$\langle P\rangle^i\langle Q\rangle^j\langle S\rangle^k=1$ 在类群$\mathcal{C}$中成立. 则 R 中存在元素α，它的范数为 $p^iq^js^k$.*

证明 由定义，$\langle P\rangle^i\langle Q\rangle^j\langle S\rangle^k=\langle P^iQ^jS^k\rangle$. 如果$\langle P^iQ^jS^k\rangle=1$，则理想 $P^iQ^jS^k$ 是主理想，比如，$P^iQ^jS^k=(\alpha)$. 则

$$(\bar{\alpha})(\alpha)=(\bar{P}P)^i(\bar{Q}Q)^j(\bar{S}S)^k=(p)^i(q)^j(s)^k=(p^iq^js^k)$$

因此 $N(\alpha)=\bar{\alpha}\alpha=p^iq^js^k$. ■

我们计算更多的类群.

【13.8.8】例 $d=-74$. 要检查的素数是 2，3，5 和 7. 此处，2 分叉，3 和 5 分裂，7 持素. 比如$(2)=\bar{P}P$，$(3)=\bar{Q}Q$，$(5)=\bar{S}S$. 则$\langle P\rangle$，$\langle Q\rangle$，$\langle S\rangle$生成类群，$\langle P\rangle$的阶为 2 (13.8.4). 我们注意到

$$N(1+\delta)=75=3\cdot5^2$$
$$N(4+\delta)=90=2\cdot3^2\cdot5$$
$$N(13+\delta)=243=3^5$$
$$N(14+\delta)=270=2\cdot3^3\cdot5$$

范数 $N(13+\delta)$表明$\langle Q\rangle^5=1$，故$\langle Q\rangle$的阶为 1 或 5. 由于 3 在 R 中没有真因子，故 Q 不是主理想. 因此$\langle Q\rangle$的阶为 5. 其次，$N(1+\delta)$表明$\langle S\rangle^2=\langle Q\rangle$或$\langle\bar{Q}\rangle$，因此$\langle S\rangle$的阶为 10. 我们从生成元集消去$\langle Q\rangle$. 最后，$N(4+\delta)$给出了关系$\langle P\rangle\langle Q\rangle^2\langle S\rangle=1$或$\langle P\rangle\langle Q\rangle^2\langle\bar{S}\rangle=1$. 每一个

允许我们从生成元集合中消去$\langle P\rangle$. 类群是 10 阶循环群，由(5)的素理想因子生成. ■

第九节　实二次域

我们简短地看一下实二次数域，即形如$\mathbf{Q}[\sqrt{d}]$的域，其中 d 为非平方的正整数，我们以域$\mathbf{Q}[\sqrt{2}]$为例. 在这个域上的整数环是唯一分解整环：

【13.9.1】
$$\boldsymbol{R}=\mathbf{Z}[\sqrt{2}]=\{a+b\sqrt{2}\mid a,b\in\mathbf{Z}\}$$

可以证明对任何实二次数域上的整数环，它的理想唯一分解为素理想是成立的，且类数是有限的([Cohn]，[Hasse]). 猜测有无限多个 d 的值使得其二次数域上的整数环有唯一分解.

当 d 是正数时，$\mathbf{Q}[\sqrt{d}]$是实数域的子域. 它的整数环不能作为一个格嵌入复平面. 然而，我们可以通过把代数整数 $a+b\sqrt{d}$和平面 $\mathbf{R}^2$ 上的点(u,v)联系起来将 R 表示为在 $\mathbf{R}^2$ 上的一个格，其中

【13.9.2】
$$u=a+b\sqrt{d},\quad v=a-b\sqrt{d}$$

对于 $d=2$ 的情形所得到的格描述如下. 现在就解释双曲线被放入图中的原因. 402

回顾域$\mathbf{Q}[\sqrt{d}]$同构于抽象地构造的域

【13.9.3】
$$F=\mathbf{Q}[x]/(x^2-d)$$

如果我们用 F 代替$\mathbf{Q}[\sqrt{d}]$，且将 x 在 F 上的剩余记作δ，则δ是 d 的一个抽象的平方根而不是正的实平方根，F 是元素 $a+b\delta$ 的集合，其中 a，$b\in\mathbf{Q}$. 坐标 u，v 提供了把抽象定义的域 F 嵌入实数平面的两种方法，即 u 映射$\delta\rightsquigarrow\sqrt{d}$，$v$ 映射$\delta\rightsquigarrow-\sqrt{d}$.

对于$\alpha=a+b\delta\in\mathbf{Q}[\delta]$，我们记$\alpha'$为“共轭”元 $a-b\delta$. α 的范数是

【13.9.4】
$$N(\alpha)=\alpha'\alpha=a^2-b^2d$$

如果α是一个代数整数，则 $N(\alpha)$是一个通常的整数. 范数是保持乘法的：

【13.9.5】
$$N(\alpha\beta)=N(\alpha)N(\beta)$$

但 $N(\alpha)$未必是正数. 它不等于$|\alpha|^2$.

【13.9.6】图

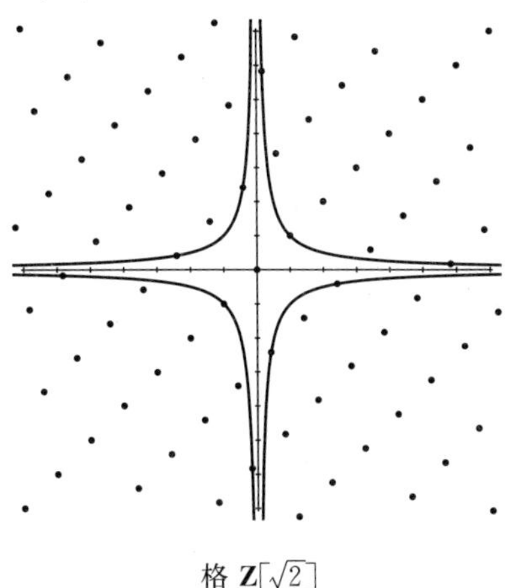

格 $\mathbf{Z}[\sqrt{2}]$

实和虚二次域的一个显著差别是实二次域的整数环总含有无限多个单位. 由于代数整数的范数是通常的整数，因此一个单位的范数一定为±1，且如果 $N(\alpha)=\pm1$，则 α 的逆为 $\pm\alpha'$，故 α 是一个单位. 例如，

【13.9.7】 $$\alpha=1+\sqrt{2},\quad \alpha^2=3+2\sqrt{2},\quad \alpha^3=7+5\sqrt{2},\cdots$$

是在环 $R=\mathbf{Z}[\sqrt{2}]$中的单位. 元素 α 在单位所成的群中是无限阶的.

对于单位的条件 $N(\alpha)=a^2-2b^2=\pm1$ 转换成(u, v)坐标的形式为

403

【13.9.8】 $$uv=\pm1$$

故单位是位于两条双曲线 $uv=1$ 和 $uv=-1$ 之一上的格点，即图 13.9.6 中描述的点. 值得注意的是实二次域的整数环有无穷多个单位，换句话说，无穷多个格中的点位于这些双曲线上. 无论从代数的还是从几何的角度看，这一点都不是显然的，但从图上可以看到几个这样的点.

【13.9.9】定理 令 R 是一个实二次数域上的整数环. R 中的单位的群是一个无限群.

我们把证明安排为一个引理序列. 第一个引理来自下一节的引理 13.10.8.

【13.9.10】引理 对于每个 $\Delta_0>0$，存在具有下列性质的 $r>0$：令 L 是(u, v)平面 P 上的一个格，令 $\Delta(L)$表示由一个格基张成的平行四边形的面积，假设 $\Delta(L)\leqslant\Delta_0$. 则 L 包含一个非零元 γ 使得 $|\gamma|<r$.

令 Δ_0 和 r 如上. 对于 $s>0$，令 D_s 表示(u, v)平面 P 上由不等式 $s^{-2}u^2+s^2v^2\leqslant r^2$ 定义的椭圆盘. 故 D_1 是半径为 r 的圆盘. 下图展示了三个 D_s 盘.

【13.9.11】图

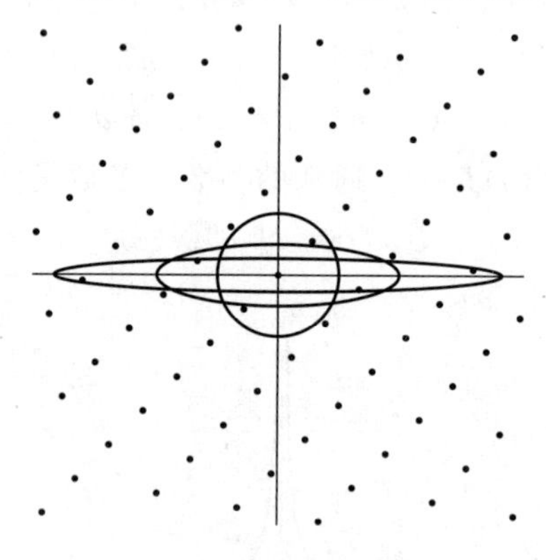

包含格点的椭圆盘

【13.9.12】引理 用上面的记号，令 L 是不包含除去原点外的坐标轴上的点的一个格，满足 $\Delta(L)\leqslant\Delta_0$.

(a) 对任意 $s>0$，椭圆盘 D_s 包含 L 的一个非零元.

(b) 对于椭圆盘 D_s 的任意点 $\alpha=(u, v)$，$|uv|\leqslant\dfrac{r^2}{2}$.

证明

(a) 映射 $\varphi:\mathbf{R}^2\to\mathbf{R}^2$ 定义为 $\varphi(x, y)=(sx, s^{-1}y)$映射 D_1 到 D_s. L 的逆像 $L'=\varphi^{-1}L$ 不含有除去原点外的轴上的点. 我们注意到 φ 是保持面积不变的一个映射，因为它把一个坐标乘 s，把另一个坐标乘 s^{-1}. 因此 $\Delta(L')\leqslant\Delta_0$. 引理 13.9.10 表明圆盘 D_1 包含 L'的一个非零元，比如 γ. 则 $\alpha=\varphi(\gamma)$是在椭圆盘 D_s 中 L 的一个元素.

404

(b) 不等式对于圆盘 D_1 成立. 令 φ 是上面定义的映射. 如果 $\alpha=(u, v)\in D_s$，则 $\varphi^{-1}(\alpha)=(s^{-1}u, sv)\in D_1$，故 $|uv|=|(s^{-1}u)(sv)|\leqslant\frac{r^2}{2}$. ■

【13.9.13】引理 用与上面引理相同的假设，则格 L 包含无限多个点(u, v)满足$|uv|\leqslant\frac{r^2}{2}$.

证明 我们应用上一个引理. 对于充分大的 s，椭圆盘 D_s 非常狭窄，它包含 L 的一个非零元，比如 α_s. 元素 α_s 不能位于横轴 e_1 上，但是它随着 s 的无限增大越来越贴近横轴. 因此其中有无限多个点，如果 $\alpha_s=(u_s, v_s)$，则 $|u_sv_s|\leqslant\frac{r^2}{2}$. ■

令 R 是实二次域的整数环，令 n 是一个整数，我们称 R 的两个元素 β_i 模 n 同余如果 n 在 R 上整除 $\beta_1-\beta_2$. 当 $d\equiv2(\text{mod}4)$或 $d\equiv3(\text{mod}4)$时，$\beta_i=m_i+n_i\delta$，这就意味着 $m_1\equiv m_2(\text{mod}n)$，$n_1\equiv n_2(\text{mod}n)$. 当 $d\equiv1(\text{mod}4)$时，把 β_i 记成 $\beta_i=m_i+n_i\eta$，则 β_i 模 n 同余意味着 $m_1\equiv m_2(\text{mod}n)$，$n_1\equiv n_2(\text{mod}n)$. 无论哪种情形，都有 n^2 个模 n 的同余类.

定理 13.9.9 由下面的引理可得.

【13.9.14】引理 令 R 是实二次数域的整数环.

(a) 存在一个正整数 n 使得 R 中范数为 n 的元素的集合 S 是无限集. 而且，S 中存在无限多个模 n 同余的元素对.

(b) 如果 R 中范数为 n 的两个元素 β_1 和 β_2 模 n 同余，则 β_2/β_1 是 R 中的单位.

证明

(a) 格 R 不包含异于原点的坐标轴上的点，因为 u 和 v 不是零除非 a 和 b 都是零. 如果 α 是 R 的元素，它在平面上的像是点(u, v)，则$|N(\alpha)|=uv$. 引理 13.9.13 证明了 R 包含无限多个范数在一个有界区间上的点. 由于存在有限多个整数 n 在这个区间，故至少有一个整数 n 使得以此 n 为范数的 R 中元素的集合是有限的. 存在有限多个模 n 的同余类的事实证明了第二个断言.

(b) 我们证明 β_2/β_1 是 R 中的单位. 同理 β_1/β_2 也是 R 中的单位. 由于 β_1 和 β_2 是同余的，我们可以记 $\beta_2=\beta_1+n\gamma$，其中 $\gamma\in R$. 令 β_1' 为 β_1 的共轭. 故 $\beta_1\beta_1'=n$. 则 $\beta_2/\beta_1=(\beta_1+n\gamma)/\beta_1=1+\beta_1'\gamma$. 这是 R 的元素. ■

第十节 关 于 格

平面 $\mathbf{R}^2$ 的一个格 L 是由集合 S 生成的或张成的，如果 L 的每个元素可以写成 S 中元素的整数线性组合. 每个格 L 有一个由两个元素组成的格基 $\boldsymbol{B}=(v_1, v_2)$. L 的元素都可以

405 以唯一的方式写成格基向量的整数线性组合(参看(6.5.5)).

一些记号：

【13.10.1】

$\Pi(\boldsymbol{B})$：线性组合 $r_1v_1+r_2v_2(0\leqslant r_i\leqslant 1)$所围成的平行四边形.

它的顶点是 0，v_1，v_2，v_1+v_2.

$\Pi'(\boldsymbol{B})$：线性组合 $r_1v_1+r_2v_2(0\leqslant r_i<1)$的集合．它由删除平行四边形 $\Pi(\boldsymbol{B})$的两条边 $[v_1, v_1+v_2]$和$[v_2, v_1+v_2]$得到.

$\Delta(L)$：$\Pi(\boldsymbol{B})$的面积.

$[M:L]$：格 M 的子格 L 的指标，即 L 在 M 中的加法陪集的个数.

我们将看到$\Delta(L)$是与格基无关的，这样所有记号没有歧义．其他的记号以前已经介绍过。作为参考，我们回忆一下引理 6.5.8：

【13.10.2】引理　令 $\boldsymbol{B}=(v_1, v_1)$是 $\mathbf{R}^2$ 的一个基，令 L 是 $\boldsymbol{B}$ 的整数组合所成的格．$\mathbf{R}^2$ 中每个向量 v 可唯一写成形式 $v=w+v_0$，其中 $w\in L$，$v_0\in\Pi'(\boldsymbol{B})$.

【13.10.3】引理　令 $K\subset L\subset M$ 是平面上的格，令 $\boldsymbol{B}$ 是 L 的格基．则

(a) $[M:K]=[M:L][L:K]$.

(b) 对任何正整数 n，$[L:nL]=n^2$.

(c) 对任何正实数 r，$[M:L]=[rM:rL]$.

(d) $[M:L]$是有限的，且等于 M 在区域 $\Pi'(\boldsymbol{B})$的点的数量.

(e) 格 M 是由 L 和有限集合 $M\cap\Pi'(\boldsymbol{B})$生成的.

证明　(d)，(e)　我们可以把 M 中元素 x 唯一地写成形式 $v+y$，其中 $v\in L$，$y\in\Pi'(\boldsymbol{B})$．则 $v\in M$，故 $y\in M$．因此 x 属于陪集 $y+L$．这表明 $M\cap\Pi'(\boldsymbol{B})$的元素是 L 在 M 中的陪集的代表元．由于只有一种方式将 x 写成 $x=v+y$，因此这些陪集是不同的．由于 M 是离散的，且 $\Pi'(\boldsymbol{B})$是有界集，因此 $M\cap\Pi'(\boldsymbol{B})$是有限集.

【13.10.4】图

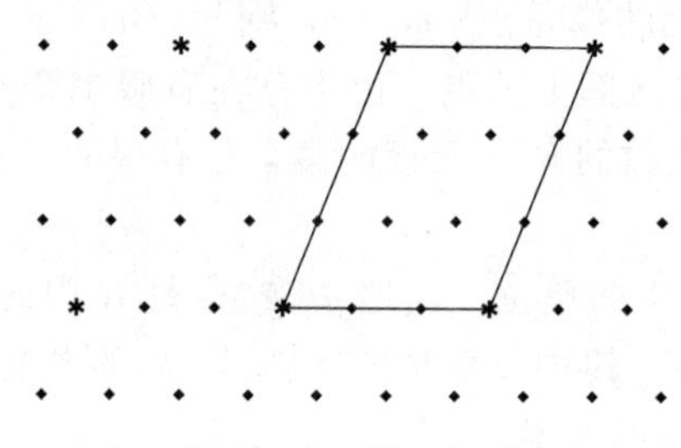

406 $L=\{\cdot\}$　$3L=\{*\}$

公式(a)是指标的乘法性质(2.8.14)．(b)由(a)得，因为格 nL 是由格 L 延伸 n 倍得到的，如上图 $n=3$ 的情形．(c)成立是因为被 r 乘把两个格伸长相同的倍数．■

【13.10.5】推论　令 $L\subset M$ 是平面 $\mathbf{R}^2$ 上的格，存在有限多个格介于 L 和 M 之间.

证明　令 $\boldsymbol{B}$ 是格 L 的一个格基，且令格 N 满足 $L\subset N\subset M$．引理 13.10.3(e)表明 N

是由 L 和集合 $N\cap\Pi'(\boldsymbol{B})$ 生成的，其中 $N\cap\Pi'(\boldsymbol{B})$ 是有限集合 $M\cap\Pi'(\boldsymbol{B})$ 的一个子集. 一个有限集合有有限多个子集. ■

【13.10.6】命题 如果 $L\subset M$ 是平面上的格，则 $[M:L]=\dfrac{\Delta(L)}{\Delta(M)}$.

证明 令 $\boldsymbol{C}$ 是 M 的格基 (u_1, u_2). 令 n 是一个大的正整数，且令 M_n 表示以 $\boldsymbol{C}_n=\left(\frac{1}{n}u_1, \frac{1}{n}u_2\right)$ 为基的格. 令 Γ' 表示小区域 $\Pi'(\boldsymbol{C}_n)$. 它的面积为 $\frac{1}{n^2}\Delta(M)$. Γ' 的所有平移 $x+\Gamma'$, $x\in M_n$ 无重叠地覆盖了平面，且在每个平移 $x+\Gamma'$ 中恰好有唯一一个 M_n 中的元素，即 x.（这是引理 13.10.2.）

令 $\boldsymbol{B}$ 是 L 的格基. 我们用估计二重积分的方法估计 $\Pi(\boldsymbol{B})$ 的面积，这里用到了 Γ' 的平移. 令 $r=[M:L]$. 则 $[M_n:L]=[M_n:M][M:L]=n^2r$. 引理 13.10.3(d) 告诉我们区域 $\Pi'(\boldsymbol{B})$ 包含 n^2r 个格 M_n 中的点. 由于 Γ' 的平移覆盖了平面，因此这 n^2r 个点的平移近似覆盖 $\Pi(\boldsymbol{B})$.

$$\Delta(L)\approx n^2r\Delta(M_n)=r\Delta(M)=[M:L]\Delta(M)$$

这个近似的误差源自 $\Pi'(\boldsymbol{B})$ 的边界并没有精确覆盖. 我们可以用 $\Pi(\boldsymbol{B})$ 的边界长度以及 Γ' 的直径（最大直线距离）界定误差. 当 $n\to\infty$ 时，直径趋于零，故误差也趋于零. ■

【13.10.7】推论 平行四边形 $\Pi(\boldsymbol{B})$ 的面积 $\Delta(L)$ 与格 L 的格基 $\boldsymbol{B}$ 无关.

前面命题中令 $M=L$ 即可得证.

【13.10.8】引理 令 v 是格 L 的最小长度的非零元. 则 $|v|^2\leqslant\dfrac{2}{\sqrt{3}}\Delta(L)$.

当格为一个等边三角形格时，不等号变为等号.

证明 我们选取 L 中具有最小长度的一个元素 v_1. 则 v_1 生成一个子群 $L\cap\ell$，此处 ℓ 是由 v_1 张成的直线，且存在元素 v_2 使得 (v_1, v_2) 是 L 的格基（参看定理 6.5.5 的证明）. 刻度的变化使 $|v_1|^2$ 和 $\Delta(L)$ 改变同样的倍数，故可以假定 $|v_1|=1$. 我们定位坐标使得 $v_1=(1, 0)^t$.

407

比如 $v_2=(b_1, b_2)^t$. 我们可以假设 b_2 是正的. 则 $\Delta(L)=b_2$. 我们也可以通过加上 v_1 的倍数来调整 v_2，使 $-\frac{1}{2}\leqslant b_1\leqslant\frac{1}{2}$，使得 $b_1^2\leqslant\frac{1}{4}$. 由于 v_1 是 L 中有最小长度的非零元，因此 $|v_2|^2=b_1^2+b_2^2\geqslant|v_1|^2=1$. 因此 $b_2^2\geqslant\frac{3}{4}$. 这样 $\Delta(L)=b_2\geqslant\frac{\sqrt{3}}{2}$，且 $|v_1|^2=1\leqslant\frac{2}{\sqrt{3}}\Delta(L)$.

■

对于经过努力仍未解决的问题，
如果没有大量卓有成效的创造，
我们就看不到问题的本质所在.

——Carl Friedrich Gauss

练　习

第一节　代数整数

1.1　$\frac{1}{2}(1+\sqrt{5})$是代数整数吗?

1.2　证明$\mathbf{Q}[\sqrt{d}]$中的整数形成一个环.

1.3　(a) 令α是一个复数，它是一个首一的整多项式的根，这个多项式不必是既约的. 证明α是代数整数.

(b) 令α是代数数，它是一个整多项式$f(x)=a_nx^n+a_{n-1}x^{n-1}+\cdots+a_0$的根. 证明$a_n\alpha$是代数整数.

(c) 令α是代数整数，它是多项式$x^n+a_{n-1}x^{n-1}+\cdots+a_0$的根. 证明$\alpha^{-1}$是代数整数当且仅当$a_0=\pm 1$.

1.4　令d和d'是整数. 何时域$\mathbf{Q}(\sqrt{d})$和$\mathbf{Q}(\sqrt{d'})$是不同的?

第二节　分解代数整数

2.1　证明2，3和$1\pm\sqrt{-5}$是环$R=\mathbf{Z}[\sqrt{-5}]$的既约元且这个环的单位为± 1.

2.2　对哪个负整数$d\equiv 2(\mathrm{mod} 4)$是环$\mathbf{Q}[\sqrt{d}]$中整数环的唯一分解?

第三节　$\mathbf{Z}[\sqrt{-5}]$中的理想

3.1　令α是环$R=\mathbf{Z}[\delta]$，$\delta=\sqrt{-5}$中的一个元素，且令$\gamma=\frac{1}{2}(\alpha+\alpha\delta)$. 在什么情况下以$(\alpha, \gamma)$作为基的格是一个理想?

3.2　令$\delta=\sqrt{-5}$. 确定给定向量的任意整数组合的格是否是一个理想：

408

(a) $(5, 1+\delta)$　(b) $(7, 1+\delta)$　(c) $(4-2\delta, 2+2\delta, 6+4\delta)$

3.3　令A是虚二次域的整数环R的一个理想. 证明存在A的一组格基，其中一个元素是通常的正整数.

3.4　对下面所列的每个环R，用命题13.3.3的方法刻画在R中的理想. 作图展示每种情况下格可能的形状.

(a) $R=\mathbf{Z}[\sqrt{-3}]$　(b) $R=\mathbf{Z}\left[\frac{1}{2}(1+\sqrt{-3})\right]$　(c) $R=\mathbf{Z}[\sqrt{-6}]$

(d) $R=\mathbf{Z}\left[\frac{1}{2}(1+\sqrt{-7})\right]$　(e) $R=\mathbf{Z}[\sqrt{-10}]$

第四节　理想的乘法

4.1　令$R=\mathbf{Z}[\sqrt{-6}]$. 求积理想AB的格基，其中$A=(2, \delta)$，$B=(3, \delta)$.

4.2　令R是环$\mathbf{Z}[\delta]$，其中$\delta=\sqrt{-5}$，令A表示由下面的元素生成的理想：

(a) $3+5\delta$，$2+2\delta$；(b) $4+\delta$，$1+2\delta$. 确定给定的生成元是否形成A的格基，并确定理想$\overline{A}A$.

4.3　令R是环$\mathbf{Z}[\delta]$，其中$\delta=\sqrt{-5}$，令A与B是形如$A=\left(\alpha, \frac{1}{2}(\alpha+\alpha\delta)\right)$，$B=\left(\beta, \frac{1}{2}(\beta+\beta\delta)\right)$的理想. 通过求生成元证明$AB$是主理想.

第五节　分解理想

5.1　令$R=\mathbf{Z}[\sqrt{-5}]$.

(a) 确定11是否为R的一个既约元，(11)是否为R的一个素理想.

(b) 在 $\mathbf{Z}[\delta]$中分解主理想(14)为素理想.

5.2 令 $\delta=\sqrt{-3}$且 $R=\mathbf{Z}[\delta]$. 这不是虚二次数域 $\mathbf{Q}[\delta]$上的整数环. 令 A 是理想$(2, 1+\delta)$.

(a) 证明 A 是一个极大理想，并确定商环 R/A.

(b) 证明$\overline{A}A$ 不是主理想，主引理对于这个环不成立.

(c) 证明 A 包含主理想(2)，但是 A 不整除(2).

5.3 令 $f=y^2-x^3-x$. 环 $\mathbf{C}[x, y]/(f)$是一个整环吗?

第六节　素理想与素整数

6.1 令 $d=-14$. 对于下面每一个素数 $p=2, 3, 5, 7, 11$ 和 13，确定 p 在 R 中是否分裂或分叉. 如果是的话，求(p)的素理想因子的格基.

6.2 假设 d 是一个负整数，且 $d\equiv 1(\text{mod}4)$. 分析 2 在模 8 同余的条件下是否是持素的.

6.3 令 R 是虚二次域的整数环.

(a) 假设一个整素数 p 在 R 上是持素的. 证明 $R/(p)$是具有 n^2 个元素的域.

(b) 证明如果 p 分裂但不分叉，则 $R/(p)$同构于积环 $\mathbf{F}_p\times\mathbf{F}_p$.

409

6.4 当 $d\equiv 2(\text{mod}4)$或 $d\equiv 3(\text{mod}4)$时，一个整素数 p 在环 $\mathbf{Q}[\sqrt{d}]$的整数环上是持素的如果多项式 x^2-d 是模 p 既约的.

(a) 证明这对 $d\equiv 1(\text{mod}4)$，$p\neq 2$ 也是成立的.

(b) 当 $d\equiv 1(\text{mod}4)$，$p=2$ 时情况会怎样?

6.5 假设 $d\equiv 2(\text{mod}4)$或 $d\equiv 3(\text{mod}4)$.

(a) 证明素整数 p 在 R 上分叉当且仅当 $p=2$ 或 p 整除 d.

(b) 令 p 是分叉的整素数，且设$(p)=P^2$. 求 P 的一个具体的格基. 在什么情况下 P 是一个主理想?

6.6 令 $d\equiv 2(\text{mod}4)$或 $d\equiv 3(\text{mod}4)$. 一个整素数具有形式 a^2-b^2d，其中 $a, b\in\mathbf{Z}$. 这与整数环 R 上(p)的素理想分解有什么联系?

6.7 假设 $d\equiv 2(\text{mod}4)$或 $d\equiv 3(\text{mod}4)$，且一个素数 $p\neq 2$ 在 R 上是持素的. 令 a 是一个整数满足 $a^2\equiv d(\text{mod}p)$. 证明$(p, a+\delta)$是整除(p)的一个素理想的格基.

第七节　理想类

7.1 令 $R=\mathbf{Z}[\sqrt{-5}]$，且令 $B=(3, 1+\delta)$. 求主理想 B^2 的生成元.

7.2 证明虚二次域上的整数环上的两个非零理想 A 和 A'相似的充分必要条件是存在非零理想 C 使得 AC 和 $A'C$ 是主理想.

7.3 令 $d=-26$. 对于下列整数 n，确定 n 是否是 R 中元素 α 的范数. 如果是，求 α:n=75 250 375 5^6.

7.4 令 $R=\mathbf{Z}[\delta]$，其中 $\delta^2=-6$.

(a) 证明格 $P=(2, \delta)$和 $Q=(3, \delta)$是 R 的素理想.

(b) 在 R 上明确地分解主理想(6)为素理想.

(c) 确定 R 的类群.

第八节　计算类群

8.1 参考例 13.8.6，由于$\langle P\rangle=\langle S\rangle^3$ 和$\langle Q\rangle=\langle S\rangle^2$，因此引理 13.8.7 预言存在范数为 $2\cdot 5^3$ 和 $3^2\cdot 5^2$ 的元素. 求这些元素.

8.2 参考例 13.8.8，解释为什么 $N(4+\delta)$和 $N(14+\delta)$不能导致矛盾的结论.

8.3 令$R=\mathbf{Z}[\delta]$，$\delta=\sqrt{-29}$. 在每一种情形，计算范数，解释为什么能够从对R中理想的范数的计算得出结论，并确定R的类群：$N(1+\delta)$，$N(4+\delta)$，$N(5+\delta)$，$N(9+2\delta)$，$N(11+2\delta)$.

8.4 证明定理13.2.5中所列的d的值有唯一分解.

8.5 对每一种情形，确定类群并画出可能的格的形状：

(a) $d=-10$ (b) $d=-13$ (c) $d=-14$ (d) $d=-21$

8.6 对每一种情形，确定类群：

410 (a) $d=-41$ (b) $d=-57$ (c) $d=-61$ (d) $d=-77$ (e) $d=-89$

第九节 实二次域

9.1 证明$1+\sqrt{2}$在$\mathbf{Z}[\sqrt{2}]$的单位的群中是无限阶的元素.

9.2 确定方程$x^2-y^2d=1$的解，其中d是一个正整数.

9.3 (a) 证明度量函数$\sigma(\alpha)=|N(\alpha)|$把环$\mathbf{Z}[\sqrt{2}]$变成欧几里得整环，且这个环有唯一分解.

(b) 在图13.9.6嵌入的描述中，做一个简图展示$R=\mathbf{Z}[\sqrt{2}]$的主理想$(\sqrt{2})$.

9.4 令R是实二次数域的整数环. R的单位群的可能结构是什么？

9.5 令R是实二次数域的整数环，令U_0表示嵌入(13.9.2)中位于第一象限的R的单位的集合.

(a) 证明U_0是单位群的一个无限循环子群.

(b) 当$d=3$和$d=5$时，求U_0的一个生成元.

(c) 对$d=3$，在合理的尺寸范围画一个图表示这个双曲线和这些单位.

第十节 关于格

10.1 令M是$\mathbf{R}^2$上的整数格，令L为以$((2,3)^t,(3,6)^t)$为基的格. 确定指标$[M:L]$.

10.2 令$L\subset M$是分别以$\boldsymbol{B}$和$\boldsymbol{C}$为基的格，令A是使得$\boldsymbol{B}A=\boldsymbol{C}$的整数矩阵. 证明$[M:L]=|\det A|$.

杂题

M.1 描述$\mathbf{C}$的子环S，这个子环是复平面上的格.

*M.2 令$R=\mathbf{Z}[\delta]$，其中$\delta=\sqrt{-5}$，且令p是一个素整数.

(a) 证明如果p在R上分裂，比如$(p)=\overline{P}P$，则恰有椭圆$x^2+5y^2=p$或$x^2+5y^2=2p$包含一个整数点.

(b) 求一个性质使其能确定哪一个椭圆有整数点.

M.3 描述在下列两种情形下的素理想：(a)两个变量的多项式环$\mathbf{Z}[x,y]$；(b)整多项式环$\mathbf{Z}[x]$.

M.4 令L表示平面$\mathbf{R}^2$上的整数格$\mathbf{Z}^2$，令P是一个顶点在平面上的格L上的多边形. Pick定理断言面积$\Delta(P)$等于$a+b/2-1$，其中a是P的内部的格L的点的数目，b是P的边界上的格L的点的数目.

(a) 证明Pick定理.

411 (b) 从Pick定理推导出命题13.10.6.

第十四章　环中的线性代数

放聪明点！做推广！

——Picayune Sentinel

线性代数的一个基本问题是解线性方程组．我们考虑方程组 $AX=B$，其中 A 与 B 中的元素都属于环 R，且要求其解 $X=(x_1, \cdots, x_n)^t$，满足 $x_i\in\mathbf{R}$，当 R 是环时，解方程组是复杂的，但我们将看到当环 R 是整数环或者是一个域上的多项式环时，这样的方程组有解．

第一节　模

与域上的向量空间类似，环上的向量空间叫做模．

令 R 是一个环．R-模 V 是一个带有记作＋的合成法则的阿贝尔群与一个标量积 $R\times V\to V$，写成 $r, v\rightsquigarrow rv$，且满足下面公理：

【14.1.1】　$1v=v,\quad (rs)v=r(sv),\quad (r+s)v=rv+sv,\quad r(v+v')=rv+rv'$

对所有 $r, s\in R$ 和 $v, v'\in V$ 都成立．

注意到这几条恰好是向量空间(3.1.2)的公理．但环的元素不必可逆这一事实使得模更为复杂．

我们的第一个例子是 R-向量的模 R^n，即 R 中元素的列向量的模．这些模称为自由模．R-向量的合成法则与元素在一个域中的向量的合成法则是一样的：

$$\begin{bmatrix}a_1\\ \vdots\\ a_n\end{bmatrix}+\begin{bmatrix}b_1\\ \vdots\\ b_n\end{bmatrix}=\begin{bmatrix}a_1+b_1\\ \vdots\\ a_n+b_n\end{bmatrix},\quad r\begin{bmatrix}a_1\\ \vdots\\ a_n\end{bmatrix}=\begin{bmatrix}ra_1\\ \vdots\\ ra_n\end{bmatrix}$$

但当 R 不是域时，这些模不再是仅有的模．存在不同构于任意自由模的模，即使它们是由有限集合张成的．

一个合成法则记为加法的任意阿贝尔群 V 有唯一的方法构成 $\mathbf{Z}$ 上的一个模．分配律使得我们可以令 $2v=(1+1)v=v+v$，等等：

$$nv=v+\cdots+v=\text{“}n\text{ 倍 }v\text{”}$$

412

且 $(-n)v=-(nv)$ 对于任意正整数 n 成立．我们的确把 V 做成一个 $\mathbf{Z}$-模，直观上这是非常容易接受的．这是把 V 做成一个 $\mathbf{Z}$-模的唯一一种方式．这里我们不给出正式证明了．

反之，任意 $\mathbf{Z}$-模具有一个由忘却其标量乘法只保持其加法运算律的阿贝尔群结构．

【14.1.2】　阿贝尔群和 $\mathbf{Z}$-模是等价的概念．

我们需要在阿贝尔群上用加法记号而使这个对应看起来是自然的，而整章我们都这样做．

阿贝尔群提供了环上的模不必是自由模的例子．由于当 n 为正数时，$\mathbf{Z}^n$ 是无限的，因此除了零群以外的有限阿贝尔群不同构于一个自由模．

R-模 V 的子模 W 是一个在加法和标量乘法下封闭的子集. V 上的合成法则使子模 W 成为模. 当环 R 看作自由 R-模 R^1 时，我们已经见过了前面情形的子模，即环 R 的子模.

【14.1.3】**命题** R-模 R 的子模是 R 的理想.

由定义，理想是 R 的关于加法和乘法封闭的非空子集.

R-模同态 $\varphi:V\to W$ 的定义类似于向量空间的线性变换，这个映射关于合成法则是相容的：

【14.1.4】
$$\varphi(v+v')=\varphi(v)+\varphi(v'),\quad \varphi(rv)=r\varphi(v)$$
对于所有 v，$v'\in V$ 和 $r\in \mathbf{R}$ 成立. 同构是一个双射同态. 同态 $\varphi:V\to W$ 的核是满足 $\varphi(v)=0$的 $v\in V$ 的元素的集合，是定义域 V 的一个子模，同态的像是值域 W 的一个子模.

我们可以把商结构推广到模上. 令 W 是 R-模 V 的一个子模. 商模$\overline{V}=V/W$ 是加法陪集$\overline{v}=[v+W]$所成的群. 它由下面的规则成为一个 R-模：

【14.1.5】
$$r\overline{v}=\overline{rv}$$
关于商模的主要结论列举如下.

【14.1.6】**定理** 令 W 是 R-模 V 的一个子模.

(a) W 在 V 中的加法陪集的集合$\overline{V}$是一个 R-模，且典范映射 $\pi:V\to\overline{V}$映$v\rightsquigarrow\overline{v}=[v+W]$是 R-模的满同态，其核为 W.

(b) 映射性质：令 $f:V\to V'$是 R-模同态，且同态核 K 包含 W. 则存在唯一的同态：$\overline{f}:\overline{V}\to V'$使得 $f=\overline{f}\circ\pi$.

$$\begin{array}{ccc} V & \xrightarrow{f} & V' \\ & {}_{\pi}\searrow & \nearrow_{\overline{f}} \\ & \overline{V} & \end{array}$$

413

(c) 第一同构定理：令 $f:V\to V'$是 R-模满同态，其核等于 W. 则(b)中定义的映射 $\overline{f}:\overline{V}\to V'$是一个同构.

(d) 对应定理：令 f：$V\to\mathcal{V}$是核为 W 的 R-模满同态. 则存在$\mathcal{V}$的子模与 V 的包含 W 的子模之间的一个一一对应. 这个对应定义如下：如果$\mathcal{S}$是$\mathcal{V}$的子模，对应于 V 的子模为 $S=f^{-1}(\mathcal{S})$且如果 S 是 V 的包含 W 的子模，则对应的 W 的子模为$\mathcal{S}=f(S)$. 如果 S 和$\mathcal{S}$是对应的子模，则 V/S 同构于$\mathcal{V}/\mathcal{S}$.

我们已经看到了环与理想以及群与正规子群间的类似的结果. 证明和以前的证明类似，在此省略.

第二节 自 由 模

自由模构成一个重要的代数类，在此予以讨论. 从本章第五节开始，我们讨论其他模.

注 R 是一个环. 一个 R-矩阵是元素在环 R 中的矩阵. 一个 R-可逆矩阵是其逆矩阵也是 R-矩阵的 R-矩阵. $n\times n$ 可逆 R-矩阵形成的群叫做 R 上的一般线性群：

【14.2.1】
$$GL_n(R)=\{n\times n\text{ 可逆 }R\text{- 矩阵}\}.$$

R-矩阵 $A=(a_ia_j)$的行列式可由第一章描述的规则计算，例如，完全展开式(1.6.4)将行列式 $\det A$ 表示为带有 n^2 个矩阵元素的系数为±1 的多项式.

【14.2.2】
$$\det A = \sum_p \pm a_{1,p1}, \cdots, a_{n,pn}$$

和前面一样，这个和取遍指标集合{**1**，…，***n***}的所有置换，符号±1 代表置换的符号．将这个公式在一个 R-矩阵上取值，得到 R 的一个元素．通常的行列式规则仍然成立，例如

$$(\det A)(\det B) = \det(AB)$$

当矩阵元素属于一个域时我们已经证明这一规则(1.4.10)，下一节将讨论这样的性质能搬到 R-矩阵的原因，我们假定它们可搬到 R-矩阵上.

【14.2.3】引理 令 R 是一个非零环.

(a) 一个方 R-矩阵 A 是可逆的当且仅当它有左逆或右逆，或当且仅当它的行列式是环的一个单位.

(b) 一个可逆 R-矩阵是方阵.

证明

(a) 如果 A 有左逆 L，则$(\det L)(\det A)=\det I=1$ 表明 $\det A$ 在 R 中有逆元，故 $\det A$ 是 R 的一个单位．类似的推理表明如果 A 有右逆，则 $\det A$ 是一个单位.

414

如果 A 是 R-矩阵且其行列式 δ 为 R 上的单位，则克莱姆法则 $A^{-1}=\delta^{-1}\mathrm{cof}(A)$(其中 $\mathrm{cof}(A)$是(1.6.7)中的伴随矩阵)表明存在系数在 R 上的逆矩阵.

(b) 假设一个 $m\times n$ 的 R-矩阵 P 是可逆的，即存在一个 $n\times m$ 的 R-矩阵 Q，使得 $PQ=I_m$，$QP=I_n$．如果有必要，可交换 P 和 Q，我们无妨假设 $m\geqslant n$．如果 $m\neq n$，则通过添加 0 使 P 和 Q 为方阵：

$$\left[P \quad \middle| \quad 0\right]\left[\frac{Q}{0}\right] = I_m$$

这并不改变 P 和 Q 的乘积，但是这些方阵的行列式都是 0，故它们不可逆．因此 $m=n$. ■

当环 R 中单位不多时，可逆矩阵的行列式必须是单位这一事实对于矩阵是一个很强的条件．例如，如果 R 是整数环，则行列式必为±1．大多数整数矩阵是可逆的实矩阵，因而它们属于 $GL_n(\mathbf{R})$．但除非行列式为±1，否则逆矩阵的元素不会是整数：它们不是 $GL_n(\mathbf{Z})$的元素．而如果 $n>1$，则仍有相当多的可逆 $n\times n$ R-矩阵．初等矩阵 $E=I+ae_{i,j}$(其中 $i\neq j$，$a\in\mathbf{R}$)是可逆的，因此它们生成一个相当大的群.

我们现在回到环 R 上的模的讨论，基与无关性的概念(第三章第四节)可以不做改动地由向量空间搬到模上．称模 V 的一个有序元素集$(v_1, \cdots, v_k)$生成或张成 V，如果每个 $v\in V$是一个线性组合：

【14.2.4】
$$v = r_1v_1 + \cdots + r_kv_k$$

其中系数 $r_i\in R$．像这种情形，元素 v_i 称为生成元．如果模 V 有一个有限的生成元集，则称为有限生成的，我们研究的大多数模都将是有限生成的.

模 V 的一个元素集合$(v_1, \cdots, v_n)$是无关的，如果线性组合 $r_1v_1+\cdots+r_nv_n$ 是零，其

中$r_i \in R$，且所有系数$r_i=0$. 若元素集合$(v_1, \cdots, v_n)$生成V，且$(v_1, \cdots, v_n)$是无关的，则称为一组基. 和向量空间一样，集合$(v_1, \cdots, v_n)$是一组基如果V中每个元素v可以唯一方式表示为线性组合(14.2.4). 标准基$\mathbf{E}=(e_1, \cdots, e_k)$是$R^n$的一组基.

我们也会谈到无限集合的线性组合和线性无关，这会用到第三章第七节的术语. 即使S是无限集合，它的线性组合也只涉及有限多项.

如果V的元素的一个有序集合$(v_1, \cdots, v_n)$用$\mathbf{B}$来表示，如第三章所述，则用$\mathbf{B}$乘，得

415

$$\mathbf{B}X = (v_1, \cdots, v_n)\begin{bmatrix} x_1 \\ \vdots \\ x_n \end{bmatrix} = v_1 x_1 + \cdots + v_n x_n$$

这定义了一个模同态，仍然记为$\mathbf{B}$：

【14.2.5】
$$R^n \xrightarrow{\mathbf{B}} V$$

和前面一样，标量移到了右边. 这个同态是满射，当且仅当$\mathbf{B}$生成V；同态是单射，当且仅当$\mathbf{B}$是无关的；同态是双射，当且仅当$\mathbf{B}$是一组基. 因此一个模V有基当且仅当它同构于某个自由模R^k，如果这样，该模也称为自由模. 一个模是自由的当且仅当它有基.

多数模没有基

一个自由$\mathbf{Z}$-模也叫做自由阿贝尔群. $\mathbf{R}^2$上的格是自由阿贝尔群，当有限时，非零阿贝尔群不是自由的.

自由模的基的运算和向量空间的基运算类似. 如果$\mathbf{B}$是自由模V的一组基，则一个元素$v \in V$在这组基$\mathbf{B}$下的坐标向量是使得$v=\mathbf{B}X$成立的唯一的列向量X. 如果$\mathbf{B}=(v_1, \cdots, v_m)$和$\mathbf{B}'=(v'_1, \cdots, v'_n)$是同一个自由模$V$的两组基，则如第三章那样可得基变换矩阵，同构把新的基的元素用旧的基的线性组合来表示$\mathbf{B}'=\mathbf{B}P$.

【14.2.6】命题　令R是一个非零环.

(a) 一个自由模的基变换矩阵P是一个可逆的R-矩阵.

(b) R上同一个自由模的两个基具有同样的元素个数.

(a)的证明和命题3.5.9的证明相同；(b)的证明由(a)和14.2.3可得.

一个自由模V的基的元素个数叫做V的秩. V的秩和向量空间的维数类似. (许多概念在环上的模中有不同的名称.)

正如在向量空间中一样，任意两个自由模R^n和R^m之间的模同态可以由左乘一个R-矩阵A给出：

【14.2.7】
$$R^n \xrightarrow{A} R^m$$

A的第j列是$f(e_j)$. 同样，如果$\varphi: V \to W$是分别以$\mathbf{B}=(v_1, \cdots, v_n)$和$\mathbf{C}=(w_1, \cdots, w_m)$为基的两个自由$R$-模的同态，则关于$\mathbf{B}=(v_1, \cdots, v_n)$的同态矩阵是$A=(a_{ij})$，其中

【14.2.8】
$$\varphi(v_j) = \sum_i w_i a_{ij}$$

如果 X 是向量 v 的坐标向量，即如果 $v=\boldsymbol{B}X$，则 $Y=AX$ 是其像的坐标向量，即$\varphi(v)=\boldsymbol{C}Y$.

【14.2.9】

$$\begin{array}{ccccccc} R^n & \xrightarrow{A} & R^m & & X & \rightsquigarrow & Y \\ \downarrow \boldsymbol{B} & & \downarrow \boldsymbol{C} & & \wr & & \wr \\ V & \xrightarrow{\varphi} & W & & v & \rightsquigarrow & \varphi(v) \end{array}$$

416

正如在线性变换中一样，借助一个可逆 R-矩阵 P 和 Q 变换基 $\boldsymbol{B}$ 和基 $\boldsymbol{C}$，这个变换把 φ 的矩阵变为 $A'=Q^{-1}AP$.

第三节 恒 等 式

本节我们着重考虑下面的问题：为什么元素属于一个域的矩阵的性质对于元素属于一个任意环的矩阵仍然成立？简单地说，如果它们是恒等式，也就是说当把矩阵元素换为变量时它们仍然成立. 更准确地说，假设想要证明像行列式的乘法性质这样的恒等式，$(\det A)(\det B)=\det(AB)$，或克莱姆法则等. 假如已对复元素矩阵验证了恒等式，我们不想再重复一次，然而可能用到 $\mathbf{C}$ 的特殊性质，例如域的公理来验证恒等式，我们的确用到了域的性质来证明得到的恒等式，因而给出的证明对环不起作用，我们现在指出如何关于复数的恒等式对所有环推导出同样的恒等式.

原理是非常一般的，但为集中注意力，我们利用行列式的完全展开(即定义)来考虑乘法性质：$(\det A)(\det B)=\det(AB)$. 首先将矩阵元素用变量代替. 用 X 和 Y 表示待定的 $n\times n$矩阵，则恒等式为$(\det X)(\det Y)=\det(XY)$. 写为

【14.3.1】
$$f(X,Y)=(\det X)(\det Y)-\det(XY)$$

这是一个有 $2n^2$ 个变量矩阵元素 x_{ij} 和 $y_{k\ell}$ 的多项式，是关于这些变量的整多项式环 $\mathbf{Z}[\{x_{ij}\},\{y_{k\ell}\}]$中的一个元素.

给定系数在环 R 上的两个矩阵 $A=(a_{ij})$和 $B=(b_{k\ell})$，存在唯一一个同态

【14.3.2】
$$\varphi:\mathbf{Z}[\{x_{ij}\},\{x_{k\ell}\}]\rightarrow R$$

代入作替换，使得 $x_{ij}\rightsquigarrow a_{ij}$，$y_{k\ell}\rightsquigarrow b_{k\ell}$.

参看行列式的定义，我们看到，因为 φ 是同态，所以有

$$f(X,Y)\rightsquigarrow f(A,B)=(\det A)(\det B)-\det(AB)$$

要证明行列式的乘法性质对任意环成立，只需证明 f 是多项式环 $\mathbf{Z}[\{x_{ij}\},\{y_{k\ell}\}]$中的零元即可. 这就是证明$(\det X)(\det Y)=\det(XY)$是个恒等式. 如果是这样，则由于 $\varphi(0)=0$，故$f(A,B)=0$对于任意环上的矩阵 A，B 成立.

现在，如果我们展开 f 并合并同类项，并将 f 写成单项式的线性组合，则这些单项式的系数均为 0. 然而，我们不会也不想这么做. 为解释清楚这一点，我们以 2×2 矩阵为例. 在此情形下，

$$f(X,Y)=((x_{11}x_{22}-x_{12}x_{21})(y_{11}y_{22}-y_{12}y_{21}))-(x_{11}y_{11}+x_{12}y_{21})(x_{21}y_{12}+x_{22}y_{22})$$
$$+(x_{11}y_{12}+x_{12}y_{22})(x_{21}y_{11}+x_{22}y_{22})$$

417

这是零多项式，但它并不显然为零，我们也不想用更大的矩阵验算了.

换一种方式，我们做如下推理：多项式确定了 $2n^2$ 个复变量 $\{x_{ij}, y_{k\ell}\}$ 空间上的函数：如果 A，B 是复矩阵，且如果计算 f 在 $\{a_{ij}, b_{k\ell}\}$ 的值，我们得到 $f(A, B)=(\det A)(\det B)-\det(AB)$. 我们知道 $f(A, B)=0$ 是因为恒等式当 A，B 是复矩阵时成立. 故函数 f 恒等于 0. 定义为零函数的多项式只有零多项式. 故 $f=0$.

在任意环上进行下面的讨论并证明关于恒等式成立的一般定理是可能的. 然而，即使是数学家有时也感到不必做出精确的表述——当遇到每一具体情形再考虑有时会更容易些，这里就是一个这样的情形.

第四节 整数矩阵的对角化

本节讨论本章开始提到的问题：给定一个 $m\times n$ 整数矩阵 A(矩阵中的元素均为整数)和一个整数列向量 B，求线性方程组的整数解

【14.4.1】
$$AX = B$$

用整数矩阵 A 左乘就定义了一个映射 $\mathbf{Z}^n \xrightarrow{A} \mathbf{Z}^m$. 它的核是齐次方程组 $AX=0$ 的整数解的集合，它的像是使得方程组 $AX=B$ 有整数解的那些整数向量 B 的集合. 和以往一样，非齐次方程组 $AX=B$ 的全部解由其一个特解和相应的齐次方程组的通解相加得到.

当系数在一个域上时，行约简是解线性方程组的常用方法. 这里，这些运算受到了很多限制：只有当给定的整数矩阵是*可逆的整数矩阵*时，即有一个整数矩阵为其逆矩阵时，这个行约简的方法才能使用. 可逆的整数矩阵形成*整数一般线性群* $GL_n(\mathbf{Z})$.

当用行或列变换简化矩阵时，能得到最好的结果. 故我们允许做下列运算：

【14.4.2】

- 一行(列)的整数倍加到另一行(列)上去；
- 互换两行或两列；
- 用 -1 乘以某行或某列.

任何上面的运算都可以用一个*初等整数矩阵*左乘或右乘 A 来得到. *初等整数矩阵*是可逆的整数矩阵. 通过一系列这样的运算将得到形如

【14.4.3】
$$A' = Q^{-1}AP$$

418 的矩阵，其中 Q 和 P 是适当大小的可逆整数矩阵.

在一个域上，任何矩阵都可通过行或列运算(4.2.10)简化为下面的矩阵块的形式：

$$A' = \begin{bmatrix} I & \\ & 0 \end{bmatrix}$$

但对于整数环上的矩阵我们不能指望其化简成上面的形式：对 1×1 矩阵就不能化简成上述形式. 但我们可以对角化整数矩阵.

例如：

【14.4.4】
$$A=\begin{bmatrix}1&2&3\\4&6&6\end{bmatrix}\xrightarrow{\text{行运算}}\begin{bmatrix}1&2&3\\0&-2&-6\end{bmatrix}\xrightarrow{\text{列运算}}\begin{bmatrix}1&0&0\\0&-2&-6\end{bmatrix}$$
$$=\begin{bmatrix}1&0&0\\0&-2&-6\end{bmatrix}\xrightarrow{\text{行运算}}\begin{bmatrix}1&0&0\\0&2&6\end{bmatrix}\xrightarrow{\text{列运算}}\begin{bmatrix}1&0&0\\0&2&0\end{bmatrix}=A'$$

所得矩阵具有形式 $A'=Q^{-1}AP$，其中 Q 和 P 是可逆整数矩阵：

【14.4.5】
$$Q^{-1}=\begin{bmatrix}1&\\4&-1\end{bmatrix},\quad P=\begin{bmatrix}1&-2&3\\&1&-3\\&&1\end{bmatrix}$$

（计算这些矩阵时很容易出错．为了计算 Q^{-1}，行运算所产生的初等矩阵以逆序相乘，而计算矩阵 P 时是按照初等矩阵的运算顺序相乘的．）

【14.4.6】定理 令 A 是一个整数矩阵．存在适当大小的初等整数矩阵 Q 和 P 使得 $A'=Q^{-1}AP$ 是对角矩阵，比如

$$A'=\begin{bmatrix}\begin{bmatrix}d_1&&\\&\ddots&\\&&d_k\end{bmatrix}&\\&0\end{bmatrix}$$

此处对角线元素 d_i 是正整数，且一个整除另一个：$d_1\mid d_2\mid\cdots\mid d_k$.

注意对角线不一定到右下角，除非矩阵 A 为方阵．如果 $k<m$，$k<n$，则对角线元素在下面会有一些零．

我们可以把上述定理中出现的四个矩阵的内在联系用下图总结起来：

【14.4.7】图
$$\begin{array}{ccc}\mathbf{Z}^n&\xrightarrow{A'}&\mathbf{Z}^m\\ {\scriptstyle P}\downarrow&&\downarrow{\scriptstyle Q}\\ \mathbf{Z}^n&\xrightarrow[A]{}&\mathbf{Z}^m\end{array}$$

此处映射用定义这个映射的矩阵来表示．

419

证明 设 $A\neq0$．方法是实施一系列行或列变换得到如下形式的矩阵

【14.4.8】
$$\begin{bmatrix}d_1&0&\cdots&0\\0&&&\\\vdots&&M&\\0&&&\end{bmatrix}$$

其中 d_1 整除 M 中的每一个元素．当这步完成后，再对 M 做同样的变换．我们给出一个系统的方法，虽然这个方法可能不是把矩阵化为对角形的最快的方法．这个方法基于反复使用带余除法．

第一步：通过行或列置换，把绝对值最小的非零元素移到矩阵的左上角．如果必要，

用-1乘以第一行使得左上角元素a_{11}是正数.

接下来，我们尝试把第一列其他位置的元素消为零. 每当遇到一个运算产生了绝对值比a_{11}小的非零元素，就回到第一步再开始整个过程. 虽然这会把我们前面的工作搞砸，但是也有进步，因为a_{11}变小了. 通常经有限步就能使a_{11}最小.

第二步：如果第一列含有非零元素a_{i1}，$i>1$，则用a_{11}除a_{i1}：

$$a_{i1} = a_{11}q + r$$

其中q，r是整数，且余数r满足$0 \leqslant r < a_{11}$. 我们将第i行减去第1行的q倍. 将a_{i1}用r代替. 如果$r \neq 0$，则回到第一步. 如果$r=0$，我们就把第一列某个元素消成零.

第一步和第二步施行有限步之后所有a_{i1}都为零，其中$i>1$. 同理，用列变换把第一行的其他位置元素消为零，最终得到了只有第一行第一列元素a_{11}不是零，而第一行和第一列其他位置元素全为零的矩阵.

第三步：假设a_{11}是第一行和第一列仅有的非零元素，但M中有某个元素b不能被a_{11}整除，则我们把A的含有b的那一列加到第一列上去，这就在第一列生成元素b. 回到第二步. 带余除法产生一个更小的非零的元素，又回到第一步. ■

我们现在准备好了解整数线性方程组$AX=B$.

【14.4.9】命题 令A是一个$m \times n$矩阵，令P和Q是可逆的整数矩阵使得$A'=Q^{-1}AP$为定理14.4.6中描述的对角形矩阵.

(a) 齐次方程组$A'X'=0$的整数解是整数向量X'，它的前k个坐标均为零.

(b) 齐次方程组$AX=0$的整数解是所有形如$X=PX'$的整数解，其中$A'X'=0$.

420

(c) 用A'乘得到的像W'由所有向量d_1e_1，…，d_ke_k的任意整系数组合构成.

(d) 用A乘得到的像W由所有向量$Y=QY'$构成，其中Y'属于W'.

证明

(a) 因为A'是对角形的，故方程组$A'X'=0$可写成

$$d_1x_1' = 0, \quad d_2x_2' = 0, \cdots, d_kx_k' = 0$$

为得到方程组$A'X'=0$的解，必须对于所有$i=1$，…，k，有$x_i'=0$而对于$i>k$，x_i'可以为任意整数.

(c) 映射A'的像由A'的列生成，因为A'是对角形的，其列非常简单：当$j \leqslant k$，$A_j'=d_je_j$；当$j>k$，$A_j'=0$.

(b)和(d) 将P和Q分别看成$\mathbf{Z}^n$和$\mathbf{Z}^m$的基变换矩阵. 图14.4.7中竖直向下的箭头是双射，故P把A'的核双射地映射为A的核，Q把A'的像双射地映射为A的像. ■

我们回到例(14.4.4). 观察矩阵A'，看到方程组$A'X'=0$的解是e_3的整数倍. 所有方程组$AX=0$的解是Pe_3的整数倍，它是P的第三列$(3, -3, 1)^t$. A'的像由向量e_1和$2e_2$的整数组合构成. A的像由用Q乘这些向量得到. 在这个例子中恰巧$Q=Q^{-1}$. 故它的像由矩阵列向量的整数组合构成.

$$QA' = \begin{bmatrix} 1 & 0 \\ 4 & -1 \end{bmatrix} \begin{bmatrix} 1 & 0 \\ 0 & 2 \end{bmatrix} = \begin{bmatrix} 1 & 0 \\ 4 & -2 \end{bmatrix}$$

当然，A 的像也由 A 的列的整数组合的集合表示，但是那些列不能构成 $\mathbf{Z}$-基.

自由模的子模

整矩阵的对角化的定理可用于刻画自由阿贝尔群间的同态.

【14.4.10】推论 令 $\varphi:V\to W$ 是自由阿贝尔群的同态. 存在 V 和 W 的基使得同态矩阵为对角形矩阵(14.4.6).

【14.4.11】定理 令 W 是秩为 m 的自由阿贝尔群，且令 U 是 W 的子群. 则 U 是一个自由阿贝尔群，且它的秩小于等于 m.

证明 首先我们选取 W 的一组基 $\boldsymbol{C}=(w_1, \cdots, w_m)$ 和 U 的一组生成元集 $\boldsymbol{B}=(u_1, \cdots, u_n)$. 记 $u_j=\sum_i w_i a_{ij}$，令 $A=(a_{ij})$. 当以 W 的基 $\boldsymbol{C}$ 来计算，矩阵 A 的列是生成元 u_j 的坐标向量. 我们得到了阿贝尔群的同态交换图

421

【14.4.12】图

$$\begin{array}{ccc} \mathbf{Z}^n & \xrightarrow{A} & \mathbf{Z}^m \\ \boldsymbol{B}\downarrow & & \downarrow\boldsymbol{C} \\ U & \xrightarrow{i} & W \end{array}$$

其中 i 表示 U 到 W 的包含关系. 因为 $\boldsymbol{C}$ 是基，故右边向下的箭头是双射，且因为 $\boldsymbol{B}$ 生成 U，故左边的向下的箭头是满射.

我们对角化矩阵 A. 用通常的记号 $A'=Q^{-1}AP$，我们把矩阵 P 看成是 $\mathbf{Z}^n$ 的基变换矩阵，把 Q 看作是 $\mathbf{Z}^m$ 的基变换矩阵. 令 $\boldsymbol{C}'$ 和 $\boldsymbol{B}'$ 是新的基. 由于当初的基 $\boldsymbol{C}$ 的选取和生成元集 $\boldsymbol{B}$ 的选取是任意的，因而可以把上图中的 $\boldsymbol{C}$，$\boldsymbol{B}$ 和 A 替换成 $\boldsymbol{C}'$，$\boldsymbol{B}'$ 和 A'. 故我们可以假设矩阵 A 有(14.4.6)中给定的对角形. 则对于 $j=1, \cdots, k$，$u_j=d_j w_j$.

粗略地说，这就是证明，但是还有几点需要考虑. 首先，对角矩阵 A 可以包含零列. 一个零列对应着一个生成元 u_j，u_j 关于 W 的基 $\boldsymbol{C}$ 下的坐标向量为零向量. 故 u_j 也是零. 这个向量作为生成元是没用的，因而将其去掉. 当去掉了零生成元之后，所有的对角元素都是正的，且有 $k=n$ 和 $n\leqslant m$.

如果 W 是零子群，那么最后将舍弃所有生成元. 与向量空间一样，我们必须采用空集合作为零模的一个基；或在定理的叙述中要特别提到这一例外情形.

我们假定 $m\times n$ 矩阵是对角形的，对角线上元素 $d_1, \cdots, d_n$ 均为正的，且 $n\leqslant m$，我们证明集合$(u_1, \cdots, u_n)$是 U 的基. 由于这个集合生成 U，故只需证明这个集合是无关的。我们将线性关系 $a_1u_1+\cdots+a_nu_n=0$ 写成形式 $a_1d_1w_1+\cdots+a_nd_nw_n=0$. 由于$(w_1, \cdots, w_n)$是基，故对于每个 i，有 $a_id_i=0$，由于 $d_i>0$，因此 $a_i=0$.

最后一点更为严重：需要从 U 的一个生成元的有限集合开始. 怎么知道存在这样一个集合？有限生成的阿尔贝群的子集都是有限生成的，这是一个事实. 我们将在本章第六节证明这一点. 目前定理只能是在 U 是有限生成的子集的附加假设之下得证. ■

假设 $\mathbf{R}^2$ 上的一个带有基 $\boldsymbol{B}=(v_1, v_2)$的格 L 是带有基 $\boldsymbol{C}=(u_1, u_2)$的格 M 的子格，令

A 是整数矩阵满足 $\boldsymbol{B}=\boldsymbol{C}A$. 如果我们改变 L 和 M 的基，矩阵 A 将变为矩阵 $A'=Q^{-1}AP$，其中 Q 和 P 是可逆整数矩阵. 根据定理 14.4.6，可以适当选择基使得 A 为对角形的矩阵，对角元素为正整数 d_1，d_2. 假设已经做到这样了. 则如果 $\boldsymbol{B}=(v_1, v_2)$ 和 $\boldsymbol{C}=(u_1, u_2)$，则由方程 $\boldsymbol{B}=\boldsymbol{C}A$ 可得到 $v_1=d_1u_1$ 和 $v_2=d_2u_2$.

【14.4.13】例　令 $Q=\begin{bmatrix}1 & \\ 3 & 1\end{bmatrix}$，$A=\begin{bmatrix}2 & -1\\ 1 & 2\end{bmatrix}$，$P=\begin{bmatrix}1 & 1\\ 1 & 2\end{bmatrix}$，$A'=Q^{-1}AP=\begin{bmatrix}1 & \\ & 5\end{bmatrix}$.

令 M 是具有标准基 $\boldsymbol{C}=(e_1, e_2)$ 的整数格，令 L 是以 $\boldsymbol{B}=(v_1, v_2)=((2, 1)^t,$ 422 $(-1, 2)^t)$ 为基的格. 它的坐标向量是 A 的列向量. 我们把 P 理解为 L 的基的变换矩阵，把 Q 理解为 M 的基的变换矩阵. 用坐标向量表示，新的基是 $\boldsymbol{C}'=(e_1, e_2)Q=((1, 3)^t, (0, 1)^t)$ 且 $\boldsymbol{B}'=(v_1, v_2)P=((1, 3)^t, (0, 5)^t)$.

下面左边的图表示由两个原来的基张成的正方形，右边的图表示由两个新的基张成的平行四边形. 由 L 的新的基张成的平行四边形由将阴影部分的平行四边形平移 5 次填充得到，而阴影部分的平行四边形由 M 的新基张成. 指标是 5. 注意在区域 $\Pi'(v_1, v_2)$ 中有 5 个格点，这与命题 13.10.3(d)一致. 右图也清楚地表明比值 $\Delta(L)/\Delta(M)$ 是 5.

【14.4.14】图

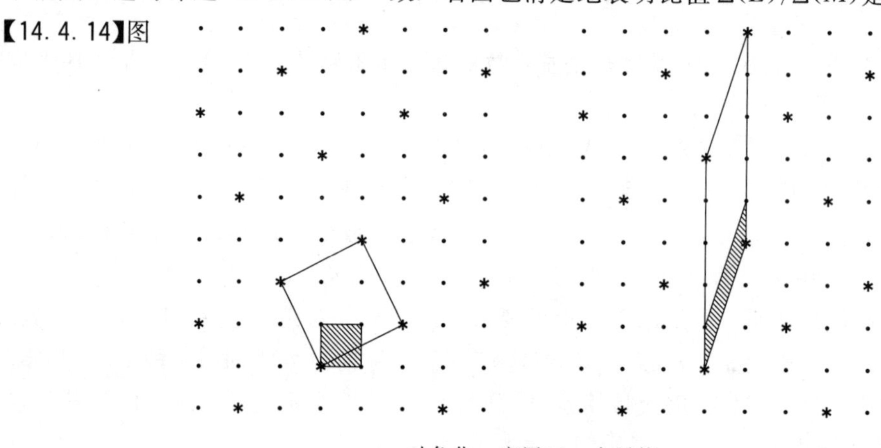

对角化，应用于一个子格　■

第五节　生成元和关系

本节将注意力转到非自由的模，我们将指出如何用称为表现矩阵的矩阵来刻画一大类模.

用一个 $m\times n$ 的 R-矩阵 A 左乘定义一个 R-模同态 $R^n \xrightarrow{A} R^m$. 同态的像由系数属于环 R 的矩阵 A 的列的线性组合构成，记作 AR^n. 我们称商模 $V=R^m/AR^n$ 由矩阵 A 表现. 更一般地，我们称任何同构 $\sigma: R^m/AR^n\to V$ 是模 V 的一个表现. 如果存在这样的同构的话，则矩阵 A 称为模 V 的一个表现矩阵.

例如，5 阶循环群 C_5 用一个 1×1 整数矩阵[5]表现为一个 $\mathbf{Z}$-模，因为 C_5 同构于 $\mathbf{Z}/5\mathbf{Z}$.

423 我们用典范映射 $\pi: R^m\to V=R^m/AR^n$(14.1.6)解释商模 R^m/AR^n 如下：

【14.5.1】命题

(a) V 是由元素 $\boldsymbol{B}=(v_1, \cdots, v_m)$ 的集合生成，其中 $\boldsymbol{B}=(v_1, \cdots, v_m)$ 是 R^m 的标准基元素的像.

(b) 如果 $Y=(y_1, \cdots, y_m)^t$ 是 R^m 的一个列向量，则 V 的元素 $\boldsymbol{B}Y=v_1y_1+\cdots+v_my_m$ 为零当且仅当 Y 是 A 的列的线性组合，元素属于环 R——当且仅当存在元素属于 R 的列向量 X，使得 $Y=AX$.

证明 因为映射 π 是满射，故 R^m 的标准基元素的像生成 V. 它的核是 AR^n 的子模. 这个子模恰好由 A 的列的线性组合构成. ■

注 如果一个模 V 由集合 $\boldsymbol{B}=(v_1, \cdots, v_m)$ 生成，我们称使得 $\boldsymbol{B}Y=0$ 的 R^m 的元素 Y 为关系向量，或简称为生成元的一个关系. 我们也称方程 $v_1y_1+\cdots+v_my_m=0$ 为一个关系，意味着当在 V 中计算时，左边是 0. 一个关系的集合 S 是一个完全集当且仅当每个关系都是系数在环上的 S 的线性组合.

【14.5.2】例 带有关系的完全集

【14.5.3】
$$\begin{aligned} 3v_1+2v_2+v_3&=0 \\ 8v_1+4v_2+2v_3&=0 \\ 7v_1+6v_2+2v_3&=0 \\ 9v_1+6v_2+v_3&=0 \end{aligned}$$

的三个元素 v_1，v_2，v_3 生成的 $\mathbf{Z}$-模或阿贝尔群 V 可用矩阵

【14.5.4】
$$A=\begin{bmatrix} 3 & 8 & 7 & 9 \\ 2 & 4 & 6 & 6 \\ 1 & 2 & 2 & 1 \end{bmatrix}$$

表示. 它的列是关系(14.5.3)的系数：

$$(v_1, v_2, v_3)A=(0,0,0,0)$$ ■

我们现在描述一种求 R-模 V 的表示的理论性的方法，这个方法很简单：选取 V 的生成元集合 $\boldsymbol{B}=(v_1, \cdots, v_m)$. 这些生成元态我们提供了一个满同态 $R^m \to V$，把列向量 Y 映射为线性组合 $\boldsymbol{B}Y=v_1y_1+\cdots+v_my_m$. 映射的核记为 W. 它是关系的模，它的元素是关系向量.

我们重复这个过程，选取 W 的生成元集合 $\boldsymbol{C}=(w_1, \cdots, w_n)$，且用这个生成元集合定义一个满射 $R^n \to W$. 但这里生成元 w_j 是 R^m 的元素. 它们是列向量. 我们把 w_j 的坐标向量 A_j 组成一个 $m \times n$ 矩阵

【14.5.5】
$$A=\begin{bmatrix} | & & | \\ A_1 & \cdots & A_m \\ | & & | \end{bmatrix}$$

424

则用 A 乘定义了一个映射

$$R^n \xrightarrow{A} R^m$$

映 $e_j \rightsquigarrow A_j = w_j$. 它是映射 $R^n \to W$ 与包含关系 $W \subset R^m$ 的合成. 根据其结构, W 是映射的像, 用 AR^n 表示.

由于映射 $R^n \to V$ 是满射, 因此第一同构定理告诉我们 V 同构于 $R^m/W = R^m/AR^n$. 因此模 V 由矩阵 A 表示. 这样模 V 的表现矩阵 A 如下确定:

【14.5.6】

- V 的一个生成元集;
- 关系的模的生成元集合 W.

除非生成元集构成 V 的一组基, 此时 A 是空的, 否则生成元的个数等于 A 的行数.

这个构造基于两个假设: 一是模 V 具有有限生成元集. 这足够公平: 我们不指望以这样的方式刻画太大的模, 比如无限维向量空间. 二是假设关系的模 W 具有有限生成元集. 因为 W 是在构造过程中得到的一个辅助模, 所以这样的假设有些出乎意料. 在下一节我们会仔细检验这一点(参见(14.6.5)). 除去这一点, 我们可以讨论有限生成 R-模 V 的生成元和关系.

由于表现矩阵依赖于(14.5.6)的选取, 因此许多矩阵表示同一个模, 或同构的模. 下面是一些处理表现矩阵 A 的规则, 这些规则并不改变它表示的模的同构类.

【14.5.7】命题 令 A 是模 V 的 $m\times n$ 表现矩阵. 下面的矩阵 A' 表示同一个模 V:

(i) $A' = Q^{-1}A$, $Q \in GL_m(R)$;

(ii) $A' = AP$, $P \in GL_n(R)$;

(iii) A' 通过删除一些零列得到;

(iv) A 的第 j 列为 e_i, A' 是 A 删除第 i 行第 j 列得到.

运算(iii)和(iv)也可以倒过来. 可以添加一个零列或者添加一个新行和列使 1 为其公共元素而其余元素为零.

证明 借助用矩阵 A 定义的映射 $R^n \xrightarrow{A} R^m$.

(i) A 到 $Q^{-1}A$ 的变换对应着 R^m 一个基的变换.

(ii) A 到 AP 的变换对应着 R^n 一个基的变换.

(iii) 一个零列对应着一个平凡关系, 可以省略.

(iv) A 的等于 e_i 的列对应着关系 $v_i = 0$. 零元作为生成元是没用的, 它的出现在任何关系中是无关的. 故我们可以从生成元集合和关系中删除 v_i. 这样做就把矩阵 A 中的第 i 行第 j 列删掉了. ■

425

用这些规则可以把矩阵 A 简化很多. 例如, 我们原来的整数矩阵 A 的例子(14.5.4)可简化如下:

$$A = \begin{bmatrix} 3 & 8 & 7 & 9 \\ 2 & 4 & 6 & 6 \\ 1 & 2 & 2 & 1 \end{bmatrix} \to \begin{bmatrix} 0 & 2 & 1 & 6 \\ 0 & 0 & 2 & 4 \\ 1 & 2 & 2 & 1 \end{bmatrix} \to \begin{bmatrix} 2 & 1 & 6 \\ 0 & 2 & 4 \end{bmatrix} \to \begin{bmatrix} 2 & 1 & 6 \\ -4 & 0 & -8 \end{bmatrix}$$

$$\rightarrow [-4 \quad -8] \rightarrow [4 \quad 8] \rightarrow [4 \quad 0] \rightarrow [4].$$

因此 A 表示阿贝尔群 $\mathbf{Z}/4\mathbf{Z}$.

由定义，一个 $m\times n$ 矩阵表示一个由 m 个生成元和 n 个关系生成的模. 但是正如我们在前面的例子中看到的，数 m 和 n 依赖于生成元和关系的选取，它们不是由模唯一确定的.

另一个例子：2×1 矩阵 $\begin{bmatrix}4\\0\end{bmatrix}$ 表示由两个生成元(v_1, v_2)和一个关系 $4v_1=0$ 生成的阿贝尔群。我们不能化简这个矩阵. 它表示的阿贝尔群是一个 4 阶循环群和一个无限循环群的直和 $\mathbf{Z}/4\mathbf{Z}\oplus\mathbf{Z}$(参看本章第七节). 另一方面，正如我们在前面的例子中看到的，矩阵 $[4 \quad 0]$ 表示具有一个生成元 v_1 和两个关系的阿贝尔群，第二个关系是平凡关系. 它是 4 阶循环群.

第六节 诺 特 环

这一节我们讨论关系的模的有限生成. 对于一个令人讨厌的环上的模，关系的模不必是有限生成的，虽然 V 是有限生成的. 幸运的是，在我们正在研究的环上并不出现这种情形，正如这里所证明的.

【14.6.1】命题 在 R-模 V 上，下列条件是等价的：

(i) V 的每个子模是有限生成的；

(ii) 升链条件：不存在 V 的子模的无限的严格升链：$W_1<W_2<\cdots$.

证明 假设 R-模 V 满足升链条件，令 W 是模 V 的子模. 我们用下面的方式选取 W 的生成元集合：如果 $W=0$，则 W 由空集合生成，否则，就从一个非零元 $w_1\in W$ 开始，并设 W_1 是(w_1)的张成. 如果 $W_1=W$，证毕. 否则，选取 w_2 是 W 中一个不属于 W_1 的元素，并令 W_2 是(w_1, w_2)的张成，则有 $W_1<W_2$. 如果 $W_2<W$，则选取 W 中不属于 W_2 的元素 w_3，等等. 用这种方式我们得到 W 的子模的一个严格升链 $W_1<W_2<\cdots$. 由于 V 满足升链条件，故子模链不会无限制地继续下去，因此某个 $W_k=W$，$(w_1, \cdots, w_k)$生成 W.

反过来的证明与命题 12.2.13(这个命题指出整环分解能终止当且仅当不存在主理想的严格升链)的证明类似. 假设 V 的每个子模是有限生成的，且设 $W_1\subset W_2\subset\cdots$是 V 的子模的一个无限弱升链，我们证明这个链不是严格增的. 令 U 是这些子模的并，则 U 是一个 V 的子模. 证明跟理想的证明是一样的(12.2.15). 故 U 是有限生成的. 令$(u_1, \cdots, u_r)$是 U 元素的生成元集合，每个 u_v 属于某个子模 W_i，由于 $W_1\subset W_2\subset\cdots$是升链，故存在 W_i 包含所有元素 $u_1, \cdots, u_r$. 则 W_i 包含由$(u_1, \cdots, u_k)$生成的模 U：$U\subset W_i\subset W_{i+1}\subset U$. 这表明 $U=W_i=W_{i+1}=U$，故链不是严格升链. ■

426

【14.6.2】定义 一个环 R 是诺特环如果它的每个理想都是有限生成的.

【14.6.3】推论 一个环 R 是诺特环当且仅当它满足升链条件：不存在环 R 的理想的无限严格升链 $I_1<I_2<\cdots$.

主理想整环是诺特环是因为它的每个理想都是由一个生成元生成的．故环 $\mathbf{Z}$，$\mathbf{Z}[\mathrm{i}]$和域 F 上的多项式环 $F[x]$是诺特环．

【14.6.4】推论 令 R 是诺特环．R 的每个真理想 I 都包含在一个极大理想中．

证明 如果 I 不是极大理想，则它真包含在一个真理想 I_2 中，且如果 I_2 不是极大理想，则它包含在一个真理想 I_3 中，如此进行下去．由升链条件(14.6.1)，链 $I<I_2<I_3<\cdots$一定是有限的．因此某个 I_k 是极大理想． ■

诺特环的概念与子模的有限生成问题的关系由下面的定理表明．

【14.6.5】定理 令 R 是诺特环．有限生成 R-模 V 的每个子模是有限生成的．

证明 情形 1：$V=R^m$．我们对 m 用归纳法．R^1 的子模是 R 的理想(14.1.3)．由于 R 是诺特环，故定理对 $m=1$ 成立．假设 $m>1$．我们考虑投影映射：

$$\pi: R^m \to R^{m-1}$$

满足 $\pi(a_1,\cdots,a_m)=(a_1,\cdots,a_{m-1})$．它的核为前 $m-1$ 个坐标为 0 的 R^m 中的向量的集合．令 W 为 R^m 的子模，令 $\varphi: W\to R^{m-1}$ 是 π 在 W 上的限制．像 $\varphi(W)$是 R^{m-1}的子模．由归纳法知像是有限生成的．而且，$\ker\varphi=(W\cap\ker\pi)$是 $\ker\pi$ 的子模，$\ker\pi$ 同构于 R^1．所以 $\ker\varphi$ 是有限生成的．引理 14.6.6 表明 W 是有限生成的．

情形 2：一般情形．令 V 是有限生成 R-模．存在一个从自由模到 V 的满射 $\varphi: R^m\to V$．给定 V 的子模 W，对应定理告诉我们 $U=\varphi^{-1}(W)$是模 R^m 的子模，故是有限生成的，且 $W=\varphi(U)$．因此，W 是有限生成的(14.6.6(a))． ■

【14.6.6】引理 令 $\varphi: V\to V'$是一个 R-模的同态．

(a) 如果 V 是有限生成的且 φ 是满射，则 V'是有限生成的．

427

(b) 如果 φ 的核和像是有限生成的，则 V 是有限生成的．

(c) 令 W 是 R-模 V 的子模．如果 W 和 $\overline{V}=V/W$ 都是有限生成的，则 V 是有限生成的．如果 V 是有限生成的，则 $\overline{V}$ 也是有限生成的．

证明

(a) 假设 φ 是满射，$(v_1,\cdots,v_n)$是 V 的生成元集，则集合 $(v_1',\cdots,v_n')$生成 V'，其中 $v_i'=\varphi(v_i)$．

(b) 我们按照线性变换(4.1.5)的维数公式的证明思路．选取核的生成元集合 $(u_1,\cdots,u_k)$与像的生成元集合 $(v_1',\cdots,v_m')$．再选取元素 $v_i\in V$ 使得 $\varphi(u_i)=v_i'$，我们证明集合 $(u_1,\cdots,u_k;v_1,\cdots,v_m)$是 V 的生成元．令 v 是 V 的元素，则 $\varphi(v)$是 $(v_1',\cdots,v_m')$的线性组合，比如，$\varphi(v)=a_1v'_1+\cdots+a_mv'_m$．令 $x=a_1v_1+\cdots+a_mv_m$．则 $\varphi(x)=\varphi(v)$，因此 $v-x\in\ker\varphi$．故 $v-x$ 是 $(u_1,\cdots,u_k)$的线性组合，比如 $v-x=b_1u_1+\cdots+b_ku_k$，且

$$v=a_1v_1+\cdots+a_mv_m+b_1u_1+\cdots+b_ku_k$$

由于 v 是任意的，故 $(u_1,\cdots,u_k;v_1,\cdots,v_m)$生成 V．

(c) 当 φ 换成典范映射 $\pi: V\to\overline{V}$，由(b)和(a)可得(c)． ■

这就完成了定理 14.4.11 的证明．

由于主理想整环是诺特的，因此这些环上的有限生成模的子模也是有限生成的．事实上，我们研究的大部分环是诺特的，这从希尔伯特的另一个定理得到．

【14.6.7】定理（希尔伯特基本定理） 假设 R 是诺特环，则多项式环 $R[x]$ 是诺特环．

这个定理的证明如下．由归纳法可证明一个诺特环 R 上的多变量多项式环 $R[x_1, \cdots, x_n]$ 是诺特的．因此环 $\mathbf{Z}[x_1, \cdots, x_n]$ 和域 F 上的多项式环 $F[x_1, \cdots, x_n]$ 是诺特环．而且，诺特环的商环还是诺特的：

【14.6.8】命题 令 R 是诺特环，且 I 是 R 的理想．则任何同构于商环 $\overline{R}=R/I$ 的环都是诺特的．

证明 令 $\overline{J}$ 是 $\overline{R}$ 的一个理想，令 $\pi: R \to \overline{R}$ 是典范映射．令 $J=\pi^{-1}(\overline{J})$ 是相应的 R 中的理想．由于 R 是诺特的，故 J 是有限生成的，由(14.6.6(a))得到 $\overline{J}$ 是有限生成的． ■

【14.6.9】推论 令 P 是整数或域上的有限个变量的多项式环．任何同构于商环 P/I 的环 R 是诺特的．

现在我们回到希尔伯特基本定理的证明．

【14.6.10】引理 令 R 是一个环，令 I 是多项式环 $R[x]$ 的一个理想．集合 A 是 I 中以非零多项式的首项系数和 R 的零元所成的集合，是 R 的一个理想，即首项系数的理想．

428

证明 我们必须证明如果 α，$\beta \in A$，则 $\alpha+\beta \in A$，$r\alpha \in A$．如果 α，β，$\alpha+\beta$ 之一为 0，则 $\alpha+\beta \in A$，故我们假设这三者均不为零．则 α 是 I 中某个多项式 f 的首项系数，β 是 I 中某个多项式 g 的首项系数．用 x 的适当方幂乘以 f 或 g，使它们的次数相等，我们得到的多项式仍属于 I．这两个多项式相加得到首相系数为 $\alpha+\beta$．因为 I 是理想，故这两个多项式的和 $f+g$ 属于 I，因此 $\alpha+\beta \in A$．$r\alpha \in A$ 的证明类似． ■

希尔伯特基本定理的证明 设 R 是一个诺特环，I 是多项式环 $R[x]$ 的一个理想．我们必须证明存在 I 的有限子集 S 生成 I，其中的子集为使得 I 的每个元素可以表示为其元素与多项式系数的线性组合．

令 A 是 I 的首项系数的理想．由于 R 是一个诺特环，故 A 有有限生成元集合，例如，$(\alpha_1, \cdots, \alpha_k)$．我们在 I 中选取多项式 f_i，其中 $i=1, \cdots, k$，其首项系数为 α_i．必要时用 x 的适当方幂乘以 f_i，使得它们的次数相同，比如次数都是 n．

其次，令 P 表示由次数小于 n 的 $R[x]$ 的多项式再加上 0 所成的集合．这是一个以 $(1, x, \cdots, x^{n-1})$ 为基的自由 R-模．则子集 $P \cap I$ 是 P 的 R-子模，它是由 I 中次数小于 n 的多项式和零所组成的．我们称这为子模 W．由于 P 是有限生成 R-模且 R 是诺特的，故 W 是有限生成 R-模．我们选取 W 的生成元为 $(h_1, \cdots, h_\ell)$．I 中每个次数小于 n 的多项式是系数属于 R 的 $(h_1, \cdots, h_\ell)$ 的线性组合．

我们证明集合 $(f_1, \cdots, f_k; h_1, \cdots, h_\ell)$ 生成理想 I．我们对 g 的次数 d 使用数学归纳法．

情形 1：$d<n$．在此情形，g 是 W 中的元素，它是系数属于 R 的 $(h_1, \cdots, h_\ell)$ 的线性组合．在此不需要考虑多项式的系数．

情形 2：$d \geqslant n$. 令 β 是 g 的首项系数，故 $g=\beta x^d+$(次数较低的项). 则 β 是首项系数的理想 A 的一个元素，故 β 是 f_i 的首项系数 α_i 的线性组合：$\beta=r_1\alpha_1+\cdots+r_k\alpha_k$，$r_i \in R$. 多项式

$$q=\sum r_i x^{d-n} f_i$$

是属于由(f_1，…，f_k)生成的理想. 如果 q 的次数为 d，首项系数为 β. 因此 $g-q$ 的次数小于 d. 由归纳法，$g-q$ 是(f_1，…，f_k；h_1，…，h_ℓ)的多项式组合. 则 $g=q+(g-q)$也是这样的组合. ■

第七节 阿贝尔群的结构

阿贝尔群的结构定理(下面将给出)断言一个有限阿贝尔群 V 是循环群的直和. 证明工作已经完成. 我们知道存在一个 V 的对角表现矩阵，剩下要做的是对于群解释这个对角矩阵的意义.

429

模的直和的定义和向量空间的直和的定义是一样的.

注 令 W_1，…，W_k 是 R-模 V 的子模. 它们的和是它们生成的子模. 这个子模是由下面所示的和表示的：

【14.7.1】 $$W_1+\cdots+W_k=\{v \in V \mid v=w_1+\cdots+w_k, w_i \in W_i\}$$

我们说 V 是子模 W_1，…，W_k 的直和，记作 $V=W_1 \oplus \cdots \oplus W_k$，如果

【14.7.2】

- 它们生成：$V=W_1+\cdots+W_k$，且
- 它们是无关的，即如果 $w_1+\cdots+w_k=0$，$w_i \in W_i$，则对于所有 i，有 $w_i=0$.

因此，$V=W_1 \oplus \cdots \oplus W_k$，如果对于任何 $v \in V$，v 可以唯一地表示为 $v=w_1+\cdots+w_k$，其中 $w_i \in W_i$. 和向量空间的直和一样，一个模 V 是两个子模 W_1 和 W_2 的直和 $V=W_1 \oplus W_2$ 当且仅当 $V=W_1+W_2$ 且 $W_1 \cap W_2=0$(参见(3.6.6)).

同样的定义适用于阿贝尔群. 一个阿贝尔群 V 是其子群 W_1，…，W_k 的直和，即 $V=W_1 \oplus \cdots \oplus W_k$，如果：

- V 的每个元素可以写为和 $v=w_1+\cdots+w_k$，$w_i \in W_i$，即 $V=W_1+\cdots+W_k$，且
- 如果 $w_1+\cdots+w_k=0$，$w_i \in W_i$，则对于所有 i，有 $w_i=0$.

【14.7.3】定理(阿贝尔群的结构定理) 有限生成阿贝尔群 V 是循环子群 C_{d_1}，…，C_{d_k} 和一个自由阿贝尔群 L 的直和：

$$V=C_{d_1} \oplus \cdots \oplus C_{d_k} \oplus L$$

其中 d_i 是循环群 C_{d_i} 的阶，$d_i>1$，且 $d_i \mid d_{i+1}$，$i=1$，…，$k-1$.

结构定理的证明 选取 V 的由一个生成元集合和一个关系的完全集确定的表现矩阵 A. 我们可以这样做是因为 V 是有限生成的并且 $\mathbf{Z}$ 是诺特环. 适当变换生成元和关系之后，可使矩阵 A 具有定理 14.4.6 中的对角矩阵形式. 我们可以消去对角线元素为 1 的元素和零列(参见(14.5.7))，矩阵 A 将有下面的形式：

【14.7.4】
$$A=\begin{bmatrix} d_1 & & \\ & \ddots & \\ & & d_k \\ \hline & 0 & \end{bmatrix}$$

其中 $d_1>1$，且 $d_1|d_2|\cdots|d_k$. 它是一个 $m\times k$ 矩阵，$0\leqslant k\leqslant m$. 对阿贝尔群而言，其意义是 V 由 m 个元素 $\boldsymbol{B}=(v_1, \cdots, v_m)$ 生成，而且

【14.7.5】
$$d_1v_1=0,\cdots,d_kv_k=0$$

构成这些生成元之间关系的完全集合.

430

对于 $j=1, \cdots, m$，用 C_j 表示由 v_j 生成的循环子群. 对于 $j\leqslant k$，C_j 是阶为 d_j 的循环群，且对于 $j>k$，C_j 是无限循环群. 我们证明 V 是这些循环群的直和. 由于 $\boldsymbol{B}$ 生成 $V=C_1+\cdots+C_m$. 假设给定关系 $w_1+\cdots+w_m=0$，$w_j\in C_j$. 由于 v_j 生成 C_j，故对于某个整数 y_j，有 $w_j=v_jy_j$. 关系为 $\boldsymbol{B}Y=v_1y_1+\cdots+v_my_m=0$. 由于 A 的列形成关系的一个完全集，故对某个整向量 X，有 $Y=AX$，这意味着当 $j\leqslant k$ 时，y_j 是 d_j 的倍数；当 $j>k$ 时，$y_j=0$. 由于当 $j\leqslant k$ 时，$v_jd_j=0$，因此当 $j\leqslant k$ 时，$w_j=0$. 关系是平凡的，所以循环群 C_j 是独立的. 无限循环群 C_j，$j>k$ 的直和是一个自由阿贝尔群. ■

一个有限阿贝尔群是有限生成的，因而如上所述，结构定理将一个有限阿贝尔群分解为有限循环群的直和，其中一个直和分量的阶整除下一个的阶. 这时自由阿贝尔群的直和项为零.

有时将循环群进一步分解为素数幂阶循环群的直和更为方便. 这一分解基于命题 2.11.3：如果 a 和 b 是互素整数，则 ab 阶的循环群 C_{ab} 是 a 阶和 b 阶循环子群的直和 $C_a\oplus C_b$. 把这个命题和结构定理结合起来，就得到下面的结果：

【14.7.6】推论（结构定理的另一形式） 每一个有限生成阿贝尔群是素数幂阶循环群的直和.

有限阿贝尔群分解的循环子群的阶是由群唯一确定的. 如果 V 的阶是不同素数的积，这没有问题. 例如，如果阶为 30，则 V 必同构于 $C_2\oplus C_3\oplus C_5$ 和 C_{30}. 但 $C_2\oplus C_2\oplus C_4$ 同构于 $C_4\oplus C_4$ 吗？通过比较 1 阶和 2 阶元素的个数不难证明这是不可能的. 群 $C_4\oplus C_4$ 含有 4 个这样的元素，而 $C_2\oplus C_2\oplus C_4$ 含有 8 个. 这种比较元素个数的方法总是很有效的.

【14.7.7】定理（结构定理的唯一性） 假设一个有限阿贝尔群 V 是素数幂阶 $d_j=p_j^{r_j}$ 循环群的直和，整数 d_j 由群 V 唯一确定.

证明 令 p 是在 V 的直和分解中出现的素数之一，令 c_i 表示在 V 的直和分解中阶为 p^i 的循环群的个数，阶能整除 p^i 的元素集合形成 V 的一个子群，这个子群的阶为素数 p 的方幂，比如 p^{ℓ_i}. 令 k 是使得 $c_k>0$ 的最大指标. 则

$$\ell_1=c_1+c_2+c_3+\cdots+c_k$$
$$\ell_2=c_1+2c_2+2c_3+\cdots+2c_k,$$

$$\ell_3 = c_1 + 2c_2 + 3c_3 + \cdots + 3c_k$$
$$\cdots$$
$$\ell_k = c_1 + 2c_2 + 3c_3 + \cdots + kc_k.$$

431 指数 ℓ_i 确定整数 c_i. ■

整数 d_i 也是唯一确定的，如在定理 14.7.3 中所选取的，使得 $d_1 | \cdots | d_k$.

第八节　对线性算子的应用

阿贝尔群的分类和域 F 上单变量多项式环 $R=F[t]$ 的分类类似. 关于对角化整数矩阵的定理 14.4.6 进行下去，因为定理 14.4.6 的证明的关键成分(即除法算法)在 $F[t]$ 上也可用. 因为多项式环是诺特的，故任何有限生成 R-模 V 有一个表现矩阵(14.2.7).

【14.8.1】定理　令 $R=F[t]$ 是域 F 上单变量多项式环，且令 A 是一个 $m\times n$ R-矩阵. 存在初等 R-矩阵的积 Q 和 P. 使得 $A'=Q^{-1}AP$ 是对角的，A' 的每个非零对角线元素 d_i 是首一多项式，且 $d_1|d_2|\cdots|d_k$.

【14.8.2】例　多项式矩阵的对角化：

$$A=\begin{bmatrix} t^2-3t+1 & t-2 \\ (t-1)^3 & t^2-3t+2 \end{bmatrix} \xrightarrow{\text{row}} \begin{bmatrix} t^2-3t+1 & t-2 \\ t^2-t & 0 \end{bmatrix}$$

$$\xrightarrow{\text{col}} \begin{bmatrix} -1 & t-2 \\ t^2-t & 0 \end{bmatrix} \xrightarrow{\text{col}} \begin{bmatrix} -1 & 0 \\ t^2-t & t^3-3t^2+2t \end{bmatrix} \xrightarrow{\text{row}} \begin{bmatrix} 1 & 0 \\ 0 & t^3-3t^2+2t \end{bmatrix}$$

注意　对角形矩阵的左上角元素是 1 并不奇怪. 当矩阵元素的最大公约数为 1 时，这种情况就会发生. ■

与整数环上的一样，定理 14.8.1 提供给我们求方程组 $AX=B$ 的多项式解的方法，其中 A，B 的元素都是多项式矩阵(参看命题 14.4.9).

下面我们把结构定理推广到多项式环上. 为了把阿贝尔群的结构定理搬到多项式环上，我们定义循环 R-模 C(其中 R 是任一个环)是由一个元素 v 生成的模. 则存在一个满同态 $\varphi:R\to C$ 映 $r \rightsquigarrow rv$. φ 的核为关系的模，它是 R 的子模，是一个理想 I. 由第一同构定理，C 同构于 R-模 R/I.

当 $R=F[t]$ 时，理想 I 是主理想，且 C 同构于 $R/(d)$，系数 d 是某个多项式. 关系的模由单个元素生成.

【14.8.3】定理(多项式环上模的结构定理)　令 $R=F[t]$ 是系数属于域 F 的单变量多项式环.

(a) 令 V 是 R 上有限生成模. 则 V 是循环模 C_1，…，C_k 和一个自由模 L 的直和，其中 C_i 同构于 $R/(d_i)$，d_1，…，d_k 是正次数的首一多项式，且 $d_1|\cdots|d_k$.

432 (b) 如(a)的断言，只是条件 $d_i|d_{i+1}$ 换成每个 d_i 是一个首一的既约多项式的幂.

(b)中的素数幂是唯一的，但此处不费时间证明了.

例如，令 $R=\mathbf{R}[t]$，例 14.8.2 中 R-模 V 用矩阵 A 表示．这个模也可以由对角矩阵

$$A'=\begin{bmatrix}1 & 0\\0 & t^3-3t^2+2t\end{bmatrix}$$

表示，且我们可以去掉矩阵(14.5.7)的第一行和第一列．故 V 由一个 1×1 矩阵 $[g]$ 表示，其中 $g(t)=t^3-3t^2+2t=t(t-1)(t-2)$．这意味着 V 是一个循环模，它同构于 $C=R/(g)$．由于 g 有三个互素因子，因此 V 可进一步分解．它同构于循环 R-模的直和：

【14.8.4】 $$R/(g)\approx(R/(t))\oplus(R/(t-1))\oplus(R/(t-2))$$

现在来应用在域上向量空间上发展起来的线性算子理论．这个应用提供了如何从抽象到一个新视野的典范．由阿贝尔群发展的方法形式地推广到多项式环上的模上，然后应用到具体的新情况中．历史进程并不是这样的．阿贝尔群和线性算子的理论是各自独立发展起来的，后来才联系起来．但令人惊讶的是这两种情形(阿贝尔群和线性算子)可以在形式上相似而当同样的理论在它们之上应用时最终产生看起来是如此不同的结果．

我们能够着手进行讨论的一个关键事实是如果给定域 F 上向量空间的一个线性算子

【14.8.5】 $$T:V\rightarrow V$$

则可以用这个算子将 V 构造成多项式环 $F[t]$ 上的一个模．为此，需要定义一个多项式 $f(t)=a_nt^n+\cdots+a_1t+a_0$ 与向量 v 的乘法．令

【14.8.6】 $$f(t)v=a_nT^n(v)+a_{n-1}T^{n-1}(v)+\cdots+a_1T(v)+a_0v$$

右边可以记为 $[f(T)](v)$，其中 $f(T)$ 表示线性算子 $a_nT^n+\cdots+a_1T+a_0I$．(加上括号只是为了清楚说明算子 $f(T)$ 作用在 v 上．)用这个记号得到公式

【14.8.7】 $$tv=T(v),\quad f(t)v=[f(T)](v)$$

规则(14.8.6)使 V 成为一个 $F[t]$-模这个事实是容易验证的．公式(14.8.7)看起来没有什么特别的地方．它们产生了为什么需要一个新符号 t 的问题．但要记住 $f(t)$ 是多项式而 $f(T)$ 表示的是某个线性算子．

反之，如果 V 是一个 $F[t]$-模，则 V 的元素由多项式 $f(t)$ 来作标量乘法是有定义的．特别是我们得到一个常数多项式 $f(T)$(即 F 中元素)的乘法的法则．如果保持常数乘法法则而暂时忘掉非常数多项式的乘法 $f(T)$，则关于模的公理表明 V 成为 F 上的一个向量空间(14.1.1)．其次，可以用多项式 t 乘 V 的元素．将 t 在 V 上的乘法作用表示为 T．则 T 是映射

433

【14.8.8】 $$V\xrightarrow{T}V,\quad \text{定义为}\quad T(v)=tv$$

当将 V 视为 F 上的向量空间时，这个映射是一个线性算子．因为由分配律，$t(v+v')=tv+tv'$，因此 $T(v+v')=T(v)+T(v')$．如果 c 是一个标量，则 $tcv=ctv$；因此 $T(cv)=cT(v)$．因而一个 $F[t]$-模 V 给出向量空间上的一个线性算子．我们所描述的规则(从线性算子到模及其反过来)是互逆的：

【14.8.9】 F- 向量空间上的线性算子与 $F[t]$- 模是等价概念

我们将把这个事实应用于有限维向量空间，但顺便注意一下对应于秩为1的自由 $F[t]$-模的线性算子. 当 $F[t]$作为 F 上向量空间时，单项式$(1, t, t^2, \cdots)$形成一组基，我们用这组基把 $F[t]$等同于无限维 F-向量空间 Z：

$$Z=\{(a_0,a_1,\cdots,)\mid a_i\in F \text{ 并且仅有有限个 } a_i \text{ 非零}\}(3.7.2)$$

在 $F[t]$上用 t 乘对应于移位算子 T：

$$(a_0,a_1,a_2,\cdots)\rightsquigarrow(0,a_0,a_1,a_2,\cdots)$$

空间 Z 上的移位算子对应于秩为1的自由 $F[t]$-模.

现在我们开始应用于线性算子. 给定 F 上向量空间 V 的线性算子 T，可以将 V 也视为 $F[t]$-模. 假设 V 作为向量空间是有限维的，比如设为 n 维. 则它作为模是有限生成的，因此它有表现矩阵. 因为有两个矩阵可用，这里有搞混淆的危险：两个矩阵为模 V 的表现矩阵和线性算子 T 的矩阵. 表现矩阵是元素为多项式的 $r\times s$ 矩阵，其中 r 是模的选定的生成元的个数，而 s 是关系的个数. 另一方面，线性算子的矩阵是 $n\times n$ 标量矩阵，其中 n 是 V 作为向量空间的维数. 两个矩阵都含有描述模和线性算子所必需的信息.

视 V 为 $F[t]$-模，可以应用定理 14.8.3 得到 V 是循环子模的直和的结论，设

$$V=W_1\oplus\cdots\oplus W_k$$

其中 W_i 同构于 $F[t]/(f_i)$，f_i 是 $F[t]$中首一多项式. 当 V 是有限维时，自由直和项为零.

要对线性算子 T 解释直和分解的意义，我们选取空间 W_i 的一组基 $\mathbf{B}_i$. 则关于这组基 $\mathbf{B}=(\mathbf{B}_1, \cdots, \mathbf{B}_k)$，$T$ 的矩阵是一个分块矩阵(4.4.4)，其中矩阵块是 T 限制在不变子空间 W_i 上的矩阵. 或许只需检验算子对应着循环模即可.

434

令 W 是一个循环 $F[t]$-模，设由单个元素 w_0 生成. 由于 $F[t]$的每个理想都是主理想，故 W 同构于 $F[t]/(f)$，其中 $f(t)=t^n+a_{n-1}t^{n-1}+\cdots+a_1t+a_0$ 是 $F[t]$中首一多项式. 同构 $F[t]/(f)\to W$ 把 1 映射为 w_0. 集合$(1, t, \cdots, t^{n-1})$是 $F[t]/(f)$的一组基(11.5.5)，故集合$(w_0, tw_0, \cdots, t^{n-1}w_0)$是 W 作为向量空间的一组基.

对应的线性算子 $T:W\to W$ 的作用是用 t 乘. 用 T 来表示 W 的一组基为$(w_0, w_1, \cdots, w_{n-1})$，其中 $w_j=T^jw_0$. 则

$$\begin{aligned}T(w_0)&=w_1,T(w_1)=w_2,\cdots,T(w_{n-2})=w_{n-1}\\ [f(T)]w_0&=T^nw_0+a_{n-1}T^{n-1}w_0+\cdots+a_1Tw_0+a_0w_0=0\\ &=Tw_{n-1}+a_{n-1}w_{n-1}+\cdots+a_1w_1+a_0w_0=0\end{aligned}$$

这确定了 T 的矩阵. 对不同的 n 值的表示如下：

【14.8.10】
$$[-a_0],\begin{bmatrix}0&-a_0\\1&-a_1\end{bmatrix},\begin{bmatrix}0&0&-a_0\\1&0&-a_1\\0&1&-a_2\end{bmatrix},\cdots$$

这个矩阵的特征多项式是 $f(t)$.

【14.8.11】定理 令 T 是域 F 上有限维向量空间 V 上的一个线性算子. 则存在 V 的一组基

使得在这组基下 T 的矩阵为上面形式的矩阵块.

线性算子矩阵的这样一个形式称为一个有理典范型. 这是对任何域都可以得到的最好的形式.

【14.8.12】例 令 $F=\mathbf{R}$. 下面所示矩阵 A 是有理典范型的. 它的特征多项式是 t^3-1. 由于这是互素多项式之积: $t^3-1=(t-1)(t^2+t+1)$, 因此它所表示的循环 $\mathbf{R}[t]$-模是循环模的直和. 矩阵 A'是另一个有理典范型矩阵, 它刻画了同一个模. 在复数域上, A 是可以对角化的. 它的对角形矩阵为 A'', 其中 $\omega=\mathrm{e}^{2\pi\mathrm{i}/3}$.

【14.8.13】
$$A=\begin{bmatrix}0&0&1\\1&0&0\\0&1&0\end{bmatrix},\quad A'=\left[\begin{array}{c|cc}1&&\\\hline&0&-1\\&1&-1\end{array}\right],\quad A''=\begin{bmatrix}1&&\\&\omega&\\&&\omega^2\end{bmatrix}$$ ■

$F[t]$-模与对应的线性算子的性质之间的各种联系总结如下表:

【14.8.14】

$F[t]$-模	线性算子 T
用 t 乘	T 的作用
秩为 1 的自由模	移位算子
子模	T-不变子空间
子模的直和	T-不变子空间的直和
由 w 生成的循环模	由 w, Tw, T^2w, …张成的子空间

435

第九节 多变量多项式环

随着环变得越来越复杂, 环上的模也越来越复杂了, 确定一个明确表示出来的模是否是自由的就困难了. 本节我们不加证明地描述刻画多变量多项式环上自由模的定理. 这个定理是在 1976 年由奎伦(Quillen)和苏斯林(Suslin)证明的.

设 $R=\mathbf{C}[x_1, \cdots, x_k]$是 k 个变量的多项式环, 并设 V 是有限生成的 R-模. 我们选定模 V 的一个表现矩阵 A, A 的元素是多项式 $a_{ij}(x)$, 且如果 A 是 $m\times n$ 矩阵, 则 V 同构于 A 在 R-向量上乘法变换的余核 R^m/AR^n.

当计算矩阵元素 $a_{ij}(x)$在 $\mathbf{C}^k$ 上任意点$(c_1, \cdots, c_k)$的值后, 我们得到了一个复矩阵 $A(c)$, 其第 i 行第 j 列元素为 $a_{ij}(c)$.

【14.9.1】定理 设 V 是多项式环 $\mathbf{C}[x_1, \cdots, x_k]$上的有限生成模, 并设 A 是 V 的一个 $m\times n$ 表现矩阵. 用 $A(c)$表示 A 在点 $c\in\mathbf{C}^k$ 的取值. 则 V 是秩为 r 的自由模当且仅当矩阵$A(c)$在每一点 c 的秩为 $m-r$.

定理的证明所需要的太多背景要在这里给出. 然而, 可以用它来确定一个给定的模是否自由. 例如, 设 V 是由 4×2 矩阵

【14.9.2】
$$A=\begin{bmatrix}1&x\\y&x+3\\x&y\\x^2&y^2\end{bmatrix}$$

表示的$\mathbf{C}[x, y]$上的模，故V有四个生成元(比如v_1，v_2，v_3，v_4)和两个关系：

$$v_1+yv_2+xv_3+x^2v_4=0,\quad xv_1+(x+3)v_2+yv_3+y^2v_4=0$$

不难证明在每个点$c\in\mathbf{C}^2$上$A(c)$的秩为2，定理14.9.1告诉我们V是秩为2的自由模.

考虑由矩阵$A(c)$的列张成的向量空间$W(c)$可以得到对这个定理的一个直观的理解. 它是$\mathbf{C}^m$的子空间. 当c在空间$\mathbf{C}^k$中变化时，矩阵$A(c)$连续变换. 因此假若子空间$W(c)$的维数不跳跃的话，$W(c)$的点也将连续变化. 由一个拓扑空间$\mathbf{C}^k$参数化的固定维数的向量空间的连续簇称为向量丛. 模V是自由的当且仅当向量空间簇$W(c)$形成一个向量丛.

436

我认为对数学家来说通常的变形过于保守.

——*Jean-Louis Verdier*

练　习

第一节　模

1.1　设R是一个环，令V表示R-模R，确定所有模同态$\varphi:V\to V$.

1.2　令V是一个阿贝尔群. 证明如果V有一个带有加法合成法则的$\mathbf{Q}$-模结构，则这个结构是唯一确定的.

1.3　令$R=\mathbf{Z}[\alpha]$是由代数整数α在$\mathbf{Z}$上生成的环. 证明对于任意整数m，R/mR是有限的，并确定其阶.

1.4　一个模叫做单模如果它不是零模且不含有真子模.

(a) 证明任意单R-模同构于形如R/M的R-模，其中M是R的一个极大理想.

(b) 证明舒尔引理：令$\varphi:S\to S'$是单模同态. 则φ或是零同态或是同构.

第二节　自由模

2.1　令$R=\mathbf{C}[x, y]$，且令M是R的由两个元素x，y生成的理想. 问M是自由R-模吗?

2.2　证明一个环R如果具有性质：每个有限生成R-模都是自由的. 则这个环R是零环或是域.

2.3　令A是自由$\mathbf{Z}$-模同态$\varphi:\mathbf{Z}^n\to\mathbf{Z}^m$的矩阵.

(a) 证明φ是单射当且仅当A作为实矩阵其秩为n.

(b) 证明φ是满射当且仅当A的$m\times m$子式的最大公约数是1.

2.4　令I是环R的一个理想.

(a) 在什么情况下I是自由R-模?

(b) 在什么情况下商环R/I是自由R-模?

第三节　恒等式

3.1　令$\tilde{f}$表示$\mathbf{C}^n$上的函数，其定义为(形式)复多项式$f(x_1, \cdots, x_n)$的值，证明若$\tilde{f}$是零函数，则f是零多项式.

3.2　在某种情况下，只对实数验证恒等式成立会是方便的，这样足够吗?

3.3　令A和B分别是$m\times m$和$n\times n$的R-矩阵. 用恒等式的不变性原理证明$R^{m\times n}$空间上的线性算子$f(M)=AMB$的迹等于$\mathrm{trace}(A)\cdot\mathrm{trace}(B)$.

3.4　在每一种情形，确定恒等式的不变性是否能从复数推广到任意的交换环上.

(a) 矩阵乘法的结合律

437

(b) 凯莱-哈密顿定理

(c) 克莱姆法则

(d) 多项式的乘法法则、除法法则和链式求导法则

(e) n 次多项式至多有 n 个根

(f) 多项式的泰勒展开式

第四节 整数矩阵的对角化

4.1 (a) 通过整数行和列变换化简下列每个矩阵为对角形矩阵.

$$\begin{bmatrix} 3 & 1 \\ -1 & 2 \end{bmatrix},\quad \begin{bmatrix} 4 & 7 & 2 \\ 2 & 4 & 6 \end{bmatrix},\quad \begin{bmatrix} 3 & 1 & -4 \\ 2 & -3 & 1 \\ -4 & 6 & -2 \end{bmatrix}$$

(b) 对于第一个矩阵，令 $V=\mathbf{Z}^2$，且 $L=AV$，画出子格 L，并求 V 和 L 的展示对角化的基.

(c) 确定对角化第二个矩阵的整数矩阵 Q^{-1} 和 P.

4.2 令 d_1，d_2，…是定理 14.4.6 中的整数. 证明 d_1 是矩阵 A 的元素 a_{ij} 的最大公约数.

4.3 当 $A=\begin{bmatrix} 4 & 7 & 2 \\ 2 & 4 & 6 \end{bmatrix}$时，确定方程组 $AX=0$ 的全部整数解. 求使得方程组 $AX=B$ 有解的整列向量 B 所成的空间的一组基.

4.4 求方程组 $x+2y+3z=0$，$x+4y+9z=0$ 的整数解的 $\mathbf{Z}$-模的一组基.

4.5 令 α，β，γ 是复数. 在什么条件下整数的线性组合的集合$\{\ell\alpha+m\beta+n\gamma \mid \ell, m, n\in\mathbf{Z}\}$是复平面的一个格?

4.6 令 $\varphi:\mathbf{Z}^k\to\mathbf{Z}^k$ 是用整数矩阵 A 乘给定的同态. 证明 φ 的像的指标是有限的当且仅当 A 是非奇异的，且如果这样的话，φ 的像的指标等于$|\det A|$.

4.7 令 $A=(a_1, \cdots, a_n)^t$ 是整的列向量，且 d 是 a_1，…，a_n 的最大公约数. 证明存在矩阵 $P\in GL_n(\mathbf{Z})$ 使得 $PA=(d, 0, \cdots, 0)^t$.

4.8 用高斯整数环 $\mathbf{Z}[\mathrm{i}]$上的行和列的可逆变换将矩阵$\begin{bmatrix} 3 & 2+\mathrm{i} \\ 2-\mathrm{i} & 9 \end{bmatrix}$对角化.

4.9 用对角化证明如果 $L\subset M$ 是格，则$[M:L]=\dfrac{\Delta(L)}{\Delta(M)}$.

第五节 生成元和关系

5.1 令 $R=\mathbf{Z}[\delta]$，其中 $\delta=\sqrt{-5}$，确定理想$(2, 1+\delta)$作为 R-模的一个表现矩阵.

5.2 确定表现矩阵$\begin{bmatrix} 3 & 1 & 2 \\ 1 & 1 & 1 \\ 2 & 3 & 6 \end{bmatrix}$的阿贝尔群.

438

第六节 诺特环

6.1 令 $V\subset\mathbf{C}^n$ 是多项式 f_1，f_2，f_3，…的无限集合的共同零点的轨迹. 证明存在多项式的一个有限子集使得它们的零点是同样的轨迹.

6.2 找一个环 R 的例子，R 的理想 I 不是有限生成的.

第七节　阿贝尔群的结构

7.1　求循环群的一个直和使得它同构于表现矩阵 $\begin{bmatrix}2&2&2\\2&2&0\\2&0&2\end{bmatrix}$ 所确定的阿贝尔群.

7.2　将具有关系 $3x+4y=0$ 的 x，y 生成的阿贝尔群表示为循环群的直和.

7.3　当 V 是由 x，y，z 生成的阿贝尔群且分别满足下列关系时，求出其同构的循环群的直积.

(a) $3x+2y+8z=0$，$2x+4z=0$

(b) $x+y=0$，$2x=0$，$4x+2z=0$，$4x+2y+2z=0$

(c) $2x+y=0$，$x-y+3z=0$

(d) $7x+5y+2z=0$，$3x+3y=0$，$13x+11y+2z=0$

7.4　在每一种情形，确定给定的表现矩阵的阿贝尔群：

$$\begin{bmatrix}2\\1\end{bmatrix},\begin{bmatrix}0\\5\end{bmatrix},\begin{bmatrix}2&0&0\end{bmatrix},\begin{bmatrix}1&0\\0&1\\0&0\end{bmatrix},\begin{bmatrix}2&3\\1&2\end{bmatrix},\begin{bmatrix}2&4\\1&4\end{bmatrix},\begin{bmatrix}2&4\\6&4\end{bmatrix},\begin{bmatrix}4&6\\2&3\end{bmatrix}$$

7.5　确定 400 阶阿贝尔群的同构类的个数.

7.6　(a) 令 a 和 b 为互素的正整数. 通过对对角线元素为 a，b 的对角矩阵的运算，证明循环群 C_{ab} 同构于积 $C_a\oplus C_b$.

(b) 如果去掉 a，b 是互素的这个假设，会得到什么结论？

7.7　令 $R=\mathbf{Z}[\mathrm{i}]$ 且 V 是具有关系 $(1+\mathrm{i})v_1+(2-\mathrm{i})v_2=0$，$3v_1+5\mathrm{i}v_2=0$ 的元素 v_1，v_2 生成的 R-模. 将这个模表示为循环模的直和.

7.8　令 $F=\mathbf{F}_p$. 对怎样的素整数 p，加群 F^1 有 $\mathbf{Z}[\mathrm{i}]$-模的结构？对于 F^2 结果怎样？

7.9　证明下列概念是等价的：

- R-模，其中 $R=\mathbf{Z}[\mathrm{i}]$；
- 阿贝尔群 V，具有同态 $\varphi:V\to V$ 使得 $\varphi\circ\varphi=-$恒等式.

第八节　对线性算子的应用

439

8.1　令 T 是 $\mathbf{C}^2$ 上的线性算子，其矩阵为 $\begin{bmatrix}2&1\\0&1\end{bmatrix}$. 其对应的 $\mathbf{C}[t]$-模是循环模吗？

8.2　令 M 是一个形如 $\mathbf{C}[t]/(t-\alpha)^n$ 的 $\mathbf{C}[t]$-模. 证明对 M 存在 $\mathbf{C}$-基，使得对应于线性算子的矩阵是一个若尔当块.

8.3　令 $R=F[x]$是域 F 上单变量多项式环，令 V 是由满足关系 $(t^3+3t+2)v=0$ 的元素 v 生成的 R-模. 选取 V 的作为 F-向量空间的一组基，确定关于这组基用 t 乘的算子的矩阵.

8.4　令 V 是一个 $F[t]$-模，令 $\mathbf{B}=(v_1,\cdots,v_n)$是 F-向量空间的 V 的一组基，令 B 是在这组基下的 T 的矩阵. 证明 $A=tI-B$ 是此模的表现矩阵.

8.5　证明矩阵(14.8.10)的特征多项式是 $f(t)$.

8.6　对环 $\mathbf{C}[\varepsilon]$(其中 $\varepsilon^2=0$)上的有限生成模进行分类.

第九节　多变量多项式环

9.1　确定在 $\mathbf{C}[x,y]$上由下列矩阵表现的模是否是自由的.

(a) $\begin{bmatrix} x^2+1 & x \\ x^2y+x+y & xy+1 \end{bmatrix}$ (b) $\begin{bmatrix} xy-1 \\ x^2-y^2 \\ y \end{bmatrix}$ (c) $\begin{bmatrix} x-1 & x \\ y & y+1 \\ x & y \\ x^2 & 2y \end{bmatrix}$

9.2 通过写出一个基证明由(14.9.2)表现的模是自由的.

9.3 按单变量多项式环的模型，用带有附加结构的复向量空间的语言描述环 $\mathbf{C}[x, y]$上的模.

9.4 证明奎伦-苏斯林定理较容易的那一半：如果 V 自由，则 $A(c)$的秩为常数.

9.5 令 $R=\mathbf{Z}[\sqrt{-5}]$，令 V 是由矩阵 $A=\begin{bmatrix} 2 \\ 1+\delta \end{bmatrix}$表现的模. 证明对于每个 R 的素理想 P，A 在 R/P 上的剩余的秩为 1，但 V 不是自由模.

杂题

M.1 有多少种方法把 $\mathbf{Z}/5\mathbf{Z}$ 看成是高斯整数上的模结构？

M.2 对环 $\mathbf{Z}/(6)$上的有限生成模进行分类.

M.3 令 A 是一个有限阿贝尔群，且令 $\varphi: A \to \mathbf{C}^\times$ 是一个非平凡同态. 证明 $\sum_{a\in A}\varphi(a)=0$.

M.4 当一个 2×2 整矩阵 A 被 $Q^{-1}AP$ 对角化时，矩阵 P 和 Q 怎样才是唯一的？

M.5 在 $GL_2(\mathbf{R})$中那个矩阵 A 使得 $\mathbf{R}^2$ 上的格 L 是稳定的？ 440

M.6 (a) 刻画在 2×2 整矩阵空间上用 $G=GL_2(\mathbf{Z})$右乘的轨道.

(b) 证明对于任意整矩阵 A，存在一个可逆整矩阵 P 使得 AP 有下面的哈密顿正规型：

$$\begin{bmatrix} d_1 & 0 & 0 & 0 & \cdots \\ a_2 & d_2 & 0 & 0 & \\ a_3 & b_3 & d_3 & 0 & \\ \vdots & & & & \ddots \end{bmatrix}$$

其中矩阵元素是非负的，$a_2<d_2$，a_3，$b_3<d_3$，等等.

M.7 令 S 是多项式环 $R=\mathbf{C}[t]$的包含 $\mathbf{C}$ 但不等于 $\mathbf{C}$ 的一个子环. 证明 R 是有限生成 S-模.

*M.8 (a) 令 α 是一个复数，令 $\mathbf{Z}[\alpha]$是由 α 生成的 $\mathbf{C}$ 的子环. 证明 α 是代数整数当且仅当 $\mathbf{Z}[\alpha]$是有限生成阿贝尔群.

(b) 证明：如果 α 和 β 是代数整数，则由 α 和 β 生成的 $\mathbf{C}$ 的子环 $\mathbf{Z}[\alpha, \beta]$是有限生成阿贝尔群.

(c) 证明代数整数形成 $\mathbf{C}$ 的子环.

*M.9 考虑欧几里得空间 $\mathbf{R}^k$，带有点积$(v\cdot w)$. L 是 V 中一个格，定义为包含 k 个无关向量的 V^+ 的离散子群. 如果 L 是一个格，定义 $L^*=\{w \mid (v\cdot w)\in\mathbf{Z},\ v\in L\}$.

(a) 证明 L 有一个格基为 $\boldsymbol{B}=(v_1, \cdots, v_k)$，$k$ 个向量张成 L 作为 $\mathbf{Z}$-模.

(b) 证明 L^* 是一个格. 刻画如何用 $\boldsymbol{B}=(v_1, \cdots, v_k)$来确定 L^* 的格基.

(c) 在什么条件下 L 是 L^* 的子格？

(d) 假设 $L\subset L^*$. 求指标$[L^*:L]$的公式.

*M.10 (a) 证明有理数的乘法群 $\mathbf{Q}^\times$ 同构于一个 2 阶循环群和一个有可数多个生成元的自由阿贝尔群的直和.

(b) 证明有理数的加群 $\mathbf{Q}^+$ 不是两个真子群的直和.

(c) 证明商群 $\mathbf{Q}^+/\mathbf{Z}^+$ 不是循环群的直和. 441

第十五章　域

我们的困难不在于证明，

而在于学习证明什么.

——Emil Artin

第一节　域的例子

大部分域理论与其中一个包含在另一个之中的一对域 $F\subset K$ 有关. 对于给定的这一对域，将 K 称为 F 的域扩张，或一个扩域. 记号 K/F 表示 K 是 F 的扩域.

下面是三个最重要的域类.

数域

数域 K 是 $\mathbf{C}$ 的一个子域.

$\mathbf{C}$ 的任意子域包含有理数域 $\mathbf{Q}$，因而一个数域是 $\mathbf{Q}$ 的扩域. 最常用到的数域是其所有元素都是代数数的代数数域. 我们在第十三章学习了二次数域.

有限域

有有限多个元素的域称为一个有限域.

一个有限域包含一个素域 $\mathbf{F}_p$，因此一个有限域是某个素域的扩张. 有限域将在本章第七节讨论.

函数域

有理函数域 $F=\mathbf{C}(t)$的扩张称为函数域.

函数域可以由一个方程 $f(t, x)=0$ 来定义，其中 $f(t, x)$是两个变量 t 和 x 的既约复多项式，例如 $f(t, x)=x^2-t^3+t$. 我们可以用方程 $f(t, x)=0$ 来定义 x 为关于 t 的“隐”函数 $x(t)$，就像在微积分中学过的一样. 在我们的例子中，函数是 $x=\sqrt{t^3-t}$. 相应的函数域 K 由组合 $p+q\sqrt{t^3-t}$构成，其中 p 和 q 是关于 t 的有理函数. 在这个域上的做法就和在域 $\mathbf{Q}(\sqrt{-5})$上一样. 对于多数多项式 $f(t, x)$，没有对于隐函数 $x(t)$的明显的表达式但由定义，它满足方程 $f(t, x(t))=0$. 在本章第九节我们将看到 $x(t)$定义了 F 的一个扩域.

442

第二节　代数元与超越元

设 K 是域 F 的一个扩域，并设 α 是 K 的元素. 与代数数的定义(第十一章第一节)类似，

元素 α 称为在 F 上的代数元，如果 α 是一个系数属于 F 的某个首一多项式的根，比如

【15.2.1】 $$f(x) = x^n + a_{n-1}x^{n-1} + \cdots + a_1 x + a_0, \text{其中 } a_i \in F$$

且 $f(\alpha)=0$. 一个元素在 F 上是超越的，如果它不是 F 上的代数元，即它不是任意这样的多项式的根.

代数的和超越的这两个性质依赖于给定的域 F. 复数 $2\pi i$ 在实数域上是代数的，但在有理数域上是超越的. 而且一个域 K 中的每个元素 α 在 K 上是代数的，因为它是多项式 $(x-\alpha)$ 的根，其系数属于 K.

元素 α 的这两种可能性可以用代入同态

【15.2.2】 $$\varphi: F[x] \to K, \quad \text{由 } x \rightsquigarrow \alpha \text{ 定义}$$

描述. 如果 φ 是单射，则元素 α 在 F 上是超越的，而在其他情形，即如果 φ 的核不等于零，则它在 F 上是代数的. 对于 α 在 F 上是超越的情形没有太多的要说.

假设 α 在 F 上是代数的. 由于 $F[x]$ 是主理想整环，因此 $\ker\varphi$ 是一个主理想，它由一个首一的系数属于 F 的多项式 $f(x)$ 生成. 有多种方式来描述这个多项式.

【15.2.3】命题 *令 α 是域 F 的扩域 K 中的元素，且为 F 上的代数元. 关于系数属于 F 的首一多项式 f 的下列条件是等价的. 满足这些条件的唯一的首一多项式叫做 α 在 F 上的既约多项式.*

- *f 是 $F[x]$ 上首一的次数最低的以 α 为根的多项式.*
- *f 是 $F[x]$ 上的既约多项式，α 为多项式 f 的根.*
- *f 的系数属于 F，α 为多项式 f 的根，f 生成的 $F[x]$ 的主理想是一个极大理想.*
- *α 为多项式 f 的根，如果 g 是任何以 α 为根的 $F[x]$ 中的多项式，则 f 整除 g.*

F 上关于 α 的既约多项式 f 的次数叫做 α 在 F 上的次数.

重要的是要注意这个既约(即不可约)多项式 f 既依赖于 F 也依赖于 α，因为一个多项式的既约性依赖于域. 例如，$\sqrt{i}$在有理数域 $\mathbf{Q}$ 上的既约多项式为 x^4+1，但这个多项式在域 $\mathbf{Q}(i)$上能因子分解. $\sqrt{i}$在有理数域 $\mathbf{Q}(i)$上的既约多项式为 x^2-i. 当有几个域的时候，必须仔细搞清楚所说的是哪个域，说一个多项式既约是模糊的. 最好说 f 在 F 既约，或它是 $F[x]$的既约元. 443

设 K 是域 F 的一个扩域，并设 α 是 K 的元素. 由 α 生成的 K 的子域用$F(\alpha)$表示：

【15.2.4】 $$F(\alpha) \text{ 是 } K \text{ 的包含 } F \text{ 和 } \alpha \text{ 的最小的域}$$

类似地，如果 $\alpha_1, \cdots, \alpha_k$ 是 F 的一个扩域 K 中的元素，则记号 $F(\alpha_1, \cdots, \alpha_k)$将表示 K 中包含这些元素和 F 的最小的子域.

如在第十一章里一样，我们把由 α 在 F 上生成的环记作 $F(\alpha)$. 如上面所定义的，它是映射 $\varphi: F[x] \to K$ 的像，它由 K 中所有可以写成系数属于 F 的 α 的多项式的元素 β 组成：

【15.2.5】 $$\beta = b_n\alpha^n + \cdots + b_1\alpha + b_0, \text{其中 } b_i \in F$$

域 $F(\alpha)$与 $F[\alpha]$的分式域同构. 其元素是形如(15.2.5)的元素的比(见第十一章第七节).

类似地，如果 $\alpha_1, \cdots, \alpha_k$ 是 F 的一个扩域 K 中的元素，则包含元素 $\alpha_1, \cdots, \alpha_n$ 和 F

的K的最小子环记为$F[\alpha_1, \cdots, \alpha_k]$. 它是由$K$的系数属于$F$的关于$\alpha_1$, …, α_k的多项式β组成. 域$F(\alpha_1, \cdots, \alpha_k)$是环$F[\alpha_1, \cdots, \alpha_k]$的分式域.

如果元素α在F上是超越的，则映射$F[x]\to F[\alpha]$是一个同构，在此情形下，$F(\alpha)$同构于有理函数域$F(x)$. 对所有超越元α，扩域$F(\alpha)$是同构的.

如果α是代数元，则情况大不一样：

【15.2.6】命题 令α是扩域K/F中的元素，α是F上的代数元，且令f是α在F上的既约多项式.

(a) 典范映射$F[x]/(f)\to F[\alpha]$是一个同构，并且$F[\alpha]$是一个域. 因此$F[\alpha]=F(\alpha)$.

(b) 更一般地，如果α_1, …, α_k是F的一个扩域K/F中的元素，它们都是F上的代数元，则环$F[\alpha_1, \cdots, a_k]=$域$F(\alpha_1, \cdots, a_k)$.

证明

(a) 设$\varphi: F[x]\to K$为映射(15.2.2). 由于(f)是极大理想，故$f(x)$生成$\ker f$，且$F[x]/(f)$同构于φ的象，也就是$F[\alpha]$. 而且$F[x]/(f)$是一个域，这证明了$F[\alpha]$是域. 由于$F(\alpha)$与$F[\alpha]$的分式域，因此它等于$F[\alpha]$.

(b) 由归纳法得：

$$F[\alpha_1,\cdots,\alpha_k] = F[\alpha_1\cdots,\alpha_{k-1}][\alpha_k] = F(\alpha_1,\cdots,\alpha_{k-1})[\alpha_k] = F(\alpha_1,\cdots,\alpha_n) \qquad \blacksquare$$

下一个命题是命题 11.5.5 的特殊情形.

【15.2.7】命题 设α为F上的代数元，并设$f(x)$是α在F上的既约多项式. 假设$f(x)$的次数为n，即α在F上次数为n，则$(1, \alpha, \alpha^2, \cdots, \alpha^{n-1})$是$F(\alpha)$作为$F$上向量空间的基.

444

例如，$\omega=e^{2\pi i/3}$在$\mathbf{Q}$上的既约多项式为x^2+x+1. ω在$\mathbf{Q}$上的次数为2，且$(1, \omega)$是$\mathbf{Q}(\omega)$在$\mathbf{Q}$上的一组基.

说清楚两个代数元α，β是否生成同构的域扩张可能不太容易，虽然命题(15.2.7)给出了一个必要条件：它们在F上的既约多项式要有相同的次数，因为α在F上的次数是扩域$F(\alpha)$作为F-向量空间的维数. 这显然不是一个充分条件. 例如，第十三章学习的所有虚二次域都是由添加$\mathbf{Q}$上次数为2的元素得到的，但它们不都是同构的.

另一方面，如果α是x^3-x+1的根，则$\beta=\alpha+1$是x^3-3x^2+2x+1的根. 两个域$\mathbf{Q}(\alpha)$和$\mathbf{Q}(\beta)$相等. 如果只是给出两个多项式，那么我们要花点时间才能看出它们是如何联系的.

容易描述这样的情形：存在一个使F不变而将α映到β的同构$F(\alpha)\to F(\beta)$. 下面的命题虽然简单，但对于我们理解扩域却是基本命题：

【15.2.8】命题 设F是一个域，设$\alpha\in K/F$和$\beta\in L/F$是F的两个扩域中的代数元，存在域的同构$\sigma: F(\alpha)\to F(\beta)$，其在$F$上是恒等的，且映$\alpha\rightsquigarrow\beta$，当且仅当$\alpha$和$\beta$在$F$上的既约多项式是相同的.

证明 由于α是F上的代数元，故$F[\alpha]=F(\alpha)$. 同理$F[\beta]=F(\beta)$. 假定α和β在F上的既约多项式都是$f(x)$. 应用命题(15.2.6)，得到两个同构

$$F[x]/(f) \xrightarrow{\varphi} F[\alpha] \qquad \text{和} \qquad F[x]/(f) \xrightarrow{\psi} F[\beta]$$

合成映射 $\sigma=\psi\varphi^{-1}$ 是所需要的同构 $F(\alpha)\to F(\beta)$. 反之，如果存在将 α 映到 β 且在 F 上是恒等映射的同构 σ，且如果 $f(x)$ 是系数属于 F 的使得 $f(\alpha)=0$ 的多项式，则也有 $f(\beta)=0$（见下面命题(15.2.10)）. 因此两个元素有同一个既约多项式. ■

例如，令 α_1 表示 2 的实立方根，令 $\omega=e^{2\pi i/3}$ 为 1 的复立方根. x^3-2 的三个复根为 α_1，$\alpha_2=\omega\alpha_1$，$\alpha_3=\omega^2\alpha_1$. 因此存在一个同构 $\mathbf{Q}(\alpha_1)\xrightarrow{\sim}\mathbf{Q}(\alpha_2)$ 将 α_1 映射为 α_2. 在此情形 $\mathbf{Q}(\alpha_1)$ 中的元素是实数，但 α_2 不是实数. 为了理解这个同构，我们必须看一下域的内部代数结构.

【15.2.9】定义 设 K 和 K' 是同一个域 F 的两个扩域. 一个在子域 F 上的限制为恒等映射的同构 $\varphi: K\to K'$ 称为 F-同构或扩域的同构. 如果存在一个 F-同构 $\varphi: K\to K'$，则域 F 的两个扩域 K 和 K' 称为同构的扩域.

下面的命题在(12.2.19)之前对于复共轭的情形已经证明.

【15.2.10】命题 设 $\varphi: K\to K'$ 是 F 的扩域的一个同构，并设 $f(x)$ 是系数属于 F 的多项式. 设 α 是 $f(x)$ 在 K 中的一个根，并设 $\alpha'=\varphi(\alpha)$ 是它在 K' 中的像. 则 α' 亦是 $f(x)$ 的根.

445

证明 设 $f(x)=a_nx^n+\cdots+a_1x+a_0$. 则由于 φ 是 F-同构，$a_i\in F$，故 $\varphi(a_i)=a_i$. 由于 φ 是一个同态，故

$$\begin{aligned} 0=\varphi(0)&=\varphi(f(\alpha))=\varphi(a_n\alpha^n+\cdots+a_1\alpha+a_0)\\ &=\varphi(a_n)\varphi(\alpha)^n+\cdots+\varphi(a_1)\varphi(\alpha)+\varphi(a_0)=a_n\alpha'^n+\cdots+a_1\alpha'+a_0 \end{aligned}$$

因此 α' 是 $f(x)$ 的根. ■

第三节 扩域的次数

域 F 的一个扩域 K 总是可以视为一个 F-向量空间. 加法是 K 中的加法法则，K 中元素 α 用 F 的元素 c 的标量乘法定义为由这两个元素在 K 中相乘构成的积 $c\alpha$. K 作为 F-向量空间的维数称为扩域的次数. 这个次数记作 $[K:F]$，是扩域的一个最基本的属性.

【15.3.1】 $[K:F]$ 是扩域 K 作为 F-向量空间的维数

例如，$\mathbf{C}$ 有 $\mathbf{R}$-基$(1, i)$，因而次数 $[\mathbf{C}:\mathbf{R}]=2$.

如果次数 $[K:F]$ 是有限的，则扩域 K/F 称为一个有限扩域. 次数为 2 的扩域称为二次扩域. 次数为 3 的扩域为三次扩域，等等.

【15.3.2】引理

(a) 扩域 K/F 的次数为 1 当且仅当 $F=K$.

(b) 扩域 K 中元素 α 在 F 上的次数为 1 当且仅当 $\alpha\in F$.

证明

(a) 如果 K 作为 F 上的向量空间的维数为 1，则 K 上任何非零元(包括 1)都是 F 的基. 如果 1 是基，则 K 上任何元素都属于 F.

(b) 由定义，α 在 F 上的次数为 α 在 F 上的(首一的)既约多项式的次数. 若 α 在 F 上

的次数为 1，则此多项式必为 $x-\alpha$，且若多项式 $x-\alpha$ 的系数均属于 F，则 $\alpha\in F$. ■

【15.3.3】命题 假设域 F 的特征不为 2，即在 F 中 $1+1\neq 0$. 则 F 上任意二次扩域 K 可由添加一个平方根得到：$K=F(\delta)$，其中 $\delta^2=d\in F$. 反之，如果 δ 是 F 的扩域的元素，且如果 $\delta^2\in F$ 但 $\delta\notin F$，则 $F(\delta)$ 是 F 的一个二次扩域.

并不是所有的三次扩域都由添加一个三次方根得到. 这一点在下一章(参见第十六章第十一节)会了解更多.

证明 我们先证明每个二次扩域 K 由添加一个系数属于 F 的二次多项式 $f(x)$ 的根得到. 为此，选择 K 中不属于 F 的元素 α. 则$(1, \alpha)$是 F 上的线性无关的集合. 由于 K 作为 F 上的向量空间的维数为 2，因此$(1, \alpha)$是 K 的基. 由此得到 α^2 是$(1, \alpha)$的线性组合，系数属于 F. 将该线性组合记为 $\alpha^2=-b\alpha-c$，其中 $b, c\in F$. 则 α 是 $f(x)=x^2+bx+c$ 的根. 由于 $\alpha\notin F$，故此多项式在 F 上是既约的. 当域 F 的特征是 2 时，这个结论也是对的.

446

二次多项式 $f(x)=x^2+bx+c$ 的判别式 $D=b^2-4c$. 在特征不是 2 的域里，我们可用二次求根公式 $\frac{1}{2}(-b+\sqrt{D})$ 来解方程 $x^2+bx+c=0$，这可由代入多项式来验证. 对平方根有两种选择，令 δ 表示这两个平方根之一. 则 $\delta\in K$，$\delta^2\in F$，且由于 $\alpha\in F(\delta)$，故 δ 在 F 上生成 K. 反之，如果 $\delta^2\in F$，$\delta\notin F$，则$(1, \delta)$是 $F(\delta)$在 F 上的一组基，故$[F(\delta):F]=2$. ■

次数的术语来自于由代数元 α 生成的域 $K=F(\alpha)$. 这是次数的第一个重要性质.

【15.3.4】命题

(a) 若扩域的一个元素 α 是 F 上的代数元，则 $F(\alpha)$ 在 F 上的次数 $[F(\alpha):F]$ 等于 α 在 F 上的次数.

(b) 扩域的一个元素 α 是 F 上的代数元当且仅当次数 $[F(\alpha):F]$ 是有限的.

证明 (a) 若 α 是 F 上的代数元，则由定义，其在 F 上的次数为其在 F 上某个既约多项式 f 的次数. 如果 f 的次数是 n，则 $F(\alpha)$ 有 F-基$(1, \alpha, \cdots, \alpha^{n-1})$(命题 15.2.7)，故$[F(\alpha):F]=n$. 若 α 不是 F 上的代数元，则 $F[\alpha]$ 和 $F(\alpha)$ 在 F 上是无限维的. ■

第二个重要性质是关于扩域的链的.

【15.3.5】定理(次数的乘法性质) 令 $F\subset K\subset L$ 是域. 则$[L:F]=[L:K][K:F]$. 因此$[L:K]$和$[K:F]$都整除$[L:F]$.

证明 设 $\boldsymbol{B}=(\beta_1, \beta_2, \cdots, \beta_n)$是 L 作为 K-向量空间的基，并设 $\boldsymbol{A}=(\alpha_1, \cdots, \alpha_m)$是 K 作为 F-向量空间的基. 因而$[L:K]=n$ 而$[K:F]=m$. 我们证明 mn 个积 $\boldsymbol{P}=\{\alpha_i\beta_j\}$的集合是 L 作为 F-向量空间的基，由此就证明了此定理. 同样的推理在 $\boldsymbol{B}$ 或 $\boldsymbol{A}$ 有一个是无限时也是可行的.

设 γ 是 L 的元素. 由于 $\boldsymbol{B}$ 是 L 在 K 上的基，故 γ 可以唯一表示为线性组合 $b_1\beta_1+\cdots+b_n\beta_n$，其中系数 $b_j\in K$. 由于 $\boldsymbol{A}$ 是 K 在 F 上的基，故每个 b_j 可以唯一地表示为线性组合 $a_{1j}\alpha_1+\cdots+a_{mj}\alpha_m$，其中系数 $a_{ij}\in F$. 则 $\gamma=\sum_{i,j}a_{ij}\alpha_i\beta_j$. 这表明 $\boldsymbol{P}$ 张成 F-向量空间 L. 如果线性组合 $\sum_{i,j}a_{ij}\alpha_i\beta_j=0$，则因为 $\boldsymbol{B}$ 是 L 作为 K-向量空间的基，故对每个 j，β_j 的系数 $\sum_i a_{ij}\alpha_i=0$. 又由

于 $\mathbf{A}$ 是 K 在 F 上的基，故系数 $a_{ij}=0$ 对于所有 i，j 成立. 因此 $\mathbf{P}=\{\alpha_i\beta_j\}$ 是线性无关的，因此它是 L 在 F 上的基. ■

447

【15.3.6】推论

(a) 设 $F\subset K$ 是一个 n 次有限扩域，并设 α 是 K 的一个元素. 则 α 在 F 上是代数的，且其在 F 上的次数整除 n.

(b) 令 $F\subset F'\subset L$ 是域. 如果 L 中元素 α 是 F 上的代数元，则它也是 F' 上的代数元. 如果 α 在 F 上的次数为 d，则它在 F' 上的次数至多为 d.

(c) 由 F 上的有限多个代数元生成的扩域 K 是有限扩域. 一个有限扩域由有限多个元素生成.

(d) 如果 K 是 F 的扩域，则 K 中所有 F 上的代数元的集合构成 K 的子域.

证明

(a) 元素 α 生成一个中间域 $F\subset F(\alpha)\subset K$，乘法性质指出：$[K:F]=[K:F(\alpha)][F(\alpha):F]$. 因此 $[F(\alpha):F]$ 是有限的，且它整除 $[K:F]$.

(b) 令 f 表示 α 在 F 上的既约多项式. 由于 $F\subset F'$，故 f 也是 $F'[x]$ 上的元素. 由于 α 是 f 的一个根，故 α 在 F' 上的既约多项式 g 整除 f. 故 g 的次数至多是 f 的次数.

(c) 令 α_1，…，a_k 生成 K，且它们是 F 上的代数元，令 F_i 表示由前 i 个元素生成的域 $F(\alpha_1$，…，$a_i)$. 这些域形成一个链 $F=F_0\subset F_1\subset\cdots\subset F_k=K$. 由于 α_i 在 F 上是代数元，故它也是更大的域 F_{i-1} 上的代数元. 因此次数 $[F_i:F_{i-1}]$ 对于任意 i 为有限的. 由乘法性质，$[K:F]$ 是有限的. 第二个断言是显然的.

(d) 我们必须证明如果 α 和 β 是 K 中元素，且为 F 上的代数元，则 $\alpha+\beta$，$\alpha\cdot\beta$ 等在 F 上也是代数元. 这从(a)和(c)可得，因为它们是域 $F(\alpha,\beta)$ 中的元素. ■

【15.3.7】推论 设 K 是 F 上的素数 p 次的扩域，并设 α 是 K 中不属于 F 的元素. 则 α 在 F 上次数为 p 且 $K=F(\alpha)$.

【15.3.8】推论 令 κ 是域 F 的扩域，令 K 和 F' 是 κ 的子域，且是 F 的有限扩域，令 K' 是由两个域 K 和 F' 生成的 κ 的子域. 令 $[K':F]=N$，$[K:F]=m$，$[F':F]=n$. 则 m 和 n 整除 N，且 $N\leqslant mn$.

证明 乘法性质表明 m 和 n 整除 N. 其次，假设 F' 是由一个元素在 F 上生成的域：对于某个元素 β 有 $F'=F[\beta]$. 则 $K'=K(\beta)$. 推论 15.3.6(b)表明 β 在 K 上的次数(等于 $[K':K]$)至多为 n. 乘法性质表明 $N\leqslant mn$. F 由几个元素生成的情形通过一次添加一个元素，再用归纳法可得. ■

下图是上面推论的总结：

【15.3.9】图

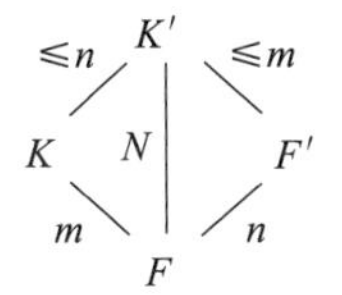

448

从推论可知$[K':F]=N$被m和n的最小公倍数整除，且如果m和n互素，则$N=mn$.

可能会试图猜测N整除mn，但这一点不总是成立.

【15.3.10】例

(a) x^3-2的三个复根是$\alpha_1=\alpha$，$\alpha_2=\omega\alpha$，$\alpha_3=\omega^2\alpha$，其中$\alpha=\sqrt[3]{2}$且$\omega=e^{2\pi i/3}$. 每个根α_i在$\mathbf{Q}$上的次数都是3，但是$\mathbf{Q}(\alpha_1，\alpha_2)=\mathbf{Q}(\alpha，\omega)$，且由于$\omega$在$\mathbf{Q}$上的次数是2，故$[\mathbf{Q}(\alpha_1，\alpha_2):\mathbf{Q}]=6$.

(b) 令$\alpha=\sqrt[3]{2}$且β是$\mathbf{Q}$上既约多项式x^4+x+1的一个根. 因为3和4是互素的，故$\mathbf{Q}(\alpha，\beta)$在$\mathbf{Q}$上的次数为12. 因此α不属于域$\mathbf{Q}(\beta)$. 另一方面，由于i在$\mathbf{Q}$上的次数为2，因此确定i是否属于$\mathbf{Q}(\beta)$不太容易.（i不属于$\mathbf{Q}(\beta)$.）

(c) 令$K=\mathbf{Q}(\sqrt{2}，i)$是在$\mathbf{Q}$上添加$\sqrt{2}$和i生成的域. $\sqrt{2}$和i在$\mathbf{Q}$上的次数都是2，且因为i是复数，故它不属于$\mathbf{Q}(\sqrt{2})$. 所以$[\mathbf{Q}(\sqrt{2}，i):\mathbf{Q}]=4$. 因此i在$\mathbf{Q}(\sqrt{2})$上的次数为2. 由于$\sqrt{-2}$和i也生成$K$，因此i不属于域$\mathbf{Q}[\sqrt{-2}]$. ■

第四节　求既约多项式

令γ是F的扩域K中的元素，且为F上的代数元. 有两种求γ在F上的既约多项式$f(x)$的方法. 一种方法是计算γ的幂并寻找这些幂之间的线性关系. 虽然不太常用，但有时我们可以猜测f的其余的根，比如$\gamma_1，\cdots，\gamma_k$，其中$\gamma=\gamma_1$. 然后展开积$(x-\gamma_1)\cdots(x-\gamma_k)$将产生一个多项式. 我们后面将给出例子来说明这两种方法，其中的F是有理数域$\mathbf{Q}$.

【15.4.1】例　令$\gamma=\sqrt{2}+\sqrt{3}$. 计算γ的幂，当可能时进行简化：$\gamma^2=5+2\sqrt{6}$，$\gamma^4=49+20\sqrt{6}$. 我们不需要其他的幂，因为从这两个方程消去$\sqrt{6}$，得到关系$\gamma^4-10\gamma^2+1=0$. 因此，γ是多项式$g(x)=x^4-10x^2+1$的根. ■

下面是两个重要的初等结论：

【15.4.2】引理

(a) 元素γ的幂之间的一个线性相关关系$c_n\gamma^n+\cdots+c_1\gamma+c_0=0$意味着$\gamma$是多项式$c_nx^n+\cdots+c_1x+c_0$的根.

(b) 令α和β是F的扩域中的代数元，且令它们在F上的次数分别为d_1和d_2. 则d_1d_2个单项式$\alpha^i\beta^j$(其中$0\leqslant i<d_1$，$0\leqslant j<d_2$)张成$F(\alpha，\beta)$为F上的向量空间.

证明　虽然(a)很重要，但却是平凡的. 为了证明(b)，我们注意到α和β在F上是代数元. $F(\alpha，\beta)=F[\alpha，\beta]$(15.2.6). 所列出的单项式张成$F[\alpha，\beta]$. ■

449

【15.4.3】例　例15.4.1的另一种方法是猜测g的根为$\gamma_1=\sqrt{2}+\sqrt{3}$，$\gamma_2=-\sqrt{2}-\sqrt{3}$，$\gamma_3=-\sqrt{2}+\sqrt{3}$和$\gamma_4=\sqrt{2}-\sqrt{3}$. 展开以这些为根的多项式，得到

$$\begin{aligned}&(x-\gamma_1)(x-\gamma_2)(x-\gamma_3)(x-\gamma_4)\\&=(x^2-(\sqrt{2}+\sqrt{3})^2)(x^2-(\sqrt{2}-\sqrt{3})^2)=x^4-10x^2+1.\end{aligned}$$

这就是我们前面得到的多项式. ■

这个引理表明假设关于 α 和 β 的既约多项式已知，我们总可以产生一个多项式以 $\gamma=\alpha+\beta$为根. 比如设 α 和 β 在 F 上的次数分别为 d_1 和 d_2. 给定 $F(\alpha, \beta)$上的任一元素 γ，它的幂记为 1，γ，…，γ^n 为单项式 $\alpha^i\beta^j$(其中 $0\leqslant i<d_1$，$0\leqslant j<d_2$)的线性组合. 当 $n=d_1d_2$，我们得到$n+1$个方幂 γ^v 都是 n 个单项式的线性组合，故这些方幂是线性相关的. 一个线性相关关系确定了系数属于 F 的多项式以 γ 为一个根. 然而，有一点把问题复杂化了. 那就是以这种方法得到的以 γ 为根的多项式可能是可约的. 关于 γ 的在 F 上的既约多项式是以 γ 为一个根的次数最低的多项式. 要用这种方法确定这个既约多项式，我们需要找到 K 在 F 上的一组基.

【15.4.4】例

(a) 在例 15.4.1 中，其中 $\alpha=\sqrt{2}$，$\beta=\sqrt{3}$，且 $d_1=d_2=2$，元素 $\alpha^i\beta^j$(其中 i，$j<2$)为 1，$\sqrt{2}$，$\sqrt{3}$，$\sqrt{6}$. 这些元素确实构成了 K 在 $\mathbf{Q}$ 上的一组基. 多项式 x^4-10x^2+1 是既约多项式.

(b) 我们回到例 15.3.10(a)，其中多项式 x^3-2 的 3 个根标记为 α_i，$i=1$，2，3. 令 $F=\mathbf{Q}$，$L=\mathbf{Q}(\alpha)$和 $K=\mathbf{Q}(\alpha_1, \alpha_2)$. 每个根在 F 上的次数都是 3. 由引理，9 个单项式 $\alpha_1^i\alpha_2^j$(其中 $0\leqslant i$，$j<3$)在 F 上张成 K. 然而，这些单项式不是线性无关的. 由于 f 在域 $L=\mathbf{Q}(\alpha)$上有根 α_1，故它在 $L[x]$上分解，比如分解为 $f(x)=(x-\alpha_1)q(x)$. 则 α_2 是 $q(x)$的根，故 α_2 在 L 上的次数至多为 2. 集合(1，α_2)是 K 在域 L 上的一组基，故 6 个单项式 $\alpha_1^i\alpha_2^j$(其中 $0\leqslant i<3$，$0\leqslant j<2$)形成 K 在域 F 上的一组基. 如果我们要得到单项式的一组基，则应该用这个方法. ■

第五节 尺规作图

著名的定理断言：某些几何构造不能用直尺和圆规作出. 为了证明这些定理，我们现在用扩域次数的概念证明三等分任意角是不可能用尺规作图的.

下面是直尺和圆规作图的基本法则：

【15.5.1】

450

- 以给定平面上的两点作为开始. 这两个点认为是*作出的*.
- 如果作了两个点 p_0，p_1，则可过它们作一条直线，或者作一个以 p_0 为圆心并过另一点 p_1 的圆. 这样的直线和圆被认为是*作出的*.
- 已作出的直线和圆的交点被认为是*作出的*.

点、直线和圆称为是*可构造的*，如果可以通过应用上述规则有限步骤得到.

注意我们的直尺只能用于过作出的点作直线，不能用它来度量长度. 有时将其称为“直边”来明确这一点.

我们将从一些熟知的作图开始来描述所有可能的作图. 在每个图中，直线和圆按标出的顺序作出. 前两个构造用到了直线 ℓ 上的点 q，唯一的限制是这个点不在垂线上. 每当需要任意点时，我们将作出一个特别的点来用. 因为一个作出的直线 ℓ 包含无数多个可作出的点.

【15.5.2】**作图** 过一个作出的点 p 作一条与作出的直线 ℓ 垂直的直线.

情形 1：$p\notin\ell$

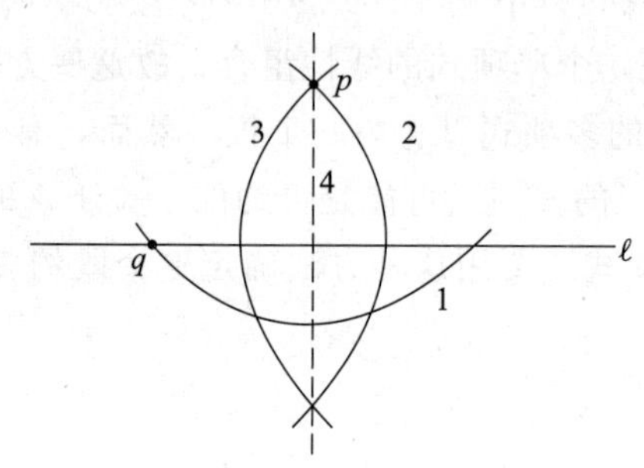

情形 2：$p\in\ell$

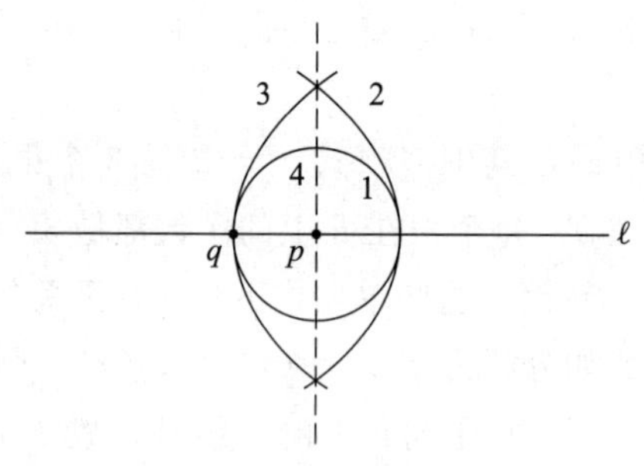

451

【15.5.3】**作图** 过一个作出的点 p 作一条与作出的直线 ℓ 平行的直线.

应用上面的情形 1 和 2：

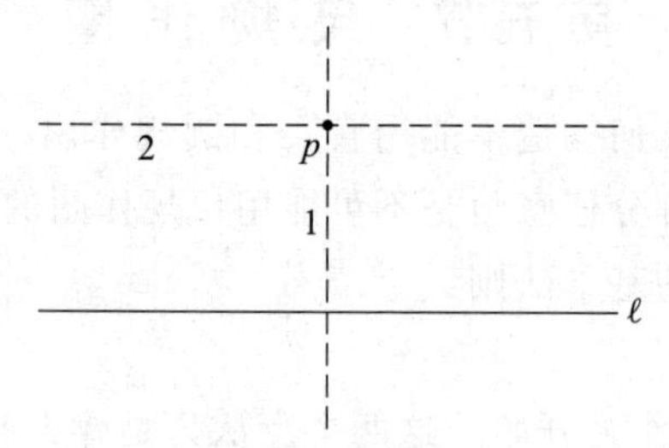

【15.5.4】**作图** 从一个点 $p\in\ell$ 开始，在作出的直线 ℓ 上标出由两个点定义的长度.

利用平行线的做法：

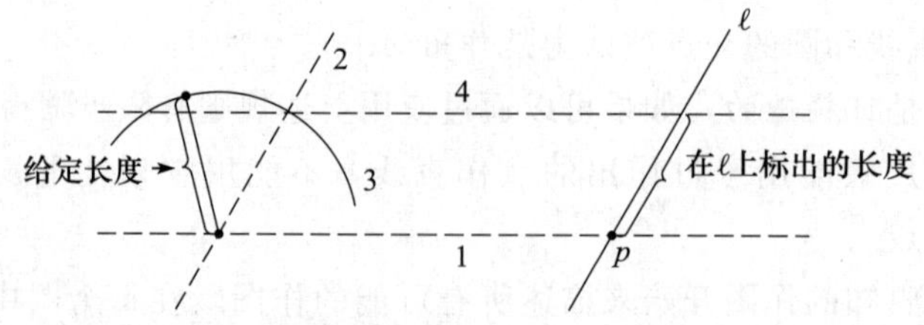

我们在平面上引入笛卡儿坐标系使得开始时给定的两个点的坐标为(0，0)和(1，0).

【15.5.5】命题

(a) 令 $p_0=(a_0,\ b_0)$和点 $p_1=(a_1,\ b_1)$是坐标 a_i 和b_i 在实数域的子域F 上的点. 通过 p_0 和 p_1 的直线用系数属于 F 的线性方程来定义. 圆心在 p_0 且通过 p_1 的圆用系数属于 F 的二次方程来定义.

(b) 令 A 和 B 分别为由系数属于实数域的子域 F 的线性方程或二次方程所定义的直线和圆. 则 A 和 B 的交点的坐标属于F, 或者属于 F 的实二次扩域 F'.

证明

(a) 过$(a_0,\ b_0)$和$(a_1,\ b_1)$的直线是线性方程

$$(a_1-a_0)(y-b_0)=(b_1-b_0)(x-a_0)$$

的轨迹.

452

以$(a_0,\ b_0)$为中心、过$(a_1,\ b_1)$的圆是二次方程

$$(x-a_0)^2+(y-b_0)^2=(a_1-a_0)^2+(b_1-b_0)^2$$

的轨迹. 这些方程的系数在域 F 中.

(b) 两条直线的交点通过解系数属于 F 的两个线性方程得到, 因此它的坐标属于 F. 要求直线和圆的交点, 我们用直线方程去消去圆的方程中的一个变量, 得到一个未知变量的二次方程. 这个二次方程在域 $F'=F[\sqrt{D}]$中有解, 其中 D 为二次方程的判别式. 这个判别式是 F 中的元素. 如果 $F'\neq F$, 则 F'在 F 上的次数为 2. 如果 $D<0$, 则方程没有实数解. 于是直线和圆不相交.

考虑两个圆的交, 比如

$$(x-a_1)^2+(y-b_1)^2=c_1\ \text{和}\ (x-a_2)^2+(y-b_2)^2=c_2$$

其中 a_i, b_i, $c_i\in F$. 一般来说, 求一对二元二次方程的解需要解四次方程. 在这里很幸运: 两个二次方程的差是线性方程. 我们可以像前面一样, 用这个线性方程来消去一个变量. 这个令人庆幸的事实反映了这样的事实: 当一对圆锥曲线可能有四个交点时, 两个圆的交点至多为两个. ■

【15.5.6】定理 令 p 是一个可构造的点. 对某个整数 n, 存在一个域的链

$$\mathbf{Q}=F_0\subset F_1\subset F_2\subset\cdots\subset F_n=K, \text{使得}$$

- K 是实数域的一个子域;
- 点 p 的坐标属于K;
- 对于每个 $i=0,\ \cdots,\ n-1$, 次数$[F_{i+1}:F_i]$等于 2.

因此次数$[K:\mathbf{Q}]$是 2 的幂.

证明 我们引入坐标使得原来给定的点为(0, 0)和(1, 0). 这些点的坐标在 $\mathbf{Q}$ 中. 构造点 p 的过程涉及一个步骤序列, 每一步骤都是作圆或直线.

假设我们到第 k 步时所有作出的点的坐标均属于域 F. 下一步作出通过这些点中的两点的直线或圆, 且根据命题 15.5.5(a), 直线和圆的方程的系数均在 F 中. 域没有变. 则由命题 15.5.5(b), 所作出的直线和直线、圆和圆、直线和圆的交点的坐标或者属于

F，或者属于 F 的一个二次扩域. 本断言利用归纳法由命题 15.5.5 和次数的乘法性质可得证. ■

注 我们称一个实数是可构造的如果点$(a, 0)$是可构造的. 既然我们能作出垂线，这相当于说 a 是一个可构造点的横坐标. 而由于我们可以标出长度，因此一个正实数 a 是可构造的当且仅当存在一对可构造的点 p 和 q，它们之间的距离为 a.

453

【15.5.7】推论 令 a 是一个可构造的实数. 则 a 是一个代数数，且它在 $\mathbf{Q}$ 上的次数是 2 的幂.

由于 a 是域 K 中的元素，而域 K 是上述定理中域链的最后一个域，且$[K:\mathbf{Q}]$是 2 的幂，所以 a 的次数也是 2 的幂(15.3.6).

此推论的逆不真. 存在 $\mathbf{Q}$ 上次数为 4 的实数，这个实数是不可构造的. 伽罗瓦理论提供了理解这一点的方法.（这是第十六章的练习 9.17.）

我们现在能证明一些几何构造的不可能性. 这个方法是通过证明如果一个特定的结构是可构造的，那么就可以构造一个在 $\mathbf{Q}$ 上的次数不是 2 的幂的代数数. 这就与推论矛盾. 我们的例子是证明三等分任意角是不可能的，这要求我们在角 θ 已知的情况下，去作出角 $\frac{1}{3}\theta$. 现在许多角(例如 $45°$)可以用尺规三等分. 三等分任意角要求我们给出一个一般的作出方法.

既然 $60°$ 角很容易作出，我们便把 $60°$ 角当成已知的，用尺规作出来. 如果三等分这个角能够作出来，也就是我们可以作出 $20°$ 角. 我们将证明这个特殊角是不可能作出来的，因此没有作出三等分任意角的一般方法.

我们说一个角 θ 是可构造的如果可以作出一对直线，它们相交成 θ 角. 如果在直线上标出单位长度并垂直投影到另一条直线上，我们将作出实数 $\cos\theta$. 反之，如果 $\cos\theta$ 是一个可构造的实数，则可以把这个过程逆回去作出一对相交成 θ 角的直线.

下一个引理证明 $20°=\pi/9$ 是不可能作出的.

【15.5.8】引理 实数 $\cos 20°$ 是 $\mathbf{Q}$ 上的代数元，它在 $\mathbf{Q}$ 上的次数为 3. 因此 $\cos 20°$ 是不可能构造的数.

证明 令 $\alpha=2\cos\theta=e^{i\theta}+e^{-i\theta}$，其中 $\theta=\pi/9$. 则 $e3^{i\theta}+e^{-3i\theta}=2\cos(\pi/3)=1$，且

$$\alpha^3=(e^{i\theta}+e^{-i\theta})^3=e^{3i\theta}+3e^{i\theta}+3e^{-i\theta}+e^{-3i\theta}=1+3\alpha$$

故 α 是多项式 x^3-3x-1 的一个根. 多项式在 $\mathbf{Q}$ 上是既约的，因为它没有整数根. 因此这个多项式是 α 在 $\mathbf{Q}$ 上的既约多项式. 故 α 在 $\mathbf{Q}$ 上的次数为 3，故 $\cos\theta$ 在 $\mathbf{Q}$ 上的次数也为 3. ■

另一个例子：正 7 边形不可作出. 这和上面的问题类似，因为作出 $20°$ 角等价于作出正 18 边形. 我们稍稍改变一下解题方法. 令 $\theta=2\pi/7$ 且令 $\zeta=e^{i\theta}$. 则 ζ 是 7 次单位根，它是既约多项式 $x^6+x^5+\cdots+x+1$ 的一个根(定理 12.4.9)，故 ζ 在 $\mathbf{Q}$ 上的次数为 6. 如果正 7 边形可以构造，则 $\cos\theta$ 和 $\sin\theta$ 都是可构造的数. 它们将属于在 $\mathbf{Q}$ 上次数为 2 的幂的实扩域

K，比如$[K:\mathbf{Q}]=2^k$. 称这个域为K，并考虑其扩域$K(\mathrm{i})$. 这个扩域的次数为2，故$[K(\mathrm{i}):\mathbf{Q}]=2^{k+1}$. 但$\zeta=\cos\theta+\mathrm{i}\sin\theta\in K(\mathrm{i})$. 这与$\zeta$在$\mathbf{Q}$上的次数为6矛盾.

454

我们所用的论证方法对于数7不是特殊的. 它适用于任意素数p，如果$p-1$是既约多项式$x^{p-1}+x^{p-2}+\cdots+x+1$的次数，但不是2的方幂.

【15.5.9】推论 令p是一个素数. 如果正p边形可以用尺规作出，则$p=2^r+1$，其中r是某个正整数.

高斯证明了其逆命题：如果一个素数具有形式2^r+1，则正p边形可以用尺规作出. 例如，正17边形可以用尺规作出. 在下一章(参见推论16.10.5)我们将学习如何证明这个结论.

为完成讨论，我们证明定理15.5.6的逆命题.

【15.5.10】定理 令$\mathbf{Q}=F_0\subset F_1\subset\cdots\subset F_n=K$是实数域$\mathbf{R}$的子域链，且具有性质$[F_{i+1}:F_i]=2$，其中$i=0,\cdots,n-1$. 则$K$的每个元素是可构造的.

由于任何一个2次扩域可以由添加一个平方根得到，因此这个定理可从下面的引理得到.

【15.5.11】引理

(a) 可构造数形成实数域$\mathbf{R}$的一个子域.

(b) 如果a是一个正的可构造数，则$\sqrt{a}$也是可构造的.

证明

(a) 我们必须证明如果a和b是正的可构造数，则$a+b$，$-a$，ab和$a^{-1}(a\neq0)$也是可构造的. a和b为负数的情形容易得到. 加法和减法通过在直线上标出长度作出. 对乘法和除法，我们用相似直角三角形.

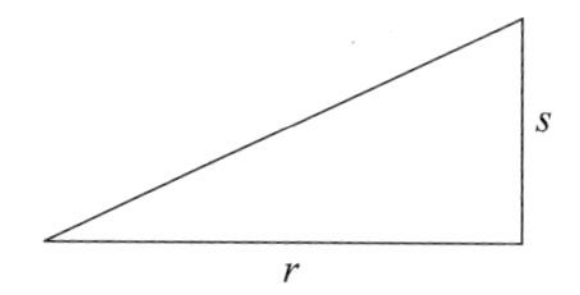

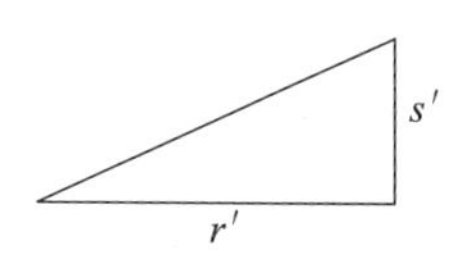

给定一个三角形及另一个三角形的一条边，第二个三角形可以用平行线作出. 要构造积ab，我们取$r=1$，$s=a$和$r'=b$，则$s'=ab$. 要作出a^{-1}，我们取$r=a$，$s=1$和$r'=1$. 则$s'=a^{-1}$.

(b) 再一次应用相似直角三角形. 我们必须构造它们使得$r=a$，$r'=s$且$s'=1$. 则$s=\sqrt{a}$. 这次要如何作图并不是太明显，但可以用圆的内接三角形. 以直径为其斜边的圆的内接三角形是直角三角形. 这是高中几何的一个定理，可用圆的方程和毕达哥拉斯定理验证. 这样我们作出一个直径为$1+a$的圆，然后如下图继续. 注意大三角形被分为两个相似三角形.

455

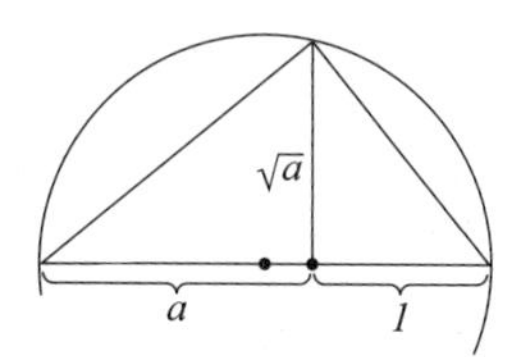

■

第六节　添　加　根

到目前为止，我们一直用复数的子域作为我们的例子. 创建这些域不需要抽象的构造(除了从 **R** 到 **C** 的构造是抽象的以外). 根据需要，可以简单地在有理数上添加复数并使用它们生成的子域. 但有限域和函数域不是类似于 **C** 这样的我们熟悉的、包含一切的域的子域，因而必须构造这些域. 构造它们的基本工具是在第十一章中所学的在环上添加元素. 在这里把它应用到开始时环是一个域 F 的情形.

我们复习这一构造过程. 给定系数属于 F 的多项式 $f(x)$，可以添加 $f(x)$的一个根到 F. 抽象过程是构造多项式环 $F[x]$的商环

【15.6.1】
$$K = F[x]/(f)$$
这个构造总是产生环 K 及同态 $F\to K$，使得 x 的剩余$\bar{x}$满足关系 $f(\bar{x})=0$(11.5.2). 然而我们要构造的不仅是环，而且是域，在这里域上多项式的理论起了作用. 这个理论告诉我们多项式环 $F[x]$上的主理想(f)是极大理想当且仅当 f 是既约多项式(见(12.2.8)). 因而环 K 是一个域当且仅当 f 是一个既约多项式(11.8.2).

【15.6.2】引理　设 F 是一个域，并设 f 是 $F[x]$中的既约多项式. 则环 $K=F[x]/(f)$是 F 的扩域，x 的剩余$\bar{x}$是 $f(x)$在 K 中的根.

证明　因为(f)是一个极大理想，所以环 K 是一个域，而且，因为 F 是域，所以将 F 中的元素映到常多项式的剩余的同态 $F\to K$ 是一个单射. 因而可将 F 等同于其像，也就是等同于 K 的一个子域. 在这一等同的意义下，域 K 成为 F 的一个扩域. 最后，$\bar{x}$ 满足方程$f(\bar{x})=0$，这表明它是 f 的一个根(见(11.5.2)). ■

注　一个多项式 f 在域 K 上是完全分裂的如果它在 K 上的因子全是线性因子.

【15.6.3】命题　设 F 是域，并设 $f(x)$是 $F[x]$中正次数的首一多项式. 存在 F 的扩域 K 使得 $f(x)$在 K 上完全分裂.

证明　对 f 的次数用归纳法. 第一种情形是 f 在 F 中的有一个根 α，使得 $f(x)=(x-\alpha)q(x)$对于某个多项式 q 成立. 如果这样，则用 q 代替 f，而且对于 q 用归纳法可知是完全分裂. 否则，我们选取 f 的一个既约多项式因子 g. 由引理 15.6.2，存在 F 的一个扩域 F_1，F_1 中 g 有一个根 α. 则 α 也是 f 的一个根. 我们用 F_1 代替 F 就将其化为第一种情形. ■

456

正如我们所见，多项式环 $F[x]$是研究域 F 的扩域的一个重要工具. 当涉及扩域时，域的多项式环之间相互关联. 这种相互关联并不会带来严重的困难，我们将需要指出的要点都集中在这里而不是分散在书中各处来加以叙述，将这些要点收集整理成下面的命题.

【15.6.4】命题　设 f 和 g 是系数属于域 F 的多项式，且 $f\neq 0$，并设 K 是 F 的扩域.

(a) 多项式环 $K[x]$包含 $F[x]$作为其子环，故在环 $F[x]$上的运算在 $K[x]$上也成立.

(b) 不论在 $F[x]$中还是在 $K[x]$中，由 f 对 g 作的带余除法得到相同的答案.

(c) 在 $K[x]$中 f 整除 g 当且仅当在 $F[x]$中 f 整除 g.

(d) 不论在 $F[x]$ 中还是在 $K[x]$ 中，f 和 g 的(首一的)最大公因子 d 都是相同的.

(e) 如果 f 和 g 在 K 上有公共根，则它们在 $F[x]$ 中不是互素的. 反之，如果 f 和 g 在 $K[x]$ 中不是互素的，则存在一个扩域 L，它们在其中有公共根.

(f) 如果 f 在 $F[x]$ 中是既约的且 f 和 g 在 K 中有公共根，则 f 在 $F[x]$ 中整除 g.

证明

(a) 是显然的.

(b) 在 $F[x]$ 中作除法：$g=fq+r$. 这个等式在更大的环 $K[x]$ 中也是成立的，而且由于在 $K[x]$ 带余除法是唯一的，故结果是一样的.

(c) 这是(b)中余数为零的情况.

(d) 令 d 和 d' 分别是 f 和 g 在 $F[x]$ 和 $K[x]$ 中的最大公因子，则 d 是 $K[x]$ 中的一个公因子，且由于 d' 是 f 和 g 在 $K[x]$ 中的最大公因子，故 d 整除 d'. 此外，我们知道对于某个 p 和 q 属于 $F[x]$，d 具有形式 $d=pf+qg$. 由于 d' 整除 f 和 g，故 d' 整除 d. 因此 d 和 d' 在 $K[x]$ 中是相伴元，且由于它们是首一多项式，因此它们相等.

(e) 如果 α 是 f 和 g 在 K 中的公共根. 则 $x-a$ 是 f 和 g 在 $K[x]$ 中的公因子，因而它们在 $K[x]$ 中的最大公因子不为 1. 由(d)，它们在 $F[x]$ 中的最大公因子也不为 1. 反之，如果 f 和 g 在 $F[x]$ 中有一个次数 >0 的公因子 d，则存在 F 的一个扩域 L 使得 d 在 L 中有一个根. 这个根就是 f 和 g 的一个公共根.

(f) 如果 f 是既约的，则它在 $F[x]$ 中仅有的首一的因子为 1 和 f. (e)告诉我们 f 和 g 在 $F[x]$ 中的最大公因子不是 1. 因而它是 f. ■

本节最后一个主题涉及多项式 $f(x)$ 的导数 $f'(x)$. 导数是用微积分中求多项式函数的微分的规则计算的. 换句话说，如果 $f(x)=a_nx^n+a_{n-1}x^{n-1}+\cdots+a_1x+a_0$，则 457

【15.6.5】
$$f'(x) = na_nx^{x-1} + (n-1)a_{n-1}x^{n-2} + \cdots + a_1$$

公式中的整数系数理解为 F 的元素 $1+1+\cdots+1$. 故如果 $f(x)$ 的系数在域 F 中，则其导数的系数也在域 F 中. 可以证明像微分的乘法法则那样的法则成立(这是练习 3.5).

导数可以被用来识别多项式的重根.

【15.6.6】引理 令 f 是一个系数属于一个域 F 的多项式. 域 F 的扩域 K 上的一个元素 α 是重根，也就是说 $(x-\alpha)^2$ 整除 f 当且仅当它同时是 f 和 f' 的根.

证明 如果 α 是 f 的一个根，则 $x-\alpha$ 整除 f，比如 $f(x)=(x-\alpha)g(x)$. 于是 α 是 f 的重根当且仅当它是 g 的一个根. 由微分的乘法法则，

$$f'(x) = (x-\alpha)g'(x) + g(x)$$

代入 $x=\alpha$，可知 $f'(\alpha)=0$ 当且仅当 $g(\alpha)=0$. ■

【15.6.7】命题 令 $f(x)$ 是一个系数属于一个域 F 的多项式. 存在域 F 的扩域 K，在其上 $f(x)$ 有重根当且仅当 f 和 f' 不是互素的.

证明 如果 f 在 K 中有一个重根，则 f 和 f' 在 K 中有公共根，因而它们在 K 中不互素，因此它们在 F 上也不互素. 反之，如果 f 和 f' 不互素，则它们在某个扩域 K 中有公

共根，因此 f 在这个域中有一个重根. ■

下面是导数在域论中最重要的应用之一：

【15.6.8】**命题** 设 f 是 $F[x]$ 中的一个既约多项式.

(a) 除非导数 f' 是零多项式，否则 f 在 F 的任何扩域中均没有重根.

(b) 如果域 F 的特征为零，则 f 在 F 的任意扩域中没有重根.

证明

(a) 由前面的命题，必须证明除非 f' 是零多项式，否则 f 与 f' 是互素的. 由于 f 是既约的，因此它与另一个多项式 g 有非常数公因子仅有的可能情形是 f 整除 g. 而如果 f 整除 g，则 $\deg g \geqslant \deg f$，或者 $g=0$. 如果 $f' \neq 0$，则 f' 的次数小于 f 的次数，那么 f 与 f' 没有非常数公因子，这正是所要证的.

(b) 在特征为零的域中非常数多项式的导数不等于零. ■

当域 F 的特征为素数 p 时，非常数多项式 f 的导数可以为零. 当在 f 中出现的每个单项式的指数都被 p 整除时就会发生这种情形. 在特征为 5 时导数为零的多项式的一个典型例子是

458

$$f(x) = x^{15} + ax^{10} + bx^5 + c$$

其中 a，b，c 是 F 中的任意元素. 由于这个多项式的导数恒等于零，因此它在任意扩域中的根都是重根.

第七节 有限域

本节描述有有限多个元素的域. 一个有限域 K 的特征不为零，故其特征为一个素整数(3.2.10)，因此 K 必含有素域 $F=\mathbf{F}_p$ 中的一个. 由于 K 是有限的，因此它作为这个域上的向量空间当然是有限维的.

我们用 r 表示次数 $[K:F]$. 作为 F-向量空间，K 与列空间 F^r 同构，而这个空间包含 p^r 个元素. 因而一个有限域的阶(即域的元素个数)总是一个素数的幂. 习惯上用字母 q 表示这个阶：

【15.7.1】
$$|K| = p^r = q$$

在这一节，q 表示素整数 p 的正的幂. q 个元素的域常常记为 $\mathbf{F}_q$. 我们将证明所有 q 阶有限域都是同构的，因而这个记号并不太含糊，虽然当 $r>1$ 时，两个 q 阶有限域间的同构不是唯一的.

除了素域外，最简单的有限域是 4 阶域 $\mathbf{F}_4$. 令 $K=\mathbf{F}_4$，且令 $F=\mathbf{F}_2$. 在 $F[x]$ 中存在唯一的 2 次既约多项式 $f(x)$，即 x^2+x+1(12.4.4)，且域 K 由添加 $f(x)$ 的一个根 α 到 F 上得到：

$$K \approx F[x]/(x^2+x+1)$$

因为 α(即 x 的剩余)的次数为 2，故集合 $(1, \alpha)$ 形成 K 在 F 上的一组基(15.2.7). 所有域 K 的元素是这组基的 4 个线性组合，系数模 2：

【15.7.2】 $$K=\{0,1,\alpha,1+\alpha\}$$

元素 $1+\alpha$ 是多项式 $f(x)$在 K 中的另一个根. 在 $\mathbf{F}_4$ 的计算要用到关系 $1+1=0$ 及 $\alpha^2+\alpha+1=0$.

不要将域 $\mathbf{F}_4$ 与环 $\mathbf{Z}/(4)$混淆起来，$\mathbf{Z}/(4)$不是一个域.

下面是关于有限域的主要事实：

【15.7.3】定理 设 p 是一个素整数，并设 $q=p^r$ 是 p 的正的方幂.

(a) 设 K 是一个 q 阶域. K 的元素是多项式 x^q-x 的根.

(b) 在素域 $F=\mathbf{F}_p$ 上的多项式 x^q-x 的既约因子是次数整除 r 的 $F[x]$上的既约多项式.

(c) 令 K 是一个 q 阶域. K 的非零元素的乘法群 $K^\times$是一个 $q-1$ 阶循环群.

(d) 存在一个 q 阶域，且所有 q 阶域是同构的.

(e) p^r 阶域 K 含有 p^k 阶子域当且仅当 k 整除 r.

459

【15.7.4】推论 对于任何正整数 r，存在素域 $\mathbf{F}_p$ 上的一个次数为 r 的既约多项式.

证明 由(d)，存在一个阶为 $q=p^r$ 的域K. 它在 $F=\mathbf{F}_p$ 上的次数$[K:F]$是 r. 由(c)，乘法群 $K^\times$是循环群. 显然循环群的生成元 α 将生成扩域 K，即 $K=F(\alpha)$. 由于$[K:F]=r$，因此 α 在 F 上的次数为 r. 故 α 是一个次数为 r 的既约多项式的根. ■

作为例子，我们看一些 q 是 2 的幂的例子. $\mathbf{F}_2$ 上次数至多为 4 的既约多项式在(12.4.4)中已经列出.

【15.7.5】例

(i) 域 $\mathbf{F}_4$ 在 $\mathbf{F}_2$ 上的次数是 2. 它的元素是多项式

【15.7.6】 $$x^4-x=x(x-1)(x^2+x+1)$$

的根. 注意 x^2-x 的因子出现，因为 $\mathbf{F}_4$ 包含 $\mathbf{F}_2$.

既然我们在特征为 2 的域上讨论问题，符号就没有关系了：$x-1=x+1$.

(ii) 阶为 8 的域 $\mathbf{F}_8$ 在素域 $\mathbf{F}_2$ 上的次数为 3. 它的元素是多项式 x^8-x 的 8 个根. 此多项式在 $\mathbf{F}_2$ 上的分解为

【15.7.7】 $$x^8-x=x(x-1)(x^3+x+1)(x^3+x^2+1)$$

立方因子是在 $\mathbf{F}_2[x]$上两个 3 次既约多项式.

要在域 $\mathbf{F}_8$ 中计算，可选择域上的既约立方因子之一的一个根 β，比如 x^3+x+1 的根. 它在 $\mathbf{F}_2$ 上的次数为 3. 则$(1,\beta,\beta^2)$是 $\mathbf{F}_8$ 在 $\mathbf{F}_2$ 上作为向量空间的一个基. $\mathbf{F}_8$ 的元素是系数为 0，1 的这组基的 8 个线性组合：

【15.7.8】 $$\mathbf{F}_8=\{0,1,\beta,1+\beta,\beta^2,1+\beta^2,\beta+\beta^2,1+\beta+\beta^2\}$$

在 $\mathbf{F}_8$ 中利用关系 $1+1=0$ 和 $\beta^3+\beta+1=0$ 进行计算.

注意到 x^2+x+1 不是 x^8-x 的因子，因此 $\mathbf{F}_8$ 不包含 $\mathbf{F}_4$. 因为$[\mathbf{F}_8:\mathbf{F}_2]=3$，$[\mathbf{F}_4:\mathbf{F}_2]=2$，故 2 不整除 3，因而包含关系是不可能的.

(iii) 域 $\mathbf{F}_{16}$在 $\mathbf{F}_2$ 上的次数为 4，它的元素是多项式 $x^{16}-x$ 的根. 这个多项式在 $\mathbf{F}_2[x]$上分解为：

【15.7.9】

$$x^{16}-x=x(x-1)(x^2+x+1)(x^4+x^3+x^2+x+1)(x^4+x^3+1)(x^4+x+1)$$

在$\mathbf{F}_2[x]$上出现了3个4次既约多项式. x^4-x的因子也在其中，因为$\mathbf{F}_{16}$包含$\mathbf{F}_4$. ■

现在开始定理15.7.3的证明. 令F表示素域$\mathbf{F}_p$.

定理15.7.3(a)的证明（*K的元素是多项式x^q-x的根*） 令K是阶为q的域. 乘法群

460

$K^\times$的阶为$q-1$. 因此$K^\times$的任何一个元素的阶整除$q-1$，故$\alpha^{(q-1)}-1=0$，这意味着α是多项式$x^{(q-1)}-1$的根. K的其余元素都是零，是多项式x的根. 故K的每个元素是多项式$x(x^{(q-1)}-1)=x^q-x$的根. ■

定理15.7.3(c)的证明（*乘法群是循环群*） 证明基于阿贝尔群的结构定理14.7.3，该定理告诉我们$K^\times$是循环群的直和.

结构定理用加法符号叙述为：一个有限阿贝尔群V是阶为d_1，…，d_k的循环子群的直和$C_1\oplus\cdots\oplus C_k$，其中每个$d_i$整除下一个：$d_1|d_2|\cdots|d_k$. 令$d=d_k$. 如果$w_i$是$C_i$的生成元，则$d_iw_i=0$，且由于$d_i$整除$d$，故$dw_i=0$. 因此$dv=0$对于$V$中任何元素$v$成立. 因此$V$中任何元素$v$的阶整除$d$.

回到乘法记号，$K^\times$是循环子群的直和，比如$H_1\oplus\cdots\oplus H_k$，其中$H_i$的阶为$d_i$，且$d_1|d_2|\cdots|d_k$. 记$d=d_k$，$K^\times$的每个元素$\alpha$的阶整除$d$，这意味着$\alpha^d=1$. 因此$K^\times$的每个元素$\alpha$是多项式$x^d-1$的根. 这个多项式在$K$上至多有$d$个根(12.2.20)，因此$|K^\times|=q-1\leqslant d$. 另一方面，$|K^\times|=|H_1\oplus\cdots\oplus H_k|=d_1\cdots d_k$. 故$d_1\cdots d_k=|K^\times|=q-1\leqslant d$. 由于$d=d_k$，故仅有一种可能就是$k=1$和$q-1=d$. 因此$K^\times=H_1$，且$K^\times$是循环群. ■

定理15.7.3(d)的证明（*q阶域的存在性*） 既然已经证明了(a)，我们知道q个元素的域中的元素是多项式x^q-x的根. 存在F的扩域L使多项式完全分裂(15.6.3). 我们自然要尝试取这样的域L且希望最好多项式x^q-x在L上的根形成我们要求的一个子域K. 这将在引理15.7.11中证明. ■

【15.7.10】**引理** *令F是特征为素数p的域，且令$q=p^r$是p的正的方幂.*

(a) *多项式x^q-x在F的任何扩域上没有重根.*

(b) *在多项式环$F[x, y]$中，$(x+y)^q=x^q+y^q$.*

证明

(a) x^q-x的导数为$qx^{q-1}-1$. 在特征为p的情形，系数q等于0，而导数等于-1. 由于常数多项式-1没有根，因此x^q-x与它的导数没有公共根，因此x^q-x没有重根(引理15.6.6).

(b) 我们在$\mathbf{Z}[x, y]$上展开$(x+y)^q$：

$$(x+y)^p=x^p+\binom{p}{1}x^{p-1}y+\binom{p}{2}x^{p-2}y^2+\cdots+\binom{p}{p-1}xy^{p-1}+y^p$$

引理12.4.8告诉我们二项式系数$\binom{p}{r}$被p整除，其中$1<r<p$. 由于F的特征为p，故映

射 $\mathbf{Z}[x, y] \to F[x, y]$ 将这些系数映射为零，且在 $F[x, y]$ 中有 $(x+y)^p = x^p + y^p$. 当 $q = p^r$ 时，$(x+y)^q = x^q + y^q$ 的事实由归纳法得证. ■ 461

【15.7.11】引理 设 p 是一个素数，并设 $q = p^r$ 是 p 的正的方幂. 令 L 是特征为 p 的域，令 K 是多项式 $x^q - x$ 在 L 上所有根的集合. 则 K 是 L 的子域.

证明 令 α 和 β 是多项式 $x^q - x$ 在 L 上的两个根. 我们必须证明 $\alpha+\beta$，$-\alpha$，$\alpha\beta$，α^{-1}（如果 $\alpha \neq 0$）和 1 是同一个多项式的根. 故假设 $\alpha^q = \alpha$ 和 $\beta^q = \beta$. 证明 $\alpha\beta$，α^{-1} 和 1 是根是显然的，我们在此省略. 代入引理 15.7.10(b) 表明 $(\alpha+\beta)^q = \alpha^q + \beta^q = \alpha + \beta$.

最后，我们验证 -1 是 $x^q - x$ 的根：由于根的积是根，故可得 $-\alpha$ 是一个根. 如果 $p \neq 2$，则 q 是一个奇整数，且 $(-1)^q = -1$ 成立. 如果 $p = 2$，则 q 是偶数，且 $(-1)^q = 1$. 但此时 L 的特征为 2，故 $1 = -1$ 在 L 上成立. ■

我们仍必须证明两个阶均为 $q = p^r$ 的域 K 和 K' 同构. 令 α 是循环群 $K^\times$ 的生成元. 则 $K = F(\alpha)$，故 α 在 F 上的既约多项式 f 的次数为 $[K:F] = r$. 则 f 生成一个以 α 为根的 $F[x]$ 的多项式的理想，且由于 α 也是 $x^q - x$ 的根，故 f 整除 $x^q - x$. 由于 $x^q - x$ 在 K' 上是完全分裂的，故 f 也有一个根 α' 在 K' 上. 则 $F(\alpha)$ 和 $F(\alpha')$ 都同构于 $F[x]/(f)$，因此，$F(\alpha)$ 和 $F(\alpha')$ 彼此同构. 计算次数可证明 $F(\alpha') = K'$，故 K 和 K' 同构.

定理 15.7.3(e)的证明（$\mathbf{F}_q$ 的子域） 令 $q = p^r$ 和 $q' = p^k$. 则 $[\mathbf{F}_q : \mathbf{F}_p] = r$ 且 $[\mathbf{F}_{q'} : \mathbf{F}_p] = k$. 只有 k 整除 r 才有 $\mathbf{F}_p \subset \mathbf{F}_{q'} \subset \mathbf{F}_q$. 假设 k 整除 r，比如 $r = ks$. 将 $y = p^k$ 代入方程 $y^s - 1 = (y-1)(y^{s-1} + \cdots + y + 1)$ 表明 $q'-1$ 整除 $q-1$. 由于乘法群 $K^\times$ 是 $q-1$ 阶循环群且 $q'-1$ 整除 $q-1$，故 $K^\times$ 包含一个阶为 $q'-1$ 的元素 β. 这个元素的 $q'-1$ 次方幂是 $x^{(q'-1)} - 1$ 在 K 中的根. 因此 $x^{q'} - x$ 在 K 上完全分裂. 引理 15.7.11 表明这些根形成阶为 q' 的域. ■

定理 15.7.3(b)的证明（$x^q - x$ 的既约因子） 令 g 是 F 上的 k 次既约多项式. 多项式 $x^q - x$ 在 K 上分解为线性因子是因为该多项式在 K 上有 q 个根. 如果 g 整除 $x^q - x$，则 g 也分解为线性因子，故在 K 上有一个根 β. β 在 F 上的次数整除 $[K:F] = r$，且等于 k. 故 k 整除 r. 反之，假设 k 整除 r. 令 β 是 g 在 F 的扩域上的一个根. 则 $[F(\beta):F] = k$，且由 (e)，K 包含一个同构于 $F(\beta)$ 的子域. 因此 g 在 K 上有一个根，故 g 整除 $x^q - x$.

这就完成了定理 15.7.3 的证明. ■

第八节　本　原　元

令 K 是域 F 的一个扩域. 一个元素 α 如果它生成扩域 K/F，即 $K = F(\alpha)$，则称该元素为该扩域的本原元. 本原元很有用，因为如果 α 在 F 上的既约多项式已知，那么在 $F(\alpha)$ 上的运算会很容易进行.

【15.8.1】定理（本原元定理） 特征为零的域 F 的任何有限扩域 K 包含本原元. 462

这个命题当 F 是有限域的时候也是成立的，只是证明不同. 对于特征 $p \neq 0$ 的无限域，定理需要更多的假设条件. 由于我们不研究这样的域，因此不考虑这种情况.

本原元定理的证明 由于扩域 K/F 是有限扩域，故 K 由有限集合生成. 例如，K 作为

F-向量空间的一组基就在 F 上生成 K. 设 $K=F(\alpha_1, \cdots, \alpha_k)$. 我们对于 k 应用归纳法. 当 $k=1$时，无需证明. 假设 $k>1$，归纳假设定理对于域 $K_1=F(\alpha_1, \cdots, \alpha_{k-1})$成立，该域 K_1 由前 $k-1$ 个元素 α_i 生成. 故我们可以假设 K_1 由单个元素 β 生成. 所以 K 由两个元素 α_k 和 β 生成. 定理的证明于是简化为 K 由两个元素生成的情形. 下面的引理解决这种情形. ■

【15.8.2】引理 *令 F 是特征为零的域，令 K 是由两个元素 α 和 β 在 F 上生成的扩域. 除去 F 中有限多个 c 之外，$\gamma=\beta+c\alpha$ 是 K 在 F 上的本原元.*

证明 令 $f(x)$和 $g(x)$分别是 α 和 β 在 F 上的既约多项式，且令$\mathcal{K}$是使得 $f(x)$和 $g(x)$完全分裂的 K 的扩域. 记它们的根分别为 $\alpha_1, \cdots, \alpha_m$ 和 $\beta_1, \cdots, \beta_n$，其中 $\alpha=\alpha_1$，$\beta=\beta_1$.

由于特征为零，故根 α_i 互不相同，β_j 也互不相同(15.6.8)(b). 令 $\gamma_{ij}=\beta_j+c\alpha_i$，其中 $i=1,\cdots, m$，$j=1, \cdots, n$. 当$(i, j)\neq(k, \ell)$时，方程 $\gamma_{ij}=\gamma_{k\ell}$至多对于某一个 c 成立. 所以除去 F 中有限多个 c 之外，γ_{ij}是不同的. 我们将证明如果 c 绕过这些“坏”值，则 $\gamma_{11}=\beta_1+c\alpha_1$ 将是本原元. 我们省略下标，记作 $\gamma=\beta_1+c\alpha_1$.

令 $L=F(\gamma)$. 为了证明 γ 是本原元，只要证明 $\alpha_1\in L$ 即可. 这样，$\beta_1=\gamma-c\alpha_1$ 也属于 L. 因此，$L=K$. 首先，α_1 是 $f(x)$的根. 技巧是用 g 构造出一个以 α_1 为根的另一个多项式，即 $h(x)=g(\gamma-cx)$. 这个多项式的系数不属于 F，但由于 $g\in F[x]$，故 $c\in F$ 和 $\gamma\in L$，g 的系数属于L.

我们考察 f 和 h 的最大公因子 d. 它们的公因子无论在 $L[x]$还是在扩域$\mathcal{K}[x]$(15.6.4)上都是一样的. 由于在$\mathcal{K}$上 $f(x)=(x-\alpha_1)\cdots(x-\alpha_m)$，故 d 是整除 h 的那些因子$(x-\alpha_i)$之积，即 α_i 是 h 和 f 的公共根. 一个公共根为 α_1. 如果我们证明了这是唯一的公共根，那么将得到 $d=x-\alpha_1$，且因为最大公因子是 $L[x]$中的一个元素(15.6.4)(d)，故 $\alpha_1\in L$.

所以我们必须做的就是检验 α_i 在 $i>1$ 时不是 h 的根. 作替换：$h(\alpha_i)=g(\gamma-c\alpha_i)$. g 的根为$\beta_1, \cdots, \beta_n$，故必须检验 $\gamma-c\alpha_i\neq\beta_j$ 对于任意 j 成立，或者 $\beta_1+c\alpha_1\neq\beta_j+c\alpha_i$. 这是成立的因为 c 已经被选取使得所有 γ_{ij}互不相同. ■

第九节 函 数 域

本节我们看一下*函数域*，即本章开始提到的第三类扩域. 将关于变量 t 的有理函数域 $\mathbf{C}(t)$记为 F. 它的元素是复多项式的分式 p/q，其中 p，$q\in\mathbf{C}(t)$，$q\neq0$. 函数域是 F 的有限扩域.

463

令 α 是次数为n 的F 的有限扩域K 的本原元，且令 f 是α 在F 上的既约多项式，使得 $K=F(\alpha)$同构于域 $F[x]/(f)$，其中 α 对应着 x 的剩余. 通过去分母，我们把 f 变成本原多项式，写成关于 x 的多项式：

【15.9.1】
$$f(t,x)=a_n(t)x^n+\cdots+a_1(t)x+a_0(t)$$

假设 f 是本原多项式意味着系数 $a_i(t)$是关于 t 的多项式，其最大公因子是 1，且 $a_n(t)$是首一的(12.3.9). 这样的多项式的黎曼曲面 X 在第十一章第九节中给出了定义，作为零点$\{f=0\}$在复(t, x)-空间 $\mathbf{C}^2$ 中的轨迹. 已经证明 X 是复 t-平面 T 的一个 n-叶分支覆盖

(11.9.16). 分支点是 T 的点 $t=t_0$，在该点单变量多项式 $f(t_0, x)$ 有少于 n 个的根，这种情况发生在 $f(t_0, x)$ 有重根的情形，或当 t_0 是 f 的首项系数 $a_n(t)$ 的根(11.9.17)的情形.

和以前一样，用 X' 表示从 X 中删掉一个未指定的有限子集得到的集合，我们不说除去 X 的某个有限子集外某个论断是成立的，而是说这个论断在集合 X' 上是成立的.

F 的两个扩域 K 和 L 的同构在(15.2.9)中已经定义. 它是一个在 F 上恒等的域的同构 $\varphi:K\to L$：

【15.9.2】图

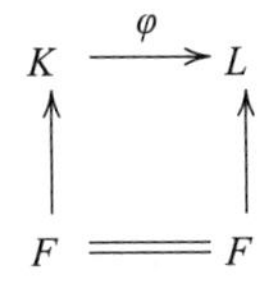

图中竖直箭头表示 F 作为 K 和 L 的子域的包含映射，长的等号代表恒等映射.

注 T 的分支覆盖 X 和 Y 的同构是一个连续的双射 $\eta:X'\to Y'$，它与这些曲面到 T 的投射是相容的：

【15.9.3】图

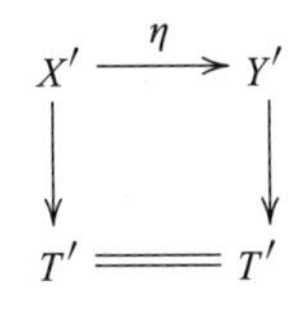

斜撇表示我们希望在 X 和 Y 中去掉点的有限子集以便映射 η 被定义且为双射.

说得更宽泛一点，我们称一个分支覆盖 $\pi:X\to T$ 是路连通的，如果 X' 是路连通的，即对于 X 的任何有限子集 Δ，集合 X-Δ 是路连通的.

本节的目的是解释下面的定理，该定理用它们的黎曼曲面描述了函数域. 464

【15.9.4】**定理**(黎曼存在定理) 在 F 上 n 次函数域的同构类和 T 的连通 n-叶分支覆盖之间存在双射对应，使得由既约多项式 $f(t, x)$ 定义的扩域 K 的类对应着黎曼曲面 X 的类.

这个定理给我们提供了确定两个关于 x 的同次数的多项式定义同构的扩域的方法. 常用的一个简单的判别法就是它们的黎曼曲面的分支点必须匹配. 然而，这个定理并没有告诉我们如何求具有作为黎曼曲面的给定的分支覆盖的多项式. 这个定理做不到这一点. 许多多项式定义了同构的扩域，当有多种选择时，求这些多项式是困难的.

定理的证明太长因而在此省略，但有一部分是很容易验证的：

【15.9.5】**命题** 令 $f(t, x)$ 和 $g(t, y)$ 分别是 $\mathbf{C}[t, x]$ 和 $\mathbf{C}[t, y]$ 中的既约多项式. 令 $K=F[x]/(f)$ 和 $L=F[y]/(g)$ 是它们定义的扩域，令 X 和 Y 是黎曼曲面 $\{f=0\}$ 和 $\{g=0\}$. 如果 K/F 和 L/F 是同构的扩域，则 X 和 Y 是 T 的同构的分支覆盖.

证明 y 在 $L=F[y]/(g)$ 中的剩余类(记作 β)是 g 的根，亦即 $g(t, \beta)=0$，且一个 F-同构 $\varphi:K\to L$ 给出了 g 在 K 中的一个根，即 $\gamma=\varphi^{-1}(\beta)$. 故 $g(t, \gamma)=0$. 就像 $K=F[x]/(f)$ 里的元素一样，γ 可表示为 $F[x]$ 里的元素模 (f) 的剩余. 令 u 是这样的元素，我们用 $\eta(t, x)=(t, u(t, x))$ 定义同构 $\eta:X\to Y$.

必须证明如果(t, x)是 X 的点，则(t, u)是 Y 的点．因为在 K 里 $g(t, \gamma)=0$，且 u 是 $F[x]$里代表 γ 的元素，故 $g(t, u)$属于理想(f)．存在 $F[x]$的元素 h 使得

$$g(t,u) = fh$$

如果(t, x)是 X 的点，则 $f(t, x)=0$，从而 $g(t, u)=0$．所以，(t, u)的确是 Y 里的点．然而，因为 u 与 h 是 $F[x]$的元素，所以它们的系数是 t 的可能有分母的有理函数．于是，η 在一个有限点集上可能没有定义．

η 的逆函数通过互换 K 和 L 的作用得到． ■

剪切和粘贴

“剪切和粘贴”是构造或拆分分支覆盖的过程．

我们回到多项式 x^2-t 的黎曼曲面 X 的例子，且同以前一样写 $x=x_0+x_1\mathrm{i}$．如果沿着图 11.9.15 的重合轨迹(即负实 t 轴)剪切开 X，则它分解为两部分 $x_0>0$ 与 $x_0<0$．倘若我们忽略切口上发生了什么，这两部分的每一个都以双射的方式投射到 T 上．

把这个过程反转过来，我们可以下列方式构造一个与 X 同构的分支覆盖：将 T 上两个复平面的副本 S_1，S_2 堆叠起来并将它们沿负实轴剪切开．T 的这些副本称为叶．然后，把 S_1 上切口的 A 边与 S_2 上切口的 B 边粘起来，反之亦然．(这在 3 维空间不能完成．)

465

【15.9.6】图

A边

B边

A边与B边

假设给定 n-叶分支覆盖 $X\to T$，且设 $\Delta=\{p_1, \cdots, p_k\}$是 T 中它的分支的点集．对 $v=1, \cdots, k$，我们选取互不相交的从 p_v 到无穷远的半直线 C_v．沿着这些半直线剪切开 T，在所有这些位于半直线上的点处也剪切开 X．

我们应该明确剪切指的是什么．剪切开 T 意味着移去了半直线 C_v 上的所有点，包括点 p_v；剪切开 X 意味着移去了位于这些半直线上的所有点．

【15.9.7】引理 *当在半直线 C_v 之上剪切开 X 时，它分解成 n 个“叶”S_1，$\cdots$，S_n 的并，这些叶可任意地标号排序．每个叶以双射的方式投影到剪切面 T 上．*

这是真的，因为剪切曲面 X 是剪切面 T 的非分支覆盖空间，这是一个单连通集：剪切面上的任一个圈可连续收缩成一个点．直观上是有道理的：单连通空间的每个非分支覆盖完全分解．含有 X 的点 p 的叶由所有通过不跨越剪切口的路连接到 p 的点组成．(这是[Munkres]里的练习，p. 342.)

【15.9.8】图

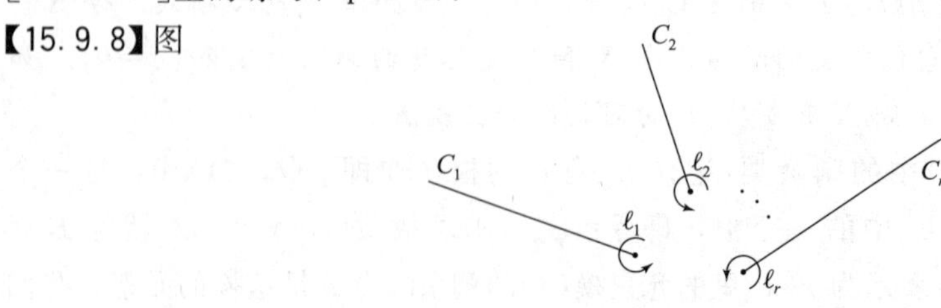

剪切面 T

现在重新构造曲面 X，取剪切面 T 的 n 个副本，我们称其为“叶”，且将其标记为 S_1，…,S_n. 将它们放在 T 上堆叠起来. 除剪切口外，这些叶的并是分支覆盖. 我们必须描述沿着剪切口把这些叶粘回在一起的规则. 在 T 上，我们围绕分支点 p_v 以反时针方向转一个圈 ℓ_v，对于 C_v 的边，在我们跨过 C_v 前称为“边 A”，在跨过 C_v 后称为“边 B”. 我们把叶 S_i 的对应边分别标记为边 A_i 与边 B_i. 这样，粘贴 X 的规则等于边 A_i 与边 B_j(对某个 j)粘贴起来的规则. 这个规则由映 $\boldsymbol{i} \rightsquigarrow \boldsymbol{j}$ 的指标 $\mathbf{1}$，…，$\boldsymbol{n}$ 的置换 σ 所描述. 466

看起来显然可以用置换 σ_v 的任意集合来构造覆盖，但在分支点附近发生了什么似乎不清楚. 为避免模糊不清，我们去掉所有分支点和所有在它们上面的点.

- 分支数据：对 $v=1$，…，r，指标 $\mathbf{1}$，…，$\boldsymbol{n}$ 的置换 σ_v.
- 粘贴规则：如果 $\sigma_v(\boldsymbol{i})=\boldsymbol{j}$，则沿着剪切口 C_v 把边 A_i 与边 B_j 粘贴在一起.

当粘贴完成而没有剪切口剩下时，叶的并就是我们的覆盖. 就像图 11.9.15 所描绘的黎曼曲面一样，粘贴而不跨越剪切口需要四维空间.

如果 σ_v 是平凡置换，则每个叶在 C_v 上与自己粘贴在一起. 这样，这个剪切口就不需要了，我们说 p_v 不是真的剪切点.

下一个推论重述了上面的讨论.

【15.9.9】引理 每个 n-叶分支覆盖 $X \to T$ 同构于通过剪切和粘贴过程得到的覆盖.

注意 叶的标号是任意的，且“顶叶”的概念对黎曼曲面没有本质意义. 如果存在顶叶，则可以通过选择在该叶的值而定义 x 为一个单值函数. 只有在黎曼曲面被剪切开时才能这样做. 在曲面 X 上漫步将使我们从一叶走到另一叶.

除了叶的任意标号外，置换 σ_v 是由分支覆盖 C_v 唯一确定的. 由置换 ρ 所确定的标号的变换把某个 σ_v 变为共轭 $\rho^{-1}\sigma_v\rho$.

【15.9.10】引理 令 X 与 Y 是用同一点 p_v 与半直线 C_v 通过剪切和粘贴构造的分支覆盖. 设定义它们粘贴数据的置换分别是 σ_v 与 τ_v，则 X 与 Y 是同构的分支覆盖当且仅当存在置换 ρ 使得对每个 v 有 $\tau_v=\rho^{-1}\sigma_v\rho$.

【15.9.11】引理 通过剪切和粘贴构造的分支覆盖 X 是路连通的当且仅当置换 σ_1，…，σ_r 生成对称群的子群 H，且它可迁地作用在指标 $\mathbf{1}$，…，$\boldsymbol{n}$ 上.

证明 每个叶是路连通的. 如果置换 σ_v 映指标 $\boldsymbol{i}$ 到 $\boldsymbol{j}$，则叶 S_i 与 S_j 沿着剪切口 C_v 粘在一起. 这样，将有一条从 S_i 的点到 S_j 的点的跨越剪切口的短路，且因为叶本身是路连通的，故 $S_i \cup S_j$ 的所有点可用路连接. 所以，X 是路连通的当且仅当对每对指标 $\boldsymbol{i}$，$\boldsymbol{j}$，存在一系列置换 σ_v 使得 $\boldsymbol{i}=\boldsymbol{i}_0 \rightsquigarrow \boldsymbol{i}_1 \rightsquigarrow \cdots \rightsquigarrow \boldsymbol{i}_d=\boldsymbol{j}$. 这是真的当且仅当 H 可迁地作用. ■ 467

【15.9.12】例 T 的最简单的 k-叶路连通分支覆盖是在单个点分支的. 令 Y 是这样的覆盖，仅在原点 $t=0$ 处分支. Y 的分支数据由单个置换 σ 组成，这个置换对应于绕原点的圈. 先前的引理告诉我们，因为 Y 是路连通的，所以 σ 一定可迁地作用在 k 指标上，且可迁作用的仅有置换是 k 阶循环置换. 所以，对叶适当地标号，得 $\sigma=(\mathbf{1}\ \mathbf{2}\ \cdots\ \boldsymbol{k})$. 在同构意义下，恰存在一个在原点分支的 k-叶分支覆盖. 黎曼存在定理告诉我们，在同构意义下，恰存在

一个带有这个黎曼曲面的域扩张．不难猜测这个域扩张：它是由多项式 y^k-t 所定义的域，亦即$K=F(y)$，其中 $y=\sqrt[k]{t}$．黎曼曲面 Y 有 k 个叶．它仅在原点分支，因为每个不同于零的 t 有 k 个 k 次复根．

这里还有两点要说明．首先，定理断言这是仅有的在单个点 $t=0$ 处分支的 k 次扩域．这不是显然的．其次，相同的域扩张 $K=F(y)$可由许多元素生成．对绝大多数生成元的选取而言，仅存在一个真分支点将不是显然的．■

计算置换

给定多项式 $f(t, x)$，希望确定定义它的黎曼曲面的粘贴数据的置换 σ_v．出现两个问题．首先，"局部问题"：在每个分支点 p 处，必须确定当圈这个点时出现的叶的置换 σ．就像我们已经看到的，σ 依赖于叶的标号．其次，必须谨慎地使用每个分支点的同一标号．这是更困难的问题．计算机处理它没有问题，但除了很简单的情形外，手工处理是困难的．

要计算置换，计算机选取剪切面 T 里的"基点"b，且以适当的精度数值地计算多项式 $f(b, x)$的 n 个根．对这些根任意地标号，比如说，γ_1，…，γ_n，且把叶标号，称含有根 γ_i 的叶为 S_i．这样，它到达分支点 p_v 附近的点 b_v，小心不要跨过任一剪切口．诸根 γ_i 连续变化，计算机可通过每次取一小步重算根来跟随这个变化．这给出了在点 b_v 如何给叶进行标号．这样，要确定置换 σ_v，计算机跟随反时针方向绕 p_v 的圈 ℓ_v，随着往下进行，它重新计算根．因为圈跨越剪切口 C_v，故当路回到点 b_v 时诸根将由 σ_v 进行置换．以这种方式，计算机确定了 σ_v．因为标号在基点 b 已经建立，所以对所有分支点来说标号都是相同的．

不用说，手工处理是非常令人厌烦的．在下面给出的例子里我们寻找方法绕开这个问题．

局部问题可通过分析方法解决，在这里我们给出不完备的分析．方法是将黎曼曲面与 468 熟悉的曲面(即多项式 y^k-t 的黎曼曲面 Y)联系起来．令 t_0 是黎曼曲面 $X:\{f(t, x)=0\}$的分支点，其中 f 是形如(15.9.1)的多项式．替换 $t=t_0$，我们得到单变量多项式$f^0(x)=f(t_0, x)$．

【15.9.13】引理 令 x_0 是 $f^0(x)$的根．假设

- x_0 是 $f^0(x)$的 k-重根，且
- 偏导数$\frac{\partial f}{\partial t}$在点$(t_0, x_0)$处不为零．

则叶的置换在点 t_0 处含有 k-循环．

证明 我们做变量替换，将点(t_0, x_0)移到原点$(0, 0)$，所以 $f^0(x)=f(0, x)$，且写 $f(t, x)=f^0(x)-tv(t, x)$．这样，$\frac{\partial f}{\partial t}(0, 0)=-v(0, 0)$．由假设可得 $v(0, 0)\neq 0$．而且，因为 $x=0$ 是 $f^0(x)$的 k-重根，故多项式有形式 $x^k u(x)$，其中 $u(x)$是 x 的多项式且 $u(0)\neq 0$．这样，$f(t, x)=x^k u(x)-tv(t, x)$．设 $c=u(0)/v(0, 0)$．用 $c^{-1}t$ 替换 t．现在的结果是 $u(0)/v(0, 0)=1$．

我们把注意力限制在(t, x)-空间中原点$(0, 0)$的小邻域U上，且写方程$f=0$为

$$x^k u/v = t$$

对U里的(t, x)，u/v接近于1. 在u/v的k次根中，有一个接近1，且称这个根为w，它连续依赖于U里的点(t, x). 其他k次根是$\zeta^v w$，其中$\zeta = e^{2\pi i/k}$.

令$y=xw$. 这样，在我们的邻域U里，方程$f(t, x)=0$等价于$y^k=t$. 所以，存在黎曼曲面X的k个叶交于U，且当绕点$t=0$做个圈时，与黎曼曲面Y的诸叶一样，我们将循环地置换这k个叶. ■

现在，对于一些简单多项式描述分支数据. 我们取x的首一多项式. 分支点是在$f(t_0, x)$有重根的点t_0——$f(t_0, x)$与$\frac{\partial f}{\partial x}(t_0, x)$有公共根的点. 命题 15.9.13 将是我们的主要工具.

【15.9.14】例

(a) $f(t, x)=x^2-t^3+t$，$\frac{\partial f}{\partial x}=2x$，$\frac{\partial f}{\partial t}=-3t^2+1$.

这里X是T的2-叶覆盖. 有3个分支点$t=0$，$t=1$与$t=-1$，且在所有这些点处$\frac{\partial f}{\partial t}\neq 0$. 所以，叶的置换在所有这些点处含有2-循环. 因为有两个叶，故每个置换是对换$(\mathbf{1\ 2})$. 当有两个叶时我们可随意标号.

(b) 我们寻找T在两个点p_1与p_2处分支的路连通的3-叶分支覆盖X，并使得置换σ_i在点p_i处是对换.

我们可对叶标号使得$\sigma_1=(\mathbf{1\ 2})$. 这样，因为X是路连通的，所以置换σ_2一定或是$(\mathbf{2\ 3})$或是$(\mathbf{1\ 3})$(15.9.11). 互换称为S_1与S_2的叶不影响σ_1，但它互换两个其他的对换，所以，在叶的适当标号下，$\sigma_1=(\mathbf{1\ 2})$，$\sigma_2=(\mathbf{2\ 3})$. 恰有一个这样覆盖的同构类.

469

黎曼存在定理告诉我们，在同构意义下，存在F的唯一域扩张K具有这个覆盖作为它的黎曼曲面. 当然，K依赖于两个分支点的位置，但通过变量t的线性变换它们可移到任意位置.

我们如何求得多项式$f(t, x)$使其黎曼曲面具有这个形式？没有一般的方法，所以，必须猜测，这个情形很简单以致很容易猜到. 因为有极小分支，所以我们寻找很简单的多项式即x的三次多项式. 开始寻找需要些勇气，但第一个尝试也许是形如x^3+x+t的多项式. 这将会成功，但我们取$f(t, x)=x^3-3x+t$. 这样，$\frac{\partial f}{\partial x}=3x^2-3$与$\frac{\partial f}{\partial t}=1$. 将$\frac{\partial f}{\partial x}$的根$x=\pm 1$代入$f$中，会发现分支点是点$t=\pm 2$. 因为$\frac{\partial f}{\partial t}$处处不为零，所以可以应用命题 15.9.13.

在点$p_1=(2, -1)$处存在二重根. 于是，σ_1含有2-循环，它是一个对换. 类似地，σ_2是一个对换. 所以，除了两个分支点的位置外，多项式$f=x^3-3x+t$的黎曼曲面有所要的

性质，且 $F[x]/(f)$定义了具有那样分支的域扩张.

(c) $f(t, x)=x^3-t^3+t^2$，$\frac{\partial f}{\partial x}=3x^2$，$\frac{\partial f}{\partial t}=-3t^2+t$.

这里 X 是 T 的 3-叶覆盖. 分支点在 $t=0$ 与 $t=1$ 处，且 $f(0, x)$与 $f(1, x)$都有 3 重根. 令 σ_0 与 σ_1 表示叶在分支点的置换. 偏导数$\frac{\partial f}{\partial t}$在 $t=1$ 处不为零，于是，3 个叶在那里被循环地置换. 在适当的标号下，σ_1 将是$(\mathbf{1\ 2\ 3})$.

点 $t=0$ 出现问题. 首先，$\frac{\partial f}{\partial t}$在那里消失了. 第二，我们如何确信在两个点处使用叶的同一个标号？在前面的例子里，知道黎曼曲面必是路连通的就足够确定分支. 这个事实在此处没有给出任何信息，因为 σ_1 通过自身可迁地作用在诸叶上.

我们用一个仅在最简单情形里使用的技巧，就是计算我们绕大圆 Γ 行走所得的置换. 大的回路将跨越每个剪切口一次(见图 15.9.8)，所以，根据我们开始的假设，这些叶由积置换 $\sigma_0\sigma_1$ 或 $\sigma_1\sigma_0$ 进行置换. 如果能确定这个置换，则因为知道 σ_1，故我们将能够恢复 σ_0.

替换 $t=u^{-1}$双射地映 T 到复 u-平面 U，除了在点 $t=0$ 与 $u=0$ 处无定义外. 因为当 $t\to\infty$时$u\to 0$，故U 的点$u=0$ 称为 T 的*在无穷远的点*. 在 T 里大的圆Γ 对应到小的圆，称之为U 里围绕原点的L. 然而，绕Γ 反时针方向行走对应于绕L 的顺时针方向的行走：如果 $t=re^{i\theta}$，则 $u=r^{-1}e^{-i\theta}$.

我们将替换 $t=u^{-1}$代入多项式 $f=x^3-t^3+t^2$ 并去分母，得 x^3u^3-1+u. 当分析这个替换时，通常也必须替换 x. 似乎显然应置 $y=ux$. 这给出

470

$$y^3-1+u$$

称这个多项式为 $g(u, y)$. 黎曼曲面 X 与 Y:$\{g=0\}$通过替换$(x, t)\leftrightarrow(y, u)$对应，这个对应除了在平面 T 与U 里原点附近外均有定义且是可逆的. 所以，通过绕Γ 按反时针方向行走所定义的X 的诸叶的置换与通过绕L 的顺时针方向行走所定义的Y 的诸叶的置换是相同的. 这个置换是平凡的，因为黎曼曲面Y 在$u=0$ 处是不分支的. 所以，$\sigma_0\sigma_1=1$，且因为$\sigma_1=(\mathbf{1\ 2\ 3})$，故 $\sigma_0=(\mathbf{3\ 2\ 1})$. ■

第十节 代数基本定理

一个域F 是代数封闭的，如果每个系数属于F 的正次数多项式在F 上有根. 代数基本定理断言复数域是代数闭域.

【15.10.1】定理(代数基本定理) *每个复系数的非常数多项式有一个复根.*

这个定理有许多种证明方法，其中有一个证明特别引人注目，在此提供证明的梗概. 我们必须证明一个复系数的非常数多项式

【15.10.2】
$$f(x)=x^n+a_{n-1}x^{n-1}+\cdots+a_1x+a_0$$

有一个复根. 如果 $a_0=0$，则 0 是一个根. 故假设 $a_0\neq 0$.

规则 $y=f(x)$定义了从 x-复平面到 y-复平面的一个函数. 令 C_r 表示 x-复平面上圆心在原点且半径为 r 的圆，写成参数的形式为 $x=re^{i\theta}$，其中 $0\leqslant\theta<2\pi$. 我们研究 C_r 的像 $f(C_r)$.

先做些准备工作，我们考虑由多项式 $y=x^n=r^n e^{in\theta}$定义的函数. 当 θ 取遍从 0 到 2π 的所有值，点 x 取遍半径为 r 的圆上的每个点一次. 同时，$n\theta$ 从 0 到 $2n\pi$. 点 y 绕半径为 r^n 的圆周 n 次.

令 f 是多项式(15.10.2). 对于充分大的 r，x^n 是 $f(x)$的起主要作用的项. 为了准确起见，令 M 是 f 的系数 a_i 的绝对值的最大值. 则如果$|x|=r\geqslant 10nM$，

$$|f(x)-x^n| = |a_{n-1}x^{n-1}+\cdots+a_1x+a_0| \leqslant nM|x|^{n-1} \leqslant \frac{1}{10}r^n$$

从这个不等式可知，当 θ 取遍从 0 到 2π 的每个值且 x^n 绕半径为 r^n 的圆转 n 圈时，$f(x)$也绕着原点转 n 圈. 直观理解这个结论的一个好办法就是用狗拴在链上的模型. 如果一个人沿着一个大圆路径遛狗 n 圈，则狗也转 n 圈，也许可能是反方向. 假设狗链长度比路的半径小，这也是成立的. 这里 x^n 表示人在 θ 时刻的位置，而 $f(x)$代表狗的位置. 路的半径是 r^n，狗链的长度是$\frac{1}{10}r^n$.

我们改变半径 r. 由于 f 是连续函数，故像 $f(C_r)$会随着 r 连续变化. 当 r 很小时，$f(C_r)$在 f 的常数项 a_0 附近形成一个小圈. 这个小圈不包围原点. 但是正如我们看到的，如果 r 足够大，则 $f(C_r)$绕原点转 n 圈. 对此的唯一的解释是对于某个较小的半径 r'，$f(C_{r'})$通过原点. 这意味着对于圆 $C_{r'}$上的一个点 α，有 $f(\alpha)=0$. 则 α 是 f 的一个根. 471

我不认为这是代数，
但这并不是说代数学家不能做.

——Garrett Birkhoff

练　　习

第一节　域的例子

1.1　令 R 是包含一个域 F 作为子环的一个整环，且作为 F 上向量空间是有限维的，证明 R 是一个域.

1.2　令 F 是一个域，其特征不是 2，令 $x^2+bx+c=0$ 是系数在 F 上的二次方程. 证明如果 δ 是 F 中的元素且满足 $\delta^2=b^2-4c$，则 $x=(-b+\delta)/2a$ 是二次方程在 F 上的解. 并证明如果判别式 b^2-4c 不是 F 上某个元素的平方，则多项式在 F 上没有根.

1.3　$\mathbf{C}$ 的哪个子域是 $\mathbf{C}$ 的稠密子集?

第二节　代数元与超越元

2.1　令 α 是多项式 x^3-3x+4 的一个复根. 求 $\alpha^2+\alpha+1$ 的形如 $a+b\alpha+c\alpha^2$ 的逆，其中 a，b，$c\in\mathbf{Q}$.

2.2　令 $f(x)=x^n-a_{n-1}x^{n-1}+\cdots\pm a_0$ 是 F 上的既约多项式，并令 α 是 f 在扩域 K 上的根. 用 α 和多项式的系数 a_i 把 α^{-1} 明确地表示出来.

2.3　令 $\beta=\omega\sqrt[3]{2}$，其中 $\omega=e^{\frac{2\pi i}{3}}$，且令 $K=\mathbf{Q}(\beta)$. 证明方程 $x_1^2+\cdots+x_k^2=-1$ 在 K 上没有解.

第三节 扩域的次数

3.1 令 F 是一个域，令 α 是 F 的 5 次扩域的一个生成元．证明 α^2 也是同一个 5 次扩域的生成元．

3.2 证明多项式 x^4+3x+3 是域 $\mathbf{Q}[\sqrt[3]{2}]$ 上的既约多项式．

3.3 令 $\zeta_n=e^{2\pi i/n}$．证明 $\zeta_5\notin\mathbf{Q}(\zeta_7)$．

3.4 令 $\zeta_n=e^{2\pi i/n}$．确定下列元素在 $\mathbf{Q}$ 上和 $\mathbf{Q}(\zeta_3)$ 上的既约多项式：

(a) ζ_4 (b) ζ_6 (c) ζ_8 (d) ζ_9 (e) ζ_{10} (f) ζ_{12}

472 3.5 确定 n 的值使得 ζ_n 在 $\mathbf{Q}$ 上的次数至多为 3．

3.6 令 a 是一个正有理数但不是 $\mathbf{Q}$ 上的平方数．证明 $\sqrt[4]{a}$ 在 $\mathbf{Q}$ 上的次数为 4．

3.7 (a) i 属于域 $\mathbf{Q}(\sqrt[4]{-2})$ 吗？(b) $\sqrt[3]{5}$ 属于 $\mathbf{Q}(\sqrt[3]{2})$ 吗？

3.8 令 α 和 β 是复数．证明如果 $\alpha+\beta$ 和 $\alpha\beta$ 是代数数，则 α 和 β 也是代数数．

3.9 令 α 和 β 是 $\mathbf{Q}[x]$ 上既约多项式 $f(x)$ 和 $g(x)$ 的复根．令 $K=\mathbf{Q}(\alpha)$ 和 $L=\mathbf{Q}(\beta)$．证明 $f(x)$ 在 $L[x]$ 上是既约的当且仅当 $g(x)$ 在 $K[x]$ 上是既约的．

3.10 一个扩域 K/F 是代数扩域如果 K 中每个元素都是 F 上的代数元．令 K/F 和 L/K 是代数扩域．证明 L/F 也是代数扩域．

第四节 求既约多项式

4.1 令 $K=\mathbf{Q}(\alpha)$，其中 α 是 x^3-x-1 的根．确定 $\gamma=1+\alpha^2$ 在 $\mathbf{Q}$ 上的既约多项式．

4.2 确定 $\alpha=\sqrt{3}+\sqrt{5}$ 在下列域上的既约多项式：

(a) $\mathbf{Q}$ (b) $\mathbf{Q}(\sqrt{5})$ (c) $\mathbf{Q}(\sqrt{10})$ (d) $\mathbf{Q}(\sqrt{15})$

4.3 参考例 15.4.4(b)，确定 $\gamma=\alpha_1+\alpha_2$ 在域 $\mathbf{Q}$ 上的既约多项式．

第五节 尺规作图

5.1 用实数的平方根表示 $\cos 15°$．

5.2 证明正五边形可由尺规作图：(a)利用域的理论 (b)通过找出明确的构造．

5.3 确定正 9 边形是否可以用尺规作图．

5.4 能否用尺规作出一个正方形，使它的面积正好是给定的三角形的面积？

5.5 参考命题 15.5.5 的证明，假设判别式 D 是负数．确定几何证明的最后一步出现的直线．

5.6 把平面想象为复平面，刻画作为复数的可构造点的集合．

第六节 添加根

6.1 令 F 是一个特征为零的域，令 f' 表示多项式 $f\in F[x]$ 的导数，并设 g 是一个既约多项式且为 f 和 f' 的一个公因子．证明 g^2 整除 f．

6.2 (a) 令 F 是一个特征为零的域．确定所有形如 $F(\sqrt{a})$ 的二次扩域所包含的 F 的元素的平方根．

473 (b) 对 $\mathbf{Q}$ 的二次扩域分类．

6.3 确定一个二次数域 $\mathbf{Q}[\sqrt{d}]$，使得对某个整数 n，它包含一个本原 n 次单位根．

第七节 有限域

7.1 确定群 $\mathbf{F}_4^+$．

7.2 确定在 15.7.8 中列出的 $\mathbf{F}_8$ 的每个元素的既约多项式．

7.3 求域 $\mathbf{F}_{13}$ 中 2 的 13 次方根．

7.4 确定在 $\mathbf{F}_3$ 和 $\mathbf{F}_5$ 上 3 次既约多项式的个数.

7.5 在域 $\mathbf{F}_3$ 上分解多项式 x^9-x 和 $x^{27}-x$.

7.6 在域 $\mathbf{F}_4$ 和 $\mathbf{F}_8$ 上分解多项式 $x^{16}-x$.

7.7 设 K 是一个有限域. 证明 K 的非零元素的积为-1.

7.8 多项式 $f(x)=x^3+x+1$ 和 $g(x)=x^3+x^2+1$ 在 $\mathbf{F}_2$ 上都是既约多项式. 令 K 是通过添加 f 的根得到的扩域，令 L 是通过添加 g 的根得到的扩域. 具体刻画由 K 到 L 的同构，并确定这样的同构的个数.

7.9 不借助定理 15.7.3 解决下列问题. 令 $F=\mathbf{F}_p$.

(a) 确定 $F[x]$上次数为 2 的首一的既约多项式的个数.

(b)令 $f(x)$是 $F[x]$上次数为 2 的首一的既约多项式. 证明 $K=F[x]/(f)$是一个阶为 p^2 的域，且它的元素具有形式 $a+b\alpha$，其中 a，$b\in F$，α 是 f 在 K 上的一个根. 而且，每个形如这样的元素(当 $b\neq 0$ 时)是 $F[x]$上一个二次既约多项式的根.

(c) 证明 $F[x]$上每个二次多项式在 K 上有一个根.

(d) 证明对于给定素数 p，上述构造出来的所有域 K 是同构的.

7.10 令 F 是一个有限域，令 $f(x)$是一个非常数的多项式，它的导数为零多项式. 证明 $f(x)$在 F 上不是既约的.

7.11 令 $f(x)=ax^2+bx+c$，其中 a，b，c 属于环 R. 证明由 f 和 f'生成的多项式环 $R[x]$的理想包含判别式，即常数多项式 b^2-4ac.

7.12 令 p 是一个素整数，令 $q=p^r$ 和 $q'=p^k$. 对怎样的 r 和 k 的值，在 $\mathbf{Z}[x]$上 $x^{q'}-x$ 整除 x^q-x?

7.13 证明任何域 F 的乘法群的一个有限子群是循环群.

7.14 求把域 $\mathbf{F}_p$ 上 n 次既约多项式的个数用欧拉函数 ϕ 表示的公式.

第八节 本原元

8.1 证明一个有限域的每个有限扩域都有本原元.

8.2 确定 $\mathbf{Q}$ 的扩域 $K=\mathbf{Q}(\sqrt{2},\sqrt{3})$的所有本原元. 474

第九节 函数域

9.1 令 $f(x)$是系数属于域 F 的一个多项式. 证明如果存在一个有理函数 $r(x)$使得 $r^2=f$，则 $r(x)$是多项式.

9.2 确定下列多项式的黎曼曲面的分支点和粘贴数据：

(a) x^2-t^2+1 (b) x^4-t-1 (c) $x^3-3tx-4t$ (d) x^3-3x^2-t

(e) $x^3-t(t-1)$ (f) x^3-3tx^2+t (g) x^4+4x+t (h) $x^3-3tx-t-t^2$

9.3 (a) 确定域 $F=\mathbf{C}(t)$上只在点 1 和-1 分叉的次数为 3 的函数域 K 的同构类的个数.

(b) 刻画对应于每一个作为置换对的域的同构类的黎曼曲面的粘贴数据.

(c) 对于每一个同构类，求多项式 $f(t,x)$使得 $K=F[t]/(f)$代表这个同构类.

*9.4 证明对于二次扩域的黎曼存在定理.

提示：证明对于同构，F 的二次扩域由它的真的分支点的有限集合$\{p_1,\cdots,p_k\}$刻画.

*9.5 写出一个计算机程序确定分支点 p_v 和给定的多项式的黎曼曲面的置换 σ_v.

第十节 代数基本定理

10.1 证明 $\mathbf{C}$ 的由所有代数数构成的子集是代数闭域.

10.2 构造一个包含素域 $\mathbf{F}_p$ 的代数闭域.

*10.3 用这一节最后的记号，对不同半径下像 $f(C_r)$ 的比较证明另一个有趣的几何性质：对于充分大的半径 r，曲线 $f(C_r)$ 围绕原点转 n 圈. 它的总曲率为 $2\pi n$. 假设系数 $a_1 \neq 0$，则线性项 $a_1 z + a_0$ 对于充分小的 z 起主要作用. 则对于小的 r，$f(C_r)$ 围绕 a_0 只转一圈. 它的总曲率仅为 2π. 当 r 变化时，圈会变化. 解释原因.

*10.4 写出一个计算机程序描述 $f(C_r)$ 随着半径 r 变化而变化.

杂题

M.1 令 $K=F(\alpha)$ 是由超越元 α 生成的扩域，令 $\beta \in K$ 但 $\beta \notin F$. 证明 α 在域 $F(\beta)$ 上是代数元.

M.2 在 $\mathbf{F}_7[x]$ 上分解 x^7+x+1.

*M.3 令 $f(x)$ 是域 F 上的 6 次既约多项式，令 K 是 F 的二次扩域. 关于 $f(x)$ 在 $K[x]$ 上的既约因子的次数有何结论?

475

M.4 (a) 令 p 是奇素数. 证明 $\mathbf{F}_p^{\times}$ 中恰有一半元素是平方数，且如果 α 和 β 不是平方数，则 $\alpha\beta$ 是平方数.

(b) 证明对于奇数阶的有限域有同样的断言.

(c) 证明对于偶数阶的有限域，其每个元素都是平方数.

(d) 证明 $\mathbf{Q}$ 上关于 $\gamma=\sqrt{2}+\sqrt{3}$ 的既约多项式模任何素数 p 都是可约的.

*M.5 证明有限阶的一般线性群 $GL_2(\mathbf{Z})$ 的任何元素的阶为 1，2，3，4 或 6

(a) 用域的理论.

(b) 应用晶体局限定理.

*M.6 (a) 证明能够生成所有有理函数域 $\mathbf{C}(t)$ 的有理函数 $f(t)$ 定义一个双射 $T' \to T'$.

(b) 证明一个有理函数 $f(x)$ 生成有理函数域 $\mathbf{C}(x)$ 当且仅当 $f(x)$ 具有形式 $(ax+b)/(cx+d)$，其中 $ad-bc \neq 0$.

(c) 确定在 $\mathbf{C}$ 上恒等的 $\mathbf{C}(x)$ 的自同构群.

476

*M.7 证明同态 $SL_2(\mathbf{Z}) \to SL_2(\mathbf{F}_p)$ 通过将矩阵的元素模 p 化简是一个满射.

第十六章　伽罗瓦理论

总之计算是做不到的.

——Evariste Galois

我们已经看到，由单个代数元α生成的扩域里的计算可以简单地通过将它等同于形式地构造的域$F[x]/(f)$来进行，其中f是α在F上的既约多项式. 假设f在扩域K中分解成线性因子的乘积，但我们并不清楚如何同时用这些根来进行计算. 为此，需要知道这些根是如何联系起来的，而且这也依赖于特殊的情形. 通过许多人，特别是拉格朗日和伽罗瓦的工作，一个基本的发现是根之间的关系可以用对称的观点来理解. 对称是本章的主题.

从本章第四节开始，我们假设所讨论的域是特征为零的. 这个假设的最重要结论是：

- 域F上的既约多项式的根是不同的(15.6.8).
- 有限扩域K/F有本原根(15.8.1).

第一节　对称函数

令$R[u]$表示环R上n个变量的多项式环$R[u_1, \cdots, u_n]$. 指标$\{\mathbf{1}, \cdots, \boldsymbol{n}\}$的置换$\sigma$通过置换变量作用多项式：

【16.1.1】
$$f = f(u_1, \cdots, u_n) \rightsquigarrow f(u_{\sigma 1}, \cdots, u_{\sigma n}) = \sigma(f)$$

以这种方式，σ定义了$R[u]$的自同构，我们也将其记为σ. 因为σ在常数多项式上作用是恒等的，我们称其为R-自同构. 对称群S_n通过R-自同构作用在多项式环上. 对称多项式是在每个置换作用下固定不变的多项式. 对称多项式构成多项式环$R[u]$的子环.

多项式g是对称的，如果属于同一轨道的两个单项式(诸如$u_1u_2^2$与$u_2u_3^2$)在g中有相同的系数. 称一个轨道中单项式的和为*轨道和*. 轨道和构成对称多项式空间的基. 三个变量次数至多为3的轨道和是

$$1, \boldsymbol{u_1} + \boldsymbol{u_2} + \boldsymbol{u_3}, u_1^2 + u_2^2 + u_3^2, \boldsymbol{u_1 u_2} + \boldsymbol{u_1 u_3} + \boldsymbol{u_2 u_3},$$
$$u_1^3 + u_3^3 + u_3^3, u_1u_2^2 + u_2u_1^2 + u_1u_3^2 + u_3u_1^2 + u_2u_3^2 + u_3u_2^2, \boldsymbol{u_1 u_2 u_3}$$

*初等对称函数*是一些特殊对称多项式. 当有n个变量时，它们是：

$$\begin{aligned}
s_1 &= \sum_i u_i &&= u_1 + u_2 + \cdots + u_n \\
s_2 &= \sum_{i<j} u_i u_j &&= u_1u_2 + u_1u_3 + \cdots \\
s_3 &= \sum_{i<j<k} u_i u_j u_k &&= u_1u_2u_3 + \cdots \\
&\vdots && \vdots \\
s_n &= u_1u_2\cdots u_n &&= u_1u_2\cdots u_n
\end{aligned}$$

选取指标使得 s_i 是多项式 $u_1u_2\cdots u_i$ 的轨道和. 三个变量的初等对称函数在上面用黑斜体表出.

初等对称函数是具有变量根 u_1，…，u_n 的多项式的系数：

【16.1.2】
$$\begin{aligned}P(x)&=(x-u_1)(x-u_2)\cdots(x-u_n)\\&=x^n-s_1x^{n-1}+s_2x^{n-2}-\cdots\pm s_n\end{aligned}$$

当 $n=2$ 时，

$$P(x)=(x-u_1)(x-u_2)=x^2-(u_1+u_2)x+(u_1u_2)$$

当 $n=3$ 时，

$$P(x)=x^3-(u_1+u_2+u_3)x^2+(u_1u_2+u_1u_3+u_2u_3)x-(u_1u_2u_3)$$

在(16.1.2)里指标的顺序是我们从前多项式系数指标的反转，并且符号交错. 因为指标和符号以这种方式出现，我们在本章以类似形式给一个多项式未定系数标号：

【16.1.3】
$$f(x)=x^n-a_1x^{n-1}+a_2x^{n-2}-\cdots\pm a_n$$

同以前一样，我们说一个多项式在域 K 里完全分裂，如果它分解成线性因子之积，比如说

【16.1.4】
$$f(x)=(x-\alpha_1)\cdots(x-\alpha_n)$$

478

其中 $\alpha_i\in K$. 如果这样，则替换 $u_i=\alpha_i$ 表明 f 的系数由计算对称函数得到.

【16.1.5】引理 如果(16.1.4)是多项式(16.1.3)的分解，则 $a_i=s_i(\alpha_1, \cdots, \alpha_n)$.

【16.1.6】定理(对称函数定理) 系数属于环 R 的每个对称多项式 $g(u_1, \cdots, u_n)$可以用唯一的方式写成初等对称函数 s_1，…，s_n 的多项式.

更确切地：如果 $g(u)$是对称多项式，存在系数属于 R 的另一组变量 z_1，…，z_n 的唯一多项式$G(z_1, \cdots, z_n)$，使得 $g(u)$由替换 $z_i \rightsquigarrow s_i$：$g(u_1, \cdots, u_n)=G(s_1, \cdots, s_n)$得到.

我们下面证明定理，但首先给出一些例子：

【16.1.7】例

(a) 对称多项式 $u_1^2+\cdots+u_n^2$ 是线性组合 $c_1s_1^2+c_2s_2$，因为它有次数 2. 可用变量的特殊值来确定系数. 替换 $u=(1, 0, \cdots, 0)$表明 $c_1=1$，替换 $u=(1, -1, 0, \cdots, 0)$表明 $c_2=-2$：

【16.1.8】
$$u_1^2+\cdots+u_n^2=s_1^2-2s_2$$

(b) 对三个变量 u_1，u_2，u_3 的对称多项式

【16.1.9】
$$g(u)=u_1u_2^2+u_2u_1^2+u_1u_3^2+u_3u_1^2+u_2u_3^2+u_3u_2^2$$

我们使用不同的方法. 第一步是置 $u_3=0$. 得到剩余变量的对称多项式 $g^\circ=u_1^2u_2+u_2^2u_1$. 令 s_i°表示 u_1，u_2 的初等对称函数：$s_1^\circ=u_1+u_2$ 与 $s_2^\circ=u_1u_2$. 我们注意到 $g^\circ=s_1^\circ s_2^\circ$.

第二步是将多项式 g 与三个变量对称多项式 s_1s_2 比较：

$$s_1s_2=(u_1+u_2+u_3)(u_1u_2+u_1u_3+u_2u_3)$$

我们将不具体展开右边，而我们注意到展开式有 9 项，其中之一是 $u_1^2u_2$. 因为 s_1s_2 是对称的，故 $u_1^2u_2$ 的轨道和 g 有 6 项. 剩余 3 项等于 $u_1u_2u_3=s_3$：

【16.1.10】
$$g=s_1s_2-3s_3$$

这个计算是系统方法的例子，下面给出的对称函数定理的证明就基于这个方法. ■

对称函数定理的证明 当 $n=1$ 时，没有什么要证明的，因为在这个情形里 $u_1=s_1$. 用归纳法进行证明. 假设定理对于对称函数在 $n-1$ 时成立. 已给 u_1，…，u_n 的对称多项式 g，我们考虑通过把最后一个变量替换为零得到的多项式 g°:$g^\circ(u_1, \cdots, u_{n-1})=g(u_1, \cdots, u_{n-1}, 0)$. 注意 g°是 u_1，…，u_{n-1}的对称多项式. 所以，由归纳假设，g°可写为 u_1，…，u_{n-1}的初等对称函数的多项式，这些初等对称函数标记为 s_1°，…，s_{n-1}°：

$$s_1^\circ = u_1 + u_2 + \cdots + u_{n-1}, \text{等等}$$

479

存在对称多项式 $Q(z_1, \cdots, z_{n-1})$使得 $g^\circ=Q(s_1^\circ, \cdots, s_{n-1}^\circ)$.

【16.1.11】引理 令 g 是变量 u_1，…，u_n 的 d 次对称多项式，且设 $g^\circ=Q(s_1^\circ, \cdots, s_{n-1}^\circ)$，则 $g=Q(s_1, \cdots, s_{n-1})+s_nh$，其中 h 是 u_1，…，u_n 的 $d-n$ 次对称多项式.

证明 令 $p(u_1, \cdots, u_n)=g(u_1, \cdots, u_n)-Q(s_1, \cdots, s_{n-1})$. 这是对称多项式的差，从而它是对称的. 如果置 $u_n=0$，我们得到 $p(u_1, \cdots, u_{n-1}, 0)=g^\circ-Q(s^\circ)=0$. 所以，$u_n$ 整除 p. 由于 p 是对称的，每个 u_i 整除 p，所以 s_n 整除 p. 写 $p=s_nh$，多项式 h 是对称的. 这给了我们一个由引理断言的型的方程. ■

我们回到对称函数定理的证明. 上面引理告诉我们 $g=Q(s)+s_nh$，其中 h 是对称的. 对对称多项式的次数再使用归纳法，可得 h 是对称函数的多项式. 因此，g 也是.

通过仔细检查这个证明可证得 G 是唯一确定的. ■

我们给出系统方法的另一个例子. 令 g 是单项式 $u_1u_2^2$ 的轨道和，但这次是关于 4 个变量 u_1，…，u_4 的. 设 s_1，…，s_4 表示 4 个变量的初等对称函数. 我们置 $u_4=0$，得到公式(16.1.10)，现在写为 $g^\circ=s_1^\circ s_2^\circ-3s_3^\circ$. 这样，如同上面公式里的，

$$g = s_1 s_2 - 3s_3 + s_4 h$$

因为 g 有次数 3，故 $h=0$. 当 g 是 $u_1^2u_2$ 在变量个数 $n\geqslant 3$ 的轨道和时，公式(16.1.10)是正确的.

下面是对称函数定理的重要结果：

【16.1.12】推论 假设多项式 $f(x)=x^n-a_1x^{n-1}+\cdots\pm a_n$ 的系数属于域 F，且设它在扩域 K 里完全分裂，并有根 α_1，…，α_n. 令 $g(u_1, \cdots, u_n)$是 u_1，…，u_n 且系数在 F 里的对称多项式，则 $g(\alpha_1, \cdots, \alpha_n)$是 F 的元素.

例如，$\alpha_1^k+\alpha_2^k+\cdots+\alpha_n^k$ 是 F 的元素.

证明 对称函数定理告诉我们 g 是初等对称函数的多项式. 比如说 $g(u_1, \cdots, u_n)=G(s_1, \cdots, s_n)$，其中 $G(z)$是系数在 F 里的多项式. 当计算 $u=\alpha$ 处的值时，我们得到 $s_i(\alpha)=a_i$(16.1.5). 于是，

【16.1.13】
$$g(\alpha_1, \cdots, \alpha_n) = G(a_1, \cdots, a_n)$$

因为 a_1，…，a_n 属于 F 且 G 的系数在 F 里，故 $G(a)$属于 F. ■

480

下一个命题提供了从任一个多项式开始构造对称多项式的方法.

【16.1.14】命题 令 $p_1=p_1(u_1, \cdots, u_n)$是多项式，设$\{p_1, \cdots, p_k\}$是它的关于对称群在变量上作用的轨道，且设 $w=w_1$，…，w_k 是另一个变量集，其中 k 是在 p_1 的轨道里多项

式的个数.(于是,k 整除对称群的阶 $n!$.)如果 $h(w_1,\cdots,w_k)$ 是 w 的对称多项式,则 $h(p_1,\cdots,p_k)$ 是 u 的对称多项式.

证明 除了稍许混乱,这几乎是平凡的.变量 $u_1,\cdots,u_n$ 的置换置换集合 $\{p_1,\cdots,p_k\}$,因为这个集合是轨道.又因为 h 是对称多项式,所以 $p_1,\cdots,p_k$ 的置换把 $h(p_1,\cdots,p_k)$ 变为自身. ■

【16.1.15】例 有三个变量 u_1,u_2,u_3 与 $p_1=u_1^2+u_2u_3$. p_1 的轨道由三个多项式组成:

$$p_1=u_1^2+u_2u_3,p_2=u_2^2+u_3u_1,p_3=u_3^2+u_1u_2$$

我们用 $w=p$ 替换对称多项式 $w_1w_2+w_1w_3+w_2w_3$,得到 u 的对称多项式:

$$p_1p_2+p_2p_3+p_3p_1=(\overset{3\text{项}}{u_1^2u_2^2+\cdots})+(\overset{6\text{项}}{u_1^3u_3+\cdots})+(\overset{3\text{项}}{u_1u_2u_3^2+\cdots})$$ ■

第二节 判 别 式

除了初等对称函数外,最重要的对称多项式为带有变量根 $u_1,\cdots,u_n$ 的多项式

$$P(x)=x^n-s_1x^{n-1}+s_2x^{n-2}-\cdots\pm s_n$$

的判别式.判别式定义为

【16.2.1】 $$D(u)=(u_1-u_2)^2(u_1-u_3)^2\cdots(u_{n-1}-u_n)^2=\prod_{i<j}(u_i-u_j)^2$$

它的主要性质是:

- $D(u)$ 是整系数对称多项式.
- 如果 $\alpha_1,\cdots,\alpha_n$ 是域的元素,则 $D(u)=0$ 当且仅当诸元素 α_i 中有两个是相等的.

对称函数定理告诉我们判别式 D 可唯一地写成初等对称函数的整多项式.令

【16.2.2】 $$\Delta(z)=\Delta(z_1,\cdots,z_n)$$

是这个多项式,所以,$D(u)=\Delta(s)$.当 $n=2$ 时,

【16.2.3】 $$D=(u_1-u_2)^2=s_1^2-4s_2,\quad \Delta(z)=z_1^2-4z_2$$

这是熟悉的二次多项式 $x^2-s_1x+s_2$ 的判别式,尽管 D 是根的差的平方的事实在我们上学时没有强调.

481

不幸的是,当 n 较大时,D 与 Δ 是很复杂的.当 $n>3$ 时,我不知道它们是什么.一般来说,三次多项式

【16.2.4】 $$P(x)=x^3-s_1x^2+s_2x-s_3$$

的判别式已经是太复杂以致记不住:

【16.2.5】 $$\begin{aligned}D&=(u_1-u_2)^2(u_1-u_3)^2(u_2-u_3)^2\\&=-4s_1^3s_3+s_1^2s_2^2+18s_1s_2s_3-4s_2^3-27s_3^2\end{aligned}$$

$$\Delta=-4z_1^3z_3+z_1^2z_2^2+18z_1z_2z_3-4z_2^3-27z_3^2$$

当对变量 u_i 做替换时这些公式仍成立.如果给出环 R 中特殊元素 $\alpha_1,\cdots,\alpha_n$,且如果

$$(x-\alpha_1)(x-\alpha_2)\cdots(x-\alpha_n)=x^n-a_1x^{n-1}+a_2x^{n-2}-\cdots\pm a_n$$

则用 α_i 替换 u_i,有

$$D(\alpha_1,\cdots,\alpha_n)=\prod_{i<j}(\alpha_i-\alpha_j)^2=\Delta(a_1,\cdots,a_n)$$

无论多项式 $f(x)=x^n-a_1x^{n-1}+a_2x^{n-2}-\cdots\pm a_n$ 是否为线性因子之积，它的判别式都定义为元素 $\Delta(a_1,\cdots,a_n)$，其中 $\Delta(z)$ 是多项式(16.2.2). 如果 f 的系数属于域 F，则 $\Delta(z)$ 的系数在域 F 里，且 $\Delta(\mathrm{a})$ 是 F 的元素.

当 $f(x)$ 中 x^2 的系数为零时，三次多项式的判别式变得较简单. 倘若特征不是 3，一般多项式(16.2.4)里的二次项可以通过类似完全平方法的替换消去，称为 Tschirnhausen 变换，

【16.2.6】 $$x=y+s_1/3$$

如果把二次项消失的三次多项式写为

【16.2.7】 $$f(x)=x^3+px+q$$

则判别式由(16.2.5)的替换得到：

【16.2.8】 $$\Delta(0,p,-q)=-4p^3-27q^2$$

因为初等对称函数 s_i 的变量 u 的次数为 i，所以分派给变量 z_i 权 i，并且定义单项式 $z_1^{e_1}z_2^{e_2}\cdots z_n^{e_n}$ 的加权次数为 $e_1+2e_2+\cdots+ne_n$ 是很方便的. 在 z 的加权次数为 d 的单项式里用 s_i 替换 z_i 产生 $u_1,\cdots,u_n$ 的通常次数为 d 的多项式. 例如，z_1z_2 有加权次数 3，且 $s_1s_2=(u_1+\cdots)(u_1u_2+\cdots)$ 有次数 3. 如果 $g(u)$ 是次数为 d 的对称多项式，且 $G(z)$ 是使得 $g(u)=G(s)$ 的多项式，则 G 关于 z 有加权次数 d.

482

三次多项式(16.2.4)的判别式是 u 的次数为 6 的齐次多项式. 有 7 个 z_1，z_2，z_3 的加权次数为 6 的单项式：

【16.2.9】 $$z_1^6,z_1^4z_2,z_1^2z_2^2,z_2^3,z_1^3z_3,z_1z_2z_3,z_3^2$$

且 Δ 为这些单项式的整线性组合. 我们将用系统方法确定前 4 个单项式的系数：在 $D=(u_1-u_2)^2(u_1-u_3)^2(u_2-u_3)^2$ 中置 $u_3=0$，得到 u_1，u_2 的对称多项式 $(u_1-u_2)^2u_1^2u_2^2=(s_1^{\circ 2}-4s_2^{\circ})s_2^{\circ 2}$. 所以，$D=s_1^2s_2^2-4s_2^3+s_3h$，其中 h 是对称三次多项式. s_1^6 与 $s_1^4s_2$ 的系数是零. 我不知道确定余下的 Δ 的三个系数的容易方法，但一个方法是给变量 u_1，u_2，u_3 分派某个特殊值.

第三节　分　裂　域

令 f 是系数在域 F 里的多项式，不一定是既约的. F 上 f 的分裂域是扩域 K/F，使得

- f 在 K 里完全分裂，比如说 $f(x)=(x-\alpha_1)\cdots(x-\alpha_n)$，其中 $\alpha_i\in K$，且
- K 是由根生成的：$K=F(\alpha_1,\cdots,\alpha_n)$.

第二个条件蕴含着，对 K 的每个元素 β，存在系数在 F 中的多项式 $p(u_1,\cdots,u_n)$，使得 $p(\alpha_1,\cdots,\alpha_n)=\beta$. 事实上，存在许多这样的多项式：因为根在 F 上是代数的，所以一些多项式等于零.

如果我们的域 F 是复数域 $\mathbf{C}$ 的子域，分裂域 K 可简单地通过添加 f 的复数根到 F 得到，我们可把 K 说成是 f 的分裂域. 但如果 F 不是 $\mathbf{C}$ 的子域，我们必须抽象地构造分裂域，就像上一章解释的(第十五章第六节).

【16.3.1】引理

(a) 如果 $F \subset L \subset K$ 是域，且 K 是多项式 f 在 F 上的分裂域，则 K 也是同一个多项式在 L 上的分裂域.

(b) $F[x]$ 中的每个多项式 $f(x)$ 有分裂域.

(c) 分裂域是 F 的有限扩张，且每个有限扩张包含在分裂域里.

证明

(a) 显然.

(b) 已给系数在 F 里的多项式 f，存在 F 的域扩张 K'，f 在其中完全分裂(15.6.3). 由 f 的根生成的 K'的子域是分裂域.

(c) 分裂域是由有限多个在 F 上为代数的元素生成的，所以，它是 F 的有限扩张. 反之，有限扩张 L/F 是由有限多个元素生成的，比如说 γ_1，…，γ_k，每个元素在 F 上是代数的. 令 g_i 是 γ_i 在 F 上的既约多项式，且令 f 是积 $g_1 \cdots g_k$. 我们可将域 L 扩张为 f 在 L 上的分裂域，从而 K 也是 F 上的分裂域. ■

483

我们现在用对称函数证明一个令人惊讶的事实：

【16.3.2】**定理**(分裂定理) 令 K 是域 F 的扩域，且它是系数在 F 里的多项式 $f(x)$ 的分裂域. 如果系数在 F 里的既约多项式 $g(x)$ 有一个根属于 K，则它在 K 里完全分裂.

这个定理提供了分裂域的一个性质. F 上分裂域 K 是具有这个性质的有限域扩张：

F 上有一个根在 K 里的既约多项式在 K 里完全分裂

哪个多项式用来定义 K 为分裂域是不重要的.

分裂定理的证明 令 f 与 g 如同定理所叙述的. 已给 g 在 K 里的一个根 β_1，我们必须证明 g 在 K 里完全分裂. 由于 g 是既约的，它是 β_1 在 F 上的既约多项式.

分裂域 K 是由 f 的根 α_1，…，α_n 在 F 上生成的. K 的每个元素可写成 α 的多项式，且系数在 F 里. 选取多项式 $p_1(u_1, \cdots, u_n)$ 使得 $p_1(\alpha)=\beta_1$.

令$\{p_1, \cdots, p_k\}$是 $p_1(u)$关于对称群 S_n 在多项式环 $F[u_1, \cdots, u_n]$上作用的轨道，且设 $\beta_j = p_j(\alpha)$. 所以，β_1，…，β_k 是 K 的元素. 我们将通过证明多项式

$$h(x) = (x-\beta_1)\cdots(x-\beta_k)$$

的系数属于 F 来证明分裂定理. 假设这个结论已经证明，则因为 β_1 是 h 的根，故可得 β_1 在 F 上的既约多项式 g 整除 h. 且因为 h 在 K 里完全分裂，所以 g 也完全分裂.

比如说，$h(x)=x^k - b_1 x^{k-1} + b_2 x^{k-2} - \cdots \pm b_k$. 系数 b_1，…，b_k 由初等对称函数在 $\beta = \beta_1$，…，β_k 处取值得到. 但这些是 k 个变量的初等对称函数. 我们引进新的变量 w_1，…，w_k，并且把这些变量的初等对称函数标记为 $s'_1(w)$，…，$s'_k(w)$(用斜撇提醒我们变量是新的)，这样，$b_j = s'_j(\beta)$.

我们分两步计算 s'_j：首先，做替换 $w=p$，亦即 $w_j = p_j(u)$. 因为 $s'_j(w)$关于 w 是对称的，所以 $s'_j(p)$是 u 的对称多项式(16.1.4). 其次，做替换 $u_i = \alpha_i$. 因为 $s'_j(p(u))$关于 u 是对称的，所以 $s'_j(p(\alpha))$属于域 F(16.1.2). 另一方面，$s'_j(p(\alpha)) = s'_j(\beta) = b_j$. 系数 b_j 属于 F. ■

第四节 域扩张的同构

对于本章余下的部分，假设域的特征为零．我们将不再提及这个假设．所考虑的域扩张是有限扩张．我们需要一些新的定义：

- 令 K 与 K' 是 F 的域扩张．F-同构 $\sigma:K\to K'$ 的概念是在前面引进的(见(15.2.9))．它是限制在子域 F 上且为恒等映射的同构．扩域 K 的 F-自同构是从 K 到自身的 F-同构．K 的 F-自同构是域扩张的对称．
- 有限扩张 K 的 F-自同构构成一个群，称为 K 在 F 上的*伽罗瓦群*，常记为 $G(K/F)$．

484

- 有限扩张 K/F 是*伽罗瓦扩张*，如果它的伽罗瓦群 $G(K/F)$ 的阶等于扩张次数：$|G(K/F)|=[K:F]$．

下面我们将看到伽罗瓦群的阶总是整除扩张的次数(16.6.2)．

【16.4.1】例 复数域 $\mathbf{C}$ 是实数域 $\mathbf{R}$ 的伽罗瓦扩张．伽罗瓦群 $G(\mathbf{C}/\mathbf{R})$ 是 2 阶循环群，由复共轭的自同构生成．对任意二次扩张 K/F 有类似叙述．二次扩张由附加一个平方根得到，比如说 $K=F(\alpha)$，其中 $\alpha^2=a$ 属于 F．K/F 的伽罗瓦群 G 有阶 2，且 G 不同于恒等元的元素 τ 互换两个平方根 α 与 $-\alpha$．例如，如果 $F=\mathbf{Q}$，且 $K=\mathbf{Q}(\sqrt{2})$，则有 K 的 F-自同构 τ 映 $a+b\sqrt{2}\rightsquigarrow a-b\sqrt{2}$．以前我们见到过这个自同构． ■

【16.4.2】引理 *令 K 与 K' 是域 F 的扩张．*

(a) 令 $f(x)$ 是系数属于 F 的多项式，且设 σ 是从 K 到 K' 的 F-自同构．如果 α 是 f 的属于 K 的根，则 $\sigma(\alpha)$ 是 f 的属于 K' 的根．

(b) 假设 K 是由一些元素 α_1，…，α_n 在 F 上生成的．令 σ 与 σ' 是 F-同构 $K\to K'$．如果对 $i=1$，…，n，$\sigma(\alpha_i)=\sigma'(\alpha_i)$，则 $\sigma=\sigma'$．如果 K 的 F-自同构 σ 固定所有生成元不动，则它是恒等映射．

(c) 令 f 是系数属于 F 的既约多项式，且设 α 与 α' 是 f 的分别属于 K 与 K' 的根，则存在唯一的 F-同构 $\sigma:F(\alpha)\to F(\alpha')$ 将 α 映射为 α'．如果 $F(\alpha)=F(\alpha')$，则 σ 是 F-自同构．

证明 (a)在上一章已证(15.2.10)．我们略去(b)的证明．在(c)中，σ 的存在在上一章已证(15.2.8)，而(b)表明 σ 是唯一的． ■

【16.4.3】命题

(a) 令 f 是系数属于 F 的多项式．扩域 L/F 至多含有 f 在 F 上的一个分裂域．

(b) 令 f 是系数属于 F 的多项式．f 在 F 上的任意两个分裂域是同构扩域．

证明

(a) 若 L 含有 f 的分裂域，则 f 在 L 里完全分裂，比如说，$f=(x-\alpha_1)\cdots(x-\alpha_n)$，其中 $\alpha_i\in L$．如果 β 是 f 在 L 里的任意根，代入这个乘积里，对某个 i，有 $\beta=\alpha_i$．于是，f 在 L 里没有其他根，从而含在 L 里的 f 的仅有分裂域是 $F(\alpha_1,\cdots,\alpha_n)$．

(b) 令 K_1 与 K_2 是 f 在 F 上的两个分裂域．第一个分裂域 K_1 是 F 的有限扩张，因此，它有本原元 γ. 设 g 是 γ 在 F 上的既约多项式. 我们选取第二个域 K_2 的扩张 L，且 g 在其中有根 γ'，令 K' 表示由 γ' 生成的 L 的子域 $F(\gamma')$. 存在 F-同构 $\varphi: K_1 \to K'$ 映射 γ 为 γ'. 因为 K' 与分裂域 K_1 是 F-同构的，故它也是 f 的分裂域. 这样，K' 与 K_2 是包含在域 L 里的分裂域，由(a)知它们是相等的. 所以，φ 是从 K_1 到 K_2 的 F-同构. ■

485

第五节　固　定　域

令 H 是域 K 的自同构群. H 的固定域(常记为 K^H)是 K 的由每个群元素固定不动的元素集合：

【16.5.1】
$$K^H = \{\alpha \in K \mid \sigma(\alpha) = \alpha, \quad \text{对于所有 } \sigma \in H\}$$

容易证明 K^H 是 K 的子域，且 H 是伽罗瓦群 $G(K/K^H)$ 的子群. 事实上，下面的固定域定理表明 H 等于 $G(K/K^H)$.

【16.5.2】定理　令 H 是域 K 的有限自同构群，且设 F 表示固定域 K^H. 令 β_1 是 K 的元素，且 $\{\beta_1, \cdots, \beta_r\}$ 是 β_1 的 H-轨道.

(a) β_1 在 F 上的既约多项式是 $g(x)=(x-\beta_1)\cdots(x-\beta_r)$.

(b) β_1 在 F 上是代数的，且它在 F 上的次数等于它的轨道的阶. 所以，β_1 在 F 上次数整除 H 的阶.

证明　定理(b)部分的结论可由(a)部分的结论证得. 我们证明(a). 比如说

$$g(x) = (x-\beta_1)\cdots(x-\beta_r) = x^r - b_1 x^{r-1} + \cdots \pm b_r$$

g 的系数是轨道 $\{\beta_1, \cdots, \beta_r\}$ 的对称函数(16.1.5). 因为 H 的元素置换轨道，故它们固定系数不动. 所以，g 的系数属于固定域.

令 h 是系数属于 F 的多项式，并以 β_1 为其一个根. 对 $i=1, \cdots, r$，存在 H 的一个元素 σ 使得 $\sigma(\beta_1)=\beta_i$. 因为 H 的元素是 K 的 F-自同构，且又因为 h 的系数属于 F，所以，β_i 也是 h 的根(16.4.2)(a). 于是，$x-\beta_i$ 整除 f. 因为这对每个 i 都是成立的，故在 $K[x]$ 与 $F[x]$ 里，g 整除 f(15.6.4)(b). 这表明 g 生成了 $F[x]$ 中以 β_1 为根的多项式的主理想，且 g 是 β_1 在 F 上的既约多项式(15.2.3). ■

扩域 K/F 称为代数的，如果 K 的每个元素在 F 上是代数的.

【16.5.3】引理　令 K 是域 F 的代数扩张，且不是 F 的有限扩张，则在 K 里存在其在 F 上的次数是任意大的元素.

证明　构造中间域链 $F<F_1<F_2<\cdots$ 如下：在 K 中选取不属于 F 的元素 α_1，并令 $F_1=F(\alpha_1)$. 这样，α_1 在 F 上是代数的，所以，$[F_1:F]<\infty$，从而 $F_1<K$. 其次，在 K 中选取不属于 F_1 的元素 α_2，并令 $F_2=F(\alpha_1, \alpha_2)$. 于是，$[F_2:F]<\infty$ 且 $F_1<F_2<K$. 在 K 中选取不属于 F_2 的 α_3，等等. 这个域链是 F 的有限扩张的严格递增链. 次数 $[F_i:F]$ 变得任意大，但仍是有限的. 每个扩张 F_i/F 有本原元 γ_i，且 γ_i 在 F 上的次数也变得任意大. ■

486

【16.5.4】定理(固定域定理)　令 H 是域 K 的有限自同构群，且设 $F=K^H$ 是它的固定域，

则 K 是 F 的有限扩张，且它的次数$[K:F]$等于群的阶$|H|$.

证明 令 $F=K^H$，且设 n 是 H 的阶. 定理 16.5.2 表明扩张 K/F 是代数的，K 的任意元素 β 在 F 上的次数整除 n. 所以，次数$[K:F]$是有限的(16.5.3). 令 γ 是这个扩张的本原元. H 的每个元素 σ 是 F 上的恒等元，于是，如果 σ 也固定 γ，则它将是恒等映射——H 的恒等元. 所以，γ 的稳定子是 H 的平凡子群$\{1\}$，且 γ 的轨道有阶 n. 定理 16.5.2 表明 γ 在 F 上的次数为 n. 因为 $K=F(\gamma)$，故次数$[K:F]$也等于 n. ■

一个变量的有理函数域 $\mathbf{C}(t)$ 的自同构提供了说明固定域定理与定理 16.5.2 的例子.

【16.5.5】例 令 $K=\mathbf{C}(t)$，且设 σ 与 τ 是 K 的在 $\mathbf{C}$ 上为恒等的自同构，并使得 $\sigma(t)=\mathrm{i}t$ 与 $\tau(t)=t^{-1}$. 这样，$\sigma^4=1$，$\tau^2=1$，$\tau\sigma=\sigma^{-1}\tau$. 所以，$\sigma$ 与 τ 生成了与二面体群 D_4 同构的自同构群 H.

【16.5.6】引理 有理函数 $u=t^4+t^{-4}$ 在 $\mathbf{C}$ 上是超越的.

证明 令 $g(x)=x^d+c_{d-1}x^{d-1}+\cdots+c_0$ 是复系数的首项系数为 1 的 d 次多项式. 这样，$t^{4d}g(u)$ 是 t 的首项系数为 1 的 $8d$ 次多项式. 因为 t 是超越的，故 $t^{4d}g(u)\neq 0$，且 $g(u)\neq 0$. ■

由此引理可得域 $\mathbf{C}(u)$ 同构于一个变量的有理函数域. 我们证明它是固定域 K^H. 我们注意到 u 是由 σ 和 τ 固定不动的. 因此 u 属于固定域 K^H，所以，$\mathbf{C}(u)\subset K^H$. 定理 16.5.2 告诉我们 K^H 上 t 的既约多项式是其根构成它的轨道的多项式. t 的轨道是

$$\{t,\mathrm{i}t,-t,-\mathrm{i}t,t^{-1},-\mathrm{i}t^{-1},-t^{-1},\mathrm{i}t^{-1}\}$$

且其根是这个轨道元素的多项式是

$$(x^4-t^4)(x^4-t^{-4})=x^8-ux^4+1$$

于是，t 是系数属于 $\mathbf{C}(u)$ 的 8 次多项式的根，所以，次数$[K:\mathbf{C}(u)]$至多是 8. 固定域定理断言$[K:K^H]=8$. 因为 $\mathbf{C}(u)\subset K^H$，故可得 $\mathbf{C}(u)=K^H$. ■ 487

这个例子说明了一个著名定理：

【16.5.7】定理(Lüroth 定理) 令 F 是包含 $\mathbf{C}$ 但不是 $\mathbf{C}$ 自身的有理函数域 $\mathbf{C}(t)$ 的子域，则 F 同构于有理函数域 $\mathbf{C}(u)$.

第六节 伽罗瓦扩张

我们现在来到了本章的主题：伽罗瓦理论.

注 如果 K 是 F 的扩域，则中间域 L 是一个使得 $F\subset L\subset K$ 的域. 一个中间域是真的，如果它既不是 F 也不是 K.

如果 L 是中间域，则 K 的每个 L-自同构将是 F-自同构，所以，

【16.6.1】
$$G(K/L)\subset G(K/F)$$

【16.6.2】引理

(a) 有限扩域 K/F 的伽罗瓦群 G 是其阶整除扩张次数$[K:F]$的有限群.

(b) 令 H 是域 K 的有限自同构群，则 K 是它的固定域 K^H 的伽罗瓦扩张，且 H 是

K/K^H的伽罗瓦群.

证明

(a) 由F-自同构的定义，G的元素平凡作用在F上，于是，F包含在固定域K^G里. 这样，$F\subset K^G\subset K$. 于是，$[K:K^G]$整除$[K:F]$. 由固定域定理，$|G|=[K:K^G]$.

(b) 由K^H的定义，H的元素是K^H-自同构. 所以，H是伽罗瓦群$G(K/K^H)$的子群. 因为$|G(K/K^H)|$整除$[K:K^H]$，且$|H|=[K:K^H]$，故这两个群是相等的，且K是K^H的伽罗瓦扩张. ■

【16.6.3】引理 令γ_1是域F的有限扩域K的本原元，且设$f(x)$是γ_1在F上的既约多项式. 令γ_1，…，γ_r是f的属于K的根，则存在K的唯一F-自同构σ_i使得$\sigma_i(\gamma_1)=\gamma_i$. 这些是$K$的所有$F$-自同构，所以，$G(K/F)$的阶为$r$.

证明 存在唯一F-同构$\sigma_i:F(\gamma_1)\to F(\gamma_i)$映$\gamma_1 \rightsquigarrow \gamma_r$(16.4.2)(c). 给定$K=F(\gamma_1)$，且因为$F(\gamma_i)$在$F$上有同一次数，故也有$K=F(\gamma_i)$. 所以，$\sigma_i$是$K$的$F$-自同构. K的每个F-自同构映γ_1到f的一个根. 于是，它是诸自同构σ_i之一. ■

【16.6.4】定理(伽罗瓦扩张的特征性质) 令K/F是有限扩张，且设G是它的伽罗瓦群. 下列论述是等价的：

(a) K/F是伽罗瓦扩张，亦即$|G|=[K:F]$.

(b) 固定域K^G等于F.

(c) K是F上的分裂域.

定理的(b)部分可用来证明伽罗瓦扩张K的元素实际上属于F，(c)可用来证明扩张是伽罗瓦的.

488

定理的证明 (a)⇔(b)：由固定域定理，$|G|=[K:K^G]$. 因为$F\subset K^G\subset K$，故$|G|=[K:F]$当且仅当$F=K^G$.

(a)⇔(c)：令$n=[K:F]$. 选取K在F上的一个本原元γ_1. 设f是F上的既约多项式. 因为γ_1是本原元，故f的次数是n. 令γ_1，…，γ_r是f的属于K的根. 引理16.6.3告诉我们$|G|=r$. 于是，$|G|=[K:F]$，即扩张是伽罗瓦的，当且仅当f在K里完全分裂. 因为K是γ_1在F上生成的，故它也是由f的所有根的集合生成的. 所以，K是F上的分裂域当且仅当f在K里完全分裂. ■

如果K是多项式f在F上的分裂域，我们也可将扩张K/F的伽罗瓦群说成是f的伽罗瓦群.

【16.6.5】推论

(a) 每个有限扩张K/F包含在一个伽罗瓦扩张里.

(b) 如果K/F是伽罗瓦扩张，且如果L是中间域，则K也是L的伽罗瓦扩张，且伽罗瓦群$G(K/L)$是伽罗瓦群$G(K/F)$的子群.

证明 定理16.6.4允许我们将短语“伽罗瓦扩张”替换为“分裂域”，这样，推论由引理16.3.1和16.6.2可得到. ■

【16.6.6】定理 令 K/F 是带有伽罗瓦群 G 的伽罗瓦扩张，且设 g 是系数属于 F 的且在 K 中完全分裂的多项式. 令它在 K 中的根为 β_1，…，β_r.

(a) 群 G 作用在根的集合$\{\beta_i\}$上.

(b) 如果 K 是 g 在 F 上的分裂域，则在根上的作用是忠实的，且由其在根上的作用，G 嵌入对称群 S_r 作为其子群.

(c) 如果 g 在 F 上是既约的，则在根上的作用是可迁的.

(d) 如果 K 是 g 在 F 上的分裂域，且 g 在 F 上是既约的，则 G 嵌入 S_r 作为其可迁子群.

证明 (a)是(16.4.2)(a)而(b)是(16.4.2)(b). 如果 g 是既约的，则它是 β_1 在 F 上的既约多项式. 因为 F 是 G 的固定域，故定理 16.5.2 告诉我们 g 的诸根 β_i 构成 β_1 的 G-轨道. 所以，作用是可迁的，如同(c)所断言的. 最后，(d)是条件(b)与(c)的组合. ■

这个定理是有用的，尽管它不足以确定伽罗瓦群. 整数 r 与到 S_r 的嵌入不仅依赖于伽罗瓦扩张 K，还依赖于 f. 再有，当 $r>2$ 时，对称群 S_r 有若干个可迁子群.

第七节 主要定理

伽罗瓦理论最重要的部分之一是中间域的确定. 伽罗瓦理论的主要定理断言，当 K/F 是伽罗瓦扩张时，中间域和伽罗瓦群的子群是一一对应的. 这个事实的重要性不是马上就看出来的；我们将在使用中理解它. 489

【16.7.1】定理(主要定理) 令 K 是域 F 的伽罗瓦扩张，且设 G 是它的伽罗瓦群，则在 G 的子群与中间域之间存在一一对应：

$$\{子群\} \leftrightarrow \{中间域\}$$

这个对应把子群 H 与它的固定域以及中间域 L 与 K 在 L 上的伽罗瓦群结合起来. 映射

$$H \rightsquigarrow K^H \quad 与 \quad L \rightsquigarrow G(K/L)$$

是逆函数.

证明 我们必须证明两个映射任意顺序的合成都是恒等映射，这样证明工作就完成了. 令 H 是 G 的子群，且设 L 是它的固定域. 固定域定理告诉我们 $G(K/L)=H$. 另一方面，令 L 是中间域，且设 H 是 K 在 L 上的伽罗瓦群. 这样，K 是 L 的伽罗瓦扩张(推论 16.6.5(b)). 定理 16.6.4 告诉我们 H 的固定域是 L. ■

【16.7.2】推论

(a) 由主要定理给出的对应是反向包含：如果 L 与 L' 是中间域，且如果 H 与 H' 是对应子群，则 $L\subset L'$ 当且仅当 $H\supset H'$.

(b) 对应于域 F 的子群是整个群 $G(K/F)$，而对应于 K 的子群是平凡子群$\{1\}$.

(c) 如果 L 对应于 H，则$[K:L]=|H|$，$[L:F]=[G:H]$.

在(c)中，第一个等式可由 K 是 L 的伽罗瓦扩张与 $H=G(K/L)$的事实得到. 这样就得到了第二个等式，这是因为

$$|G| = [K:F] = [K:L][L:F] \text{ 与 } |G| = |H|[G:H]$$

【16.7.3】推论 有限域扩张 K/F 有有限多个中间域 $F \subset L \subset K$.

证明 当 K/F 是伽罗瓦扩张时，这可由主要定理得到，这是因为有限群有有限多个子群. 这是因为可把任意有限扩张嵌入伽罗瓦扩张，故对任意有限扩张这都是成立的. ■

【16.7.4】例 令 F 是有理数域，且设 $\alpha=\sqrt{3}$ 与 $\beta=\sqrt{5}$，所以，$\alpha\beta=\sqrt{15}$. 多项式 $(x^2-3)\times(x^2-5)$ 的分裂域 $K=F(\alpha, \beta)$ 是 F 的 4 次伽罗瓦扩张. 它的伽罗瓦群 G 的阶为 4，于是，它或是克莱因四元群，或是循环群. 容易求出 F 上三个 2 次中间域，亦即 $F(\alpha)$，$F(\beta)$ 与 $F(\alpha\beta)$. 这三个中间域对应于 G 的三个真子群. 所以，G 是克莱因四元群，它有三个 2 阶元，从而有三个 2 阶子群. 4 阶循环群仅有一个 2 阶子群.

490

2 阶子群是 G 仅有的真子群，所以，主要定理告诉我们除我们发现的三个中间域外，没有别的真中间域. 因此，K 的元素 $\gamma=a+b\alpha+c\beta+d\alpha\beta$(其中 a，b，c，$d\in F$)在 F 上次数为 4，除非它在三个真中间域之一里. 这种情形仅当系数 b，c，d 中至少有两个为零时出现. ■

假设给定域链 $F \subset L \subset K$，且 K 是 F 的伽罗瓦扩张. 这样，K 也是 L 的伽罗瓦扩张. 然而，L 不一定是 F 的伽罗瓦扩张. 为了得到完整描述，我们证明作为 F 的伽罗瓦扩张的中间域 L 对应于 G 的正规子群.

【16.7.5】定理 令 K/F 是带有伽罗瓦群 G 的伽罗瓦扩张，且设 L 是 G 的子群 H 的固定域. 扩张 L/F 是伽罗瓦扩张当且仅当 H 是 G 的正规子群. 如果是这样，则伽罗瓦群 $G(L/F)$ 同构于商群 G/H.

$$\begin{array}{l} G=G(K/F) \\ \text{在 } K \text{ 上作用,} \\ \text{使 } F \text{ 不变} \end{array} \left\{ \begin{array}{l} K \\ L \\ F \end{array} \right. \begin{array}{l} \left.\right\} H=G(K/L) \text{ 在 } K \text{ 上作用,使 } L \text{ 不变} \\ \left.\right\} \text{如果 } H \text{ 正规,则 } G/H=G(L/F) \text{ 在此作用} \end{array}$$

证明 令 ε_1 是扩张 L/F 的本原元，且设 g 是 ε_1 在 F 上的既约多项式. 这个多项式在分裂域 K 中完全分裂；设它的根为 ε_1，…，ε_r. 我们用下列事实进行证明：

- L/F 是伽罗瓦扩张当且仅当它是分裂域，这种情形当所有根 ε_i 属于 L 时发生.
- 如果根 ε_i 属于 L，则 $L=F(\varepsilon_i)$，这是因为 ε_i 与 ε_1 在 F 上有相同次数且 $L=F(\varepsilon_1)$.
- G 的元素 σ 在 L 上是恒等的当且仅当它固定 ε_1 不动. 所以，ε_1 的稳定子等于 H.
- G 在集合 $\{\varepsilon_1, \cdots, \varepsilon_r\}$ 上的作用是可迁的：对任意 $i=1$，…，r，存在 G 的元素 σ 使得 $\sigma(\varepsilon_1)=\varepsilon_i$(16.4.2)(c).

令 σ 是 G 的元素，比如说 $\sigma(\varepsilon_1)=\varepsilon_i$. 这样，$F(\varepsilon_i)=L$ 当且仅当 ε_i 属于 L，且如果是这样，则 ε_i 的稳定子等于 H. 另一方面，$\sigma(\varepsilon_1)$ 的稳定子是共轭群 $\sigma H\sigma^{-1}$. 所以，K/F 是伽罗瓦扩张当且仅当 $\sigma H\sigma^{-1}=H$ 对所有 σ 成立，亦即当且仅当 H 是正规子群.

假设 L 是 F 的伽罗瓦扩张. 这样，诸根 ε_i 属于 L. 伽罗瓦群 G 的元素 σ 映 ε_1 到另一个根 ε_i，所以，它映 $L=F(\varepsilon_1)$ 到 $F(\varepsilon_i)=L$. 因此，限制 σ 到 L 定义了 L 的一个 F-自同构. 这个限制给出同态 $\varphi: G \to G(L/F)$. φ 的核是限制到 L 上的恒等元的 σ 的集合，它是 H. 而

491

且，$|G/H|=[G:H]=|G(L/F)|$．第一同构定理告诉我们 G/H 同构于 $G(L/F)$． ■

在下一节里，我们考察伽罗瓦理论应用的最重要情形．

第八节 三 次 方 程

令 $f(x)=x^3-a_1x^2+a_2x-a_3$ 是 F 上的既约多项式，且设 K 是 f 在 F 上的分裂域．比如说，f 在 K 中的根是 α_1，α_2，α_3．这样，在 $K[x]$ 中，

【16.8.1】
$$f(x)=(x-\alpha_1)(x-\alpha_2)(x-\alpha_3)$$

因为 a_1 属于 F 且 $a_1=\alpha_1+\alpha_2+\alpha_3$，故第三个根 α_3 属于由前两个根生成的域．所以，我们有扩域链

$$F\subset F(\alpha_1)\subset F(\alpha_1,\alpha_2)\quad 与\quad F(\alpha_1,\alpha_2)=F(\alpha_1,\alpha_2,\alpha_3)=K$$

令 L 表示域 $F(\alpha_1)$．因为 f 在 F 上是既约的，故 $[L:F]=3$．由于 α_1 属于 L，故多项式 f 在 $L[x]$ 中分解：

【16.8.2】
$$f(x)=(x-\alpha_1)q(x)$$

其中 q 是其根为 α_2 与 α_3 的二次多项式．所以，K 由 L 通过添加二次多项式的根得到．有两种情形：如果 q 在 L 上是既约的，则 $[K;L]=2$ 与 $[K:F]=6$．如果 q 在 L 上是可约的，则 α_2 与 α_3 属于 L，$L=K$ 与 $[K:F]=3$．

【16.8.3】例

(a) $f(x)=x^3+3x+1$ 在 $\mathbf{Q}$ 上是既约的，且它的导数在实直线上永不为零．所以，f 定义了实变量 x 的递增函数，且它仅取零值一次：f 有一个实根．这个根不生成分裂域 K，它含有两个复数根．于是，$[K:\mathbf{Q}]=6$．

(b) $f(x)=x^3-3x+1$ 在 $\mathbf{Q}$ 上也是既约的．在这种情形下，如果 α_1 是 f 的根，则 $\alpha_2=\alpha_1^2-2$ 是另一个根．这可通过代入 f 中检验．所以，分裂域 K 等于 $\mathbf{Q}(\alpha_1)$ 且 $[K:\mathbf{Q}]=3$． ■

我们回到任意既约三次方程．由它在根上的作用，K/F 的伽罗瓦群 G 成为对称群 S_3 的可迁子群(16.4.2)(c)．可迁子群为 S_3 与 A_3——3 阶循环群．如果 $[K:F]=3$，则 $G=A_3$，且如果 $[K:F]=6$，则 $G=S_3$．为区别这两种情形，我们需要确定出现在(16.8.2)里的二次多项式 $q(x)$ 在域 $L=F(\alpha_1)$ 上是否为既约的．在域 L 里讨论是痛苦的，我们宁可在域 F 里做计算．幸运的是，存在元素使得确定 f 的判别式(16.2.5)的平方根 δ 成为可能：

【16.8.4】
$$\delta=(\alpha_1-\alpha_2)(\alpha_1-\alpha_3)(\alpha_2-\alpha_3)$$

492

它的主要性质是：

- δ 是 K 的元素．
- $\delta\neq 0$(因为诸根 α_i 是不同的)．
- 根的置换使得 δ 乘上一个置换的符号．

【16.8.5】定理(三次方程的伽罗瓦理论) 令 K 是既约三次多项式 f 在域 F 上的分裂域，设 D 是 f 的判别式，设 G 是 K/F 的伽罗瓦群．

- 如果 D 是 F 里的平方，则 $[K:F]=3$ 与 G 是交错群 A_3．

- 如果 D 不是 F 里的平方，则$[K:F]=6$ 与 G 是对称群 S_3.

x^3+3x+1 的判别式是$-5\cdot 3^3$，不是一个平方，而 x^3-3x+1 的判别式是 3^4，是一个平方数(见 16.2.8). 这与上面例子讨论的一致.

定理 16.8.5 的证明 根的置换使 δ 乘上一个置换的符号. 如果 δ 属于 F，则它由 G 的每个元素所固定不动. 在这种情形里，奇置换不属于 G，所以，$G=A_3$，$[K:F]=3$. 如果 δ 不属于 F，则它不为 G 所固定不动，所以，G 含有奇置换. 在这种情形里，$G=S_3$，$[K:F]=6$. ■

交错群没有真子群. 所以，如果 $G=A_3$，则不存在真中间域. 这是显然的，因为 $[K:F]=3$ 是素数. 对称群 S_3 有 4 个真子群. 用通常的记号，它们是 3 个 2 阶群$\langle y\rangle$，$\langle xy\rangle$，$\langle x^2y\rangle$与 3 阶群$\langle x\rangle$，即为 A_3. 主要定理告诉我们当 $G=S_3$ 时，存在 4 个真中间域. 它们是 $F(\alpha_3)$，$F(\alpha_2)$，$F(\alpha_1)$与 $F(\delta)$.

第九节　四次方程

令 $f(x)$是系数属于 F 的既约 4 次多项式，且设 f 在 F 上的分裂域 K 里的根为 α_1，α_2，α_3，α_4. 由它在诸根上的作用，伽罗瓦群 $G=G(K/F)$可表示为 S_4 的一个可迁子群(16.6.6). 可迁子群容易确定，因为 S_4 同构于八面体群，该八面体群是一个旋转群. 任意子群也都是旋转群，所以，它将是定理 6.12.1 列出的群之一. S_4 的可迁子群为

【16.9.1】
$$S_4, A_4, D_4, C_4, D_2$$

有 3 个共轭子群同构于 D_4，而有 3 个共轭子群同构于 C_4. 子群 D_2 是克莱因四元群，由恒等元与不相交对换的 3 个积组成. 它是 S_4 的正规子群，以前我们见过这个群(2.5.15). (S_4 的一些其他子群同构于 D_2，但它们不是可迁的.)注意到 G 的阶等于次数$[K:F]$，除最后两个外，它区分所有的群. 不幸的是，不容易确定次数.

我们从容易具体分析的 4 次多项式开始. 我是从 Suan Landau[Landau]那里学到这些知识的.

493

【16.9.2】例 这里 F 表示有理数域 $\mathbf{Q}$.

(a) 令 α 是"嵌套"平方根 $\alpha=\sqrt{4+\sqrt{5}}$. 为确定 α 在 F 上的既约多项式，我们猜测它的根可能是$\pm\alpha$ 与$\pm\alpha'$，其中 $\alpha'=\sqrt{4-\sqrt{5}}$. 有了这个猜测，我们展开多项式

$$f(x)=(x-\alpha)(x+\alpha)(x-\alpha')(x+\alpha')=x^4-8x^2+11$$

不是很难证明这个多项式在 F 上是既约的. 我们将证明留作练习. 所以，它是 α 在 F 上的既约多项式. 令 K 是 f 的分裂域. 这样，

$$F\subset F(\alpha)\subset F(\alpha,\alpha'),\quad F(\alpha,\alpha')=K$$

因为 f 是既约的，故$[F(\alpha):F]=4$，又因为$\sqrt{5}$属于 $F(\alpha)$，故 $\alpha'=\sqrt{4-\sqrt{5}}$在 $F(\alpha)$上的次数至多为 2. 我们还不知道 α'是否属于域 $F(\alpha)$. 在任一情形里，$[K:F]$是 4 或 8. K/F 的伽罗瓦群 G 也有阶 4 或 8，所以，它是 D_4，C_4 或 D_2.

D_4 的哪个共轭子群可作用依赖于如何对诸根排序. 让我们这样对它们排序:

$$\alpha_1 = \alpha, \quad \alpha_2 = \alpha', \quad \alpha_3 = -\alpha, \quad \alpha_4 = -\alpha'$$

在这样的排序下, 映 $\alpha_1 \rightsquigarrow \alpha_i$ 的自同构也映 $\alpha_3 \rightsquigarrow -\alpha_i$. 具有这个性质的置换构成由

【16.9.3】 $$\sigma = (\mathbf{1\ 2\ 3\ 4}) \quad 与 \quad \tau = (\mathbf{2\ 4})$$

生成的二面体群 D_4. 我们的伽罗瓦群是这个群的子群. 它可以是整个群 D_4, 即由 σ 生成的循环群 C_4, 或由 σ^2 与 τ 生成的二面体群 D_2.

注意 必须小心: 这个群 D_4 的每个元素置换诸根, 但我们还不知道这些置换里的哪一个来自 K 的自同构. 不是来自 K 的自同构的置换没有为我们提供关于 K 的任何信息.

有一个置换 $\rho=\sigma^2=(\mathbf{1\ 3})(\mathbf{2\ 4})$属于所有 3 个群 D_4, C_4 与 D_2. 于是, 它扩展为 K 的 F-自同构, 仍记为 ρ. 这个自同构生成 G 的 2 阶子群 N.

为计算固定域 K^N, 我们寻找由 ρ 固定不动的根的表达式. 不难发现一些: $\alpha^2=4+\sqrt{5}$ 与 $\alpha\alpha'=\sqrt{11}$. 所以, K^N 含有域 $L=F(\sqrt{5}, \sqrt{11})$. 检查域链 $F\subset L\subset K^N\subset K$. 我们有 $[K:F]\leqslant 8$, $[L:F]=4$ 与$[K:K^N]=2$(固定域定理). 于是得 $L=K^N$, $[K:F]=8$ 以及 G 是二面体群 D_4.

(b) 令 $\alpha=\sqrt{2+\sqrt{2}}$. α 在 F 上的既约多项式是 x^4-4x^2+2. 同以前一样, 它的根是 α, $\alpha'=\sqrt{2-\sqrt{2}}$, $-\alpha$, $-\alpha'$. 这里 $\alpha\alpha'=\sqrt{2}$, 属于域 $F(\alpha)$. 所以, α' 也属于这个域. 次数 $[K:F]$为 4, 且 G 或为 C_4, 或为 D_2.

因为 G 在诸根上的作用是可迁的, 故存在 G 的元素 σ' 映 $\alpha \rightsquigarrow \alpha'$. 因为 $\alpha^2=2+\sqrt{2}$ 与 $\alpha'^2=2-\sqrt{2}$, 故 σ' 映$\sqrt{2}\rightsquigarrow-\sqrt{2}$以及 $\alpha\alpha' \rightsquigarrow -\alpha\alpha'$. 这蕴含着 $\alpha'\rightsquigarrow-\alpha$. 所以, $\sigma'=\sigma$. 伽罗瓦群是循环群 C_4. 494

(c) 令 $\alpha=\sqrt{4+\sqrt{7}}$. 它在 F 上的既约多项式是 x^4-8x^2+9. 这里 $\alpha\alpha'=3$. 而且, α'属于域 $F(\alpha)$, 且次数$[K:F]$为 4. 如果自同构 σ' 映 $\alpha\rightsquigarrow\alpha'$, 则因为 $\alpha\alpha'=3$, 故它一定映 $\alpha'\rightsquigarrow\alpha$. 伽罗瓦群是 D_2.

可用这种方法分析形如 x^4+bx^2+c 的任一个 4 次多项式. ■

分析一般多项式

【16.9.4】 $$f(x) = x^4 - a_1x^3 + a_2x^2 - a_3x + a_4$$

是比较困难的, 因为它的根 α_1, …, α_4 很难用通常方法具体写出来. 主要方法是寻找由 S_4 里的一些置换(不是全部置换)所固定不动的根的表示式. 判别式 D 的平方根首先是这样的表示式:

$$\delta = \prod_{i<j}(\alpha_i - \alpha_j) = (\alpha_1-\alpha_2)(\alpha_1-\alpha_3)(\alpha_1-\alpha_4)(\alpha_2-\alpha_3)(\alpha_2-\alpha_4)(\alpha_3-\alpha_4)$$

因为诸根是不同的, 故 δ 不为零. 如同三次方程一样(16.8.4), 根的置换 σ 使 δ 乘上一个置换的符号. 偶置换固定 δ 不动, 而奇置换不固定 δ 不动.

【16.9.5】**命题** 令 G 是既约 4 次多项式 f 的伽罗瓦群. f 的判别式 D 是 F 里的一个平方

数当且仅当 G 不含有奇置换. 所以,

- 如果 D 是 F 里的一个平方数，则 G 是 A_4 或 D_2.
- 如果不 D 是 F 里的一个平方数，则 G 是 S_4，D_4 或 C_4.

证明 D 是 F 里的一个平方数当且仅当 δ 属于 F，当 G 的每个元素固定 δ 不动时这种情形发生. 固定 δ 不动的置换是偶置换. 后面的叙述可通过查看 S_4 的可迁子群列表(16.9.1)得证. ■

对任意次数多项式的分裂域有类似叙述.

【16.9.6】命题 令 K 是 $F[x]$ 里 n 次既约多项式 f 在 F 上的分裂域，且设 D 是 f 的判别式. 伽罗瓦群 $G(K/F)$ 是交错群 A_n 的子群当且仅当 D 是 F 里的一个平方数.

拉格朗日发现诸根 α_i 的另一个有用的表示式，它是相对于 4 次多项式的一个特殊表示式. 令

【16.9.7】 $$\beta_1=\alpha_1\alpha_2+\alpha_3\alpha_4,\quad \beta_2=\alpha_1\alpha_3+\alpha_2\alpha_4,\quad \beta_3=\alpha_1\alpha_4+\alpha_2\alpha_3$$

且设

495

$$g(x)=(x-\beta_1)(x-\beta_2)(x-\beta_3)$$

这个多项式称为 f 的三次预解式. 诸根 α_i 的每个置换置换元素 β_j，所以 g 的系数是根里的对称函数. 它们是 F 的元素，需要时可以计算出来.

幸运的是，既约 4 次多项式的根互不相同的事实蕴含着诸元素 β_i 互不相同. 例如，

$$\beta_1-\beta_2=\alpha_1\alpha_2+\alpha_3\alpha_4-\alpha_1\alpha_3-\alpha_2\alpha_4=(\alpha_1-\alpha_4)(\alpha_2-\alpha_3)$$

因为诸 α_v 是不同的，故 $\beta_1-\beta_2$ 不为零. 多项式 f 与 g 的判别式实际上是相等的.

三次预解式在 F 中是否有根给出了有关伽罗瓦群 G 的许多信息.

【16.9.8】命题 令 G 是既约 4 次多项式 f 在 F 上的伽罗瓦群，且设 g 是 f 的三次预解式. 则 g 是既约的当且仅当 G 的阶为 3 整除. 而且,

- 如果 g 在 F 里完全分裂，则 $G=D_2$.
- 如果 g 在 F 里有一个根，则 $G=D_4$ 或 C_4.
- 如果 g 在 F 上是既约的，则 $G=S_4$ 或 A_4.

证明 命题的证明是简单的，但三个元素 β_i 是不同的事实为容易忽略的关键点. 令 B 表示集合 $\{\beta_1, \beta_2, \beta_3\}$. 它的阶为 3. 对称群 S_4 在诸根 α_v 上的作用定义了在 B 上的可迁作用，且伴随置换表示是同态 $\varphi: S_4\to S_3$，这我们在前面已经见过(2.5.13). 它的核是子群 D_2. 如果 g 在 F 里完全分裂，则伽罗瓦群平凡地作用在 B 上，所以，$G=D_2$.

如果 g 在 F 上是既约的，则 G 可迁地作用在 B 上(16.6.6)，于是，它的阶为 3 整除. 反过来，如果 $|G|$ 为 3 所整除，则 G 含有 3 阶元素，比如说，ρ. 因为 φ 的核是 D_2，故 ρ 不是平凡地作用在 B 上. 它循环地置换三个元素. 所以，G 可迁地作用在 B 上，且 g 是既约的.

命题的剩下部分可通过回看列表(16.9.1)得证. ■

因此，多项式 x^2-D(这里 D 是判别式)与三次预解式 $g(x)$ 就差不多足以描述伽罗瓦群了. 结果总结在下表中：

【16.9.9】

	D是平方数	D非平方数
g 可约	$G=D_2$	$G=D_4$ 或 C_4
g 既约	$G=A_4$	$G=S_4$

不幸的是，没有根的简单表示式去除余下的歧义性(见练习 M.11).

注意 命题 16.9.8 的证明根据诸根 α_v 的置换利用特别公式(16.9.7)定义集合 B 的置换. 如果诸根的置换来自 F-自同构，则 B 的置换由这个自同构给出. 然而，如果置换不是来自 F-自同构，则用这个公式所定义的 B 的置换对域没有意义.

496

例如，令 K 是多项式 X^4-2 在 $\mathbf{Q}$ 上的分裂域. 从 1 到 4 把诸根排序为 $\alpha_1=\alpha$，$\alpha_2=\mathrm{i}\alpha$，$\alpha_3=-\alpha$，$\alpha_4=-\mathrm{i}\alpha$，其中 α 是 2 的 4 次正实根. 这样，$\beta_1=2\mathrm{i}\sqrt{2}$，$\beta_2=0$，$\beta_3=-2\mathrm{i}\sqrt{2}$. 对换 $\varepsilon=(\mathbf{1}\ \mathbf{2})$不是伽罗瓦群的元素. 当我们使用公式 16.9.7 定义 ε 如何置换集合 B 时，所得的作用使 β_2 与 β_3 互换. 因为 $\beta_2=0$ 且 $\beta_3\neq 0$，所以这个置换在代数上没有意义.

第十节 单 位 根

在本节中，F 表示有理数域 $\mathbf{Q}$. 在 F 上由 n 次单位根 $\zeta_n=\mathrm{e}^{2\pi\mathrm{i}/n}$生成的复数子域叫做分圆域. 假设 n 是素整数 p. $\zeta=\mathrm{e}^{2\pi\mathrm{i}/p}$在有理数域上的既约多项式是

【16.10.1】
$$f(x)=x^{p-1}+\cdots+x+1$$

(定理 12.4.9). 它的根是幂 ζ，ζ^2，…，ζ^{p-1}，于是，ζ 生成 f 的分裂域. 所以，$K=F(\zeta)$是次数为 $p-1$ 的 F 的伽罗瓦扩张.

【16.10.2】命题

(a) 令 p 是素数，且设 $\zeta=\mathrm{e}^{2\pi\mathrm{i}/p}$. 则 $\mathbf{Q}(\zeta)$在 $\mathbf{Q}$ 上的伽罗瓦群是 $p-1$ 阶循环群. 它同构于素域 $\mathbf{F}_p$ 的非零元素的乘法群 $\mathbf{F}_p^{\times}$.

(b) 对于 $\mathbf{C}$ 的任意子域 F'，$F'(\zeta)$在 F'上的伽罗瓦群是循环群.

证明

(a) 设 $F=\mathbf{Q}$，令 G 是 $F(\zeta)$在 F 上的伽罗瓦群. G 的元素 σ 由像 $\delta(\zeta)$确定，而$\delta(\zeta)$可以是 f 的 $p-1$ 个根里的任一个. 称 σ_i 为使得 $\sigma(\zeta)=\zeta^i$ 的元素. 幂指数 i 确定为模 p 的非零剩余类，这是因为 $\zeta^p=1$. 于是，映射 $\sigma_i\rightsquigarrow i$ 定义了双射 $\varepsilon:G\to\mathbf{F}_p^{\times}$. 计算

$$\sigma_i\sigma_j(\zeta)=\sigma_i(\zeta^j)=\sigma_i(\zeta)^j=\zeta^{ij}$$

表明 ε 是同态，所以，它是同构. $\mathbf{F}_p^{\times}$ 是循环的事实是定理 15.7.3 的一部分.

映 $\zeta\rightsquigarrow\zeta^v$ 的元素 σ_v 生成 G 当且仅当 v 是模 p 本原根，它是循环群 $\mathbf{F}_p^{\times}$ 的生成元.

(b) 伽罗瓦群 $G'=G(F'(\zeta)/F')$的元素 σ 也映 ζ 到幂 ζ^v. 上面的证明表明 G'同构于循环群 $\mathbf{F}_p^{\times}$ 的子群. 所以，它也是循环群. ■

【16.10.3】例 $p=17$ 与 $\zeta=\mathrm{e}^{\mathrm{i}\theta}$，其中 $\theta=2\pi/17$.

3 的剩余是模 17 本原根，于是，伽罗瓦群 $G=G(K/F)$是 16 阶循环群，由映$\zeta\rightsquigarrow\zeta^3$的自同构 σ 生成. 有 5 个分别由 σ，σ^2，σ^4，σ^8 与 1 生成的阶为 16，8，4，2 与 1 的子群. 令这些子群的固定域为 $F=L_0=K^{\langle\sigma\rangle}$，$L_1=K^{\langle\sigma^2\rangle}$，$L_2=K^{\langle\sigma^4\rangle}$，$L_3=K^{\langle\sigma^8\rangle}$，$L_4=K$. 它们构成

497

域链 $L_0 \subset L_1 \subset L_2 \subset L_3 \subset L_4$，其中每个扩张 L_i/l_{i-1} 的次数是 2. 主要定理告诉我们这些是仅有的中间域. ■

【16.10.4】**引理** 上面定义的域 L_3 由 $\cos\theta$ 生成，它在 F 上的次数是 8.

证明 令 $L'=F(\cos\theta)$. 因为 $\zeta+\zeta^{-1}=2\cos\theta$，故 $\cos\theta$ 属于 $K=F(\zeta)$. 而且，ζ 是系数属于 L' 的二次多项式 $(x-\zeta)(x-\zeta^{-1})=x^2-2(\cos\theta)x+1$ 的根，于是，$[K:L']\leqslant 2$，$[L':F]\geqslant 8$. 所以，L' 或是 L_3，或是 K. 又因为 L' 是 $\mathbf{R}$ 的子域，而 K 不是，故 $L'=L_3$. ■

【16.10.5】**推论** 正 17 边形可用直尺和圆规作图.

证明 链 $F \subset L_1 \subset L_2 \subset L_3$ 表明我们可通过一系列添加 3 个连续平方根到达含有 $\cos\theta$ 的域 L_3，又因为 L_3 是 $\mathbf{R}$ 的子域，故这些平方根是实的.（见(15.5.10).） ■

下面的引理对于描述 F 的二次扩张 L_1 是有用的：

【16.10.6】**引理** 令 $\alpha=c_1\zeta+c_2\zeta^2+\cdots+c_{p-2}\zeta^{p-2}+c_{p-1}\zeta^{p-1}$ 是具有有理系数 c_i 的线性组合，其中 $\zeta=e^{2\pi i/p}$ 且 p 是素数. 如果 α 是有理数，则 $c_1=c_2=\cdots=c_{p-1}$，且 $\alpha=-c_1$.

证明 因为 ζ 是 f 的根(16.10.1)，故我们可解出 ζ^{p-1}，且重新把给定的线性组合写为 $\alpha=(-c_{p-1})1+(c_1-c_{p-1})\zeta+\cdots+(c_{p-2}-c_{p-1})\zeta^{p-2}$. 因为幂 1，$\zeta$，…，$\zeta^{p-2}$ 构成 K 在 F 上的一组基，故这个组合是有理数仅当除 $-c_{p-1}$ 外所有系数等于零. 如果是这样，则 $c_i=c_{p-1}$ 对每个 i 成立，且 $\alpha=-c_1$，如所断言的. ■

【16.10.7】**例** 继续 $p=17$ 的情形.

本原根 3 模 17 的幂和取自 -8 和 8 之间的同余类的代表元按序列出如下：

【16.10.8】 $1,3,-8,-7,-4,5,-2,-6,-1,-3,8,7,4,-5,2,6$

$K=F(\zeta)$ 的映 ζ 到 ζ^3 的自同构 σ 生成伽罗瓦群 G，且它在对应的顺序中遍历 ζ 的幂：

【16.10.9】
$$\zeta \rightsquigarrow \zeta^3 \rightsquigarrow \zeta^{-8} \rightsquigarrow \zeta^{-7} \rightsquigarrow \cdots$$

ζ 的 G-轨道由不同于 1 的 ζ 的 16 个幂组成.

令 H 表示 8 阶子群 $\langle\sigma^2\rangle$. ζ 的 G-轨道分裂成两个 H-轨道，这是通过在幂序列中隔一项取一项得到的(16.10.9)：

$$\{\zeta,\zeta^{-8},\zeta^{-4},\cdots\} \quad 与 \quad \{\zeta^3,\zeta^{-7},\zeta^5,\cdots\}$$

令 α_1 与 α_2 分别表示这两个轨道上的和：$\alpha_1=\zeta+\zeta^{-8}+\cdots$. 集合 $\{\alpha_1, \alpha_2\}$ 是 G-轨道. 定理 16.5.2 告诉我们元素 α_i 在 G 的固定域 F 上有次数 2，且 α_i 在 F 上的既约多项式为 $(x-\alpha_1)(x-\alpha_2)$. 要确定这个多项式，我们需要计算两个对称函数 $s_1(\alpha)=\alpha_1+\alpha_2$ 与 $s_2(\alpha)=\alpha_1\alpha_2$.

498

首先，我们注意到 $s_1(\alpha)$ 是不同于 1 的 ζ 的所有幂的和，所以，$s_1(\alpha)=-1$(16.10.6). 其次，

$$s_2(\alpha)=\alpha_1\alpha_2=(\zeta+\zeta^{-8}+\cdots)(\zeta^3+\zeta^{-7}+\cdots)$$

写 α_i 需要多次写 ζ，所以，我们用速记符号. 我们写

【16.10.10】 $\alpha_1=[1,-8,-4,-2,-1,8,4,2]$，$\alpha_2=[3,-7,5,-6,-3,7,-5,6]$

这个记号表示 α_1 是 ζ 的幂的和，而幂指数在第一个括号的数字串里. 为计算 $s_2(\alpha)$，我们必须把第一个括号里八个数的每一个加到第二个括号里的每个数字上，再模 p，得到 64 个

幂指数．这样，$s_2(\alpha)$是ζ对应幂的和．我们不具体这样做．因为$s_2(\alpha)$是有理数，故不同于$\zeta^0=1$的所有幂一定出现同样多次(16.10.6)．我们注意到当做加法时得不到任何零值，因为剩余和它的负值在同一括号的数字序列里．所以，64项一定包含16个非零项里每一项4次．所以，$s_2(\alpha)=-4$．α_i在F上的既约多项式是

【16.10.11】
$$(x-\alpha_1)(x-\alpha_2)=x^2+x-4$$

它的判别式是17，所以，$L_1=F(\sqrt{17})$． ■

对任意奇素数p以同样方法可确定F上次数为2且包含在分圆域$F(\zeta_p)$里的扩域．

【16.10.12】**定理** 令p是不同于2的素数，且设L是$\mathbf{Q}$的包含于分圆域$\mathbf{Q}(\zeta_p)$里的唯一二次扩域．如果$p\equiv1(\mathrm{mod}\ 4)$，则$L=\mathbf{Q}(\sqrt{p})$；如果$p\equiv3(\mathrm{mod}\ 4)$，则$L=\mathbf{Q}(\sqrt{-p})$．

这似乎是"用例子证明"的情形．情形$p\equiv1(\mathrm{mod}\ 4)$由素数17例证了，而计算对于任一个这样的素数都是类似的．我们通过素数11来说明情形$p\equiv3(\mathrm{mod}\ 4)$．2的剩余是模11本原根．它的幂把模11的非零剩余类以如下顺序列出：

$$1,2,4,-3,5,-1,-2,-4,3,-5$$

令$\zeta=\zeta_{11}$，且设σ是映$\zeta\rightsquigarrow\zeta^2$的自同构．用像上面那样的速记符号，$\sigma^2$的轨道和是

$$\alpha_1=[1,4,5,-2,3],\quad \alpha_2=[2,-k,-1,-4,-5]$$

这里如果k属于和α_1的幂指数列，则$-k$属于α_2幂指数列．所以，零在$\alpha_1\alpha_2$的幂指数列的25项里出现5次，这为$\alpha_1\alpha_2$的值贡献数5．因为$\alpha_1\alpha_2$属于$\mathbf{Q}$，故20个余项一定由10个模11非零同余类中每项重复两次所构成．这些项的和是-2．所以，$\alpha_1\alpha_2=3$．α_i的既约多项式是x^2+x+3．它的判别式为-11．

499

定理16.10.12是代数数论漂亮定理的一个特殊情形．

【16.10.13】**定理**(Kronecker-Weber定理) 每个有理数域$\mathbf{Q}$上伽罗瓦群是阿贝尔的伽罗瓦扩张包含于某个分圆域$\mathbf{Q}(\zeta_n)$中．

第十一节 库默尔扩张

本节讨论下面的定理．

【16.11.1】**定理** 令F是$\mathbf{C}$的含有p次单位根$\zeta=\mathrm{e}^{2\pi\mathrm{i}/p}$的子域，其中$p$为素数，且设$K/F$是$p$次伽罗瓦扩张，则$K$由添加一个$p$次根得到．换句话说，$K$是由$F$上的元素$\beta$生成的，其中$\beta^p\in F$．

这种类型的扩张常称为库默尔扩张．库默尔扩张的伽罗瓦群是素数阶循环群．

定理对$p=2$是熟悉的：每个2次扩张可由添加一个平方根得到．假设$p=3$，且设F含有3次单位根$\omega=\mathrm{e}^{2\pi\mathrm{i}/3}$．如果既约3次多项式$f$的判别式(16.2.7)是$F$里的一个平方项，则$f$的分裂域的次数为3(16.8.5)．定理断言分裂域有形式$F(\sqrt[3]{b})$，其中某个$b\in F$．这不是显然的．如果判别式不是平方项，则诸根不能由添加一个立方根得到(这是练习11.1)．

下一个命题完善了叙述．假设β是F的非零元素b在扩域K里的p次根．这样，它是

多项式 $g(x)=x^p-b$ 的根，且如果 $f\in F$，则 f 在 K 里的根是 $\zeta^v\beta$，$v=0, 1, \cdots, p-1$. 所以，β 生成 g 在 F 上的分裂域.

【16.11.2】命题 令 p 是素数，设 F 是含有 p 次单位根 $\zeta=e^{2\pi i/p}$ 的域，且设 b 是 F 的非零元素，则多项式 $g(x)=x^p-b$ 或者在 F 上是既约的，或者它完全分裂.

证明 令 K 是 g 在 F 上的分裂域，假设 g 的某个根 β 不属于 F. 则次数 $[K:F]$ 将比 1 大，于是，伽罗瓦群 $G=G(K/F)$ 将含有不同于恒等元的元素. 因为 β 在 F 上生成 K，故 $\sigma(\beta)$ 不能等于 β. 于是，$\sigma(\beta)=\zeta^v\beta$ 对某个 v，$0<v<p$ 成立. 我们还有 $\sigma(\zeta)=\zeta$. 所以，$\sigma^2(\beta)=\zeta^v(\zeta^v\beta)=\zeta^{2v}\beta$，且一般地，有 $\sigma^k(\beta)=\zeta^{kv}\beta$. 因为 $0<v<p$ 且 p 是素数，故 v 的倍数遍历所有模 p 剩余. 这表明 G 可迁地作用在 g 的 p 个根上. 所以，g 在 F 上是既约的. ■

定理 16.11.1 的证明 证明很漂亮. 将 K 视为 F 上的向量空间，我们证明伽罗瓦群 G 的元素 σ 是 K 上的线性算子. 如果 α 与 β 属于 K 且 c 属于 F，则 $\sigma(c)=c$. 因为 σ 是自同构，故

$$\sigma(\alpha+\beta)=\sigma(\alpha)+\sigma(\beta),\quad \sigma(c\alpha)=\sigma(c)\sigma(\alpha)=c\sigma(\alpha)$$

选取循环伽罗瓦群 G 的生成元 σ. 这样，$\sigma^p=1$，于是，σ 的任一特征值 λ 满足关系 $\lambda^p=1$，这意味着 λ 是 ζ 的幂. 由假设，这些特征值属于域 F. 而且，p 阶线性算子至少有一个不同于 1 的特征值. 这是因为在复数域上 σ 的矩阵是可对角化的(见定理 4.7.1 或推论 (10.3.9)). 它的特征值是对应于对角矩阵 Λ 的元素. 如果 σ 不是恒等元，则 $\Lambda\neq I$，所以，某个对角元一定不同于 1.

500

令 β 是 σ 的伴随于特征值 $\lambda\neq1$ 的特征向量，且设 $b=\beta^p$. 则 $\sigma(\beta)=\lambda\beta$. 因此，$\sigma(b)=(\lambda\beta)^p=b$. 因为 σ 生成 G，故 b 属于固定域 F，而 β 不属于 F. 因为 $[K:F]$ 是素数，故 $F(\beta)=K$. ■

利用如同定理 16.11.1 中的记号，比如说，K 是 p 次既约多项式 f 在 F 上的分裂域. f 的根有简单表示式，这个表示式常给出算子 σ 的特征向量. 由 σ 定义的 f 诸根 $\alpha_1, \cdots, \alpha_p$ 的置换是循环的，所以，如果我们适当给诸根标号，σ 将是置换 $(\mathbf{12\cdots p})$. 令 λ 是 σ 的特征值，且设

【16.11.3】
$$\beta=\alpha_1+\lambda\alpha_2+\cdots+\lambda^{p-1}\alpha_p$$

这样，$\sigma(\beta)=\alpha_2+\lambda\alpha_3\cdots+\lambda^{p-2}\alpha_{p-1}+\lambda^{p-1}\alpha_1=\lambda^{-1}\beta$. 所以，除非 β 恰好是零，否则它是伴随于特征值 λ^{-1} 的特征向量.

【16.11.4】例 库默尔定理引出三次多项式的一个求根公式，该公式于 16 世纪为卡尔达诺(Cardano)与塔尔塔利亚(Tartaglia)所发现. 我们这里给出的大概推证不像卡尔达诺给出的那样短，但容易记住，因为它是系统的. 假设三次多项式的二次项系数为零，为避免解里出现分母，将其写为

$$f(x)=x^3+3px+2q$$

这样，$s_1=0$，$s_2=3p$，$s_3=-2q$，且判别式为 $D=-2^2 3^3(q^2+p^3)$.

令诸根为 u_1，u_2，u_3，任意排序. 设 $\omega=e^{2\pi i/3}$，元素

$$z = u_1 + \omega u_2 + \omega^2 u_3 \text{ 与 } z' = u_1 + \omega^2 u_2 + \omega u_3$$

是循环置换 $\sigma = (\mathbf{1\ 2\ 3})$ 的特征向量. 因为 $1+\omega+\omega^2=0$，故

$$z + z' = s_1 + z + z' = u_1$$

立方 z^3 与 z'^3 为 σ 所固定不动，于是，根据库默尔定理与定理 16.8.5，它们可用 p，q，$\delta=\sqrt{D}$ 与 ω 写出来. 当以这种方式写出立方时，$u_1=z+z'$ 将表示为立方根的和.

做下列计算. 令

$$A = u_1^2 u_2 + u_2^2 u_3 + u_3^2 u_1$$
$$B = u_2^2 u_1 + u_3^2 u_2 + u_1^2 u_3$$

则

$$A - B = (u_1 - u_2)(u_1 - u_3)(u_2 - u_3) = \delta,$$
$$A + B = s_1 s_2 - 3s_3 = 6q$$

还有，$u_1^3+u_2^3+u_3^3=u_1^3+3s_1s_2+3s_3=-6q$.

求解 A，B，展开 z^3 与 z'^3. 这个计算的结果是卡尔达诺公式：

【16.11.5】 $$u_1 = \sqrt[3]{-q + \sqrt{q^2 + p^3}} + \sqrt[3]{-q - \sqrt{q^2 + p^3}}$$

例如，如果 $f(x)=x^3+3x+2$，则 $x=\sqrt[3]{-1+\sqrt{2}}-\sqrt[3]{-1-\sqrt{2}}$.

501

然而，公式是模棱两可的. 在项 $\sqrt[3]{-q+\sqrt{q^2+p^3}}$ 中，平方根可取两个值，且当平方根被选取时，立方根有 3 个可能的值，这样就给出 6 个值. 另一项也有 6 个值. 但 f 仅有 3 个根. ■

第十二节 五次方程

伽罗瓦工作背后的主要动机是解五次方程. 稍早些时候，阿贝尔已经证明具有变量系数 a_i 的五次方程

【16.12.1】 $$x^5 - a_1x^4 + a_2x^3 - a_3x^2 + a_4x - a_5 = 0$$

不能用根式求解，但不知道不能求解这整系数方程. 无论如何，这个问题已有 200 年的历史，它一直令人感兴趣. 同时，伽罗瓦的思想实际上比激发出这些思想的问题要重要得多. 令人惊讶的是，伽罗瓦能够在发展群理论之前做了他所做的.

【16.12.2】命题 令 F 是复数域的子域. 关于复数 α 的下列两个条件是等价的，且 α 称为在 F 上是可解的，如果它满足这两个条件之一：

(a) 存在 $\mathbf{C}$ 的子域链 $F=F_0\subset F_1\subset\cdots\subset F_r=K$ 使得 α 属于 K，且

- 对于 $j=1$，…，r，$F_j=F_{j-1}(\beta_j)$，其中 β_j 的幂属于 F_{j-1}.

(b) 存在 $\mathbf{C}$ 的子域链 $F=F_0\subset F_1\subset\cdots\subset F_s=K$ 使得 α 属于 K，且

- 对于 $j=1$，…，r，F_{j+1} 是 F_j 的素数次的伽罗瓦扩张.

命题的证明是不困难的，但它没有多少内在的意思，所以，我们把它推迟到了本节末. 为能够使用伽罗瓦理论，我们需要条件(b). 它是非常重要的可解性刻画，且通过接

受它作为定义可避免命题的技巧性.

条件(a)意味着 F_j 是由对某个整数 n(依赖于 j)的 n 次根在 F_{j-1} 上生成的. 这类似于由尺规作出的实数的描述. 在那个描述里，仅允许正实数的平方根. 理论上，用一系列嵌套根拆解扩张可以写出可解元素 α. 但就像三次方程的卡尔达诺公式一样，在涉及根式的公式里有大量模棱两可的情形，因为 n 次根有 n 个选择. 在复杂的根式表示式里具体写出一个根是没有用的. 的确，卡尔达诺公式是无用的.

【16.12.3】命题 如果 α 是系数在域 F 里次数至多为 4 的多项式的根，则 α 在 F 上是可解的.

证明 对于二次多项式，二次公式证明了这个结论. 对于三次多项式，卡尔达诺公式 16.11.7 给出了解答. 如果 $f(x)$ 是四次的，我们从添加 D 的平方根 δ 开始. 这样，我们用卡尔达诺公式求解三次预解式 $g(x)$ 的根，并且添加它. 在这一点上，表 16.9.9 表明 f 在我们所得的域上的伽罗瓦群是克莱因四元群的子群. 所以，f 可由至多两个平方根扩张解出. ■

502

【16.12.4】定理 令 f 是复数域的子域 F 上的 5 次既约多项式，其伽罗瓦群 G 或是交错群 A_5，或是对称群 S_5，则 f 的根在 F 上是不可解的.

证明 如果 $G=S_5$，我们用二次扩域 $F(\delta)$ 替换 F，其中 δ 是判别式的平方根. 如果在 F 上能够求解，则在较大域 $F(\delta)$ 上也能求解. 所以，可假设 G 是交错群 A_5，它是一个单群(7.5.4).

策略如下：考虑素数次数 p 的伽罗瓦扩张 F'/F，带有伽罗瓦群，该群是 p 阶循环群，我们证明当用 F' 替换 F 时，对于求解方程 $f=0$ 没有进展. 我们通过证明 f 在 F' 上的伽罗瓦群仍是交错群 A_5 来求解. 因为 A_5 含有 5 阶元素，故它不可能是 5 次可约多项式的伽罗瓦群. 所以，f 在 F' 上仍是既约的. 因此，没有(16.12.2)(b)类型的链，且 f 的根是不可解的.

我们选取这样的扩域 F'，于是，我们有两个伽罗瓦扩张. 首先，K/F 是 5 次多项式 f 在 F 上的分裂域. 它的伽罗瓦群是 $G=A_5$. 其次，F'/F 有 p 阶循环伽罗瓦群 G'. 因为它是伽罗瓦扩张，故它是某个既约多项式 g 在 F 上的分裂域.

令 K' 是多项式积 fg 在 F 上的分裂域. 它分别由 f 与 g 的复根 $\alpha_1,\cdots,\alpha_5$ 与 $\beta_1,\cdots,\beta_p$ 所生成. 诸根 α_i 生成 f 的分裂域 K，而诸根 β_j 生成 g 的分裂域 F'. 四个域间的包含关系在下面的图里显示出来. 每个扩域都是伽罗瓦扩张，且伽罗瓦群在图里也标了出来.

K'
H' H
K $\mathcal{G}$ F'
G G'
F

因为 K 是 F 的伽罗瓦扩张，故 G 同构于商群 $\mathcal{G}/H'$. 因为 F' 是 F 的伽罗瓦扩张，故 G' 同构于商群 $\mathcal{G}/H$(16.7.5). 我们要证明 H 同构于 G，亦即 H 是交错群 A_5.

群 H' 由 K' 的固定诸根 α_i 不动的 F-自同构组成，且 H 由固定诸根 β_j 不动的 F-自同构组成. 如果 K' 的 F-自同构固定诸根 α_i 与 β_j 不动，则因为这些根生成 K'，故它是恒等的.

所以，$H\cap H'$是平凡群.

我们限制典型映射$\mathcal{G}\to\mathcal{G}/H\approx G'$到子群 H'. 这个限制的核是平凡群 $H\cap H'$，所以，限制是单射. 它同构地映射 H'到 G'的子群. 由假设，G'是阶为素数 p 的循环群. 所以，仅存在两种可能性：或者 H'是平凡群，或者 H'是 p 阶循环群.

503

情形 1：H'是平凡群. 则从$\mathcal{G}$到商群$\mathcal{G}/H'\approx G$ 的满射是同构，且$\mathcal{G}$同构于单群 $G=A_5$. 这使得从$\mathcal{G}$到循环商群$\mathcal{G}/H'\approx G$ 的满射的存在成为可能. 所以，将这个情形排除掉.

情形 2：H'是 p 阶循环群. 则$|\mathcal{G}|=|G|\,|H'|=p|G|$，且还有$|\mathcal{G}|=|G'|\,|H|=p|H|$. 所以，$G$ 与 H 有相同的阶 60. 我们限制典范映射$\mathcal{G}\to\mathcal{G}/H'\approx G$ 到子群 H. 这个限制的核是平凡群 $H\cap H'$，所以，限制是单射. 它同构地映射 H 到 G 的子群. 因为两个群的阶均为 60，故限制是同构，且 $H\approx G=A_5$. ■

我们现在展示 $\mathbf{Q}$ 上 5 次既约多项式，其伽罗瓦群是 S_5. 5 为素整数和伽罗瓦群 G 可迁地作用在诸根 α_1，…，α_5 上的事实限制了可能的伽罗瓦群. 因为作用是可迁的，故$|G|$为 5 所整除. 因此，G 含有 5 阶元素. S_5 中唯一的 5 阶元素是 5-循环. 我们把下一个引理留作练习.

【16.12.5】引理 *如果 S_5 的子群 G 含有 5-循环与对换，则 $G=S_5$.*

【16.12.6】推论 *令 $f(x)$是 $\mathbf{Q}$ 上 5 次既约多项式. 如果 f 恰有 3 个实根，则它的伽罗瓦群 G 是对称群，从而它的根是不可解的.*

证明 令诸根为 α_1，…，α_5，其中 α_1，α_2，α_3 是实根，α_4，α_5 是虚根，且设 K 是 f 的分裂域. 固定前 3 个根不动的根的唯一置换是恒等与对换$(\mathbf{4\ 5})$. 因为 $F(\alpha_1, \alpha_2, \alpha_3)\neq K$，故对换一定属于 G. 因为 G 可迁地作用在诸根上，故它含有一个 5 阶元素，即 5-循环. 所以，$G=S_5$. ■

【16.12.7】例 多项式 $x^5-16x=x(x^2-4)(x^2+4)$有 3 个实根. 当然，它是既约的，但我们可添加一个小的常数而不改变实根的个数. 这可通过观察多项式的图形看到. 例如，$x^5-16x+2$也有 3 个实根，且它在 $\mathbf{Q}$ 上是既约的. 它的根在 $\mathbf{Q}$ 上是不可解的. ■

我们现在证明命题 16.12.2.

【16.12.8】引理 *令 K/F 是伽罗瓦扩张，其伽罗瓦群 G 是阿贝尔的，则存在中间域链 $F=F_0\subset F_1\subset\cdots F_m=K$ 使得 F_i/F_{i-1} 对每个 i 是素数次的伽罗瓦扩张.*

证明 阿贝尔群 G 含有素数阶子群 H. 这个子群对应于一个中间域 L，且 K 是 L 的带有群 H 的伽罗瓦扩张. 因为 G 是阿贝尔的，故 H 是正规子群，所以，L 是 F 的带有阿贝尔伽罗瓦群$\widetilde{G}=G/H$ 的伽罗瓦扩张. 因为$\widetilde{G}$的阶比 G 的小，故归纳法完成证明. ■

命题 16.12.2 的证明 (a)⇒(b) 从域链(a)开始，我们添加更多的扩张和域到这个链以得到具有性质(b)的链. 首先，因为$\sqrt[rs]{a}=\sqrt[r]{\sqrt[s]{a}}$，故我们以添加中间域的代价假设出现在链里的根是 p 次根，其中 p 为不同素数. 注意出现的素数 p_1，…，p_k，我们把这个链先暂时放在一旁.

504

回到域 F，首先，一个接着一个地添加 p_v 次单位根，$v=1$，…，k. 每个这样的扩张是伽罗瓦扩张，带有循环伽罗瓦群(命题 16.10.2(b)). 引理 16.12.8 表明它们均含有链，其层是素数次的伽罗瓦扩张.

令 F' 是我们得到的域. 继续添加根到 F'. 由库默尔理论，每添加一个这样的根将得到一个带有素数阶循环伽罗瓦群的伽罗瓦扩张，除非它是平凡扩张. 我们得到的在新链末端的域 K' 包含有开始时所给的链中最后一个域 K，所以，α 将是 K' 的元素. 因此，这个新链是形如(b)的链.

(b)⇒(a) 假设给定(b)链，考虑这个链里的一个扩张，比如说，$F_{i-1} \subset F_i$. 它是素数次 p 的伽罗瓦扩张. 定理 16.11.1 表明倘若 p 次单位根属于 F_{i-1}，那么这个扩张由添加一个 p 次根得到. 所以，从添加所需要的 p 次单位根到 F 开始，我们扩大链. 扩大的链满足条件(a). ■

我们提出的解后来没有推出任何结果.

——*Evariste Galois*

练　　习

第一节　对称函数

1.1　确定下列多项式的轨道. 如果多项式是对称的，则用初等对称函数把它写出来.

(a) $u_1^2u_2+u_2^2u_3+u_3^2u_1$　$(n=3)$

(b) $(u_1+u_2)(u_2+u_3)(u_1+u_3)$　$(n=3)$

(c) $(u_1-u_2)(u_2-u_3)(u_1-u_3)$　$(n=3)$

(d) $u_1^3u_2+u_2^3u_3+u_3^3u_1-u_1u_2^3-u_2u_3^3-u_3u_1^3$　$(n=3)$

(e) $u_1^3+u_2^3+\cdots+u_n^3$

1.2　求对称多项式环作为环 R 上模的两个基.

*1.3　令 $w_k=u_1^k+\cdots+u_n^k$.

(a) 证明牛顿恒等式：$w_k-s_1w_{k-1}+\cdots\pm s_{k-1}w_1\mp ks_k=0$.

505　(b) w_1，…，w_n 生成对称函数环吗？

第二节　判别式

2.1　证明判别式是对称函数.

2.2　(a) 证明实三次多项式的判别式是非负的当且仅当三次多项式有三个实根.

(b) 假设实四次多项式有正判别式. 关于实根个数有什么结论？

2.3　(a) 证明 Tschirnhausen 替换(16.2.6)不改变三次多项式的判别式.

(b) 确定(16.2.7)中从一般三次多项式(16.2.4)通过 Tschirnhausen 替换得到的系数 p 与 q.

2.4　用待定系数确定多项式的判别式.

(a) x^3+px+q　(b) x^4+px+q　(c) x^5+px+q

2.5　在四个变量的判别式上用系统方法确定 $\Delta(s_1, \cdots, s_4)$ 里所有不能为 s_4 所整除的单项式的系数.

2.6　令 $u_i'=u_i+t$，$i=1, 2, 3$. 计算导数 $\frac{\mathrm{d}}{\mathrm{d}t}s_i(u')$ 与 $\frac{\mathrm{d}}{\mathrm{d}t}\Delta(u')$，并用你的结果对三次多项式的判别式证明公式(16.2.5).

2.7　有 n 个变量. 令 $m=u_1u_2^2u_3^3\cdots u_{n-1}^{n-1}$，且设 $p(u)=\sum_{\sigma\in A_n}\sigma(m)$. $p(u)$ 的 s_n-轨道含有两个元素 p 与另一

个多项式q．证明$(p-q)^2=D(u)$．

第三节　分裂域

3.1　令f是系数属于F的n次多项式，且设K是f在F上的分裂域．证明$[K:F]$整除$n!$．

3.2　确定下列多项式在$\mathbf{Q}$上分裂域的次数：

(a) x^3-2　(b) x^4-1　(c) x^4+1

3.3　令$F=\mathbf{F}_2(u)$是素域$\mathbf{F}_2$上的有理函数域．证明多项式x^2-u在F上是既约的，且它在分裂域里有二重根．

第四节　域扩张的同构

4.1　(a) 确定域$\mathbf{Q}(\sqrt[3]{2})$与域$\mathbf{Q}(\sqrt[3]{2}, \omega)$的所有自同构，其中$\omega=e^{2\pi i/3}$．

(b) 令K是$f(x)=(x^2-2x-1)(x^2-2x-7)$在$\mathbf{Q}$上的分裂域．确定$K$的所有自同构．

第五节　固定域

5.1　对下列有理函数域$\mathbf{C}(t)$的自同构集，确定它们生成的自同构群，并具体确定固定域：

(a) $\sigma(t)=t^{-1}$　(b) $\sigma(t)=it$　(c)$\sigma(t)=-t$，$\tau(t)=t^{-1}$

(d) $\sigma(t)=\omega t$，$\tau(t)=t^{-1}$，其中$\omega=e^{2\pi i/3}$

506

5.2　证明$\mathbf{C}(t)$的自同构$\sigma(t)=\dfrac{t+i}{t-i}$与$\tau(t)=\dfrac{it-i}{t+1}$生成同构于交错群$A_4$的群，并确定这个群的固定域．

5.3　令$F=\mathbf{C}(t)$是t的有理函数域．证明F的每个不属于$\mathbf{C}$的元素在$\mathbf{C}$上是超越的．

第六节　伽罗瓦扩张

6.1　令α是多项式x^3+x+1在$\mathbf{Q}$上的复根，且设K是这个多项式在$\mathbf{Q}$上的分裂域．$\sqrt{-31}$属于域$\mathbf{Q}(\alpha)$吗？它属于K吗？

6.2　令$K=\mathbf{Q}(\sqrt{2}, \sqrt{3}, \sqrt{5})$．确定$[K:\mathbf{Q}]$，证明$K$是$\mathbf{Q}$的伽罗瓦扩张，并确定它的伽罗瓦群．

6.3　令$K\supset L\supset F$是2次扩域链．证明K可由形如x^4+bx^2+c的4次既约多项式的根在F上生成．

第七节　主要定理

7.1　不使用主要定理确定形如$F(\sqrt{a}, \sqrt{b})$的扩域的中间域．

7.2　令K/F是伽罗瓦扩张使得$G(K/F)\approx C_2\times C_{12}$．有多少个中间域$L$使得下列各式成立？

(a) $[L:F]=4$　(b) $[L:F]=9$　(c) $G(K/L)\approx C_4$

7.3　当K/F是伽罗瓦扩张使得其伽罗瓦群为(a)交错群A_4，(b)二面体群D_4时有多少个中间域L使得$[L:F]=2$？

7.4　令$F=\mathbf{Q}$与$K=\mathbf{Q}(\sqrt{2}, \sqrt{3}, \sqrt{5})$．确定所有中间域．

7.5　令$f(x)$是$\mathbf{Q}$上既约三次多项式，其伽罗瓦群为S_3．确定多项式$(x^3-1)f(x)$的可能的伽罗瓦群．

7.6　令K/F是伽罗瓦扩张，其伽罗瓦群为对称群S_3．K是三次既约多项式在F上的分裂域吗？

7.7　(a)确定$i+\sqrt{2}$在$\mathbf{Q}$上的既约多项式．

(b)证明集合$(1, i, \sqrt{2}, i\sqrt{2})$是$\mathbf{Q}(i, \sqrt{2})$在$\mathbf{Q}$上的基．

7.8　令α表示2的4次正实根．在每个域$\mathbf{Q}$，$\mathbf{Q}(\sqrt{2})$，$\mathbf{Q}(\sqrt{2}, i)$，$\mathbf{Q}(\alpha)$，$\mathbf{Q}(\alpha, i)$上分解多项式x^4-2为既约因子．

7.9　令$\zeta=e^{2\pi i/5}$．证明$K=\mathbf{Q}(\zeta)$是多项式x^5-1在$\mathbf{Q}$上的分裂域，并确定次数$[K:\mathbf{Q}]$．不用定理16.7.1证明K是$\mathbf{Q}$的伽罗瓦扩张，并确定它的伽罗瓦群．

7.10 令 K/F 是带有伽罗瓦群 G 的伽罗瓦扩张，且设 H 是 G 的子群. 证明存在元素 $\beta\in K$，其稳定子等于 H.

7.11 令 $\alpha=\sqrt[3]{2}$，$\beta=\sqrt{3}$ 和 $\gamma=\alpha+\beta$. 令 L 是域 $\mathbf{Q}(\alpha, \beta)$，且设 K 是多项式 $(x^3-2)(x^2-3)$ 在 $\mathbf{Q}$ 上的分裂域.

(a) 确定 γ 在 $\mathbf{Q}$ 上的既约多项式 f 和它在 $\mathbf{C}$ 中的根.

(b) 确定 $K/\mathbf{Q}$ 的伽罗瓦群.

第八节 三次方程

8.1 令 K/F 是伽罗瓦扩张，其伽罗瓦群 G 为克莱因四元群 D_2. 证明 K 可由添加两个平方根到 F 得到，并解释 G 如何作用在 K 上.

507

8.2 在 $\mathbf{Q}$ 上确定下列多项式的伽罗瓦群：

(a) x^3-2 (b) $x^3+3x+14$ (c) x^3-3x^2+1 (d) $x^3-21x+7$

(e) x^3+x^2-2x-1 (f) x^3+x^2-2x+1

8.3 利用 α_1 和 f 的系数具体确定在(16.8.2)中出现的二次多项式 $q(x)$.

8.4 令 $K=\mathbf{Q}(\alpha)$，其中 α 是多项式 x^3+2x+1 的根，且设 $g(x)=x^3+x+1$. $g(x)$ 在 K 中有根吗？

8.5 令 α_i 是三次多项式 $f(x)=x^3+px+q$ 的根，用元素 α_1，δ 与 f 的系数求第二个根 α_2 的公式.

第九节 四次方程

9.1 令 K 是 F 的伽罗瓦扩张，其伽罗瓦群是对称群 S_4. 哪个整数作为 K 的元素在 F 上的次数出现？

9.2 借助例 16.9.2(a)，把元素 $\alpha+\alpha'$ 写为嵌套平方根. K 含有的其他嵌套平方根是什么？

9.3 $\sqrt{4+\sqrt{7}}$ 可以用有理数 a 与 b 写成形式 $\sqrt{a}+\sqrt{b}$ 吗？

9.4 (a) 用两种方法证明多项式 x^4-8x^2+11 在 $\mathbf{Q}$ 上是既约的：用第十二章的方法与用它的根计算的方法.

(b) 对多项式 x^4-8x^2+9 做相同的证明.

(c) 当 K 是 x^4-8x^2+11 在 $\mathbf{Q}$ 上的分裂域时确定所有中间域.

9.5 考虑嵌套平方根 $\alpha=\sqrt{r+\sqrt{t}}$，其中 r 与 t 属于域 F. 假设 α 在 F 上次数为 4，设 f 是 α 在 F 上的既约多项式，并设 K 是 f 在 F 上的分裂域.

(a) 计算 α 在 F 上的既约多项式 $f(x)$. 证明 $G(K/F)$ 是群 D_4，C_4 或 D_2 之一.

(b) 解释如何用元素 r^2-t 确定伽罗瓦群.

(c) 假设 K/F 的伽罗瓦群是二面体群 D_4. 确定所有中间域 $F\subset L\subset K$ 的生成元.

9.6 计算四次多项式 x^4+1 的判别式，并确定它在 $\mathbf{Q}$ 上的伽罗瓦群.

9.7 假设扩域 K/F 有形式 $K=F(\sqrt{a}, \sqrt{b})$. 确定属于 K 的所有嵌套平方根，其中 r 与 t 属于域 F.

9.8 确定下列嵌套根式是否能用非嵌套平方根写出来，如果能，求出表示式.

(a) $\sqrt{2+\sqrt{11}}$ (b) $\sqrt{10+5\sqrt{2}}$ (c) $\sqrt{11+6\sqrt{2}}$ (d) $\sqrt{6+\sqrt{11}}$ (e) $\sqrt{11+\sqrt{6}}$

9.9 (a) 确定形如 $f(x)=x^4+rx+s$ 的多项式的判别式与三次预解式.

(b) 确定 $x^4+8x+12$ 与 $x^4+8x-12$ 在 $\mathbf{Q}$ 上的伽罗瓦群.

508

(c) 多项式 x^4+x-5 的根能够用直尺和圆规作出来吗？

9.10 (a) 恰有两个实根的四次既约多项式在 $\mathbf{Q}$ 上的可能伽罗瓦群是什么？

(b) 判别式为负的四次既约多项式在 $\mathbf{Q}$ 上的可能伽罗瓦群是什么？

9.11 令 $F=\mathbf{Q}$，且设 K 是多项式 $f(x)=x^4-2$ 在 F 上的分裂域. 根是 α，$-\alpha$，$\mathrm{i}\alpha$，$-\mathrm{i}\alpha$，其中 $\alpha=\sqrt[4]{2}$.

(a) 确定伽罗瓦群 $G=G(K/F)$ 与子群 $H=G(K/F(\mathrm{i}))$.

(b) 说明 H 的每个元素如何置换 f 的诸根.

(c) 求所有中间域.

9.12 确定下列多项式在 $\mathbf{Q}$ 上的伽罗瓦群.

(a) x^4+4x^2+2 (b) x^4+2x^2+4 (c) x^4+1

(d) x^4+x+1 (e) $x^4+x^3+x^2+x+1$ (f) x^4+x^2+1

9.13 令 K 是多项式 x^4-2x^2-1 在 $\mathbf{Q}$ 上的分裂域. 确定 $K/\mathbf{Q}$ 的伽罗瓦群 G，求所有中间域，并将它们与 G 的子群匹配起来.

*9.14 令 $F=\mathbf{Q}(\omega)$，其中 $\omega=e^{2\pi i/3}$. 确定(a) $\sqrt[3]{2+\sqrt{2}}$，(b) $\sqrt{2+\sqrt[3]{2}}$的分裂域在 F 上的伽罗瓦群.

*9.15 令 K 是既约四次多项式 $f(x)$在 F 上的分裂域，且设 $f(x)$在 K 中的根是 α_1，α_2，α_3，α_4. 假设三次预解式 $g(x)$在 F 里有根 $\beta_1=\alpha_1\alpha_2+\alpha_3\alpha_4$. 用嵌套平方根把根 α_1 具体表示出来.

9.16 确定一般的四次多项式(16.9.4)的三次预解式.

9.17 利用 $\mathbf{Q}$ 上的 4 次实数 α 的既约多项式的伽罗瓦群确定可用直尺和圆规作出的 $\mathbf{Q}$ 上的 4 次实数 α.

9.18 证明其伽罗瓦群是二面体群 D_4 的任意伽罗瓦扩张是形如 x^4+bx^2+c 的多项式的分裂域.

第十节 单位根

10.1 确定 ζ_7 在域 $\mathbf{Q}(\zeta_3)$上的次数.

10.2 令 $\zeta=\zeta_{17}$. 求在例 16.10.3 中描述的中间域 L_2 的生成元.

10.3 令 $\zeta=\zeta_7$. 确定下列元素在 $\mathbf{Q}$ 上的次数：

(a) $\zeta+\zeta^5$ (b) $\zeta^3+\zeta^4$ (c) $\zeta^3+\zeta^5+\zeta^6$

10.4 令 $\zeta=\zeta_{13}$. 确定下列元素在 $\mathbf{Q}$ 上的次数：

(a) $\zeta+\zeta^{12}$ (b) $\zeta+\zeta^2$ (c) $\zeta+\zeta^5+\zeta^8$ (d) $\zeta^2+\zeta^5+\zeta^6$ (e) $\zeta+\zeta^5+\zeta^8+\zeta^{12}$

(f) $\zeta+\zeta^2+\zeta^5+\zeta^{12}$ (g) $\zeta+\zeta^3+\zeta^4+\zeta^9+\zeta^{10}+\zeta^{12}$

10.5 令 $K=\mathbf{Q}(\zeta_p)$. 当 p 为下列各值时具体确定所有中间域.

(a) $p=5$ (b) $p=7$ (c) $p=11$ (d) $p=13$

10.6 (a) 给出定理 16.10.12 的证明.

(b) 对二次扩张证明 Kronecker-Weber 定理.

509

10.7 令 $\zeta_n=e^{2\pi i/n}$，且设 $K=\mathbf{Q}(\zeta_n)$.

(a) 证明 K 是 $\mathbf{Q}$ 的伽罗瓦扩张.

(b) 在环 $\mathbf{Z}/(n)$中定义单同态 $G(K/\mathbf{Q})\to U$ 到单位群 U.

(c) 当 $n=6$，8，12，证明这个同态是双射的. (事实上，这个映射永远是双射.)

10.8 确定诸多项式 x^8-1，$x^{12}-1$，x^9-1 的伽罗瓦群.

10.9 令 $f(x)=(x-\alpha_1)\cdots(x-\alpha_n)$.

(a) 证明 f 的判别式是$\pm f'(\alpha_1)\cdots f'(\alpha_n)$，其中 f'是 f 的导数，并确定符号.

(b) 用公式计算多项式 x^p-1 的判别式，并用它给出定理 16.10.12 的另一个证明.

10.10 关于在第十六章第十一节末描述的特征向量 γ，证明诸元素 $\gamma_i=\alpha_1+\zeta^i\alpha_2+\cdots+\zeta^{(p-)i}\alpha_p$ 至少有一个不是零.

第十一节 库默尔扩张

11.1 证明如果 $F[x]$中三次既约多项式的判别式不是 F 里的平方项，则诸根不能通过添加立方根到 F 得到.

11.2 (a) 不用伽罗瓦理论证明命题 16.11.2.

(b) F 是任意的，证明如果 x^p-a 是 $F[x]$里的既约多项式，则它在 F 里有根.

*11.3 令 F 是 $\mathbf{C}$ 的含有 i 的子域，且设 K 是 F 的伽罗瓦扩张，其伽罗瓦群为 C_4. K 是否有形式 $F(\alpha)$？其中 α^4 在 F 里.

11.4 进行计算得出卡尔达诺公式(16.13.3).

11.5 (a) 如何用卡尔达诺公式(16.13.3)表示多项式 x^3+3x，x^3+2，x^3-3x+2 与 x^3+3x+2 的根？

(b) 什么是卡尔达诺公式里根的正确选择？

第十二节 五次方程

12.1 每个 10 次伽罗瓦扩张都是可解的吗？

12.2 确定 S_5 的可迁子群.

12.3 令 G 是五次既约多项式的伽罗瓦群. 证明如果 G 含有 3 阶元素，则 G 是 S_5 或 A_5.

12.4 令 s_1，…，s_n 是变量 u_1，…，u_n 的初等对称函数，且设 F 是域.

(a) 证明 u_1，…，u_n 的有理函数域 $F(u)$是域 $F(s_1$，…，$s_n)$的伽罗瓦扩张，且它的伽罗瓦群是对称群 S_n.

(b) 假设 $n=5$，且设 $w=u_1u_2+u_2u_3+u_3u_4+u_4u_5+u_5u_1$. 确定 $F(u)$在域 $F(s, w)$上的伽罗瓦群.

510 (c) 令 G 是有限群. 证明存在其伽罗瓦群是 G 的域 F 和 F 的伽罗瓦扩张 K.

12.5 令 K 是 $\mathbf{Q}$ 的伽罗瓦扩张，其次数为 2 的幂，使得 $K\subset\mathbf{R}$. 证明 K 的元素可用直尺和圆规作出.

12.6 证明：如果多项式 f 的伽罗瓦群是非阿贝尔单群，则根是不可解的.

12.7 求 $\mathbf{Q}$ 上其伽罗瓦群是 S_7 的 7 次多项式.

12.8 令 p 是素数. 证明对称群 S_p 是由 p-循环与任一个对换生成的.

杂题

M.1 令 $F_1\subset F_2$ 是域扩张，且设 f 是系数属于 F_1 的多项式. f 在 F_2 上的分裂域 K_2 将含有 f 在 F_1 上的分裂域 K_1. 伽罗瓦群 $G(K_1/F_1)$与 $G(K_2/F_2)$之间的关系是什么？

M.2 令 L/F 与 K/L 是伽罗瓦扩张. K/F 一定是伽罗瓦扩张吗？

M.3 (范德蒙德行列式)

(a) 证明矩阵的行列式

$$\begin{bmatrix} 1 & u_1 & u_1^2 & \cdots & u_1^{n-1} \\ 1 & u_2 & & & u_2^{n-1} \\ \vdots & \vdots & & & \vdots \\ 1 & u_n & \cdots & \cdots & u_n^{n-1} \end{bmatrix}$$

是判别式 $\delta(u)=\prod_{i<j}(u_i-u_j)$ 的平方根的常数倍.

(b) 确定这个常数.

M.4 (a) 非负实数是有实平方根的那些数. 用这个事实证明域 $\mathbf{R}$ 除恒等同构外没有别的自同构.

*(b) 证明 $\mathbf{C}$ 除了复共轭与恒等同构外没有连续自同构.

M.5 令 $K=\mathbf{F}_q$，其中 $q=p^r$.

(a) 证明由 $\varphi(x)=x^p$ 定义的弗洛贝尼乌斯映射 φ 是 $F=\mathbf{F}_p$ 的自同构.

(b) 证明伽罗瓦群 $G(K/F)$是由弗洛贝尼乌斯映射 φ 生成的 r 阶循环群.

(c) 证明伽罗瓦理论的主要定理对扩张 K/F 也是成立的.

㊀M.6 令 K 是 $\mathbf{C}$ 的子域，且设 G 是自同构群. 可将 G 视为作用在复平面的点集 K 上. 这个作用也许是不

㊀ 为纪念 Bruce Renshaw.

连续的，但无论如何，我们通过定义 $g[\alpha, \beta]=[g\alpha, g\beta]$ 定义了线段 $[\alpha, \beta]$ 上其端点属于 K 的作用. 这样，G 也作用于其顶点属于 K 的多边形上.

(a) 令 $K=\mathbf{Q}(\zeta)$，其中 ζ 是 1 的五次本原根. 求其顶点为 $1, \zeta, \zeta^2, \zeta^3, \zeta^4$ 的正五边形的 G-轨道.

(b) 令 α 是(a)的五边形的边长. 证明 α^2 属于 K，并求 α 在 $\mathbf{Q}$ 上的既约多项式.

511

*M.7 $F(u_1, \cdots, u_n)$ 中的多项式 f 是 $\frac{1}{2}$ 对称的，如果 $f(u_{\sigma 1}, \cdots, u_{\sigma n})=f(u_1, \cdots, u_n)$ 对每个偶置换 σ 成立；是斜对称的，如果 $f(u_{\sigma 1}, \cdots, u_{\sigma n})=(\text{sign}\sigma)f(u_1, \cdots, u_n)$ 对每个置换 σ 成立.

(a) 证明判别式 $\delta=\prod_{i<j}(u_i-u_j)$ 的平方根是斜对称的.

(b) 证明每个 $\frac{1}{2}$ 对称多项式有形式 $f+g\delta$，其中 f, g 是对称多项式.

㊀*M.8 设有变量 u_0, u_1, u_2, u_3，令 $p_i=(u_i-u_{i+1})(u_i-u_{i+2})(u_{i+1}-u_{i+2})$，指标模 4. 确定

(a) $\sum_{i=0}^{3}\frac{u_i}{p_{i+1}}$ (b) $\sum_{i=0}^{3}\frac{u_i^3}{p_{i+1}}$

*M.9 令 $f(t, x)$ 是 $\mathbf{C}[t, x]$ 中的既约多项式，当视为 x 的多项式时为首项系数是 1 的三次多项式. 假设对某个 t_0，多项式 $f(t_0, x)$ 有一单根和一个二重根. 证明 $f(x)$ 在 $\mathbf{C}[t]$ 上的分裂域 K 的次数为 6.

*M.10 令 K 是域 F 的有限扩张，且设 $f(x)$ 属于 $K[x]$. 证明在 $K[x]$ 中存在非零多项式 $g(x)$ 使得积 $f(x)g(x)$ 属于 $F[x]$.

*M.11 令 $f(x)$ 是 $F[x]$ 里的既约四次多项式，且设 $\alpha_1, \alpha_2, \alpha_3, \alpha_4$ 是它在分裂域 K 中的根. 假设三次预解式在 F 里有根 $\beta=\alpha_1\alpha_2+\alpha_3\alpha_4$，但判别式 D 不是 F 里的平方项. 根据(16.9.9)，K/F 的伽罗瓦群是 C_4 或 D_4.

(a) 具体确定稳定 β 的诸根 α_i 的置换群 S_4 的子群 H. 不要忘记证明除了你所列出的置换外，其他置换都不能使 β 固定不动.

(b) 令 $\gamma=\alpha_1\alpha_2-\alpha_3\alpha_4$ 与 $\varepsilon=\alpha_1+\alpha_2-\alpha_3-\alpha_4$. 证明 γ^2 与 ε^2 属于 F.

(c) 令 δ 是判别式的平方根. 证明如果 $\gamma\neq 0$，则 $\delta\gamma$ 是 F 里的平方项当且仅当 $G=C_4$. 类似地，证明如果 $\varepsilon\neq 0$，则 $\delta\varepsilon$ 是 F 里的平方项当且仅当 $G=C_4$.

(d) 证明 γ 与 ε 不可能都为零.

*M.12 有限群 G 是可解的，如果它含有子群链 $G=H_0\supset H_1\supset\cdots\supset H_k=\{1\}$ 使得对每个 $i=1, \cdots, k$，H_i 是 H_{i-1} 的正规子群，且商群 H_i/H_{i+1} 是循环群. 令 f 是域 F 上的既约多项式，且设 G 是它的伽罗瓦群. 证明 f 的根在 F 上是可解的当且仅当 G 是可解群.

㊁*M.13 令 K/F 是带有伽罗瓦群 G 的伽罗瓦扩张. 如果我们把 K 看成 F-向量空间，则得到 G 在 K 上的一个表示. 设 x 表示这个表示的特征标. 证明如果 F 包含有足够多的单位根，则 χ 是正则表示的特征标.

这种方法能做些什么，

只有将来才知道.

——Emmy Noether

512

㊀ 由 Harold Stark 建议.

㊁ 由 Galyna Dobrovolska 建议.

附录 背景材料

当然从历史上讲，没有矛盾的数学是相当不真实的；

没有矛盾是一个想要达到的目标，

而不是上帝赋予我们的一劳永逸的质量.

——*Nicolas Bourbaki*

第一节 关于证明

数学家所认为的给出证明的适当方法是没有明确定义的. 通常并不是给出一个每一步都由对上一步应用逻辑法则而得到在这样的意义下的完整的证明. 写出这样一个证明会太长而且要点不够突出. 另一方面，证明中所有困难的步骤都认为应该包含在其中. 阅读证明的人应该能够补充理解它所需的细节. 如何写出证明是一种只有通过实践才能学会的技能.

用于构造证明的三个一般方法是*二分法*、*归纳法*和*反证法*.

二分一词是指分成两部分，它用于把一个问题分解为更小、更易于处理的部分. 这个过程的其他名称有*案例分析*和*分而治之*.

这里是一个二分法的例子：*二项式系数* $\binom{n}{k}$(读作 n 选 k)是在下标集合$\{\mathbf{1}, \mathbf{2}, \cdots, \boldsymbol{n}\}$中 k 阶子集的个数. 例如，$\binom{4}{2}=6$. 集合$\{\mathbf{1}, \mathbf{2}, \mathbf{3}, \mathbf{4}\}$有六个 2 阶子集，它们是$\{1, 2\}$，$\{1, 3\}$，$\{1, 4\}$，$\{2, 3\}$，$\{2, 4\}$，$\{3, 4\}$.

【A.1.1】命题 *对每个整数 r 及每个 $k \leqslant r$，有* $\binom{r}{k}=\binom{r-1}{k}+\binom{r-1}{k-1}$.

证明 设 S 是$\{\mathbf{1}, \mathbf{2}, \cdots, \boldsymbol{n}\}$的一个 k 阶子集. 则或者 $\boldsymbol{n} \in S$，或者 $\boldsymbol{n} \notin S$. 这是我们的二分法.

情形 1：$\boldsymbol{n} \notin S$. 在这一情形中，S 实际上是$\{\mathbf{1}, \mathbf{2}, \cdots, \boldsymbol{n-1}\}$的一个子集. 由定义，有 $\binom{n-1}{k}$ 个这样的子集.

情形 2：$\boldsymbol{n} \in S$. 设 $S'=S-\{\boldsymbol{n}\}$是由从集合 S 删去指标 $\boldsymbol{n}$ 得到的子集. 于是，S' 是$\{\mathbf{1}, \mathbf{2}, \cdots, \boldsymbol{n-1}\}$的一个 $k-1$ 阶子集. 有 $\binom{n-1}{k-1}$ 个这样的子集. 因此有 $\binom{n-1}{k-1}$ 个 k 阶子集包含 n. 这总共给出 $\binom{n-1}{k}+\binom{n-1}{k-1}$ 个 k 阶子集. ■

这里显示了二分法的巨大威力：这两种情形的每一种，即 $n\in S$ 和 $n\notin S$，我们都有一个关于集合 S 的另外的事实．这一另外的事实可以在证明中使用．

一个证明常常会需要整理出若干可能性，并逐个检查．这就是二分法或案例分析．例如要确定一个植物的种属，格雷的《植物学手册》提出一系列的二分法．一个典型例子是"叶子在茎上相对"，或"叶子在茎上交错"．数学结构的分类也要通过一系列的二分法来进行．在简单的情形中这不必正式地指出，但当处理复杂的可能性的范围时，就需要仔细地分类．

归纳法是证明一系列由正整数 n 作指标的命题 P_n 的主要方法．为了对所有 n 证明命题 P_n，归纳法原理要求我们做两件事：

【A. 1. 2】

(i) 证明 P_1 成立；

(ii) 证明如果对某个整数 $k>1$ 有 P_k 成立，则 P_{k+1} 也成立．这不过是指标变换．

下面是一些归纳法的例子．如果 n 是正整数，则 $n!$（"n 的阶乘"）是从 1 到 n 的整数的积$1\cdot 2\cdots\cdot n$．而且，$0!$ 定义为 1．

【A. 1. 3】命题 $\binom{n}{k}=\dfrac{n!}{k!\ (n-k)!}$.

证明 令 P_r 为命题$\binom{r}{\ell}=\dfrac{r!}{\ell!\ (r-\ell)!}$对所有 $\ell=1$，…，r 成立．先检验 P_1 成立．假设 P_{r-1}成立．则当用 $n=r-1$ 和 $\ell=k$ 代入时公式成立，当用 $n=r-1$ 和 $\ell=k-1$ 代入时也成立：

$$\binom{r-1}{k}=\frac{(r-1)!}{k!(r-1-k)!},\quad \binom{r-1}{k-1}=\frac{(r-1)!}{(k-1)!(r-k)!}$$

根据命题(A. 1. 1)，

$$\binom{r}{k}=\binom{r-1}{k}+\binom{r-1}{k-1}=\frac{(r-1)!}{k!(r-k-1)!}+\frac{(r-1)!}{(k-1)!(r-k)!}$$
$$=\frac{(r-k)(r-1)!}{k!(r-k)!}+\frac{k(r-1)!}{k!(r-k)!}=\frac{r!}{k!(r-k)!}$$

这表明 P_r 成立． ■ 514

作为另一个例子，我们证明"鸽笼原理"．此处 $|S|$ 表示集合 S 的元素个数．

【A. 1. 4】命题 如果有限集合间的一个映射 φ：$S\to T$ 是单射，则 T 至少包含与 S 中一样多的元素：$|S|\leqslant|T|$．

证明 我们对 $n=|S|$ 用归纳法．如果 $n=0$，即如果 S 是空集合，则断言是成立的，因为到空集合有映射的集合只能是空集合．

假设定理对 $n=k-1$ 已经得证，我们着手验证 $n=k$ 的情形，其中 $k>0$．假设 $|S|=k$，我们选取一个元素 $s\in S$．令 $t=\varphi(s)$是 s 在 T 中的像．由于 φ 是单射，故 s 是唯一以 t 为像

的元素．因此 φ 是集合 $S'=S-\{s\}$ 到集合 $T'=T-\{t\}$ 的单射．显然 $|S'|=|S|-1=k-1$，$|T'|=|T|-1$．由归纳假设，$|S'|\leqslant|T'|$，故 $|S|\leqslant|T|$． ■

归纳法原理有一个另外的表达形式，称为*完全归纳法*．同样，我们还是希望证明命题 P_n 对每个正整数 n 成立．完全归纳法原理断言只需证明下面的命题：

如果 n 是一个正整数，且 P_k 对于每个正整数 $k<n$ 成立，则 P_n 成立．

当 $n=1$ 时，没有满足 $k<n$ 的正整数．因而对 $n=1$，命题中的假设自动地成立．因此使用完全归纳法的证明必包括 P_1 的证明．

当对某个较小的整数 k，有一个把 P_n 化为 P_k 而不一定是 P_{n-1} 的过程时，便使用完全归纳法原理．下面是一个例子：

【A.1.5】定理 *每个 $n>1$ 的整数 n 是素整数的乘积．*

证明 令 P_n 为 n 是素数的乘积这一命题．假设对所有 $k<n$ 有 P_k 成立，我们必须证明 P_n 是成立的，即 n 是素数的乘积．如果 n 本身是素数，则它是一个素数的积．否则，n 可以写成两个正整数的乘积 $n=ab$，且 a，b 都不是 1．则 a，b 是小于 n 的正整数，故由归纳假设，P_a 和 P_b 都为真，即 a 和 b 都是素整数之积．把这两个积放在一起，就得到 n 的因子分解，即 n 是素整数的乘积． ■

*反证法*通过假设希望的结论是错的并由这个假设导出矛盾来证明．因而结论必是正确的．这样的证明经常是假的，因为反证法容易变成直接证明．下面就是一个例子：

【A.1.6】命题 *令 φ：$S\to T$ 是有限集合间的一个单射．如果 φ 是双射，则 $|S|=|T|$．*

证明 既然已知 φ 是单射，则 φ 是双射当且仅当 φ 为满射．我们假设 $|S|=|T|$，但 φ 不是满射．则存在元素 $t\in T$，但它不是 S 的像．这样的话，φ 实际上单射地映射 S 到集合 $T'=T-\{t\}$．则命题 A.1.4 告诉我们 $|S|\leqslant|T'|=|T|-1$，此与 $|S|=|T|$ 矛盾． ■

515

不要这样安排证明．在证明中假设 $|S|=|T|$ 是没有用的．直接表述，论证表明如果 φ 是单射而不是双射，则 $|S|<|T|$．

如果 X 代表某个命题，则令非 X 代表 X 不真，则断言"若非 B，则非 A"是断言"若 A，则 B"的*逆否命题*，这两种表述在逻辑上是等价的．上面提供的论证证明了命题所述的断言的逆否命题．

要找到用反证法证明的一个简单的例子不太容易，但在课本中确实存在．

第二节　整　　数

在小学我们学过整数的加法和乘法的初等性质，但为了证明某些性质，我们再回顾一下所需要的诸如结合律和分配律这样的性质．完全证明需要相当大的篇幅，我们只做个抛砖引玉的工作．通常从正整数的加法和乘法的定义开始．负数之后才引入．这意味着随着研究的深入，必须处理几种情况，这很令人厌烦，否则就要找到一个聪明的记号来避免这种案例分析．我们将满足于对正整数的运算的描述．正整数又叫做*自然数*．

自然数集合 **N** 用下面这些性质来刻画．

佩亚诺公理

- 自然数集合 **N** 包含一个特殊的元素 1.
- *后继元函数*：存在一个映射 σ：$\mathbf{N}\to\mathbf{N}$ 把一个整数映射到另一个整数，称为*后继元*或下一个整数．这个映射是单射，且对于每一个 $n\in\mathbf{N}$，$\sigma(n)\neq1$.
- *归纳公理*：假设 **N** 的一个子集 S 有下列性质：

  (i) $1\in S$，且

  (ii) 如果 $n\in S$，则 $\sigma(n)\in S$.

  则 S 包含每一个自然数：$S=\mathbf{N}$.

当定义了加法后，后继元 $\sigma(n)$ 变成 $n+1$．在这个阶段记号 $n+1$ 容易令人费解．最好用一个中性的记号，记后继元 $\sigma(n)$ 为 n'．后继元函数使得我们能用自然数计数，这是算术的基础.

归纳性质可以直观地描述为自然数可以从 1 反复取后继元得到：

$$\mathbf{N}=\{1,1',1'',\cdots\}\quad(=\{1,2,3,\cdots\})$$

516

换句话说，计数取遍所有自然数．这个性质是归纳法证明的基础.

佩亚诺公理也可用于递归定义．短语*递归定义*或*归纳定义*是指用自然数索引的一个对象序列 C_n 的定义，其中一个对象用它前一个对象来定义．例如，函数 x^n 的递归定义是

$$x^1=x\quad 且\quad x^{n'}=x^n x$$

要点是：

【A.2.1】 *C_1 已经定义好了，由 C_n 确定 $C_{n'}(=C_{n+1})$ 的规则已知.*

虽然用佩亚诺公理给出快捷的证明并不容易，但是这些性质确定唯一序列 C_n 这一点在直观上是显然的．我们并不给出证明.

给定一个正整数集合以及做递归定义的能力，我们可以如下定义正整数的加法和乘法：

【A.2.2】

$$加法：m+1=m',\quad m+n'=(m+n)'.$$

$$乘法：m\cdot1=m,\quad m\cdot n'=m\cdot n+m.$$

在这些定义中，我们取任意整数 m 并对这个整数 m 及每个 n 递归地定义加法和乘法．这样，$m+n$ 和 $m\cdot n$ 对于所有 m 和 n 都定义好了.

整数的结合律、交换律和分配律的证明是称为“佩亚诺游戏”的使用归纳法的练习．在此作为例子我们给出其中一个的证明.

加法结合律的证明　我们要证明对所有 a，b，$n\in\mathbf{N}$，$(a+b)+n=a+(b+n)$．首先检验在 $n=1$ 的情形对所有 a，b 成立．上面定义的三个应用给出

$$(a+b)+1=(a+b)'=a+b'=a+(b+1)$$

其次，假设结合律对特别的 n 值以及所有 a，b 成立．则我们验证结合律对于 n' 成立：

$$\begin{aligned}(a+b)+n'&=(a+b)+(n+1)\quad(定义)\\&=((a+b)+n)+1\quad(n=1\ 的情形)\end{aligned}$$

$$
\begin{aligned}
&= (a+(b+n))+1 \quad (\text{归纳假设}) \\
&= a+((b+n)+1) \quad (n=1\ \text{的情形}) \\
&= a+(b+(n+1)) \quad (n=1\ \text{的情形}) \\
&= a+(b+n') \quad (\text{定义})
\end{aligned}
$$

■

517 加法和乘法性质的证明遵循同样的思路.

第三节 佐恩引理

在本书的几个地方，我们会借助于佐恩引理这样一个处理无穷集合的工具. 我们现在描述它.

注 集合 S 上的偏序是一个关系 $s\leqslant s'$，这个关系对某些特定元成立，且对于所有 S 中的元素 s，s'，s''满足下面的公理：

【A. 3. 1】

(i) $s\leqslant s$；

(ii) 如果 $s\leqslant s'$ 且 $s'\leqslant s''$，则 $s\leqslant s''$；

(iii) 如果 $s\leqslant s'$ 且 $s'\leqslant s$，则 $s=s'$.

一个偏序集称为全序集，如果除了上面的条件外，还满足

(iv) 对于所有 S 中的元素 s，s'，或者 $s\leqslant s'$ 或者 $s'\leqslant s$.

例如，令$\mathcal{S}$是以集合作为元素的集合. 如果 A，$B\in\mathcal{S}$，则定义 $A\leqslant B$ 如果 A 是 B 的子集：$A\subset B$. 这是$\mathcal{S}$上的一个偏序，称为按包含排序. 它是否为全序取决于特殊情况.

一个偏序集 S 的元素 m 是极大元如果在 S 中不存在异于 m 的元素 $s\in S$ 满足 $m\leqslant s$. 一个偏序集 S 可以含有多个不同的极大元. 例如，一个集合 U 的子集 V 称为真子集，如果 V 不是空集也不是整个集合 U. 集合$\{\mathbf{1}, \mathbf{2}, \cdots, \boldsymbol{n}\}$的所有真子集的集合按照集合的包含关系构成偏序集，这个偏序集含有 n 个极大元，$\{\mathbf{2}, \cdots, \boldsymbol{n}\}$就是极大元之一.

一个非空有限偏序集 S 至少含有一个极大元，但是一个无限偏序集(例如整数集合)可能根本没有极大元. 一个全序集包含至多一个极大元.

注 若 A 是偏序集 S 的一个子集，则 $b\in S$ 叫做集合 A 的一个上界，使得对于任意 $a\in A$，有 $a\leqslant b$. 一个偏序集 S 是归纳的，如果 S 的每个全序子集 T 有上界.

一个有限的全序集包含唯一的极大元，因此是归纳的.

【A. 3. 2】引理(佐恩引理) 一个归纳的偏序集 S 有至少一个极大元.

佐恩引理和选择公理是等价的，它独立于集合论的基本公理. 我们不进一步讨论这个等价性，但会表明佐恩引理如何用于证明每个向量空间都有一组基.

【A. 3. 3】命题 域 F 上每个向量空间 V 有一组基.

证明 令$\mathcal{S}$是一个集合，它的元素是 V 的线性无关的子集，按照集合的包含关系构成偏序集. 我们证明$\mathcal{S}$是归纳的：令$\mathcal{T}$是$\mathcal{S}$的一个全序子集. 则我们断言这些集合的并构成$\mathcal{T}$也是线性无关的，这表明$\mathcal{T}$属于$\mathcal{S}$. 为证明这一点，令

518

$$B = \bigcup_{A \in \mathcal{T}} A$$

是集合的并．由定义，B 上线性无关的关系是有限的，故可以写成下面的形式：

【A. 3. 4】
$$c_1 v_1 + \cdots + c_n v_n = 0$$

其中 $v_i \in B$．由于 B 是$\mathcal{T}$中集合的并，故每个 v_i 属于这些子集之一，比如 A_i．这些子集的集合$\{A_1，\cdots，A_n\}$是一个有限集，它是$\mathcal{T}$的全序子集．它有唯一的极大元 A．则 $v_i \in A$ 对所有$i=1，\cdots，n$成立．由于 A 属于$\mathcal{S}$，故它是线性无关的集合，因此(A. 3. 4)是平凡关系．这表明 B 是线性无关的，因此是$\mathcal{S}$中的元素．

我们已经证明了佐恩引理的假设．故$\mathcal{S}$包含一个极大元 M，我们断言 M 是一组基．由$\mathcal{S}$的定义，M 是线性无关的．令 $W=\mathrm{Span}(M)$．如果 $W<V$，则选取元素 $v \in V$，$v \notin W$．集合 $M \cup \{v\}$是线性无关的．此与 M 的极大性矛盾，这表明 $W=V$，因此 M 是一组基． ■

类似的论证可以证明第十一章的定理 11. 9. 2：

【A. 3. 5】命题　令 R 是一个环．每个理想 $I \neq R$ 都包含在一个极大理想中．

第四节　隐函数定理

在本书中多次用到复多项式函数的隐函数定理，由于缺乏参考材料，我们把关于实值函数的隐函数定理叙述在这里作为参考．关于实值函数的定理可参考在“进一步阅读建议”中所列的卢丁(Rudin)的书中的定理 9. 27.

【A. 4. 1】定理(隐函数定理)　设 $f_1(x，y)，\cdots，f_r(x，y)$是 $n+r$ 个实变量 $x_1，\cdots，x_m$，$y_1，\cdots，y_r$ 的函数，它在 $\mathbf{R}^{n+r}$ 中包含点$(a，b)$的一个开集上有连续偏导数．假设雅可比行列式

$$\det\begin{bmatrix} \dfrac{\partial f_1}{\partial y_1} & \cdots & \dfrac{\partial f_1}{\partial y_r} \\ \cdots & & \cdots \\ \dfrac{\partial f_r}{\partial y_1} & \cdots & \dfrac{\partial f_r}{\partial y_r} \end{bmatrix}$$

在点$(a，b)$不为零．在 $\mathbf{R}^n$ 中存在点 a 的一个邻域 U，使得 U 上存在唯一的连续可微函数 $Y_1(x)，\cdots，Y_r(x)$满足条件

$$\text{对 } i = 1,\cdots,r \quad f_i(x,Y(x)) = 0 \text{ 且 } Y(a) = b$$

519

复多项式 $f(x，y)$的偏导数由微积分的求导法则定义．但我仍用实部和虚部表示，比如 $x=x_0+x_1\mathrm{i}$，$y=y_0+y_1\mathrm{i}$，其中 x_0，x_1，y_0，y_1 是实变量，且 $f=f_0+f_1\mathrm{i}$，其中 $f_i=f_i(x_0，x_1，y_0，y_1)$是四个实变量的实值函数．由于 f 是关于 x 和 y 的多项式，故实函数 f_i 是实变量 x_i 和 y_i 的多项式．因此它们有连续的偏导数．

【A. 4. 2】引理　设 $f(x，y)$为一个两个变量的复系数多项式．用上面的记号，有

(a) $\dfrac{\partial f}{\partial y}=\dfrac{\partial f_0}{\partial y_0}+\dfrac{\partial f_1}{\partial y_0}\mathrm{i}$.

(b)（柯西-黎曼方程）$\frac{\partial f_0}{\partial y_0}=\frac{\partial f_1}{\partial y_1}$，$\frac{\partial f_1}{\partial y_0}=-\frac{\partial f_0}{\partial y_1}$.

证明 可以利用乘法法则来验证这些公式．设 $f=gh$．则 $f_0=g_0h_0-g_1h_1$，$f_1=g_0h_1+g_1h_0$．如果公式对于 g，h 成立，则对 f 成立．故只需验证引理对函数 $f=y$ 和 $f=x$ 成立即可，而这是显然的． ■

【A.4.3】**定理**（复多项式的隐函数定理） 设 $f(x, y)$ 为一个复多项式．假设对某个 $(a, b)\in\mathbf{C}^2$，我们有 $f(a, b)=0$ 且 $\frac{\partial f}{\partial y}(a, b)\neq 0$．存在 x 在 $\mathbf{C}$ 中的一个邻域 U，在这个邻域上面存在一个唯一的连续函数 $Y(x)$，它具有下列性质：

$$f(x,Y(x))=0, \quad Y(a)=b$$

证明 我们化简这个定理为实隐函数定理 A.4.1．对多个变量的情形，论证同样适用．

用上面的记号，我们要对作为 x_0，x_1 的函数 y_0，y_1 解一对方程 $f_0=f_1=0$．为此，我们要证明在 (a, b) 上雅可比行列式

$$\det\begin{bmatrix}\frac{\partial f_0}{\partial y_0} & \frac{\partial f_0}{\partial y_1}\\ \frac{\partial f_1}{\partial y_0} & \frac{\partial f_1}{\partial y_1}\end{bmatrix}$$

不为零．由假设，$f_i(a_0, a_1, b_0, b_1)=0$．同样，由于 $\frac{\partial f}{\partial y}(a, b)\neq 0$，由引理 A.4.2(a)得 $\frac{\partial f_0}{\partial y_0}=d_0$ 和 $\frac{\partial f_1}{\partial y_0}=d_1$ 不同时为零．引理的(b)部分表明，雅可比行列式为

$$\det\begin{bmatrix}d_0 & -d_1\\ d_1 & d_0\end{bmatrix}=d_0^2+d_1^2>0$$

520 这表明满足隐函数定理 A.4.1 的假设． ■

练 习

第一节 关于证明

1.1 用归纳法求下列表达式的一个紧凑型形式．

(a) $1+3+5+\cdots+(2n+1)$

(b) $1^2+2^2+\cdots+n^2$

1.2 证明 $1^3+2^3+\cdots+n^3=(n(n+1))^2/4$.

1.3 证明 $1/(1\cdot 2)+1/(2\cdot 3)+\cdots+1/(n(n+1))=n/(n+1)$.

1.4 令 φ：$S\to T$ 是有限集合间的满射．用归纳法证明 $|S|\geqslant|T|$ 且如果 $|S|=|T|$，则 φ 是双射．

1.5 令 n 是正整数．证明如果 2^n-1 是素数，则 n 是素数．

1.6 令 $a_n=2^{2^n}+1$．证明 $a_n=a_0a_1\cdots a_{n-1}+2$.

1.7 有理系数的非常数多项式称为既约的，如果它不是两个非常数有理系数多项式的乘积．证明每个有理系数多项式可以写为既约多项式的乘积．

第二节 整数

2.1 证明每个不为 1 的自然数有形式 m'，其中 m' 为某个自然数 m 的后继元.

2.2 证明下面的自然数运算律.

(a) 加法交换律.

(b) 乘法结合律.

(c) 分配律.

(d) 加法消去律：如果 $a+b=a+c$，则 $b=c$.

2.3 自然数集合 $\mathbf{N}$ 上的关系 $<$ 由下列规则定义：如果 $b=a+n$ 对于某个 $n\in\mathbf{N}$ 成立，则 $a<b$. 假设加法性质已经证明.

(a) 证明：如果 $a<b$，则 $a+n<b+n$ 对于所有 $n\in\mathbf{N}$ 成立.

(b) 证明关系 $<$ 是传递的.

(c) 证明：如果 a，b 是自然数，则 $a<b$，或 $a=b$，或 $b<a$.

2.4 假设自然数集合 $\mathbf{N}$ 上的关系 $<$ 的基本性质已知(练习 2.3). 证明完全归纳法原则：$\mathbf{N}$ 的一个子集 S 如果具有下面的性质，则 $S=\mathbf{N}$：如果 $n\in\mathbf{N}$ 使得对于 S 中任何元素 m 均有 $m<n$，则 $n\in S$. [521]

第三节 佐恩引理

3.1 令 S 是一个偏序集.

(a) 证明：如果 S 包含一个上界 b，则 b 是唯一的，且 b 也是一个极大元.

(b) 证明：如果 S 是全序的，则极大元 m 是 S 的一个上界.

3.2 用佐恩引理证明环 R 的每个异于 R 的理想 I 都包含在一个极大理想中.

第四节 隐函数定理

4.1 证明引理 A.4.2.

4.2 设 $f(x, y)$ 是复多项式，假设方程

$$f=0,\quad \frac{\partial f}{\partial x}=0,\quad \frac{\partial f}{\partial y}=0$$

在 $\mathbf{C}^2$ 中没有公共解. 证明轨迹 $f=0$ 是一个 2 维流形. [522]

参考文献

一般代数

- G. Birkhoff and S. MacLane, *A Survey of Modern Algebra*, 3rd ed., Macmillan, New York, 1965.
- I. N. Herstein, *Topics in Algebra*, 2nd ed., Wiley, New York, 1975.
- N. Jacobson, *Basic Algebra I, II*, Freeman, San Francisco, 1974, 1980.
- S. Lang, *Algebra*, 2nd ed., Addison Wesley, Reading, MA, 1965.
- B. L. van der Waerden, *Modern Algebra*, Ungar, New York, 1970.

线性代数

- P. D. Lax, *Linear Algebra and Its Applications*, 2nd ed., Wiley, Hoboken, NJ, 2007.
- G. Strang, *Linear Algebra and Its Applications*, 3rd ed., Harcourt Brace Jovanovich, San Diego, 1988.

分析和拓扑学

- A. P. Mattuck, *Introduction to Analysis*, Prentice-Hall, Upper Saddle, River, N.J., 1999.
- J. R. Munkres, Topology; *A First Course*, 2nd ed., Prentice Hall, Englewood Cliffs, N. J. , 2000.
- W. Rudin, *Principles of Mathematical Analysis*, 3rd ed., McGraw-Hill, New York, 1976.

数论

- H. Cohn, *A Second Course in Number Theory*, John Wiley & Sons, New York-London, 1962.
- K. F. Gauss, *Disquisitiones Arithmeticae*, Leipzig, 1801.
- H. Edwards, *Galois Theory*, Springer-Verlag, New York, 1984.
- H. Hasse, *Number Theory*, Springer-Verlag, New York, 1980.
- J.-P. Serre, *A Course in Arithmetic*, Springer-Verlag, New York, 1973.
- J. H. Silverman, *The Arithmetic of Elliptic Curves*, Springer-Verlag, New York, 1992.
- H. Stark, *An Introduction to Number Theory*, M.I.T. Press, Cambridge, MA, 1978.

群

- M. R. Sepanski, *Compact Lie Groups*, Springer-Verlag, New York, 2009.
- J.-P. Serre, *Linear Representations of Finite Groups*, Springer-Verlag, New York, 1977.
- H. Weyl, *The Classical Groups*, Princeton University Press, Princeton, N.J., 1946.

几何学

- G. A. Bliss, *Algebraic Functions*, AMS Colloquium Publications XVI, New York, 1933.

- H. S. M. Coxeter, *Introduction to Geometry*, Wiley, New York, 1961.
- D. Schwarzenbach, *Crystallography*, Wiley, Chichester, U.K., 1993.
- M. Senechal, *Quasicrystals*, Cambridge University Press, Cambridge, U.K., 1996.

数学历史

- N. Bourbaki, *Elements d'histoire des mathematiques*, Hermann, Paris, 1974.
- M. Kline, *Mathematical Thought from Ancient to Modern Times*, Oxford, New York, 1972.
- E. Landau, *Foundations of Analysis*, AMS Chelsea, New York, 2001.
- B. L. van der Waerden, *A History of Algebra*, Springer-Verlag, Berlin, New York, 1985.

期刊论文

- A. F. Filippov, *A short proof of the theorem on reduction of a matrix to jordan form*, Vestnik Mosk. Univ. Ser. I Mat. Meh. 26 (1971) 18–19.
- R. Howe, *Very Basic Lie Theory,* Math Monthly 90 (1983) 600–623.
- S. Landau, *How to tangle with a nested radical*, Math. Intelligencer 16 (1994) 49–55.
- A.K. Lenstra, H. W. Lenstra, and L. Lovász, *Factoring polynomials with rational coefficients* Math. Annalen 261 (1982) 515–534.
- J. Milnor, *Analytic proofs of the "hairy ball theorem" and the Brouwer fixed-point theorem*, Amer. Math. Monthly (1978) 521–524.
- J. Stillwell, *The word problem and the isomorphism problem for groups*, Bull. Amer. Math. Soc. 6 (1982) 33–56.
- J. A. Todd and H. S. M. Coxeter, *A practical method for enumerating cosets of a finite abstract group*, Proc. Edinburg Math. Soc, II Ser. 5 (1936) 26–34.

索 引

索引中的页码为英文原书页码，与书中页边标注的页码一致.

D

H

J

K

L

M

N

S

T

U

V

推荐阅读

■ **时间序列分析及应用：R语言**（原书第2版）
作者：Jonathan D. Cryer Kung-Sik Chan
ISBN：978-7-111-32572-7
定价：48.00元

■ **随机过程导论**（原书第2版）
作者：Gregory F. Lawler
ISBN：978-7-111-31544-5
定价：36.00元

■ **数学分析原理**（原书第3版）
作者：Walter Rudin
ISBN：978-7-111-13417-6
定价：28.00元

■ **实分析与复分析**（原书第3版）
作者：Walter Rudin
ISBN：978-7-111-17103-9
定价：42.00元

■ **数理统计与数据分析**（原书第3版）
作者：John A. Rice
ISBN：978-7-111-33646-4
定价：85.00元

■ **统计模型：理论和实践**（原书第2版）
作者：David A. Freedman
ISBN：978-7-111-30989-5
定价：45.00元